AF671295

Naturnaher Wasserbau

Heinz Patt

Naturnaher Wasserbau

Entwicklung und Gestaltung von Fließgewässern

6. Auflage

Heinz Patt
Sachverständigenbüro Professor Patt
Bonn, Deutschland

ISBN 978-3-658-43845-6 ISBN 978-3-658-43846-3 (eBook)
https://doi.org/10.1007/978-3-658-43846-3

Die Deutsche Nationalbibliothek verzeichnet diese Publikation in der Deutschen Nationalbibliografie; detaillierte bibliografische Daten sind im Internet über https://portal.dnb.de abrufbar.

Planung/Lektorat: Daniel Fröhlich
Springer Vieweg ist ein Imprint der eingetragenen Gesellschaft Springer Fachmedien Wiesbaden GmbH und ist ein Teil von Springer Nature.
Die Anschrift der Gesellschaft ist: Abraham-Lincoln-Str. 46, 65189 Wiesbaden, Germany

Vorwort zur 6., aktualisierten Auflage

Die praktische Umsetzung der Vorgaben der EG-Wasserrahmenrichtlinie (EG-WRRL) in den Nationalstaaten ist seit der 5. Auflage dieses Buches im Jahre 2018 weiter fortgeschritten. In der nun vorliegenden 6. Auflage werden der momentane Stand der Umsetzung, die bisherigen Ergebnisse und Erfahrungen sowie die weitere Vorgehensweise im Umsetzungsprozess dargestellt. – Nicht alles ist wie geplant gelungen, aber zumindest hat man gelernt und ist gewillt, es besser zu machen.

Die EG-Wasserrahmenrichtlinie (EG-WRRL) ist seit Dezember 2019 in der letzten Dekade (3. Bewirtschaftungsplan 2022 bis 2027). Aufbauend auf der Bestandsaufnahme aus dem Jahr 2019 waren die Bewirtschaftungspläne und die zugehörigen Maßnahmenprogramme bis zum 22. Dezember 2021 aufzulegen. Diese Pläne und Programme werden zurzeit umgesetzt.

In der Praxis hat sich gezeigt, dass die Richtlinie der Europäischen Gemeinschaft (EG) zur Verbesserung des Hochwasserschutzes (sog. Hochwasserrisikomanagement-Richtlinie – EG-HWRM-RL) zahlreiche Synergien freigesetzt hat Wie auch in früheren Jahrzehnten, hat der Hochwasserschutz der naturnahen Gestaltung unserer Fließgewässer und Auen „gutgetan“ und so manches „Renaturierungsprojekt“ erst ermöglicht bzw. beschleunigt.

Die Ergebnisse der Klimakonferenzen sind in ihren Aussagen hinsichtlich der Erhöhung der Erdtemperatur eindeutig. Die prognostizierten Klimaveränderungen werden das wasserwirtschaftliche Handeln verändern und auch vor den Lebensräumen an und in unseren Gewässern keinen Halt machen. Es bleibt zu hoffen, dass die „Gegenmaßnahmen“ so frühzeitig eingeleitet werden, dass diese auch noch Zeit haben zu wirken bzw. sich zu entwickeln. Jede Lebensform, die durch eine Veränderung der Lebensbedingungen verschwindet, ist unwiederbringlich verloren.

Im Vorwort zur 5. Auflage hatte ich geschrieben: *„Auf Starkregenereignisse kann man sich ggf. noch mit technischen Maßnahmen einstellen“*. Die Hochwasserereignisse im Juli 2021 an der Ahr in Rheinland-Pfalz und an der Swist (einem Nebengewässer der Erft) in Nordrhein-Westfalen haben mehr als deutlich gezeigt, dass das Auftreten von extremen Naturereignissen zwar vorhersehbar ist, die Auswirkungen auf Menschen und Infrastruktur aber nur sehr schwer einzuschätzen sind. Selbst wenn wir viel wissen, ist nicht immer sicher, dass wir die Vorzeichen richtig deuten und entsprechend „optimal“ handeln.

Die 6. Auflage enthält erneut das unveränderte Vorwort zur 1. Auflage. Trotz vieler neuer Erkenntnisse sind die dort formulierten grundsätzlichen Hinweise zum naturnahen Wasserbau immer noch richtig. Mehr noch: Sie weisen darauf hin, dass Aktionismus nicht solide Facharbeit ersetzen kann.

Wieder konnte ich Kollegen gewinnen, um spezielle Kapitel kritisch durchzuschauen bzw. zu aktualisieren.

Assessor Klaus-Dieter Fröhlich, Kanzlei Fröhlich in Berlin und Lehrbeauftragter für Umweltrecht an der Universität Duisburg-Essen, habe ich für die Durchsicht des Kapitels (Kap. 2) über die Rechtsnormen zu danken. Dr. Hans W. Stutz, der ehemalige Leiter der Rechtsabteilung im Amt für Abfall, Wasser, Energie und Luft, Zürich, hat die gesetzlichen Regelungen in der Schweiz aktualisiert (s. Abschn. 2.14).

Dr. rer. nat. Mario Sommerhäuser, Emschergenossenschaft/Lippeverband, Essen, hat mir geholfen, Kap. 5 – Fließgewässer – Güte, Struktur, Typologie sowie Bewertung und Zustand nach EG-Wasserrahmenrichtlinie – zu aktualisieren.

Ministerialrat Dr. Klaus Arzet, ehemals Bayerisches Ministerium für Umwelt und Verbraucherschutz, München, hat die Ausführungen über das Flussgebietsmanagement (Kap. 9) überarbeitet.

Dr.-Ing. Andreas Stowasser, Planungsbüro Stowasserplan GmbH & Co.KG, Radebeul, hat mir wertvolle Hinweise zu den Bauweisen im Naturnahen Wasserbau gegeben und stellt im Abschn. 10.7 eine computerbasierte Planungshilfe für naturnahe Bauweisen vor. – Vielen Dank dafür!!!

Bonn, Deutschland
Mai 2024

Univ. Prof. a. D. Dr.-Ing. habil. Heinz Patt

Vorwort zur 1. Auflage

„... Auf mühevollem, meist empirischen Wege hat sich die Kunst des Flussbaues entwickelt. Seine Anfänge waren von den Bedürfnissen des Augenblicks geboten. Die Beweglichkeit des zu behandelnden Elements ließ die Übertragung einer einzelnen Erfahrung und allgemeine Schlüsse nur selten zu und, obwohl der Wasserbau schon seit Jahren eine zunehmende wissenschaftliche Behandlung erfahren hat ....".

„... so sind neben den wenigen ganz allgemeinen Grundgesetzen allgemein anwendbare Regeln und Vorschriften nur in geringem Maße gewonnen worden. Der wichtigste Satz aller Studien ist der, dass jeder Fluss ein Individuum ist, das seine eigene Behandlung verlangt, da die bestimmenden Faktoren, Wassermenge, Gefälle, Geschiebe und Uferbildungen bei allen Flüssen, ja sogar innerhalb einzelner Flussstrecken große Verschiedenheiten aufweisen. Nichts wäre weniger angezeigt, und nichts würde zu größerer Geldverschwendung führen, als wenn alle Flüsse nach einer einzelnen Schablone behandelt würden; denn schon die Ungleichheit einer einzigen wesentlichen Eigenschaft zwingt im Flussbau zur Anwendung anderer Mittel ...".

Diese fast philosophisch anmutende Sichtweise, in der die Fließgewässer als sehr eigensinnig reagierende Individuen dargestellt werden, die aber bei entsprechender Behandlung sehr dienlich sein können, stammt aus einer Denkschrift der Bayerischen Obersten Baubehörde aus dem Jahre 1909.

Der Mensch hat sich leider in den vergangenen Jahrzehnten die damit verbundene Umgangsweise mit den Fließgewässern nicht zu eigen gemacht. So ist es nicht verwunderlich, wenn z. B. in einer Bürgerpetition aus dem Jahre 1928 an einen Gemeinderat die Einbeziehung eines Baches in das Kanalisationsnetz der Gemeinde beantragt wird. Als Gründe werden angeführt:

„... Die unterzeichnenden Einwohner, die an dem vorstehend genannten Bach wohnen, bitten hiermit den wohllöblichen Gemeinderat, auch diesen Bach in die zu bauende Kanalisation einzubeziehen, und zwar aus folgenden Gründen: Die zu bauende Kanalisation hat den Zweck, die den Ort durchziehenden Gewässer unterirdisch abzuleiten ...".

„... Weiter ist der sich an diesem Bach entlangziehende Verkehrsweg nur sehr schmal und es ist darum auch im Verkehrsinteresse von größtem Vorteil, wenn dieser Bach unterirdisch abgeleitet wird ...".

Der zuständige Kreisbaumeister führt dazu aus:

„... Infolge der geringen Abmessung des Bachprofils und der hohen Lage der Sohle kommt es bei Hochwasserabfluss häufig zu Überschwemmungen der Straßen in der Dorflage. Zudem wird der Grundwasserspiegel hochgehalten und hält so die Fundamente der anliegenden Wohnhäuser feucht, wodurch die Wohnungen ungesund sind. Bei den geringen Wassermengen, die der Bachlauf im Sommer führt, bleiben die eingeleiteten Abwässer stehen. Es ist doch nicht zu vermeiden, dass der Bachlauf als Abladestelle für alle möglichen Abfälle dient, wodurch derselbe zum Schmutzbach wird. Die Beseitigung des Bachlaufes erscheint daher in sanitärer Hinsicht besonders erwünscht ...".

Bei einem derartigen Umgang mit den Fließgewässern, war das Verschwinden zahlreicher Fließgewässer aus urbanen Bereichen vorprogrammiert. Konnten die Gewässer bleiben, wurden sie meist technisch ausgebaut. Die Probleme mit der Gewässergüte blieben oft ungelöst und wurden an den jeweiligen Unterlieger weitergereicht.

Vor etwa zwei Jahrzehnten wurde jedoch mehr und mehr erkennbar, dass ein derartiger Umgang mit den natürlichen Ressourcen auf die Dauer zu irreversiblen Schäden führen wird. In der Folge trugen zahlreiche Berichte in den Medien über Umweltprobleme und deren gesundheitliche Auswirkungen erheblich dazu bei, das Interesse der Bevölkerung für ökologische Zusammenhänge zu wecken und so das Umweltbewusstsein generell zu fördern. In diesem Zusammenhang wurde der Begriff der nachhaltigen Entwicklung geprägt, der heute ein übergeordnetes Ziel im Umweltschutz ist.

Im Zuge dieser neuen Sichtweise hat sich wohl kein Arbeitsfeld in den letzten Jahren derartig stark verändert wie dasjenige des Wasserbauingenieurs. Über lange Zeit angewandte Strategien und Baumethoden bei Ausbau und Unterhaltung von Fließgewässern mussten völlig neuen, ökologisch ausgerichteten Ansprüchen genügen, die in der klassischen, konstruktiv oder nutzungsorientiert ausgerichteten Ausbildung des Wasserbauers und Kulturbauingenieurs nicht vorgesehen waren.

Die neuen Anforderungen, die nun bei Ausbau und Unterhaltung von Fließgewässern berücksichtigt werden müssen, sind nur noch im Team mit anderen Fachdisziplinen zu lösen. Diese Zusammenarbeit hat deutliche Spuren bei Planung und Ausführung hinterlassen; oftmals wird heute genau umgekehrt verfahren wie vor einigen Jahren. Schon die Begriffe Rückbau, Revitalisierung und Renaturierung deuten auf Korrekturen an den bislang verfolgten Ausbaustrategien hin.

Die plastische Darstellung vieler „Sünden" des technischen Wasserbaus in diesem Buch soll keine Abrechnung mit der Vergangenheit sein. Die Nutzung der natürlichen Ressourcen dient uns allen und hat daher auch im Rahmen einer nachhaltigen Entwicklung weiterhin ihre Berechtigung. Wie viele andere Auswirkungen der Industrialisierung wurde die anthropogene Beeinflussung der Fließgewässer von der Gesellschaft gewünscht und durch politische Entscheidungsprozesse eingeleitet.

Wesentliche Intention des Buches ist die Darstellung der Auswirkungen von Eingriffen in die natürliche Fließgewässerentwicklung als Entscheidungshilfe für zukünftige Planungen. Das Für und Wider eines Eingriffs muss möglichst frühzeitig in seinen Gesamtauswirkungen bewertet werden. Ist ein Eingriff notwendig, können die Methoden des naturnahen Wasserbaus dazu beitragen, die Beeinträchtigungen von notwendigen baulichen Maßnahmen abzumildern. An ausgebauten Fließgewässern können durch Renaturierungen wieder naturnähere Zustände hergestellt werden. Der „Lebensraum Fließgewässer" ist dabei ein wichtiges Kriterium. Die Berücksichtigung ökologischer Belange bei Baumaßnahmen an Fließgewässern sind jedoch eine Voraussetzung dafür, dass sich auch spätere Generationen auf die Erneuerungskräfte der Natur verlassen können.

Bei einem derart komplexen Thema ist auch bei einem Buch eine gemeinsame Arbeit zwischen verschiedenen Fachdisziplinen erforderlich. Als Autoren sind deshalb zwei Wasserbauer, ein Hochschullehrer und ein Praktiker sowie ein Landespfleger beteiligt. Diese interdisziplinäre Zusammensetzung hat sich auch in anderen gemeinsamen Projekten bestens bewährt.

Prof. Dr.-Ing. G. Vogel (Hochschule Wismar), Assessor K.-D. Fröhlich (Institut für das Recht der Wasser- und Entsorgungswirtschaft an der Universität Bonn), Dipl.-Ing. (FH) W. Gröbmaier und Dipl.-Ing. W. Kraier (beide Bayerisches Landesamt für Wasserwirtschaft) haben jeweils einzelne Kapitel kritisch durchgesehen und wertvolle Hinweise gegeben. Das gilt auch für Dipl.-Ing. E. Städtler (Staatliches Umweltamt Köln), der uns zusätzlich zahlreiche Fotos zur Verfügung gestellt hat. An der Illustration des Buches haben Dipl.-Ing. R. Sonn (technische Grafiken) und H. Geipel (Zeichnungen) mitgewirkt.

Allen Genannten möchten wir ganz herzlich danken.

Bonn, München, Rosenheim, Deutschland
Dezember 1997

Univ.-Prof. Dr.-Ing. habil. Heinz Patt
Dr. Peter Jürging
Dipl.-Ing. Werner Kraus

Inhaltsverzeichnis

Zielsetzungen

1

Heinz Patt

Die zunehmende Industrialisierung in den letzten Jahrzehnten hat zu einer derart deutlichen Steigerung der Belastung unser Gewässer und der gewässernahen Bereiche geführt, dass die bisher versteckten Umweltschäden immer deutlicher erkennbar wurden. Die Gesamtauswirkungen, insbesondere auch in Verbindung mit den Klimaveränderungen, sind derzeit noch nicht in vollem Umfang abzuschätzen.

Heute müssen wir der Natur bei der Erhaltung bzw. Wiederherstellung natürlicher Lebensbedingungen helfen. Der gewissenhafte Umgang mit den empfindlichen Lebensräumen an unseren Fließgewässern bei allen Veränderungen ist daher einer der immanenten Aufgaben des Naturnahen Wasserbaus.

In diesem Buch sollen insbesondere die konstruktiven und gestalterischen Möglichkeiten des Wasserbauingenieurs aufgezeigt werden, der, zumindest in der Vergangenheit, in seiner traditionell technisch orientierten Ausbildung meist nur unzureichend auf die Auswirkungen seiner Betätigung in Bezug auf die ökologischen bzw. naturschutzfachlichen Gesichtspunkte vorbereitet worden ist.

Die vorliegende Ausarbeitung über den ökologisch orientierten (naturnahen) Wasserbau kann unmöglich alle Details wiedergeben, die mit Veränderungen an einem Oberflächengewässer verbunden sind. Dazu ist dieser Themenbereich zu komplex, zu weitreichend und in wichtigen Punkten auch noch zu wenig erforscht.

Das Ziel dieser Arbeit ist die Darstellung der wesentlichen Zusammenhänge, die als Grundlage für ein weitergehendes Studium dienen können.

H. Patt (✉)
Sachverständigenbüro Professor Patt
Bonn, Deutschland

H. Patt, *Naturnaher Wasserbau*, https://doi.org/10.1007/978-3-658-43846-3_1

1.1 Flächenbedarf

Von Bedeutung für den Wasserhaushalt und die Entwicklung der Oberflächengewässer sind der zunehmende Flächenbedarf für Wohn-, Gewerbe- und Industriegebiete sowie die zugehörigen Infrastruktureinrichtungen, die Bereitstellung der Wasserversorgung in Form von Trinkwasser für die Bevölkerung, Brauchwasser für Gewerbe und Industrie, der Ausbau der Gewässer zur Stromgewinnung aus Wasserkraft und Hochwasserschutzmaßnahmen.

Um die optimalen Voraussetzungen für die Nutzungen zu schaffen, wurden die Fließgewässer oft in sterile, klar gegliederte, von Bewuchs und sonstigen Fließhindernissen befreite Querschnitte gezwängt, die keinerlei Anbindung an die restliche Flusslandschaft mehr haben.

Jede Nutzungen führt zu einer Inanspruchnahme von Flächen in den natürlichen Überschwemmungsgebieten und engen damit die Entwicklungs- und Kompensationsmöglichkeiten der Fließgewässer mehr oder weniger stark ein. Für den Naturhaushalt bedeutet jeder menschliche Eingriff eine Veränderung der natürlichen Lebensbedingungen und birgt deshalb die Gefahr der Störung des ökologischen Gleichgewichts in sich.

Die Gewässerqualität lässt auch heute, hauptsächlich wegen der zahlreichen diffusen Einleitungen, in vielen Bereichen immer noch zu wünschen übrig

Als erster wies Prof. Alwin Seifert im Jahr 1938 auf diese Missstände hin und forderte einen „naturnäheren Gewässerbau" (Seifert 1938). Das Gedankengut lag wegen der Nachkriegszeit und den gesellschaftlichen Anforderungen dieser Zeit lange brach. In der Zeit des Wiederaufbaus hatten der Wohnungsbau, die Schaffung von Infrastruktureinrichtungen sowie Bodenmelioration und Intensivierung der Landwirtschaft Vorrang. Nach Erreichen einer gewissen Prosperität und angesichts der landwirtschaftlichen Überproduktion setzte die Ökologie-Diskussion ein.

1.2 Anpassung der gesetzlichen Grundlagen

Die Einführung der EG-Wasserrahmenrichtlinie (EG-WRRL) am 22. Dezember 2000 war ein bedeutsamer Meilenstein und der Beginn der ökologisch-biologischen Betrachtung der Gewässer in den Staaten der Europäischen Union (EU).

Die Umsetzung der Richtlinie befindet sich heute in der 3. Dekade (3. Bewirtschaftungsplan 2022 bis 2027).

Am 22. Dezember 2018 sind der Zeitplan und das Arbeitsprogramm für die Erarbeitung des 3. Bewirtschaftungsplans 2022 bis 2027 in Kraft getreten. Auf der Basis der Bestandsaufnahme 2019 wurden die Grundlagen für den dritten Bewirtschaftungsplan bereit gestellt, die in der Oberflächengewässerverordnung (OGewV, §§ 3 und 4) und der Grundwasserverordnung (§§ 2 und 3) festgelegt sind (siehe u. a. Schmedje 2019). Die Bewirtschaftungspläne und die zugehörigen Maßnahmenprogramme für die Flussgebiete waren bis zum 22. Dezember 2021 fertigzustellen.

Das ehrgeizige Ziel der EG-Wasserrahmenrichtlinie, bis zum Jahre 2029 alle Oberflächenwasserkörper in einen „guten ökologischen Zustand" zu bringen, wird in vielen Bereichen kritisch gesehen (BUND 2021) bzw. aus unterschiedlichen Gründen als nicht erreichbar angesehen (u. a. Jährling 2017; Salomon et al. 2020; Schröder 2020). Es gibt aber auch zahlreiche Vorschläge von Beteiligten, wie die Zielerreichung verbessert werden kann (siehe u. a. Schäfer-Sack und Kuhr 2019; Salomon et al. 2020).

1.3 Berücksichtigung der Klimaveränderungen

Ein weiterer bedeutsamer Einflussfaktor sind die Klimaveränderungen und die damit verbundenen Veränderungen der Parameter der Wasserhaushaltsgleichung. Aktuelle Veröffentlichungen des „*Intergovernmental Panel on Climate Change*" (IPCC) und die weltweit fortschreitende Verringerung der Trinkwasserreserven durch menschliche Einwirkungen hat manchenorts bereits derart bedrohliche Ausmaße angenommen, dass Konflikte zwischen wasserreichen und wasserarmen Regionen um die wenigen ergiebigen Ressourcen vorprogrammiert sind. Hinweise zu den möglichen Auswirkungen der Klimaveränderungen gab es schon früh (siehe u. a. Liebscher 1991) und die Suche nach entsprechenden Anpassungsstrategien sind ein aktuelles Thema vieler Fachveranstaltungen (siehe u. a. KLIWA 2000). Das am 26. April 2024 von der Bundesregierung verabschiedete neue Bundes-Klimaschutzgesetz (KSG) ist ein weiterer Schritt in diese Richtung (s. www.bundesregierung.de/breg-de/themen/tipps-fuer-verbraucher/klimaschutzgesetz-2197410 - aufgerufen am 8. Juni 2024).

Im sechsten Sachstandsbericht „*Climate Change 2022/22*" (Sixth Assessment Cycle) wird der aktuelle Stand der Klimaforschung anhand anerkannter Veröffentlichungen zum Kenntnisstand zum Klimawandel zusammengefasst und bewertet.

Dieser Bericht besteht aus den Teilen „Naturwissenschaftliche Grundlagen des Klimawandels" (August 2021 – Band 1 und Februar 2022 – Band 2) sowie Band 3 „Fortschritte bei der Begrenzung der Emissionen – April 2022) und einem Synthesereport „Climate Change 2023" vom 20. März 2023.

Der amtierende IPPC-Vorsitzende, Hoesung Lee, formuliert den Lösungsansatz der Experten wie folgt:

> „Für die Klimaexpert:innen liegt die Lösung in einer klimaresilienten Entwicklung. So können Maßnahmen zur Treibhausgasreduktion gepaart mit Maßnahmen zur Anpassung an die Folgen des Klimawandels langfristig für eine nachhaltige und lebenswerte Zukunft sorgen. Denn Klimaschutzmaßnahmen würden nicht nur die Schäden für Mensch und Natur verringern, sondern könnten auch die Wirtschaft ankurbeln und die Gesundheit verbessern. Wenn wir jetzt handeln, können wir noch eine lebenswerte und nachhaltige Zukunft für alle sichern (Zitat des IPCC-Vorsitzende Hoesung Lee)."

Aktuelle Informationen sind auf der Internetseite der deutschen IPCC-Koordinierungsstelle unter www.de-ipcc.de - aufgerufen am 8. Juni 2024 - zu finden.

Es bleibt zu hoffen, dass dieser Lösungsansatz zeitnah und stringent auch bei wasserwirtschaftlichen Maßnahmen umgesetzt werden kann.

1.4 Umsetzungsstrategien

Die Darstellung eines natürlichen Lebensraumes, in dem jede Komponente mit jeder mehr oder weniger verbunden ist, erfordert ein Erkennen und Abwägen der gegenseitigen Beeinflussungen und, vergleichbar mit den iterativen Lösungsmethoden in der Mathematik, ein mehrmaliges Überdenken aller Faktoren unter Berücksichtigung von sich ständig verändernden Randbedingungen.

Der Interessenkonflikt zwischen Schutz bzw. Wiederherstellung der natürlichen Strukturen einerseits und die Sicherung der menschlichen Lebensräume und Wirtschaftsgüter sowie die Nutzbarmachung des Wassers andererseits, kann nur durch ein sorgfältiges Abwägen in allen Planungsphasen gelöst werden. Dies gilt umso mehr, weil die Öffentlichkeit und zahlreiche Interessenverbände heute alle Veränderungen am Gewässer und in den Auen aufmerksam begleiten. Meistens wird eine Kompromisslösung zu finden sein, da die ambivalenten Zielsetzungen niemals vollständig in Einklang zu bringen sind. Der Planer muss deshalb alle wichtigen Auswirkungen einer Baumaßnahme an einem Gewässer erkennen, um überhaupt in der Lage zu sein, geeignete Lösungsvorschläge ausarbeiten zu können, die den ökologisch orientierten Zielsetzungen einer modernen Fließgewässerumgestaltung die notwendige Beachtung schenken.

In der im Jahr 2023 vom Bundesumweltministerium (BMU) aufgelegten „*Nationalen Wasserstrategie*" werden die zukünftigen Herausforderungen der Wasserwirtschaft in zehn strategische Themen gegliedert (s. auch www.umweltbundesamt.de - aufgerufen am 8. Juni 2024). Das Programm ist visionär und auf das Jahr 2050 ausgerichtet. Es soll sicherstellen, dass die anstehenden „Herausforderungen und Lösungsansätze sektor- bzw. handlungsfeldübergreifend adressiert werden" (siehe u. a. Emde 2023a, b). Es bleibt abzuwarten, wie diese Ziele in der Praxis umgesetzt werden und fachliche Notwendigkeiten nicht durch Kompromisse verwässert werden.

Literatur

BUND (s. Bund für Umwelt und Naturschutz e.V. – BUND)

Bund für Umwelt und Naturschutz e.V. (BUND) (2021) Was läuft schief bei der Umsetzung der EG-Wasserrahmenrichtlinie in Deutschland? KW Korrespondenz Wasserwirtschaft, 14. Jahrg., Heft 11, S. 674ff.

Emde, F.A. (2023a) Die Nationale Wasserstrategie, Flächennutzung – nachhaltige Gewässernutzung: Strategische Themen 2 und 3, KW Korrespondenz Wasserwirtschaft, 16. Jahrg., Heft 6, S. 374ff.

Emde, F.A (2023b) Die Nationale Wasserstrategie, Vorstellung der strategischen Themen 9 und 10, KW Korrespondenz Wasserwirtschaft, 16. Jahrg., Heft 10, S. 686ff.

IPCC (s. Intergovernmental Panel on Climate Change (IPCC) ist Teil der Vereinten Nationen und auch als Weltklimarat bekannt. Der IPCC wurde im Jahr 1988 vom Umweltprogramm der Vereinten Nationen (UNEP) und der Weltorganisation für Meteorologie (WMO) ins Leben gerufen)

Jährling, K.H. (2017) Die Rolle von Eigendynamik und Feststoffhaushalt für die Umsetzung der EU-WRRL, Fachliche Grundlagen, Beispiele und inhaltliche Defizite, KW Korrespondenz Wasserwirtschaft, 10. Jahrg., Heft 2, S. 100ff.

KLIWA (Hrsg.) (2000) Klimaveränderung und Konsequenzen für die Wasserwirtschaft, Fachvorträge beim KLIWA-Symposium am 29. und 30.11.2000 in Karlsruhe, Arbeitskreis KLIWA der Landesanstalt für Umweltschutz Baden-Württemberg, Bayerisches Landesamt für Wasserwirtschaft, Deutscher Wetterdienst.

Liebscher, H.J. (1991) Mögliche Auswirkungen von Klimaänderungen auf den Wasserhaushalt, Wasserwirtschaft, 81. Jahrg., Heft 1.

Salomon, M., Dahms, H., Bernhard, B., Steup, L., Niekisch, M. (2020) Renaturierung von Oberflächengewässern – Wie kann die Umsetzung der Wasserrahmenrichtlinie verbessert werden? KW Korrespondenz Wasserwirtschaft, 13. Jahrg., Heft 6, S. 308ff.

Schäfer-Sack, J., Kuhr, P. (2019) Chance vertan? Der Review-Prozess der Europäischen Kommission aus Sicht der Wasserverbände in NRW, KW Korrespondenz Wasserwirtschaft, 12. Jahrg., Heft 9, S. 505ff.

Schmedtje U (2019) Zustand und Belastungen der Gewässer Europas, KW Korrespondenz Wasserwirtschaft, 12. Jahrg., Heft 2, S. 89ff.

Schröder, N.J.S. (2020) Umsetzungsprozesse der EU-Wasserrahmenrichtlinie in Deutschland, Teil 1: WRRL-Zielerreichung zwischen Plan und Machbarkeit, KW Korrespondenz Wasserwirtschaft, 13. Jahrg., Heft 8, S. 490ff.

Seifert, A. (1938) Naturnäherer Wasserbau, Deutsche Wasserwirtschaft, 33. Jahrg., Heft 12.

Internet

Intergovernmental Panel on Climate Change (IPCC) – IPCC-Synthesis Report Climate Change 2023 – zu finden auf der Internetseite der deutschen IPCC-Koordinierungstelle unter www.de-ipcc.de - aufgerufen am 8. Juni 2024.

Umweltbundesamt - Nationale Wasserstrategie - www.umweltbundesamt.de/themen/wasser/wasser-bewirtschaften/nationale-wasserstrategie aufgerufen am 8. Juni 2024.

Rechtlicher Rahmen 2

Heinz Patt und Hans W. Stutz

Die anthropogenen Nutzungsansprüche an Fließgewässern und Auen und der Flächenbedarf des wirtschaftenden Menschen, der nachhaltige Schutz der empfindlichen Lebensräume und der zum Hochwasserschutz erforderliche Wasserrückhalt, erfordern ein Abwägen oft gegensätzlicher Interessen. Eine wesentliche Grundlage der dabei zu treffenden Entscheidungen ist ein umfangreiches rechtliches Regelwerk, das hier in seinen Grundzügen vorgestellt werden soll. Hierbei sollen insbesondere diejenigen Rechtsnormen benannt werden, die bei Ausbau und Unterhaltung von Fließgewässern häufig von Bedeutung sind. Die dabei getroffene Auswahl ist mit Sicherheit nicht vollständig und kann in keiner Weise eine rechtliche Beratung ersetzen.

2.1 Europäische Rechtsnormen

Die Umweltgesetzgebung der Mitgliedsstaaten wird zunehmend durch Verordnungen und Richtlinien der Europäischen Union (EU) beeinflusst. Während Verordnungen der Europäischen Union (EU) unmittelbar gelten, müssen Richtlinien grundsätzlich nach gewissen Übergangszeiten in nationalstaatliches Recht umgesetzt werden.

H. Patt (✉)
Sachverständigenbüro Professor Patt
Bonn, Deutschland

H. W. Stutz (✉)
STUTZ Umweltrecht Dr. iuris. Hans W. Stutz
Zürich, Schweiz
E-Mail: info@stutzumweltrecht.ch

H. Patt, *Naturnaher Wasserbau*, https://doi.org/10.1007/978-3-658-43846-3_2

Für die naturnahe Gestaltung und Unterhaltung von Fließgewässern und Auen ist von den europäischen Rechtsnormen insbesondere die

- Richtlinie 2000/60/EG des Europäischen Parlaments und des Rates vom 23. Oktober 2000 zur Schaffung eines Ordnungsrahmens für Maßnahmen der Gemeinschaft im Bereich der Wasserpolitik – (Kurztitel: „*Europäische Wasserrahmenrichtlinie*" – EG-WRRL); die zuletzt durch die Richtlinie 2014/101/EU (ABl. L 311 vom 31.10.2014, S. 32) geändert worden ist,

zu nennen.

Hinzu kommen aus den Themengebieten Hochwasser, Natur- und Landschaftsschutz u. a. folgende Richtlinien:

- Richtlinie 2007/60/EC des Europäischen Parlaments und des Rates über die Bewertung und das Management von Hochwasserrisiken vom 23. Oktober 2007 (Kurztitel: „*Hochwasserrisikomanagement-Richtlinie*" – EG-HWRM-RL)
- Richtlinie 79/409/EWG des Rates vom 2. April 1979 über die Erhaltung der wild lebenden Vogelarten, zuletzt geändert durch die Richtlinie 2006/105 vom 20. Dezember 2006 (Kurztitel: „*Vogelschutz-Richtlinie*").
- Richtlinie 92/43/EWG des Rates vom 21. Mai 1992 zur Erhaltung der natürlichen Lebensräume sowie der wild lebenden Tiere und Pflanzen, zuletzt geändert durch die RL 2006/105/EG vom 20. Dezember 2006 (Kurztitel: „*Fauna-Flora-Habitat-Richtlinie*", „*FFH-Richtlinie*" oder „*Habitat-Richtlinie*").

Diese Auflistung ist wegen weiterer Richtlinien, die ggf. in der Praxis zusätzlich zu berücksichtigen sind, und zwischenzeitlicher Neuregelungen nicht als abschließend anzusehen.

Die EG-Wasserrahmenrichtlinie befindet sich im Jahre 2024 gemäß ihrem Zeitrahmen in der letzten Dekade. Viele Aufgaben sind umgesetzt worden, sodass die nachfolgenden Ausführungen zum Teil als erledigt zu betrachten sind. Nichtsdestotrotz ist der zurückgelegte Weg interessant für das weitere Vorgehen, insbesondere für die rechtlichen Folgeregelungen. Aus diesem Grunde wurde der Abschnitt über die EG-WRRL in dieser Auflage des Buches nochmals in der alten Form belassen.

Da die europäischen Richtlinien nicht unmittelbar gelten, haben diese für den Praktiker vor Ort, der in der Regel nicht mit der Umsetzung der Richtlinie beauftragt ist, sondern mit konkreten Gestaltungen und Maßnahmen, eine untergeordnete Bedeutung. Nach der Rechtsprechung des *Europäischen Gerichtshofes (EuGH)* gelten die europäischen Rechtsnormen nur dann unmittelbar, wenn die Umsetzungsfristen abgelaufen sind und der Bürger aus der Richtlinie unmittelbare Vorteile bzw. eigene Rechte ableiten kann. Nichtsdestotrotz werden dem EuGH (Europäischen Gerichtshof) wichtige Fragen zur Auslegung der EG-Wasserrahmenrichtlinie (EG-WRRL) zur Entscheidung vorgelegt, die für die weitere nationale Rechtsanwendung sehr bedeutsam sind.

Nach der vollständigen Umsetzung der europäischen Normen in nationalstaatliches Recht (u. a. Wasserhaushaltsgesetz, Bundesnaturschutzgesetz) spielt die Richtlinie für innerstaatliche Rechtsanwendungen kaum noch eine Rolle. Da die europäischen Rechtsnormen jedoch für das Verständnis der deutschen Regelungen wichtig sind, sollen deren Aufbau und Inhalte hier dennoch erläutert werden. Im folgenden Text sind z. T. Hinweise enthalten, wo sich die europäischen Regelungen im bundesdeutschen Recht wiederfinden.

2.1.1 EG-Wasserrahmenrichtlinie

Die am 22. Dezember 2000 in Kraft getretene EG-Wasserrahmenrichtlinie (EG-WRRL) hat die Bedeutung von Ökologie und Naturschutz bei der Bewirtschaftung der Fließgewässer und damit auch im Hinblick auf die naturnahe Entwicklung der Fließgewässer erheblich gestärkt (siehe u. a. Becker und Götzinger 2009; Rumm et al. 2006; LAWA 2000b).

Neben dem nachhaltigen Schutz der natürlichen Wasserressourcen, dem Schutz vor Überschwemmungen und der Bereitstellung von Flächen für Freizeit und Erholung, stehen der Schutz, die Verbesserung und die Entwicklung der empfindlichen Lebensräume in und an Fließgewässern und Auen im Mittelpunkt nahezu aller in der Wasserrahmenrichtlinie formulierten Ziele. Auch sind zahlreiche Arbeiten, die zur Erreichung der Richtlinienziele sowie zur Überprüfung und Sicherung dieser Ziele durchgeführt werden müssen, von biotischen Parametern bzw. Verfahren geprägt. Die entsprechenden Verfahren waren überwiegend im Zuge der Umsetzung neu zu entwickeln.

Dazu zählen zum Beispiel:

- Beschreibung der Fließgewässer, Festlegung der typspezifischen Randbedingungen, Ermittlung und Beurteilung der Auswirkungen (s. Anhang II der EG-WRRL).
- Festlegung der Schutzgebiete (s. Anhang III der EG-WRRL)
- Beschreibung des Zustands von Oberflächenwasser und Grundwasser, Überwachung der Oberflächengewässer, Einstufung und Darstellung des ökologischen Zustands (s. Anhang IV der EG-WRRL).
- Inhalte der Maßnahmenprogramme (s. auch Anhang V der EG-WRRL)

2.1.1.1 Inhalte der EG-Wasserrahmenrichtlinie

Im Folgenden sollen die wichtigsten Bestimmungen der EG-Wasserrahmenrichtlinie in aller Kürze dargestellt werden. Zur Straffung des Textes war es erforderlich, weitgehend auf Zitate aus dem Richtlinientext zu verzichten und die wichtigsten Inhalte der einzelnen Passagen frei zu formulieren. Das dabei die Sichtweise und etwaige Interpretationen der Autoren zum Tragen kommen, ist zu beachten. Weiterhin wurde in der Regel auf die Darstellung der zahlreichen Querverweise verzichtet. In den Fällen, in denen es auf die exakte Formulierung ankommt, ist daher immer die Originalfassung der Wasserrahmenrichtlinie heranzuziehen.

Zeitrahmen der Umsetzung

Die in der Richtlinie enthaltenen unbestimmten Zeitangaben, „… *Jahre nach Inkrafttreten der Richtlinie*“, können heute, nach dem Inkrafttreten am 22. Dezember 2000, mit konkreten Zeitangaben belegt werden. Die wichtigsten Fristen sind im Text eingefügt und in Tab. 2.1 nochmals als Übersicht dargestellt.

Tab. 2.1 Fristen nach EG-Wasserrahmenrichtlinie

	Artikel EG-WRRL	Fristen[a]
Inkrafttreten	24	12/2000
Rechtliche Umsetzung		
– Erlass der Rechtsvorschriften	23	12/2003
– Bestimmung der zuständigen Behörden	3 (7)	12/2003
– Benennung der zuständigen Behörden gegenüber EU	3 (8)	6/2004
Bestandsaufnahme		
– Analyse der Merkmale eines Flussgebiets	5 (1)	12/2004
– Signifikante Belastungen erfassen und beurteilen	5 (1)	12/2004
– Wirtschaftliche Analyse der Wassernutzungen	5 (1)	12/2004
– Fortschreibung der Bestandsaufnahme	6 (2)	12/2013 12/2019
– Verzeichnis der Schutzgebiete	6 (1)	12/2004
Grundwasser		
– Benennung von Maßnahmen zum Gewässerschutz (EU)	17 (1)	12/2002
– Kriterien für den chemischen Zustand und Trendumkehr auf nationaler Ebene (falls erforderlich)	17 (4)	12/2005
Überwachungsprogramme		
– Aufstellung und Umsetzung	8	12/2006
Bewirtschaftungsplan und Maßnahmenprogramm		
– Aufstellung und Veröffentlichung des Bewirtschaftungsplans	13 (6)	12/2009
– Aufstellung des Maßnahmenprogramms	11 (7)	12/2009
– Umsetzung der Maßnahmen	11 (7)	12/2012
– Fortschreibung des Maßnahmenprogramms[c]	11 (8)	12/2015
– Fortschreibung des Bewirtschaftungsplans[c]	13 (7)	12/2015
Information und Anhörung der Öffentlichkeit		
– Zeitplan und Arbeitsprogramm	14 (1a)	12/2006
– Überblick über wichtige Wasserbewirtschaftungsfragen	14 (1b)	12/2007
– Entwürfe des Bewirtschaftungsplans	14 (1c)	12/2008
Zielerreichung		
– Guter Zustand im Oberflächengewässer bzw. gutes ökologisches Potenzial	4 (1a)	12/2015
– Guter Zustand im Grundwasser	4 (1b)	12/2015
– Erfüllung der Ziele in Schutzgebieten	4 (1c)	12/2015
– Fristverlängerungen für Zielerreichung	4 (4)	12/2021 12/2027
Liste der prioritären Stoffe und prioritären gefährlichen Stoffe		
– Grenzwerte für Emissionen und Immissionen (EU)	16 (8)	12/2002
– Begrenzung von Emissionen und Immissionen (national, falls erforderlich)	16 (8)	12/2006
– Fortschreibung der Liste der prioritären Stoffe	16 (3)	12/2004
– Einstellung der Einleitungen, Emissionen und Freisetzungen prioritärer gefährlicher Stoffe	16 (6)	20[b] Jahre
Berücksichtigung der Kostendeckung	9 (1)	12/2010

(Fortsetzung)

Tab. 2.1 (Fortsetzung)

[a]Die Fristen beziehen sich auf die Berichtspflicht an die Europäische Union (EU). Für die Erstellung der Teilpläne in den Bearbeitungsgebieten sind z. T. deutlich kürzere Fristen anzusetzen
[b]Nachdem Vorschläge zur Umsetzung der Vorgaben für prioritäre gefährliche Stoffe angenommen worden sind
[c]Alle 6 Jahre

Ziele (Art. 1 EG-WRRL) → [z. T. in § 6 WHG]
Als Ziele der Wasserrahmenrichtlinie werden genannt:

- Vermeidung einer weiteren Verschlechterung sowie Schutz und Verbesserung des Zustands aquatischer Ökosysteme und der direkt von ihnen abhängigen Landökosysteme und Feuchtgebiete im Hinblick auf deren Wasserhaushalt.
- Förderung einer nachhaltigen Wassernutzung auf der Grundlage eines langfristigen Schutzes der vorhandenen Ressourcen
- Stärkerer Schutz und Verbesserung der aquatischen Umwelt, u. a. durch schrittweise Reduzierung von Einleitungen, Emissionen und Verlusten von prioritären Stoffen und prioritär gefährlichen Stoffen.
- Sicherstellung einer schrittweisen Reduzierung der Verschmutzung des Grundwassers
- Beitrag zur Minderung der Auswirkungen von Überschwemmungen und Dürren

Begriffsbestimmungen (Art. 2 EG-WRRL) → [s. § 3 WHG]
In diesem Artikel werden die in der Wasserrahmenrichtlinie verwendeten Begriffe erläutert. Viele bedürfen jedoch noch der weitergehenden Interpretation und werden voraussichtlich erst im Laufe der Zeit durch Kommentierungen u. a. endgültig definiert.

Flussgebietsorientierte Bewirtschaftung (Art. 3 EG-WRRL) → [s. § 7 WHG]
Eine wichtige Änderung gegenüber den bisherigen Bewirtschaftungsstrukturen ist die flussgebietsorientierte Bewirtschaftung der Fließgewässer. Art. 3 EG-WRRL enthält die dazu erforderlichen organisatorischen Festlegungen auf nationaler und internationaler Ebene.

Umweltziele (Art. 4 EG-WRRL) → [s. § 5 WHG; § 27 WHG; § 46 WHG; § 82 WHG]
Die in den Bewirtschaftungsplänen für die Flussgebiete festgelegten Maßnahmenprogramme dienen der Erreichung von Umweltzielen. Dazu zählen u. a.:

- *bei Oberflächengewässern*:
  - Verhinderung einer Verschlechterung des Zustands aller Oberflächenwasserkörper
  - Schützen, verbessern und sanieren aller Oberflächenwasserkörper mit dem Ziel einen „*guten Zustand*“ zu erreichen (Frist: 22. Dezember 2015).
  - Schützen und Verbessern aller „*künstlichen und erheblich veränderten Wasserkörper*“ mit dem Ziel ein „*gutes ökologisches Potenzial*“ und einen „*guten chemischen Zustand*“ der Oberflächenwasserkörper zu erreichen (Frist: 22. Dezember 2015).
  - Reduzierung der Verschmutzung durch prioritäre Stoffe sowie eine Beendigung von Einleitungen, Emissionen und Verlusten prioritärer gefährlicher Stoffe.

- *bei Grundwasser*:
  - Verhinderung oder Begrenzung von Schadstoffeinleitungen in das Grundwasser, um eine Verschlechterung des Zustands zu verhindern.
  - Schützen, verbessern und sanieren aller Grundwasserkörper und gewährleisten eines Gleichgewichts zwischen Grundwasserentnahme und -neubildung mit dem Ziel, einen „*guten Zustand*“ der Grundwasserkörper zu erreichen.
  - Umkehr von signifikanten und anhaltenden negativen Trends und eine schrittweise Reduzierung der Verschmutzung des Grundwassers.
- *bei Schutzgebieten*:
  - Erfüllung aller Normen und Ziele auf deren Grundlage es zur Ausweisung der Schutzgebiete gekommen ist (Frist: 22. Dezember 2015).

Die oben aufgeführten Umweltziele sollten in dem vorgeschriebenen Zeitrahmen erfüllt werden (s. Tab. 2.1). Da das Erreichen der Umweltziele aufgrund besonderer Ausgangsbedingungen am Gewässer nicht immer möglich ist, sieht die Wasserrahmenrichtlinie Ausnahmen vor. Hierzu werden u. a. aufgeführt:

- Einstufung eines Wasserkörpers als „*künstlich*“ oder „*erheblich verändert*“ (Art. 4 Abs. 3 EG-WRRL)
- Verlängerung der Fristen zur Erreichung der *Umweltziele* (Art. 4 Abs. 4 EG-WRRL)
- Festlegung auf weniger strengere Umweltziele (Art. 4 Abs. 5 EG-WRRL)

Um diese Ausnahmen nicht zur Regel werden zu lassen, sind mit der Inanspruchnahme bestimmte Vorbedingungen und weiterreichende *Berichtspflichten* verknüpft. Diese umfassen u. a. sowohl eine Nennung der Ausnahmegründe im Bewirtschaftungsplan als auch eine Darstellung, wie in der verlängerten Frist die Umweltziele gem. Art. 4 EG-WRRL erreicht werden sollen.

Ein Verstoß gegen die Bestimmungen der Richtlinie wird u. a. ausgeschlossen, wenn die Gründe auf …

- eine Veränderung der physikalischen Eigenschaften eines Oberflächenwasserkörpers oder auf Änderungen des Pegels von Grundwasserkörpern oder
- die Folge einer neuen nachhaltigen Entwicklung des Menschen

zurückzuführen sind (näheres s. Art. 4 Abs. 6 und Abs. 7 EG-WRRL). Auch dazu gibt es eine Reihe von Bedingungen, die jedoch i. d. R. bei bedeutsamen Projekten (z. B. bei Hochwasserschutzmaßnahmen) erfüllt sind bzw. werden können.

Merkmale der Flussgebietseinheit, Überprüfung der Umweltauswirkungen menschlicher Tätigkeiten und wirtschaftliche Analyse der Wassernutzung (Art. 5 EG-WRRL)

Die Festlegungen in diesem Artikel betreffen die Charakterisierung der Flussgebietseinheiten, die Überprüfung der Auswirkungen der menschlichen Tätigkeiten auf Oberflächenwasser und Grundwasser sowie die wirtschaftliche Analyse der Wassernutzung. Die technischen Spezifikationen dazu finden sich in den Anhängen II und III der Wasserrahmenrichtlinie. Die Ergebnisse der ersten Festlegung waren bis spätestens 22. Dezember 2013 zu überprüfen und ggf. zu aktualisieren. Weitere Prüfungen sind dann alle sechs Jahre durchzuführen.

Verzeichnis der Schutzgebiete (Art. 6 EG-WRRL)
In diesem Artikel wird festgelegt, dass ein Verzeichnis erstellt wird, in dem diejenigen Oberflächenwasser- und Grundwasserkörper aufgeführt sind, für die ein besonderer Schutzbedarf festgestellt wurde. Diese Zusammenstellung muss auch die für die Trinkwassergewinnung bedeutsamen Wasserkörper und diejenigen Wasserkörper enthalten, die im Anhang IV (Schutzgebiete) der Wasserrahmenrichtlinie gesondert aufgeführt sind. Das Verzeichnis der Schutzgebiete soll regelmäßig überarbeitet und aktualisiert werden.

Gewässer für die Entnahme von Trinkwasser (Art. 7 EG-WRRL)
Die hier zu findenden Bestimmungen regeln die Ermittlung, die Überwachung und den Schutz der für die Trinkwasserversorgung bedeutsamen Gewässer.

Überwachung des Zustands des Oberflächengewässers, Grundwasser und Schutzgebiete (Art. 8 EG-WRRL)
Die Überwachung der Wasserkörper soll einen zusammenhängenden und umfassenden Überblick über den Zustand der Gewässer in jeder Flussgebietseinheit ermöglichen. In diesem Artikel der EG-WRRL werden die Inhalte der entsprechenden Programme aufgeführt und vorgegeben, dass die entsprechenden Überwachungsstrukturen in der Regel bis spätestens 22. Dezember 2006 zur Anwendung kommen müssen.

Bei der Umsetzung sind umfangreiche Anforderungen zu beachten, die im Anhang V der EG-WRRL aufgeführt sind.

Kostendeckende Wasserpreise (Art. 9 EG-WRRL)
In diesem Artikel wird festgelegt, dass unter Zugrundelegung des Verursacherprinzips der Grundsatz der Deckung der Kosten der Wasserdienstleistungen einschließlich umwelt- und ressourcenbezogener Kosten zu berücksichtigen ist.

Über die *Gebührenpolitik* sollten bis zum Jahr 2010 Anreize geschaffen werden, die eine effiziente Nutzung der Wasserressourcen fördern und somit zur Erreichung der Umweltziele der EG-WRRL beitragen. Auch sollten die verschiedenen Nutzer einen angemessenen Beitrag zur Deckung der Wasserdienstleistungen erbringen. Soziale, ökologische und wirtschaftliche Auswirkungen der Kostendeckung sowie geografische und klimatische Bedingungen können von den jeweiligen Mitgliedsstaaten berücksichtigt werden.

Alle geplanten Schritte sind in den *Bewirtschaftungsplänen* darzustellen.

Kombinierter Ansatz für Punktquellen und diffuse Quellen (Art. 10 EG-WRRL)
Die Regelungen in diesem Artikel sollen dazu führen, dass die Einleitungen in Oberflächengewässer begrenzt werden. Der zu verwendende „*kombinierte Ansatz*“ schließt folgende Maßnahmen ein:

- Emissionsbegrenzung auf der Grundlage der besten verfügbaren Technologien
- Einhaltung einschlägiger Emissionsgrenzwerte
- Begrenzung von diffusen Auswirkungen, ggf. die beste verfügbare Umweltpraxis.

Hierbei sind u. a. auch die Bestimmungen anderer europäischer Richtlinien, die im Einzelnen im Text aufgeführt werden, sowie die Festlegungen der Richtlinien im Anhang IX der EG-WRRL, zu beachten. Als Frist für die Festlegungen war der 22. Dezember 2012 vorgesehen, wenn nicht andere Richtlinien kürzere Fristen vorsehen. Die strengeren Bestimmungen sind dabei einzuhalten.

Maßnahmenprogramme (Art. 11 EG-WRRL) → [s. § 82 WHG]
Die *Maßnahmenprogramme* dienen dazu, die Umweltziele gem. Art. 4 EG-WRRL zu verwirklichen. Es wird zwischen *grundlegenden* und *ergänzenden Maßnahmen* unterschieden.

Grundlegende Maßnahmen (Art. 11 Abs. 3 EG-WRRL) beinhalten zu erfüllende Mindestanforderungen und umfassen u. a. folgende Maßnahmen:

- Begrenzung von Einleitungen aus Punktquellen und diffusen Quellen
- Festlegungen im Hinblick auf Wirtschaftlichkeit bei Wasserdienstleistungen
- Förderung einer effizienten und nachhaltigen Wassernutzung
- Ermittlung und Schutz der Wasserkörper für die Trinkwassernutzung
- Begrenzung der Entnahme von Oberflächensüßwasser bei einer Gefährdung der Umweltziele
- Künstliche Anreicherungen oder Auffüllungen von Grundwasserkörpern
- Vorgezogene Begrenzung von Einleitungen über Punktquellen und diffuse Quellen
- Begrenzung der nach Art. 5 EG-WRRL und Anhang II festgestellten signifikanten anthropogenen Auswirkungen im Hinblick auf die Erreichung der Umweltziele gem. Art. 4 EG-WRRL (z. B. im Hinblick auf den hydromorphologischen Zustand der Wasserkörper)
- Verbot einer direkten Einleitung von Schadstoffen, wobei in der Richtlinie zwischen *Grundwasser* und *Oberflächenwasser* unterschieden wird.

Ergänzende Maßnahmen (Art. 11 Abs. 4 EG-WRRL) sind zusätzliche Maßnahmen, die zur Verbesserung der Chancen beitragen sollen, dass die vorgesehenen Umweltziele gem. Art. 4 EG-WRRL erreicht werden. Einige Maßnahmen sind im Anhang VI Teil B der EG-WRRL aufgeführt, wobei die dort befindliche Liste nicht abschließend sein soll.

Die weiteren Ausführungen in Art. 11 EG-WRRL betreffen u. a.

- den Umgang mit den Überwachungsdaten, falls die Umweltziele voraussichtlich nicht erreicht werden (Art. 11 Abs. 5 EG-WRRL),
- das Verbot einer erhöhten bzw. zusätzlichen Verschmutzung der Oberflächenwasser und der Meeresgewässer (Art. 11 Abs. 6 EG-WRRL),
- die zeitlichen Vorgaben (Aufstellung der Maßnahmenprogramme bis 22. Dezember 2009; Umsetzung in die Praxis spätestens bis zum 22. Dezember 2012) (Art. 11 Abs. 7 EG-WRRL) und die
- Überprüfung der Maßnahmenprogramme bis spätestens 22. Dezember 2015; danach alle sechs Jahre und nötigenfalls Aktualisierung; Umsetzung von neuen oder aktualisierten Maßnahmen innerhalb von drei Jahren (Art. 11 Abs. 8 EG-WRRL).

Probleme, die nicht auf der Ebene der Mitgliedsstaaten behandelt werden können (Art. 12 EG-WRRL)
In diesem Artikel der Wasserrahmenrichtlinie wird die Vorgehensweise bei einem grenzüberschreitenden Problem geregelt und die Rolle der Kommission bei der Lösungsfindung.

Bewirtschaftungspläne für Einzugsgebiete (Art. 13 EG-WRRL) → [s. § 83 WHG]
Die Aufstellung von *einzugsgebietsorientierten Bewirtschaftungsplänen* ist eine wichtige Neuerung in der Europäischen Wasserrahmenrichtlinie. Art. 13 EG-WRRL regelt die Aufstellung derartiger Pläne, die Abgrenzungen unter den einzelnen Staaten der Europäischen Union sowie die Verfahrensweise bei internationalen Flussgebieten.

Die Bewirtschaftungspläne enthalten die in Anhang VII zur EG-WRRL genannten Informationen.

Die Möglichkeit einer Detaillierung des Bewirtschaftungsplans bzw. der Programme im Hinblick auf die Erfassung der Situation in kleineren Einzugsgebieten oder die Darstellung besonderer Aspekte der Wasserwirtschaft, Problembereiche, Gewässertypen u. a. wird ausdrücklich erwähnt (s. Krause et al. 2003).

Die Bewirtschaftungspläne für die Einzugsgebiete waren bis spätestens 22. Dezember 2009 zu veröffentlichen, bis zum 22. Dezember 2015 zu überprüfen, und danach alle sechs Jahre zu prüfen und zu aktualisieren.

Information und Anhörung der Öffentlichkeit (Art. 14 EG-WRRL) → [s. § 79 WHG]
Der wichtige Teilbereich „Öffentlichkeitsbeteiligung" wird in diesem Artikel geregelt. Ziel ist es, dass die Aufstellung, Überprüfung und Aktualisierung der Bewirtschaftungspläne von einer breiteren Öffentlichkeit begleitet werden (Art. 14 Abs. 1 EG-WRRL). Hierzu sieht die Richtlinie u. a. vor:

- Vorlage eines Zeitplans und eines Arbeitsprogramms für die Aufstellung des Plans, einschließlich einer Erklärung über die zu treffenden Anhörungsmaßnahmen, und zwar spätestens drei Jahre vor Beginn des Zeitraums, auf den sich der Plan bezieht.

- Erarbeitung eines vorläufigen Überblicks über die für das Einzugsgebiet festgestellten wichtigen Wasserbewirtschaftungsfragen, und zwar spätestens zwei Jahre vor Beginn des Zeitraums, auf den sich der Plan bezieht.
- Vorlage der Entwürfe des Bewirtschaftungsplans für die Einzugsgebiete und zwar spätestens ein Jahr vor Beginn des Zeitraums, auf den sich der Bewirtschaftungsplan bezieht.

Auf Antrag soll auch Zugang zu Hintergrunddokumenten und -informationen gewährt werden, die bei der Erstellung des Bewirtschaftungsplanentwurfs herangezogen wurden.

Um eine aktive Einbeziehung und Anhörung zu ermöglichen, räumen die Mitgliedstaaten für schriftliche Bemerkungen zu diesen Unterlagen eine Frist von mindestens sechs Monaten ein.

Berichterstattung (Art. 15 EG-WRRL)

Die Berichterstattung der Mitgliedsstaaten an die Kommission umfasst im Wesentlichen die *Übergabe* der *Bewirtschaftungspläne*. Diese müssen innerhalb von drei Monaten nach Veröffentlichung vorgelegt werden. Weiterhin sind drei Monate nach Fertigstellung zusammenfassende Berichte der durchgeführten Analysen (s. Art. 5 EG-WRRL) und Überwachungsprogramme (s. Art. 8 EG-WRRL) zu übergeben. Alle drei Jahre sind Zwischenberichte zu übermitteln, in denen die Fortschritte, die bei der Durchführung des Maßnahmenprogramms erzielt wurden, darzustellen sind.

Strategien gegen die Wasserverschmutzung (Art. 16 EG-WRRL)

Dieser Artikel der Richtlinie enthält Hinweise, wie die Wasserverschmutzung durch einzelne Schadstoffe oder Schadstoffgruppen wirksam bekämpft werden soll. Die Maßnahmen zielen auf eine schrittweise Reduzierung ab.

In Bezug auf die *prioritären Stoffe* ist es das Ziel, Einleitungen, Emissionen und Verluste zu beenden oder schrittweise einzustellen. Insbesondere wird im Text der Richtlinie die Ausarbeitung und Fortschreibung einer Liste erwähnt, die alle *prioritären Stoffe* enthalten soll, die ein erhebliches Risiko für die aquatische Umwelt darstellen.

Die Vergabe der Prioritäten richtet sich nach dem Risiko, das von dem jeweiligen Stoff ausgeht. Die Bewertungskriterien bzw. die Verfahren nach dem die Risikobewertung zu erfolgen hat, werden in der Richtlinie aufgeführt.

Wenn es die Einhaltung des Zeitplans gem. Art. 4 EG-WRRL erforderlich macht, können Stoffe auf der Basis eines vereinfachten, auf wissenschaftlichen Erkenntnissen beruhenden risikobezogenen Verfahrens, als prioritär für Maßnahmen eingestuft werden (s. Art. 16 Abs. 2 EG-WRRL).

Bei der Zusammenstellung der Liste der *prioritär gefährlichen Stoffe* sollen die einschlägigen Vorschriften der EU ebenso berücksichtigt werden, wie die Festlegungen in entsprechenden internationalen Übereinkommen (Art. 16 Abs. 3 EG-WRRL).

Die weiteren Ausführungen in Art. 16 EG-WRRL betreffen im Hinblick auf prioritäre Stoffe u. a.:

- Überprüfung und Fortschreibung der Liste bis spätestens 22. Dezember 2004; danach mindestens alle vier Jahre (Art. 16 Abs. 4 EG-WRRL)
- Bei der Erstellung der Liste sollen die einschlägigen Empfehlungen von Organisationen, die im Text der Richtlinie besonders benannt werden, berücksichtigt werden. Die Kommission hat aber auch allen anderen relevanten Informationen nachzugehen (Art. 16 Abs. 5 EG-WRRL).
- Erarbeitung von Vorschlägen für Begrenzungen der prioritären Stoffe (Art. 16 Abs. 6 EG-WRRL)
- Festlegung auf Grenzwerte und Qualitätsnormen für Konzentrationen der prioritären Stoffe in Oberflächenwasser, Sedimenten und Biota (Art. 16 Abs. 7 EG-WRRL)

Des Weiteren werden folgende Verfahrensregelungen getroffen:

- Vorgehensweise bei Festlegung von Grenzwerten sowie die zeitliche Umsetzung der einzelnen Bestimmungen (Art. 16 Abs. 8 EG-WRRL)
- Erarbeitung von Strategien gegen die Wasserverschmutzung durch andere *Schadstoffe* und *Schadstoffgruppen* durch die Kommission (Art. 16 Abs. 9 EG-WRRL)
- Überprüfung der Begrenzungsmaßnahmen gem. Anhang IX der EG-WRRL einschließlich etwaiger Aufhebungen (Art. 16 Abs. 10 EG-WRRL)
- Liste der prioritären Stoffe enthält Anhang X der EG-WRRL (Art. 16 Abs. 11 EG-WRRL)

Strategien zur Verhinderung und Begrenzung der Grundwasserverschmutzung (Art. 17 EG-WRRL)
In diesem Artikel wird die Möglichkeit geschaffen, dass das Europäische Parlament und der Rat spezielle Maßnahmen zur Verhinderung und Begrenzung der Grundwasserverschmutzung erlassen können.

Bericht der Kommission (Art. 18 EG-WRRL)
Die Kommission hat einen *Bericht* über die Umsetzung der Richtlinie vorzulegen, der u. a. folgende Detailinformationen enthalten soll:

- Überblick über den Stand der Umsetzung der Wasserrahmenrichtlinie
- Zustand von Oberflächen- und Grundwasser in der Gemeinschaft
- Vorgelegte Bewirtschaftungspläne einschließlich Empfehlungen für die Verbesserung zukünftiger Pläne
- Stellungnahme zu allen Berichten und Empfehlungen der Nationalstaaten, welche die Probleme auf Ebene mehrerer Mitgliedsstaaten betreffen (s. Art. 12 EG-WRRL)

- Zusammenfassung aller entwickelten Vorschläge, Begrenzungsmaßnahmen und Strategien auf der Basis des Art. 16 EG-WRRL („Strategien gegen die Wasserverschmutzung")
- Zusammenfassung der Antworten auf Bemerkungen des Europäischen Parlaments und des Rates zu früheren Berichten über die Umsetzung.

Die Kommission hat ferner in festgelegten zeitlichen Abständen, Berichte und Zwischenberichte über den Stand der Umsetzung zu veröffentlichen. Auch ist vorgesehen, dass im Berichtzyklus eine Konferenz veranstaltet werden soll, die der Kommentierung des Durchführungsberichts der Kommission und dem Erfahrungsaustausch dient.

Pläne für zukünftige Maßnahmen der Gemeinschaft (Art. 19 EG-WRRL)
In diesem Artikel wird festgelegt, dass die Kommission jährlich einen Bericht über die in naher Zukunft geplanten Maßnahmen vorzulegen hat. Ausdrücklich genannt werden Vorschläge, Begrenzungsmaßnahmen und Strategien, welche den Komplex der *prioritären Stoffe* betreffen.

Es wird auch festgelegt, dass die Kommission die EG-Wasserrahmenrichtlinie bis spätestens 22. Dezember 2019 überprüft und ggf. erforderliche Änderungen vorschlägt.

Technische Anpassungen dieser Richtlinie (Art. 20 EG-WRRL)
Die Ausführungen in diesem Artikel betreffen die Anpassung verschiedener Anhänge an den wissenschaftlichen und technischen Fortschritt und die dabei einzuhaltende Verfahrensweise.

Regelungsausschuss (Art. 21 EG-WRRL)
Die Kommission wird durch einen *Regelungsausschuss* unterstützt.

Aufhebung von Rechtsakten und Übergangsbestimmungen (Art. 22 EG-WRRL)
In diesem Artikel werden Regelungen getroffen, welche die Aufhebung bisher gültiger Rechtsakte (Richtlinien, Entscheidungen) der Europäischen Union betreffen bzw. entsprechende Übergangsbestimmungen festlegen.

Sanktionen (Art. 23 EG-WRRL)
Die Mitgliedsstaaten sind gehalten, Sanktionen festzulegen, die bei einem Verstoß gegen die Bestimmungen der Richtlinie greifen. Diese müssen wirksam, angemessen und abschreckend sein.

Umsetzung (Art. 24 EG-WRRL)
Hier wird festgelegt, dass die Mitgliedsstaaten die erforderlichen Rechts- und Verwaltungsvorschriften erlassen sollen, sodass den Bestimmungen der EG-Wasserrahmenrichtlinie ab dem 22. Dezember 2003 in den einzelnen Mitgliedsstaaten nachgekommen werden kann.

Inkrafttreten (Art. 25 EG-WRRL)
Die Richtlinie ist am Tag ihrer Veröffentlichung in Kraft getreten. Das war der 22. Dezember 2000.

Adressaten (Art. 26 EG-WRRL)
Die Richtlinie gilt für die Mitgliedsstaaten der Europäischen Union.

2.1.1.2 Anhänge zur Europäischen Wasserrahmenrichtlinie
Von besonderer Bedeutung für die Umsetzung der EG-Wasserrahmenrichtlinie sind die Festlegungen, die in den Anhängen I bis XI zur Richtlinie getroffen werden. Dort ist im Einzelnen folgendes geregelt:

Anhang I: Informationen für die Erstellung der Liste der zuständigen Behörden
In diesem Anhang wird festgelegt, welche Informationen über diejenigen Behörden vorzulegen sind, die für eine Flussgebietseinheit zuständig sind.

Anhang II:
In Anhang II wird zwischen *Oberflächenwasser* und *Grundwasser* unterschieden. Im Hinblick auf Oberflächengewässer finden sich die nationalen Regelungen in der Oberflächengewässerverordnung - OGewV (s. Abschn. 2.12) In der Anlage zur EG-WRRL sind Regelungen zu folgenden Themenbereichen zu finden:

- **Beschreibung und Typen der Oberflächenwasserkörper** (Abschn. 1.1)
  - Die Oberflächenwasserkörper werden innerhalb eines Einzugsgebiets in die Kategorien *Flüsse, Seen, Übergangsgewässer* und *Küstengewässer* oder *künstliche Oberflächenwasserkörper* oder *erheblich veränderte Oberflächenwasserkörper* eingeordnet.
  - In jeder Kategorie sind die Oberflächenwasserkörper nach Typen zu unterscheiden. Die unterschiedlichen Typen – nach *System A* oder *B* unterteilt – enthält Abschn. 1.2.
  - Bei Anwendung von *System A* hat zunächst eine Unterscheidung nach geografischen Gebieten zu erfolgen. Zur Einordnung gibt es in Anhang XI der EG-WRRL entsprechende Karten. Die Wasserkörper sind dann für jede Ökoregion entsprechend der Spezifikationen des *Systems A* in Abschn. 1.2 einzuordnen.
  - Bei Anwendung von *System B* ist sicherzustellen, dass mindestens die Detaillierung von *System A* erreicht wird. Es ist auch hier wieder eine Unterscheidung nach Gewässertypen vorzunehmen. Die einzelnen Typen sind mit Hilfe der aufgeführten Parameter (in der Richtlinie werden sie *Deskriptoren* genannt) bzw. Parameterkombinationen so zu beschreiben, dass typspezifische Referenzbedingungen zuverlässig abgeleitet werden können.
  - Bei *künstlichen* oder *erheblich veränderten Oberflächenwasserkörpern* ist die Unterscheidung anhand der Parameter für diejenigen Oberflächenwasserkörperkategorien vorzunehmen, die dem betreffendem Wasserkörper am ähnlichsten sind.

- Die Mitgliedsstaaten übermitteln der Kommission entsprechendes Kartenmaterial (im GIS-Format) mit der geografischen Lage der Typen im erforderlichen Feinheitsgrad.

- **Ökoregionen und Arten von Oberflächenwasserkörpern** (Abschn. 1.2)
  In diesem Abschnitt finden sich die entsprechenden Parameter für die Beschreibung der *Oberflächenwasserkörper* nach *System A* oder *System B*. Unterschieden wird jeweils zwischen Flüssen, Seen, Übergangsgewässern und Küstengewässern.
  Beim *System A* wird zwischen den Parametern „*Ökoregion*" (nach Karte A in Anhang XI) und „*Typ*" (u. a. Höhenlage, Tiefe, Größe, Geologie) unterschieden, während beim *System B* zwischen *obligatorischen Faktoren* (Höhe, geografische Breite und Länge, Geologie, Größe) und *optionalen Faktoren* (z. B. für Fließgewässer – Abschn. 1.2.1: Strömungsenergie, durchschnittliche Wasserbreite, Wassertiefe, Wassergefälle, Form und Gestalt des Hauptflussbettes, Fluss-(Durchfluss-)klasse, Talform, Feststofffracht, Säurebindungsvermögen, durchschnittliche Zusammensetzung des Substrats, Schwankungsbereich der Lufttemperatur, Niederschlag) differenziert wird. Entsprechende Parameter gibt es, jeweils getrennt für die Systeme A und B, auch für Seen (Abschn. 1.2.2), Übergangsgewässer (Abschn. 1.2.3) und Küstengewässer (Abschn. 1.2.4).

- **Festlegung der typenspezifischen Referenzbedingungen für Arten von Oberflächenwasserkörpern** (Abschn. 1.3)
  Es werden u. a. folgende Festlegungen getroffen:
  - Für jeden Oberflächenwasserkörper sind – entsprechend der Qualitätskomponenten in Anhang V – typspezifische hydromorphologische und physikalisch-chemische Bedingungen festzulegen, die dem „*sehr guten ökologischen Zustand*" entsprechen.
  - Bei Anwendung der Verfahren auf „*erheblich veränderte*" oder „*künstliche*" Oberflächenwasserkörper ist es erforderlich, die Bedingungen für das „*gute ökologische Potenzial*" festzulegen.
  - Die o. a. Bedingungen können *raumbezogen* oder *modellbasiert* abgeleitet werden. Kombinationen beider Verfahren sind möglich.
  - Für *raumbezogene typspezifische biologische Rahmenbedingungen* ist von den Mitgliedsstaaten ein Bezugsnetz zu entwickeln, das eine ausreichende Anzahl von Stellen mit „*sehr gutem Zustand*" umfassen muss, um ein ausreichendes Maß an Zuverlässigkeit für die Referenzbedingungen sicherzustellen.
  - *Modellbasierte typspezifische biologische Referenzbedingungen* können entweder aus *Vorhersagemodellen* oder durch *Rückberechnungsverfahren* abgeleitet werden. Es muss auch hier sichergestellt werden, dass die abgeleiteten Bedingungen für jede Art von Oberflächenwasserkörper zutreffend und stichhaltig sind.
  - Können zuverlässige Referenzbedingungen für eine Komponente nicht festgelegt werden, kann diese von der Beurteilung ausgeklammert werden. Die Gründe sind im Bewirtschaftungsplan darzulegen.

- **Ermittlung der Belastungen** (Abschn. 1.4)
  Bei der Ermittlung der *Belastungen* geht es um die Erhebung und Aufbewahrung von Daten über die Art und das Ausmaß der *signifikanten anthropogenen Belastungen*, denen die Oberflächenwasserkörper unterliegen können (Ernstberger et al. 2003).

- **Beurteilung der Auswirkungen** (Abschn. 1.5)
  Die Mitgliedsstaaten beurteilen auf der Basis der gem. Abschn. 1.4 gesammelten Informationen und anderer einschlägiger Informationen, wie wahrscheinlich es ist, dass die Oberflächenwasserkörper die Umweltziele gem. Art. 4 EG-WRRL nicht erreichen. Die Gründe sollen dargestellt werden, damit die Überwachungsprogramme (Art. 8 EG-WRRL) und die Maßnahmenprogramme (Art. 11 EG-WRRL) optimiert werden können.

Für Grundwasser bzw. die Grundwasserkörper (Abschn. 2) sind die nationalen Regelungen in der Grundwasserverordnung (GrwV) zu finden. In der Anlage zur EG-WRRL sind folgende Verfahrensschritte bzw. Festlegungen enthalten:

- Erstmalige Beschreibung (Abschn. 2.1)
- Weitergehende Beschreibung (Abschn. 2.2)
- Prüfung der Auswirkungen menschlicher Tätigkeiten auf das Grundwasser (Abschn. 2.3)
- Prüfung der Auswirkungen von Veränderungen des Grundwasserspiegels (Abschn. 2.4)
- Überprüfung der Auswirkungen der Verschmutzung auf die Qualität des Grundwassers (Abschn. 2.5).

Anhang III: Wirtschaftliche Analyse
In diesem Anhang werden die Voraussetzungen zur Durchführung einer wirtschaftlichen Analyse beschrieben. Insbesondere wird auf eine ausreichende Detaillierung der Informationen hingewiesen, damit …

- die einschlägigen Berechnungen durchgeführt werden können, die erforderlich sind, um dem Grundsatz der Deckung der Kosten der Wasserdienstleistungen unter Berücksichtigung der langfristigen Voraussagen für das Angebot und die Nachfrage von Wasser Rechnung tragen zu können und
- die in Bezug auf die Wassernutzung kosteneffizientesten Kombinationen des Maßnahmenprogramms (Art. 11 EG-WRRL) auf der Grundlage von Schätzungen ihrer potenziellen Kosten beurteilen zu können.

Anhang IV: Schutzgebiete
In diesem Anhang werden die Arten von Schutzgebieten beschrieben, die in das aufzustellende Verzeichnis aufgenommen werden müssen. Dazu gehören u. a. Gebiete, die der …

- Gewinnung von Trinkwasser dienen,
- wirtschaftlich bedeutende aquatische Arten enthalten,
- als Erholungsgebiete ausgewiesen sind (darunter auch Badegewässer),
- nährstoffsensibel sind oder
- zum Schutz von Lebewesen oder Arten

ausgewiesen wurden.

Anhang V:
Dieser umfangreiche Anhang enthält Festlegungen bzw. Kriterien, die bei der *Beschreibung des ökologischen Zustands* der Oberflächengewässer (Abschn. 1) und des Grundwassers (Abschn. 2) zugrunde gelegt werden müssen. Die nationalen Regelungen hierzu finden sich in der Oberflächengewässerverordnung (OGwV).

Bezüglich der *Oberflächengewässer* werden folgende Festlegungen getroffen:

- **Qualitätskomponenten für die Einstufung des ökologischen Zustands** (Abschn. 1.1)
  Dieser Abschnitt enthält eine detaillierte Darstellung der Qualitätskomponenten, die für die Einstufung zu verwenden sind. Diese werden für die verschiedenen Arten von Oberflächenwasserkörpern, d. h. …
  - Flüsse (Abschn. 1.1.1)
  - Seen (Abschn. 1.1.2)
  - Übergangsgewässer (Abschn. 1.1.3)
  - Küstengewässer (Abschn. 1.1.4) sowie
  - künstliche und stark veränderte Oberflächenwasserkörper

  getrennt aufgeführt.

  Hinsichtlich der *Qualitätskomponenten* wird zwischen biologischen, hydromorphologischen, chemischen und physikalisch-chemischen Komponenten (in Unterstützung der biologischen Komponenten) sowie spezifischen Schadstoffen unterschieden.

  Als Qualitätskomponenten für „*künstliche*“ und „*stark veränderte*“ Oberflächenwasserkörper werden diejenigen Komponenten der ersten vier Arten von Oberflächenwasserkörpern herangezogen, die dem betreffenden *erheblich veränderten* oder *künstlichen Wasserkörper* am ähnlichsten sind (Abschn. 1.1.5).
- **Normative Begriffsbestimmungen zur Einstufung des ökologischen Zustands** (Abschn. 1.2)
  Dieser Abschnitt enthält für die oben angeführten Arten von Oberflächenwasserkörpern (Flüsse, Seen usw.) normative Begriffsbestimmungen. Dazu gehören:
  - Allgemeine Begriffsbestimmungen für den Zustand von Flüssen, Seen, Übergangs- und Küstengewässern sowie, jeweils unterschieden nach Flüssen, Seen, Übergangsgewässern, Küstengewässern.
  - Begriffsbestimmungen für den *sehr guten*, *guten* und *mäßigen* ökologischen Zustand von Flüssen (auf der Basis biologischer, hydromorphologischer sowie physikalisch-chemischer Qualitätskomponenten).

  und für „*erheblich veränderte*“ oder „*künstliche*“ Wasserkörper
  - Begriffsbestimmungen für das *höchste*, das *gute* und das *mäßige ökologische Potenzial* (u. a. auf der Basis biologischer, hydromorphologischer, physikalisch-chemischer Qualitätskomponenten sowie spezifischer Schadstoffe)

  Weiterhin sind „*Verfahren zur Festlegung chemischer Qualitätsnormen durch die Mitgliedsstaaten*“ (Abschn. 1.2.6) enthalten.

- **Überwachung des ökologischen und des chemischen Zustands der Oberflächengewässer** (Abschn. 1.3)
  Im Einzelnen werden in diesem Abschnitt folgende Regelungen getroffen:
  - Gestaltung der „überblicksweisen“ Überwachung (Abschn. 1.3.1)
  - Gestaltung der operativen Überwachung (Abschn. 1.3.2)
  - Überwachung zu Ermittlungszwecken (Abschn. 1.3.3)
  - Überwachungsfrequenz (Abschn. 1.3.4)
  - Zusätzliche Überwachungsanforderungen für Schutzgebiete (Abschn. 1.3.5)
  - Normen für die Überwachung der Qualitätskomponenten (Abschn. 1.3.6)
- **Einstufung und Darstellung des ökologischen Zustands** (Abschn. 1.4)
  Hierzu zählen folgende Detailregelungen:
  - Vergleichbarkeit der Ergebnisse der biologischen Überwachung (Abschn. 1.4.1)
    In diesem Abschnitt werden u. a. die Voraussetzungen geschaffen, dass die Einstufungen der jeweiligen Mitgliedsstaaten miteinander verglichen werden können. Hierzu sollen die Ergebnisse als *„ökologische Qualitätskomponenten“* auf der Basis einer fünfstufigen Skala dargestellt werden. Der Quotient liegt zwischen „1“ (*„sehr guter ökologischer Zustand“*) und „0“ (*„schlechter ökologischer Zustand“*). Auch wird der Aufbau eines *„Interkalibrierungsnetzes“* gefordert, sodass die Grenzwerte zwischen den einzelnen Qualitätsstufen (*„sehr guter“*, *„guter“* und *„mäßiger Zustand“*) in den einzelnen Mitgliedsstaaten verglichen werden können.
  - Darstellung der *Überwachungsergebnisse* und Einstufung des ökologischen Zustands und des ökologischen Potenzials (Abschn. 1.4.2)
  - Zur Darstellung des ökologischen Zustands der Wasserkörper wird die in Tab. 2.2 dargestellte Farbkennung eingeführt. Hierbei wird aus der biologischen und der physikalisch-chemischen Überwachung der jeweils niedrigere Wert dargestellt.
  - *„Erheblich veränderte“* und *„künstliche“* Wasserkörper erhalten die in Tab. 2.3 gezeigte Farbkennung.
  - Durch „schwarze“ Punkte werden diejenigen Wasserkörper gekennzeichnet, bei denen das Nichterreichen eines guten Zustands oder eines guten ökologischen Potenzials darauf zurückzuführen ist, dass die festgelegten Umweltqualitätsnormen hinsichtlich der spezifischen Schadstoffe nicht erreicht werden.
  - Darstellung der Überwachungsergebnisse und Einstufung des chemischen Zustands (Abschn. 1.4.3).

Tab. 2.2 Farbkennung zur Darstellung des ökologischen Zustands und des ökologischen Potenzials

Einstufung des ökologischen Zustands	Farbkennung
Sehr Gut	Blau
Gut	Grün
Mäßig	Gelb
Unbefriedigend	Orange
Schlecht	Rot

Tab. 2.3 Farbkennung zur Darstellung des ökologischen Zustands und des ökologischen Potenzials von *„erheblich veränderten"* und *„künstlichen"* Wasserkörpern

	Farbkennung	
Einstufung des ökologischen Potenzials	Künstliche Wasserkörper	Erheblich veränderte Wasserkörper
Gut und besser	Gleich große grüne und hellgraue Streifen	Gleich große grüne und dunkelgraue Streifen
Mäßig	Gleich große gelbe und hellgraue Streifen	Gleich große gelbe und dunkelgraue Streifen
Unbefriedigend	Gleich große orangefarbene und hellgraue Streifen	Gleich große orangefarbene und dunkelgraue Streifen
Schlecht	Gleich große rote und hellgraue Streifen	Gleich große rote und dunkelgraue Streifen

Tab. 2.4 Farbkennung zur Darstellung des chemischen Zustands

Einstufung des chemischen Zustands	Farbkennung
Gut	Blau
Nicht Gut	Rot

Für das *Grundwasser* (Abschn. 2) beinhalten die einzelnen Unterabschnitte folgende Regelungen:

- Mengenmäßiger Zustand des Grundwassers (Abschn. 2.1)
- Überwachung des mengenmäßigen Zustands des Grundwassers (Abschn. 2.2)
- Chemischer Zustand des Grundwassers (Abschn. 2.3)
- Überwachung des chemischen Zustands des Grundwassers (Abschn. 2.4 und Tab. 2.4)
- Darstellung des Grundwasserzustands (Abschn. 2.5)

Anhang VI: Liste von Maßnahmen, die in die Maßnahmenprogramme aufzunehmen sind

Dieser Anhang enthält *eine* Auflistung geltender europäischer Richtlinien, wie zum Beispiel die Habitatrichtlinie, die *Vogelschutzrichtlinie*, die *Richtlinie über Badegewässer*, die Richtlinie über die *Umweltverträglichkeitsprüfung*, welche die Grundlage für Maßnahmen bilden (Teil A) und eine Liste mit möglichen ergänzenden Maßnahmen (Teil B).

Diesbezüglich werden als mögliche Instrumente im Rahmen der Maßnahmenprogramme u. a. genannt: Rechtsinstrumente, administrative Instrumente, wirtschaftliche oder steuerliche Instrumente, Aushandlung von Umweltabkommen, Entnahmebegrenzungen, Fortbildungsmaßnahmen, Forschungs-, Entwicklungs- und Demonstrationsvorhaben.

Anhang VII: Bewirtschaftungspläne für die Einzugsgebiete

Bei der Erstellung der Bewirtschaftungspläne sind bestimmte Vorgaben zu berücksichtigen, die in diesem Anhang näher beschrieben werden.

Unter Punkt A werden bei der „*Allgemeinen Beschreibung der Oberflächengewässer*" (Abschn. 1.1) genannt:

- Kartierung der Lage und Grenzen der Wasserkörper
- Kartierung der Ökoregionen und Oberflächenwasserkörpertypen im Einzugsgebiet sowie
- Ermittlung von Bezugsbedingungen für die Oberflächenwasserkörpertypen

Für *Grundwasser* (Abschn. 1.2) ist eine

- Kartierung der Lage und Grenzen der Grundwasserkörper vorzunehmen.

Des Weiteren soll im Bewirtschaftungsplan enthalten sein:

- Zusammenfassung der signifikanten Belastungen und anthropogenen Einwirkungen auf den Zustand von Oberflächen- und Grundwasser (Abschn. 2)
- Ermittlung und Kartierung der Schutzgebiete (Abschn. 3)
- Karte der Überwachungsnetze und Darstellung der Ergebnisse der Überwachungsprogramme (Abschn. 4)
- Liste der Umweltziele gem. Art. 4 EG-WRRL für Oberflächengewässer, Grundwasser und Schutzgebiete (Abschn. 5)
- Zusammenfassung der wirtschaftlichen Analyse des Wassergebrauchs (Abschn. 6)
- Zusammenfassung der Maßnahmenprogramme (Abschn. 7)
- Verzeichnis etwaiger detaillierter Programme und Bewirtschaftungspläne (Abschn. 8)
- Zusammenfassung der Maßnahmen zur Information und Anhörung der Öffentlichkeit (Abschn. 9)
- Liste der zuständigen Behörden (Abschn. 10)
- Anlaufstellen und Verfahren für die Beschaffung der Hintergrunddokumente und -informationen (Abschn. 11)

Außerdem sind die folgenden, im Anhang unter Punkt B aufgeführten, Anforderungen zu erfüllen:

- Zusammenfassung jeglicher Änderungen oder Aktualisierungen seit Veröffentlichung der vorangegangenen Fassung des Bewirtschaftungsplans einschließlich einer Zusammenfassung der Überprüfungen
- Bewertung der Fortschritte zur Erfüllung der Umweltziele, einschließlich einer Darstellung der Überwachungsergebnisse für den Zeitraum des vorangegangenen Jahres in Kartenform, und eine Begründung für das Nichterreichen eines Umweltziels.
- Zusammenfassung und Begründung von Maßnahmen, die in einer früheren Fassung des Bewirtschaftungsplans vorgesehen waren, aber nicht in die Praxis umgesetzt wurden.
- Zusammenfassung zusätzlicher einstweiliger Maßnahmen, die seit Veröffentlichung der vorherigen Fassung des Bewirtschaftungsplans verabschiedet wurden.

Anhang VIII: Nichterschöpfendes Verzeichnis der wichtigsten Schadstoffe
Dieser Anhang enthält eine Liste der wichtigsten Schadstoffe. Diese Liste wird ständig ergänzt und aktualisiert.

Anhang IX: Emissionsgrenzwerte und Umweltqualitätsnormen
Hier werden die Tochterrichtlinien aufgeführt, welche die „*Emissionsgrenzwerte*" und „*Qualitätsziele*" enthalten, die als „*Emissionsgrenzwerte*" bzw. „*Umweltqualitätsnormen*" auch für die EG-Wasserrahmenrichtlinie gelten.

Anhang X: Prioritäre Stoffe
Hier werden die *prioritären Stoffe* aufgeführt.

Anhang XI: Karte A und Karte B
Karte A enthält – jeweils für das System A – eine Übersicht der *Ökoregionen* für Flüsse und Seen, während Karte B diejenigen für *Übergangsgewässer* und *Küstengewässer* zeigt.

2.1.2 Europäische Hochwasserrisikomanagement-Richtlinie (EG-HWRM-RL)

Die europäische „*Richtlinie über die Bewertung und das Management von Hochwasserrisiken*" (sog. Europäische Hochwasserrisikomanagement-Richtlinie – Richtlinie 2006/118/EG vom 23. Oktober 2007), Revision vom 4. November 2015 (in Kraft seit 1. Januar 2016) und Revision vom 22. März 2017 (in Kraft seit 1. Mai 2017) erweitert die EG-Wasserrahmenrichtlinie um den Themenbereich „Hochwasser".

Da die Regelungen der Europäischen Hochwasserschutz-Richtlinie inzwischen in das Wasserhaushaltsgesetz (WHG) integriert worden sind, stellen die Paragrafen §§ 72 bis 75 WHG die Umsetzung in bundesdeutsches Recht dar (s. Abschn. 2.4.5).

Die *Europäische Hochwasserschutz-Richtlinie* unterteilt sich in folgende Teilbereiche (Nacken 2008, 2009):

- Vorläufige Bewertung des Hochwasserrisikos
- Hochwassergefahren und Hochwasserrisikokarten
- Pläne für das Hochwasserrisikomanagement

Die einzelnen Teilschritte sind alle sechs Jahre zu überprüfen.

2.1.2.1 Vorläufige Bewertung des Hochwasserrisikos → [§ 73 WHG]

Die vorläufige Bewertung des *Hochwasserrisikos* umfasst die Bewertung der entsprechenden Flussgebietseinheit im Hinblick auf ein *signifikantes Hochwasserrisiko* (u. a. Merz 2006). Zur Bewertung werden u. a. historische Hochwasserereignisse, natürliche *Überschwemmungsflächen*, die Entwicklung der *Landnutzung*, Veränderungen durch den

Klimawandel sowie eine Prognose der Auswirkungen zukünftiger Hochwasser herangezogen. Die entsprechenden Arbeiten waren bis zum 31. Dezember 2010 abzuschließen.

Liegt für ein Teilgebiet kein *signifikantes Hochwasserrisiko* vor, müssen die folgenden Arbeitsschritte (Hochwassergefahren und Hochwasserrisikokarten sowie Pläne für das Hochwasserrisikomanagement) nicht in Angriff genommen werden. Wenn ja, müssen diese durchgeführt werden.

2.1.2.2 Hochwassergefahren und Hochwasserrisikokarten → [§ 74 WHG]

In diesem Arbeitsschritt sind *Überschwemmungsgebietskarten* für die *Hochwasserjährlichkeiten* HQ_{10}, HQ_{100} sowie HQ_{Ex} zu erarbeiten. Die Karten müssen Wassertiefen bzw. optional Fließgeschwindigkeiten enthalten.

Die *Hochwasserrisikokarten* enthalten Angaben zu den betroffenen Gewässeranliegern, den betroffenen Nutzungen sowie eine Auflistung der Schadenswirkung für die Umwelt.

2.1.2.3 Pläne für das Hochwasserrisikomanagement → [§ 75 WHG]

Die Pläne für das *Hochwasserrisikomanagement* beschreiben die Maßnahmen zur Reduzierung des Hochwasserrisikos (u. a. Rother 2009). Im Detail sind die Auswirkungen auf die menschliche Gesundheit, die Umwelt und die Nutzungen darzustellen. Bei der Ableitung von Maßnahmen sind die drei Komponenten des Hochwasserschutzes, Vermeidung, Schutz und Vorsorge, zu berücksichtigen. Maßnahmen, die eine Verschlechterung für andere Gewässeranlieger bewirken, sind nur dann statthaft, wenn diese Bestandteile eines Gesamtkonzeptes zur Verbesserung des Hochwasserschutzes sind und im Konsens mit allen Gewässeranliegern verabschiedet wurden.

2.1.3 Europäische Naturschutzrichtlinien

Bei baulichen Gestaltungen sowie Pflege- und Unterhaltsmaßnahmen an Fließgewässern sind in erster Linie die folgenden europäischen Naturschutzrichtlinien zu beachten:

- „Richtlinie des Rates vom 2. April 1979 über die Erhaltung der wildlebenden Vogelarten“ (79/409/EWG), zuletzt geändert durch die RL 2006/105/EG vom 20. Dezember 2006 (Kurztitel: „*Vogelschutz-Richtlinie*“)
- „Richtlinie 92/43/EWG des Rates zur Erhaltung der natürlichen Lebensräume sowie der wildlebenden Tiere und Pflanzen“, zuletzt geändert durch die RL 2006/105/EG vom 20. Dezember 2006 (Kurztitel: „*Fauna-Flora-Habitat-Richtlinie*“; jedoch auch als „*FFH-Richtlinie*“ oder als „*Habitat-Richtlinie*“ bekannt).

Eine Beurteilung hinsichtlich der Relevanz der Bestimmung der EG-Wasserrahmenrichtlinie auf die Vogel- und FFH-Richtlinie findet sich u. a. bei Newbold (1998), Mewes und Maskow (2009), Reinhardt (2009) und Rehklau et al. (2023).

2.1.3.1 Schutzgebiete – NATURA 2000

Die beiden o. a. Richtlinien bilden den rechtlichen Rahmen zum Schutze des sog. „*Europäischen Naturerbes*". Ziel ist es, ein zusammenhängendes ökologisches Netz von Schutzgebieten im Vertragsbereich der EU zu schaffen. Dieses Netzwerk (bekannt als „*NATURA 2000*") soll sich zusammensetzen aus:

- Schutzgebieten von gemeinschaftlicher Bedeutung (SCI – *sites of community importance*). Dazu gehören:
  - Besondere Schutzgebiete im Sinne der Vogelschutz-Richtlinie (SPA – *special protection area*) und
  - Besondere Schutzgebiete im Sinne der FFH-Richtlinie (SAC – *special area of conservation*)

Detaillierte Hinweise zur Umsetzung dieser Richtlinien in der Planungspraxis finden sich bei BfN (1998) und DWA M-617 (2020).

2.1.3.2 Richtlinie über die Erhaltung der wild lebenden Vogelarten

Das Ziel der Vogelschutz-Richtlinie (Art. 1 Vogelschutz-RL) ist die Erhaltung sämtlicher wild lebender, im Vertragsbereich heimischer Vogelarten, deren Schutz, Bewirtschaftung, Regulierung und Nutzung. Die Richtlinie gilt nicht nur für Vögel, sondern auch für deren Eier, Nester und Lebensräume.

Nach Art. 3 Vogelschutz-RL sollen für alle geschützten Vogelarten Schutzgebiete eingerichtet und gemeldet werden. Die geeignetsten Gebiete davon sollen dann gem. Art. 4 Vogelschutz-RL im Hinblick auf die Zielsetzungen in *Natura 2000* zu besonderen Schutzgebieten erklärt werden (SPA – *special protection area*). Wirtschaftliche und freizeitbedingte Erfordernisse bleiben dabei unberücksichtigt.

2.1.3.3 Fauna-Flora-Habitat-Richtlinie

Zielsetzung der FFH-Richtlinie ist die Sicherung der Artenvielfalt durch die Erhaltung der natürlichen Lebensräume sowie der wild lebenden Pflanzen und Tiere (Art. 2 Abs. 1 FFH-RL).

Um „*einen günstigen Erhaltungszustand natürlicher Lebensräume und wildlebender Tier- und Pflanzenarten von gemeinschaftlichem Interesse zu bewahren oder wiederherzustellen*" sind entsprechende Maßnahmen zu ergreifen (Art. 2 Abs. 2 FFH-RL). Bei diesen Maßnahmen ist den Anforderungen von Wirtschaft, Gesellschaft und Kultur sowie den regionalen und örtlichen Besonderheiten Rechnung zu tragen (Art. 2 Abs. 3 FFH-RL).

Die Lebensräume und Tier- und Pflanzenarten sind in den Anhängen I, II, IV und V der FFH-RL aufgeführt. Anhang I enthält z. B. rund 83 in Mitteleuropa vorkommende Lebensräume, während in Anhang II höhere Pflanzenarten Mitteleuropas aufgeführt werden.

2.1.3.4 Wasserwirtschaftlich relevante Lebensraumtypen

Im Anhang I der FFH-Richtlinie finden sich u. a. folgende Lebensraumtypen, die ggf. bei Ausbaumaßnahmen sowie bei der Pflege und Unterhaltung von Fließgewässern von Bedeutung sein können (* = *prioritärer Lebensraum*):

- Kalktuff-Quellen (Cratoneurion)*
- Kalkreiche Sümpfe mit *Cladium mariscus* (Schneideried) und *Carex davalliana** (Davall-Segge)
- Alpine Flüsse und ihre krautige Ufervegetation
- Alpine Flüsse und ihre Ufervegetation mit *Myricaria germanica* (Tamariske)
- Alpine Flüsse und ihre Ufergehölze mit *Salix eleagnos* (Lavendel-Weide)
- Restbestände von Erlen- und Eschenwäldern an Fließgewässern (*Alnion glutinosae incanae*, inklusive Weichholzauen)*
- Eichen-, Ulmen-, Eschen-Mischwälder am Ufer großer Flüsse (Hartholzauen)
- Feuchte Hochstaudenfluren
- Unterwasservegetation in Fließgewässern der Submontanstufe und der Ebene
- Oligo- bis mesotrophe kalkhaltige Gewässer mit benthischer Vegetation mit Armleuchteralgen (*Characeae*)
- Mesotrophe Gewässer mit Zwergbinsenfluren oder zeitweilig trockenfallenden Ufern (*Nanocyperetalia*)
- Natürliche eutrophe Seen mit Verlandungsvegetation
- Lebende Hochmoore*
- Übergangs- und Schwingrasenmoore

2.1.3.5 Verpflichtungen im Zusammenhang mit der FFH-Richtlinie

Für die Mitgliedsstaaten der Europäischen Union besteht eine rechtliche Verpflichtung, schutzwürdige Gebiete (FFH-Gebiete) nach naturschutzfachlichen Kriterien zu beurteilen, zu melden und ggf. auszuweisen. Wirtschaftliche Erwägungen dürfen nicht dazu führen, dass Schutzgebiete nicht gemeldet werden.

In der Bundesrepublik Deutschland benennen die Bundesländer entsprechende Gebiete den zuständigen Bundesbehörden. Die Meldungen werden gesammelt und dann weitergeleitet (näheres siehe auch BfN 1998, 2000 und 2001). Die entsprechenden deutschen Regelungen finden sich in den §§ 31 bis 34 BNatSchG (s. Abschn. 2.6).

Ein gemeldetes Gebiet, das in signifikantem Maße dazu beiträgt, Lebensraumtypen des Anhanges I oder Arten des Anhanges II in einem günstigen Erhaltungszustand zu bewahren oder einen solchen wieder herzustellen und zum „*Natura 2000*-Netz“ beiträgt, muss als *„Gebiet von gemeinschaftlicher Bedeutung“* ausgewiesen werden. Diese besonderen Schutzgebiete werden als FFH-Gebiete oder SAC-Gebiete („*special area of conservation*“) bezeichnet.

Arten und Lebensräume, deren Schutz besondere Priorität erhalten sollen und deren Erhaltung für die Gemeinschaft von besonderer Bedeutung ist, sind als „*prioritär*“ gekennzeichnet.

Für die FFH-Gebiete sind u. a. folgende Kriterien von Bedeutung:

- Zur Wahrung oder Wiederherstellung des „*günstigen Erhaltungszustands*“ sind Maßnahmenpläne auszuarbeiten (Art. 6 Abs. 1 FFH-RL)
- Eine Verschlechterung der Lebensraumqualitäten ist zu vermeiden (sog. *Verschlechterungsverbot* – Art. 6 Abs. 2 FFH-RL)
- Planungen, die FFH-Gebiete erheblich beeinflussen können, sind einer *Verträglichkeitsprüfung* und einer Suche nach Alternativen zu unterziehen (Art. 6 Abs. 3 FFH-RL).
- Wenn eine negative Verträglichkeitsprüfung, überwiegendes öffentliches Interesse angeführt wird und keine Alternative vorliegt, muss mit *Ausgleichsmaßnahmen* die Kohärenz von „*Natura 2000*“ sichergestellt werden.

Ferner besteht die Verpflichtung …

- zur Verbesserung der ökologischen Durchgängigkeit (*Biotopvernetzung*) im Hinblick auf „*Natura 2000*“ beizutragen. Dies betrifft nach Art. 10 FFH-RL vor allem *linear strukturierte Landschaftselemente* (z. B. Fließgewässer mit ihren Ufern und Auen),
- den Erhaltungszustand der FFH-Gebiete und der Arten dauerhaft zu beobachten (sog. *Monitoring* – Art. 11 FFH-RL) sowie
- alle sechs Jahre einen Bericht über die Durchführung aller Maßnahmen vorzulegen (Art. 17 FFH-RL).

2.2 Rechtliche Grundlagen – Bundesrepublik Deutschland

In diesem Abschnitt werden die wichtigsten gesetzlichen Bestimmungen der Bundesrepublik Deutschland erläutert, die bei Bau- und Unterhaltungsmaßnahmen an Fließgewässern in vielen praktischen Fällen von Relevanz sind. Hierbei sind insbesondere zu nennen:

- Gesetz zur Ordnung des Wasserhaushalts (Wasserhaushaltsgesetz – WHG) in der Fassung der Bekanntmachung vom 31. Juli 2009 (BGBl. I S. 2585); zuletzt geändert durch Gesetz vom 29. Dezember 2023 (BGBl. I S. 409).
- Gesetz über Naturschutz- und Landschaftspflege (Bundesnaturschutzgesetz – BNatSchG) in der Fassung der Bekanntmachung vom 29. Juli 2009 (BGBl. I S. 2542); zuletzt geändert durch Gesetz vom 8. Dezember 2022 (BGBl. I S. 3436) m.W.v. 14. Dezember 2022.
- Gesetz über die Umweltverträglichkeitsprüfung (UVPG) in der Fassung der Bekanntmachung vom 18. März 2021 (BGBl. I S. 540); zuletzt geändert durch Gesetz vom 8. Mai 2024 (BGBl. I S. 151) m.W.v. 16. Mai 2024).
- Verwaltungsverfahrensgesetz in der Fassung der Bekanntmachung vom 23. Januar 2003 (BGBl. I S. 102); zuletzt geändert durch Gesetz vom 4. Dezember 2023 (BGBl. I 344) m.W.v. 1. Januar 2024.

- Gesetz über Wasser- und Bodenverbände (Wasserverbandsgesetz – WVG) vom 12. Februar 1991 (BGBl. I S. 405) in der Fassung der Bekanntmachung vom 15. Mai 2002 (BGBl. I 1578).
- Gesetz über ergänzende Vorschriften zu Rechtsbehelfen in Umweltangelegenheiten nach der EG-Richtlinie 2003/35/EG (Umwelt-Rechtsbehelfsgesetz – UmwRG) vom 7. Dezember 2006 (BGBl. I S. 2816); zuletzt geändert durch Art. 2 des Gesetzes vom 22. Dezember 2023 (BGBl. I S. 405) m.W.v. 29. Dezember 2023.
- Gesetz über die Öffentlichkeitsbeteiligung in Umweltangelegenheiten nach der EG-Richtlinie 2003/35/EG (Öffentlichkeitsbeteiligungsgesetz) vom 9. Dezember 2006 (BGBl I Nr. 58) in der Fassung der Bekanntmachung vom 14. Dezember 2006 (BGBl. I S. 2819).
- Gesetz zum Schutz vor schädlichen Bodenveränderungen und zur Sanierung von Altlasten (Bundes-Bodenschutzgesetz – BBodSchG) vom 17. März 1998 (BGBl. I S. 502), das zuletzt durch Gesetz vom 25. Februar 2021 (BGBl. I S. 306) m.W.v. 4. März 2021.

Als weitere Gesetze des Bundes sind u. a. das Bundesbaugesetz, das Raumordnungsgesetz, das Bundeswasserstraßengesetz, das Flurbereinigungsgesetz, das Fischereigesetz und das Bundeswaldgesetz zu nennen. Hinzu kommen dann die entsprechenden rechtlichen Regelungen der Bundesländer.

Wesentliche Festlegungen für die Umsetzung der EG-Wasserrahmenrichtlinie enthält die

- Oberflächengewässerverordnung – OGewV vom 20. Juni 2016 (BGBl. I S. 1373); zuletzt geändert durch Art. 2 Abs. 4 des Gesetzes vom 9. Dezember 2020 (BGBl. I S. 2873).

Dort finden sich u. a. Regelungen zu *Umweltqualitätsnormen* im Bereich der Wasserpolitik, die Festlegung technischer Spezifikationen für die chemische Analyse und die Überwachung des Gewässerzustands sowie die Festlegung der Werte für die Einstufungen des Überwachungssystems des jeweiligen Mitgliederstaates (als Ergebnis der Interkalibrierung).

Im Hinblick auf die *Ausbildung von Fachkräften* auf den Gebieten Wasserbau und Gewässerunterhaltung sind folgende Verordnungen zu nennen:

- Verordnung über die Berufsausbildung zum „Wasserbauer/zur Wasserbauerin“ vom 26. Mai 2004, BGBl. I, S. 1078.
- Verordnung über die Prüfung zum anerkannten Abschluss „Geprüfter Wasserbaumeister/Geprüfte Wasserbaumeisterin“ (Wabau-AusbV) vom 18. Oktober 2007, BGBl. I S. 2476; zuletzt geändert durch Art. 38 der Verordnung vom 9. Dezember 2019 (BGBl. I S. 2153).

In den aktuellen Fassungen beider Verordnungen wurden die Ausbildungsinhalte im Hinblick auf die Berücksichtigung ökologischer Aspekte bei Arbeiten an Fließgewässern weiter verbessert.

In den vergangenen Jahren sind die deutschen Rechtsnormen sukzessive an die europäischen Richtlinien angepasst worden. Dies geschah zunächst oft durch eigenständige Gesetze, die dann später, bei Novellierungen der entsprechenden Gesetze, in die „klassischen" Rechtsnormen integriert wurden. So sind zum Beispiel die Vorschriften im „Gesetz zur Einführung einer Strategischen Umweltprüfung (SUP-Gesetz) und zur Umsetzung der Richtlinie 2001/42/EG (SUPG)" wegen des engen sachlichen Zusammenhangs mit der Umweltverträglichkeitsprüfung (UVP) in das *„Gesetz über die Umweltverträglichkeitsprüfung (UVPG-Gesetz)"* eingearbeitet worden.

Einige der Rechtsnormen befinden sich zurzeit (Mai 2024) wieder im Novellierungsprozess. Der Leser möge sich deshalb immer versichern, dass er mit der aktuellen Fassung des jeweiligen Gesetzes arbeitet.

2.3 Rahmengesetzgebung, Föderalismusreform, Gesetze der Bundesländer

Der Bund hatte bis zum 30. August 2006 aufgrund der Gesetzgebungskompetenz gemäß Art. 75 Grundgesetz (GG) in Verbindung mit Art. 72 Abs. 2 GG das Recht, u. a. für die Bereiche Wasserhaushalt, Raumordnung, Naturschutz und Landschaftspflege, Rahmenvorschriften zu erlassen. Da bei der *Rahmengesetzgebung* keine abschließenden Regelungen getroffen werden, mussten die Bundesgesetze durch entsprechende Gesetze der Bundesländer sowie Rechtsverordnungen und Erlasse erweitert, ergänzt und präzisiert werden.

Mit der *Föderalismusreform*, die am 1. September 2006 in Kraft getreten ist, hat sich die Aufgabenteilung zwischen Bund und Ländern verändert. Die *Rahmengesetzgebungskompetenz* des Bundes wurde abgeschafft. Die *konkurrierende Gesetzgebung* gilt jedoch weiterhin für die in Art. 74, Satz 1 GG genannten Gesetzgebungszuständigkeiten, manchmal auch für Naturschutz und Landschaftspflege, Bodenverteilung, Raumordnung, Wasserhaushalt (Art. 74, Satz 1, Nr. 32 GG).

Die *Wassergesetzgebungskompetenz* des Bundes unterliegt nunmehr keinerlei Beschränkungen mehr. Allerdings haben die Bundesländer gemäß 72 Abs. 3 GG das Recht, ab dem 1. Januar 2010, mit einigen Einschränkungen, abweichende Regelungen zu treffen.

Für die konkrete Rechtsanwendung im Einzelfall ist daher auch das jeweilige Landesrecht (u. a. Wassergesetze der Länder, Landschafts- und Naturschutzgesetz des jeweiligen Bundeslandes, Landeswald- oder Forstgesetze) zu beachten.

Auf die Ländergesetze soll hier jedoch nicht weiter eingegangen werden. Weitergehende Hinweise diesbezüglich können den einschlägigen Gesetzessammlungen bzw. Kommentaren entnommen werden.

2.4 Wasserhaushaltsgesetz – WHG

Die Einführung der EG-Wasserrahmenrichtlinie am 22. Dezember 2000 machte es erforderlich, das Wasserhaushaltsgesetz (WHG) an die europäischen Regelungen anzupassen. Zur Zeit der Drucklegung dieser 6. Auflage des Buches ist das Gesetz zur Ordnung des Wasserhaushalts (Wasserhaushaltsgesetz – WHG) in der Fassung der Bekanntmachung vom 31. Juli 2009 (BGBl. I S. 2585); zuletzt geändert durch Artikel 1 des Gesetzes vom 03. Juli 2023 (BGBl. I S. 176), gültig.

Die folgenden Ausführungen zeigen den generellen Aufbau des Wasserhaushaltsgesetzes mit besonderem Fokus auf die hinsichtlich Ausbau und Unterhaltung von Fließgewässern bedeutsamen Regelungen (siehe u. a. von Lersner und Berendes 2020; Czychowski und Reinhardt 2023; Drost 2023).

Die folgenden Ausführungen können eine fundierte juristische Beratung bzw. Bewertung keinesfalls ersetzen.

2.4.1 Grundsätzliches

Zweck des Wasserhaushaltsgesetz (§ 1 WHG) ist es, …

> „… durch eine nachhaltige Gewässerbewirtschaftung die Gewässer als Bestandteil des Naturhaushaltes, als Lebensgrundlage des Menschen, als Lebensraum für Tiere und Pflanzen sowie als nutzbares Gut zu schützen.“

Das WHG gilt für oberirdische Gewässer, Küstengewässer und das Grundwasser (s. § 2 WHG). Für Meeresgewässer gelten nur bestimmte Vorschriften des Gesetzes.

Im § 3 WHG („*Begriffsbestimmungen*“) werden Begriffe erläutert, die für die Umsetzung des WHG wesentlich sind. Darunter fallen u. a. der Begriff „*Oberirdische Gewässer*“, womit …

> „… dass ständig oder zeitweilig in Betten fließende oder stehende oder aus Quellen wild abfließende Wasser …“

gemeint ist. Der Begriff „*Wasserkörper*“ umfasst …

> „… einheitliche und bedeutende Abschnitte eines oberirdischen Gewässers oder Küstengewässers (Oberflächenwasserkörper) sowie abgegrenzte Grundwasservolumen innerhalb eines oder mehrerer Grundwasserleiter (Grundwasserkörper).“

Durch diese Begriffsbestimmung wird klargestellt, dass auch die überfluteten Auen zu den Fließgewässern gehören.

Die Mehrzahl der Begriffe, wie zum Beispiel „*Künstliche Gewässer*“, „*Erheblich veränderte Gewässer*“, „*Gewässerzustand*“, „*Teileinzugsgebiet*“ und „*Flussgebietseinheit*“, haben ihren Ursprung in der EG-Wasserrahmenrichtlinie (s. Abschn. 2.1.1) und werden im

§ 3 WHG für das deutsche Wasserrecht definiert. Wichtig sind in diesem Zusammenhang auch die „*Kriterien zur Bestimmung des Standes der Technik*“ in Anlage 1 des WHG.

Hinsichtlich der Eigentumsverhältnisse an Gewässern wird in § 4 Abs. 2 WHG („*Gewässereigentum, Schranken des Grundeigentums*“) eindeutig festgelegt:

> „Wasser eines fließenden Gewässers und Grundwasser sind nicht eigentumsfähig.“

und

> „... Grundeigentum berechtigt nicht 1. zu einer Gewässerbenutzung, die einer behördlichen Zulassung bedarf, 2. zum Ausbau eines Gewässers.“ (siehe § 4 Abs. 3 WHG)

In § 4 Abs. 4 WHG wird festgelegt, dass Eigentümer und Nutzungsberechtigte die Nutzung durch Dritte zu dulden haben, soweit für die Benutzung eine behördliche Zulassung erteilt worden ist oder nicht erforderlich ist (Ausnahme siehe § 9 Abs. 1 Nr. 3 WHG).

Die „*Allgemeinen Sorgfaltspflichten*“ enthält § 5 WHG. Im Wesentlichen ist jede Person *verpflichtet*

> „... bei Maßnahmen, ..., die nach den Umständen erforderliche Sorgfalt anzuwenden, um ...

1.	eine nachteilige Veränderung der Gewässereigenschaften zu vermeiden,
2.	eine mit Rücksicht auf den Wasserhaushalt gebotene sparsame Verwendung des Wassers sicherzustellen,
3.	die Leistungsfähigkeit des Wasserhaushalts zu erhalten und
4.	eine Vergrößerung und Beschleunigung des Wasserabflusses zu vermeiden.“

Neu in § 5 Abs. 2 WHG ist:

> „... jede Person, die durch Hochwasser betroffen sein kann, ist im Rahmen des ihr Möglichen und Zumutbaren verpflichtet, geeignete Vorsorgemaßnahmen zum Schutz vor nachteiligen Hochwasserfolgen und zur Schadensminderung zu treffen, insbesondere die Nutzung von Grundstücken den möglichen nachteiligen Folgen für Mensch, Umwelt oder Sachwerte durch Hochwasser anzupassen.“

Damit werden die Gewässeranlieger beim Hochwasserschutz bzw. bei der Schadensvorsorge erheblich in die Pflicht genommen. In der Praxis wird diese Festlegung mit Sicherheit zu Streitigkeiten führen, da die Formulierung im Gesetz erhebliche Interpretationsmöglichkeiten beinhaltet.

In Kap. 2, „*Bewirtschaftung von Gewässern*“, Abschn. 1, „*Gemeinsame Bestimmungen*“, § 6 WHG, „*Allgemeine Grundsätze der Gewässerbewirtschaftung*“, folgen nun die vormals in § la Abs. 1 WHG aufgeführten Grundsätze und Ziele der Gewässerbewirtschaftung:

(1)	*Die Gewässer sind nachhaltig zu bewirtschaften, insbesondere mit dem Ziel,*	
	1.	*ihre Funktions- und Leistungsfähigkeit als Bestandteil des Naturhaushaltes und als Lebensraum für Tiere und Pflanzen zu erhalten und zu verbessern, insbesondere durch den Schutz vor nachteiligen Veränderungen von Gewässereigenschaften,*
	2.	*Beeinträchtigungen auch im Hinblick auf den Wasserhaushalt der direkt von den Gewässern abhängigen Landökosysteme und Feuchtgebiete zu vermeiden und unvermeidbare, nicht nur geringfügige Beeinträchtigungen so weit wie möglich auszugleichen,*
	3.	*sie zum Wohl der Allgemeinheit und im Einklang mit ihm auch im Interesse Einzelner zu nutzen,*
	4.	*bestehende oder künftige Nutzungsmöglichkeiten insbesondere für die öffentliche Wasserversorgung zu erhalten oder zu schaffen,*
	5.	*möglichen Folgen des Klimawandels vorzubeugen,*
	6.	*an oberirdischen Gewässern so weit wie möglich natürliche und schadlose Abflussverhältnisse zu gewährleisten und insbesondere durch Rückhaltung des Wassers in der Fläche der Entstehung von nachteiligen Hochwasserfolgen vorzubeugen und*
	7.	*zum Schutz der Meeresumwelt beizutragen.*
	Die nachhaltige Gewässerbewirtschaftung hat ein hohes Schutzniveau für die Umwelt insgesamt zu gewährleisten; dabei sind mögliche Verlagerungen nachteiliger Auswirkungen von einem Schutzgut auf ein anderes sowie die Erfordernisse des Klimaschutzes zu berücksichtigen.	
(2)	*Gewässer, die sich in einem natürlichen oder naturnahen Zustand befinden, sollen in diesem Zustand erhalten bleiben und nicht naturnah ausgebaute natürliche Gewässer sollen so weit wie möglich wieder in einen naturnahen Zustand zurückgeführt werden, wenn überwiegende Gründe des Wohls der Allgemeinheit dem nicht entgegenstehen.*	

In § 6a *(„Grundsätze für die Kosten von Wasserdienstleistungen und Wassernutzungen“)* wird festgelegt:

- Zur Erreichung der Bewirtschaftungsziele nach §§ 27 bis 31, 44 und 47 der *Grundsatz der Kostendeckung* zu berücksichtigen ist (§ 6a Absatz 1)
- Wenn bestimmte Wassernutzungen die Erreichung der in Absatz 1 genannten Ziele gefährden, haben Wassernutzungen, insbesondere in den Bereichen Industrie, Haushalt und Landwirtschaft, zu Deckung der *Kosten der Wasserdienstleistungen* angemessen beizutragen (§ 6a Absatz 2).
- Im Rahmen der Absätze 1 und 2 sind das *Verursacherprinzip* sowie die *wirtschaftliche Analyse der Wassernutzungen* nach der Oberflächengewässerverordnung (OGewV) (siehe Abschn. 2.12.2) und der Grundwasserordnung zugrunde zu legen (§ 6a Absatz 3).
- Von den Grundsätzen nach den Absätzen 1 und 2 kann im Hinblick auf soziale, ökologische und wirtschaftliche Auswirkungen der Kostendeckung sowie im Hinblick auf regionale geografische oder klimatische Besonderheiten abgewichen werden (§ 6a Absatz 4).
- Weitergehende Regelungen des Bundes und der Länder zur Erhebung von Kosten und Entgelten im Bereich der Bewirtschaftung von Gewässern bleiben unberührt (§ 6a Absatz 5).

Mit der Umsetzung der EG-Wasserrahmenrichtlinie wurde die *„Bewirtschaftung nach Flussgebietseinheiten“* eingeführt. Die im Gesetz genannten Flussgebietseinheiten sind (s. § 7

Abs. 1 WHG und Anlage 2 WHG): Donau, Rhein, Maas, Ems, Weser, Elbe, Eider, Oder, Schlei/Trave und Warnow/Peene (s. Abb. 2.1). Die folgenden Absätze im § 7 WHG enthalten Regelungen bezüglich der Koordinierung der Bewirtschaftung der Flussgebietseinheiten.

2.4.2 Erlaubnis und Bewilligung, Benutzungen

Das Kap. 2 des WHG, „*Bewirtschaftung von Gewässern*", enthält auch die für die naturnahe Gestaltung und Unterhaltung von Fließgewässern wichtigen Instrumente der „*Erlaubnis, Bewilligung*" (§ 8 WHG) und die unterschiedlichen „*Benutzungen*" (§ 9 WHG) eines Gewässers.

Die weiteren Paragrafen (§§ 10 bis 14 WHG) beschreiben die Inhalte einer Erlaubnis bzw. einer Bewilligung (§ 10 WHG), den Ablauf der jeweiligen Verfahren (§ 11 WHG), die Voraussetzungen für eine Erlaubnis bzw. Bewilligung (§ 12 WHG), die Inhalts- und Nebenbestimmungen (§ 13 WHG) sowie in § 13a die Vorschriften für die „*Versagung und Voraussetzungen für die Erteilung der Erlaubnis für bestimmte Gewässerbenutzungen; unabhängige Expertenkommission*". Die „*Besonderen Vorschriften für die Erteilung der Bewilligung*" stehen in § 14 WHG.

Eine sog. „*Gehobene Erlaubnis*" (§ 15 WHG) kann erteilt werden, wenn für eine Maßnahme „*... ein öffentliches Interesse oder ein berechtigtes Interesse des Gewässerbenutzers zum Tragen kommt*". Einige Bundesländer haben diesbezüglich abweichende Regeln getroffen (u. a. Bayern, Sachsen).

2.4.2.1 Erlaubnis, Bewilligung

Die *Erlaubnis* oder die *Bewilligung* sind erforderlich, wenn ein Gewässer benutzt wird (§ 8 Abs. 1 WHG). Die folgenden Absätze im § 8 WHG enthalten Hinweise, wann eine Erlaubnis oder Bewilligung nicht erforderlich ist (u. a. Abwehr einer Gefahr für die öffentliche Sicherheit).

Wenn eine UVP-Pflicht besteht, ist für die Erteilung einer Erlaubnis oder Bewilligung ein Verfahren nach dem Gesetz über die Umweltverträglichkeitsprüfung (s. Abschn. 2.11) erforderlich (§ 11 WHG).

Die *Erlaubnis* gewährt die *Befugnis*, die *Bewilligung* das *Recht*, ein Gewässer zu einem bestimmten Zweck in einer nach Art und Maß bestimmten Weise zu benutzen (§ 10 Abs. 1 WHG).

Über die „*Inhalts- und Nebenbestimmungen der Erlaubnis und der Bewilligung*" (§ 13 WHG) ist es möglich, auch nachträglich, Auflagen zu stellen, um nachteilige Wirkungen für andere zu vermeiden oder auszugleichen (§ 13 Abs. 1 WHG). Hierzu gibt es in § 13 Abs. 2 WHG eine Aufzählung von möglichen Maßnahmen.

2.4.2.2 Benutzungen

§ 9 Abs. 1 WHG enthält eine Aufstellung von sogenannten „echten" Benutzungen von Gewässern. Dazu zählen u. a.:

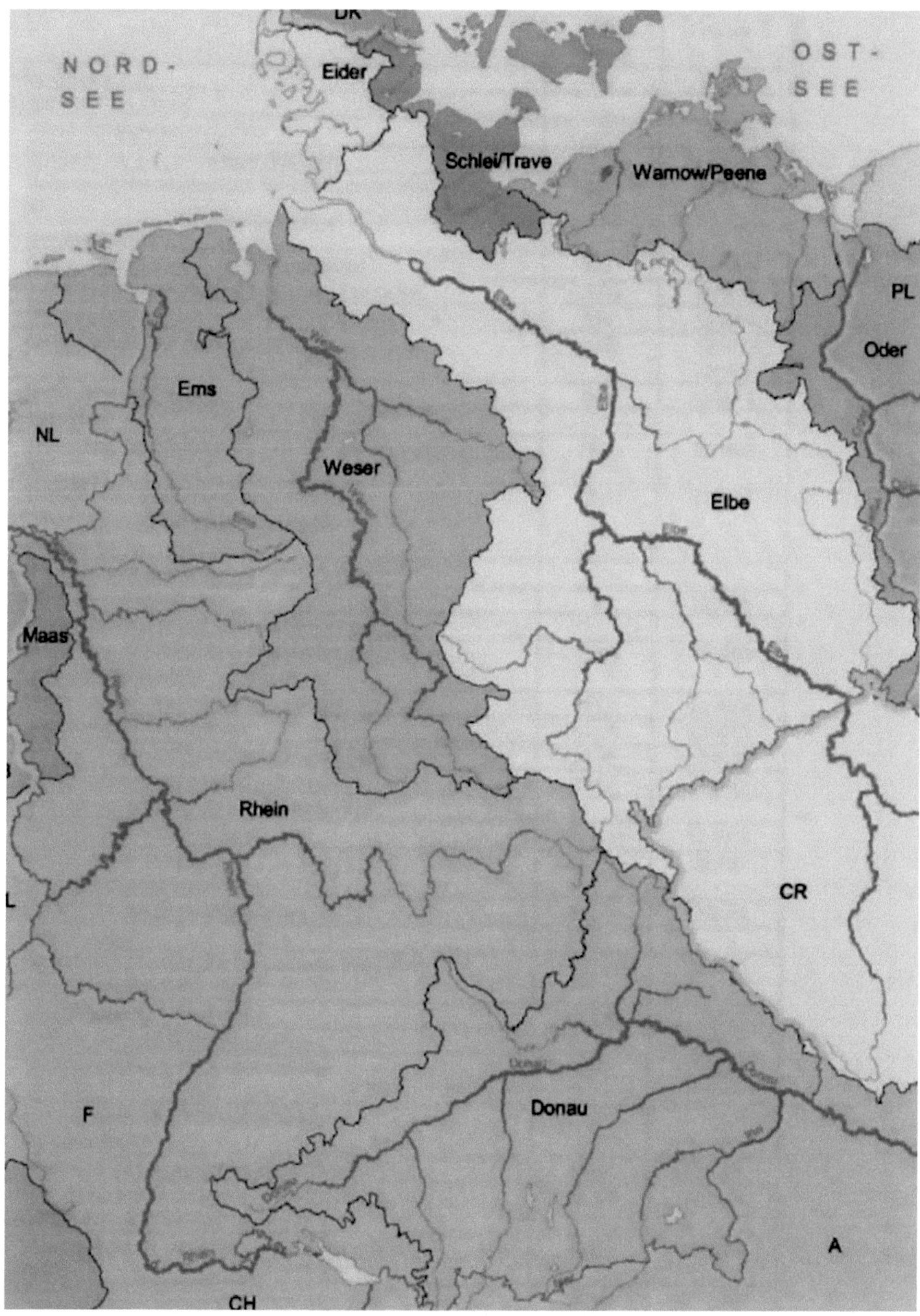

Abb. 2.1 Flussgebietseinheiten in der Bundesrepublik Deutschland. (LAWA 2001)

- Entnehmen und Ableiten von Wasser aus oberirdischen Gewässern,
- Aufstauen und Absenken von oberirdischen Gewässern,
- Entnehmen fester Stoffe aus oberirdischen Gewässern, soweit sich dies auf die Gewässereigenschaften auswirkt,
- Einbringen und Einleiten von Stoffen in Gewässer,
- Entnehmen, Zutagefördern, Zutageleiten und Ableiten von Grundwasser.

In § 9 Abs. 3 WHG wird ausgeführt, dass Maßnahmen, die dem Ausbau eines Gewässers gemäß § 67 Abs. 2 WHG dienen, ebenso wie die Gewässerunterhaltung (soweit keine chemischen Mittel verwendet werden) keine Gewässerbenutzungen sind.

2.4.2.3 Besondere Regelungen

In den Paragrafen 16 bis 22 WHG werden Besonderheiten geregelt, die den Planungsprozess vereinfachen bzw. rechtlich klarer gestalten.

So wird zum Beispiel in § 16 WHG, „*Ausschluss privatrechtlicher Abwehransprüche*", festgelegt, dass nicht verlangt werden kann, dass eine durch eine *unanfechtbare gehobene Erlaubnis* (siehe § 15 WHG) zugelassene Gewässerbenutzung eingestellt werden muss, wenn diese eine nachteilige Wirkung auf das Gewässer hat. Es können aber Vorkehrungen verlangt werden, welche die nachteiligen Wirkungen ausschließen (§ 16 Abs. 1 WHG) bzw. falls diese nicht durchführbar sind, eine Entschädigung verlangt werden kann.

Im Falle einer *unanfechtbaren Bewilligung* (siehe § 8 WHG bzw. § 12 WHG) können wegen der nachteiligen Wirkungen der Gewässerbenutzung keine Ansprüche geltend gemacht werden, die auf Beseitigung der Störung, auf die Unterlassung der Benutzung, auf die Herstellung von Vorkehrungen oder auf Schadensersatz gerichtet sind (§ 16 Abs. 2 WHG).

Die „*Zulassung des vorzeitigen Beginns*" (§ 17 WHG) wird unter besonderen Bedingungen ermöglicht (§ 17 Abs. 1 WHG). Dies ist jedoch nur möglich, wenn mit einem positiven Bescheid gerechnet werden kann, am vorzeitigen Beginn ein berechtigtes Interesse besteht und der Benutzer alle durch die Benutzung verursachten Schäden trägt. Falls die Benutzung nicht erlaubt oder bewilligt wird, muss der frühere Zustand wieder hergestellt werden.

Der „*Widerruf der Erlaubnis oder Bewilligung*" ist möglich (§ 18 WHG). Eine *Erlaubnis* ist generell widerruflich (§ 18 Abs. 1 WHG). Eine *Bewilligung* kann u. a. ohne Entschädigung, teilweise oder ganz, widerrufen werden, wenn der Inhaber die Benutzung drei Jahre ununterbrochen nicht ausübt oder in erheblichem Umfang nicht ausübt oder der Zweck der Benutzung nicht mehr dem mit der Antragstellung eingereichtem Plan übereinstimmt (§ 18 Abs. 2 WHG).

Im Falle einer *Planfeststellung* entscheidet die Planfeststellungsbehörde über die Erteilung der Erlaubnis oder der Bewilligung (§ 19 Abs. 1 WHG).

In den §§ 20 bis 22 WHG werden Regelungen im Hinblick auf vorhandene „*Alte Rechte und alte Befugnisse*" getroffen. In diesem Zusammenhang benötigen Gewässerbenutzungen u. a. keine Erlaubnis oder Bewilligung, wenn diese aus Regelungen eines Landeswassergesetzes oder Bewilligungen nach dem Wasser- und Verbandsrecht abgeleitet werden, eine Anlagegenehmigung nach der Gewerbeordnung vorliegt oder im Rahmen eines Planfeststellungsverfahrens für Anlagen des öffentlichen Verkehrs planfestgestellt wurden.

Derartige Erlaubnisse oder Bewilligungen können gegen Entschädigung, in besonderen Fällen auch ohne Entschädigung, widerrufen werden, soweit von der Fortsetzung der Gewässerbenutzung eine Beeinträchtigung des Wohls der Allgemeinheit zu erwarten ist (siehe § 20 Abs. 1 WHG).

Wichtig ist auch der „*Ausgleich zwischen konkurrierenden Gewässerbenutzungen*" in § 22 WHG. Auf Antrag eines Beteiligten können Art, Maß und Zeiten der Gewässerbenutzung geregelt oder beschränkt werden, wenn das Wasser nach Menge oder Beschaffenheit nicht für alle Benutzungen ausreicht oder zumindest eine Benutzung beeinträchtigt ist und wenn das Wohl der Allgemeinheit es erfordert. Die zuständige Behörde kann dies nach Abwägung der Interessen der Beteiligten und des Wohl der Allgemeinheit sowie unter Berücksichtigung des Gemeinbrauchs nach pflichtgemäßen Ermessen festlegen.

Paragraf 23 Abs. 1 WHG enthält die Ermächtigung, dass die Bundesregierung unter verschiedenen Voraussetzungen durch Rechtsverordnungen nähere Regelungen treffen kann.

2.4.3 Bewirtschaftung oberirdischer Gewässer

Der zweite Abschnitt des Kap. 2, „*Bewirtschaftung oberirdischer Gewässer*" (§§ 25 bis 42 WHG) enthält Regelungen über den „*Gemeingebrauch*" (§ 25 WHG), den „*Eigentümer- und Anliegergebrauch*" (§ 26WHG) sowie in den Paragrafen §§ 27 bis 31 WHG die von der EG-Wasserrahmenrichtlinie (siehe Abschn. 2.1.1) vorgegebenen „*Bewirtschaftungsziele für oberirdische Gewässer*" (§ 27 WHG), die „*Einstufung künstlicher und erheblich veränderter Gewässer*" (§ 28 WHG) und die „*Fristen zur Erreichung der Bewirtschaftungsziele*" (§ 29 WHG), „*Abweichende Bewirtschaftungsziele*" (§ 30 WHG) sowie die „*Ausnahmen von den Bewirtschaftungsplänen*" (§ 31 WHG).

Hinzuweisen ist auf die §§ 32 bis 38 WHG, da diese Paragrafen wichtige Einzelregelungen (u. a. Reinhaltung, Mindestwasserführung, Durchgängigkeit, Wasserkraftnutzung, Anlagen am Gewässer, Wasserabfluss, Gewässerrandstreifen) enthalten, die in dieser Form erstmals im Wasserhaushaltsgesetz enthalten sind. Die Gewässerunterhaltung ist Bestandteil der §§ 39 bis 42 WHG. Auf diese sehr bedeutsamen Regelungen soll im Folgenden etwas näher eingegangen werden.

2.4.3.1 Reinhaltung oberirdischer Gewässer (§ 32 WHG)

In diesem Paragrafen wird das Einbringen sowie die Ablagerung und Lagerung von festen Stoffen geregelt. Es ist festzuhalten, dass feste Stoffe nicht in ein oberirdisches Gewässer eingebracht werden dürfen, um sich ihrer zu entledigen (§ 32 Abs. 1 WHG). Eine Ausnahme gibt es für diejenigen Sedimente, die einem Gewässer entnommen wurden (§ 32 Abs. 2 WHG).

2.4.3.2 Mindestwasserführung (§ 33 WHG)

Ein Aufstau und das Entnehmen von Wasser ist nur in begrenztem Rahmen zulässig. Grenzen bilden die allgemeinen Grundsätze der Gewässerbewirtschaftung (§ 6 Abs. 1 WHG) und die Bewirtschaftungsziele gemäß den Paragrafen §§ 27 bis 31 WHG.

2.4.3.3 Durchgängigkeit oberirdischer Gewässer (§ 34 WHG)

Die Errichtung, die wesentliche Veränderung und der Betrieb von Stauanlagen dürfen nur dann zugelassen werden, wenn die Durchgängigkeit des Gewässers erhalten oder wiederhergestellt wird, um das Erreichen der Ziele der Gewässerbewirtschaftung (§ 27 bis 31 WHG) sicherzustellen. Bei vorhandenen Anlagen sind Maßnahmen zu treffen, um die Durchgängigkeit zu erreichen (§ 34 Abs. 2 WHG).

2.4.3.4 Wasserkraftnutzung (§ 35 WHG)

Bei den Wasserkraftanlagen sind besondere Maßnahmen zum Schutz der Fischpopulation zu ergreifen (§ 35 Abs. 1 WHG) bzw. bei bestehenden Anlagen innerhalb angemessener Frist durchzuführen (§ 35 Abs. 2 WHG). Bei den bestehenden Staustufen und sonstigen Querverbauungen wird zudem geprüft, ob eine Wasserkraftnutzung nach den Standortgegebenheiten möglich ist (§ 35 Abs. 3 WHG).

2.4.3.5 Anlagen in, an, über und unter oberirdischen Gewässern (§ 36 WHG)

Es wird festgelegt, dass Anlagen (Gebäude, Brücken, Stege, Unterführungen, Hafenanlagen und Anlegestellen) so zu errichten sind, dass keine schädlichen Gewässerveränderungen zu erwarten sind und die Gewässerunterhaltung nicht mehr erschwert wird, als es den Umständen nach vermeidbar ist.

2.4.3.6 Wasserabfluss (§ 37 WHG)

Hinsichtlich des natürlichen Ablaufs des wild abfließenden Wassers (aus Quellen und anderer Herkunft) wird geregelt, dass weder ein höher noch ein tieferliegendes Grundstück nachteilig beeinflusst werden darf (§ 37 Abs. 1 WHG). Die Beseitigung der Zustandsstörung ist Inhalt von § 37 Abs. 2 WHG.

2.4.3.7 Gewässerrandstreifen (§ 38 WHG)

Funktion und Ausdehnung eines Gewässerrandstreifens sind u. a. von besonderer Bedeutung für die Erhaltung und Verbesserung der ökologischen Funktionen oberirdischer Gewässer (§ 38 Abs. 1 und 2 WHG). Im Außenbereich wird eine Breite von fünf Metern festgelegt (§ 38 Abs. 3 WHG), gleichzeitig aber eine Reihe von Ausnahmen und Anpassungen durch Behörden und Bundesländer zugelassen.

Eine Reihe von Verboten bzw. Nutzungseinschränkungen, insbesondere im Hinblick auf positive Effekte eines Gewässerrandstreifens, enthält § 38 Abs. 4 WHG. Verboten ist u. a.:

1.	*die Umwandlung von Grünland in Ackerland,*
2.	*das Entfernen von standortgerechten Bäumen und Sträuchern, ausgenommen die Entnahme im Rahmen einer ordnungsgemäßen Forstwirtschaft sowie das Neuanpflanzen von nicht standortgerechten Bäumen und Sträuchern,*
3.	*der Umgang mit wassergefährdenden Stoffen,*
4.	*die nicht nur zeitweise Ablagerung von Gegenständen, die den Wasserabfluss behindern können oder die fortgeschwemmt werden können.*

Zulässig sind Maßnahmen, die zur Gefahrenabwehr notwendig sind. Satz 2 Nummer 1 und 2 gilt nicht für Maßnahmen des Gewässerausbaus sowie der Gewässer- und Deichunterhaltung.

In § 38 Abs. 5 WHG werden eine Reihe von widerruflichen Befreiungsmöglichkeiten von den Bestimmungen nach § 38 Abs. 4 Satz 2 genannt. Dazu zählen …,

- dass Überwiegende Gründe des Wohls der Allgemeinheit die Maßnahme erfordern und
- das Verbot im Einzelfall zu einer unbilligen Härte führt.

Allerdings ist weiterhin zu gewährleisten, dass der Gewässerrandstreifen die in § 38 Abschn. 1 WHG genannten Funktionen erfüllt (Erhaltung und Verbesserung der ökologischen Funktionen oberirdischer Gewässer, der Wasserspeicherung, der Sicherung des Wasserabflusses sowie der Verminderung von Stoffeinträgen aus diffusen Quellen).

In Bezug auf den Gewässerrandstreifen haben viele Bundesländer in ihren Wassergesetzen andere Festlegungen getroffen (u. a. Bremen, Bayern, Rheinland-Pfalz, Sachsen, Schleswig-Holstein).

2.4.3.8 Landwirtschaftlich genutzte Flächen mit Hangneigung an Gewässern (§ 38a)

Für landwirtschaftlich genutzte Flächen mit Handneigung an Gewässern gilt folgende Regelung:

(1) *Eigentümer und Nutzungsberechtigte haben auf landwirtschaftlich genutzten Flächen, die an Gewässer angrenzen und innerhalb eines Abstandes von 20 Metern zur Böschungsoberkante eine Hangneigung zum Gewässer von durchschnittlich mindestens 5 % aufweisen, innerhalb eines Abstandes von 5 Metern landseits zur Böschungsoberkante des Gewässers eine geschlossene, ganzjährig begrünte Pflanzendecke zu erhalten oder herzustellen. Bei Gewässern ohne ausgeprägte Böschungsoberkante ist die Linie des Mittelwasserstandes maßgeblich. Eine Bodenbearbeitung zur Erneuerung des Pflanzenbewuchses darf einmal innerhalb von Fünfjahreszeiträumen durchgeführt werden. Der erste Fünfjahreszeitraum beginnt mit Ablauf des 30. Juni 2020.*

(2) *Weitergehende Rechtsvorschriften der Länder bleiben unberührt. Abweichend von Absatz 1 Satz 1 und 2 gilt die Linie des Mittelwasserstandes, sofern das Landesrecht diesen Bezugspunkt vorsieht und schädliche Gewässerveränderungen vermieden werden.*

2.4.3.9 Gewässerunterhaltung (§ 39 bis 42 WHG)

Die Bedeutung des Begriffes „*Gewässerunterhaltung*“ hat sich im Laufe der Zeit immer wieder geändert. So wurde zum Beispiel im 5. Gesetz zur Änderung des WHG vom 25. Juli 1986 der Halbsatz:

> „… Bei der Unterhaltung ist den Belangen des Naturhaushaltes Rechnung zu tragen …“

hinzugefügt. Im Abstand von zehn Jahren ist mit dem 6. Gesetz zur Änderung des WHG vom 11. November 1996 im § 1a WHG der zu sichernde „*Lebensraum für Tiere und Pflanzen*“ hinzugekommen.

Heute ist der betreffende Gesetzestext (siehe § 39 Abs. 1 WHG) wie folgt abgefasst:

„Die Unterhaltung eines Gewässers umfasst seine Pflege und Entwicklung als öffentlich-rechtliche Verpflichtung (Unterhaltungslast). Zur Gewässerunterhaltung gehören insbesondere:

1.	die Erhaltung des Gewässerbettes, auch zur Sicherung eines ordnungsgemäßen Wasserabflusses,
2.	die Erhaltung der Ufer, insbesondere durch Erhaltung und Neuanpflanzung einer standortgerechten Ufervegetation, sowie die Freihaltung der Ufer für den Wasserabfluss,
3.	die Erhaltung der Schiffbarkeit von schiffbaren Gewässern mit Ausnahme der besonderen Zufahrten zu Häfen und Schiffsanlegestellen,
4.	die Erhaltung und Förderung der ökologischen Funktionsfähigkeit des Gewässers insbesondere als Lebensraum von wild lebenden Tieren und Pflanzen,
5.	die Erhaltung des Gewässers in einem Zustand, der hinsichtlich der Abführung oder Rückhaltung von Wasser, Geschiebe, Schwebstoffen und Eis den wasserwirtschaftlichen Bedürfnissen entspricht.“

Die Gewässerunterhaltung muss sich an den *Bewirtschaftungszielen* (§ 27 WHG) ausrichten und darf die Erreichung der angestrebten Ziele nicht gefährden (§ 39 Abs. 2 WHG). Oberirdische Gewässer, die nach $ 28 WHG als künstlich oder erheblich verändert eingestuft werden (siehe § 27 Abs. 2 WHG), sind so zu bewirtschaften, dass …

1. *eine Verschlechterung ihres ökologischen Potenzials und ihres chemischen Zustands vermieden wird und*
2. *ein gutes ökologisches Potenzial und ein guter chemischer Zustand erhalten oder erreicht warden.*

In § 40 WHG, „*Träger der Unterhaltungslast*“, wird geregelt, wem die Aufgabe der Gewässerunterhaltung obliegt (siehe auch Fröhlich 2016).

Der § 41 WHG, „*Besondere Pflichten bei der Gewässerunterhaltung*“, enthält die sogenannten „*Duldungspflichten*“. Demnach müssen die Gewässereigentümer Unterhaltungsmaßnahmen dulden, die entsprechenden Grundstücke dürfen betreten werden, die Grundstücke dürfen zeitweise benutzt werden und es dürfen auch Bestandteile für die Unterhaltung entnommen werden, wenn diese anderweitig nur mit unverhältnismäßig hohen Kosten beschafft werden können.

Auch muss eine Bepflanzung der Ufer geduldet werden. Vorübergehende Behinderungen oder Unterbrechung einer genehmigten Benutzung sind ebenfalls zu dulden. Alle Maßnahmen sind jedoch rechtzeitig anzukündigen (§ 41 Abs. 1 WHG). Es ist untersagt, Handlungen vorzunehmen, welche die Unterhaltungen erschweren oder unmöglich machen (§ 41 Abs. 2 WHG).

Eine Verpflichtung, dass der Eigentümer eines Ufergrundstücks dieses, in erforderlicher Breite, dergestalt bewirtschaftet, dass die Gewässerunterhaltung nicht beeinträchtigt wird, ist möglich (§ 41 Abs. 3 WHG).

Bei Beschädigungen besteht ein Anspruch auf Schadensersatz gegenüber dem Unterhaltungsträger (§ 41 Abs. 4 WHG).

Die Regelungen bezüglich der „*Behördlichen Entscheidungen zur Gewässerunterhaltung*" (§ 42 WHG) erlauben es, die Unterhaltungsmaßnahmen sowie die Pflichten bei der Gewässerunterhaltung näher festzulegen bzw. die Gewässerunterhaltung auszusetzen, soweit dies zur Erreichung der Bewirtschaftungsziele erforderlich ist (§ 42 Abs. 1 WHG). Die Festsetzung der Kostenbeteiligung bzw. Kostenerstattung wird in § 42 Abs. 2 WHG geregelt.

2.4.4 Gewässerausbau, Planfeststellung, Plangenehmigung

In Abschn. 5 des WHG, „*Gewässerausbau, Deich-, Damm- und Küstenschutzbauten*", werden in § 67 Abs. 1 und 2 WHG die Grundsätze des Gewässerausbaus wie folgt definiert:

1.	*Gewässer sind so auszubauen, dass natürliche Rückhalteflächen erhalten bleiben, das natürliche Abflussverhalten nicht wesentlich verändert wird, naturraumtypische Lebensgemeinschaften bewahrt und sonstige nachteilige Veränderungen des Zustands des Gewässers vermieden oder, soweit dies möglich ist, ausgeglichen werden.*
2.	*Gewässerausbau ist die Herstellung, die Beseitigung und die wesentliche Umgestaltung des Gewässers oder seiner Ufer. Ein Gewässerausbau liegt nicht vor, wenn ein Gewässer nur für einen begrenzten Zeitraum entsteht und der Wasserhaushalt dadurch nicht erheblich beeinträchtigt wird. Deich- und Dammbauten, die den Hochwasserabfluss beeinflussen, sowie Bauten des Küstenschutzes stehen dem Gewässerausbau gleich.*

Gewässerausbaumaßnahmen bedürfen der *Planfeststellung* (§ 68 Abs. 1 WHG). Bei fehlender UVP-Pflicht kann auch ein Plangenehmigungsverfahren durchgeführt werden (§ 68 Abs. 2 WHG). Eine weitere Hürde bei der Planfeststellung bzw. Plangenehmigung steht in § 68 Abs. 3 WHG. Demnach darf die Planung nur festgestellt bzw. genehmigt werden, wenn …

1.	*eine Beeinträchtigung des Wohls der Allgemeinheit, insbesondere eine erhebliche und dauerhafte, nicht ausgleichbare Erhöhung der Hochwasserrisiken oder eine Zerstörung natürlicher Rückhalteflächen, vor allem in Auwäldern, nicht zu erwarten und*
2.	*andere Anforderungen nach diesem Gesetz oder sonstigen öffentlich-rechtlichen Vorschriften erfüllt werden.*

Insbesondere für den naturnahen Wasserbau ist darauf hinzuweisen, dass aus den allgemeinen Vorgaben für die Gewässerbewirtschaftung in § 6 Abs. 2 WHG, die freilich auch für den Gewässerausbau gelten, die Verpflichtung folgt, Gewässer in einem naturnahen Zustand zu belassen und nicht naturnah ausgebaute natürliche Gewässer soweit wie möglich wieder in einen naturnahen Zustand zurückzuführen (vgl. oben Abschn. 2.4.1 und Fröhlich 2014).

Bei *Gewässerausbauverfahren* ist im Rahmen des Planfeststellungs- oder Plangenehmigungsverfahrens das *Verschlechterungsverbot* des § 27 WHG zwingend zu berücksichtigen. Hieru hat der Europäische Gerichtshof am 1. Juli 2015 entschieden, dass die Mitgliedstaaten vorbehaltlich der Gewährung einer Ausnahme verpflichtet sind, die Genehmigung für ein konkretes Vorhaben zu versagen, wenn es eine Verschlechterung des Zustands eines Oberflächenwasserkörpers verursachen kann oder wenn es die Erreichung eines guten Zustands eines Oberflächengewässers bzw. eines guten ökologischen Potenzials und eines guten chemischen Zustands eines Oberflächengewässers zu dem nach der Richtlinie maßgeblichen Zeitpunkt gefährdet.

Zum Begriff der *„Verschlechterung"* hat der Europäische Gerichtshof ausgeführt, dass der Begriff der Verschlechterung des Zustands eines Oberflächenwasserkörpers in Art. 4 Abs. 1 Buchst. a Ziff. i EG-WRRL dahin auszulegen ist, dass eine Verschlechterung vorliegt, sobald sich der Zustand mindestens einer biologischen Qualitätskomponente im Sinne des Anhangs V der Richtlinie um eine Klasse verschlechtert, auch wenn diese Verschlechterung nicht zu einer Verschlechterung der Einstufung des Oberflächenwasserkörpers insgesamt führt. Ist jedoch die betreffende Qualitätskomponente im Sinne von Anhang V bereits in der niedrigsten Klasse eingeordnet, stellt jede Verschlechterung dieser Komponente eine *„Verschlechterung des Zustands"* eines Oberflächenwasserkörpers im Sinne von Art. 4 Abs. 1 Buchst. a Ziff. i dar. Diese Entscheidung wird die zukünftigen Entscheidungen der Wasserwirtschaftsbehörden bestimmen. Im Rahmen des Genehmigungsverfahrens ist in der Regel ein entsprechender Fachbeitrag dazu vorzulegen, ob der beabsichtigte Gewässerausbau zu einer Verschlechterung führen wird. In UVP-pflichtigen Verfahren muss der Fachbeitrag vor der Entscheidung der Behörde vorliegen und Bestandteil der auszulegenden Unterlagen im Rahmen der Öffentlichkeitsbeteiligung sein.

In § 70 WHG wird hinsichtlich des Verwaltungsverfahrens zum Gewässerausbau auf die Vorschriften des Verwaltungsverfahrensgesetzes verwiesen (s. Abschn. 2.11).

2.4.5 Hochwasserschutz, Gefahrenkarten, Risikomanagement

Im sechsten Abschnitt des Wasserhaushaltsgesetzes, *„Hochwasserschutz"*, §§ 72 bis 79 WHG, sind die aktuellen Strategien im Hochwasserschutz und die darauf basierenden rechtlichen Regelungen verschiedener Fachgesetze enthalten. So wird zum Beispiel in § 72 WHG der Begriff *„Hochwasser"* folgendermaßen definiert:

> „Hochwasser ist eine zeitlich begrenzte Überschwemmung von normalerweise nicht mit Wasser bedecktem Land durch oberirdische Gewässer oder durch in Küstengebiete eindringendes Meerwasser".

Das Hochwasserschutzgesetz II vom 6. Juli 2017 (s. auch Abschn. 2.5) bedingte einige bedeutsame Änderungen in diesem Abschnitt des WHG. Die neuen Regelungen wurden bei der Überarbeitung dieses Abschnittes berücksichtigt (s. Hofmann 2017).

An dieser Stelle soll jedoch nochmals darauf hingewiesen werden, dass in diesem Abschnitt lediglich Aspekte aufgeführt sind, die bei der naturnahen Gestaltung von Fließgewässern bedeutsam sein könnten. Die Hinweise sollen in keiner Weise eine rechtliche Betrachtung ersetzen.

2.4.5.1 Hochwasserrisiko, Risikobewertungen (§ 73 bis 74 WHG)

Im § 73 WHG wird die Bewertung von *Hochwasserrisiken* und die Bestimmung der Gebiete mit *signifikantem Hochwasserrisiko* (Risikogebiete) gesetzlich geregelt. Enthalten sind u. a. die Vorgehensweise bei der Bewertung (§ 73 Abs. 2 WHG), der Austausch der *Risikobewertungen* mit den benachbarten Anliegern (§ 73 Abs. 4 WHG) sowie die zeitlichen Vorgaben für die Durchführung der Bewertungen (§ 73 Abs. 5 WHG).

In § 74 WHG wird u. a. die Aufstellung von *Gefahren- und Risikokarten* geregelt und in § 75 WHG die Vorgehensweise bei den *Risikomanagementplänen*. Letztere dienen der Minderung von Schäden bei einem Hochwasser (§ 74 Abs. 2 WHG).

Neu sind die Ausführungen in § 74 Abs. 2 Satz 1 Nr. 1 WHG bezüglich der Hochwasserabflüsse mit „niedriger Wahrscheinlichkeit". Derartige Festlegungen können ggfs. Auswirkungen auf die Festlegung der Bemessungsabflüsse haben.

2.4.5.2 Überschwemmungsgebiete (§ 76 bis 78 WHG)

Wegen seiner außerordentlichen Bedeutung für den Hochwasserschutz und die Entwicklung der Fließgewässer stehen die *Überschwemmungsgebiete* an oberirdischen Gewässern unter einem besonderen Schutz.

Überschwemmungsgebiete sind …

> „… Gebiete zwischen oberirdischen Gewässern und Deichen oder Hochufern und sonstige Gebiete, die bei Hochwasser überschwemmt oder durchflossen oder die für Hochwasserentlastung oder Rückhaltung beansprucht werden." (§ 76 Abs. 1 WHG).

Die Landesregierungen setzen die Überschwemmungsgebiete fest. Sie umfassen …

> „… mindestens die Gebiete, in denen ein Hochwasserereignis einmal in 100 Jahren zu erwarten ist" und „… die zur Hochwasserentlastung und Rückhaltung beanspruchten Gebiete."
> (§ 76 Abs. 2 WHG)

Der Sicherung der Flächen für den Wasserrückhalt wird ein hoher Stellenwert beigemessen (u. a. § 76 Abs. 3 WHG und § 77 WHG). Einige Zitate aus dem WHG mögen dies verdeutlichen:

> „Überschwemmungsgebiete … sind in ihrer Funktion als Rückhalteflächen zu erhalten."

> „… frühere Überschwemmungsgebiete, die als Rückhalteflächen geeignet sind, sollen so weit wie möglich wiederhergestellt werden, wenn überwiegende Gründe des Wohls der Allgemeinheit dem nicht entgegenstehen."

Die neuen Regelungen in § 77 Abs. 1 Satz 3 Nr. 1 WHG betreffen die Bevorratung von Rückhalteflächen. Diese Änderung soll den Kommunen die Möglichkeit einräumen,

Rückhalteflächen „vorsorglich“ vorzuhalten, um diese als Ausgleich- oder Ersatzmaßnahme in einem Planungsprozess zu berücksichtigen. Dies bedeutet aber nicht, dass *„verloren gegangener Retentionsraum“* nicht *„umfang-, funktions- und zeitgleich“* auszugleichen ist. Der Ausgleich hat also spätestens zum Zeitpunkt der Projektrealisierung, also bei Inkrafttreten des Bebauungsplans oder bei Beginn der Bautätigkeit, auszugleichen ist.

Die *„Besonderen Schutzvorschriften für festgesetzte Überschwemmungsgebiete“* sind in § 78 WHG enthalten. In § 78 Abs. 1 WHG gibt es eine Aufzählung von Maßnahmen bzw. Benutzungen, die in Überschwemmungsgebieten untersagt sind (u. a. Ausweisung von neuen Baugebieten, Errichtung und Erweiterung baulicher Anlagen, Ablagern von wassergefährdenden Stoffen, die Behinderung des Wasserabflusses sowie die Umwandlung von Grünland in Ackerland und Auwald in eine andere Nutzungsart). Ausdrücklich wird jedoch erwähnt, dass die Untersagungen nicht gelten, wenn …

> „… die Ausweisung ausschließlich der Verbesserung des Hochwasserschutzes dient, sowie für die Bauleitpläne für Häfen und Werften“ dient.

In § 78 Abs. 2 WHG werden eine Reihe von Ausnahmen aufgezeigt, welche die Ausweisung neuer Baugebiete in Überschwemmungsgebieten dennoch ermöglichen. Im Wesentlichen wird verlangt, dass keine andere Möglichkeit der Siedlungsentwicklung besteht, das neu auszuweisende Gebiet unmittelbar an ein bestehendes Gebiet angrenzt, eine Bebauung der Überschwemmungsgebiete zu keiner Gefährdung bzw. nachteiligen Auswirkungen führen und den Hochwasserschutz bzw. Hochwasserrückhalt nicht beeinträchtigen. Ähnliches gilt auch für eine mögliche Ausnahme bei der Errichtung von baulichen Anlagen (§ 78 Abs. 3 WHG).

Durch das Hochwasserschutzgesetz II (s. Abschn. 2.5) wurden weitere Vorschriften zum Hochwasserschutz in das WHG eingeführt, so wurden in § 78a WHG beispielsweise sonstige Schutzvorschriften für festgesetzte Überschwemmungsgebiete normiert.

Als neue Gebietskategorien werden in § 78b WHG Risikogebiete außerhalb von Überschwemmungsgebieten und in § 78d WHG Hochwasserentstehungsgebiete charakterisiert und bestimmte Anforderungen für diese Gebiete festgesetzt. Durch § 78c WHG soll das Problem der Heizölanlagen in Überschwemmungsgebieten geregelt werden.

Deutlich verstärkt wird die *„Information und aktive Beteiligung“* (§ 79 WHG). So sind die Hochwasser-Betroffenen insbesondere über die Bewertung der Hochwasserrisiken, die Gefahren- und Risikokarten sowie die Risikomanagementpläne zu informieren und auch rechtzeitig zu warnen (§ 79 Abs. 2 WHG).

2.4.6 Maßnahmenprogramm, Bewirtschaftungspläne

Maßnahmenprogramme (§ 82 WHG) und Bewirtschaftungspläne (§ 83 WHG) sind Bestandteile des Abschnittes 7, „*Wasserwirtschaftliche Planung und Dokumentation*".

Maßnahmenprogramme werden für jedes Flussgebiet aufgestellt, mit dem Ziel die Bewirtschaftungsziele zu erreichen. Dazu sind:

> „... grundlegende und soweit erforderlich, ergänzende Maßnahmen aufzunehmen; dabei ist eine in Bezug auf die Wassernutzung kosteneffiziente Kombination der Maßnahmen vorzusehen." (§ 82 Abs. 2 WHG)

Die entsprechenden Definitionen, was eine *grundlegende* bzw. was eine *ergänzende Maßnahme* ist, sind in den Absätzen 3 und 4 enthalten (siehe § 82 Abs. 3 und 4 WHG).

Der *Bewirtschaftungsplan* (§ 83 WHG) enthält die in Artikel 13 Absatz 4 in der Verbindung mit Anhang VII der EG-Wasserrahmenrichtlinie genannten Informationen (s. Abschn. 2.1.1). Zusätzlich sind u. a. die Gründe für die Einstufung der oberirdischen Gewässer („*künstlich*" oder „*erheblich verändert*"), die Gründe für eine etwaige Fristverlängerung, abweichende Bewirtschaftungsziele sowie die Bedingungen und Kriterien für die Geltendmachung von Umständen für vorübergehende Verschlechterungen (§ 83 Abs. 2 WHG) aufgeführt.

Der Bewirtschaftungsplan kann für Teileinzugsgebiete, für bestimmte Sektoren und Aspekte der Gewässerbewirtschaftung sowie für bestimmte Gewässertypen ergänzt werden (§ 83 Abs. 3 WHG).

Die „*Fristen für Maßnahmenprogramm und Bewirtschaftungspläne*" enthält § 84 WHG.

Wichtig für die Planung von Gewässerentwicklungsmaßnahmen ist auch die Veränderungssperre zur Sicherung von Planungen (§ 86 WHG). Eine Veränderungssperre kann die zuständige Landesregierung durch Rechtsverordnung festlegen.

2.4.6.1 Veränderung oberirdischer Gewässer (§ 92 WHG)

Im Abschn. 9, „*Duldungs- und Gestattungspflichten*", wird die Duldungspflicht im Hinblick auf gewässerkundliche Maßnahmen geregelt (§ 91 WHG).

Von besonderer Bedeutung für die Gewässerentwicklung ist die Regelung in § 92 WHG. Demnach kann ...

> „... die zuständige Behörde ... Eigentümer und Nutzungsberechtigte oberirdischer Gewässer sowie der Grundstücke, deren Inanspruchnahme für die Durchführung des Vorhabens erforderlich ist, verpflichten, Gewässerveränderungen, insbesondere Vertiefungen und Verbreiterungen, zu dulden, die der Verbesserung des Wasserabflusses dienen und zur Entwässerung von Grundstücken, zur Abwasserbeseitigung oder besseren Ausnutzung einer Triebwerksanlage erforderlich sind."

Dieser Satz wird allerdings durch den folgenden Satz relativiert:

> „Satz 1 gilt nur, wenn das Vorhaben anders nicht ebenso zweckmäßig oder nur mit erheblichem Mehraufwand durchgeführt werden kann und der von dem Vorhaben zu erwartende Nutzen erheblich größer als der Nachteil der Betroffenen ist".

Auch ist die „*Durchleitung von Wasser und Abwasser*“ (§ 93 WHG) von den Eigentümern und Nutzungsberechtigten von Grundstücken zu dulden. Gleiches gilt auch bei Maßnahmen, die …

> „… zur Entwässerung oder Bewässerung von Grundstücken, …, zum Betrieb einer Stauanlage oder zum Schutz vor oder zum Ausgleich von Beeinträchtigungen des Natur- und Wasserhaushaltes durch Wassermangel erforderlich sind …“.

Diese Formulierung eröffnet Gestaltungsmöglichkeiten im Hinblick auf den ökologisch erforderlichen Mindestwasserabfluss.

2.5 Hochwasserschutzgesetz II

Das am 6. Juli 2017 in Kraft getretene Hochwasserschutzgesetz II (HWG II) soll den Hochwasserschutz weiter verbessern. Die Bestimmungen in diesem Gesetz (Änderungsgesetz) führten zu Änderungen im Wasserhaushaltsgesetz (WHG), im Bundesnaturschutzgesetz (BNatSchG), im Baugesetzbuch sowie in der Verwaltungsgerichtsordnung.

Ziel der Gesetzesnovelle war insbesondere eine Beschleunigung der Verfahren für die Planung, Genehmigung und den Bau von Hochwasserschutzanlagen. Gleiches gilt für etwaige Gerichtsverfahren gegen derartige Maßnahmen. Weiterhin sollten Maßnahmen gefördert werden, welche die Entstehung von extremen Hochwasserabflüssen verringern, um Hochwasserschäden zu verhindern bzw. zu reduzieren.

Die Neuregelungen umfassen u. a. folgende Einzelmaßnahmen (Hofmann 2017):

- **Stauanlagen**
- Die Neuregelungen führten zu einer Änderung des § 36 WHG. Demnach sind gemäß dem neuen Absatz 2 die Stauanlagen und Stauhaltungsdämme nach dem allgemeinen Stand der Technik zu errichten, zu betreiben und zu unterhalten; wobei die Anforderungen des Hochwasserschutzes berücksichtigt werden müssen.
- **Enteignungsrechtliche Regelungen**
- Diese Regelungen führten im Wesentlichen zu einer Änderung des § 71 WHG. In Absatz 1 wird u. a. geregelt, dass eine Enteignung zulässig ist, wenn der Gewässerausbau dem Wohl der Allgemeinheit dient. Sie ist ebenfalls zulässig, wenn sie zur Durchführung eines festgestellten oder genehmigten Plans des Küstenschutzes oder Hochwasserschutzes notwendig ist (§ 71 Abs. 2 WHG). Weitere Paragraphen regeln die „*vorzeitige Besitzeinweisung*“ (§ 71a WHG) sowie die Einführung eines „*Vorkaufsrechtes*“ für Grundstücke, die für den Hochwasser- und den Küstenschutz benötigt werden (§ 99a WHG).
- **Definition: Hochwasser mit niedriger Wahrscheinlichkeit**
- Die Definition von *Hochwasser mit niedriger Wahrscheinlichkeit* in § 74 Abs. 2 Satz 1 Nr. 1 WHG dient der bundesweiten Vereinheitlichung bzw. Harmonisierung der Abflusswahrscheinlichkeiten; u. a. für die Festlegung von Risikogebieten bzw. Überschwemmungskarten.

- **Bevorratung von Rückhalteflächen**
  Die neuen Festlegungen im § 77 Abs. 1 Satz 3 Nr. 1 (neu) WHG betreffen die vorsorgliche Bevorratung von Rückhalteflächen.
- **Bauliche Schutzvorschriften in Überschwemmungsgebieten**
  Bedeutsam für den Hochwasserschutz und damit auch die Gestaltung urbaner Fließgewässer sind § 78 WHG und der neue § 78a WHG. Sie regeln vor allem die *baulichen Schutzvorschriften* in *Überschwemmungsgebieten* (§ 78 Abs. 1 Nr. 1 und 2 WHG). Bedeutsam sind in diesem Zusammenhang auch die Ausnahmen vom *Planungsverbot* (§ 78 Abs. 2 und 3 WHG).
- **Sonstige Schutzvorschriften für festgesetzte Überschwemmungsgebiete**
  Diese Vorschriften regeln die kurzfristige Lagerung von Gegenständen in Überschwemmungsgebieten. Bedeutsam für den Hochwasserabfluss ist das Verbot auch der kurzfristigen Lagerung von Gegenständen, die den Hochwasserabfluss behindern können oder fortgeschwemmt werden können (siehe § 74a Abs. 3 Nr. 4 WHG). Auch wird eindeutig geregelt, dass bei einer unmittelbar bevorstehenden Hochwassergefahr im Überschwemmungsgebiet abgelagerte Gegenstände unverzüglich abtransportiert werden müssen.
- **Neue Gebietskategorie: Risikogebiete außerhalb von Überschwemmungsgebieten**
  Diese neue *Gebietskategorie* wurde in § 78b WHG in das Wasserhaushaltsgesetz eingeführt. Es handelt sich dabei um Gebiete außerhalb von Überschwemmungsgebieten für die gemäß § 74 Abs. 2 WHG Gefahrenkarten zu erstellen sind. Ohne auf Details einzugehen, sollen in diesen Gebieten nur dem jeweiligen Hochwasserrisiko angepasste Bauweisen eingesetzt werden. Die mögliche Schadenshöhe ist dabei ebenfalls zu berücksichtigen.

  Ein zentrales Anliegen ist die Verbesserung der *Hochwasservorsorge* in *Hochwasserrisikogebieten*, weil dort in der Vergangenheit die größten Schäden aufgetreten sind. Zu solchen Hochwasserrisikogebieten zählen insbesondere die eingedeichten Flächen, da dort die wirtschaftlichen Schäden im Falle eines Deichversagens besonders hoch sind. In Risikogebieten werden zum Beispiel neue Heizölanlagen verboten, das *hochwasserangepasste Bauen* in den *kommunalen Bebauungsplänen* festgeschrieben und damit die private Vorsorge verbessert.
- **Neue Gebietskategorie: Hochwasserentstehungsgebiete (§ 78d WHG)**
  Die zunehmende Häufigkeit von *Starkregenereignissen* kann wohl ohne Frage auf den Klimawandel zurückgeführt werden. Ein wesentliches Ziel der neuen Regelungen ist es daher auch, insbesondere durch Maßnahmen des vorsorgenden Hochwasserschutzes die Hochwasserabflüsse aus den *Hochwasserentstehungsgebieten* zu reduzieren. Es gibt aber auch eine Reihe von Befreiungsmöglichkeiten, wenn das Wasserversickerungs- oder Wasserrückhaltevermögen durch das Vorhaben nicht beeinträchtigt wird oder die Beeinträchtigung durch Maßnahmen angemessen ausgeglichen wird (siehe § 78d Abs. 5 WHG).

Die obigen Erläuterungen zum Hochwasserschutzgesetz sind nicht vollständig und sollen nur einen Überblick über die neuen rechtlichen Regelungen geben. Auf die entsprechenden

Änderungen im Bundesnaturschutzgesetz (insbesondere die Kompensation von Maßnahmen des Küsten- und Hochwasserschutz im § 16 Abs. 1 BNatSchG) und im Baugesetz wird hier nur hingewiesen.

2.6 Bundesnaturschutzgesetz (BNatSchG)

Das „*Gesetz über Naturschutz und Landschaftspflege*" (Bundesnaturschutzgesetz – BNatSchG) wurde im Zuge der Arbeiten am Umweltgesetzbuch einer umfangreichen Novellierung unterzogen („*Gesetz zur Neuregelung des Rechts des Naturschutzes und der Landschaftspflege*" vom 29. Juli 2009). Es wurde zuletzt durch die Gesetze 8. Mai 2024 (BGBl. I Nr. 153) geändert. Im Folgenden sollen nur einige, für den naturnahen Wasserbau besonders bedeutsame Regelungen, vorgestellt werden.

Das Bundesnaturschutzgesetz (BNatSchG) soll der ständig steigenden Belastung und Zerstörung des Naturhaushaltes durch den Menschen Einhalt gebieten.

Regelungen, die für Ausbau- und Unterhaltungsmaßnahmen an Fließgewässern sowie für die Fließgewässerentwicklung bedeutsam sind, finden sich in nahezu allen Abschnitten des Bundesnaturschutzgesetzes. Die damit verbundenen rechtlichen Überschneidungen und Beeinflussungen im Hinblick auf die Regelungen im Wasserhaushaltsgesetz (WHG) beschreibt Reinhardt (2009) in ausführlicher Weise.

2.6.1 Allgemeine Vorschriften

Im Bundesnaturschutzgesetz werden im Kap. 1, „*Allgemeine Vorschriften*", §§ 1 bis 7 BNatSchG, die „*Ziele des Naturschutzes und der Landschaftspflege*" (§ 1 BNatSchG) geregelt.

Ziele des Naturschutzes und der Landespflege sind (siehe § 1 Abs. 1 BNatSchG):

„Natur und Landschaft … auf Grund ihres eigenen Wertes und Grundlage für Leben und Gesundheit des Menschen auch in Verantwortung für die künftigen Generationen im besiedelten und unbesiedelten Bereich nach Maßgabe der nachfolgenden Absätze so zu schützen, dass …

1.	die biologische Vielfalt,
2.	die Leistungs- und Funktionsfähigkeit des Naturhaushalts einschließlich der Regenerationsfähigkeit und nachhaltige Nutzungsfähigkeit der Naturgüte sowie
3.	die Vielfalt, Eigenart und Schönheit sowie der Erholungswert von Natur und Landschaft

auf Dauer gesichert sind; der Schutz umfasst auch die Pflege, die Entwicklung und, soweit erforderlich, die Wiederherstellung von Natur und Landschaft (allgemeiner Grundsatz)."

Zu den Wegen zur Verwirklichung dieser Ziele zählen u. a. die Verantwortung des Einzelnen (§ 2 Abs. 1 BNatSchG), die Unterstützung der Behörden (§ 2 Abs. 2 BNatSchG), in besonderer Weise die Bewirtschaftung von Grünflächen in öffentlicher Hand (§ 2 Abs. 4 BNatSchG), der Kontext mit den europäischen Regelungen (§ 2 Abs. 5 BNatSchG) und die Beteiligung der Öffentlichkeit (§ 2 Abs. 6 BNatSchG).

Die „*Funktionssicherung bei Flächen für öffentliche Zwecke*" (§ 4 BNatSchG) und die „*Land-, Forst und Fischereiwirtschaft*" (§ 5 BNatSchG) eröffnen eine Reihe von Ausnahmen, die jedoch durch die Bestimmungen hinsichtlich der „*guten fachlichen Praxis*" konkretisiert und bewertbar sind.

2.6.2 Landschaftsplannung

Aufgaben und Inhalte der Landschaftsplanung werden in Kap. 2, „*Landschaftsplanung*", beschrieben. Deren Aufgabenspektrum umfasst jetzt alle Erfordernisse und Maßnahmen zur Umsetzung der konkretisierten Ziele des Naturschutzes und der Landschaftspflege (§ 9 BNatSchG). Instrumentarium sind Landschaftsprogramme und Landschaftsrahmenpläne (§ 10 BNatSchG) sowie Landschaftspläne und Grünordnungspläne (§ 11 BNatSchG).

2.6.3 Allgemeiner Schutz von Natur und Landschaft

Der „*Allgemeine Schutz von Natur und Landschaft*" wird in Kap. 3 BNatSchG geregelt (§ 13 BNatSchG). Dort finden sich insbesondere die Regelung zu Eingriffen in Natur und Landschaft (§ 14 BNatSchG) mit den „*Verursacherpflichten*" (§ 15 BNatSchG) sowie die entsprechenden „*Kompensationsmöglichkeiten*" (§ 16 BNatSchG).

Besondere Bedeutung haben auch das „*Verhältnis zum Baurecht*" (§ 18 BNatSchG) und das „*Verfahren bei einer Schädigung von Arten und natürlichen Lebensräumen im Sinne des Umweltschadensgesetzes*" (§ 19 BNatSchG).

2.6.4 Schutz bestimmter Teile von Natur und Landschaft

Hinweise zum Biotopverbund bzw. zur Biotopvernetzung finden sich in Kap. 4, „*Schutz bestimmter Teile von Natur und Landschaft*", und dort in Abschn. 4.1.5, „*Biotopverbund und Biotopvernetzung; geschützte Teile von Natur und Landschaft*". Die oberirdischen Gewässer werden dort gesondert erwähnt (§ 21 Abschn. 5 BNatSchG) und hinsichtlich Erhaltung und Weiterentwicklung als besonders bedeutsam für die Biotopvernetzung eingestuft.

Besonders wichtig für den naturnahen Ausbau von Fließgewässern sind die Regelungen zu den „*Gesetzlich geschützten Biotopen*" in § 30 BNatSchG. Dort wird ausgeführt, dass …

„Handlungen, die zu einer Zerstörung oder einer sonstigen erheblichen Beeinträchtigung folgender Biotope führen können, verboten sind.“

Für die naturnahe Gestaltung und Entwicklung von Fließgewässern sind folgende, in § 30 Abs. 2 BNatSchG aufgeführte, Bereiche an Fließgewässern (und Gewässerauen) von erheblicher Bedeutung:

1.	*„Natürliche oder naturnahe Bereiche fließender und stehender Binnengewässer einschließlich ihrer Ufer und der dazugehörigen uferbegleitenden natürlichen oder naturnahen Vegetation sowie ihrer natürlichen oder naturnahen Verlandungsbereiche, Altarme und regelmäßig überschwemmten Bereiche,*
2.	*Moore, Sümpfe, Röhrichte, Großseggenrieder, seggen- und binsenreiche Nasswiesen, Quellbereich …* …
4.	*Bruch-, Sumpf- und Auenwälder, …“.*

Von den o. a. Verboten kann jedoch eine Ausnahme zugelassen werden, wenn die Beeinträchtigungen ausgeglichen werden können (siehe § 30 Abs. 3 BNatSchG).

In den weiteren Abschnitten des Kap. 4 des Bundesnaturschutzgesetzes wird der Aufbau und der Schutz des *„Netz Natura 2000“* geregelt (siehe §§ 31 bis 34 BNatSchG). Die entsprechenden Regelungen im BNatSchG bieten gute Argumente, die Durchgängigkeit der Fließgewässer zu verbessern. Bei Ausbaumaßnahmen ist eine FFH-Verträglichkeitvorprüfungen und ggf. eine Umweltverträglichkeitsprüfung durchzuführen (s. auch DWA M 617, 2020).

In § 34 BNatSchG wird u. a. geregelt, dass Projekte vor ihrer Zulassung oder Durchführung auf ihre Verträglichkeit mit den Erhaltungszielen eines Gebietes von gemeinschaftlicher Bedeutung oder eines Vogelschutzgebietes zu prüfen sind. Treten erhebliche Beeinträchtigungen auf, ist ein Vorhaben unzulässig. Es reicht dabei aus, dass es zu Beeinträchtigungen kommen kann bzw. diese nicht ausgeschlossen werden können. Das FFH-Recht hat hier besonders strenge Anforderungen.

Ausnahmegründe, die dazu führen können, dass ein Projekt dennoch zugelassen und durchgeführt werden kann, finden sich in § 34 Abs. 4 BNatSchG. Dann ist jedoch die Einholung einer Stellungnahme der Kommission erforderlich (s. auch § 34 Abs. 5 BNatSchG).

Falls sich zum Beispiel prioritäre Biotope bzw. prioritäre Arten im Projektbereich befinden, sind strenge gesetzliche Regelungen zu beachten (siehe § 34 Abs. 4 BNatSchG):

„Können von dem Projekt im Gebiet vorkommende prioritäre natürliche Lebensraumtypen oder prioritäre Arten betroffen werden, können als zwingende Gründe des überwiegenden öffentlichen Interesses nur solche im Zusammenhang mit der Gesundheit des Menschen, der öffentlichen Sicherheit, …, oder den maßgeblich günstigen Auswirkungen des Projekts auf die Umwelt geltend gemacht werden …“.

Eine Durchführung von Projekten in derartigen Bereichen ist also nur in sehr engen Grenzen möglich. Sie bedürfen einer Stellungnahme der Europäischen Kommission (siehe dazu § 34 Abs. 5 BNatSchG).

2.6.5 Schutz der wild lebenden Tier- und Pflanzenarten

Der „*Schutz der wild lebenden Tier- und Pflanzenarten*" ist Bestandteil von Kap. 5 des Bundesnaturschutzgesetzes.

Während im Abschn. 1, „*Allgemeine Vorschriften*", die „*Aufgaben des Artenschutzes*" (§ 37 BNatSchG) und „*Allgemeine Vorschriften für den Arten-, Lebensstätten- und Biotopschutz*" (§ 38 BNatschG) behandelt werden, finden sich in Abschn. 2, „*Allgemeiner Artenschutz*", insbesondere in § 39 BNatSchG, „*Allgemeiner Schutz wild lebender Tiere und Pflanzen; Ermächtigung zum Erlass von Rechtsverordnungen*", zahlreiche Regelungen, welche die Unterhaltung der Fließgewässer betreffen.

Verboten ist u. a. die mutwillige Beunruhigung wild lebender Tiere, die Entnahme wild lebender Pflanzen ohne vernünftigen Grund sowie die Lebensstätten wild lebender Tiere und Pflanzen ohne vernünftigen Grund zu beeinträchtigen oder zu zerstören (§ 39 Abs. 1 BNatSchG).

Auch ist u. a. verboten (§ 39 Abs. 5 BNatSchG):

…

3.	*Röhrichte in der Zeit vom 1. März bis zum 30. September zurückzuschneiden; außerhalb dieser Zeiten dürfen Röhrichte nur in Abschnitten zurückgeschnitten werden.*
4.	*ständig wasserführende Gräben unter Einsatz von Grabenfräsen zu räumen, wenn dadurch der Naturhaushalt, insbesondere die Tierwelt erheblich beeinträchtigt wird.* …

Entschärft werden diese strengen Regeln jedoch durch eine lange Reihe von Ausnahmen (s. § 39 BNatSchG). Auch hinsichtlich nichtheimischer, gebietsfremder und invasiver Arten (u. a. die Neophyten – s. Abschn. 12.3.3) enthält das Gesetz eine Reihe von Bestimmungen (s. § 40 BNatSchG).

2.6.6 Erholung in Natur und Landschaft

In Kap. 7, „*Erholung in Natur und Landschaft*" (§§ 59 bis 62 BNatSchG) werden Regelungen zum „*Betreten der freien Landschaft*" (§ 59 BNatSchG) und zur „*Freihaltung von Gewässern und Uferzonen*" (§ 61 BNatSchG) getroffen.

Wichtig für die Durchführung der Planung sind ggf. die Regelungen zur „*Mitwirkung anerkannter Naturschutzvereinigungen*" in Kap. 8 des Bundesnaturschutzgesetzes (s. §§ 63 und 64 BNatSchG). Demnach ist einem nach § 3 UmwRG (UmwRG = Umwelt-Rechtsbehelfsgesetz vom 7. Dezember 2006 – BGBl. I S. 2816, zuletzt durch Artikel 15 des Gesetzes vom 31. Juli 2009, BGBl. I S. 2585, geändert) vom Bund anerkannten Verein Gelegenheit zur Stellungnahme und Einsicht in die einschlägigen Planunterlagen zu geben. Diese Beteiligung umfasst u. a. die Vorbereitung von Verordnungen des Bundesumweltministeriums, Stellungnahmen bei Planfeststellungsverfahren sowie bei Plangenehmigungen.

Einen umfassenden Überblick über die Verbandsbeteiligung bei derartigen Vorhaben gibt das *„Handbuch Verbandsbeteiligung"* des NABU NRW (Hänel et al. 2009).

Die oft bestehenden Nutzungskonflikte, u. a. zwischen Gewässernutzung, Hochwasserschutz, Landwirtschaft, Forstwirtschaft, Erholungsbedürfnis der Bevölkerung und Naturschutz, erfordern ein ständiges Abwägen aller Interessen.

Die Ausführungen zum Bundesnaturschutzgesetz sind mit Sicherheit nicht vollständig. Hier sollten nur die wesentlichen Aspekte dargestellt werden, um die rechtlichen Möglichkeiten bei Gewässerentwicklungsmaßnahmen besser abschätzen zu können. Weiterführende Hinweise finden sich u. a. bei BfN (2014).

Wertvolle Hinweise zur Berücksichtigung naturschutzfachlicher Fragen bei Fließgewässerrenaturierungen finden sich in DWA-M 617 (2020).

2.7 Eingriffsregelung

Von besonderer Bedeutung für den Naturnahen Wasserbau ist die *Eingriffsregelung*. Es gibt landesrechtliche Regelungen, die ausdrücklich regeln, dass bestimmte Maßnahmen am Gewässer nicht als Eingriff zu bewerten. Gesetzliche Grundlage der *Eingriffsregelung* sind die §§ 13 bis 19 BNatSchG (siehe Abschn. 2.6).

2.7.1 Eingriffe

Eingriffe in Natur und Landschaft im Sinne des Bundesnaturschutzgesetzes sind Veränderungen der Gestalt oder Nutzung von Grundflächen oder Veränderungen des mit der belebten Bodenschicht in Verbindung stehenden Grundwasserspiegels, welche die *Leistungs-* und *Funktionsfähigkeit des Naturhaushaltes* oder das Landschaftsbild erheblich beeinträchtigen können (§ 14 Abs. 1 BNatSchG).

Eine land-, forst- und fischereiwirtschaftliche Bodennutzung ist nicht als Eingriff anzusehen, soweit dabei die Ziele und Grundsätze des Naturschutzes und der Landschaftspflege berücksichtigt werden (§ 14 Abs. 2 BNatSchG). Weiterhin gibt es spezielle Regelungen, z. B. für die Wiederaufnahme einer Bewirtschaftung nach einer Extensivierung innerhalb einer Frist von 10 Jahren (§ 14 Abs. 3 BNatSchG).

2.7.2 Verursacherpflichten

Gemäß § 15 Abs. 1 BNatSchG gilt:

> „Der Verursacher eines Eingriffs ist verpflichtet, vermeidbare Beeinträchtigungen von Natur und Landschaft zu unterlassen. Beeinträchtigungen sind vermeidbar, wenn zumutbare Alternativen, den mit dem Eingriff verfolgten Zweck am gleichen Ort ohne oder mit geringeren Beeinträchtigungen von Natur und Landschaft zu erreichen, gegeben sind. …"

In § 15 Abs. 2 BNatSchG heißt es weiter:

> „Der Verursacher … ist verpflichtet, unvermeidbare Beeinträchtigungen durch Maßnahmen des Naturschutzes und der Landschaftspflege auszugleichen (Ausgleichsmaßnahmen) oder in sonstiger Weise zu ersetzen (Ersatzmaßnahmen)".

Hierbei sind die Begriffe „*ausgeglichen*" und „*ersetzt*" von besonderer Bedeutung.

Ausgeglichen ist eine Beeinträchtigung u. a., wenn und sobald die beeinträchtigten Funktionen des Naturhaushaltes und das Landschaftsbild in gleichartiger Weise wiederhergestellt sind und das Landschaftsbild landschaftsgerecht wiederhergestellt oder neugestaltet ist.

Ersetzt ist eine Beeinträchtigung, wenn und sobald die beeinträchtigten Funktionen des Naturhaushaltes in dem betroffenen Naturraum in gleichwertiger Weise hergestellt sind und das Landschaftsbild landschaftsgerecht neu gestaltet ist.

Bei der Inanspruchnahme von land- oder forstwirtschaftlich genutzten Flächen für Ausgleichs- und Ersatzmaßnahme ist auf agrarstrukturelle Belange Rücksicht zu nehmen (siehe § 15 Abs. 3 BNatSchG).

Bedeutsam für einen Eingriff ist auch die Regelung in § 15 Abs. 5 BNatSchG. Demnach darf ein Eingriff

> „nicht zugelassen oder durchgeführt werden, wenn die Beeinträchtigungen nicht zu vermeiden oder nicht in angemessener Frist auszugleichen oder zu ersetzen sind und die Belange des Naturschutzes und der Landschaftspflege bei der Abwägung aller Anforderungen an Natur und Landschaft anderen Belangen im Range vorgehen."

Die Bevorratung von Kompensationsmaßnahmen (Ersatzmaßnahmen, wie z. B. Ersatzzahlungen, Ökopunktekonto) wird in § 16 BNatSchG geregelt.

2.7.3 Verfahrensinhalte

Die Länderarbeitsgemeinschaft „*Naturschutz, Landschaftspflege und Erholung*" (LANA) hat die wesentlichen Verfahrensschritte in Empfehlungen zusammengefasst (LANA 1995; BfN 2003 und 2014), an denen sich die folgenden Ausführungen orientieren. Vereinfacht dargestellt besteht das Instrument der Eingriffsregelung aus den folgenden Verfahrensschritten:

- **Abgrenzung des Untersuchungsraumes**
  Der Untersuchungsraum mit seinen Bestandteilen Vorhabensort, Eingriffsraum, Wirkraum und Kompensationsraum muss sich an die vom Vorhaben ausgehenden erheblichen oder nachhaltigen Beeinträchtigungen flexibel anpassen.
- **Erfassung und Bewertung von Natur und Landschaft des Untersuchungsraumes**
  Die Entscheidung über die Wirkungen von Eingriffen erfordern eine systematische, problemorientierte und den jeweiligen Planungsebenen angemessene Erfassung und Bewertung von Natur und Landschaft des Untersuchungsraumes. Hierbei sind alle

Funktions- und Wertungselemente des Naturhaushaltes zu erfassen. Die Bestandsaufnahme soll den aktuellen Zustand und die Entwicklungsmöglichkeiten berücksichtigen.

- **Ermittlung der vorhabensbedingten Wirkungen**
  In diesem Verfahrensschritt sollen alle wichtigen Wirkungen eines Vorhabens ermittelt werden. Dabei spielen Reichweite, Intensität und Dauer und das Zusammenwirken von einzelnen Wirkungen eine besondere Rolle.
- **Ermittlung der Beeinträchtigungen**
  Hierunter werden alle negativen Veränderungen und Beeinträchtigungen erfasst, die auf die Funktionen und Werte der Schutzgüter einwirken. Ausreichend ist die Wahrscheinlichkeit bzw. die Vermutung eines Eintritts.
- **Ermittlung der Erheblichkeit und Nachhaltigkeit der Beeinträchtigungen**
  Werden die Schutzgüter durch die Wirkungen eines Vorhabens derart verändert, sodass das Selbstregenerationsvermögen der Natur überfordert oder der vorhandene Entwicklungsprozess verändert wird, handelt es sich um eine erhebliche Beeinträchtigung. Werden die Auswirkungen eines Vorhabens nicht unmittelbar wirksam, sondern erst zeitlich verzögert und dauerhaft, sind die Beeinträchtigungen als nachhaltig zu bezeichnen.
- **Ermittlung von vermeidbaren Beeinträchtigungen**
  Als vermeidbare Beeinträchtigung ist hier nicht nur das gesamte Vorhaben gemeint, sondern auch einzelne Beeinträchtigungen, die von ihm ausgehen. Vermeidbar sind Beeinträchtigungen insbesondere dann, wenn kein Bedarf für das Vorhaben besteht, das Vorhaben in der geplanten Form keine geeignete Lösung darstellt oder es eine Variante mit geringeren Beeinträchtigungen gibt. Einige Landesgesetze sehen eine Maßnahme auch als vermeidbar an, wenn es andere, für den Naturschutz weniger wichtige Standorte gibt.
- **Bestimmung der Ausgleichbarkeit erheblicher oder nachhaltiger Beeinträchtigungen**
  Unvermeidbare erhebliche oder nachhaltige Beeinträchtigungen der Leistungsfähigkeit des Naturhaushaltes sind auszugleichen. Sie gelten als ausgeglichen, wenn alle erheblichen Beeinträchtigungen auf ein unerhebliches Maß reduziert sind und weitere Beeinträchtigungen nicht nachhaltig wirken können. Unterschieden wird zwischen einer standörtlichen und einer zeitlichen Wiederherstellbarkeit.
- **Ermittlung von Ausgleichs- und Ersatzmaßnahmen**
  Von einer Ausgleichsmaßnahme wird gesprochen, wenn zeitnah (bis maximal 25 Jahre) keine erheblichen oder nachhaltigen Beeinträchtigungen der Funktionen und Werte des Naturhaushaltes zurückbleiben. Bei einer Ersatzmaßnahme werden diese Vorgaben nicht eingehalten. Der Raum, in dem Ausgleichs- und Ersatzmaßnahmen ausgeführt werden, ist der Kompensationsraum.
- **Gegenüberstellung von Beeinträchtigungen, Vorkehrungen zur Vermeidung, Ausgleichs- und Ersatzmaßnahmen**
  Für die Gegenüberstellung müssen die Ergebnisse der vorab beschriebenen Verfahrensschritte der Eingriffsregelung in übersichtlicher, nachvollziehbarer Form dargestellt werden.

- **Durchführung von Erfolgskontrollen**
  Erfolgskontrollen sollen sicherstellen, dass die festgelegten Maßnahmen durchgeführt wurden und die Prognosen, getroffenen Entscheidungen und Maßnahmen richtig waren und die angestrebten Erwartungen erfüllen.

In LANA (1995) finden sich umfangreiche und detaillierte Aufstellungen über Funktionen und Hauptbeeinträchtigungsfaktoren für die einzelnen Schutzgüter sowie Hinweise zum Untersuchungsrahmen.

Ist eine *Kompensation* in Form von Ausgleichs- oder Ersatzmaßnahmen nicht möglich, kann eine *Ersatzvornahme* oder eine *Ausgleichsabgabe* festgelegt werden. Als Maß für die Höhe der Ausgleichsabgabe kommen u. a. folgende Bewertungsansätze in Frage:

- Bewertung des monetären Vorteils für den Verursacher, wirtschaftliche Zumutbarkeit und Nutzen für die Allgemeinheit.
- Kosten, die der Verursacher für die Ersatzmaßnahme hätte aufbringen müssen.
- Bewertung der einzelnen Funktionen des Naturhaushaltes anhand von Wertigkeitsskalen
- Klassifizierung nach Biotoptypen

Jedes der aufgeführten Verfahren hat seine Vor- und Nachteile, sodass keine abschließende Empfehlung gegeben werden kann. Für weitere Details des Verfahrens muss auf die Literatur verwiesen werden.

Speziell auf die *Umweltverträglichkeitsprüfung* von UVP-pflichtigen Vorhaben aus dem Bereich „Wasser" abgestimmt sind die Arbeitsmaterialien der Länderarbeitsgemeinschaft Wasser (LAWA 1997). Diese Schrift enthält u. a. Hinweise zu folgenden Themen:

- Rechtsgrundlagen der Umweltverträglichkeitsprüfung
- Genereller Verfahrensablauf der UVP
- UVP-pflichtige Vorhaben im Bereich der Wasserwirtschaft
- Unterrichtung über den voraussichtlichen Untersuchungsrahmen
- Beteiligung anderer Behörden und Einbeziehung der Öffentlichkeit
- Zusammenfassende Darstellung der Umweltauswirkungen
- Bewertung der Umweltauswirkungen und Berücksichtigung des Ergebnisses bei der Entscheidung

Der Anhang der Schrift enthält entsprechende Arbeitshilfen mit detaillierten Hinweisen für die Praxis.

2.8 Bundes-Bodenschutzgesetz – BBodSchG

Das Gesetz zum Schutz vor schädlichen Bodenveränderungen und zur Sanierung von Altlasten (Bundes-Bodenschutzgesetz – BBodSchG) hat u. a. den Zweck,

> „nachhaltig die Funktionen des Bodens zu sichern oder wiederherzustellen", „schädliche Bodenveränderungen abzuwehren, der Boden und Altlasten sowie hierdurch verursachte Gewässerverunreinigungen zu sanieren und Vorsorge gegen nachteilige Einwirkungen auf den Boden zu treffen". Bei den Einwirkungen auf den Boden „sollen Beeinträchtigungen seiner natürlichen Funktionen sowie seiner Funktion als Archiv der Natur- und Kulturgeschichte so weit wie möglich vermieden werden." (siehe § 1 BBodSchG)

Im ersten Teil des BBodSchG, *„Allgemeine Vorschriften"*, in § 2 Abs. 2 BBodSchG, werden unter Ziffer 1 die *natürlichen Funktionen* des Bodens wie folgt aufgeführt:

a) *Lebensgrundlage und Lebensraum für Menschen, Tiere, Pflanzen und Bodenorganismen,*
b) *Bestandteil des Naturhaushalts, insbesondere mit seinen Wasser- und Nährstoffkreisläufen,*
c) *Abbau-, Ausgleichs und Aufbaumedium für stoffliche Einwirkungen auf Grund der Filter-, Puffer- und Stoffumwandlungseigenschaften, insbesondere auch zum Schutz des Grundwassers.*

Zu den Nutzungsfunktionen unter Ziffer 3 zählen u. a.:

b) *Fläche für Siedlung und Erholung*
c) *Standort für die land- und forstwirtschaftliche Nutzung*
d) *Standort für sonstige wirtschaftliche und öffentliche Nutzungen, Verkehr, Ver- und Entsorgung.*

Im zweiten Teil *„Grundsätze und Pflichten"* findet sich in § 4 Abs. 1 BBodSchG die Verpflichtung zur Gefahrenabwehr, …

(1)	*Jeder, der auf den Boden einwirkt, hat sich so zu verhalten, dass schädliche Bodenveränderungen nicht hervorgerufen werden.*

und in § 7 BBodSchG, *„Vorsorgepflicht"*, die Pflicht, …

> „…, Vorsorge gegen das Entstehen schädlicher Bodeneinwirkungen zu treffen, …"

Besonders bedeutsam für die *Landwirtschaftliche Bodennutzung* (Vierter Teil des Gesetzes) sind die Regelungen in § 17 BBodSchG (*„Gute fachliche Praxis in der Landwirtschaft"*). Demnach wird die Vorsorgepflicht gemäß § 7 BBodSchG durch die gute fachliche Praxis erfüllt.

Schon diese wenigen Hinweise lassen unschwer erkennen, dass bei Gewässerentwicklungsmaßnahmen (insbesondere bei Gewässerausbaumaßnahmen) die gesetzlichen Regelungen des BBodSchG in der Regel betroffen sind und daher bei der Planung berücksichtigt werden müssen (s. DWA M 617 2020). Fachliche Anregungen und Beispiele für die Berücksichtigung des Bodenschutzes bei Maßnahmen des Naturnahen Wasserbaus enthält u. a. LANUV (2017).

2.9 Gesetz über die Wasser- und Bodenverbände

Einzelne Aufgaben des Wasserrechts (z. B. Ausbau und Unterhaltung von Gewässern, Betrieb von Anlagen) können *Wasser- und Bodenverbänden* zugewiesen bzw. überlassen werden. Sie sind Körperschaften des öffentlichen Rechts, die unter der Aufsicht der Staatsbehörden stehen (Reinhard und Hasche 2021).

Verbandsmitglieder sind die Eigentümer der im Verbandsgebiet liegenden Grundstücke und Anlagen, Personen, denen der Verband Pflichten abnimmt, sowie Körperschaften des öffentlichen Rechts und ausdrücklich als Mitglieder zugelassene Personen.

Die Verbände verwalten sich selbst und finanzieren sich aus den Mitgliedsbeiträgen. Ihre Organisation, die inneren Rechtsverhältnisse und die Beziehungen zu den Mitgliedern regelt das Gesetz über die Wasser- und Bodenverbände (Wasserverbandsgesetz) – WVG – vom 12. Februar 1991 (BGBl. I S. 405). Das Gesetz gilt momentan in der Fassung der Bekanntmachung vom 15. Mai 2002.

In einigen Bundesländern (z. B. Nordrhein-Westfalen) sind zahlreiche Wasserverbände auf der Basis von landesgesetzlichen Sondergesetzen errichtet worden. Das Wasserverbandsgesetz findet auf derartige Verbände nur dann Anwendung, wenn dies durch Rechtsvorschriften ausdrücklich angeordnet oder zugelassen worden ist (§ 80 WVG).

2.10 Gesetz über die Umweltverträglichkeitsprüfung (UVPG)

Das „*Gesetz über die Umweltverträglichkeitsprüfung – UVPG*“ (Gesetz in der Bekanntmachung vom 24. Februar 2010 – BGBl. I S. 94; zuletzt geändert durch Gesetz vom 8. Mai 2024 – BGBl. I S. 151) dient der Umweltvorsorge und soll sicherstellen, dass die Auswirkungen auf die Umwelt frühzeitig und umfassend ermittelt, beschrieben und bewertet werden) und das Ergebnis der Umweltverträglichkeitsprüfung so früh wie möglich bei allen behördlichen Entscheidungen über die Zulässigkeit berücksichtigt wird (§§ 1 bis 3 UVPG).

Teil 2 des UVPG („*Umweltverträglichkeitsprüfung*“) enthält die Regelungen zu den *Voraussetzungen für eine Umweltverträglichkeitsprüfung* (Abschn. 1), die *Verfahrensschritte der Umweltverträglichkeitsprüfung* (Abschn. 2), die Ausführungen zu *Teilzulassungen, Zulassung eines Vorhabens durch mehrere Behörden, verbundene Prüfverfahren* (Abschn. 3).

Die Regelungen zur *Strategischen Umweltprüfung* (SUP) enthält Teil 3 des UVPG (§§ 33 bis 46 UVPG). Die Strategische Umweltprüfung (SUP) ist unselbständiger Teil behördlicher Verfahren zur Aufstellung oder Änderung von Plänen und Programmen (§ 33 UVPG). Wenn die Pflicht zu einer SUP festgestellt wurde, ist das der Öffentlichkeit bekannt zu geben. Wichtige Verfahrensschritte der SUP sind (siehe Teil 3 Abschn. 2 des UVPG):

- Vorrang anderer Rechtsvorschriften bei der SUP
- Festlegung des Untersuchungsrahmens
- Umweltbericht
- Beteiligung anderer Behörden
- Beteiligung der Öffentlichkeit
- Abschließende Bewertung und Berücksichtigung
- Bekanntgabe der Entscheidung über die Annahme oder Ablehnung des Plans oder Programms
- Überwachung
- Verbundene Prüfverfahren

Besondere Verfahrensvorschriften für bestimmte Umweltprüfungen enthalten die §§ 47 bis 53 (Teil 4 des UVP). Teil 5 enthält die Regelungen für Grenzüberschreitende Umweltprüfungen. In Teil 7 („Schlussvorschriften") enthält Regelungen zur …

- Ermächtigung zum Erlass von Verwaltungsvorschriften
- Vermeidung von Interessenkonflikten
- Berichterstattung an die Europäische Kommission sowie
- Übergangsvorschriften.

Die wasserwirtschaftlich bedeutsamen Vorhaben sind in der Anlage 1, Liste „UVP-pflichtiger Vorhaben", unter Nr. 13 („*Wasserwirtschaftliche Vorhaben mit Benutzung oder Ausbau eines Gewässers*") und, für Bundeswasserstraßen, auch unter Nr. 14.1 („*Bau einer Bundeswasserstraße*") aufgeführt. Die Anlage 2 des UVPG enthält („*Angaben des Vorhabenträgers zur Vorbereitung der Vorprüfung*") und Anlage 3 die („*Kriterien für die Vorprüfung im Rahmen einer Umweltverträglichkeitsprüfung*"). Regelungen zu den „*Angaben des UVP-Berichts für die Umweltverträglichkeitsprüfung*" enthält die Anlage 4 des UVPG.

In der Liste „SUP-pflichtiger Pläne und Programme" (Anlage 5 des UVPG) finden sich folgende wasserwirtschaftliche Vorhaben:

1.3	Risikomanagementpläne nach § 75 des Wasserhaushaltsgesetzes und die Aktualisierung der vergleichbaren Pläne nach § 75 Absatz 6 des Wasserhaushaltsgesetzes
1.4	Maßnahmenprogramme nach § 82 des Wasserhaushaltsgesetzes
1.9	Maßnahmenprogramme nach § 45h des Wasserhaushaltsgesetzes

„Kriterien für die Vorprüfung des Einzelfalls im Rahmen einer Strategischen Umweltprüfung“ finden sich in Anlage 6 des UVPG. Hinsichtlich der *Öffentlichkeitsbeteiligung* ist zu beachten, dass gemäß der EU-Richtlinie 2014/52/EU einschlägige Informationen zu Umweltverträglichkeitsprüfungen elektronisch zugänglich gemacht werden müssen. Durch die Einführung von entsprechenden Internet-Portalen ist die Bundesrepublik Deutschland dieser Verpflichtung nachgekommen. Informationen zu Projekten des Bundes sind auf dem Portal (www.uvp-portal-bund.de) und Projekte der Länder auf dem Verbund-Portal (www.uvp-verbund.de) zu finden.

Auf die Darstellung weiterer Details zum UVPG soll hier verzichtet werden. Wie schon mehrfach angedeutet, kann das Geschriebene eine juristische Beratung nicht ersetzen (s. auch Wellmann et al. 2017, Czychowski und Reinhardt 2023).

2.11 Verwaltungsverfahren, Planfeststellung, Plangenehmigung

Das *Verwaltungsverfahrensgesetz* (VwVfG) und die entsprechenden Landesgesetze regeln die *„nach außen wirkende“* Tätigkeit der Verwaltungsbehörden. Sie sind anzuwenden, wenn in den Fachgesetzen nicht besondere Verfahrensvorschriften enthalten sind (Kopp und Ramsauer 2018).

Eine spezielle Verfahrensart ist die *Planfeststellung*, deren Durchführung u. a. beim *Ausbau von Gewässern* (siehe § 68 WHG bzw. Abschn. 2.4.4) ausdrücklich gefordert wird.

Der Ablauf des *Planfeststellungsverfahrens* ist im Verwaltungsverfahrensgesetz des Bundes (Abschn. 2 – §§ 72 bis 78 VwVfG) sowie in den entsprechenden Verwaltungsverfahrensgesetzen der Länder geregelt. Die einzelnen Verfahrensschritte sind in Abb. 2.2 dargestellt.

Wesentlich für das Planfeststellungsverfahren ist die Beteiligung der Öffentlichkeit in Form von Anhörungen und Erörterungsterminen sowie das Einholen von Stellungnahmen aller betroffenen Fachbehörden. Besondere Bedeutung haben auch die im Gesetz vorgesehenen Fristen, innerhalb derer Einsprüche und Bedenken gegen eine geplante Maßnahme geltend gemacht werden müssen.

Nach Bestandskraft des *Planfeststellungsbeschlusses* der *Planfeststellungsbehörde* sind die Festlegungen für alle Betroffenen bindend. Andere öffentlich-rechtliche Erlaubnisse oder Genehmigungen sind daneben i. d. R. nicht mehr erforderlich. Erlaubnisse bzw. Bewilligungen für die mit dem beabsichtigten Vorhaben verbundenen Benutzungen müssen jedoch eingeholt werden.

Ist der *Planfeststellungsbeschluss* bestandskräftig, d. h. nicht mehr mit Rechtsmitteln angreifbar, sind Beseitigungs- oder Unterlassungsansprüche ausgeschlossen. Für unzumutbare, nicht verhinderbare Beeinträchtigungen, besteht ein Entschädigungsanspruch der Betroffenen.

Im Falle eines nicht UVP-pflichtigen Gewässerausbaus kann ein *Plangenehmigungsverfahren* das Planfeststellungsverfahren ersetzen. Dabei entfallen die zum Teil recht aufwendige Umweltverträglichkeitsprüfung (UVP) und der formelle Erörterungstermin. Gleichwohl sind aber die Beteiligten, das sind die betroffenen Bürger und die anerkannten

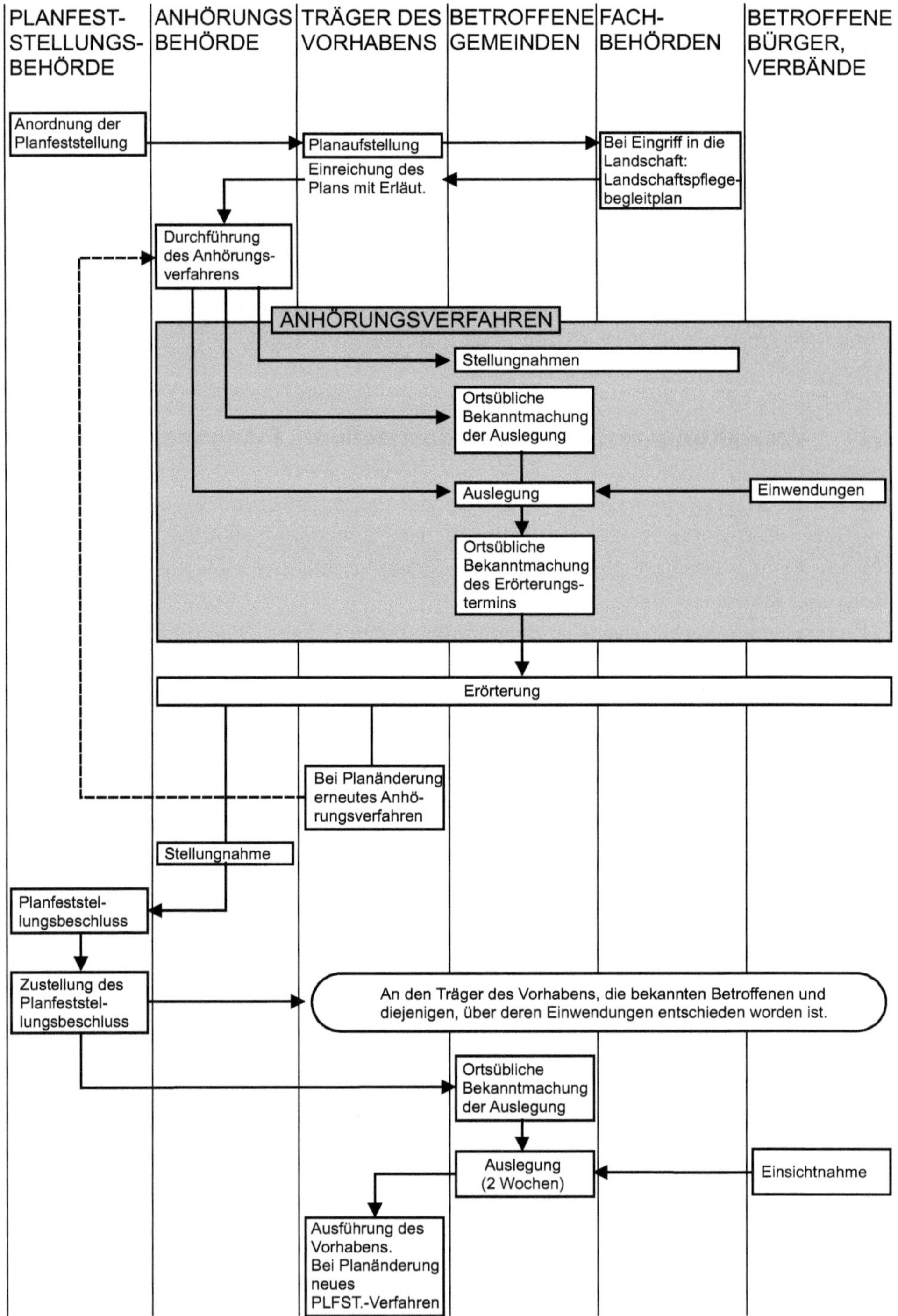

Abb. 2.2 Verfahrensschritte im Planfeststellungsverfahren. (Nach Albert 2022; verändert)

Umweltverbände sowie die betroffenen Gemeinden und Fachbehörden, zu hören. Auch ist im *Plangenehmigungsbeschluss* über ggf. ausgelöste Eingriffe zu entscheiden. Für Gewässerausbauten, die echte Renaturierungen sind, bringt die *Plangenehmigung* deutliche Verfahrenserleichterungen.

2.12 Oberflächengewässerverordnung

Die Verordnung zum Schutz der Oberflächengewässer (*Oberflächengewässerverordnung* – OGewV) dient u. a. der Umsetzung der EG-Wasserrahmenrichtlinie. In der Verordnung werden gemeinsame Standards im Hinblick auf Umweltqualitätsnormen, technische Spezifikationen für die chemische Analyse und die Überwachung des Gewässerzustands sowie für die Festlegung der Werte für die Einstufungen des Überwachungssystems des jeweiligen Mitgliedstaats als Ergebnis der Interkalibrierung festgeschrieben.

Bedeutsam für die *morphologischen Fragestellungen* sind die …

> *„Lage, Grenzen und Zuordnung der Oberflächenwasserkörper; typspezifische Referenzbedingungen“* in § 3 OGeV, die *„Zusammenstellung der Gewässerbelastungen und Beurteilung ihrer Auswirkungen.“*

in § 4 OGewV sowie in § 5 OGewV *die*

> *„Einstufung des ökologischen Zustands und des ökologischen Potenzials.“*

Im Hinblick auf die *Referenzgewässer* gibt es in Anlage 1 der Oberflächengewässerverordnung (OGwV) die Auflistung: *„Lage, Grenzen und Zuordnung der Oberflächenwasserkörper; typspezifische Referenzbedingungen“*, in Tab. 2 eine *„Zusammenstellung der Gewässerbelastungen und Beurteilung ihrer Auswirkungen“* sowie in Tab. 3 wichtige Festlegungen hinsichtlich der *biologischen* und *morphologischen Qualitätskomponenten*.

Anlage 4 der OGwV enthält wiederum Bestimmungen für die *„Einstufung des ökologischen Zustands und des ökologischen Potenzials“*.

In Tab. 1 werden, *„Allgemeines Einstufungskriterien …“*, in Tab. 2, *„Bestimmungen für den sehr guten, guten und mäßigen ökologischen Zustand von Flüssen“*, in Tab. 3, *„Bestimmungen für den sehr guten, guten und mäßigen ökologischen Zustand von Seen“*, Tab. 4, *„Bestimmungen für den sehr guten, guten und mäßigen ökologischen Zustand von Übergangsgewässern“* und in Tab. 5, *„Bestimmungen für den sehr guten, guten und mäßigen ökologischen Zustand von Küstengewässern“ festgeschrieben.* Tab. 6 enthält Bestimmungen für das *„höchste, das gute und das mäßige ökologische Potenzial von künstlichen oder erheblich veränderten Gewässern“*.

Anlage 5 der OGwV enthält *„Bewertungsfragen und Grenzwerte der ökologischen Qualitätsquotienten für die verschiedenen Gewässertypen“*.

Schon diese kurze Aufstellung von einigen Inhalten der Oberflächengewässerverordnung (OGewV), zeigt deren große Bedeutung für die Umsetzung der EG-Wasserrahmenrichtlinie (EG-WRRL) in Deutschland.

2.13 Bundesprogramm Blaues Band Deutschland

Ein wichtiger Schritt in Richtung Verbesserung des Biotopverbundes in der Bundesrepublik Deutschland ist das „*Bundesprogramm Blaues Band Deutschland*", das am 1. Februar 2017 vom Bundeskabinett beschlossen wurde (BMVI und BMUB 2017; Witte 2017).

Der Name des Bundesprogrammes, „*Blaues Band Deutschland*", ist angelehnt an das „Grüne Band". Das „*Grüne Band*" umfasst den Biotopverbund im ehemaligen deutsch-deutschen Grenzstreifen. Die betroffenen Flächen sind mittlerweile ein wichtiger Bestandteil des Biotopverbunds in Deutschland.

Ziel des „Blauen Bandes" ist es, durch die Intensivierung von Renaturierungsmaßnahmen an den Bundeswasserstraßen einen Biotopverbund von nationaler Bedeutung aufzubauen. Dabei werden die betroffenen Flusslandschaften als Gesamtheit betrachtet, also bei der Maßnahmenplanung nicht zwischen Gewässerlauf, Ufer und Auen unterschieden. Das ist ein bedeutsamer Schritt zur Verbesserung der ökologischen Qualität der Fließgewässer in Deutschland.

Von besonderer Bedeutung ist dabei das etwa 2800 km lange Netz von sog. Nebenwasserstraßen, das nicht mehr oder nur noch in geringem Umfang für den Güterverkehr benötigt wird. Diese Fließgewässer haben aufgrund noch vorhandener naturnaher Gewässerstrukturen ein hohes ökologisches Entwicklungspotenzial. Aber auch im intensiv genutzten Kernnetz der Bundeswasserstraßen sollen Renaturierungsmaßnahmen als „ökologische Trittsteine" für den Biotopverbund verwirklicht werden, wenn sie mit den verkehrlichen Zielen vereinbar sind.

2.14 Rechtslage in der Schweiz

Hans W. Stutz

Während vieler Jahrzehnte stand die öffentliche Aufgabe des Wasserbaus in der Schweiz praktisch ausschließlich im Dienste des Hochwasserschutzes im Sinne der polizeilichen Gefahrenabwehr. Mit „Gewässerkorrektionen" sorgten die Ingenieure dafür, dass die bei Starkregenereignissen anfallenden gewaltigen Wassermassen auf schnellste Weise schadlos abgeführt wurden.

Ebenso wichtig waren ab Ende des 18. Jahrhunderts große Wasserbauprojekte, mit denen vernäßte Flächen entwässert wurden und dadurch Land für die Bebauung und die landwirtschaftliche Bodennutzung („Meliorationen") gewonnen wurde. So führten die betroffenen Kantone schon vor der Gründung des Bundesstaates (im Jahre 1848) Großvorhaben wie die Linth-Korrektion durch (von 1807–1822 unter Hans Conrad Escher von der Linth).

Im 19. und 20. Jahrhundert wurden weitere große Projekte verwirklicht. Dazu gehören zum Beispiel die Juragewässerkorrektionen, mit denen die Aare umgeleitet und das Schweizer Seeland, das Gebiet zwischen Neuenburgersee, Bielersee und Murtensee, weitgehend trockengelegt wurden. Diese zum Teil massiven Eingriffe in den Wasserhaushalt und die natürlichen Lebensräume führten zu einer Zerstörung bedeutender Feuchtgebiete.

Mit der zunehmenden Verbauung der Gewässer waren die heute bekannten Folgeprobleme verbunden. Die begradigten und kanalisierten Gerinne engten den Abfluss ein und erhöhten die Fließgeschwindigkeit; damit kam es zu einer unerwünschten verstärkten Erosion der Gewässersohle und an den Schutzbauten. Zudem führten die wasserbaulichen Eingriffe zu einem Verlust von Lebensräumen für Tiere und Pflanzen.

Erst verhältnismäßig spät setzte in der zweiten Hälfte des 20. Jahrhunderts eine Gegenbewegung zum klassischen technologieorientierten Wasserbau ein. Mit zunehmendem Verlust an natürlichem Lebensraum wuchs das Bewusstsein, dass die verbleibenden Naturwerte zu erhalten sind.

Ansätze für eine gesellschaftliche Neuorientierung sind insbesondere in den Naturschutzbestrebungen zu erkennen, die im Erlass des Bundesgesetzes vom 1. Juli 1966 über den Natur- und Heimatschutz mündeten (siehe Natur- und Heimatschutzgesetz, NHG; SR 451 – *Anmerk.:* Bundesgesetze und Verordnungen des Bundes können kostenlos auf www.admin.ch - aufgerufen am 8. Mai 2024 – Rubrik „Bundesrecht"; dort unter „Systematische Rechtssammlung" eingesehen werden).

Hauptanliegen dieses Gesetzes sind der Schutz und die Förderung des Erhalts und der Pflege des heimatlichen Landschafts- und Ortsbildes, der geschichtlichen Stätten, der Natur- und Kulturdenkmäler sowie der einheimischen Tier- und Pflanzenwelt und ihres natürlichen Lebensraums. Ein besonderer Schutz kommt der Ufervegetation zu (Art. 21 NHG).

In die gleiche Richtung zielt eine in die alte Bundesverfassung von 1874 aufgenommene Bestimmung über den Moorschutz (siehe Art. 24^{sexies} der Bundesverfassung vom 29. Mai 1874). Diese Bestimmung, die in der Volksabstimmung vom 6. Dezember 1987 im Zusammenhang mit dem Kampf gegen einen neuen Waffenplatz in einem Moorgebiet überraschend angenommen wurde, schützte Moore und Moorlandschaften von besonderer Schönheit und gesamtschweizerischer Bedeutung unmittelbar. Mittlerweile ist der Moorschutz inhaltsgleich in Art. 78 Abs. 5 der heute geltenden Bundesverfassung vom 18. April 1999 (BV; SR 101) geregelt.

Seit den späten 1970er-Jahren fand nach und nach ein Umdenken bei den Wasserbaubehörden von Bund und Kantonen, hin zu naturnäheren Fluss- und Bachverbauungen, statt. Die dabei innerhalb der Wasserbauverwaltungen zu überwindenden Widerstände waren erheblich, und die neuen Ideen kamen erst richtig zum Durchbruch mit dem Auftritt einer jüngeren Generation von Wasserbauingenieuren, denen die ökologischen Anliegen bereits vom Studium her vertraut waren. Zu einem Umdenken führten auch die großen Hochwasser von 1978 und von 1987.

Spezifische Vorschriften, die einen naturnahen Wasserbau fördern, sind seit den frühen 1990er-Jahren in der Wasserbau- und der Gewässerschutzgesetzgebung des Bundes verankert. Teilweise hat das kantonale Ausführungsrecht die neuen Ideen aber immer noch nicht rezipiert. Beispielhaft kann das Wasserwirtschaftsgesetz des Kantons Zürich genannt werden, das – trotz seit Jahrzehnten umfangreichen Maßnahmen des Kantons für einen naturnahen Wasserbau – bisher kaum wasserbauliche Bestimmungen enthält, die neben dem Hochwasserschutz auch auf eine Revitalisierung der Gewässer abzielen. Dies wird sich jedoch ändern. Am 12. Dezember 2022 hat der Kantonsrat (das kantonale Parlament) ein neues Wassergesetz beschlossen, das ausdrücklich nicht nur auf den Hochwasserschutz fixiert ist, sondern auch die Revitalisierung der Gewässer und den naturnahen Wasserbau ins rechte Licht rückt. Es ist geplant, das neue Gesetz zusammen mit einer ausführenden Verordnung in den kommenden Monaten in Kraft zu setzen.

Das Zürcher Wassergesetz verfolgt verschiedene Zwecke, so u. a. die Sicherung des Bestandes und des Raumbedarfs der Gewässer (§ 2 lit. a), die Erhaltung des natürlichen Zustands und die Revitalisierung der oberirdischen Gewässer (§ 2 lit. c), die Erhaltung, Aufwertung und Schaffung von Lebensräumen für Tiere und Pflanzen im und am Wasser (§ 2 lit. d) sowie den Schutz des natürlichen Wasserhaushalts (§ 2 lit. j). Das neue Gesetz enthält einen klaren Auftrag für Kanton und Gemeinden, für den Hochwasserschutz, die Revitalisierung und den Unterhalt der öffentlichen Gewässer zu sorgen (§ 22). Im Rahmen einer kantonalen „Wasserstrategie" legt der Regierungsrat (kantonale Exekutive) Leitlinien, Prioritäten und Gesamtumfang u. a. der Revitalisierungen fest (§ 9). Der Kanton unterstützt Revitalisierungsprojekte der Gemeinden mit finanziellen Fördermitteln (§ 42).

Das Gesetz kann auf „www.amtsblatt.zh.ch" unter „RS-ZH08-0000000166" abgerufen werden. – Anlass für die Totalrevision des kantonalen Wasserrechts war der Erlass der zürcherischen Kantonsverfassung vom 27. Februar 2005 (KV). Gemäß Art. 105 Abs. 3 KV sorgen Kanton und Gemeinden für den Schutz vor Hochwasser und anderen Naturgefahren. Sie fördern die Renaturierung der Gewässer.

2.14.1 Wahrnehmung von Rechtsetzungsbefugnissen durch den Bund

Heute ordnet Art. 76 BV die verfassungsrechtlichen Eckwerte im Wasserbereich. Die Verfassungsbestimmung stellt einerseits eine Aufgabennorm dar und erklärt den Schutz der Gewässer und den Schutz vor nachteiligen Einwirkungen des Wassers zur Staatsaufgabe. Andererseits dient die Bestimmung der Ausscheidung der Rechtsetzungshoheit im Verhältnis zwischen Bund und Kantonen. Überwiegend verfügt der Bund über die Kompetenz, im Wasserbereich gesetzliche Regelungen zu erlassen. In den vom Bund geordneten Materien kommt (in der Regel) den Kantonen die Aufgabe zu, das Bundesrecht zu vollziehen. Dabei legt das kantonale Recht insbesondere fest, welche Vollzugsaufgaben durch den Kanton selber und welche durch die Gemeinden wahrzunehmen sind.

Den Kantonen – nicht dem Bund! – steht indes seit jeher die Hoheit über die öffentlichen Gewässer zu. Dementsprechend stellt das Gewässernutzungsrecht eine Materie dar, die weitgehend durch originäres kantonales Recht geordnet wird. Es handelt sich hierbei nicht um bloßes kantonales Ausführungsrecht zum Bundesrecht, sondern um eigenständiges kantonales Recht. Somit bestehen in der Schweiz 26 verschiedene Rechtsordnungen in diesem Bereich. Eine Ausnahme stellt die Nutzung der Wasserkraft dar; hier besteht aufgrund von Art. 76 Abs. 2 BV eine beschränkte Rechtsetzungskompetenz des Bundes (eine sogenannte Grundsatzgesetzgebungskompetenz). Schon früh im 20. Jahrhundert hat der Bund schweizweit geltende Grundsätze über die Nutzbarmachung der Wasserkraft aufgestellt (Bundesgesetz vom 22. Dezember 1916 über die Nutzbarmachung der Wasserkräfte – *Wasserrechtsgesetz*, WRG; SR 721.80).

Im Sachbereich des Gewässerschutzes verfügt der Bund hingegen über eine umfassende Rechtsetzungskompetenz (Art. 76 Abs. 3 BV). Diese hat er denn auch weitgehend ausgeschöpft. Mit dem Bundesgesetz vom 24. Januar 1991 über den Schutz der Gewässer (Gewässerschutzgesetz, GSchG; SR 814.20) werden drei Gesichtspunkte des Gewässerschutzes geregelt:

Erstens wird der *qualitative Gewässerschutz*, der Schutz der Gewässer vor Verunreinigung, in den Art. 6 bis 28 geordnet. Namentlich wird ein allgemeines Gewässerverunreinigungsverbot statuiert, und es wird angeordnet, dass die erforderlichen öffentlichen Kanalisationen und Abwasserreinigungsanlagen erstellt und betrieben werden.

Zweitens enthalten die Art. 29 bis 36 Vorschriften über den *quantitativen Gewässerschutz*; bei Gewässernutzungen soll in den Gewässern eine angemessene Restwassermenge verbleiben.

Drittens dienen die Art. 36a bis 44 der *Verhinderung und Behebung anderer nachteiliger Einwirkungen* auf Gewässer. So bestimmt Art. 37, dass Fließgewässer nur unter bestimmten Voraussetzungen verbaut oder korrigiert werden dürfen und dass dabei der natürliche Verlauf des Gewässers möglichst beibehalten oder wiederhergestellt werden soll.

Art. 38 verbietet grundsätzlich das *Überdecken* oder *Eindolen* von Fließgewässern. Als indirekten Gegenvorschlag zur Volksinitiative „Lebendiges Wasser – Renaturierungsinitiative" ergänzte das eidgenössische Parlament das Gewässerschutzgesetz am 11. Dezember 2009 mit verschiedenen ökologisch ausgerichteten Vorschriften, nämlich (u. a.) mit:

- Art. 36a, der die Kantone verpflichtet, entlang der oberirdischen Gewässer einen sogenannten Gewässerraum festzulegen (dazu unten Näheres);
- Art. 38a, der die Kantone zur Revitalisierung von Gewässer anhält (dazu unten Näheres);
- Art. 39a, der von den Inhabern von Wasserkraftwerken verlangt, dass sie kurzfristige künstliche Änderungen des Wasserabflusses in einem Gewässer (Schwall und Sunk) mit baulichen Maßnahmen verhindern oder beseitigen;
- Art. 43a, der Inhaber von Anlagen zu Maßnahmen verpflichtet, damit der Geschiebehaushalt im Gewässer durch die Anlage nicht so verändert wird, dass die einheimischen Tiere und Pflanzen, deren Lebensräume, der Grundwasserhaushalt und der Hochwasserschutz wesentlich beeinträchtigt werden.

Auch im Bereich des Wasserbaus besteht eine umfassende Rechtsetzungskompetenz des Bundes (Art. 76 Abs. 3 BV). Anders als beim Gewässerschutz hat der Bundesgesetzgeber jedoch seine Kompetenz hier nicht ausgeschöpft. Das Bundesgesetz vom 21. Juni 1991 über den Wasserbau (SR 721.100) regelt lediglich Teilbereiche des Hochwasserschutzes.

Es erklärt den Hochwasserschutz zur Aufgabe der Kantone (Art. 2). In allgemeiner Weise legt es fest, dass die Kantone den Hochwasserschutz in erster Linie durch den Unterhalt der Gewässer und durch raumplanerische Maßnahmen gewährleisten (Art. 3 Abs. 1). Reicht dies nicht aus, müssen Maßnahmen wie Verbauungen, Eindämmungen, Korrektionen, Geschiebe- und Hochwasserrückhalteanlagen sowie alle weiteren Vorkehren, die Bodenbewegungen verhindern, getroffen werden (Art. 3 Abs. 2).

Weitere inhaltliche Vorgaben betreffen den Gewässerunterhalt und Eingriffe in das Gewässer (Art. 4; dazu Näheres unten). Im Übrigen regelt das Gesetz auch finanzielle Leistungen des Bundes an Hochwasserschutzmaßnahmen der Kantone, deren Höhe insgesamt sehr bedeutend ist.

Das kantonale Wasserbaurecht ergänzt die bundesrechtlichen Vorgaben. Die konkrete Ausgestaltung des kantonalen Rechts ist je nach Kanton unterschiedlich – was angesichts der räumlichen Verschiedenheiten in den Kantonen (Bergkantone, Mittellandkantone) einleuchtet.

Neben dem Bundesgesetz über den Wasserbau besteht gestützt auf Art. 76 Abs. 3 BV ein Bundesgesetz über die Stauanlagen (Stauanlagengesetz vom 1. Oktober 2010; SR 721.101), das aus einem alten Wasserbaupolizeigesetz von 1877 hervorgegangen ist.

Das Stauanlagengesetz ist ausschließlich auf die Stauanlagensicherheit ausgerichtet. Pflichtig für die Anlagensicherheit sind die Inhaber der Anlagen. Die großen Stauanlagen (insgesamt 195 Anlagen, darunter zum Beispiel auch die Grande Dixence im Wallis) unterstehen der direkten Aufsicht des Bundes (Bundesamt für Energie).

2.14.2 Bundesrechtliche Regelungen zum Hochwasserschutz

Wie bereits erwähnt regelt der Bund den Hochwasserschutz nicht umfassend, sondern begnügt sich mit einer Reihe von Vorgaben für die kantonalen Wasserbaufachstellen. So müssen die Kantone in ihrem Gebiet insbesondere für eine Notfallplanung und eine Hochwassergefahrenkartierung sorgen. Die Gefahrenkartierung ist bei der Raumplanung und im Baubewilligungsverfahren zu berücksichtigen.

Der Bund unterstützt die Kantone bei ihren Hochwasserschutzaufgaben, insbesondere bei baulichen Hochwasserschutzprojekten und Gefahrenkartierungen, mit erheblichen Beiträgen. In den letzten Jahren wurden den Kantonen Bundesbeiträge zwischen ungefähr 100 bis 150 Mio. Franken pro Jahr ausgerichtet (Bundesrat Schweiz 2016). Die Bundesbeiträge werden jedoch nur gewährt, wenn sie auf einer zweckmäßigen Planung beruhen, die gesetzlichen Anforderungen erfüllen und ein gutes Kosten-Nutzen-Verhältnis aufweisen (Art. 9 Abs. 1 Bundesgesetz über den Wasserbau).

Von besonderer Bedeutung ist Art. 4 des Bundesgesetzes über den Wasserbau. Mit dem Erlass dieses Bundesgesetzes (im Jahre 1991) hat der Bund den Kantonen neu vorgegeben, Eingriffe in das Gewässer möglichst naturnah zu gestalten. Art. 4 des Gesetzes lautet wie folgt:

Art. 4 Anforderungen

(1) *Gewässer, Ufer und Werke des Hochwasserschutzes müssen so unterhalten werden, dass der vorhandene Hochwasserschutz, insbesondere die Abflusskapazität, erhalten bleibt.*

(2) *Bei Eingriffen in das Gewässer muss dessen natürlicher Verlauf möglichst beibehalten oder wiederhergestellt werden. Gewässer und Gewässerraum müssen so gestaltet werden, dass:*

a. *sie einer vielfältigen Tier- und Pflanzenwelt als Lebensraum dienen können;*
b. *die Wechselwirkungen zwischen ober- und unterirdischen Gewässern weitgehend erhalten bleiben;*
c. *eine standortgerechte Ufervegetation gedeihen kann.*

(3) *In überbauten Gebieten kann die Behörde Ausnahmen von Absatz 2 bewilligen.*

(4) *Für die Schaffung künstlicher Fliessgewässer und die Wiederinstandstellung bestehender Verbauungen nach Schadenereignissen gilt Absatz 2 sinngemäss.*

Zeitgleich (im Jahre 1991) wurden auch in das Gewässerschutzgesetz unterstützende Bestimmungen aufgenommen, die für den Hochwasserschutz bedeutsam sind. So ist die Verbauung und Korrektion von Fließgewässern gemäß Art. 37 Abs. 1 GSchG überhaupt nur zulässig, wenn bestimmte Voraussetzungen erfüllt sind.

Zulässig sind Verbauungen und Korrektionen insbesondere dann, wenn der Schutz von Menschen oder erheblichen Sachwerten dies erfordert. Auch hier werden in Art. 37 Abs. 2 GSchG die gleichen ökologischen Anforderungen gestellt wie bei Art. 4 Abs. 2 des Bundesgesetzes über den Wasserbau.

Ebenfalls von Bedeutung ist Art. 38 Abs. 1 GSchG, der das Überdecken oder Eindolen von Fließgewässern grundsätzlich verbietet. Ausnahmen können insbesondere gewährt werden, wenn es um die Erstellung von Hochwasserentlastungs- und Bewässerungskanäle geht (für weitere Ausnahmetatbestände siehe die Aufzählung von Art. 38 Abs. 2 GSchG).

Die genannten bundesgesetzlichen Bestimmungen haben in der kantonalen Praxis dazu geführt, dass mehrheitlich nicht mehr nur „reine" Hochwasserschutzprojekte ohne ökologischen Mehrwert umgesetzt werden, sondern dass häufig „Kombiprojekte" verwirklicht werden, bei denen sowohl ein Gewinn an Hochwassersicherheit als auch eine ökologische Verbesserung des Gewässers erreicht werden können.

2.14.3 Bundesgesetzliche Regelungen zum Gewässerraum

Wie erwähnt wurde im Rahmen der Gesetzesrevision vom 11. Dezember 2009 mit Art. 36a eine Vorschrift ins Gewässerschutzgesetz aufgenommen, welche die Kantone verpflichtet, sowohl entlang der Fließgewässer als auch am Ufer der stehenden oberirdischen Gewässer einen sogenannten Gewässerraum festzulegen. Art. 36a Abs. 1 GSchG lautet wie folgt:

(1) *„Die Kantone legen nach Anhörung der betroffenen Kreise den Raumbedarf der oberirdischen Gewässer fest, der erforderlich ist für die Gewährleistung folgender Funktionen (Gewässerraum):*
a. *die natürlichen Funktionen der Gewässer;*
b. *den Schutz vor Hochwasser;*
c. *die Gewässernutzung."*

Bemerkenswert ist, dass eine ähnliche Bestimmung schon mit Wirkung ab 1. Januar 1999 in die eidgenössische Wasserbauverordnung vom 2. November 1994 (WBV; SR 721.100.1) aufgenommen worden war. Die Verordnungsbestimmung stiess jedoch bei den Kantonen kaum auf Resonanz; von der Politik wurde sie gar nicht beachtet.

Am 4. Mai 2011 hat der Bundesrat die erforderlichen Ausführungsvorschriften zu Art. 36a GSchG erlassen, indem er die Gewässerschutzverordnung vom 28. Oktober 1998 (GSchV; SR 814.201) mit Vorschriften über Ausdehnung und Wirkungen des Gewässerraums ergänzt hat (Art. 41a bis 41c GSchV sowie Übergangsbestimmungen zur Änderung vom 4. Mai 2011 der GSchV).

Die Kantone sind verpflichtet, den Gewässerraum flächendeckend festzulegen. Die vom Bund hierfür vorgesehene Frist (31. Dezember 2018) ist in verschiedenen Kantonen nicht eingehalten worden.

Mit der rechtskräftigen Festlegung des Gewässerraums sind ein grundsätzliches Bauverbot und ein Verbot der intensiven Bewirtschaftung von Kulturland verbunden. Solange der Gewässerraum noch nicht festgelegt ist, gilt gemäß den Übergangsbestimmungen zur Änderung vom 4. Mai 2011 der GSchV ein grundsätzliches Bauverbot entlang eines bestimmten Uferstreifens.

Die mit dem Gewässerraum einher gehenden Nutzungseinschränkungen haben seit 2011 heftige politische Kontroversen ausgelöst, was zu nunmehr zwei Anpassungen der Gewässerschutzverordnung geführt hat (Revision vom 4. November 2015; in Kraft seit 1. Januar 2016, und Revision vom 22. März 2017; in Kraft seit 1. Mai 2017). Es ist ferner zu erwarten, dass im Zuge der – teilweise noch ausstehenden – flächendeckenden Ausscheidung des Gewässerraums zahlreiche Rechtsmittelverfahren durchzustehen sein werden. Trotz einer gewissen Abschwächung des Schutzes durch die genannten beiden Verordnungsanpassungen von 2015 und 2017 stellt der Gewässerraum nach wie vor ein wichtiges Instrument zur Sicherung des Raumbedarfs für Hochwasserschutz- und Revitalisierungsmaßnahmen dar.

2.14.4 Bundesgesetzliche Regelungen zur Revitalisierung der Gewässer

Selbstverständlich haben die oben erwähnten Bestimmungen des Bundesgesetzes über den Wasserbau (Art. 4) und des Gewässerschutzgesetzes (Art. 37 und 38) auch für wasserbauliche Vorhaben, die auf die Revitalisierung von Gewässern zielen, eine große Bedeutung.

Mit der im Jahre 2009 erfolgten Revision des Gewässerschutzgesetzes wurde den Kantonen jedoch darüber hinaus ein eigentlicher Revitalisierungsauftrag erteilt. Art. 38a Abs. 1 GSchG lautet wie folgt:

(1) „Die Kantone sorgen für die Revitalisierung von Gewässern. Sie berücksichtigen dabei den Nutzen für die Natur und die Landschaft sowie die wirtschaftlichen Auswirkungen, die sich aus der Revitalisierung ergeben."

Hintergrund dieses Revitalisierungsauftrags ist die Tatsache, dass in der Schweiz von den rund 65.300 km Fließgewässer etwa 10.600 km stark beeinträchtigt und 5200 km eingedolt sind. Es ist vorgesehen, auf der Grundlage einer Revitalisierungsplanung einen Teil der Gewässer, nämlich 4000 km in den nächsten 80 Jahren, zu revitalisieren.

Maßgebend für die Auswahl der zu revitalisierenden Gewässer ist ein vernünftiges Kosten-Nutzen-Verhältnis. Der Bund unterstützt die Kantone mit Beiträgen an Revitalisierungsprojekte. Trotzdem stößt die Aufgabe der Gewässerrevitalisierung mancherorts auf politische Widerstände. Hauptsächlicher Grund dafür sind Konflikte zwischen Schutz- und Nutzungsinteressen, namentlich die Befürchtung landwirtschaftlicher Kreise, dass wertvolles Kulturland verloren gehe.

Literatur

Albert, A. (Hrsg.) (2022) Schneider – Bautabellen für Ingenieure: mit Berechnungshinweisen und Beispielen, 25. Aufl. (21. März 2022), Reguris Fachmedien GmbH.

Becker, H., Götzinger, J. (2009) Europäische Wasserrahmenrichtlinie – Stand der Umsetzung und Perspektiven, KW Korrespondenz Wasserwirtschaft, 2. Jahrg., Heft Nr. 11/2009.

BfN (s. Bundesamt für Naturschutz, Bonn)

BMVI & BMUB (s. Bundesministerium für Verkehr und Infrastruktur & Bundesministerium für Umwelt, Naturschutz, Bau und Reaktorsicherheit)

Bundesamt für Naturschutz – BfN (Hrsg.) (1998) Das europäische Schutzgebietssystem NATURA 2000 – BfN-Handbuch zur Umsetzung der Fauna-Flora-Habitat-Richtlinie und der Vogelschutz-Richtlinie, Schriftreihe für Landschaftspflege und Naturschutz, Heft 53.

Bundesamt für Naturschutz – BfN (Hrsg.) (2000) Der Schutz von Tier- und Pflanzenarten bei der Umsetzung der FFH-Richtlinie, Bearbeiter: B. Petersen, U. Hauke & A. Ssymank, Schriftreihe für Landschaftspflege und Naturschutz, Heft 68.

Bundesamt für Naturschutz – BfN (Hrsg.) (2001) Berichtspflichten in NATURA-2000-Gebieten – Empfehlungen zur Erfassung der Arten des Anhangs II und Charakterisierung der Lebensraumtypen des Anhangs I der FFH-Richtlinie, Bearbeiter: T. Fartmann, H., Gunnemann, P. Salm, E. Schröder, Schriftreihe für Landschaftsökologie, Heft 42.

Bundesamt für Naturschutz – BfN (Hrsg.) (2003) Methodische Anforderungen an Wirkungsprognosen in der Eingriffsregelung, Bearbeiter: J. Rassmus, C. Herden, I. Jensen, H. Reck, K. Schöps, Schriftreihe für Angewandte Landschaftsökologie, Heft 51.

Bundesamt für Naturschutz – BfN (Hrsg.) (2013) Perspektiven einer nachhaltigen Gewässer- und Auenentwicklung, Bearbeiter: Birgit Felinks, Thomas Ehlert und Bernd Neukirchen (Hrsg.), BfN-Skripten 354.

Bundesamt für Naturschutz – BfN (Hrsg.) (2014) Naturschutz und Wasserrahmenrichtlinie in der Praxis, Tagungsdokumentation der BfN-Fachtagung am 26.11.2013 in Bonn, Bearbeiter: Juliane Albrecht, Franziska von Andrian-Werburg, Joachim Drüke, Martin Hofmann, Beate Jessel, Ralf Köhler, Wolfgang Kraier, Wolfgang Lorenz, Bernd Neukirchen, Astrid Peters, Bernd Schackers, Peter Sellheim, BfN-Skripten 381.

Bundesministerium für Verkehr und digitale Infrastruktur – BMVI & Bundesministerium für Umwelt, Naturschutz, Bau und Reaktorsicherheit – BMUB (Hrsg.) (2017) Bundesprogramm Blaues Band Deutschland – Eine Zukunftsperspektive für die Wasserstraßen, beschlossen vom Bundeskabinett am 1. Februar 2017.

Bundesrat Schweiz (Hrsg.) (2016) Umgang mit Naturgefahren in der Schweiz, Bericht des Bundesrates vom 14. Dez. 2012, Bern.

Czychowski, M., Reinhardt, M. (2023) Wasserhaushaltsgesetz, Kommentar, 13. Aufl., Verlag C.H. Beck, München.

Drost, U. (2023) Das neue Wasserrecht, Wasserhaushaltsgesetz (WHG) – Verordnung über Anlagen zum Umgang mit wassergefährdenden Stoffen (VAUwS), Kommentare mit Vorschriftensammlung zum Europa- und Bundesrecht, Boorberg Verlag.

DWA-Deutsche Vereinigung für Wasserwirtschaft, Abwasser und Abfall eV – DWA (Hrsg.) (2020) Naturschutz bei Planung und Genehmigung von Fließgewässerrenaturierungen, DWA-Merkblatt M 617, August 2020.

Ernstberger, H., Linnenweber, C., Fischer, Jochen (2003) Ermittlung signifikanter Belastungen – Anwendung der LAWA-Signifikanzkriterien, Wasserwirtschaft, 93. Jahrg., Heft Nr. 7-8/2003.

Fröhlich, K.-D. (2014) Enteignung zur Erreichung der Ziele der Wasserrahmenrichtlinie? – Zu den Grenzen und Möglichkeiten der Feststellung der enteignungsrechtlichen Vorwirkung von wasserrechtlichen Planfeststellungen für Renaturierungsmaßnahmen zur Erreichung der Bewirtschaftungsziele, ZfW 2014, S. 183 ff.

Fröhlich, K.-D. (2016) Zur Zuständigkeit von Gewässerunterhaltungsmaßnahmen des Bundes an Bundeswasserstraßen und zur Umlagefähigkeit dieser Kosten nach § 40 WHG – unter besonderer Berücksichtigung von Ufersicherungsmaßnahmen, ZfW 2016, S. 201 ff.

Hänel, S., Rebsch, S., Stenzel, M. (2009) Handbuch Verbandsbeteiligung NRW, Bd. 1, 1. Ergänzungslieferung, Landesbüro der Naturschutzverbände NRW (Hrsg.), Oberhausen.

Hofmann, F. (2017) Das Hochwasserschutzgesetz II – Die wichtigsten Regelungen und ihre Motive, Wasser und Boden, Heft 3/2017.

Kopp, F.O., Ramsauer, U. (Hrsg) (2018) VwVfG – Verwaltungsverfahrensgesetz, 19. Aufl., Verlag C.H. Beck, München.

Krause, M., Fischer, J., Weppler, K. (2003) Pilotprojekt „Bewirtschaftungsplan Mittelrhein" – Eine Einführung, Wasserwirtschaft, 93. Jahrg., Heft Nr. 7–8/2003.

Länderarbeitsgemeinschaft Naturschutz, Landespflege und Erholung – LANA (Hrsg.) (1995) – Arbeitsgruppe Eingriffsregelung der Landesanstalten/-ämter und des Bundesamtes für Naturschutz – Empfehlungen zum Vollzug der Eingriffsregelung Teil II, Inhaltlich-methodische Anforderungen an Erfassungen und Bewertungen.

Länderarbeitsgemeinschaft Wasser – LAWA (Hrsg.) (2000a) Empfehlungen – Oberirdische Gewässer: Gewässerstrukturgütekartierung in der Bundesrepublik Deutschland – Verfahren für kleine und mittelgroße Fließgewässer, 1. Aufl., Schwerin.

Länderarbeitsgemeinschaft Wasser – LAWA (Hrsg.) (2000b) EU-Wasserrahmenrichtlinie – Programm für die Zukunft im Gewässerschutz, Symposium zur Einführung der EU-Wasserrahmenrichtlinie am 13./14. Dezember 2000 in Schwerin, Dezember 2000.

Länderarbeitsgemeinschaft Wasser – LAWA (Hrsg.) (2001) Handlungskonzept zur Umsetzung der Wasserrahmenrichtlinie, Beschluss der LAWA-Vollversammlung vom 22./23. März 2001.

Landesamt für Natur, Umwelt und Verbraucherschutz Nordrhein-Westfalen – LANUV NRW (Hrsg.) (2017) Grundlagen und Anwendungsbeispiele einer Bodenkundlichen Baubegleitung in Nordrhein-Westfalen, LANUV-Fachbericht 82, Recklinghausen, 2017.

LANUV (s. Landesamt für Natur, Umwelt und Verbraucherschutz Nordrhein-Westfalen – LANUV NRW, Recklinghausen)

LAWA (s. Bund-Länder-Arbeitsgemeinschaft Wasser)

Merz, B. (2006) Hochwasserrisiken – Möglichkeiten und Grenzen der Risikoabschätzung, E. Schweizerbart'sche Verlagsbuchhandlung, Stuttgart.

Mewes, T., Maskow, B. (2009) Wasserrahmenrichtlinie und Naturschutz – Kontrahenten oder Partner? – Die Berücksichtigung der Belange des Naturschutzes bei der Maßnahmenplanung nach der Europäischen Wasserrahmenrichtlinie am Beispiel des Bundeslandes Hessen, KW Korrespondenz Wasserwirtschaft, 2. Jahrg., Heft Nr. 9/2009.

Nacken, H. (2008) Die neue Europäische Hochwasserrichtlinie, Korrespondenz Wasserwirtschaft, 1. Jahrg., Heft Nr. 5/2008.

Nacken, H. (Hrsg.) (2009) Die neue EG-Hochwasserschutzrichtlinie – In drei Schritten zur Umsetzung, Forum für Hydrologie und Wasserbewirtschaftung, Beiträge zum Seminar am 19. Februar 2009 in Magdeburg, Heft 25/2009.

Newbold, C. (1998) Die Wasserrahmenrichtlinie – Ihre Relevanz für den Naturschutz und Berührungspunkte mit der Vogel- und der Habitat-Richtlinie, Wasser & Boden, 50. Jahrg., 12/1998.

Rehklau, W., Huber, B., Kraier, W., Riehl, St., Schacht, H., Vogt, L., Wagner, C. (2023) Synergien bei der Umsetzung von Wasserrahmenrichtlinie und Natura2000 in Bayern – Lebensräume der Gewässer und Ausen gemeinsam aufwerten, Auenmagazin – Magazin des Auenzentrums Neuburg a.d. Donau, in Zusammenarbeit mit dem Bayerischen Landesamt für Umwelt, Heft 23/2023, S. 4–12.

Reinhardt, M. (2009) Wasserwirtschaftliche Entscheidungen unter naturschutzrechtlichem Einfluss, KW Korrespondenz Wasserwirtschaft, 2. Jahrg., Heft Nr. 8/2009.

Reinhardt, M., Hasche, F. (2021) Wasserverbandsgesetz: WVG, C.H. Beck Verlag.

Rose, U., Lindner, W. (1993) Biologische Untersuchungen im Rahmen der Umweltverträglichkeitsprüfung – zu Art und Umfang notwendiger Erhebungen, Wasserwirtschaft, 83. Jahrg., Heft 6.

Rother, K.H. (2009) Entwicklung von Indikatoren zur Bewertung der Hochwasservorhersage, KW Korrespondenz Wasserwirtschaft, 2. Jahrg., Heft Nr. 11/2009.

Rumm, P., Keitz, von, S., Schmalholz, M. (Hrsg.) (2006) Handbuch der EU-Wasserrahmenrichtlinie – Inhalte, Neuerungen und Anregungen für die nationale Umsetzung, 2. Aufl., Erich Schmidt Verlag.

Von Lersner, H., Berendes, M. (2020) Handbuch des Deutschen Wasserrechts – Neues Recht des Bundes und der Länder, Loseblatt-Textsammlung und Kommentare, ESV Erich Schmidt Verlag.

Wellmann, S., Queitsch, P., Fröhlich, K.-D. (2017) Wasserhaushaltsgesetz, Kommentar, 2. Aufl., Kommunal- und Schul-Verlag, Wiesbaden.

Witte, H.H. (2017) Infrastruktur, Schifffahrt, Durchgängigkeit, Blaues Band – GDWS mit vielfältigem Aufgabenspektrum, KW Korrespondenz Wasserwirtschaft, 10. Jahrg., Heft 7, S. 394 ff.

Morphologie der Fließgewässer

3

Heinz Patt

Geologische und klimatische Einflussfaktoren im jeweils durchflossenen Naturraum bestimmen die Entwicklung der Fließgewässer. Langfristige Prozesse bilden den Rahmen, in den sich kurzfristige Abläufe einfügen. In einem natürlichen Fließgewässer sind *Linienführung* und *Längsprofil* vorwiegend durch das Relief geprägt, während *Erosion*, *Transport* und *Sedimentation* das Gewässerbett formen. Langfristige und kurzfristige Prozesse überlagern sich ständig und finden ihren Ausdruck in der Gewässer- und Auenmorphologie (Abb. 3.1).

Der Begriff „*Wasser*" nach DIN 4049 Teil 1 beinhaltet alle in der Natur vorkommenden Arten von Wasser einschließlich aller darin gelösten, emulgierten und suspendierten Stoffe. Unter „*Gewässerbett*" sind gemäß DIN 4047 Teil 5 die seitlichen Begrenzungen (*Ufer*) und die untere Begrenzung (*Sohle*) eines Gewässers zu verstehen. Nach DIN 4049 ist „*Gewässer*" die Bezeichnung für das in der Natur fließende oder stehende Wasser einschließlich Gewässerbett und Grundwasserleiter.

Im Hinblick auf die intensiven Austauschprozesse zwischen dem Gewässer und den gewässernahen Bereichen (u. a. die Gewässeraue), ist es zwingend erforderlich, diese Bereiche auch im Planungsprozess zu berücksichtigen (siehe u. a. Patt 2022; UBA 2014, 2023).

Die Entwicklung der Fließgewässer ist von einer Vielzahl sich gegenseitig beeinflussender Prozesse abhängig, deren Gesamtauswirkungen sich u. a. in den abiotischen Parametern Linienführung, Längs- und Querprofil sowie Sohlenstruktur widerspiegeln. Die Veränderung eines Parameters bewirkt immer eine mehr oder weniger umfassende Anpassung aller anderen Faktoren. Obwohl die Kombinationsmöglichkeiten in diesem natürlichen Entwicklungsprozess sehr vielfältig sind, und einige Zusammenhänge noch

H. Patt (✉)
Sachverständigenbüro Professor Patt
Bonn, Deutschland

H. Patt, *Naturnaher Wasserbau*, https://doi.org/10.1007/978-3-658-43846-3_3

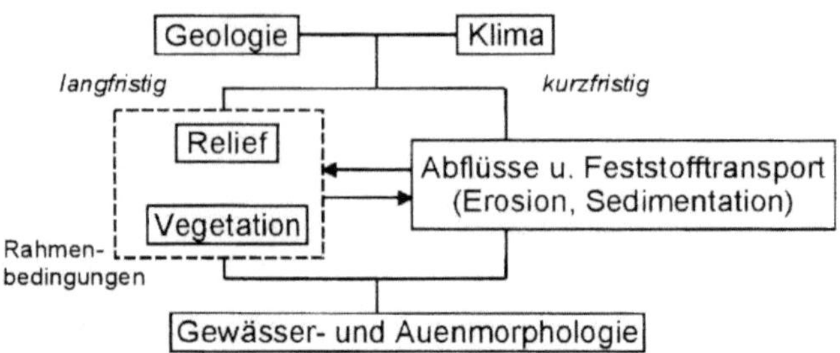

Abb. 3.1 Einflussfaktoren auf die Fließgewässerentwicklung

der Klärung bedürfen, lassen sich vielfach Abhängigkeiten zwischen den einzelnen Einflussfaktoren feststellen (siehe u. a. Boon et al. 1991; Billi et al. 1992; ATV-DVWK 2002; DWA-M 526 2015; Korte et al. 2016; Rehklau et al. 2017; DWA-M 612 2020a; Patt 2022).

Bei einer intensiven oder gar nachhaltigen Einflussnahme durch den Menschen wird die Flexibilität dieses natürlichen Entwicklungsprozesses eingeschränkt bzw. die gesamte Ausrichtung verändert. Für die Planung und Umsetzung von Maßnahmen im naturnahen Wasserbau sind die Kenntnis und das Verständnis dieser Zusammenhänge von grundlegender Bedeutung.

Aus Gründen der Systematik wurde für die Darstellung der Fließgewässerentwicklung eine Unterteilung in abiotische (s. Kap. 3) und biotische Einflüsse (s. Kap. 4) gewählt, auch wenn diese Unterscheidung aufgrund der vielen Verknüpfungen nicht immer konsequent einzuhalten war. In den jeweiligen Abschnitten dieses Kapitels werden sowohl die natürlichen Prozesse der Gewässerentwicklung als auch die Auswirkungen anthropogener Einflüsse beschrieben.

3.1 Klima

Das *Klima* ist der mittlere Zustand der Atmosphäre über einem festgelegten Gebiet. Elemente des Klimas sind Temperatur, Niederschlag, Luftfeuchte, Windrichtung, Windstärke, Bewölkung und Sonnenscheindauer. Aus der breitengradabhängigen Strahlungsintensität und den jeweils typischen *Zirkulationen* ergeben sich gewisse Regelmäßigkeiten, die ihren Ausdruck in den unterschiedlichen Klimazonen finden (Trockenklimate, Regenwaldklimate usw.).

Von besonderer Bedeutung für die unterschiedlichen Klimasysteme ist die atmosphärisch-ozeanische Zirkulation, in die auch der Wasserkreislauf eingebunden ist. In Mitteleuropa entscheidet die Häufigkeit der *Advektion* (Luftzufuhr aus anderen Klimagebieten) von polarer und subtropischer Luft über Wärme und Feuchtigkeit des Klimas. Die Häufigkeit der Advektion wird durch die allgemeine Zirkulation der Atmosphäre bestimmt.

Die *lokalen Klimafaktoren* werden durch die geografische Breite bestimmt, da davon zum Beispiel die mittlere Neigung der Sonneneinstrahlung und deren Intensität abhängen. Die Ausbildung der Erdoberfläche als Meer oder Land, dessen Topografie (Berg, Tal) und Vegetationsbedeckung (Wald und Freiland) sind ebenfalls von Bedeutung. Durch das Zusammenwirken lokaler Klimafaktoren und Advektion entsteht das lokale Klima. Unterschiedliche Intensitäten der lokalen Klimafaktoren bewirken wiederum lokale Zirkulationen.

Zur Unterscheidung der Begriffe *Klima, Witterung* und *Wetter* kann die Dauer eines „klimatischen Geschehens“ herangezogen werden. Der Begriff „*Wetter*“ kennzeichnet lokale Klimavorgänge im Bereich von Stunden bis Tagen, die *Witterung* erfasst den Bereich von Monaten bis zu den Jahreszeiten und das *Klima* darüber hinaus reichende Zeiträume.

Zur Abgrenzung von Wetter und Klima (in der angelsächsischen Literatur wird der Begriff „Witterung“ nicht verwendet) wird auch die theoretische Obergrenze der Vorhersagewahrscheinlichkeit des Wetters benutzt. Diese beträgt ca. 2 bis 4 Wochen. Räumlich ist die Klimaskalierung offen; man spricht über das Lokal-, Regional- und Globalklima (Schönwiese 1996).

In flächendeckender Form sind erst seit etwa 100 Jahren Klimadaten in geeigneter Form verfügbar (vornehmlich Temperatur, Niederschlag und Luftdruck). Die entsprechenden Messreihen repräsentieren die Schwankungen der einzelnen Klimaelemente in ihren jeweiligen zeitlichen und räumlichen Ausprägungen. Derartige Datenreihen bilden die Grundlage für statistische Analysen und Vorhersagen der Meteorologie. Ausgewertete Klimadaten von ausgewählten Messstationen werden zum Beispiel vom *Deutschen Wetterdienst* (DWD) in den jährlich erscheinenden „*Deutschen Meteorologischen Jahrbüchern*“ veröffentlicht. Für die Wasserwirtschaft sind die Art des Niederschlages (z. B. Regen, Schnee), seine Intensität, Verteilung und Dauer wesentliche Planungsgrößen.

3.2 Geomorphologie

Die klimatischen Einwirkungen auf die geologischen Formationen prägen die Form der Erdoberfläche (Relief). Die *Geomorphologie* beschreibt die sich ausbildenden Formen, beschäftigt sich mit ihrer Entstehung und versucht, die Gesetzmäßigkeiten ihrer Verbreitung zu erklären. Enge Beziehungen bestehen daher auch zu *Lithologie*, *Petrografie* und *Bodenkunde*. Durch die Verbindung von oberirdischem und unterirdischem Wasser sind unter Umständen auch hydrogeologische Aspekte zu berücksichtigen.

Die unterschiedlichen Talformen werden von den tektonischen Vorbedingungen, den Auswirkungen der Eiszeiten, von der Böschungsabtragung auf den Talflanken und dem Abtransport der Gesteinsmassen (*fluviale Linearerosion*) geprägt. An der weiteren Entwicklung der vorhandenen Morphologie sind *Klimafaktoren* (u. a. Niederschlag, Wind, Temperatur) und *Standortfaktoren* (z. B. Geologie, Geomorphologie, Boden, Vegetation) gleichermaßen beteiligt.

Beim Verwitterungsprozess wird zwischen *physikalischer* und *chemischer Verwitterung* unterschieden. Verantwortlich für die *physikalische Verwitterung* sind hauptsächlich mechanische Vorgänge, wie zum Beispiel das Heraussprengen ganzer Felsstücke durch die Volumenzunahme des Wassers beim Gefrieren. Die *chemische Verwitterung* (z. B. im Karst) ist von der chemischen Zusammensetzung des Lösungsmediums „Wasser“ und der Resistenz der Gesteine abhängig. Die beiden Verwitterungsarten treten häufig gemeinsam auf; die jeweiligen Anteile sind unterschiedlich. Verwitterungsart und -produkte bestimmen maßgeblich den Chemismus eines Fließgewässers.

Nach der Lockerung des Gesteinsgefüges erfolgt der Abtrag der Schuttmassen mittels *Massenselbstbewegungen* (Stürze, Rutschungen, Fließbewegungen) und *Massenschurf* (durch Schnee in Form von Lawinen, durch Wasser in Form von Rinnenerosion oder Tiefen- und Seitenerosion im Gewässer – weitere Begriffe siehe DIN 19663 und DWA-M 570 2018a).

Erosionen sind Massenverlagerungen von Böden, Lockergesteinen und Festgesteinen durch Wind oder Wasser (s. DIN 4047 Teil 7, DWA-M 921 2020b). Das Wasser ist in diesen Prozessen sowohl Lösungs- als auch Transportmedium (siehe u. a. BayLfW 1996; ATV-DVWK 2002; DWA-M 526 2015). Die verschiedenen Formen des *Massenabtrags* bei Wildbächen sind in Abb. 3.2 dargestellt.

In Abhängigkeit von der Stabilität der Talflanken, der verfügbaren Feststoffmenge und der Transportkapazität des Fließgewässers sind charakteristische Talformen entstanden (Abb. 3.3).

Klammtäler sind dort zu finden, wo die rückschreitende Erosion auf stabile Talflanken trifft und gleichzeitig das Transportvermögen des Wassers ausreichend groß ist, um die

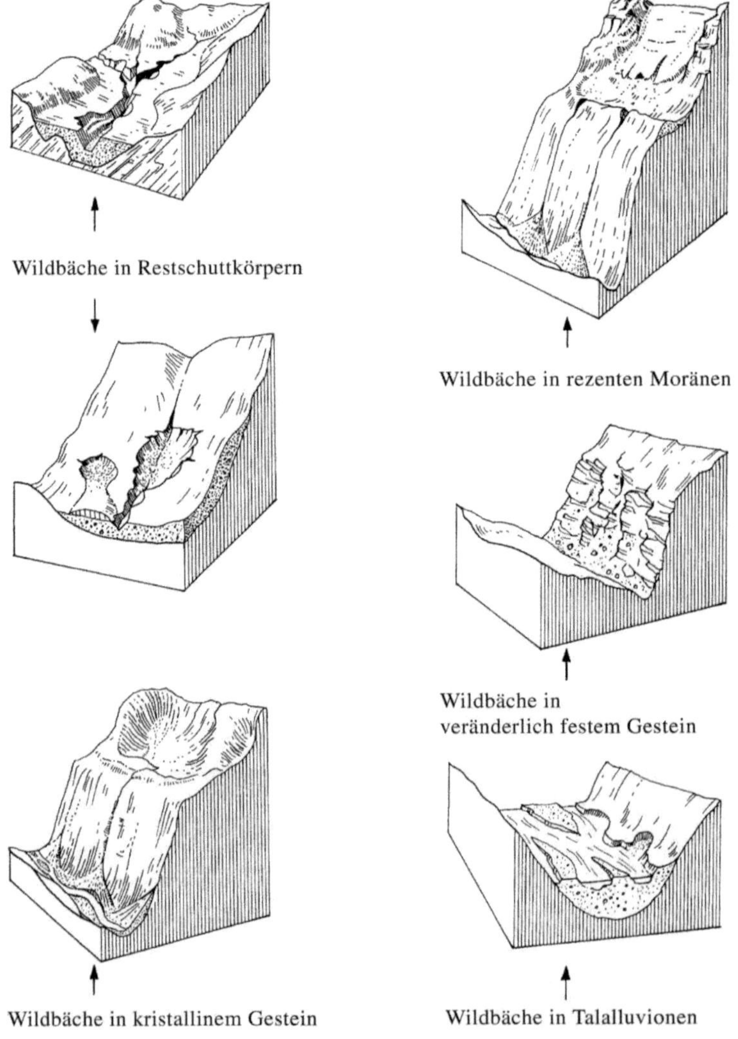

Abb. 3.2 Massenabtrag im alpinen Raum. (Nach Bunza 1982; siehe DIN 19663) (Zeichnung: H. Geipel)

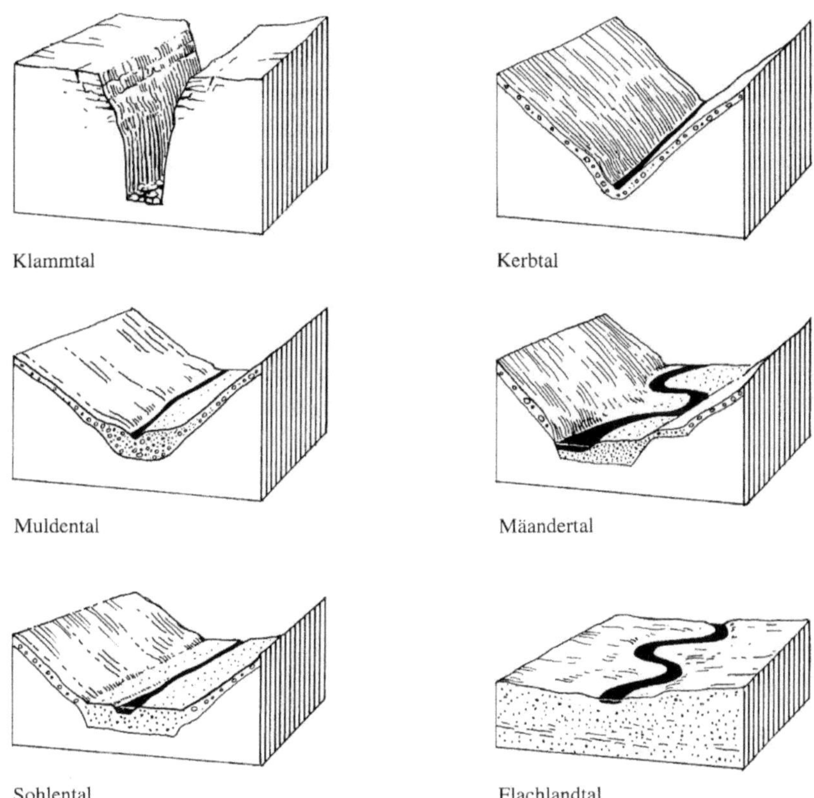

Abb. 3.3 Peri- und postglaziale Talformen. (Nach Kern 1994) (Zeichnung: H. Geipel)

Gesteinsmassen abzutransportieren. Die Gewässersohle besteht aus dem anstehenden Felsen; eine Sedimentbedeckung ist nicht vorhanden. Die Begrenzung durch die Talflanken erlaubt nur geringe Querbewegungen des Gewässers.

Kerbtäler deuten auf eine ausreichende Versorgung mit Hangschutt und hinreichendes Transportvermögen des Gewässers hin. Blöcke und Geröll aus dem Hangschutt bilden die Gewässersohle, die in der Regel mit Sedimenten bedeckt ist. Fließgewässer in einer derartigen Talform haben wenig Spielraum zur eigenständigen Bettbildung.

Mulden-und *Mäandertäler* entstehen dort, wo die ausreichend vorhandenen Feststoffmaterialien aufgrund des zu geringen Transportvermögens nicht abtransportiert werden. In *Muldentälern* findet die Laufentwicklung im vorhandenen Hangschutt und in den eigenen Aufschüttungen statt, wobei durch Seitenschurf eine begrenzte Querentwicklung möglich ist. Die Sohle eines Fließgewässers in einem *Mäandertal* ist durch die Sedimente des jeweiligen Naturraumes gekennzeichnet.

Voraussetzung für das Entstehen von *Sohlentälern* ist ein Übermaß an Geschiebe, das sich im Talraum abgelagert hat. Bei stärkerem Gefälle und grobem Sohlenmaterial ist die Laufverlagerung von Fließgewässern in dieser Talform nur gering. Nimmt das Gefälle jedoch ab und besteht die Gewässersohle vorwiegend aus Sand und Kies, ist eine starke Tendenz zur Laufverlagerung mit der Bildung der typischen Auenstrukturen vorhanden. In diesen Fließabschnitten kann die Querentwicklung eines Fließgewässers von Bewuchsstrukturen an den Ufern erheblich beeinflusst werden.

In den *Flachlandtälern* sind Alluvialböden (z. B. Auenböden, Gleye, Marsche) vorzufinden, die aus angeschwemmten Böden und Sedimenten entstanden sind. Kennzeichen für die genannten Bodentypen sind u. a. schwankende Grundwasserstände.

Die in Mitteleuropa vorzufindenden Talformen mit einer ausgeprägten Terrassenbildung (*periglaziale Terrassenbildung*) sind meist auf die Auswirkungen der kaltzeitlichen Frostverwitterung zurückzuführen. Die Wechsel zwischen den unterschiedlichen Klimastadien (Warm- und Kaltzeiten) begünstigten sowohl die Böschungsabtragung als auch die *fluviale Linearerosion*. Die Täler verfügten über eine sehr große Geschiebezufuhr, sodass bei Hochwasser immer ausreichend große Geschiebemengen vorhanden waren. Bei abnehmendem Gefälle wurde das Geschiebe in den Tälern abgelagert. In den Tälern pendelten die Flüsse von Talrand zu Talrand und sorgten für eine gleichmäßige Verteilung der Geschiebemassen auf dem Talgrund.

In den Warmzeiten zwischen den Kaltzeiten (*Interglazialen*) wurden die Hangbereiche durch die Vegetation vor Abtrag geschützt, sodass weniger Hangschutt in den Talgrund gelangte. Aufgrund der stabilen Uferböschungen wurde das Feststoffmaterial aus der Sohle entnommen und die Gewässer tieften sich ein. An den Talrändern blieben dabei Bereiche stehen. Jeder Wechsel zwischen Kalt- und Warmzeiten führte so zu Terrassen unterschiedlichen Niveaus (s. Abb. 3.4).

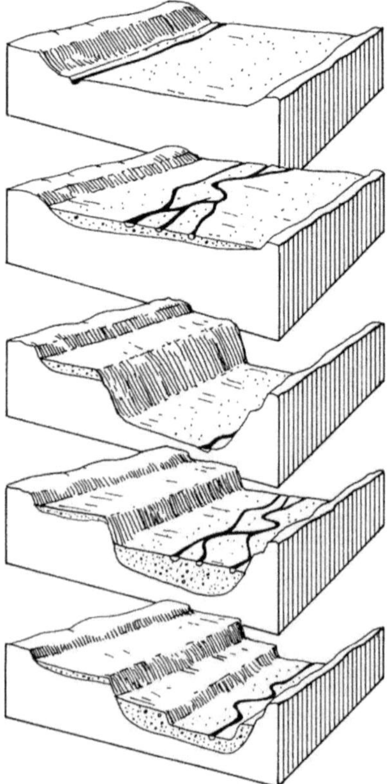

Abb. 3.4 Periglaziale Terrassenbildung. (Nach Kern 1994) (Zeichnung: H. Geipel)

3.3 Natürliche Fließgewässerentwicklung

Den klimatischen Bedingungen entsprechend wird das Einzugsgebiet eines Fließgewässers mit Niederschlägen versorgt (Regen, Schnee, Tau, Reif usw.). Die dort vorherrschenden Bedingungen (lokale Klimafaktoren, Bodenparameter u. a.) bestimmen, welche Anteile verdunsten, versickern, über Grundwasser- und Sickerraum, mehr oder weniger verzögert, den Fließgewässern zufließen oder als Oberflächenabfluss innerhalb kurzer Zeit abflusswirksam werden (s. Abschn. 6.2.3).

Das Wasser aus *Quellen* und *oberirdischem Abfluss* sammelt sich in den Tälern und fließt von dort unter Einfluss der Schwerkraft talabwärts. Auf seinem Weg bis zur Mündung werden verschiedene Zonen (*Naturräume* mit bestimmten geologischen Formationen) durchflossen, die sich in der unterschiedlichen Ausprägung bestimmter charakteristischer Merkmale des Fließgewässers niederschlagen. Die betroffenen abiotischen und biotischen Merkmale sind daher auch im Fließverlauf ständigen Veränderungen unterworfen (DWA-Themen 2019c; Patt 2022).

In den folgenden Abschnitten sollen nur die Einflüsse der abiotischen Faktoren auf die *Fließgewässerentwicklung* beschrieben werden. Auf die enge Verknüpfung mit den biotischen Parametern (s. Kap. 4) wird jedoch nochmals hingewiesen. Die zahlreichen Verweise im Text markieren nur die wichtigsten „Brücken" zwischen den Komplexen Morphologie, Biologie und Ökologie.

3.3.1 Gewässerbettbildende Prozesse

Der Energielieferant für alle abiotischen Vorgänge ist das im Verlauf eines natürlichen Fließgewässers mehr oder weniger kontinuierlich abnehmende Gefälle. Die sich ständig wiederholenden Prozesse *Erosion*, *Transport* und *Sedimentation* prägen die *Fließgewässerentwicklung* und spiegeln sich in der Linienführung, im Längsschnitt, in der unterschiedlichen Ausformung der Querschnitte sowie in der Ausstattung der Gewässersohle wider (siehe u. a. Mangelsdorf und Scheurmann 1980; ATV-DVWK 2002; DWA-M 526 2015; Korte et al. 2016; Jährling 2017).

Die Versorgung der Fließgewässer mit *Feststoffmaterialien* hängt von den Verhältnissen im Einzugsgebiet und vom Transportvermögen der Strömung ab (s. Abschn. 3.2). Das Bettmaterial selbst stammt aus Feststoffherden im Oberlauf, von der Gewässersohle *(Tiefenerosion)* und von den seitlichen Berandungen (*Seitenerosion*). Das Material wird vom Wasser gelöst, aufgenommen und transportiert. Fließgewässer mit einem Überschuss an Strömungsenergie tiefen sich bevorzugt ein, da die angreifenden Kräfte an der Sohle am größten sind. Bei kleineren Fließgewässern trägt das Wurzelwerk des Uferbewuchses zusätzlich zur Ausformung (ggf. auch Stabilisierung) der Böschungen bei (s. Abb. 3.5 und 3.6).

In einem natürlichen Fließgewässer führt die *Tiefenerosion* zur Ausbildung von Kolken, Stromschnellen, Kaskaden und Wasserfällen. Die *Seitenerosion* fördert die Bildung von Steilhängen an den Prallufern (s. Abb. 3.5). Diese werden nach einiger Zeit unterspült, brechen ab

Abb. 3.5 Prall- und Gleitufer. – Vegetationsarme Uferabschnitte werden vom Zusammenspiel zwischen Strömung und den vorhandenen Bodenmaterialien geformt; die Ufervegetation am Prallufer stabilisiert die Böschungen und sorgt für die Beschattung des Gewässers. (Foto: H. Patt)

Abb. 3.6 Erlenwurzeln – eine natürliche Ufersicherung. (Zeichnung: D. Zanger)

(*Böschungsabbrüche*) und anschließend von der Strömung abtransportiert. Auf diese Weise kommt es in diesen Bereichen zu einer allmählichen Verbreiterung des Gewässerbettes.

Beim Wegbrechen der Böschungen gelangen aber auch unterspülte Bäume, losgerissene Sträucher u. a. in den Wasserkörper. Diese werden dann z. T. als *Schwimmstoffe* im Wasser mitgeführt. Andere Bewuchsstrukturen bleiben aufgrund ihrer Masse liegen oder setzen sich in stabilen Bewuchsstrukturen fest und beeinflussen so die Strömung lokal.

Den Fließquerschnitt verlegende Materialien (z. B. *Totholz*) können zu einer erheblichen Reduzierung der Abflussleistung führen. Sind keine negativen Auswirkungen (z. B. Schäden an den Uferstrukturen, Ausuferungen) zu erwarten, sollten derartige Elemente im Gewässerbett verbleiben, da sie zur Erhöhung der *Strukturvielfalt* beitragen (s. Abb. 3.7).

Andererseits müssen *Totholzstrukturen* oft aus Gründen der *Gefahrenabwehr* (Verkehrssicherung – s. DWA M 616 2017) durch die *Gewässerunterhaltung* (s. Abschn. 12.3.2) entfernt werden, wenn die Abflussverhältnisse negativ beeinflusst werden. Ob eine *Verklausung* oder ein *Genist* entfernt werden muss, hängt oft nur von den Platzverhältnissen ab. Für das Gewässer als Lebensraum hat der Eintrag von organischen Materialien (Pflanzen, Sträucher, Bäume usw.) erhebliche Bedeutung (s. Abschn. 4.1.4).

Abb. 3.7 Naturnahe Fließgewässer zeichnen sich durch einen hohen Totholzanteil aus. (Foto: P. Jürging)

Bei einer Querverlagerung des Gewässers nimmt das Gefälle durch die *Laufverlängerung* ab. Dadurch wird gleichzeitig die für die Strömungs- und Erosionsvorgänge zur Verfügung stehende Energie reduziert. Die mitgeführten Feststoffe setzen sich in Bereichen mit geringen Fließgeschwindigkeiten ab, wodurch der ursprünglich vorhandene Fließquerschnitt eingeengt wird (z. B. durch Kies- und Sandbänke).

In einem natürlichen Fließgewässer werden diese Prozesse zusätzlich von den Schwankungen des Abflusses überlagert (s. Abschn. 6.2). In Niedrigwasserzeiten lagern sich Feststoffe im Gewässerbett ab, wo sie eine Ablenkung der Strömung bewirken und sich bei höheren Abflüssen wieder in Bewegung setzen. Alle Gewässerbettstrukturen weisen daher mehr oder weniger ausgeprägte räumliche und zeitliche Komponenten auf. Den entsprechenden Rahmen bilden die klimatischen und geomorphologischen Gegebenheiten des jeweiligen Naturraumes (Abschn. 3.1 und 3.2).

3.3.2 Linienführung (Laufform)

In Abhängigkeit von Längsentwicklung und Gefälle wird die gesamte Fließstrecke eines Gewässers in *Quellbereich, Oberlauf, Mittellauf, Unterlauf* und *Mündungsbereich* eingeteilt. Sieht man von Quelle und Mündung einmal ab, präsentiert sich die *Linienführung* im Grundriss als ein mehr oder weniger ausgeprägter Wechsel von Prall- und Gleituferstrukturen (s. Abb. 3.8, 3.9 und 3.10).

Die Beziehung zwischen Gefälle, bordvollem Abfluss und Linienführung ist in Abb. 3.11 dargestellt.

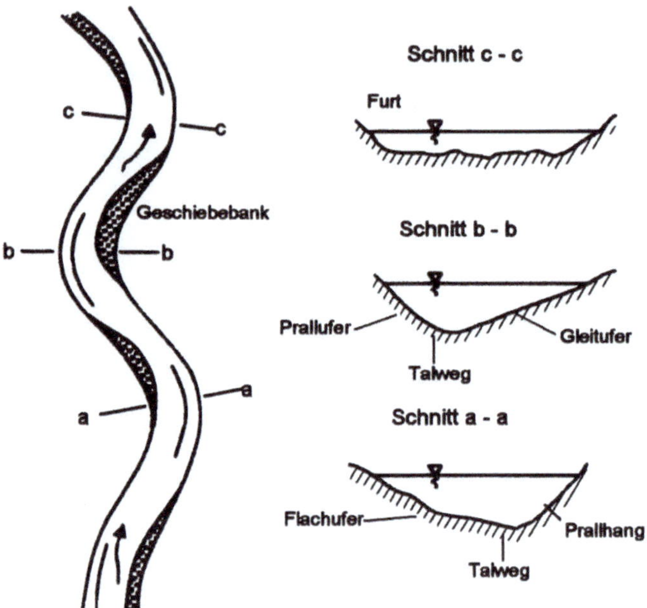

Abb. 3.8 Linienführung – Wechsel von Prall- und Gleitufer in einem Fließgewässer. (Aus Patt et al. 2021)

Abb. 3.9 Gekrümmte Mittellaufstrecke mit ausgeprägten Prall- und Gleitufern. (Foto: W. Kraus)

Abb. 3.10 Dynamischer Mittellauf eines Fließgewässers im Hügelland. (Foto: W. Kraus)

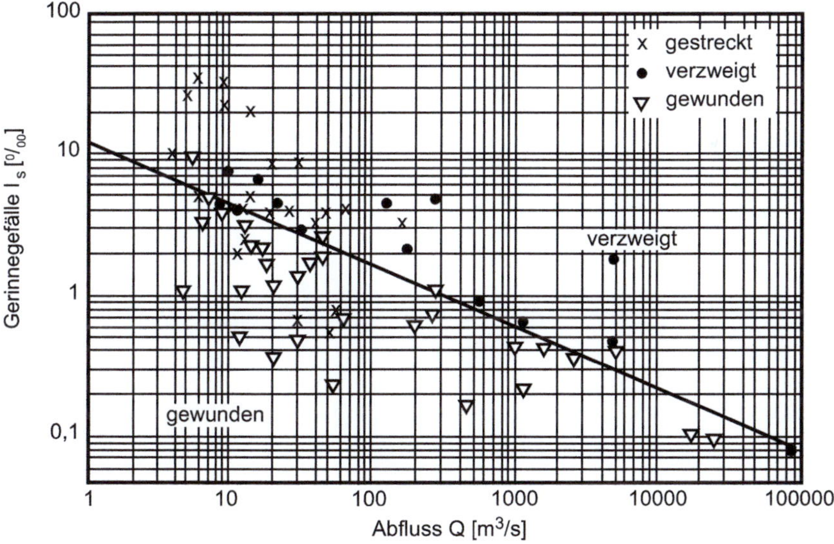

Abb. 3.11 Laufentwicklung in Abhängigkeit vom Gefälle und bordvollem Abfluss. (Nach Leopold und Wolmann 1957)

Im *Oberlauf* (starkes Gefälle) ist die Linienführung mehr oder weniger „gestreckt" (s. Abb. 3.12), der *Mittellauf* ist „gewunden" (s. Abb. 3.10) oder „verästelt" und der *Unterlauf* (geringes Gefälle) zeigt „mäandrierende" (s. Abb. 3.13) oder „verzweigte" Laufformen.

Im *Oberlauf* ist das *Bettmaterial* überwiegend grob (Blöcke, Steine usw.) und wird fast ausschließlich sohlennah als Geschiebe transportiert. Im *Unterlauf* dominieren die feine-

Abb. 3.12 Linienführung von Fließgewässern. (**a**) Verlauf eines Gebirgsbaches – Schotter mit großen Steinblöcken und der gestreckte Verlauf prägen die Strukturen eines Gebirgsbaches. (Foto: P. Jürging). (**b**) Verlauf eines kleinen Waldbaches im Mittelgebirge. (Foto: H. Patt). (**a**) Linienführung eines alpinen Gebirgsbaches. (**b**) Linienführung eines Waldbaches im Mittelgebirge.

Abb. 3.13 Mäandrierendes Fließgewässer bei Hochwasser. Diese Laufform ist typisch für Gewässerabschnitte mit geringem Gefälle (Mittel- und Unterläufe) und ausreichenden seitlichen Entwicklungsmöglichkeiten. (Foto: WWA-Nürnberg)

ren Materialien (Feinböden, wie zum Beispiel Schluffe, Tone). Diese werden vorwiegend in Form von Schwebstoff bewegt.

Neben dem Gefälle und der davon abhängigen Transportkapazität haben die verfügbaren Feststoffmaterialien erheblichen Einfluss auf die Laufentwicklung der Fließgewässer. Bei geringer Feststofffracht ist die Linienführung auch bei wenig Gefälle weitgehend gestreckt. Mit zunehmender Feststofffracht wird die *Laufentwicklung* zunehmend durch die Umlagerungen im Gewässerbett beeinflusst (Abb. 3.14a). Im Tiefland reicht die Transportkapazität dann irgendwann nicht mehr aus und das Material lagert sich in ausgedehnten Schotterflächen ab. Ein besonders schönes Beispiel dafür ist der weitgehend naturbelassene Tagliamento in Norditalien (s. Abb. 3.14b).

Die Laufform geht mit abnehmendem Gefälle von einem verästelten zu einem verzweigten Verlauf über (s. Abb. 3.15).

Mit geringerem Sohlengefälle steigt die Tendenz zur Ausbildung von *Mäandern* (Gewässerschleifen). Diese ändern bei fortschreitender Erosionstätigkeit des Fließgewässers ständig ihre Form, bis es zuletzt im Bereich der Prallufer zum Durchbruch der Gewässerschleifen kommt (s. Abb. 3.16 und 3.17).

Die Zeit bis zum Durchbruch eines Mäanders hängt von der Erosionsbeständigkeit der vorhandenen Böden und dem Uferbewuchs ab. Dichter Bewuchs mit Weiden oder Erlen kann ein Ufer über Jahre vor Erosion schützen.

3.3.2.1 Altgewässer

Gewundeneund mäandrierende Fließgewässer mit geringem Gefälle begünstigen die Bildung von *Altgewässern* (Altarme, Altwasser und Qualmgewässer) (siehe u. a. DVWK 1991; Patt und Städtler 2008, 2009; Patt et al. 2009; DWA-M 607 2010b; Patt 2011, 2022; Seidel et al. 2017; DWA-M 607 2023). An der lang gestreckten, gekrümmten Form lässt sich immer noch erkennen, dass sie ehemalige Gewässerstrecken sind (s. Abb. 3.17).

In Altgewässern sind daher die gleichen geomorphologischen Strukturen wie in Fließgewässern vorzufinden (u. a. Prallufer und Gleitufer, Struktur der ehemaligen Gewässersohle).

Altarme sind ehemalige Gewässerstrecken die einseitig (bei beidseitiger Anbindung sind Altarme nicht dauernd durchströmt; dauernd durchströmte werden als *Nebenarme* bezeichnet) mit einem Fließgewässer in Verbindung stehen und dadurch den schwankenden Wasserständen ausgesetzt sind (s. Abb. 3.18).

Altwasser stehen dagegen nur bei Hochwasser mit dem eigentlichen Fließgewässer in Verbindung und nehmen nur dann am Abflussgeschehen teil (s. Abb. 3.18).

Qualmgewässer sind durch Deiche vom eigentlichen Fließgewässerverlauf getrennt. Die Verbindung besteht nur über das Grundwasser.

Totarme sind ehemalige Altgewässer die ganzjährig weder ober- noch unterirdisch eine Verbindung zum Flusswasser haben (wenn z. B. abgedichtete Deiche vorhanden sind).

Die Strukturen von Altgewässern werden durch die Art der *Überschwemmung* beeinflusst. Unterschieden wird zwischen *Überflutung* (= fließendes Wasser) und *Überstauung* (= stehendes Wasser). Beide haben unterschiedliche Auswirkungen auf die abiotischen und biotischen Ausstattungsmerkmale (s. Abschn. 4.1.5).

Abb. 3.14 Alpine Umlagerungsstrecken mit ausgedehnten Schotterflächen. (**a**) Übergangsbereich. (**b**) Abfluss in eine ausgedehnte Tiefebene. (Fotos: H. Patt). (**a**) Alpine Umlagerungsflächen mit großen Schotterflächen. (**b**) Ausgedehnte Schotterflächen in der Tieflandebene am Tagliamento in Norditalien

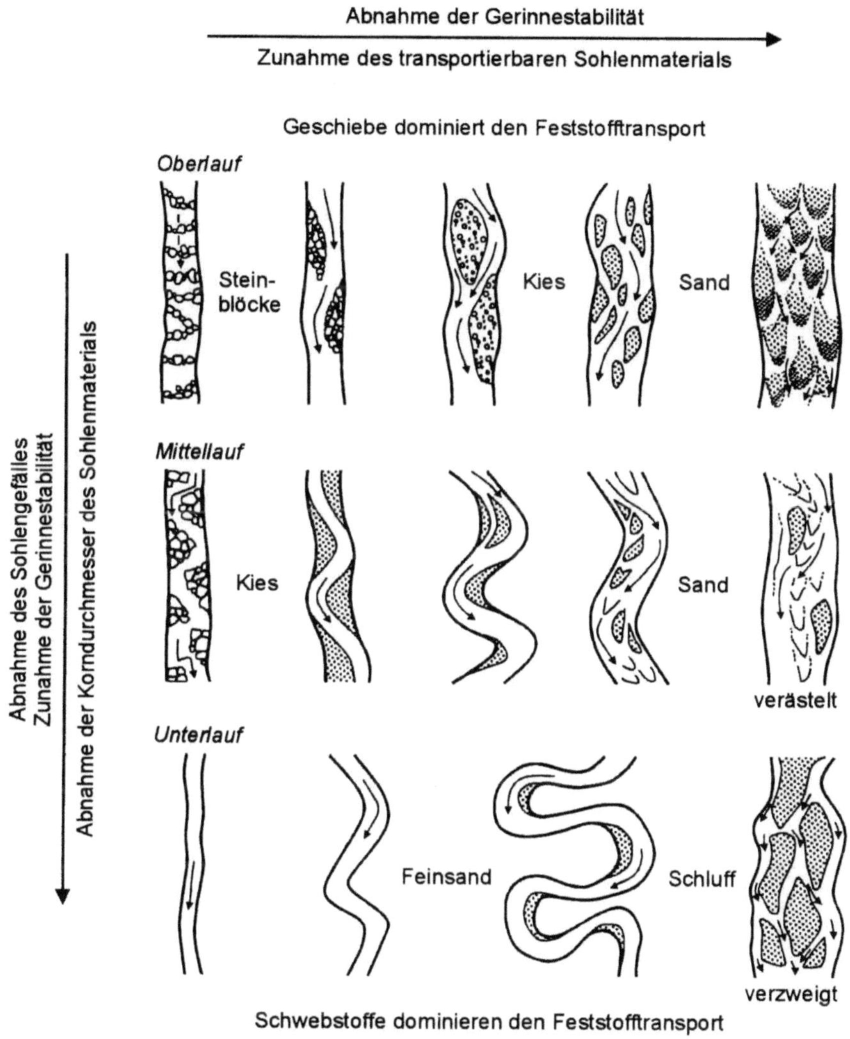

Abnahme der Gerinnestabilität

Zunahme des transportierbaren Sohlenmaterials

Geschiebe dominiert den Feststofftransport

Abnahme des Sohlengefälles
Zunahme der Gerinnestabilität

Abnahme der Korndurchmesser des Sohlenmaterials

Oberlauf

Stein-
blöcke

Kies

Sand

Mittellauf

Kies

Sand

verästelt

Unterlauf

Feinsand

Schluff

verzweigt

Schwebstoffe dominieren den Feststofftransport

Abb. 3.15 Laufformen von Fließgewässern. (Nach Hütte et al. 1994)

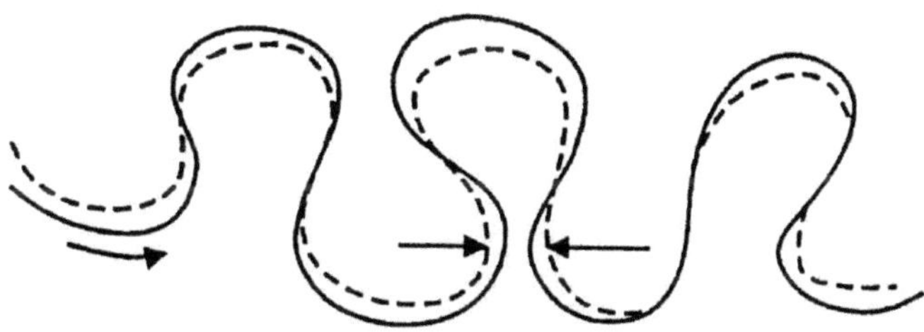

Abb. 3.16 Entwicklung eines Mäanders bis zum Durchbruch der Gewässerschleifen. (Nach DVWK 1991)

Abb. 3.17 Beim Durchbrechen der Mäanderschleifen bilden sich Altgewässer. Da es nur bei Hochwasser verbunden ist, handelt es sich um ein Altwasser. (Foto: W. Bauer)

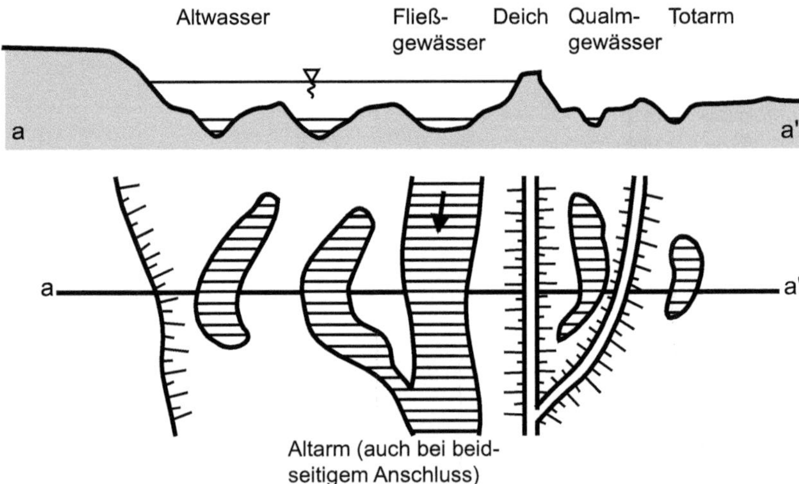

Abb. 3.18 Typen von Altgewässern. (Nach DVWK 1991)

Ein wesentlicher Aspekt bei Altgewässern ist deren Alterung. Beim Durchbruch von Mäandern entstehen Altarme, die sich im Zuge der Alterung bis hin zu einem Altwasser entwickeln (s. auch Abb. 3.19 und 3.20). Dabei spielen Auflandungen und Verlandungen eine entscheidende Rolle (siehe u. a. GFG 1998; DWA-M 607 2010b, 2023).

Auflandungen werden überwiegend durch eingetragene Feststoffablagerungen (mineralisch) bei Überflutungen verursacht, während *Verlandungen* vorwiegend auf Ablagerungen von abgestorbenen organischen Substanzen zurückzuführen sind (s. Abb. 3.20).

Abb. 3.19 Altwasser mit Schwimmblattgesellschaften, Röhrichten und Auenwald. (Foto: P. Jürging)

Abb. 3.20 Verlandetes Altgewässer mit Schwarzerle (*Alnus glutinosa*) und vorherrschender Sumpf-Calla (*Calla palustris*) in der Krautschicht; dieses Bild zeigt einen typischen Bruchwald im Verlandungsendstadium. (Foto: P. Jürging)

Abb. 3.21 Tirschenreuther Waldnaab – Durchbruchstrecke mit dem Charakter eines Oberlaufs nach einer für einen Unterlauf typischen Mäanderstrecke. (Foto: P. Jürging)

Im Unterlauf eines natürlichen Fließgewässers sind alle Übergangsstadien, vom mäandrierenden Fließgewässer bis hin zum Altwasser, vorzufinden. Altgewässer sind daher wesentliche Elemente einer *natürlichen Flusslandschaft*.

An Fließgewässern mit gestreckter Linienführung (Oberlaufcharakter) können aufgrund der geringeren Querentwicklung keine Altgewässer entstehen. Die an den Gewässern mit mittlerem Gefälle (Mittellaufcharakter) vorzufindenden Nebenarme sind wiederum viel zu kurzlebig, als dass diese die typische Entwicklung der Altgewässer durchlaufen könnten.

3.3.2.2 Durchbruchstrecken

Die Einteilung in Ober-, Mittel- und Unterlauf bedeutet jedoch keineswegs, dass die genannten Bereiche in dieser Reihenfolge oder nur einmal an jedem Fließgewässer vorzufinden sind. So können sich zum Beispiel in einer *Durchbruchstrecke* (von einer Durchbruchstrecke spricht man, wenn ein natürlicher Stauriegel, zum Beispiel ein Gebirge, von einem Gewässer in einem engen Tal durchbrochen wird), nach einer typischen Unterlaufstruktur, wieder die charakteristischen Merkmale eines Oberlaufes einstellen (s. Abb. 3.21).

3.3.3 Längsprofil, Querprofile, Sohlenstrukturen

In Abhängigkeit vom Gefälle haben *Längsprofil, Querprofile* und *Sohlenstrukturen* eines Fließgewässers charakteristische Merkmale. Für einen Gebirgsbach (s. Abb. 3.22) und einen Flachlandbach (s. Abb. 3.23) sollen diese beispielhaft dargestellt werden.

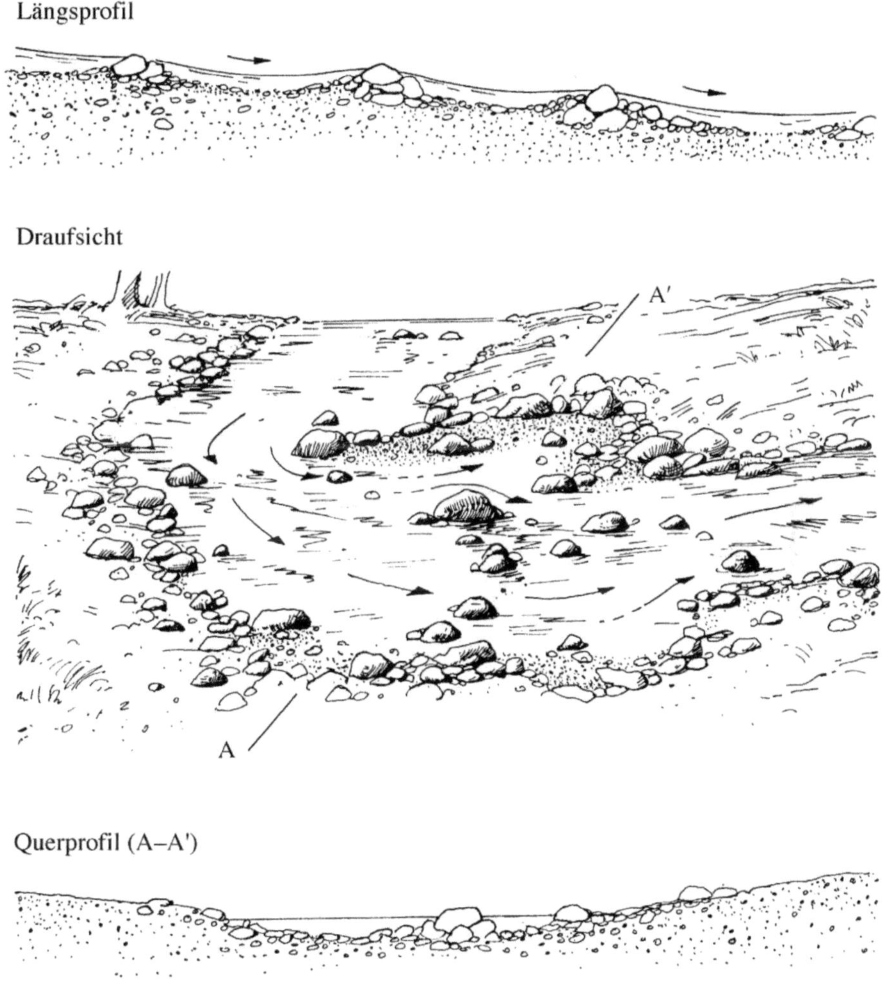

Abb. 3.22 Strukturen in einem natürlichen Gebirgsbach. (Zeichnung: H. Geipel; nach Brauckmann 1991)

3.3.3.1 Längsprofil

Bei der *Sohlenlängsgliederung* ist eine deutliche Abnahme des Sohlengefälles und der Sohlenunebenheiten vom Oberlauf zum Unterlauf hin erkennbar. Die Wasseroberfläche ist im Gebirge aufgrund der groben Gesteine sehr unruhig und wird in Fließrichtung zunehmend ruhiger. Während sich das Wasser im Gebirge über Kaskaden und natürliche Strukturen flussabwärts bewegt, sind die Sohlenformen bei Gewässern im Flachland vollständig eingetaucht (vgl. Längsprofile in Abb. 3.22 und 3.23).

3.3.3.2 Querprofile

Während die Querprofile eines Fließgewässers im Gebirge bei rolligen Böden relativ flach und breit sind, tendiert ein Flachlandgewässer in kohäsiven Böden zu größeren Wassertiefen bei geringerer Gerinnebreite. Bei den Fließgewässern im Flachland selbst, gibt es weitere

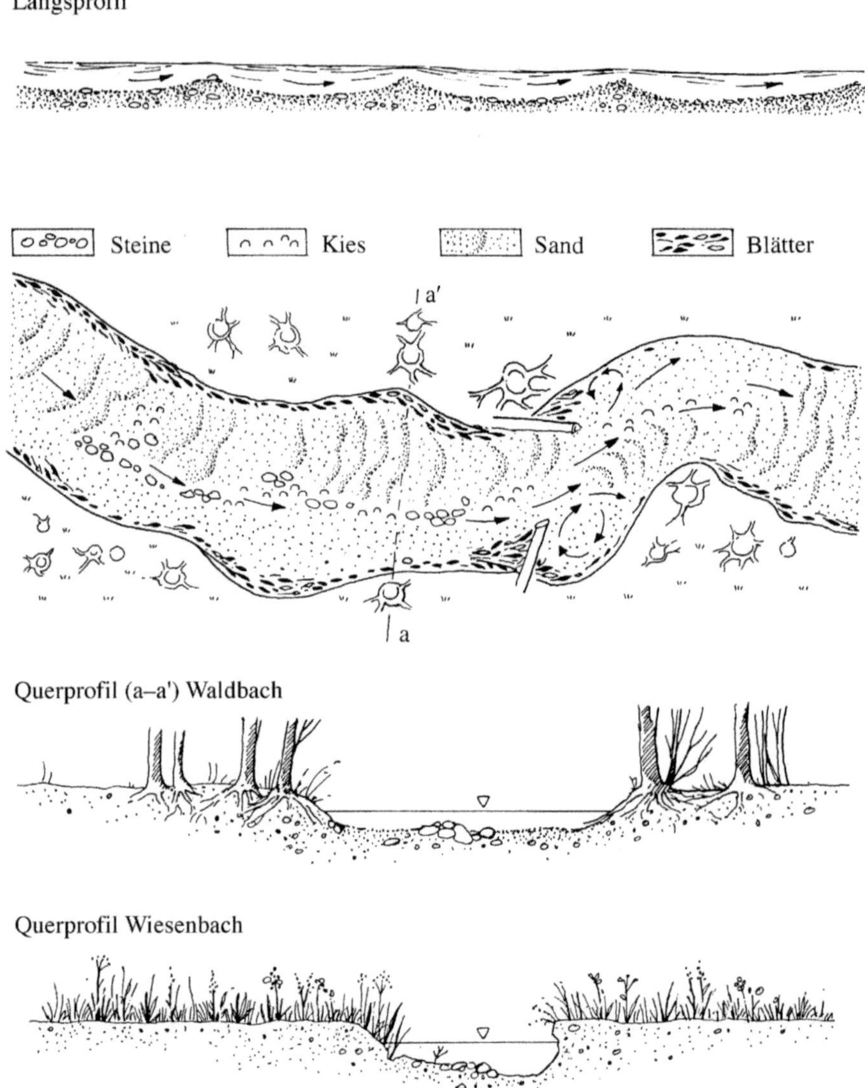

Abb. 3.23 Strukturen in einem natürlichen Flachlandbach. (Zeichnung: H. Geipel; nach Brauckmann 1991)

markante Unterschiede zwischen den vorkommenden Querschnittsformen. Gut erkennbar sind zum Beispiel die Einflüsse des Uferbewuchses beim Vergleich der Querschnittsrelationen eines Wald- und eines Wiesenbaches (vgl. die Querprofile in den Abb. 3.22 und 3.23).

Bei einem *Waldbach* reicht das Wurzelwerk von Bäumen und Sträuchern meist weit unter die Gewässersohle sowie in die Böschungsbereiche hinein und trägt dadurch erheblich zur Stabilität des Gewässerbetts bei. Im Vergleich dazu sind die Querprofile eines *Wiesenbaches* ungeschützt.

Ein wichtiges Stabilitätskriterium sind in diesem Falle die natürlichen Böschungswinkel der feinen Bodenmaterialien (im Unterlauf meist Tone, Schluffe – s. Abb. 3.24). Der Lehmgehalt des Bodenmaterials hat daher einen großen Einfluss auf das Breiten-Tiefen-Verhältnis des Gewässerbettes (s. Abb. 3.25).

Abb. 3.24 Böschungsstrukturen eines Mittelgebirgsbaches. (**a**) die Gewässerdynamik formt den Gewässerquerschnitt. (**b**) Sohlengleiche Einmündung eines Nebengewässers (Fotos: H. Patt). (**a**) Dynamische Ausformung des Gewässerbettes. (**b**) Sohlengleiche Einmündung eines kleinen Nebengewässers

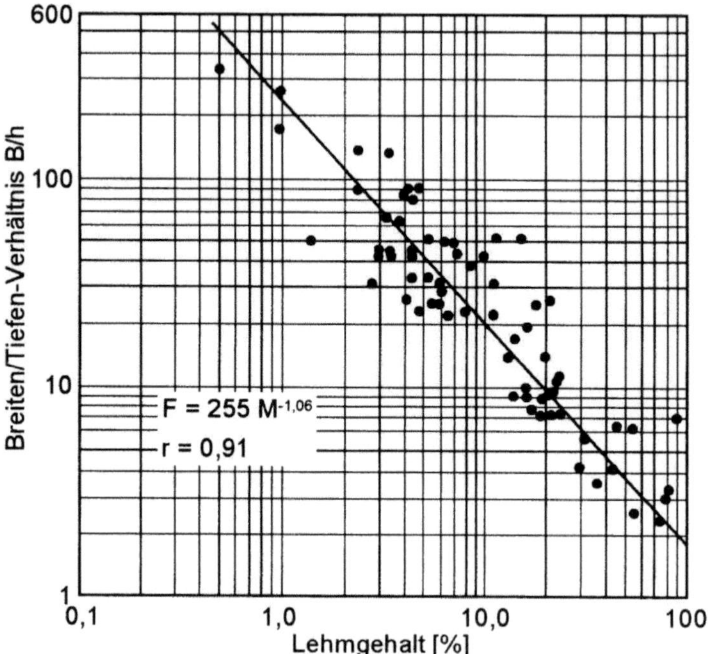

Abb. 3.25 Breiten-Tiefen-Verhältnis in Abhängigkeit vom Lehmgehalt des Sohlenmateriales. (Nach Schumm 1960)

3.3.3.3 Sohlenstrukturen

Die generelle Abnahme der Korndurchmesser des Sohlenmateriales im Fließverlauf ist auf die abnehmende Transportkapazität, den Abrieb, die Gesteinsfestigkeit und die Erosionstätigkeit des Fließgewässers im jeweiligen Naturraum zurückzuführen (s. Abschn. 3.2).

Die Gewässersohle eines Gebirgsbaches setzt sich vornehmlich aus Blöcken und groben Steinen zusammen, während die Sohle eines Flachlandbaches in Abhängigkeit von der Geomorphologie des Einzugsgebietes aus Kies, Sand oder feinem Auelehm besteht (s. Abb. 3.22 und 3.23 sowie die Sohlenstrukturen auf Abb. 3.26a, b).

3.3.3.4 Struktur- und Formenvielfalt

Die vielfältigen Wechselwirkungen, die in einem natürlichen Fließgewässer zwischen Abfluss, Gewässersohle und Ufer bestehen, finden ihren Ausdruck in der Formenvielfalt einer Gewässerstrecke (z. B. Furten, Kolke, Flachwasserrinnen, Sand- und Kiesbänke, Uferanbrüche). Diese sind wiederum von besonderer Bedeutung für den „Lebensraum Fließgewässer" (s. Abschn. 4.1). In Abb. 3.27 sind einige Begriffe zur Beschreibung der morphologischen Vielfalt eines Bergbaches dargestellt.

Abb. 3.26 Böschungsstrukturen eines Mittelgebirgsbaches. (**a**) Sandige Substrate können zum Beispiel für Mittelgebirgsflüsse typisch sein. (Foto: W. Binder) … (**b**) … während in tidebeeinflussten Flachlandflüssen schlickige Substrate vorherrschen. (Foto: P. Jürging)

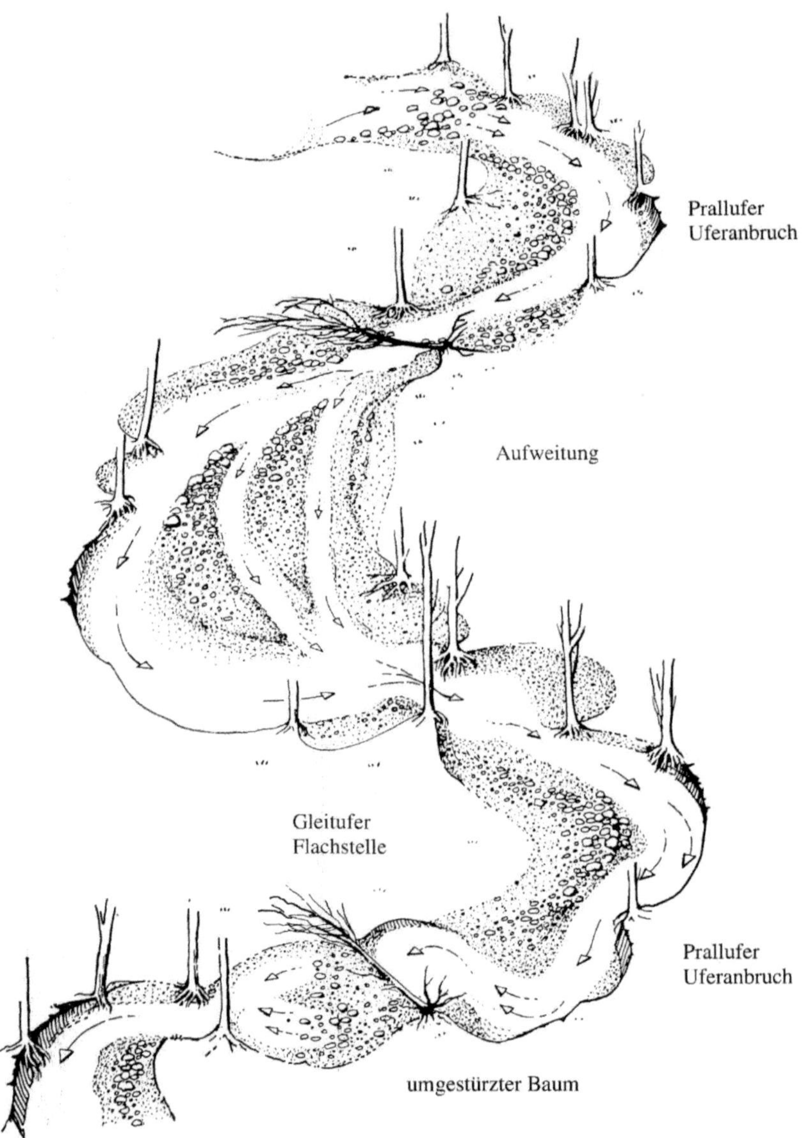

Abb. 3.27 Formenvielfalt in einem naturnahen Aue-Bergbach. (Zeichnung: H. Geipel)

3.3.4 Zeiträume für eine natürliche Entwicklung

NatürlicheProzesse erfordern einen entsprechenden zeitlichen Rahmen, um sich vollständig entwickeln zu können. Es gibt sowohl kurzfristige als auch langfristig wirkende Beeinflussungen (s. Abb. 3.28).

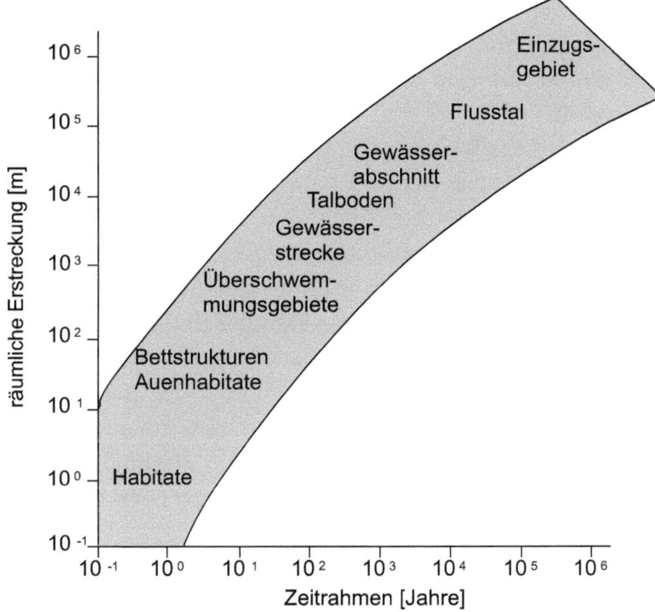

Abb. 3.28 Raum-Zeit-Modell der Gewässerentwicklung. (Nach Kern 1994)

Während sich die Veränderungen auf der Mikrohabitat-Ebene in sehr kurzen Zeitintervallen (meist weniger als 1 Jahr) einstellen, erfordern natürliche Veränderungen der morphologischen Strukturen in der Größenordnung eines Einzugsgebiets einen Zeitrahmen von mehreren tausend Jahren (s. Abb. 3.28).

Bei jedem Eingriff in die Fließgewässermorphologie müssen daher die unterschiedlichen „Antwortzeiten" des Systems berücksichtigt werden. Da im naturnahen Wasserbau die gestalterische Kraft des Wassers genutzt wird, muss dem Gewässer eine ausreichende Entwicklungszeit zur Ausbildung der natürlichen Strukturen zugestanden werden (vgl. z. B. die eigendynamische Entwicklung in Abschn. 10.1).

3.4 Anthropogen beeinflusste Fließgewässer

Die in Abschn. 3.3 dargestellten Zusammenhänge prägen die Entwicklung unbeeinflusster oder nur wenig beeinflusster Fließgewässer. Es ist leicht nachvollziehbar, dass jede Veränderung der natürlichen Bedingungen eine entsprechende Anpassung der Fließgewässerentwicklung nach sich zieht (siehe u. a. Becker et al. 2018; DWA-M 609-1 2018b; DWA-M 609-2 2021; Patt et al. 2021; Patt 2022).

Bedeutsame Veränderungen unserer Fließgewässer sind vor allem auf sicherheits- und nutzungsorientierte Maßnahmen zurückzuführen (Minor 2000). Oft haben wasserwirtschaftliche *Ausbaumaßnahmen* (z. B. Laufkorrekturen, Profilausbau, Hochwasserschutz) erst eine Intensivierung der Nutzungen (Schifffahrt, Siedlungsgebiete, Industrieansiedlungen, Verkehrsflächen, Landwirtschaft) in den gewässernahen Bereichen ermöglicht. Zusätzliche Beeinflussungen brachten der Wasserkraftausbau und die Schifffahrt (Tittizer 1999; Patt et al. 2021).

Mit zunehmender Industrialisierung sind mehr und mehr Aspekte der Wasserqualität zu berücksichtigen, da Quantität und Art der Einflussnahme bei weitem das Regulationsvermögen der Fließgewässer überschreiten. Auch wenn die Technik des Kläranlagenbaus und andere Reinigungsverfahren heute weit fortgeschritten sind und hohe Ansprüche an Einleitungen gestellt werden, hat jede künstliche Einleitung sowohl qualitativ (*Gewässergüte* – s. Abschn. 5.1) als auch quantitativ (z. B. die stoßweise Entlastung von Regenüberläufen) Auswirkungen auf die Entwicklung eines Fließgewässers (s. Abschn. 4.2).

Die Beeinflussung der natürlichen Gewässerentwicklung durch anthropogene Maßnahmen soll im Hinblick auf die Abiotik an einigen besonders markanten Beispielen dargestellt werden. Auch hier sind wieder viele kausale Zusammenhänge zwischen den einzelnen Eingriffen und den Auswirkungen für die Fließgewässer erkennbar.

3.4.1 Landnutzung und Besiedlung

Mitder Intensivierung der landwirtschaftlichen Nutzung und der Konzentrierung von Industrie- und Siedlungsgebieten in Ballungsräumen sind zahlreiche Auswirkungen verbunden, die sich bei der Entwicklung der Fließgewässer ggf. negativ bemerkbar machen. Hier sind insbesondere der Entzug wichtiger Entwicklungs- und Rückhalteräume durch Besiedlung, landwirtschaftliche Nutzung und Infrastruktureinrichtungen zu nennen (Tremp und Kappus 2003; Tremp 2014). Derartige Maßnahmen sind heute vielerorts ein Grund, warum sich der Hochwasserschutz bzw. die Reduzierung des Überschwemmungsrisikos nur sehr aufwändig realisieren lässt (Patt und Jüpner 2020).

3.4.1.1 Landnutzung – Kulturlandschaft

Die zur ackerbaulichen Nutzung erforderlichen Rodungen führten zu den ersten weitreichenden Veränderungen in der natürlichen Entwicklung der Fließgewässer. Mit jedem Stück Wald verschwand ein Teil des natürlichen Rückhaltepotenzials, sodass die Niederschläge schneller zum Abfluss kommen. Die Folgen sind veränderte Abflussschwankungen, d. h. höhere Hochwasserabflüsse und geringere Abflüsse in Trockenzeiten (s. Abschn. 6.2.3).

Durch das Fehlen der ursprünglichen Vegetation sind die Böden ungeschützt, sodass mit jedem Niederschlag die feineren Bodenmaterialien (z. B. Lößlehm) und der Humus verstärkt in die Talräume transportiert werden. Aus den Kerbtälern wurden so nach und nach Muldentäler mit einem hohen Anteil an Feinböden. In den Oberläufen schnitten die Gewässer aufgrund der höheren Abflüsse tief in die eiszeitlichen Schotterterrassen ein und an den Unterläufen lagerte sich die Lehmfracht ab (Köster 1995).

Die verstärkte landwirtschaftliche Nutzung formte eine reichhaltig strukturierte Kulturlandschaft. Diese wurde im Laufe der Zeit in eine Agrarlandschaft umgewandelt, in der natürliche Strukturen, wie auch Fließgewässer und Auen, oft hinderlich für eine maschinelle Bearbeitung waren. Für die Fließgewässer waren dabei einige Entwicklungen von besonderer Bedeutung.

3.4.1.2 Beseitigung der Ufergehölze

In der Vergangenheit wurden in den ländlichen (ruralen) Bereichen vielfach die *Ufergehölze* entfernt, um deren Einfluss auf die Produktionsflächen auszuschließen und die Bewirtschaftung der gewässernahen Flächen zu ermöglichen. Zusätzlich wurde dadurch der Zugang zu den Gewässern verbessert und die *Gewässerunterhaltung* vereinfacht (s. Abb. 3.29).

Durch die Entfernung der Ufergehölze entfallen u. a. die stabilisierende Wirkung des Wurzelwerks und die Beschattung der betroffenen Gewässerstrecken (s. auch Böttger 1990; GFG 1999). Dadurch wurden nicht nur die gewässerbettbildenden Vorgänge beeinflusst (s. Abschn. 3.3.1), sondern die gesamte Lebensraumstruktur (s. Abschn. 4.1).

3.4.1.3 Nutzung der ufernahen Bereiche und Meliorationsmaßnahmen

Die intensive Bewirtschaftung von landwirtschaftlichen Flächen in unmittelbarer Gewässernähe und der unmittelbare Zugang für Großvieh zur Tränkung führen nicht nur zu direkten Nährstoffeinträgen (s. Abb. 3.30), sondern auch zu einer Belastung der Uferböschungen durch Viehtritt (s. Abb. 3.31).

Abb. 3.29 Künstliches, staugeregeltes Fließgewässer in einer landwirtschaftlich genutzten Aue. (Foto: P. Jürging)

Abb. 3.30 Belastung der Fließgewässer durch die gewässernahe Nutzung. (Foto: H. Patt)

Abb. 3.31 Zerstörte Uferböschung durch Viehtritt. (Foto: H. Patt)

Abb. 3.32 Verrohrungen sollen die Bewirtschaftung vereinfachen und den Unterhaltungsaufwand reduzieren. (Foto: P. Jürging)

Direkteinträge jeglicher Herkunft und zusätzliches Wasser aus *Drainungen* führen häufig zu einem Überangebot an Nährstoffen (*Eutrophierung*). Der dadurch bedingte starke Pflanzenaufwuchs beeinflusst wiederum die *Gerinneleistungsfähigkeit*, mit der Folge, dass der Unterhaltungsaufwand steigt.

Um Unterhaltungsarbeiten zu vermeiden und die Bewirtschaftung zu vereinfachen, wurden die Gewässer im Extremfall verrohrt (s. Abb. 3.32). Nach der Durchführung von umfangreichen *Meliorationsmaßnahmen* konnten weite Bereiche in der Aue einer landwirtschaftlichen Nutzung zugeführt werden.

3.4.1.4 Besiedlung und Infrastruktur

Das Entstehen der ersten Städte an Furten ist sowohl auf die günstige strategische Lage als auch auf die Bedeutung als Handelsplätze zurückzuführen. Neben den qualitativen Belastungen durch *Abwassereinleitungen*, sind insbesondere Beeinträchtigungen durch Ausbaumaßnahmen (z. B. Hafenanlagen, Wasserstraßenausbau, Verrohrung von Gewässern, Hochwasserschutzmaßmen) und Nutzungen (z. B. Grundwasserentnahmen) aller Art zu nennen. Diese reichen von Eingriffen unmittelbar am und im Gewässer bis hin zu Baugebieten und Verkehrsflächen in den natürlichen Überschwemmungsgebieten (DWA-M 609-2 2018b; Patt und Jüpner 2020; DWA-M 609-1 2021).

Die *Versiegelung* von Flächen hat generell dazu geführt, dass Niederschläge schneller abflusswirksam werden, da sie über Kanalnetz oder Regenentlastungsbauwerke unmittelbar dem Vorfluter zugeleitet werden (s. Abb. 3.33). Dort wirken sich diese plötzlichen,

Abb. 3.33 Einleitungen beeinträchtigen die Wasserqualität sowie die Ufer- und Gewässerbettstrukturen. (Foto: P. Jürging)

konzentrierten Einleitungen äußerst negativ auf die vorhandenen Gewässerbettstrukturen und die Abflusscharakteristik der nachfolgenden Gewässerstrecken aus (Geiger und Dreiseitl 2010). Diese *diffusen* Einleitungen belasten die Gewässer erheblich.

Verkehrsanlagen, Brücken und Bebauungen sind Zwangspunkte, die den Gewässerverlauf streckenweise festlegen und jede Veränderung der Linienführung ausschließen. In derartigen Bereichen sind zusätzlich oft die natürlichen Retentionsräume verloren gegangen (s. Abb. 3.34).

Die höheren Fließgeschwindigkeiten in eingeengten Gerinneabschnitten führen zu einer stärkeren Belastung des Gewässerbetts, die, unter extremen Bedingungen, zu erheblichen Beeinträchtigungen bis hin zu Schäden führen können (s. Abb. 3.35). Sind keine Ausgleichsflächen vorhanden, ist an solchen Zwangspunkten ein technischer Ausbau häufig nicht zu vermeiden, um hochwasserbedingte Schäden zu vermeiden (Patt und Jüpner 2020).

In den letzten Jahren wird im Rahmen von städtebaulichen Entwicklungen der Wert von alten Bauwerken (u. a. Wehranlagen, Brückenbauwerke) bzw. „manipulierten Gewässern" im Hinblick auf die Einstufung als *Kulturdenkmale* diskutiert (Konold 2022).

Abb. 3.34 Siedlungs- und Verkehrseinrichtungen drängen sich in den gewässernahen Bereichen. Das Gewässer wird durch die Nutzungen und entsprechende Gestaltungen in seiner Entwicklung stark beeinträchtigt. (Foto: H. Patt)

Abb. 3.35 Bei eingeschränktem Fließquerschnitt und ufernaher Bebauung kann es bei Hochwasser durch die Unterspülung der Fundamente und Freilegung der Abwasserleitungen zu erheblichen Schäden kommen. (Foto: H. Patt)

3.4.2 Laufkorrekturen und Profilausbau

Die *Landgewinnung* für Nutzungen ist häufig ein Auslöser für Korrekturen an der Linienführung eines Fließgewässers. Klassisch ist der künstliche Durchstich von Gewässerschleifen (*Mäander*). Aber auch eine „Streckung“ oder Begradigung des Fließgewässerverlaufes hat den gleichen Effekt.

Durch die *Laufverkürzung* wird das Fließgefälle erhöht, sodass die Sohlenschubspannung und damit die transportierte Feststoffmenge ansteigt (s. Kap. 8). Damit das Gewässer seinen Lauf nicht wieder verlagert und die Uferböschungen, trotz der fortschreitenden Eintiefung, stabil bleiben, müssen diese in der Folge mehr oder weniger stark befestigt werden und ständig der fortschreitenden Sohleneintiefung angepasst werden.

Die höhere *Abflussleistung* des eingetieften Fließgewässers bewirkt zusätzlich, dass diese im Hochwasserfall weniger häufig ausufern und dadurch die Tiefenerosion weiter verstärkt wird. Mit zahlreichen Querbauwerken wurde dieser Tendenz entgegengewirkt. Die Folgen sind oft Störungen im *Geschiebehaushalt* und die Unterbrechung der *ökologischen Durchgängigkeit*.

Die *Eintiefung der Gewässersohle* führt gleichzeitig zu einer Absenkung des Grundwasserspiegels in der Aue und damit zu gravierenden Standortveränderungen.

Zwangsläufig führen *Grundwasserabsenkungen* auch zu Problemen für die Trinkwassergewinnung aus gewässernahen Brunnen.

Technische Ausbauformen sind durch gleichmäßige, möglichst glatte, d. h. auf maximale Abflussleistung getrimmte Gerinnequerschnitte gekennzeichnet (siehe u. a. Patt und Jüpner 2020; Patt et al. 2021). Die verschiedenen technischen Ausbauformen sind sehr unterschiedlich und passen sich in ihrer Stärke den erwarteten Belastungen an. Im Extremfall kann es eine gepflasterte mit lotrechten Betonwänden versehene „Wanne“ sein, die zu guter Letzt noch einen Betondeckel bekommt, um zusätzliche Verkehrsflächen zu gewinnen (s. Abb. 3.36a und b). In derart ausgebauten Gewässerstrecken ist jede naturraumtypische Entwicklung eines Gewässers vollständig unterbunden.

Die Möglichkeiten derart „verbaute“ Gewässer in die Gestaltung der innerstädtischen Bereiche einzubeziehen sind oft bescheiden, aber nicht unmöglich (siehe u. a. Patt 1997, 2011; Podraza 2008; DWA-M 609-2 2018b; DWA-M 609-1 2021). Es gibt Bauweisen, die die technischen Erfordernisse erfüllen, nicht als störend empfunden werden und auch bezahlbar sind. Je mehr Platz zur Verfügung gestellt wird, desto größer sind die Gestaltungsmöglichkeiten (siehe Abb. 3.37a und b).

Abb. 3.36 Durch den Ausbau einer innerstädtischen Gewässerstrecke ist ein steriles Betongerinne geschaffen worden. Jede natürliche Entwicklung ist ausgeschlossen; von einer harmonischen Einbeziehung des Fließgewässers in das Stadtbild (urbane Gewässer) ist dieses Gewässer weit entfernt. Die ausgleichende Wirkung des Gewässers für das Lokalklima kann sich nicht entfalten. – Aber! – Für die Unterhaltung ist der Ausbau vorteilhaft; man kann in der Gewässerunterhaltung kostengünstig eine Kehrmaschine einsetzen. (Fotos: H. Patt)

Abb. 3.37 Hochwasserschutzmauern und -deiche sind technische Bauwerke (Fotos: H. Patt). (**a**) Hochwasserschutz total – die Schutzwerke domieren die innerstädtischen Gewässerstrecken. (**b**) Bauwerke des Hochwasserschutzes als städtisches Gestaltungselement

3.4.3 Hochwasserschutzmaßnahmen

Das Ausbleiben extremer Hochwasser über längere Zeiträume und die vermeintliche Sicherheit der getätigten Hochwasserschutzmaßnahmen sind ein Grund dafür, dass bei steigendem Platzbedarf der Städte die Bebauung, Infrastruktureinrichtungen und andere Nutzungen immer noch nahe an die Gewässer rücken.

In kritischen Bereichen werden oft „höhere" Hochwasserschutzdeiche oder Schutzmauern errichtet, um wertvolle Wirtschaftsgüter zu schützen. In der Folge werden dort unter dem Schutz dieser Anlagen weitere Flächen einer Nutzung zugeführt, d. h. zusätzliche Sachwerte in den gefährdeten Bereichen konzentriert (siehe u. a. LAWA 1995; BMU 2016; Patt und Jüpner 2020).

Auf längere Sicht sind diese Bereiche jedoch nur mit einem großen Unterhaltungsaufwand vor Überschwemmungen sicher. Klimatische Veränderungen, die Unterhaltung der Anlagen und die Anpassung an sich verändernde hydrologische Eingangsgrößen werden mit einem hohen finanziellen Aufwand verbunden sein. Die Hochwasserschäden in den letzten Jahren haben eindrucksvoll gezeigt, dass es trotz aller Schutzmaßnahmen keinen absoluten Schutz gegen Hochwasser gibt (s. Abb. 3.38a und b).

Die zunehmende *Versiegelung* der Landschaft und die konzentrierte, schnelle Ableitung von Niederschlagswasser in den Abwasserkanälen leisten ebenfalls einen Beitrag zu den Veränderungen der hydrologischen Größen. Insbesondere werden die Niederschläge wesentlich schneller abflusswirksam. Stoßweise Einleitungen aus versiegelten Flächen führen zudem zu einer starken Veränderung der Umgebungsbedingungen für alle biologischen und biochemischen Prozesse (s. Abschn. 4.2).

3.4.4 Wehre und Stauanlagen – Einschränkung der Durchgängigkeit

Eine besondere Einschränkung für die naturnahe Fließgewässerentwicklung stellen *Querbauwerke* dar (u. a. Stauwehre in Verbindung mit Energiegewinnung aus Wasserkraft – s. Abb. 3.39, Wehranlagen zur landwirtschaftlichen Bewässerung sowie nicht naturnah gestaltete Querbauwerke zur Sohlenstabilisierung). Derartige Bauwerke verändern die gesamte Fließcharakteristik einer Gewässerstrecke und damit auch die dort vorzufindenden Lebensräume (siehe u. a. ATV-DVWK 2003a, 2003b; Patt et al. 2021).

Durch den *Aufstau* wird die Fließgeschwindigkeit stark herabgesetzt und das *Transportvermögen* der Strömung entsprechend reduziert. Mit sinkender Transportkapazität setzen sich die Feststoffe im Stauraum ab und es entstehen die typischen *Stauraumverlandungen*. Auch wenn Teile der verlandeten Bereiche durch gelegentliche *Stauraumspülungen* freigespült werden können, werden die natürlichen Feststofftransportprozesse vollständig unterbunden.

Während der Spülung selbst kommt es im Unterwasser zu hohen Feststoffkonzentrationen, die zu einer erheblichen Belastung der folgenden Gewässerstrecken führen (z. B. starke Trübung, Sauerstoffmangel, erhöhte Schadstoffkonzentrationen im Spül-

Abb. 3.38 Ein absoluter Schutz vor Hochwasser ist nicht möglich. Durch vorbeugende Maßnahmen können die Hochwasserschäden trotz der extremen Wasserstände jedoch erheblich reduziert werden. (**a**) Hochwasserschäden an der Ahr im Jahr 2021. (Foto: N. Grimm). (**b**) Altstadt von Köln; Vorsorgemaßnahmen und der technische Hochwasserschutz schützen die sensiblen Bereiche und mindern die Schäden. (Foto: E. Städtler)

Abb. 3.39 Stauanlage – Durch Querbauwerke wird die natürliche Entwicklung des Fließgewässers stark beeinträchtigt. (Foto: H. Patt)

wasser). *Stauraumspülungen* erfordern daher immer eine sorgfältige Vorbereitung. Diese umfasst zum Beispiel die Festlegung der Spülwassermenge, die Spüldauer, den Spülzeitraum, den zeitlichen Ablauf der Spülung sowie die anschließende Erfolgskontrolle.

Aufgrund ihrer Bedeutung für die Durchgängigkeit gibt es heute Verzeichnisse, in denen Querbauwerke flächendeckend erfasst sind (siehe u. a. Anderer et al. 2007).

3.4.5 Künstliche Gewässer, Stauanlagen

Die menschlichen Aktivitäten haben auch zur Bildung von *künstlichen Gewässern* geführt. Dazu zählen nicht nur die zahlreichen Baggerseen, sondern auch Kanäle, Entwässerungsgräben und andere künstliche Gewässer (z. B. die künstlichen Seen in ehemaligen Bergbaugebieten oder alte Schifffahrtsstraßen).

Derartige Gewässer sind insbesondere nach Aufgabe der Nutzung oftmals die einzigen Wasserflächen in einer ansonsten ausgeräumten Landschaft und deshalb für den Naturhaushalt von besonderer Bedeutung. Wenn solchen Gewässern genügend Entwicklungszeit zur Verfügung steht, durchlaufen auch sie den natürlichen Entwicklungsprozess, d. h. auch ein künstlich angelegter See wird mit der Zeit verlanden.

Ein ernstes Problem ist ggf. der Unterhaltungszustand von Stauanlagen, wenn die Anlagen keine wasserwirtschaftliche Funktion mehr haben und das Geld für Sicherheits- und Unterhaltungsmaßnahmen fehlt. Ein Abriss derartiger Anlagen ist sicher die wirtschaftlichste Lösung und zugleich eine Chance für die naturnahe Entwicklung eines Fließgewässers.

Es ist daher sinnvoll, auch künstliche Gewässer in ein geplantes Gewässerentwicklungskonzept einzubeziehen.

3.4.6 „Inkubationszeit" – Reaktion der Fließgewässer auf anthropogene Beeinflussungen

Die Nutzungsansprüche des Menschen haben die erforderlichen Flächen für die natürliche, naturraumtypische Entwicklung der Fließgewässer stark eingeengt. Durch die starke Inanspruchnahme der natürlichen Überschwemmungsgebiete ist es dem Fließgewässer nicht mehr möglich, die vorhandene Strömungsenergie durch Querbewegungen (= Laufverlängerungen = Gefällereduzierung) zu kompensieren. Als Ausgleich erfolgt eine kontinuierliche Eintiefung des Gewässerbettes. Wenn die Versorgung des Gewässerabschnittes mit Feststoffen wegen eines Querbauwerkes (z. B. eine Wehranlage) unterbrochen ist, steht der Strömung unterstrom noch mehr Energie zur Verfügung, sodass die *Eintiefungstendenz* weiter verstärkt wird.

Je stärker das natürliche Gefälle und Feststoffhaushalt eines Fließgewässers durch Ausbaumaßnahmen beeinflusst werden, desto schneller und heftiger wird ein Fließgewässer durch Kompensation reagieren. Da anthropogene Einflüsse fast immer die wesentlichen Parameter Gefälle und Feststofftransport beeinflussen, stellen sich die ersten Veränderungen bereits nach dem ersten größeren Hochwasser ein. Ist zum Beispiel erst einmal der natürliche stabile Aufbau der Sohle zerstört, wird die weitere Erosion der Sohle beschleunigt ablaufen.

3.5 Systematik der Fließgewässer

Die allgemeine Einteilung der *Binnengewässer* wird in Abb. 3.40 dargestellt. Unterschieden wird zwischen Fließgewässern und stehenden Gewässern.

Fließgewässer sind in ihrem Verlauf von der Quelle bis zur Mündung und ihrer regionalen Verbreitung in Bezug auf die natürliche Ausstattung bzw. Entwicklungsdynamik sehr unterschiedlich. Bei jedem Eingriff in dieses System sollten die grundlegenden Prozesse und Einflussfaktoren verstanden sein, um die natürliche Entwicklungsfähigkeit eines Fließgewässers als Verbündeter für das eigene Planungsziel zu nutzen. Dadurch werden fehlerhafte oder sich gegenseitig aufhebende Maßnahmen vermieden.

Die Kenntnis der Entwicklungsgeschichte und die detaillierte Betrachtung der verschiedenen Einflussfaktoren auf die Entwicklung ist Voraussetzung zum Verständnis der miteinander vernetzten Prozesse. Dabei ist die Einordnung der Fließgewässer in Klassifizierungssysteme ein wichtiges Hilfsmittel.

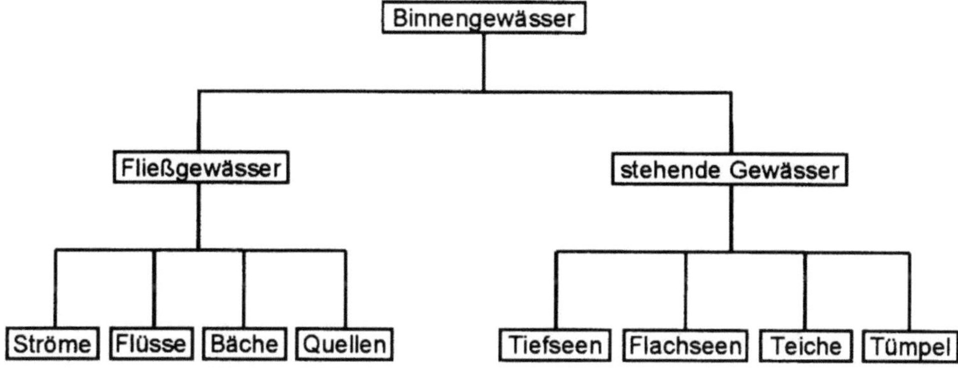

Abb. 3.40 Systematik der Binnengewässer

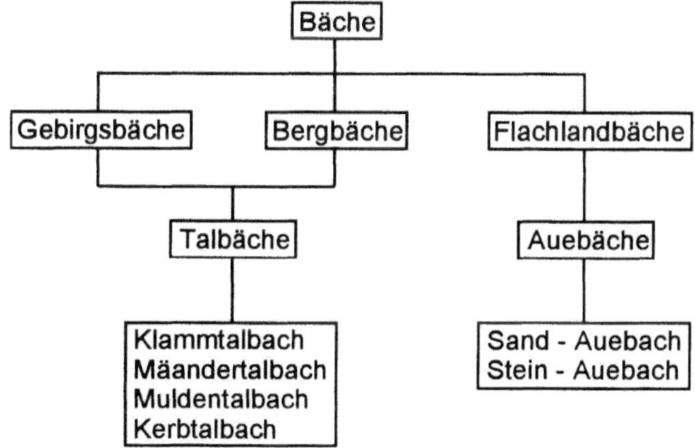

Abb. 3.41 Allgemeine Einteilung der Bäche. (Nach Otto 1991)

3.5.1 Einteilung der Fließgewässer

Ein natürliches Fließgewässer hat seinen Ursprung an einer *Quelle*. Im weiteren Fließverlauf ist eine Unterscheidung nach Bächen, Flüssen und Strömen üblich. Häufig wird zusätzlich noch eine Unterteilung in große und kleine Bäche bzw. große und kleine Flüsse vorgenommen. Die Mündung in ein Meer, einen See oder in ein anderes Fließgewässer schließt den Gewässerverlauf ab (s. Abb. 3.41).

3.5.1.1 Quellen

Die *Quellen* sind der Ursprung der Fließgewässer. Sie sind der Ort eines eng begrenzten Grundwasseraustrittes (DIN 4049 Teil 3) und damit die Schnittstelle zwischen unterirdischem Wasser und oberirdisch abfließendem Wasser. In unserem humiden Klima können Quellen praktisch in jedem Naturraum vorkommen.

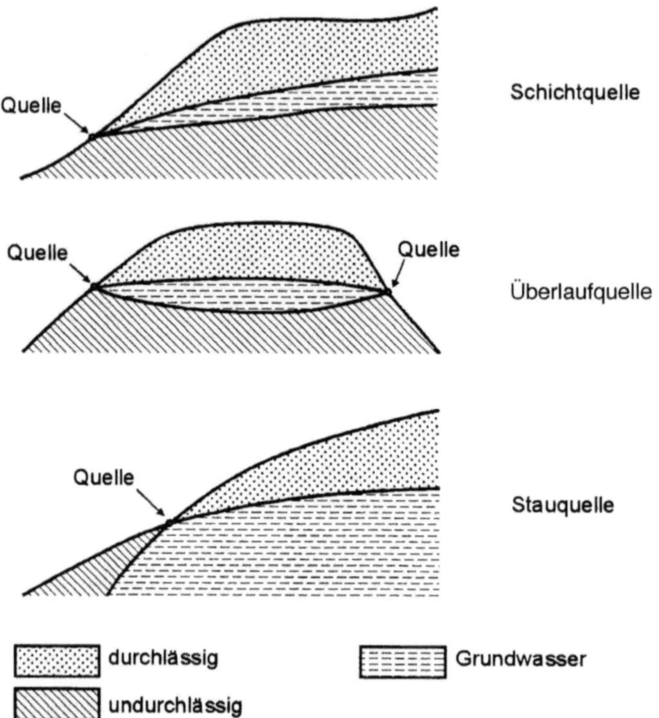

Abb. 3.42 Systematik von Quellen nach der Art des Wasserandranges

Der Abfluss aus einer Quelle wird als *Quellschüttung* bezeichnet. Wichtig für die Ergiebigkeit einer Quelle ist die *Grundwasserneubildung*, d. h. der Zugang von infiltriertem Wasser zum Grundwasser. Nach der Art des *Wasserandranges* wird zwischen *Schichtquellen*, *Überlaufquellen* und *Stauquellen* unterschieden (s. Abb. 3.42). Die Schüttung einer Quelle ist jahreszeitlichen Schwankungen unterworfen.

Nach der Art des Wasseraustritts ist im Wesentlichen zwischen *Sturzquellen*, *Tümpel-* und *Quellbecken* sowie *Sickerquellen* zu unterscheiden. Bei *Sturzquellen* (*Rheokrenen*) tritt das Wasser aus wasserführenden Schichten aus und geht in aller Regel unmittelbar in den *Quelllauf* über.

Diesen Quelltyp trifft man häufig im Bergland an. *Tümpelquellen* und *Quellbecken* (*Limnokrenen*) füllen sich von unten her über einen Quellmund (z. B. mit Schichtwasser), das über den Beckenrand als Quellbach abfließt. Bei *Sickerquellen*, die wir vor allem im Flach- und Hügelland finden, sickert das Quellwasser meist großflächig durch das Erdreich und kann einen ausgedehnten Quellsumpf ausbilden (s. Abschn. 4.1.5.1).

3.5.1.2 Bäche und kleine Flüsse

Unterscheidungsmerkmal zwischen *Bächen* und „kleinen" Flüssen ist häufig der mittlere Abfluss und die Gewässerbreite bei bordvollem Abfluss. Ein Beispiel für die unterschiedlichen, oft willkürlichen, Grenzen zeigt Abb. 3.43.

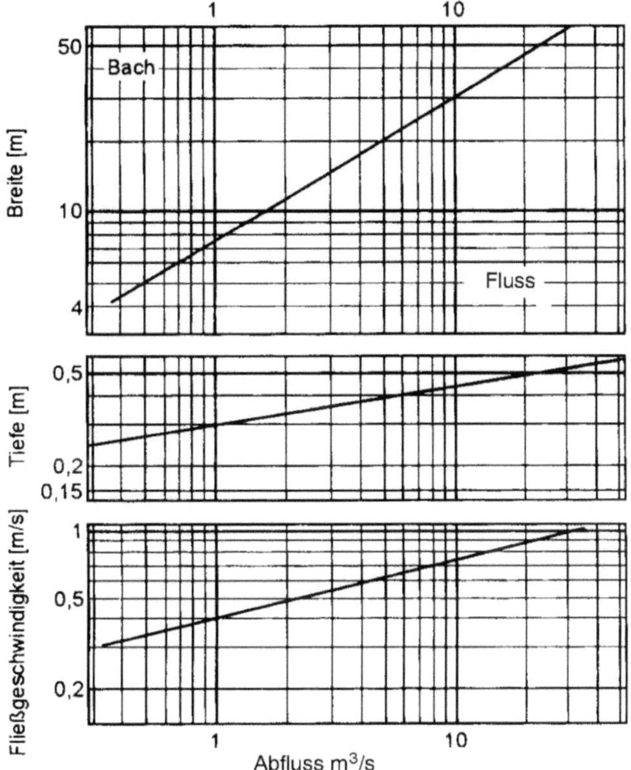

Abb. 3.43 Vergleich charakteristischer Merkmale von Bächen und Flüssen. (Nach Leopold et al. 1964)

Als Unterscheidungskriterium können auch die an den Ufern vorkommenden natürlichen Bewuchsstrukturen und deren Auswirkungen auf das Fließgewässer (z. B. Beschattung, Böschungsstabilität) dienen. Bei Bächen sind die Uferstrukturen oft in der Lage, der Strömung auf längere Zeit zu widerstehen, während bei „kleinen" Flüssen bereits wenige Hochwasser zu einer Veränderung des Gewässerbettes führen. Auch hier lässt sich jedoch keine eindeutige Grenze ziehen.

Otto (1991) bezeichnet zum Beispiel ein Fließgewässer bei dem ein Kronenschluss des Uferbewuchses möglich ist, als „kleinen Bach" und einen Bach, bei dem die an den Ufern stehenden Bäume das Gewässer lediglich bereichsweise beschatten können, als „großen Bach".

3.5.1.3 Große Flüsse und Ströme

Derartige Fließgewässer sind vorwiegend durch hohe Abflüsse, große Strömungskräfte und die allgemeine wirtschaftliche Bedeutung (z. B. Schifffahrt, Energiegewinnung) gekennzeichnet.

Die Entwicklung eines großen *Flusses* oder *Stromes* im mitteleuropäischen Raum ist nahezu ausschließlich durch die anthropogenen Nutzungen geprägt. Zu nennen sind hier zum Beispiel die gewässernahe Bebauung, Verkehrsflächen in den natürlichen Überschwemmungsgebieten, Hochwasserschutzmaßnahmen, Schifffahrt, Wasserkraftnutzung und Landwirtschaft. Die vorhandenen Uferstrukturen können der Strömung nur geringen Widerstand entgegensetzen.

Wasserbauliche Maßnahmen an großen Flüssen und Strömen dienen meist einer Optimierung der Nutzungen (z. B. Stauregulierung für die Schifffahrt, Wasserentnahme für Kraftwerke, Hafenanlagen). Die Anforderungen an die Stabilität von Sohle und Böschung sind meist derart groß, dass auf die Methoden des konstruktiven (technischen) Wasserbaus zurückgegriffen werden muss (z. B. Tosbeckenausgestaltung, Böschungsschutz bei Wasserstraßen) (siehe u. a. Patt et al. 2021).

Für den Hochwasserschutz haben die Gewässerauen eine besondere Bedeutung, da diese im Hochwasserfall wichtige Rückhalteräume darstellen. Die Wiederanbindung derartiger Bereiche an die Fließgewässer ist ein wichtiger Teil des Hochwasserschutzkonzeptes der Länderarbeitsgemeinschaft Wasser (LAWA 1995; Patt und Jüpner 2020).

In Mitteleuropa ist die Charakteristik der großen Fließgewässer sehr stark von der historischen Entwicklung der Kulturlandschaft geprägt (u. a. Konold 2016). Einflussfaktoren sind die oft hohe Besiedlungsdichte, die kulturellen Eigenheiten der jeweiligen Region und die historisch gewachsenen Nutzungen gleichermaßen. Jedes Fließgewässer, das in diese Kategorie fällt, verlangt daher Einzelfallentscheidungen, bei denen die besonderen Gegebenheiten berücksichtigt werden müssen.

Für die beengten Verhältnisse in Mitteleuropa hat die Formulierung von Unterscheidungsmerkmalen zwischen Strömen und großen Flüssen keine praktische Bedeutung.

In anderen Erdteilen finden sich dagegen auch heute noch große Flüsse und Ströme, die sich über weite Fließstrecken unbeeinträchtigt von jeder menschlichen Einflussnahme entwickeln können.

3.5.2 Charakteristische abiotische Merkmale

Die intensive Verzahnung aller an der Fließgewässerentwicklung beteiligten Parameter bedingt, dass jede Veränderung eines Merkmals eine mehr oder weniger umfassende Anpassung aller anderen Parameter nach sich zieht. Der parallel verlaufende Zeitrahmen von abiotischen und biotischen Prozessen führt zu einer Vielzahl von Kombinationsmöglichkeiten (Naimann et al. 1992; ATV-DVWK 2002).

Hier soll eine Typisierung anhand *abiotischer* (morphologischer) Merkmale vorgestellt werden. Die in Tab. 3.1 aufgeführten Merkmale sind dabei von besonderer Bedeutung.

Die Wechselwirkungen und die Dominanz der unterschiedlichen Einflussfaktoren kennzeichnen den integralen Parameter „*Laufentwicklung*" (s. Abschn. 3.3), der in vielfältiger Wechselbeziehung mit den Parametern *Linienführung* (Laufform), *Längsprofil*, *Querprofil* und *Sohlenstruktur* steht (siehe u. a. Hey und Thorne 1986; Träbing 1996).

Bei der Ausprägung der charakteristischen Merkmale spielt das Sohlengefälle eine zentrale Rolle (s. Abb. 3.44). Im Oberlauf überwiegen *Erosions-*, im Mittellauf *Umlagerungs-* (auch *Furkation* genannt) und im Unterlauf *Sedimentationsprozesse* (*Akkumulation*). In

Tab. 3.1 Detaillierungsstufen (*levels*). (Nach Rosgen 1996)

Klassifizierungsstufen	Parameter
Stufe I (s. Abb. 3.36)	*Gefälle* Geomorphologische Charakterisierung (Boden, Klima, Talform usw.)
Stufe II (nicht dargestellt)	*Gefälle und charakteristischer Korndurchmesser* Gewässermorphologische Charakterisierung (Laufform, Ausuferungsverhältnis, Breite/Tiefe-Verhältnis, Laufentwicklung, Gefälle und Korndurchmesser des Sohlenmaterials)
Stufe III (nicht dargestellt)	Umfangreiche Bestandsaufnahme von Ufervegetation, Ablagerungen, Gewässerbettstabilität (wird hier nicht näher erläutert – s. Rosgen 1996)

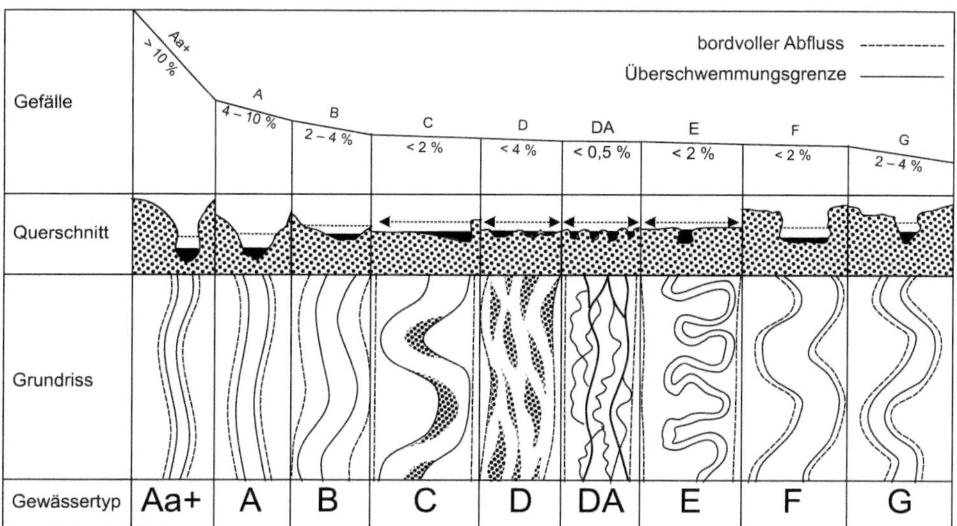

Abb. 3.44 Haupttypen (Stufe I) der Gewässerklassifizierung. (Nach Rosgen 1996)

Fließrichtung nehmen Abflussspende und Geschiebetransport mit sinkendem Gefälle ab, während der Schwebstoffanteil kontinuierlich zunimmt. An der Verteilung der Korngrößen der Gewässersohle ist der Verlauf vom groben zum feinen Sohlensubstrat deutlich zu erkennen. Auch in der Linienführung macht sich der Gefälleeinfluss in den unterschiedlichen Laufformen bemerkbar (s. Abb. 3.44).

Rosgen (1994 und 1996) verwendet in seinem *Klassifizierungsschema* das Sohlengefälle des jeweiligen Fließabschnittes. Ein Vorteil der Unterscheidung über das Gefälle ist, dass die verwendeten Merkmale mit einer relativ einfach zu messenden Größe ausgedrückt werden. Das Klassifizierungsschema sieht drei Stufen („*levels*") vor (s. Tab. 3.1).

Als Einordnungskriterium wird in Stufe I ausschließlich das Sohlengefälle verwendet. Dies führt zu einer Unterteilung in 9 Klassen (Klassen A bis G – s. Abb. 3.44). Bei den Typen C, E und F (gleiches Gefälle) werden als weiteres Unterscheidungskriterium die unterschiedlich ausgeprägten Gerinneprofile herangezogen (Form des Hauptgerinnes und der Ausuferungsflächen).

Während das Gerinne beim C-Typ breiter, flacher und mit großen Überschwemmungsflächen ausgestattet ist, besitzt der E-Typ ein enges, tiefes Hauptgerinne mit ebenfalls großen Überschwemmungsflächen. Der F-Typ hat wiederum ein breites, flaches Gewässerbett, jedoch mit fast keinen Überschwemmungsflächen.

Die grobe Einteilung in der Stufe I bildet das Grundgerüst für die differenziertere Klasseneinteilung in Stufe II mit insgesamt 42 Klassen (Rosgen 1996).

Literatur

Anderer, P., Dumont, U., Kolf, R. (2007) Das Querbauwerke-Informationssystem QUIS-NRW, Wasser und Abfall, Heft 7–8/2007.

ATV-DVWK – (Deutsche Vereinigung für Wasserwirtschaft, Abwasser, Abfall e.V., Hennef – siehe auch ATV, DVWK und DWA)

ATV-DVWK – Deutsche Vereinigung für Wasserwirtschaft, Abwasser und Abfall (Hrsg.) (2002) Formen und Strukturen der Fließgewässer, Autor: Elmar Briem, ATV-DVWK Arbeitsbericht-GB-1, Hennef.

ATV-DVWK – Deutsche Vereinigung für Wasserwirtschaft, Abwasser und Abfall (Hrsg.) (2003a) Gewässerlandschaften in der Bundesrepublik Deutschland, „Steckbriefe", Autor: Elmar Briem, ATV-DVWK Arbeitsbericht, Februar 2003, Hennef.

ATV-DVWK – Deutsche Vereinigung für Wasserwirtschaft, Abwasser und Abfall (Hrsg.) (2003b) Gewässerlandschaften in der Bundesrepublik Deutschland, Autor: Elmar Briem, ATV-DVWK Arbeitsbericht, Februar 2003, Hennef.

Bayerisches Landesamt für Wasserwirtschaft – BayLfW (Hrsg.) (1996) Abfluß- und Abtragsprozesse in Wildbacheinzugsgebieten – Grundlagen für den integralen Wildbachschutz, Schriftenreihe des Bayerischen Landesamtes für Wasserwirtschaft, Heft 27, München.

BayLfW (s. Bayerische Landesamt für Wasserwirtschaft, München – Anmerk.: Das Bayerische Landesamt für Wasserwirtschaft ist mittlerweile in das Bayerische Landesamt für Umwelt, Augsburg, integriert.)

Becker, M., Schumacher, R., Siekmann, M. (2018) Die Zukunftsinitiative „Wasser in der Stadt von morgen" – Kooperation für wassersensible, attraktive und nachhaltige Emscherregion, KW Korrespondenz Wasserwirtschaft, 11. Jahrg., Heft 10, S. 467ff

Billi, P., Hey, R.D., Thorne, C.R., Tacconi, P. (Edit.) (1992) Dynamics of Gravel-bed Rivers, John Wiley & Sons, Chichester.

BMU (s. Bundesministerium für Umwelt, Naturschutz und Reaktorsicherheit, Bonn/Berlin)

Boon, P.J., Calow, P., Petts, G.E. (1991) River Conservation and Management, John Wiley & Sons, Chichester.

Böttger, K. (1990) Ufergehölze – Funktionen für den Bach und Konsequenzen ihrer Beseitigung, Natur und Landschaft, 65. Jahrg., Heft 2.

Brauckmann, U. (1991) Limnologische Untersuchungen bei naturgemäßer Gewässergestaltung; Bedeutung für Planung und Erfolgskontrolle, In: Larsen, P. (Hrsg.) (1991).

Bundesministerium für Umwelt, Naturschutz und Reaktorsicherheit – BMU (Hrsg.) (2003) Flut und Dürre – Zwei Seiten einer Medaille, Umwelt, Nr. 9/2003.

Bundesregierung – Bundesrepublik Deutschland (Hrsg.) (2008) Deutsche Anpassungsstrategie an den Klimawandel, vom Bundeskabinett am 17. Dezember 2008 beschlossen.

Bundesministerium für Umwelt, Naturschutz, Bau und Reaktorsicherheit – BMU (Hrsg.) (2016) Broschüre Hochwasserschutzfibel – Objektschutz und bauliche Vorsorge, Stand: 30. August 2016

Bunza, G. (1982) Systematik und Analyse alpiner Massenbewegungen, In: Geologisch-morphologische Grundlagen der Wildbachkunde, Schriftenreihe des Bayerischen Landesamtes für Wasserwirtschaft, Heft 17.

DVWK (s. Deutscher Verband für Wasserwirtschaft und Kulturbau e.V., Bonn – Anmerkung: Die Abwassertechnische Vereinigung e.V. (ATV) und der Deutsche Verband für Wasserwirtschaft und Kulturbau e.V. (DVWK) waren seit dem 1. Januar 2000 fusioniert und gaben sich den Verbandsnamen: ATV-DVWK – Deutsche Vereinigung für Wasserwirtschaft, Abwasser, Abfall e.V. mit Sitz in Hennef. Mit Wirkung vom 27. Oktober 2004 wurde der Name in Deutsche Vereinigung für Wasserwirtschaft, Abwasser und Abfall e.V. (DWA) mit Sitz in Hennef geändert).

DVWK – Deutscher Verband für Wasserwirtschaft und Kulturbau e.V. (Hrsg.) (1991) Ökologische Aspekte zu Altgewässern, DVWK-Merkblätter zur Wasserwirtschaft, Nr. 219/1991.

DWA (s. Deutsche Vereinigung für Wasserwirtschaft, Abwasser, Abfall eV – DWA, Hennef) – die DWA ist am 27. Oktober 2004 durch Namensänderung aus ATV-DVWK entstanden – siehe auch ATV, DVWK sowie ATV-DVWK)

DWA – Deutsche Vereinigung für Wasserwirtschaft, Abwasser und Abfall e.V. (DWA) (Hrsg.) (2010a) Klimawandel – Herausforderungen und Lösungsansätze für die deutsche Wasserwirtschaft, DWA-Themen.

DWA-Deutsche Vereinigung für Wasserwirtschaft, Abwasser und Abfall eV – DWA (Hrsg.) (2010b) Altgewässer – Ökologie, Sanierung und Neuanlage, DWA-Merkblatt M 607, Juni 2010.

DWA – Deutsche Vereinigung für Wasserwirtschaft, Abwasser und Abfall e.V. (DWA) (Hrsg.) (2015) Grundlagen morphodynamischer Phänomene in Fließgewässern, Merkblatt DWA-M 526.

DWA-Deutsche Vereinigung für Wasserwirtschaft, Abwasser und Abfall eV – DWA (Hrsg.) (2017) Verkehrssicherung an Fließgewässern, DWA-Merkblatt M 616, Juni 2017.

DWA-Deutsche Vereinigung für Wasserwirtschaft, Abwasser und Abfall eV – DWA (Hrsg.) (2018a) Begriffe aus Gewässermorphodynamik und Flussbau, DWA-Merkblatt M 570, August 2018.

DWA-Deutsche Vereinigung für Wasserwirtschaft, Abwasser und Abfall eV – DWA (Hrsg.) (2018b) Entwicklung urbaner Gewässer – Teil 2: Maßnahmen und Beispiele, DWA-Merkblatt M 609-2, September 2018.

DWA-Deutsche Vereinigung für Wasserwirtschaft, Abwasser und Abfall eV – DWA (Hrsg.) (2019c) Bach- und Flussauen, DWA-Themen T2/2019, Mai 2019.

DWA-Deutsche Vereinigung für Wasserwirtschaft, Abwasser und Abfall eV – DWA (Hrsg.) (2020a) Gewässerrandstreifen – Uferstreifen – Entwicklungskorridore: Grundlagen und Funktionen, Hinweise zur Gestaltung, Beispiele, DWA-Merkblatt DWA- M 612, Mai 2020.

DWA-Deutsche Vereinigung für Wasserwirtschaft, Abwasser und Abfall eV – DWA (Hrsg.) (2020b) Bodenerosion durch Wasser – Kartieranleitung zur Erfassung aktueller Erosionsformen, DWA-Merkblatt M 921 (Entwurf Februar 2020).

DWA-Deutsche Vereinigung für Wasserwirtschaft, Abwasser und Abfall eV – DWA (Hrsg.) (2021) Entwicklung urbaner Gewässer – Teil 1: Grundlagen, Planung und Unterhaltung, DWA-Merkblatt M 609-1, November 2021.

DWA – Deutsche Vereinigung für Wasserwirtschaft, Abwasser und Abfall e.V. (DWA) (Hrsg.) (2023) Altgewässer – Ökologie, Sanierung und Neuanlage, Merkblatt DWA-M 607 (Gelbdruck August 2023).

Geiger, W.F., Dreiseitl, H. (Hrsg.) (2010) Neue Wege für das Regenwasser – Handbuch zum Rückhalt und zur Versickerung von Regenwasser in Baugebieten, 3. Aufl., Oldenbourg Industrieverlag.
Gemeinnützige Fortbildungsgesellschaft für Wasserwirtschaft und Landschaftsentwicklung (GFG) mbH (Hrsg.) (1998) Sohlenerosion und Auenauflandung – Empfehlungen für die Gewässerunterhaltung, Autor: Klaus Kern, Dez. 1998, Mainz.
Gemeinnützige Fortbildungsgesellschaft für Wasserwirtschaft und Landschaftsentwicklung (GFG) mbH (Hrsg.) (1999) Ufergehölze und Gehölzpflege – Empfehlungen für den Gewässerunterhaltungspflichtigen, Autor: Thomas Paulus, Sept. 1999, Mainz.
GFG (s. DVWK – Gemeinnützige Fortbildungsgesellschaft für Wasserwirtschaft und Landschaftsentwicklung (GFG) mbH – GFG, Mainz)
Hey, R.D., Thorne, C. (1986) Stable Channels with Mobile Gravel Bed, Journal of Hydraulic Engineering, Vol. 112, No. 8.
Hütte, M., Bundi, U., Peter, A. (1994) Konzept für die Bewertung und Entwicklung von Bächen und Bachsystemen im Kanton Zürich, EAWAG und Kanton Zürich (Hrsg.), Zürich.
Jährling, K.H. (2017) Die Rolle von Eigendynamik und Feststoffhaushalt für die Umsetzung der EU-WRRL, Fachliche Grundlagen, Beispiele und inhaltliche Defizite, KW Korrespondenz Wasserwirtschaft, 10. Jahrg., Heft 2, S. 100 ff.
Kern, K. (1994) Grundlagen naturnaher Gewässergestaltung – Geomorphologische Entwicklung von Fließgewässern, Springer Verlag, Berlin.
Konold, W. (2016) Mensch und Fließgewässer – Frühe Nutzungen, In: Patt H. (Hrsg.) (2016) Fließgewässer- und Auenentwicklung – Grundlagen und Erfahrungen, 2. Aufl., Springer-Verlag, Berlin, Heidelberg, New York.
Konold, W. (2022) Lediglich „Heavily Modified Water Bodies"? – baulich manipulierte Gewässer sind auch Kulturdenkmale, KW Korrespondenz Wasserwirtschaft, 15. Jahrg., Heft 6, S. 363ff.
Korte, Th., Pottgiesser, T., Hering, D. (2016) Den Erfolg hydromorphologischer Maßnahmen ganzheitlich und differenziert bestimmen, KW Korrespondenz Wasserwirtschaft, 9. Jahrg., Heft 9, S. 556 ff.
Köster, H. (1995) Geschichte der Landschaft in Mitteleuropa, Verlag C. H. Beck, München.
Länderarbeitsgemeinschaft Wasser (Hrsg.) (1995) Leitlinien für einen zukunftsweisenden Hochwasserschutz, Stuttgart.
LAWA (s. Länderarbeitsgemeinschaft Wasser)
Leopold, L.B., Wolmann, M.G. (1957) River Channel Patterns – braided, meandering and straight, U.S. Geological Survey Prof. Paper.
Leopold, L.B., Wolmann, M.G., Miller, J.P. (1964) Fluvial Processes in Geomorphology, Freemann, San Francisco, CA.
Mangelsdorf, J., Scheurmann, K. (1980) Flußmorphologie – Ein Leitfaden für Naturwissenschaftler und Ingenieure, R. Oldenburg Verlag, München.
Minor, E. (2000) Fliessgewässer im nächsten Jahrtausend, Raumbedarf – Zielkonflikte, Wasser, Energie, Luft, 92. Jahrg., Heft 3/4.
Naimann, R.J., Lonzarich, D.G., Beechie, T.J., Ralph, S.C. (1992) General principles of classification and the assessment of conservation potential in rivers, River Conservation and Management, Wiley, New York.
Otto, A. (1991) Grundlagen einer morphologischen Typologie der Bäche, In: Larsen, P. (Hrsg.) (1991).
Patt, H. (1997) Renaturierte Gewässerstrecken als Gestaltungselemente im Städtebau, In: Crowhurst Lennard, S. H, von Ungern-Sternberg, S., Lennard, H. L. (1997) Making Cities Livable – Wege zur menschlichen Stadt, Gondolier Press, Carmel, California, USA.

Patt, H. (2011) Gewässerrandstreifen – Entwicklungsflächen für Fließgewässer? KW Korrespondenz Wasserwirtschaft, 4. Jahrg., Heft 3, S. 136 ff.

Patt, H. (Hrsg.) (2022) Fließgewässer- und Auenentwicklung – Grundlagen und Erfahrungen, 3. Aufl., Springer Vieweg, Wiesbaden.

Patt, H., Speerli, J., Gonsowski, P. (2021) Wasserbau – Flussbauliche Grundlagen und Gestaltung von wasserbaulichen Bauwerken und Anlagen, 8. Aufl., Springer Vieweg, Wiebaden.

Patt, H., Jüpner, R. (Hrsg.) (2020) Hochwasser-Handbuch – Auswirkungen und Schutz, 3. Aufl., Springer Vieweg, Wiesbaden.

Patt, H., Städtler, E. (2008) Altgewässer, Korrespondenz Wasserwirtschaft, 1. Jahrg., Heft Nr. 7/2008.

Patt, H., Städtler, E. (2009) Altgewässer – Ökologie, Sanierung und Neuanlage, Teil 2: Beispiele für Schutz, Neuanlage und Sanierung, KW Korrespondenz Wasserwirtschaft, 2. Jahrg., Heft Nr. 3/2009.

Patt, H, Groß, J., Städtler, E, Weih, A. (2009) Altgewässer – Ökologie, Sanierung und Neuanlage, Teil 2: Beispiele für Schutz, Neuanlage und Sanierung, KW Korrespondenz Wasserwirtschaft, 2. Jahrg., Heft 3, S. 141 ff.

Podraza, P. (2008) Gewässerentwicklung im urbanen Bereich – Von der Vorflut zum Entwicklungsraum, KW Korrespondenz Wasserwirtschaft, 1. Jahrg., Heft 8, S. 409 ff.

Rehklau, W., Kraier, W., Hendreschke, M. (2017) Gewässer- und Auenentwicklung in Bayern: Synergien von Natura 2000 und Wasserrahmenrichtlinie. In: Anliegen Natur, Zeitschrift für Naturschutz und angewandte Landschaftsökologie, Heft 39(2), Laufen a. d. Salzach.

Rosgen, D.L. (1994) A Classification of Natural Rivers, Catena, Elsevier Pub., B.V. Amsterdam.

Rosgen, D. L. (1996) Applied River Morphology, Wildland Hydrology Books, Pagosa Springs, Colorado.

Schönwiese, C.-D. (1996) Problematik der Klimaänderungen: Ursachen und Beobachtungen, In: Bechteler, W., Günthert, FW., Kleeberg, H.-B (Hrsg.).

Schumm, S.A. (1960) The shape of alluvial channels in relation to sediment type, Geological Surv., Prof. Paper 352-B.

Seidel, M., Langheinrich, U., Lüderitz, V. (2017) Gewässermorphologische Integrität von Flüssen, Wiederanschluss von Altgewässern zur Verbesserung der Lebensbedingungen flusstypischer Arten, KW Korrespondenz Wasserwirtschaft, 10. Jahrg., Heft 2, S. 107 ff.

Tittizer, Th. (1999) Binnenschifffahrt, Schifffahrtsstraßen, In: Konold, W., Böcker, R., Hampicke, U. (Hrsg.) (2008) Handbuch Naturschutz und Landschaftspflege – Kompendium zu Schutz und Entwicklung von Lebensräumen und Landschaften, Stand 01/2008 nach 21. Ergänzungslieferung, ecomed-verlagsgesellschaft, Landsberg am Lech.

Träbing, K. (1996) Ökomorphologische Kenngrößen für die Strukturvielfalt von Fließgewässern, Mitteilungen des Instituts für Wasserbau und Wasserwirtschaft, Technische Hochschule Darmstadt, Heft 96.

Tremp, H. (2014) Quellen, Kap. 15.1:1–16, In: Konold, W., Böcker, R., Hampicke, U. (Hrsg.) (2008) Handbuch Naturschutz und Landschaftspflege – Kompendium zu Schutz und Entwicklung von Lebensräumen und Landschaften, Stand: 01/2016 nach 21. Ergänzungslieferung, Verlag Wiley-VCH, Weinheim.

Tremp, H., Kappus, B. (2003) Natürliche Fließgewässer – Habitate, Flora und Fauna, In: Konold, W., Böcker, R., Hampicke, U. (Hrsg.) (2008) Handbuch Naturschutz und Landschaftspflege – Kompendium zu Schutz und Entwicklung von Lebensräumen und Landschaften, Stand 01/2016 nach 21. Ergänzungslieferung, Verlag Wiley-VCH, Weinheim.

UBA (s. Umweltbundesamt, Dessau-Roßlau)

Umweltbundesamt – UBA (Hrsg.) (2014) Hydromorphologische Steckbriefe der deutschen Fließgewässertypen, UBA Texte 43/2014, Anhang 1: Von Strategien zur Optimierung von Fließgewässer-Renaturierungsmaßnahmen und ihrer Erfolgskontrolle, Dessau.
Umweltbundesamt – UBA (Hrsg.) (2023) In der Diskussion: Hydromorphologie. Ergebnisse der UBA Workshopreihe – Abschlussbericht, Autoren: Lamberty, G, Zumbroich Th, Naumann St, Ressortforschungsplan des Bundesministerium für Umwelt, Naturschutz, nukleare Sicherheit und Verbraucherschutz, Forschungskennzahl 3719 43 201 0, FB000959, März 2023.

Internet

IPCC (Intergovernmental Panel on Climate Change – IPCC-Synthesis Report Climate Change 2023 – zu finden auf der Internetseite der deutschen IPCC-Koordinierungstelle unter www.de-ipcc.de) - aufgerufen am 8. Juni 2024.

4 Lebensraum Fließgewässer

Heinz Patt

Alle genannten Gewässerlebensräume werden von den unterschiedlichsten physikalischen, chemischen und biotischen Faktoren geprägt. Zu den physikalischen zählen vor allem Wasseraustauschvorgänge, Temperatur- und Lichtverhältnisse sowie Substratbeschaffenheit, zu den chemischen die Sauerstoffverhältnisse, anorganische Stoffe, vor allem Nährstoffe, und zu den biotischen Faktoren insbesondere die Nahrungskette. Da die Gewässerlebensräume von unterschiedlichsten Kombinationen dieser Umweltfaktoren bestimmt werden, gibt es in natürlichen Gewässern eine Vielfalt an spezifischen Gewässerbiotopen und dementsprechend eine unglaubliche Fülle an Lebensgemeinschaften.

Natürliche Gewässer sind mit ihren Lebensräumen und Lebensgemeinschaften vielfältige Ökosysteme. Diese reichen von maritimen Ökosystemen wie Tiefsee-, Schelf-, Brandungs-, Watt- und Brackwasserbereichen über Stillgewässer wie Seen, Weihern, Altgewässern, Hochmoorschlenken und nur zeitweilig wasserführenden Kleingewässern bis hin zu Quellen, Bächen, Flüssen und Strömen.

Alle genannten Gewässerlebensräume werden von den unterschiedlichsten physikalischen, chemischen und biotischen Faktoren geprägt. Zu den physikalischen zählen vor allem Wasseraustauschvorgänge, Temperatur- und Lichtverhältnisse sowie Substratbeschaffenheit, zu den chemischen die Sauerstoffverhältnisse, anorganische Stoffe, vor allem Nährstoffe, und zu den biotischen Faktoren insbesondere die Nahrungskette. Da die Gewässerlebensräume von unterschiedlichsten Kombinationen dieser Umweltfaktoren bestimmt werden, gibt es in natürlichen Gewässern eine Vielfalt an spezifischen Gewässerbiotopen und dementsprechend eine unglaubliche Fülle an Lebensgemeinschaften.

H. Patt (✉)
Sachverständigenbüro Professor Patt
Bonn, Deutschland

H. Patt, *Naturnaher Wasserbau*, https://doi.org/10.1007/978-3-658-43846-3_4

Die meisten unserer Gewässerlandschaften haben sich durch anthropogene Einflüsse weit von ihrem natürlichen Zustand (s. Abschn. 3.4) entfernt. Dementsprechend haben sich ihre Lebensräume und damit auch ihre Lebensgemeinschaften im Laufe der Zeit stark verändert. Um dieser Entwicklung zielführend entgegenwirken zu können, ist das Verständnis um die Vorgänge in natürlichen Gewässern unabdingbare Voraussetzung (s. auch Patt 2022).

4.1 Natürliche Fließgewässer

Die Lehre der *Ökologie* besagt, dass alles mit allem zusammenhängt. Dies bedeutet, dass nur eine ganzheitliche Betrachtungsweise einem Ökosystem gerecht werden kann. Ein Musterbeispiel für diese Feststellung ist jeder Fließgewässerkomplex. Um aber die ökosystemaren Funktionsweisen überhaupt beschreiben zu können, werden sie im Folgenden getrennt betrachtet. Auf der einen Seite werden die wichtigsten Faktoren bzw. Faktorenkomplexe von Fließgewässerökosystemen aufgezeigt und auf der anderen Seite die sich daraus ergebenden Lebensraumabfolgen mit den entsprechenden Lebensgemeinschaften in der Längs- und Quergliederung einer Flusslandschaft von der Quelle bis zur Mündung grob dargestellt (Tremp und Kappus, 2003; Konold 2007).

Die Parameter, welche die jeweiligen Lebensräume prägen, können sich zusätzlich in ihrer biozönotischen Bedeutung ändern (z. B. in Abhängigkeit von den Jahreszeiten, dem Tag- und Nachtrhythmus oder auch periodisch, bedingt durch unterschiedliche Abflüsse). So können Fließgewässer durch bestimmte Faktoren oder Faktorenkombinationen in mehr oder weniger abiotisch oder biotisch klar definierte Fließabschnitte eingeteilt werden (z. B. in sog. Fischregionen – s. Abb. 4.10).

4.1.1 Fließgewässer- und Auendynamik

Natürliche Fließgewässer und ihre Auen wurden und werden in den jeweiligen Fließgewässerabschnitten im Wesentlichen von den naturräumlichen Gegebenheiten ihres Einzugsgebietes geprägt (s. Abschn. 3.2). Hierzu zählen vor allem Klima, Geologie, Tektonik, Boden und Vegetation, und in Abhängigkeit davon, der Oberflächenabfluss und der Abtrag von Landflächen. Diese Faktoren bestimmen die *Gewässer- und Auendynamik* durch unterschiedliche Einflüsse. Dazu zählen nach Jürging (1995):

- *Abflüsse* (u. a. Niedrig- bis Hochwasser, Dauer, Häufigkeit und Verteilung im Jahresgang),
- *Fließgeschwindigkeiten* (die wiederum ursächlich sind für Erosion, Umlagerung und Sedimentation),
- *Überschwemmungen* (von energiereichen Überflutungen bis hin zum reinen Überstau),
- *Erosion, Feststofftransport* und *Ablagerung* von Geschiebe, Sand, Schweb, *Totholz* und Genist sowie
- *Grundwasserschwankungen* in der Aue (im Wesentlichen bedingt durch die Vorflut oder den Rückstau des Fließgewässers).

4.1.1.1 Wasserrückhalt

Der natürlichen Auendynamik unterliegende Bereiche sorgen für eine ober- und unterirdische *Hochwasserrückhaltung*, einen Stoffrückhalt, einen langsamen Hochwasserabfluss und für eine Niedrigwasseraufbesserung sowie für eine qualitative und quantitative Erneuerung des Grundwassers. Natürliche Fließgewässer mit ihren Auen sind somit für den Stoff- und Wasserhaushalt, und damit für den Naturhaushalt, von außerordentlich großer Bedeutung. Dabei sind der Hochwasserabfluss und die ober- und unterirdische Hochwasserrückhaltung abhängig von der Größe der überschwemmten Bereiche, der Topografie und der Rauheit des Bewuchses, der Überstauhöhe und -zeit (s. Abb. 4.1) sowie von der Durchlässigkeit des Untergrundes und dem aktuellen Grundwasserstand. Auch nach Abklingen des Hochwassers verbleibt zunächst ein Teil des Wassers in abflusslosen Mulden, Senken und Altgewässern, wobei der Wasserspiegel in der Aue im Vergleich zu dem der Fließgewässer deutlich höher liegt und nur langsam durch Verdunstung und/oder weitere Versickerung absinkt. Des Weiteren kann unter natürlichen Verhältnissen das Grundwasser aus der Aue bei Niedrigwasserzeiten mehr oder minder stark in das Fließgewässer einsickern und somit dort für eine *Niedrigwasseraufbesserung* sorgen.

Zu erwähnen ist in diesem Zusammenhang auch, dass Hochwasser in Abhängigkeit von den Geofaktoren des Einzugsgebietes unterschiedlich schnell ablaufen kann und auch ihre jahreszeitlichen Verteilungen sehr unterschiedlich sein können (s. Kap. 6). So laufen die

Abb. 4.1 Dokumentation von Auendynamik: Hochwassergetreibsel hat sich in einer alten Kopfweide verfangen. Das bei abklingender Überflutung davon abtropfende Wasser wurde sogleich durch Frost „fixiert“. (Foto: P. Jürging)

Hochwasserereignisse de-alpiner Flüsse zum Beispiel relativ schnell ab und fallen vorwiegend in die Vegetationsperiode, während die Flusslandschaften nördlich der Donau, insbesondere der Norddeutschen Tiefebene, in erster Linie von langandauernden Winterhochwassern geprägt sind.

Die Überflutungsdynamik und der davon mitbestimmte Wasserhaushalt in den Auen prägen zusammen mit der Feststoffdynamik die meist reich strukturierte Morphologie einer Gewässerlandschaft (s. Abb. 4.2).

4.1.1.2 Lebensräume

Gleichzeitig bestimmt die Gewässerdynamik aber auch ganz entscheidend die Lebensbedingungen im Fließgewässer und in der Aue und damit auch in einzelnen *Lebensräumen.* Zu diesen können u. a. Kiesinseln, Altgewässer, Auebäche oder Seigen, bei Niedrigwasser auch trockenfallende Sand- und Schlammbänke zählen. Die dort vorkommenden Lebensgemeinschaften sind an Überschwemmungen, Niedrigwasser und Grundwasserschwankungen angepasst bzw. können diese im Gegensatz zu vielen potenziell konkurrierenden Arten besser vertragen.

Aus menschlicher Sicht betrachtet können diese Auenstandorte auch katastrophalen Zerstörungen bei Hochwasser unterliegen: Teile von Lebensräumen, insbesondere solche

Abb. 4.2 Überkieste Weichholzaue kurz nach einer energiereichen Überflutung. (Foto: B. Walser)

im Fluss oder in Flussnähe, können fortgerissen werden, während sich an anderen Stellen wieder Rohböden ablagern, auf denen sich im Laufe der Zeit schrittweise wieder Lebensgemeinschaften entwickeln, sofern die Fließgewässerdynamik dies zulässt.

Langfristig gesehen sorgt das typische Werden und Vergehen in natürlichen Fließgewässerlandschaften dafür, dass in natürlichen Auen auf unterschiedlich reifen Standorten verschiedenste Entwicklungsstadien von Pflanzen- und Tiergemeinschaften anzutreffen sind, von Pionier- bis hin zu reifen Auengesellschaften. Dies mag verdeutlichen, warum gerade natürliche Fließgewässer mit ihren Auen zu den struktur- und artenreichsten Lebensräumen unserer Breiten zählen.

Da unter natürlichen Bedingungen derartige Auen viele unserer Fließgewässer begleiteten, stellten sie über weite Strecken *Ausbreitungsbänder* für alle auentypischen Arten dar und sorgten zudem für eine biologische Vernetzung angrenzender Ökosysteme (siehe u. a. BayLfW 1987; BayLfU & BayLWF 2010; Deutschmann et al. 2016; Rehklau et al. 2017; DWA-M 608-1 2017; DWA-M 626-1 2019a; DWA-M 626-2 2019b).

4.1.2 Physikalische Faktoren

Zu den sich gegenseitig beeinflussenden *physikalischen Faktoren* in Gewässern zählen vor allem die Strömung, Wasseraustauschvorgänge, Lichtverhältnisse und Temperatur sowie die morphologischen Strukturen.

4.1.2.1 Strömungsverhältnisse

Im Gegensatz zu Stillgewässern stellen in Fließgewässern *Strömungsvorgänge* die Schlüsselfaktoren für die aquatischen, aber auch zeitweilig für die amphibischen und terrestrischen Lebensbereiche dar. Das Fließen bewirkt eine ständige Durchmischung des Wasserkörpers. Dadurch können sich zum Beispiel kaum oder keine Temperatur- oder Sauerstoffschichtungen einstellen. Die Durchmischungsvorgänge werden von den unterschiedlichen Fließgeschwindigkeiten beeinflusst, die wiederum vom aktuellen Abfluss, dem Gefälle und den Rauhigkeitsverhältnissen im Abflussbereich abhängen.

Zwangsläufig werden mit dem fließenden Wasser auch abiotische und biotische Stoffe, also auch Organismen transportiert. Die in einem Gewässerabschnitt auftretenden Fließamplituden und die Nahrungstrift bestimmen bzw. begrenzen die Besiedlungsmöglichkeiten für die Spezialisten, die sich aus dieser Trift einen wesentlichen Teil ihrer Nahrung holen und gleichzeitig eben dieser Trift durch Anpassungen bis zu einem gewissen Grad Widerstand leisten können. Dies bedeutet aber auch, dass die Verteilung der im Fließgewässer anzutreffenden Organismen vom Zwiespalt zwischen den verbesserten Austauschvorgängen bei starker Strömung, d. h. einer guten Sauerstoff- und Nährstoffversorgung, und dem erhöhten Energiebedarf zur Verhinderung der Abdrift geprägt ist (Statzner 1992).

In einem natürlichen Gewässer sorgen unterschiedliche Strukturen für verschiedenste *Strömungsmuster* und damit indirekt für eine artenreiche Besiedlung. So nehmen zum

Beispiel die Fließgeschwindigkeiten im Ufer- und Sohlenbereich in Abhängigkeit von der dort vorherrschenden Oberflächenstruktur mehr oder weniger stark ab und können unmittelbar über der Sohle im Vergleich zum Freiwasser sehr gering werden, während das Flusswasser in den Lückensystemen der Sohle (*Interstitial* – s. Abb. 4.7), zumindest in den tieferen Bereichen, praktisch stagniert. In diesen beruhigten Zonen leben dauerhaft besonders viele Organismen.

Dieses Leben ist auf ein gelegentliches, strömungsbedingtes Umlagern der obersten Kies- bzw. Sandschicht angewiesen, damit dieser Lebensraum im Laufe der Zeit nicht von oben her zusedimentiert (*kolmatiert*) und damit abgedichtet wird. Mobilisieren allerdings hohe Schubspannungen bei Hochwassern immer wieder die gesamte Gewässersohle, so ist dort eine dauerhafte Besiedlung nur begrenzt möglich. Letzteres gilt auch für Fließgewässersohlen aus glattem Fels sowie zum Teil auch für Sand- und Schlammsohlen. Hinter Fließhindernissen, wie Wasserpflanzen, Totholz, Steinen oder in durchspülten Wurzelbereichen, bilden sich auch unterschiedliche Strömungsstrukturen aus, bis hin zu Kehrwasserbereichen zum Beispiel in Uferbuchten (s. Abb. 4.3). Bereiche mit geringen Strömungsgeschwindigkeiten stellen artenspezifische Lebens- und Rückzugsräume dar, die den in der freien Strömung von der Abtrift bedrohten Organismen ausreichend Schutz bieten können.

Diese Randeffekte sind in der frei fließenden Welle nahezu bedeutungslos. In diesem Bereich ist für größere Organismen (z. B. für Makrophyten oder Fische) die lokal vorherrschende Strömungsamplitude ausschlaggebend. So können nur wenige Spezialisten der submersen und emersen Vegetation zeitweilig stärkeren Strömungen Widerstand leisten. Deshalb ist die Anzahl an Makrophytenarten in Fließgewässern geringer als in Stillgewässern. Allerdings können diese wenigen Arten in Abhängigkeit von den Wuchsbedingungen mitunter sehr individuenreiche Bestände ausbilden.

Abb. 4.3 Totholzstrukturen sind der Garant für ein strukturreiches Fließgewässer. (Foto: H. Patt)

4.1.2.2 Strahlungsverhältnisse

Das *Strahlungsklima* in Fließgewässern wird neben den Inhaltsstoffen des Wassers und dessen optischen Eigenschaften durch die einfallende, nicht reflektierte Sonnen- und Himmelsstrahlung bestimmt. Im Wasserkörper wird diese Einstrahlung abgeschwächt, insbesondere bei Hochwasser. Bei natürlichen Fließgewässern wird der Wasserkörper je nach Exposition, Tages- und Jahreszeit durch die am Ufer befindlichen Baum- und Strauchgesellschaften (Uferbewuchs) unterschiedlich stark beschattet und dadurch der Temperaturhaushalt des Gewässers entscheidend beeinflusst (Rickert 1986).

Am stärksten wirkt sich die *Beschattung* bei schmalen Gewässern aus, bei denen die Ufergehölze einen Kronenschluss bilden. Im Sommer wird dadurch nahezu die gesamte Strahlung abgeschirmt und im Winter, wenn die Gehölze kein Laub tragen, erfolgt in Relation zur Jahreszeit ein höherer Lichteintrag. Auf diese inverse Situation haben sich die Lebensgemeinschaften in natürlichen Gewässern zwangsläufig eingestellt.

Je breiter nun der Fluss in seinem Verlauf wird, desto geringer wird der beschattende Einfluss der Ufervegetation (s. Abb. 4.4). Makrophyten können, ausreichend Nährstoffe und nicht zu starke Strömung vorausgesetzt, nun verstärkt in der Vertikalen aufwachsen und bilden letztlich ihr eigenes Lichtklima aus, d. h. sie treten untereinander in eine

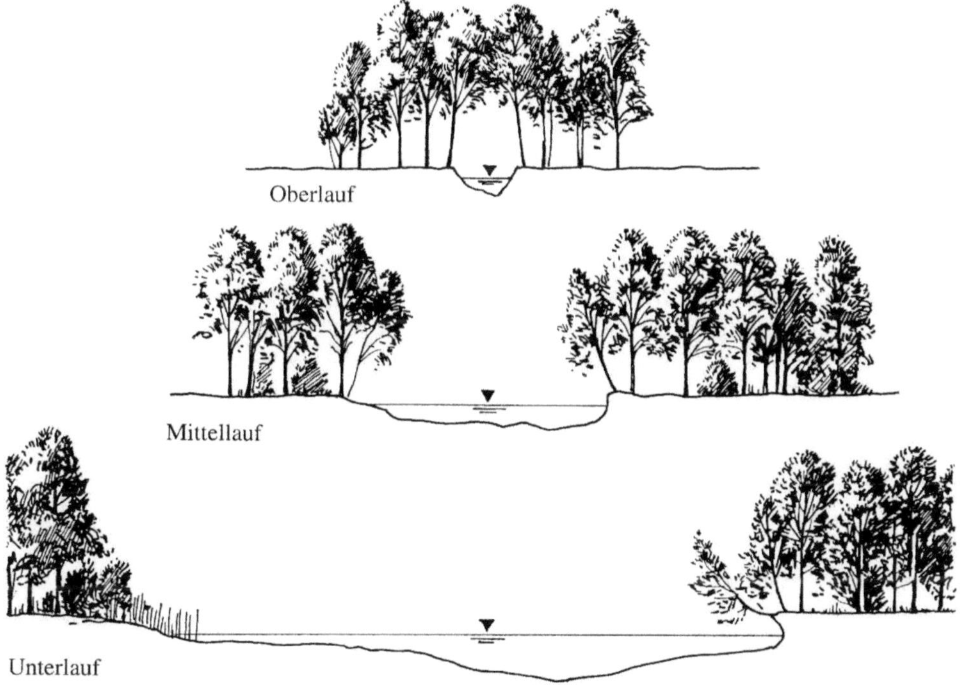

Abb. 4.4 Mit der Breite eines natürlichen Fließgewässers ändern sich zwangsläufig die Einstrahlungsverhältnisse. (Zeichnung: H. Geipel)

Lichtkonkurrenz. In Flüssen mit einer hohen Phytoplanktondichte oder mit ständiger Schwebstoffführung verhindert die permanente Trübung eine gute Durchlichtung des Wasserkörpers und damit auch ein Pflanzenwachstum. Dieses muss sich unter diesen Bedingungen zwangsläufig auf ausreichend durchlichtete Flachwasserbereiche beschränken.

4.1.2.3 Temperatur

Die*Wassertemperatur*en werden mit Ausnahme des Quelllaufs im Wesentlichen von den Strahlungsverhältnissen (u. U. auch von zufließenden Nebengewässern) bestimmt. So weisen zum Beispiel beschattete Gewässer im Sommer im Vergleich zu voll besonnten Strecken geringere Temperaturen und damit auch geringere Temperaturamplituden auf, die für die Lebensräume von großer Bedeutung sind. Des Weiteren beeinflussen die Wassertemperaturen indirekt die Lebensräume, zum Beispiel durch die temperaturabhängige Sättigungskonzentration von Sauerstoff und anderen Gasen sowie durch die ebenfalls temperaturabhängige Dichte bzw. Viskosität des Wassers bis hin zu Eistrieb und Grundeis.

Die Wassertemperaturen, besser ausgedrückt die Wärmesummen, steuern die Lebensprozesse der aquatischen Lebensgemeinschaften, insbesondere die Stoffwechselaktivitäten der einzelnen Arten. Die meisten Makrophyten stellen unter einer bestimmten Temperatur ihre Stoffwechselaktivitäten weitgehend ein, während in diesen Temperaturbereichen andere Pflanzen, zum Beispiel bestimmte Moos- und Algenarten, ihr Wuchsoptimum aufweisen.

Die relativ hohe spezifische Wärme des Wassers ist für die Wärmeeigenschaften von großer Bedeutung, da dadurch Schwankungen der Umgebungstemperatur (entsprechend dem Volumen des Wasserkörpers unterschiedlich stark) gepuffert werden. Grundsätzlich gilt, dass der Wärmehaushalt kleinerer Fließgewässer aufgrund des relativ kleinen Querschnittes (und damit auch kleinerem Wasserkörpers) viel stärker von den Umgebungsfaktoren beeinflusst werden kann als bei einem trägen fließenden Strom oder großen Fluss, dessen Wassertemperatur vor allem von Klima und Witterung bestimmt wird.

So ist in natürlichen Oberläufen, und erst recht in Quellläufen, die *Temperaturamplitude* im Jahresgang aufgrund des weitgehend stenothermen (Quellwassers) und in aller Regel beschatteten Wassers relativ klein. In Unterläufen ist die Temperaturamplitude im Jahresgang auch bei natürlichen Fließgewässern vergleichsweise groß (s. auch Abb. 4.35). Dasselbe gilt, wenn auch etwas abgeschwächt, für die Temperaturamplitude im Tagesgang. Die in Fließrichtung von der Quelle an zunehmende Temperaturamplitude und Wärmesumme sind ein wichtiger Faktor für die *biologische Zonierung* von Fließgewässern.

In relativ seltenen Fällen können auch Zuflüsse einen entscheidenden Einfluss auf die Wassertemperaturen und damit auf biologische Zonierungen eines Fließgewässers haben. Ein bekanntes Beispiel hierfür ist die Mündung des relativ kalten Inns in die Donau, die dadurch bedingt, vor allem im Sommer, erst wieder nach vielen Kilometern die Wassertemperaturen vor der Einmündungsstelle bei Passau erreicht.

Der von der Temperatur her gesehen ausgeglichenste Bereich eines Fließgewässers ist das Lückensystem unter der Gewässersohle (*Interstitial*), in dem mit zunehmender Sedimenttiefe kaum noch Temperaturschwankungen feststellbar sind. Dieser Lebensraum ist deshalb für viele Organismen ein überlebenswichtiger *thermischer Rückzugsraum* (z. B. bei strengem Dauerfrost).

4.1.2.4 Morphologische Strukturen

Dienatürliche Fließgewässer- und Auendynamik sorgt im Wesentlichen im Einklang mit den jeweiligen, momentanen Ausgangsbedingungen vor Ort für einen erstaunlichen *Strukturreichtum*, der bei natürlichen Fließgewässern in Abhängigkeit von Entwicklungen oder Ereignissen Wandlungen unterworfen ist.

Für den Lebensraum Fließgewässer sind dabei das Zusammenwirken der Strukturen der Gewässersohle, der Uferbereiche und der Aue von zentraler Bedeutung (s. Abb. 4.5). Die *anorganische Strukturdiversität* einer Fließgewässersohle wird …

Abb. 4.5 Ein naturnaher Mittelgebirgsbach weist vielfältige Strukturen und damit Teillebensräume auf. (Nach BayStMLU 1997) (Zeichnung: H. Geipel)

- von der Zusammensetzung des Substrates (*Substratvielfalt*),
- von dem dreidimensionalen *Verteilungsmuster* dieses Substrats (z. B. von der meist strömungsbedingten Verteilung von groben, mittleren und/oder feineren Ablagerungen),
- vom Wechsel und der Abfolge des *Reliefs* (insbesondere von unterschiedlich tiefen Bereichen, also der *Tiefenvarianz*) und
- von den unterschiedlichen Mächtigkeiten der jeweiligen *Sohlensubstrate* bestimmt (z. B. von nicht oder nur geringfügig überdeckten Felspartien bis hin zu mächtigen Sand- oder Kiespolstern).

Für den überwiegenden Teil der im Wasser anzutreffenden Organismen sind die Bettsedimente, vor allem aber das Lückensystem unter der Fließgewässersohle und im angrenzenden Uferbereich (*Interstitial*) die wichtigsten Lebensräume (s. Abb. 4.6).

Die mit Flusswasser gefüllten Hohlräume im Lockergestein unter der Stromsohle sowie im Uferstreifen sind in natürlichen Fließgewässern meist gut ausgebildet und stellen wichtige Refugien für viele Arten dar. Ein großer Teil der Makroinvertebraten, der Fischbrut und auch der kleineren Fische zieht sich in diese Lückenräume vor Hochwasserwellen, bei Austrocknung oder bei strengem Frost und Eis, zurück.

Aufgrund dieser Rückzugsmöglichkeiten kann auch nach einem Hochwasser eine schnelle *Wiederbesiedlung* der *Gewässersohle* mit Benthostieren erfolgen.

Ein wesentliches *Strukturmerkmal* natürlicher Fließgewässer sind die unterschiedlichen Breitenverhältnisse und die unregelmäßige Abfolge unterschiedlicher Wassertiefen (z. B. von Kolken und Furten). Jungwirth (1981) konnte zeigen, dass bei naturnahen Strukturen mit einer hohen Fischartendiversität gerechnet werden kann und damit auch mit einer hohen *Diversität* an Arten und Lebensgemeinschaften.

Ein weiterer wesentlicher gewässermorphologischer Baustein ist vor allem der sich je nach Fließabschnitt verschiedenartig und unterschiedlich rasch in Abhängigkeit von den geomorphologischen Verhältnissen verändernde *Gewässerverlauf*. Natürliche, in mehr oder weniger erodierbaren Schichten fließende, Gewässer besitzen eine Vielfalt an Uferanbrüchen, Profilformen und Anlandungsbereichen (z. B. Prall- und Gleitufer), die die *Strömungsvielfalt* erhöhen und jeweils eigene Lebensräume darstellen (s. Abschn. 3.3).

Aufgrund der *Gewässerdynamik* (s. Abschn. 4.1.1) finden sich in Auen von natürlichen Fließgewässern strukturreiche, vom jeweiligen Wasserhaushalt geprägte Biotopmosaike. In unregelmäßig erscheinender Verteilung und Häufigkeit wechseln sich trockene, frische, feuchte und nasse Standorte mit unterschiedlichem Substrat und Reifegrad ab (z. B. vom rohen Kies bis hin zum Auelehm). Im Mittellauf – aber vor allem im Unterlauf – sind die Auen oftmals durchsetzt von Altgewässern, Auebächen und Seigen.

Im Gegensatz zu Flussauen weisen Bachauen keine ausgedehnte Querzonierung auf. In Niederungen und engen Tälern, vor allem im Einzugsgebiet von Fließgewässern des Berg- und Hügellandes, finden sich nur schmale, bachbegleitende Säume. Die Standorte derartiger Bachauen werden relativ häufig überflutet und sind in vielen Fällen von randlichen Quellhorizonten geprägt. Entsprechend reichhaltig sind auch hier Flora und Fauna.

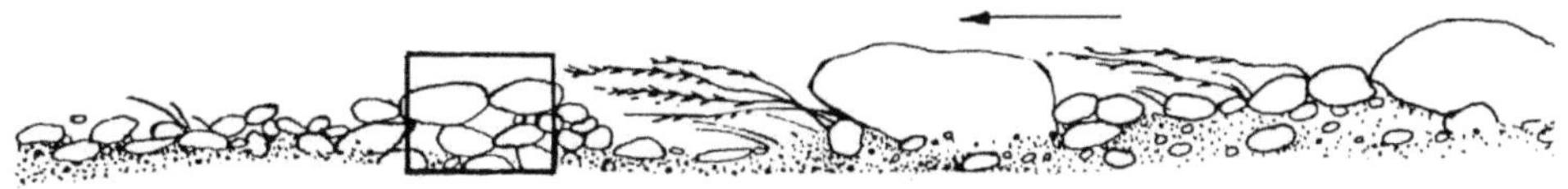

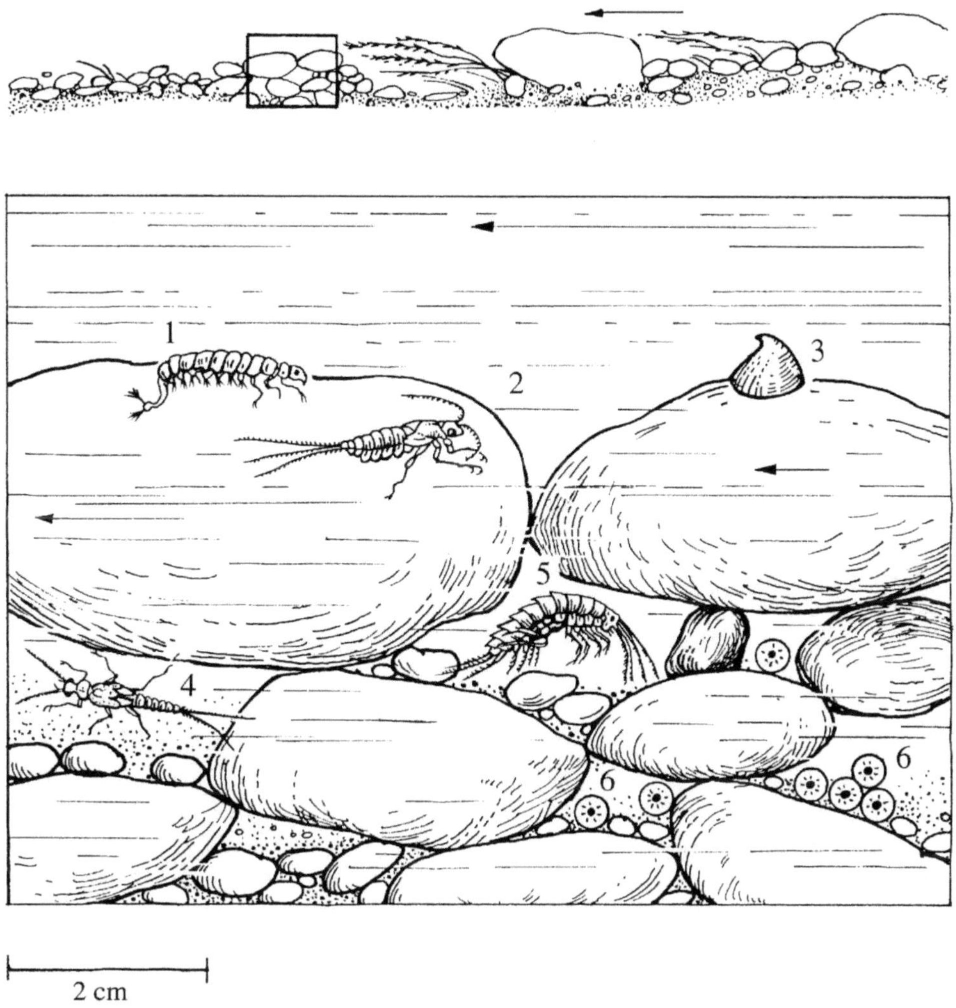

Abb. 4.6 Grob schematisiertes Beispiel für einen „Lebensraum Bachsohle" aus grobkörnigem Substrat. In einem derartigen Lückensystem (Interstitial) findet sich ein reichhaltiges Leben. Stellvertretend seien genannt: *1* Köcherfliegenlarve, *2* Eintagsfliegenlarve, *3* Flussnapfschnecke, *4* Steinfliegenlarve, *5* Bachflohkrebs, *6* Forelleneier

4.1.3 Chemische Faktoren

Von den *chemischen Faktoren* sind die Sauerstoffversorgung, die anorganischen Stoffe und die Nährstoffverhältnisse von großer Bedeutung.

4.1.3.1 Sauerstoff

Die wichtigste Voraussetzung für artenreiche Lebensgemeinschaften ist eine ausreichende *Sauerstoffversorgung*, die von der *Sauerstoffkonzentration* im Wasser bestimmt wird. Eine *Sauerstoffsättigung* (100 %) liegt vor, wenn das Wasser keinen Sauerstoff mehr aus der Atmosphäre aufnehmen kann. Unter Umständen kann es aufgrund der hohen Löslichkeit von *Sauerstoff* zu einer sog. *Sauerstoffübersättigung* kommen, wenn das Wasser nicht unmittelbar mit der Atmosphäre im Partialdruckausgleich steht. Umgekehrt kann aber zum Beispiel auch ein hoher Sauerstoffverbrauch ein *Sauerstoffdefizit* im Wasser bedingen. Für natürliche Fließgewässer ist dies aber nur von untergeordneter Bedeutung, da in aller Regel, vor allem im Ober- und Mittellauf, wenig Nährstoffe und u. a. dadurch bedingt nur ein geringer, submerser Pflanzenwuchs vorhanden ist. Somit können nachts kaum kritische Sauerstoffwerte durch die Atmung erreicht werden. Letzteres deutet bereits an, dass u. a. aufgrund von Assimilations- und Atmungsvorgängen das fließende Wasser tages- und auch jahreszeitlichen Schwankungen des Sauerstoffgehaltes unterworfen ist.

Die *Sauerstoffkonzentration* ist auch von den Wassertemperaturen abhängig. In kaltem Wasser kann mehr Sauerstoff in Lösung gehen als in warmem. Wesentlich ist auch, dass bei steigenden Wassertemperaturen sich die biochemischen Abbauprozesse und damit auch die Sauerstoffzehrung beschleunigen (Schwoerbel und Brendelberger 2013). In natürlichen Gewässern herrschen vor allem im Oberlauf durch den Einfluss des Quellwassers und der Beschattung kühle, wenn nicht gar *kaltstenotherme Wassertemperaturen* vor, sodass immer eine sehr gute Sauerstoffversorgung gewährleistet ist. Hinzu kommt, dass bei starken Turbulenzen der Kontakt Wasser-Luft optimal ist und somit ideale Voraussetzungen zur Sauerstoffaufnahme aus der Luft vorliegen (physikalische Belüftung).

In der fließenden Freiwasserzone natürlicher Fließgewässer ist der Sauerstoffgehalt näherungsweise überall gleich hoch. Im substratnahen Bereich ist die Durchmischung des Wassers herabgesetzt, sodass sich im Benthal bereits Sauerstoffzehrungen durch Organismen und Detritus bemerkbar machen können. Im austauscharmen Interstitial wird der verbrauchte Sauerstoff nur verzögert ersetzt, sodass es zeitweilig zu mehr oder weniger ausgeprägten Sauerstoffdefiziten kommen kann.

4.1.3.2 Anorganische Stoffe

Die geologische Situation des Einzugsgebietes und die in der Regel davon abhängige chemische Zusammensetzung des Sohlenmaterials bestimmen in einem natürlichen Gewässer hauptsächlich die Konzentration gelöster und partikulärer (*Schwebstoff*) anorganischer Substanzen. Nur in moorigen Einzugsgebieten können auch organische Stoffe, vor allem Huminsäuren, wesentliche chemische Komponenten in natürlichen Fließgewässern darstellen.

In Abhängigkeit von der Konzentration der Erdalkalien, hauptsächlich Natrium, Kalium, Kalzium und Magnesium sowie der Silikate, wird in unseren Breiten bei kleineren Fließgewässern im Wesentlichen zwischen *Karbonat-* und *Silikatgewässern* unterschieden. Nur wenige Pflanzen sind mehr oder weniger auf einen dieser Gewässertypen fixiert und damit charakteristisch im Sinne einer Bioindikation. Die meisten Arten können unter beiden Bedingungen gedeihen. In größeren Fließgewässern werden die unterschiedlichen „*Chemotypen*" kleinerer Fließgewässer vermischt und weitgehend ausgeglichen.

4.1.3.3 Nährstoffe

Von den einzelnen Verwitterungs- und Lösungsvorgängen sind vor allem Phosphate und Stickstoffverbindungen als *Pflanzennährstoffe* von Bedeutung. Ihre Verfügbarkeit fördert die Entwicklung der Phytomasse bzw. hält sie in Grenzen.

Der natürliche Eintrag von *Phosphor*, der in sehr vielen Mineralien enthalten ist, erfolgt zunächst über mineralische Schwebstoffe und in der Folge über relativ bescheidene Lösungsvorgänge. Aufgrund der geringen Löslichkeit und der starken Adsorption von Phosphationen an Tonpartikeln u. a. ist die Phosphatkonzentration in natürlichen Fließgewässern sehr gering. Da aber Phosphat für die Primärproduktion (s. Nahrungskette – Abschn. 4.1.4) sehr wichtig ist, stellt es in natürlichen Fließgewässern einen Minimumfaktor dar.

Stickstoffverbindungen gelangen im Vergleich zu Phosphor in größeren Mengen, vor allem durch Lösungsvorgänge im Einzugsgebiet, in die Fließgewässer. Dabei sind mengenmäßig nur Ammonium und Nitrat von Bedeutung. Darüber hinaus spielt noch die mikrobielle Nitrifikation des Ammoniums für die natürliche Nitratkonzentration des Wassers eine wichtige Rolle. In natürlichen Fließgewässern sind die Ammonium- und Nitratkonzentrationen grundsätzlich gering. Aufgrund der guten Durchlüftung tritt das Ammonium im Vergleich zum Nitrat weit in den Hintergrund.

4.1.4 Biotische Faktoren

Diewichtigsten biotischen Faktorenkomplexe eines Fließgewässers sind die Nahrungskette, die organischen Strukturen und die sog. Durchgängigkeit.

4.1.4.1 Nahrungskette

Die einzelnen Glieder der Lebensgemeinschaften (Biozönosen) sind vor allem über die *Nahrungskette* miteinander verbunden. Ausgangspunkt der Kette sind die *Produzenten* (z. B. Algen, Moose, Farne und höhere Pflanzen), die aus anorganischen Stoffen (Nährstoffen) mit Hilfe der Energieeinstrahlung der Sonne über die Assimilation organische Substanzen aufbauen. Von diesen sind die *Konsumenten* der ersten Stufe, dies sind *herbivore* (pflanzenfressende) Tiere, abhängig. Diese wiederum sind für die Konsumenten der zweiten Stufe, das sind *carnivore* (fleischfressende) Tiere, Nahrungsgrundlage. Nach dem Absterben aller Produzenten und Konsumenten, leben von deren organischen Substanzen die *Destruenten* (z. B. Bakterien und Pilze). Dabei wandeln sie auf dem Wege der Mineralisation die organischen Substanzen wiederum in anorganische um und stellen somit für die Produzenten wieder Nährstoffe zur Verfügung.

Diese Kreisläufe sorgen in natürlichen Gewässern für ein Gleichgewicht zwischen Auf- und Abbau, sodass in aller Regel nur sauberes und immer ausreichend mit Sauerstoff versorgtes Wasser die Lebensräume prägt. Die vom Menschen definierte „*Selbstreinigung des Wassers*" (s. Abschn. 4.2.1) ist unter natürlichen Verhältnissen kein Thema.

In Stillgewässern werden diese Nährstoffe im Prinzip immer wieder demselben System für die *Primärproduktion* zur Verfügung gestellt. In diesem Fall spricht man von einem *geschlossenem Ökosystem* mit einem *Stoffkreislauf*. Dagegen stellen Fließgewässer *offene Ökosysteme* mit einem *Stoffdurchlauf* dar, da durch Strömung ein ständiger Energie- und Nährstofftransport erfolgt (s. Abb. 4.7).

Selbstverständlich laufen diese Prozesse bildlich gesprochen nicht unter einer „Glasglocke" ab. Wie alle Ökosysteme sind auch die limnischen mit anderen, meist benachbarten, Ökosystemen vernetzt und damit von In- und Output mehr oder weniger übergeprägt. So kann zum Beispiel von Ufergehölzen ein Laubeintrag in das Gewässer erfolgen oder diesem durch fischfressende Vögel Biomasse entnommen werden.

Da bei diesen unterschiedlichen Stoff- und Energieflüssen viele Arten beteiligt sind, die unterschiedliche Kombinationen in der Nahrungsabhängigkeit zulassen, und eben auch Wechselbeziehungen zu benachbarten Biozönosen bestehen, spricht man von einem *Nahrungsnetz* (Jürging und Gröbmaier 1996).

Betrachtet man diese auf den unterschiedlichsten internen und externen Faktoren und Wechselwirkungen basierenden Ökosysteme, so wird deutlich, dass streng genommen jedes Gewässer, und damit auch jeder einzelne Gewässerlebensraum, ein Unikat darstellt.

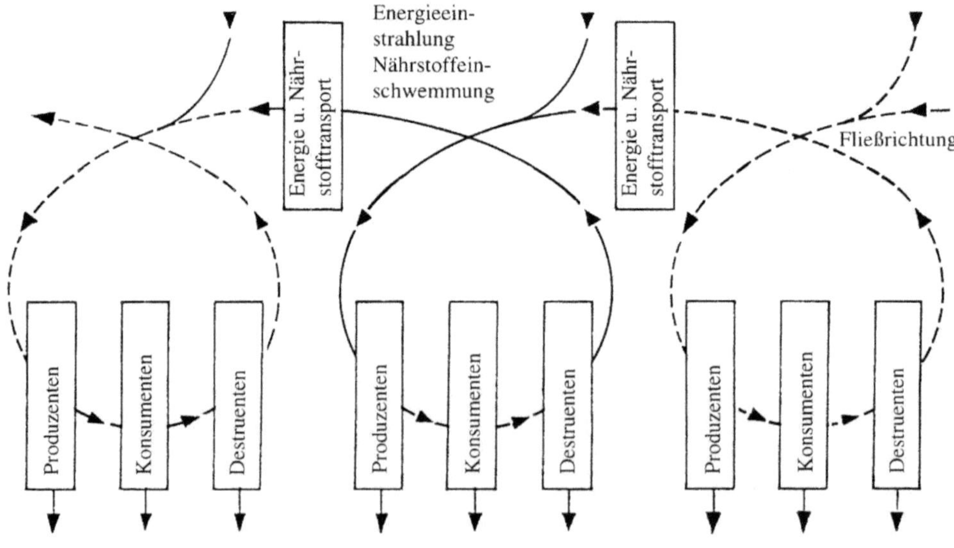

Abb. 4.7 Offenes Ökosystem eines Fließgewässerausschnitts. Vereinfachtes Schema von Stoffdurchlauf und Energiedurchfluss im Gegensatz zu einem Stillgewässer als geschlossenes Ökosystem mit Stoffkreislauf und Energiefluss. (Nach DVWK 1984) (Zeichnung: H. Geipel)

4.1.4.2 Organische Strukturen

Nebenden morphologischen Strukturen erhöhen in natürlichen Gewässern *organische Strukturen* die Vielfalt an Lebensräumen ganz wesentlich (s. Abb. 4.8 und 4.9).

Hierzu tragen zum Beispiel Wurzelgeflechte und -bärte der Uferbäume, emerse und submerse Vegetation, aber auch abgestorbene Pflanzen bei. Im Wasser liegendes, meist untergetauchtes Fallholz aus Baumstämmen, Ästen oder Wurzeln, ist für holzfressende oder holzbewohnende Organismen unerlässlich. Gleichzeitig wird durch das unterschiedlich große *Totholz* die Strukturdiversität im Fließgewässer erhöht und die Ablagerung von Laub und sonstigem Material ermöglicht (s. Abschn. 3.3).

Diese vorwiegend organischen Ansammlungen haben in Fließgewässern eine zentrale Bedeutung, da sie, neben Spülsäumen und Genisten, wiederum eigene Lebensräume und/oder Nahrungsgrundlagen für viele Spezialisten darstellen. Alle organischen Strukturen bieten einen gewissen Schutz bei Hochwasser, dienen Jungfischen als Kinderstube (Peter 2003) und vielen benthischen wirbellosen Tieren als Wohn-, Fress-, Eiablage- und Verpuppungsräume.

Auch Auen weisen entsprechend ihrer reichhaltigen Vegetation und ihrem hohen Totholzanteil eine Vielfalt an organischen Strukturen auf, die für viele Spezialisten

Abb. 4.8 An und in Fließgewässern tragen Gehölze wesentlich zur Strukturvielfalt bei. (Foto: P. Jürging)

Abb. 4.9 Naturnahe Fließgewässer zeichnen sich durch einen hohen Totholzanteil aus. (Foto: H. Patt)

existenznotwendig sind. Eine neuere Untersuchung unterstreicht nochmals die Bedeutung von Totholz für die Gewässerökologie (LLUR 2017).

4.1.4.3 Durchgängigkeit

Ein entscheidendes Merkmal der allermeisten natürlichen Fließgewässer ist deren *„ökologische Durchgängigkeit"* oder, wie es Vannote et al. (1980), nur für den Wasserkörper, auch als das *„Konzept des Fließgewässerkontinuums"* im Rahmen einer bizönotischen Längsgliederung, zum Beispiel nach Fischregionen, beschreibt (s. Abb. 4.10). Diese Durchgängigkeit beinhaltet allerdings nicht nur die Durchwanderbarkeit der einzelnen Flussabschnitte mit ihren Nebengewässern für Fische, sondern u. a. auch für die Arten der benthischen Lebensgemeinschaften (Boschi et al. 2003).

Im Prinzip sind nahezu alle Lebensräume eines natürlichen Fließgewässers von der Quelle bis zur Mündung, einschließlich ihrer Nebengewässer, miteinander verbunden, d. h. dass nicht nur der *Wasserkörper*, sondern auch das *Interstitial*, die Uferbereiche und die Aue durchgehend vernetzt sind. Die *„ökologische Durchgängigkeit"* entspricht damit auch der *Längsvernetzung*, bei der im Prinzip mehr oder weniger vergleichbare *fließgewässer- und auetypische Ökosysteme* längs des gesamten Gewässers untereinander in Wechselbeziehung stehen. Aufgrund der dadurch gegebenen Migrations- und

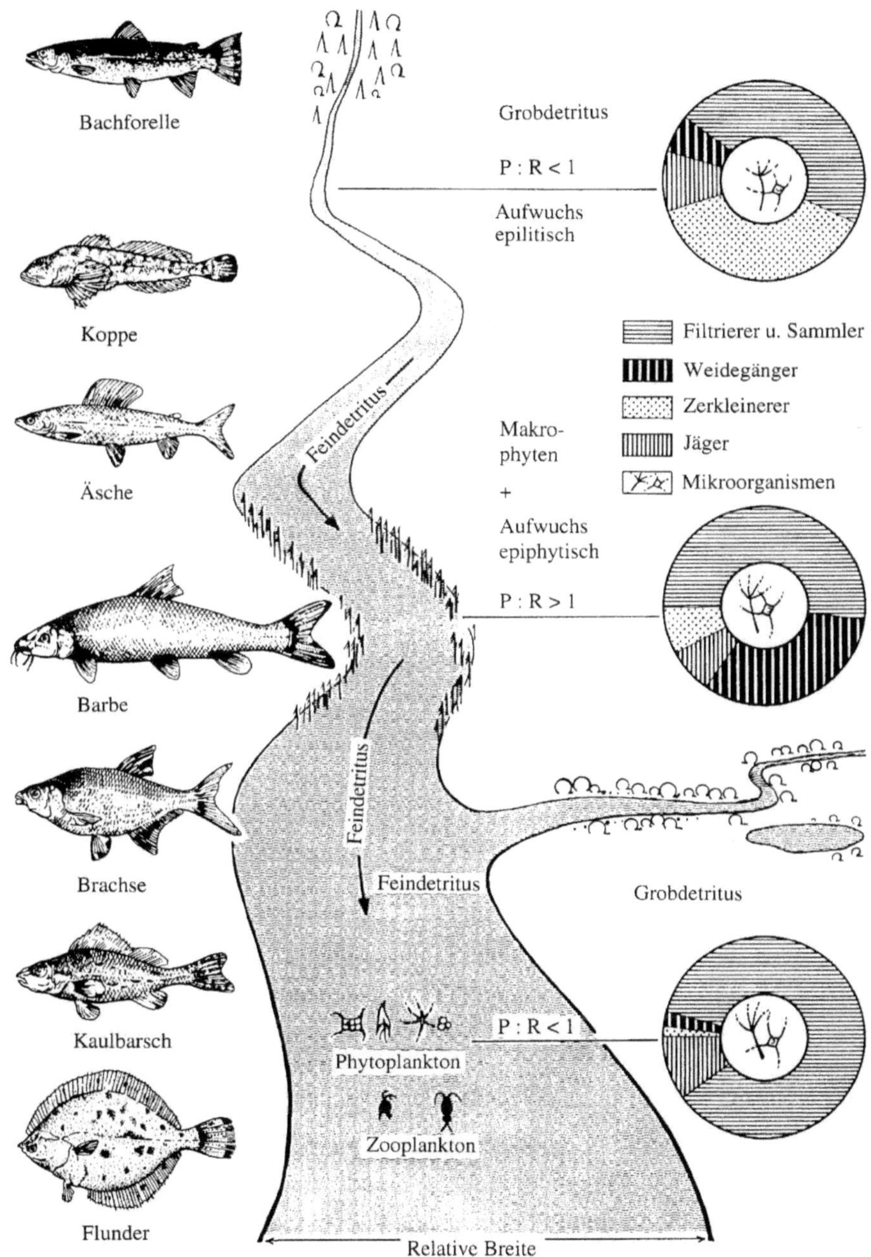

Abb. 4.10 Biozönotische Längsgliederung eines idealisierten, natürlichen Fließgewässers nach Vannote et al. (1980). Die Lebensgemeinschaften der bodenbewohnenden Tiere verändern sich in Abhängigkeit von den physikalischen Parametern und vor allem vom Nahrungsangebot. Die anteilsmäßige Zusammensetzung (Biomasse) der Ernährungstypen ist in den Kreisen wiedergegeben. Bei den dargestellten Quotienten bedeutet P = Produktion und R = Respiration, wobei unter R die Veratmung von organischen Substanzen durch die Lebewesen im Gewässer zu verstehen ist (BayLfW 1987). (Zeichnung: H. Geipel)

Austauschmöglichkeiten bezeichnet man Fließgewässer oftmals auch als das *„ökologische Rückgrat*" einer Landschaft.

In aller Regel sind auch kleinere Unterbrechungen der Durchgängigkeit, zum Beispiel natürliche Sohlenschwellen, für Wasserorganismen überwindbar. Nur bei Fließgewässern mit längeren Durchbruchsstrecken und Wasserfällen kann unter Umständen diese *„ökologische Durchgängigkeit*" eingeschränkt sein.

Für eine natürliche *Fließgewässerlandschaft* ist auch eine *Quervernetzung* innerhalb der einzelnen, wasserabhängigen Lebensgemeinschaften, vom freien Fließwasser bis hin zur Hartholzaue, von hoher Bedeutung. Hierzu zählen auch vielfache Wechselbeziehungen, zum Beispiel über das Nahrungsnetz zu den außerhalb liegenden terrestrischen Ökosystemen. Daneben stellen Auen (vor allem solche mit Altgewässern) und angrenzende Wälder für etliche Arten auch jeweils *Teillebensräume* (vernetzte Funktionsräume) dar (z. B. für bestimmte Amphibienarten als Fortpflanzungs- bzw. Überwinterungshabitat).

4.1.5 Lebensräume und Lebensgemeinschaften

Fließgewässer sind im natürlichen Zustand eng mit den angrenzenden, von der Dynamik geprägten Standorten vernetzt, zum Beispiel mit ihren *Auenwäldern* und *Altgewässern*. Im Gegensatz zu Stillgewässern sind Fließgewässer offene Ökosysteme mit Stoff- und Energiedurchfluss (s. Abb. 4.7) und weisen im Regelfall von der Quelle bis zur Mündung physikalische und biologische Gradienten (s. *Fließgewässerkontinuum* – Abb. 4.10) auf. So werden die *Lebensräume* und damit die *Lebensgemeinschaften* unserer Bäche und Flüsse im Wesentlichen von den unterschiedlichen Wassergeschwindigkeiten, den Turbulenzen, den Temperaturverhältnissen, den Substraten und den Lichtverhältnissen sowie von den Nährstoffen und dem Detritus geprägt. Das bedeutet auch, dass in jedem Ausschnitt eines Fließgewässersystems ganz bestimmte, sich im Jahresgang und/oder in Abhängigkeit von Ereignissen ändernde Intensitäten der genannten Faktoren, vorzufinden sind, die die ökologischen Amplituden für die jeweiligen Lebensgemeinschaften bestimmen. Oder anders ausgedrückt, die Arten dieser Lebensgemeinschaften müssen auch im Bereich der Eckwerte dieser ökologischen Amplituden zumindest zeitweilig noch in irgendeiner Form überleben können. Diese Organismen sind also Spezialisten, die, um nur einige Beispiele zu nennen,

- Extremwerte vor Ort verkraften können (z. B. starkes Fließen durch einen angepassten, abgeflachten Körperbau, Haftorgane oder Klebsekrete),
- über entsprechende Rückzugsmöglichkeiten verfügen (z. B. in strömungsschwachen Uferbereichen oder im Interstitial),
- hohe Reproduktionsraten aufweisen (sodass sich Verluste schnell ausgleichen) und/oder
- über Trift und Migration diesen „unwirtlichen" Lebensraum wieder besiedeln können.

Zudem können die *Lebensraumansprüche* bestimmter Arten im Hinblick auf ihre Lebensweise (z. B. als *Ernährungstyp* vom *Zerkleinerer, Filtrierer, Weidegänger* bis hin zum *Räuber* – s. auch Abb. 4.10) und ihre unterschiedlichen *Lebensphasen* (z. B. vom juvenilen bis hin zum adulten, geschlechtsreifen Organismus) gegenüber bestimmten funktionalen Zusammenhängen sehr unterschiedlich sein. So sind viele Arten zumindest zeitweilig auf das Vorhandensein spezieller *Funktionsbiotope* angewiesen (z. B. auf Nahrungs-, Fortpflanzungs-, Deckungs- und Überwinterungsbiotope).

Die vielfältigen, lebensraumbestimmenden Faktorenkombinationen ändern sich innerhalb eines Fließgewässersystems vom Quelllauf bis hin zum Mündungsbereich. Dies betrifft vor allem die Fließgeschwindigkeit, die Schleppkraft, die Temperaturamplitude, den Sauerstoffgehalt, den Nährstoffgehalt und die Primärproduktion (s. Abb. 4.35).

Nach diesen sich wandelnden Faktoren werden Fließgewässer grob vereinfacht in Ober-, Mittel- und Unterlauf eingeteilt, wobei die Übergänge „fließend" sind (s. Abschn. 3.5). Den einzelnen Fließabschnitten können Lebensraumqualitäten grob zugeordnet werden. Sie sind für die ökologischen Amplituden und damit für die jeweiligen Lebensgemeinschaften ausschlaggebend. Ein klassisches Beispiel hierfür sind die sog. *Fischregionen* (s. Abb. 4.10), nach denen auch die Lebensräume in einem Fließgewässer eingeteilt werden können (Tab. 4.1).

Im Folgenden sollen diese Lebensräume natürlicher Fließgewässer mit ihren Auen, aufgeteilt in Quelle und Quelllauf, Oberlauf, Mittellauf, Unterlauf mit Altgewässern und Mündungslauf mit ihrer jeweils typischen Vegetation und Tierwelt kurz und idealisiert vorgestellt werden. Eine umfassende Darstellung der Vegetation unserer Fließgewässer ist zum Beispiel bei Ellenberg und Leuschner (2010) zu finden.

4.1.5.1 Quelle und Quelllauf

Den Lebensraum der *Quellen* bestimmen vor allem die Schwankungen der Quellschüttung, die Beschaffenheit des Quellwassers, Ausgangsgestein, Bodenart und Bodentyp. Wesentlich aber ist bei Quellen, dass die Temperaturamplitude im Jahresgang kaum schwankt,

Tab. 4.1 Fließgewässerregionen nach biozönotischen Kriterien

Regionen	Lebensraum	
Kryal	*Gletscherbach*	
Krenal	*Quellzone*	
Rhithral	*Salmonidenregion*	↑
• Epirhithral	• Obere Forellenregion	
• Metarhithral	• Untere Forellenregion	**Oberlauf**
• Hyporhithral	• Äschenregion	↓ ↑
Potamal	*Weißfischregion*	**Mittellauf**
• Epipotamal	• Barbenregion	
• Metapotamal	• Brachsenregion	↓ **Unterlauf**
• Hypopotamal	• Kaulbarsch-Flunderregion	**Mündungsgebiet**

d. h. im Sommer ist das Wasser im Vergleich zur Umgebungstemperatur kalt, während es im Winter vergleichsweise warm ist.

Von der Nährstoffsituation betrachtet, sind Quellen in aller Regel als *oligotroph* zu bezeichnen. Nur wenn Pflanzenwuchs und Mineralisationsprozesse (z. B. durch Sonneneinstrahlung) gefördert werden, sind Nährstoffe in einem bescheidenen Ausmaß verfügbar. Eine der wichtigsten Einflussgrößen bei Quellen ist deren *Kalkgehalt*. Unterschieden wird zwischen *Weichwasserquellen*, die chemisch an saure oligotrophe Seen erinnern, und *Hartwasserquellen*, für die Kalkausfällungen (z. B. Tuffbildungen) typisch sind.

Auch die Lage einer Quelle kann von großer Bedeutung sein. So sind *Waldquellen* den größten Teil des Jahres beschattet und Falllaub und/oder Nadelstreu determinieren den Lebensraum. Demgegenüber sind *Wiesenquellen*, die häufig in Mulden liegen, tagsüber der Erwärmung durch die Sonneneinstrahlung ausgesetzt.

Oft fehlt bei *Sturzquellen* eine nennenswerte Vegetation, während die verschiedenen *Sickerquelltypen* bereits durch charakteristische Pflanzengesellschaften gekennzeichnet sind. So bestimmen bei kalkarmen, wasserreichen *Sickerquellen* Arten der Weichwasser-Quellfluren als Charakterarten den Lebensraum. Dazu zählen in schattigen Lagen zum Beispiel das Bittere Schaumkraut (*Cardamine amara*) und in sonnigeren Lagen das Quellkraut (*Montio fontana*), während in derselben, aber kalkreichen Situation Quelltuff-Fluren mit zum Beispiel Quellmoos (*Cratoneuron communtatum*) zuhause sind.

Vergleichbar unterschiedlich ist die Vegetation auch bei durchfeuchteten *Quellsümpfen*. Im kalkarmen Milieu dominieren saure Seggenrieder oder basenarme Quellwälder mit Moorbirke (*Betula pubescens*) und in kalkreichen Abschnitten finden sich Kalk-Kleinseggenriede oder basenreiche Quellwälder mit zum Beispiel Schwarzerle (*Alnus glutinosa*) und Esche (*Fraxinus excelsior*).

Die Tiergemeinschaften von Quellen können aufgrund ihres Kontaktes zum Grundwasser, zum umgebenden Land und zum Fließgewässer sehr vielfältig sein. So finden sich versteckt unter Steinen oder Laub durchaus Vertreter des Grundwassers (z. B. augenlose Strudelwürmer) oder, insbesondere bei Sickerquellen, auch feuchtigkeitsbedürftige Landtiere (z. B. Schnecken, Spinnen und Asseln) sowie auch strömungsliebende Arten, die bachaufwärts bis ins Quellgebiet vorgedrungen sind.

Die eigentlichen *Quelltiere* (Krenobionten) sind an das reine, gleichmäßig kühle, verhältnismäßig sauerstoff- und nahrungsarme Wasser angepasst. Sie sind fast ausnahmslos sehr kleine Tiere und, obwohl die meisten Quellen kaum pflanzliche Nahrung aufweisen, vorwiegend Pflanzenfresser (z. B. der Gemeine Flohkrebs – *Gammarus pulex*). Eine Besonderheit der *stenothermen Quellen* ist zudem, dass sich die Larven bestimmter Insektenarten auch im Winter temperaturbedingt weiterentwickeln können und so die adulten Tiere bereits im zeitigen Frühjahr schlüpfen können (Engelhardt 1996).

Je mehr der streng definierte Einfluss einer Quelle in der Umgebung nachlässt, desto mehr nehmen Gesellschaften fließender Gewässer oder sonstiger Feuchtgebiete (z. B. Hochstaudenfluren) zu. Oftmals sind entsprechend dem abnehmenden Einflussbereich am *Quelllauf* bereits deutlich ausgeprägte *Vegetationszonierungen* zu finden.

Bereits aus dieser Kurzbeschreibung der natürlichen Quellen wird deutlich, dass diese vielfältigen Lebensräume darstellen und wie wichtig, ökologisch betrachtet, die Geburtsorte unserer Fließgewässer für den Naturhaushalt sind.

4.1.5.2 Oberlauf

Der vergleichsweise schmale, mitunter aus mehreren Flutrinnen bestehende *Oberlauf* eines Fließgewässers weist in aller Regel ein großes Gefälle, eine stark wechselnde Wasserführung, eine hohe Fließgeschwindigkeit und damit eine beachtliche Schleppkraft auf (s. Abschn. 3.5.2). In dieser, aufgrund des überwiegenden Abtrages auch Erosionsstrecke genannten Gewässerregion, fehlen Stillwasserzonen und Altgewässer vollständig.

Die Gewässersohle ist in den meisten Fällen reich an Strukturen und besteht aus anstehendem Fels, Gesteinsblöcken und/oder aus Kies (s. Abb. 4.11 und 4.12), im Extrem bei geschiebeführenden Wildbächen, auch aus großen Steinen bis hin zu Felsblöcken. Die Temperaturamplitude des Wassers im Jahresgang ist sehr gering und es liegen nur relativ wenige Nährstoffe vor. Deshalb ist auch die Primärproduktion im Vergleich zu den flussabwärts folgenden Fließregionen sehr bescheiden. Der Sauerstoffgehalt ist aufgrund der Wassertemperaturen und -turbulenzen ganzjährig hoch. Hochwasser sind meist von kurzer Dauer und die Überflutungen betreffen nur schmale Uferbereiche. Eine ausgeprägte Aue mit Auwäldern fehlt.

Im vom Mittelwasser benetzten Querschnitt kommen praktisch keine höheren Pflanzen vor. Lediglich einige Moose (z. B. Quellmoose – *Fontinalis*) bilden spärliche Büschel aus, die nur an einer kleinen Stelle des Untergrundes festgewachsen sind. Meist wird der Oberlauf von einem schmalen, kiesigen Uferstreifen begleitet, der bei Hochwasser nur flach überflutet wird, wie auch die oft mitten im Fluss liegenden Kiesinseln (s. Abb. 4.13).

Charakteristisch für diese rohen und nur spärlich bewachsenen Standorte sind oberhalb der Mittelwasserlinie in den Alpentälern der Alpen-Knorpellattich (*Chondrilla chondril-*

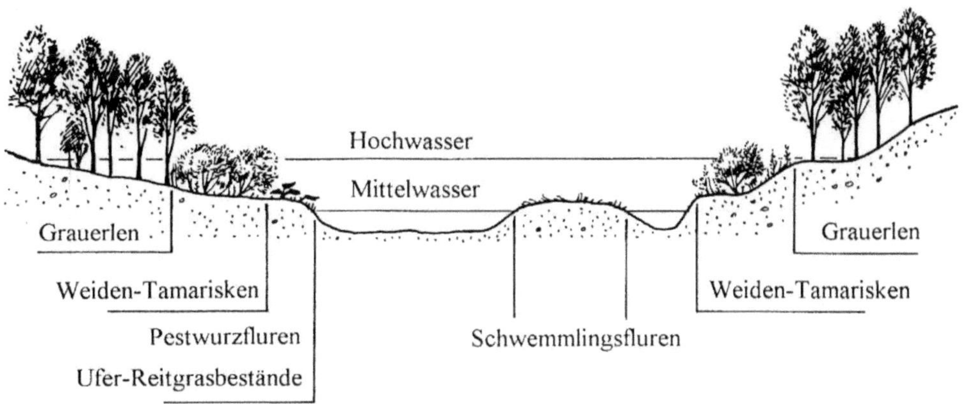

Abb. 4.11 Schematischer Querschnitt eines alpinen Oberlaufes in einem breiten Tal. (Zeichnung: H. Geipel)

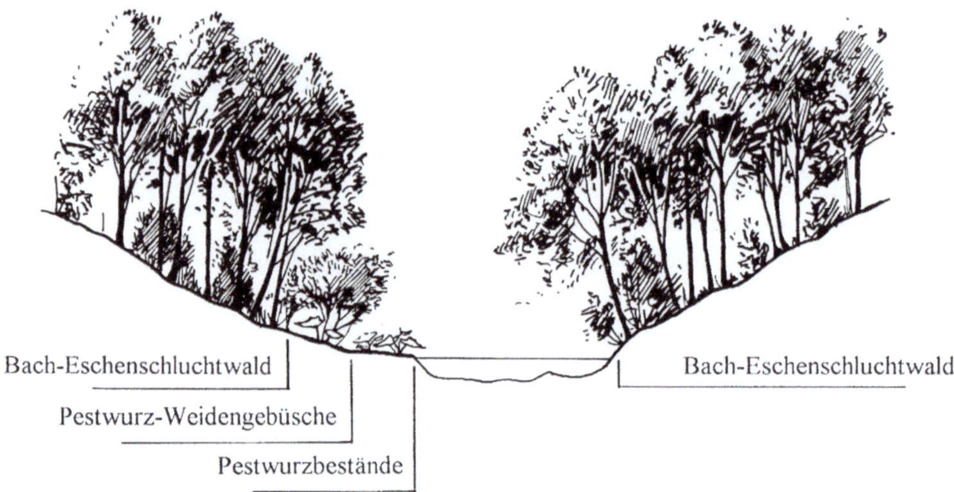

Abb. 4.12 Schematischer Querschnitt eines Oberlaufes in einem engen Kerbtal im Mittelgebirge. (Zeichnung: H. Geipel)

Abb. 4.13 Alpine Umlagerungsstrecke mit großen Schotterflächen. (Foto: H. Patt)

loides), der richtige Fluren ausbilden kann, und sog. Alpenschwemmlinge wie Silberwurz (*Dryas octopetala* – siehe Abb. 4.14), Alpen-Gemskresse (*Hutschinsia alpina*) oder Alpen-Leinkraut (*Linaria alpina*).

Etwa um die mittlere Hochwasserlinie siedeln mitunter saumartig ausgedehnte Pestwurzfluren (s. Abb. 4.15) aus Pestwurz (*Petasites* spec. – siehe Abb. 4.16) oder

Abb. 4.14 Auf derartigen Schotterflächen siedeln sog. Alpenschwemmlinge (z. B. Silberwurz – *Dyras octopetala*). (Foto: P. Jürging)

Abb. 4.15 Schluchtartiger Oberlauf im Mittelgebirge mit Pestwurzfluren. (Foto: B. Walser)

Abb. 4.16 Hochstaudenflur der Gewöhnlichen Pestwurz (*Petasites hybridus*). (Foto: W. Kraus)

Ufer-Reitgrasbestände (*Calamagrostis pseudophragmites*), die beide den Standort stark durchwurzeln und damit bis zu einem gewissen Grad sichern können.

Knapp über der *Mittelwasserlinie* sind lockere, sehr wurzelaktive und regenerationsfähige Sträucher typisch, die in den Alpentälern aus Tamariske (*Myricaria germanica*), Sanddorn (*Hippophae rhamnoides*) und Weiden (vorwiegend *Salix incana, S. daphnoides, S. eleagnos*) bestehen können.

Nur geringfügig höher im Profil herrscht in vielen Fällen bereits die Grauerle (*Alnus incana*) vor. Im Gegensatz zu den Alpentälern und dem Voralpenland sind am Oberlauf von Fließgewässern des Berg- und Hügellandes, aber auch der Niederungslandschaften, Schwarzerle (*Alnus glutinosa*) und Esche (*Fraxinus excelsior*) die dominierenden Gehölze, von denen vor allem die Schwarzerle mit ihrem Wurzelwerk die Ufer sehr gut sichern kann. Hat sich in einem schmalen Tal der Fluss tief eingegraben, so gedeihen oftmals eschenreiche *Schluchtwälder* auf den Hängen und der Bach selbst

Abb. 4.17 Voralpine Umlagerungsstrecke, in der ein Weidenaufwuchs Schotterbänke auf Zeit fixieren kann. (Foto: W. Kraus)

ist nur fragmentarisch von schmalen *Weidengebüschen* und *Pestwurzbeständen* begleitet (s. Abb. 4.17).

Aufgrund seiner geringen Breite und der begleitenden Gehölze wird der Oberlauf natürlicher Fließgewässer in aller Regel voll beschattet. Dies lässt nur eine geringe gewässerinterne pflanzliche Produktion zu, sodass der Laubeintrag als Nahrungsquelle überwiegt. Hiervon leben Tiere, deren Mundwerkzeuge auf das Zerkleinern von *Grobdetritus* spezialisiert sind.

Diese *Zerkleinerer* (s. auch Abb. 4.10), zu denen zum Beispiel die Flohkrebse der Gattung *Gammarus* zählen, dominieren in dieser Laufregion. Der eingetragene, u. a. von dieser Zerkleinerungstätigkeit stammende, und auf dem Sediment abgelagerte Kleindetritus, wird von so genannten *Filtrierern* und *Sammlern* verwertet.

Bekannte Tiere dieses Ernährungstyps sind *Köcherfliegen-Larven*, von denen bestimmte Arten große, mit dem bloßen Auge sichtbare Reusen spinnen, mit deren Hilfe sie aus der Trift ihre Nahrung fischen. Auch die im Oberlauf noch geringe Primärproduktion (z. B. spärlicher Moos- und Algenaufwuchs auf den Steinen) dient sog. *Weidegängern* als Nahrung (z. B. einigen Insektenlarven wie die von bestimmten Eintagsfliegen oder Lidmücken). Natürlich können alle genannten Spezialisten leicht Beutetiere von *Jägern* werden (z. B. von Larven der Steinfliegen).

Überlebenswichtig ist auch für die Tiere dieses Fließabschnittes, dass sie in irgendeiner Weise an die Strömung angepasst sind. Fast alle Tiere dieser Gewässerregion siedeln vorzugsweise in relativ strömungsarmen Bereichen unmittelbar am Substrat oder verbergen sich auf der Unterseite von Steinen oder Blättern (s. Abb. 4.5 und 4.6). Weitere Anpassungsmechanismen sind ein abgeplatteter Körper (z. B. Eintagsfliegen), Klebsekrete (z. B. Strudelwürmer) oder Saugnäpfe (z. B. Lidmückenlarven).

Das freifließende Wasser enthält praktisch keine kleinen, frei im Wasser schwebenden Organismen (*Plankton*). Nur einige Fische vermögen sich in der starken Strömung zu halten. Typische, räuberisch lebende Vertreter dieser Gewässerregion sind die Bachforelle (*Salmo trutta fario*) und die Groppe (*Cottus gobio*), während die Äsche (*Thymallus thymallus*) bereits den beginnenden Mittellauf charakterisiert. Als typische Vogelart der Ober- und beginnenden Mittellaufregion sei stellvertretend die Wasseramsel (*Cinclus cinclus*) erwähnt, ein Spezialist der Unterwasserjagd in flachen, aber schnell fließenden Bereichen.

4.1.5.3 Mittellauf

Das vorwiegend mittlere Gefälle bei zunehmender Gewässerbreite ist im *Mittellauf* für die im Vergleich zum Oberlauf geringeren Schleppkräfte verantwortlich. Deshalb herrscht in dieser Laufregion vor allem bei geschiebeführenden Fließgewässern die *Umlagerung* vor, d. h. *Erosion* und *Sedimentation* gleichen sich in etwa aus (s. Abschn. 3.3). Aufgrund der Wasserturbulenzen ist der Sauerstoffgehalt trotz der zunehmenden Temperaturamplitude noch ganzjährig relativ hoch.

Nach jedem Hochwasser kann sich der Verlauf des Gewässers innerhalb des Flussbettes verändern, die kiesig bis sandigen Inseln (s. Abb. 4.18) werden dabei umgelagert und entstehen an anderer Stelle wieder neu (s. Abschn. 3.3.1). Auch können mitunter bei den immer noch energiereichen Hochwasserabflüssen wesentliche Bereiche in der Aue aufgeschottert (s. Abb. 4.19), überkiest oder übersandet werden. Die Aue selbst weitet sich auf den alluvialen Kiesen und Sanden in vielen Fällen bereits erheblich auf. Am Übergang zum Unterlauf können sich vereinzelt Mäander ausbilden und somit bereits erste *Altgewässer* in der Aue vorhanden sein (s. Abschn. 3.3.2).

Im *Mittellauf* nimmt die Gewässerbreite immer mehr zu und damit der beschattende Einfluss der Ufergehölze ab. Dadurch und aufgrund des noch klaren Wassers und der noch nicht allzu großen Gewässertiefe kann das Sonnenlicht nahezu den gesamten Wasserkörper erreichen, d. h. die gewässereigene Primärproduktion dominiert in diesem Gewässerabschnitt.

Typische, nicht sehr strömungsempfindliche (rheophile) Arten sind u. a. Flut-Hahnenfuß (*Ranunculus fluitans*), Fischkraut (*Potamogeton densus*), Kamm- und Flutendes-Laichkraut (*Potamogeton pectinatus, P. nodosus*), Wasserstern (*Callitriche spec.* – s. Abb. 4.20) sowie der Teichfaden (*Zanichellia palustris*). Häufig kommen auch Stillgewässerarten wie die Schwanenblume (*Butomus umbellatus*) oder der Aufrechte Igelkolben (*Sparganium erectum*) in strömungsreichen, nicht alpin geprägten Fließgewässern vor. Allerdings weicht die Blattform dieser submers wachsenden Pflanzen stark von denen

Abb. 4.18 Mächtige Kiespolster strukturieren voralpine Flüsse. (Foto: P. Jürging)

Abb. 4.19 Überschotterung einer Aue an einem Gebirgsbach mit Grauerle (*Alnus incana*). (Foto: P. Jürging)

Abb. 4.20 Durch vollen Lichtgenuss und nährstoffreiches Wasser kann sich eine üppige submerse Vegetation ausbilden (z. B. aus vorherrschendem Wasserstern – *Callitriche spec.*) (Foto: P. Jürging)

der Stillgewässerformen ab. Sie haben weiche, oft sehr lang gestreckte Blätter, die in der Strömung hin und her pendeln (s. Abb. 4.21).

Auf den Sand- und Kiesbänken im Fluss und an den Ufern bestimmen Pionier- und kurzlebige Pflanzengesellschaften (*Annuellenfluren*) das Bild. Kurzlebig deshalb, da diese flussnahen Vegetationsbestände durch Hochwasser häufig nach kurzer Entwicklungszeit wieder zerstört werden.

In den *Umlagerungsstrecken* der Alpenflüsse finden sich hier noch viele Alpenschwemmlinge, aber bei Zunahme von Feinsedimenten siedeln sich mehr hochwüchsige Gräser, vor allen das Rohrglanzgras (*Phalaris arundinacea* – s. Abb. 4.22), und Kräuter, wie zum Beispiel das Barbarakraut (*Barbarea vulgaris*) an.

Für feinsedimentführende und schwebstoffreiche Gewässer sind in diesen raschwüchsigen *Annuellenfluren* dagegen Rispengras (*Poa annua*) und eine Vielzahl von Kräutern, zum Beispiel Wasserpfeffer (*Polygonum hydropiper*) anzutreffen. In ruhigeren Bereichen kann das Rohrglanzgras (*Phalaris arundinacea*) bereits im Mittellauf ein durchgehendes Flussröhricht ausbilden, da es seine Halme im Gegensatz zum starr aufrechten Schilf (*Phragmites communis*) vertragen, mehrmals innerhalb einer Vegetationsperiode von der Strömung umgelegt zu werden.

Abb. 4.21 Stellenweise beherrschen Neophyten die Ufer (wie z. B. das Indische Springkraut – *Impatiens glandulifera*). – Rechts im Bild der submers wachsende Aufrechte Igelkolben (*Sparganium erectum*). (Foto: W. Kraus)

Abb. 4.22 Bis zu mittlerem Hochwasser kann auch das Rohrglanzgras (*Phalaris arundinacea*) als Flussröhricht mit seinem intensiven Wurzelwerk Kiesbänke sichern, als Fließhindernis für unterschiedliche Sedimentbereiche dienen und auf diese Weise für Strukturvielfalt sorgen. (Foto: W. Kraus)

Abb. 4.23 Naturnahe Weichholzaue mit Weiden (*Salix spec.*) und Grauerlen (*Alnus incana*). (Foto: P. Jürging)

Auf die Flussröhrichte und Pioniergesellschaften der tiefgelegenen Flussalluvionen folgen im geringfügig darüber liegenden Überflutungsbereich eine als *Weichholzaue* (s. Abb. 4.23) bezeichnete Weiden- und Erlenaue, in der sich die Vegetation infolge der periodischen Überflutungen (bis zu 180 Tagen im Jahr) nicht zu reiferen Beständen weiterentwickeln kann. Die wichtigsten Weidenarten sind hier die Silberweide, die Bruchweide und die Mandelweide (*Salix alba, S. fragilis* und *S. triandra*). In montanen Lagen und im Vorland der Hochgebirge, also im Bereich der regelmäßig eintretenden Sommerhochwasser, werden die etwas höher gelegenen Teile der Weichholzaue von der Grauerle (*Alnus incana*) beherrscht (s. Abb. 4.24).

Die höchste und somit nur noch selten bei außergewöhnlichen Hochwassern überstaute Stufe innerhalb des Überschwemmungsbereiches am Mittel- und Unterlauf nimmt bei natürlichen Gewässern die sog. *Hartholzaue* ein (s. Abb. 4.24), deren Name wohl auf dem Reichtum an kräftigen und dauerhaften Baumarten beruht. Im Übergangsbereich zwischen Weich- und Hartholzstufe mischt sich die Esche (*Fraxinus excelsior*) ein, während in den oberen Teilen der Hartholzaue Ulmenarten (*Ulmus glabra* und *U. laevis*) und die Stieleiche (*Quercus robur*) die Hauptarten darstellen.

Die *Vegetationsabfolge* in einer dealpinen Aue eines Mittellaufes zeigt Abb. 4.25. Für die Vegetationsabfolge in einer Aue ist nicht das mehr oder weniger einmalige, höchste

Abb. 4.24 Eschenreiche Hartholzaue mit Bärlauch (*Allium ursinum*) in der Krautschicht. (Foto: P. Jürging)

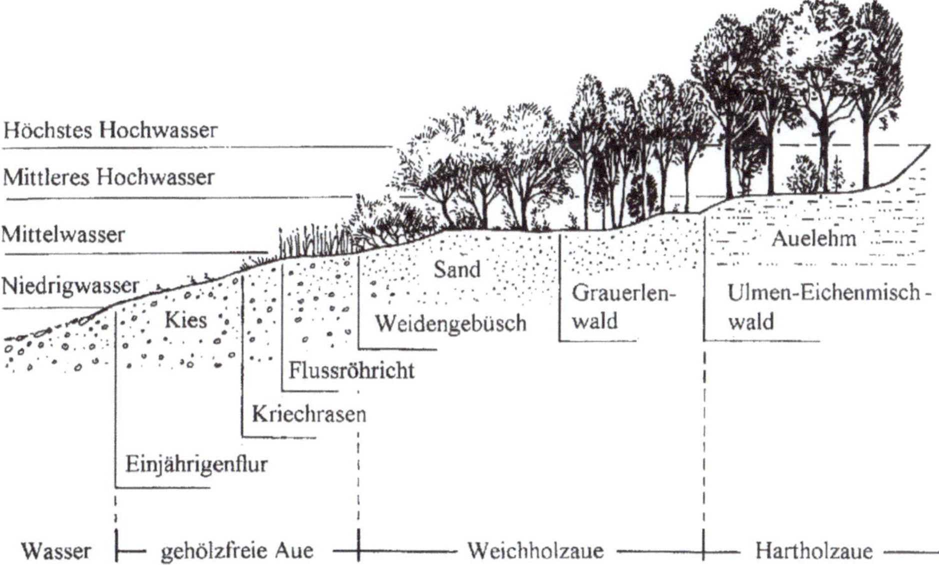

Abb. 4.25 Vegetationsabfolge in einem idealisierten Querschnitt eines geschiebeführenden Mittellaufes mit dominierendem Sommerhochwasser. (Verändert nach Ellenberg 1996; Zeichnung: H. Geipel)

Hochwasser, sondern die häufigen mittleren Hochwasser und die Niedrigwasser im Hinblick auf die Grundwasserschwankungen von außerordentlicher Bedeutung.

Im Wasserkörper des Mittellaufes nimmt entsprechend der Gewässerbreite auch der Einfluss der Ufergehölze als *Detrituslieferant* für das Gewässer ab. Dementsprechend reduzieren sich die *Zerkleinerer* (s. Abb. 4.10). Aufgrund der guten Durchlichtung in diesem Gewässerabschnitt nehmen mikroskopisch kleine Aufwuchspflanzen, aber auch, wie bereits dargestellt, größere Wasserpflanzen zu. Als Folge dieses Makrophytenwachstums stellt sich eine arten- und individuenreiche *Weidegängergesellschaft* ein, zu der u. a. Schnecken und Muschelkrebse gehören. Die *Weidegänger* dominieren zusammen mit den Sammlern in dieser Gewässerregion. Die *Sammler* profitieren von dem Fraßvorgang der Zerkleinerer und vor allem von der Feindetritustrift aus dem Oberlauf. Der Leitfisch des Mittellaufes ist die Flussbarbe (*Barbus barbus*).

An bemerkenswerten Vogelarten dieser Fließgewässerregion, vor allem bei geschiebeführenden Flüssen, seien als Beispiel der Flussregenpfeifer (*Charadrius dubius*) und die Flussseeschwalbe (*Sterna hirundo*) erwähnt, die vorzugsweise auf den Kiesinseln der Umlagerungsstrecken brüten.

4.1.5.4 Unterlauf mit Altgewässern

Im *Unterlauf* hat der Fluss nur noch ein sehr geringes Gefälle (meist weniger als 0,3 Promille) und dementsprechend vergleichsweise geringe Fließgeschwindigkeiten und kleine Schleppkräfte. In diesem Bereich herrscht die *Sedimentation* vor und der meist breite Fluss hat sich eine großflächige Aue aus vorwiegend feinkörnigen Ablagerungen geschaffen. Typisch sind für diesen Abschnitt große *Mäanderschlingen*, ideale Voraussetzungen für eine Vielfalt an Altgewässern in der Aue (s. Abschn. 3.3.2). Die Temperaturamplitude im Jahresgang ist relativ groß und die Nährstoffversorgung gut. Beides sind bei dem langsamen Fließen ideale Voraussetzungen für *submerse Pflanzen* im Fluss.

Allerdings wird die vertikale Ausbreitung dieser Wasserpflanzen durch die Wassertiefe, vor allem aber durch die Lichtdurchlässigkeit bzw. Sichttiefe des Wasserkörpers begrenzt, da gerade im etwas nährstoffreicheren Unterlauf eine hohe Planktondichte und somit eine geringere Lichttransparenz gegeben ist, die die Assimilationsmöglichkeit wesentlich einschränkt. Deshalb finden wir in den Unterläufen meist nur randlich, im flacheren Wasser submerse Wasserpflanzen wie zum Beispiel die Kanadische Wasserpest (*Elodea canadensis*), den Haarblättrigen Hahnenfuß (*Ranuculus trichophyllus*), das Rauhe Hornblatt (*Ceratophyllum submersum*), Glänzendes und Krauses Laichkraut (*Potamogeton lucens, P. crispus*).

Oftmals finden sich am Gewässerrand ausgedehnte Röhrichte aus Rohrglanzgras (*Phalaris arundinacea*) und in sehr ruhigen Bereichen, vorzugsweise in Altgewässern, auch aus Schilf (*Phragmites communis*). Auf den Säumen im Wasserwechselbereich können sich auch raschlebige annuelle (einjährige) Kräuter ansiedeln. Vor allem sind dies Gänsefuß- (*Chenopodium* spec.) und Knöterich-Arten (*Polygonum* spec.), die hier auf groben

Schottern oder nährstoffreichem Sand vollbesonnte und konkurrenzfreie Plätze finden. Bei lehmig-schlickigen Substraten können sich auf den bei niedriger Wasserführung freifallenden Flächen auch sog. Zweizahn-Fluren (*Bidens* spec.) und kurzlebige Säume von *Schlammlingsfluren* entwickeln. Zu Letzteren zählen zum Beispiel Nadelbinse (*Eleocharis acicularis*), Schlammkraut (*Limosella aquatica*) oder auch Braunes Zypergras (*Cyperus fuscus*).

Die wesentlich breiteren *Auwaldbänder* ähneln in ihrer Vegetationsabfolge denen des Mittellaufes (s. Abb. 4.26), unterscheiden sich aber von diesen durch das vermehrte Auftreten von Silberweide (*Salix alba*) und das Fehlen der auf hohe Sommerwasserstände angewiesenen Grauerle (*Alnus incana*) in der Weichholzaue sowie durch das Zurückgehen oder Fehlen der Ulmen (*Ulmus* spec.) und die Zunahme der Stiel-Eichen (*Quercus robur*).

In den *Altgewässern* dominieren je nach Wassertiefe typische Pflanzengesellschaften der Stillgewässer. So bilden sich vor allem in Altgewässern gürtelartige *Vegetationszonen* aus (s. Abb. 4.27).

Diese *Zonation* kann, vom Wasser aus gesehen, von Unterwasserrasen über Laichkrautgesellschaften, freischwimmenden Wasserpflanzen, Schwimmblattgesellschaften, Röhrichten oder Großseggenrieden bis hin zu Gehölzbeständen mit Arten der Weichholzaue reichen. Bei *Altgewässern* mit großen Wasserstandschwankungen können sich auch auf den bei Niedrigwasser trockenfallenden Ufern *Schlammlingsfluren* einstellen (Jürging 1997).

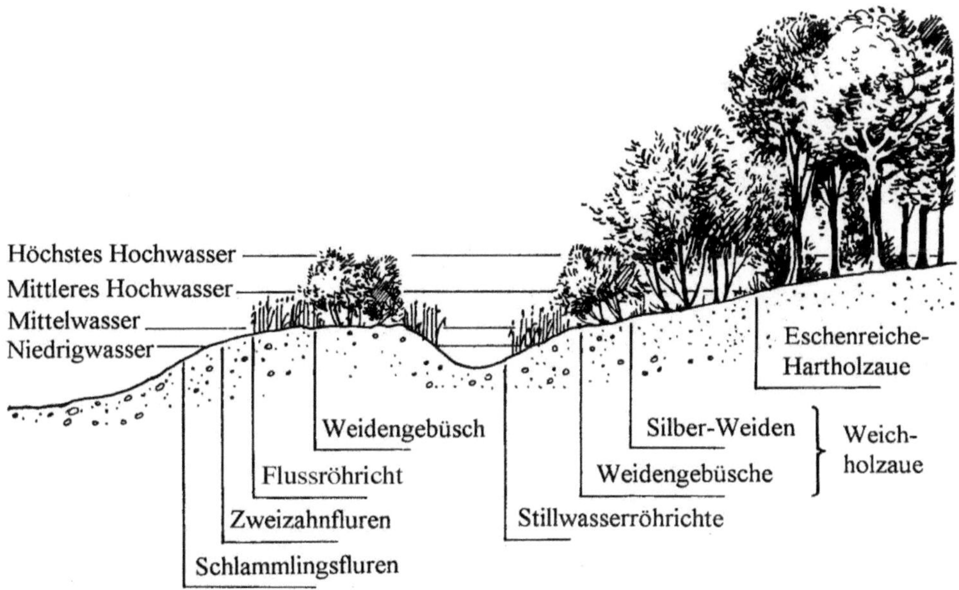

Abb. 4.26 Schematischer Querschnitt zur Vegetationsabfolge an einem Unterlauf in der Ebene. (Zeichnung: H. Geipel)

Abb. 4.27 Altwasser mit Schwimmblattgesellschaften, Röhrichten und Auenwald. (Foto: P. Jürging)

Mit fortschreitender Verlandung bzw. Entwicklung ändern sich zwangsläufig auch die jeweiligen Standortfaktoren, sodass sich an ein und demselben Ort verschiedene Pflanzengesellschaften im Laufe der Zeit nacheinander ablösen. Das Endstadium dieser *Sukzession* ist unter natürlichen Verhältnissen ein Wald, zum Beispiel bei einer reinen Verlandung (*biogenen Verlandung*) ein *Bruchwald* (s. Abb. 4.28). Mit dieser *Vegetationssukzession* ändert sich zwangsläufig entsprechend der einzelnen Verlandungsphasen auch die Artenzusammensetzungen der Tiergemeinschaften (s. DVWK 1991).

Da in einer natürlichen Aue benachbarte Lebensräume Kontakt zu Altgewässern haben, fungieren diese auch als wichtige Teillebensräume (z. B. für Amphibien). Altgewässer können auch für viele Arten als Ausbreitungsbänder oder -zonen von großer Bedeutung sein.

Im Fluss selbst finden aufgrund der verminderten Fließgeschwindigkeit nun das Plankton, das Phythoplankton und in der Folge das Zooplankton, ideale Bedingungen vor. Die gewässereigene Produktion verlagert sich also ins Freiwasser. Aber auch die bodenbewohnenden Organismen profitieren, zusätzlich zur Trift, von der Planktonproduktion. *Sammler* und *Filtrierer*, hier besonders Muscheln, dominieren nun. Gleichzeitig gehen, wie bereits erwähnt, die Makrophyten u. a. aufgrund der schlechteren Durchlichtung stark zurück und damit auch Aufwuchsalgen und mit ihnen zwangsläufig die *Weidegänger*.

Abb. 4.28 Verlandetes Altgewässer mit Schwarzerle (*Alnus glutinosa*) und vorherrschender Sumpf-Calla (*Calla palustris*) in der Krautschicht; dieses Bild zeigt einen typischen Bruchwald im Verlandungsendstadium. (Foto: P. Jürging)

Die *charakteristische Fischart* für den *Unterlauf* ist die Brachse (*Abramis brama*). Wie vielfältig die Vogelwelt eines natürlichen Unterlaufes mit seinen Auen ist, lässt sich an dem naturnahen Gebiet der Unteren Isar nachvollziehen. Hier kommen auf einer Fläche von etwa 0,25 % der Landesfläche Bayerns nahezu 75 % aller regelmäßig in Bayern brütenden Vogelarten vor. Hiervon stehen 47 Arten in der sog. Roten Liste bedrohter Tiere in Bayern, d. h. fast die Hälfte aller in Bayern gefährdeter Brutvogelarten brüten oder kommen zumindest mit Brutverdacht vor, einige davon in außergewöhnlich hoher Dichte, zum Beispiel Eisvogel (*Alcedo atthis*), Blaukehlchen (*Luscinia svecica*) und der Schlagschwirl (*Locustella fluviatilis*) (BayLfW 1983).

4.1.5.5 Mündungslauf

Im *Mündungsbereich* in ein größeres Fließgewässer oder in einen See sind, im Gegensatz zu einer Mündung ins Meer, keine typischen Flora- oder Fauna-Vertreter zu nennen. Sie entsprechen im Wesentlichen dem Gewässertyp vor der Einmündung mit Vermischungen der Arten aus dem Vorfluter. Fließen geschiebeführende Flüsse in Seen, so bilden sich *Mündungsdeltas* (s. Abb. 4.29) aus. Sie weisen ein Nebeneinander von Fließ- und Stillgewässern und damit eine enorme Standortvielfalt auf (s. Abb. 4.30). Dementsprechend groß ist der Reichtum an Pflanzen- und Tiergemeinschaften.

Bekannter, und auch von der veränderten Vegetation und Fauna bemerkenswerter, sind Mündungsläufe von Strömen ins Meer. Im *Mündungslauf* und im Bereich eines solchen

Abb. 4.29 Ein naturnahes geschiebe- und schwebstoffreiches Fließgewässer bildet an seiner Mündung in einen See ein großes Delta aus. (Foto: W. Binder)

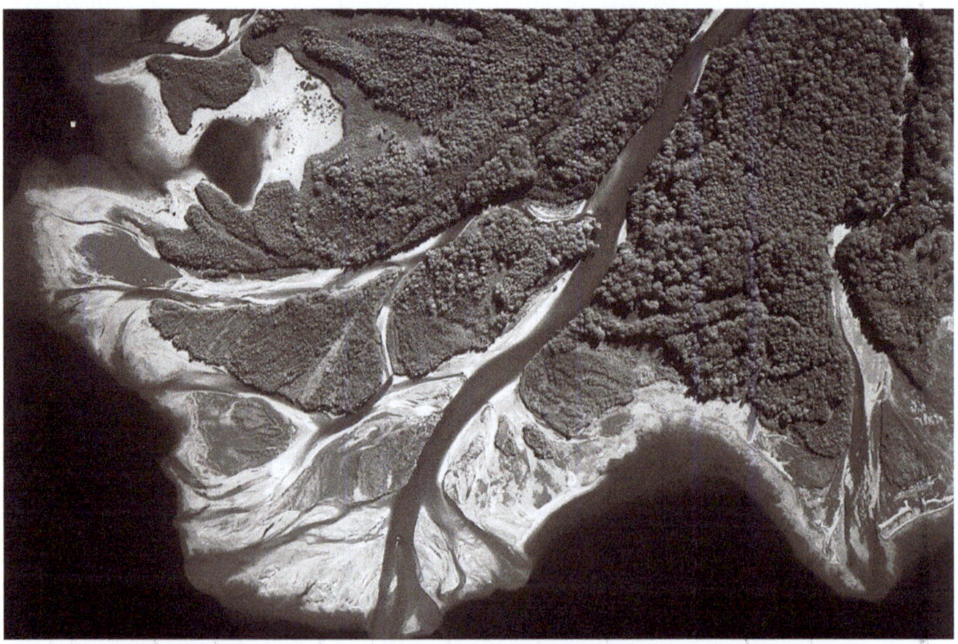

Abb. 4.30 Mündungsdelta geschiebeführender Flüsse. In einem derart dynamischen System finden sich nahezu alle Entwicklungsstadien von gewässerabhängigen Lebensräumen. (Foto: W. Binder)

Abb. 4.31 In tidebeeinflussten Flachlandflüssen finden sich überwiegend schlickige Substrate. (Foto: P. Jürging)

Mündungstrichters, auch *Ästuar* genannt, ist das Gefälle sehr gering. Kennzeichnend sind hier meist ein sehr breites, oftmals aufgesatteltes, Gewässerbett mit wenigen sehr großen Mäandern und zahlreichen Nebenarmen und ein Flusswatt (s. Abb. 4.31).

Die Substrate sind sandig bis schlickig, mitunter reichlich durchsetzt mit *Totholz*. Durch den Tide-Einfluss weisen die Mündungsläufe wechselnde Fließrichtungen und zum Teil stark schwankende Wasserstände auf, die sich unter natürlichen Verhältnissen bis weit in das Binnenland hinein bemerkbar machen. Die Hochwasser sind weniger von den Fließgewässern des Binnenlandes als von Küstenwetterlagen abhängig. Von den Gezeiten geprägt können die Fließgeschwindigkeiten sehr gering bis hoch sein, mit Stagnierungsphasen in Abhängigkeit von Flut und Ebbe.

Aufgrund der deutlich über 20° Celsius liegenden Temperaturamplitude im Jahresgang und aufgrund des hohen Nährstoffgehaltes findet im Freiwasser eine hohe Primärproduktion statt. Diese lässt allein schon wegen der sehr geringen Durchlichtung des Wassers keine Makrophyten mehr zu. Die Schlickflächen in brackigen, tidebeeinflussten Wasserwechselbereichen bilden ein Flusswatt aus, das längs der Ufer und der Sandbänke von ausgedehnten Röhrichtzonen aus Süß- und Brackwasserröhrichten abgelöst wird, die je nach Salz- und Gezeiteneinfluss aus Meerstrandsimse (*Bolboschoenus maritimus*), Dreikantsimse (*Schoenoplectus triquetrus*), Schilf (*Phragmites communis*) und zum Teil auch aus Rohrglanzgras (*Phalaris arundinacea*) bestehen können. Die übrige Aue in den Marschen würden – unter natürlichen Verhältnissen – Weiden-Auenwälder, in denen die Silberweide (*Salix alba*) eindeutig dominiert, und, mehr landeinwärts, Eichen-Eschen-Erlen-Auenwälder kennzeichnen (Dahl et al. 1989).

Für die Mündungsregion ins Meer sind Brackwasserfische, wie Flunder (*Platichthys flesus*) und Kaulbarsch (*Gymnocephalus cernua*) typische Vertreter.

4.2 Anthropogen veränderte Fließgewässer

Viele Fließgewässer wurden vor allem seit Beginn des 19. Jahrhunderts sicherheits- und nutzungsorientiert ausgebaut (s. Abb. 4.32). Zur Reduzierung der Hochwassergefahr und zur Landgewinnung wurden an nahezu allen größeren Flüssen *Flusskorrektionen* durchgeführt (s. Abschn. 3.4 – siehe u. a. Tremp und Kappus 2003; Tremp 2007). Derartige Fließgewässerbegradigungen, meist mit Längsverbau, stellten zwangsläufig eine *Laufverkürzung* und damit eine *Erhöhung des Gefälles* dar.

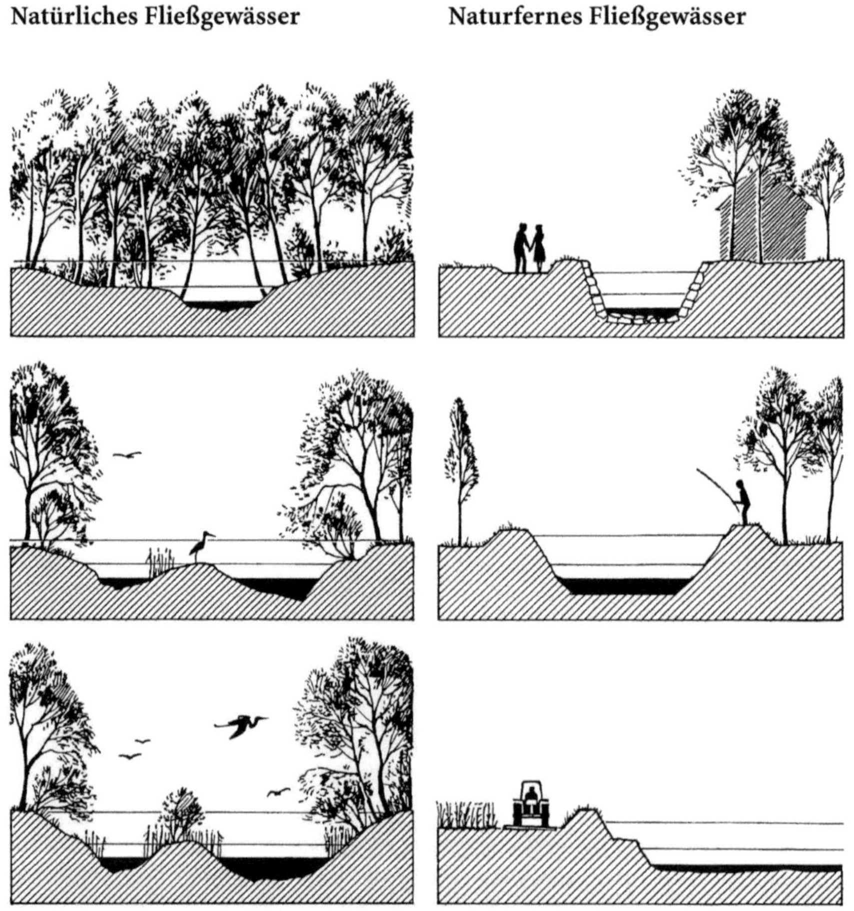

Abb. 4.32 Schematische Profilabfolge von Ober-, Mittel- und Unterlauf eines natürlichen und eines naturfernen Fließgewässers im Vergleich. (Zeichnung: H. Geipel)

Dies führte in aller Regel zu Eintiefungen der Fließgewässer, u. a. mit der Folge, dass die früher natürlicherweise häufigen Überschwemmungen in der Aue weitgehend ausblieben und die Grundwasserstände, den Wasserspiegellagen des Fließgewässers folgend, absanken. Vielerorts wurden dadurch in den Auen die Voraussetzungen für Nutzungen geschaffen, die in der Folge durch flächig wirksame Entwässerungsmaßnahmen schrittweise intensiviert wurden. An vielen Flüssen wurden über weite Strecken flussbegleitende Hochwasserdeiche errichtet (s. Abschn. 3.4.3).

Das Hochwasser musste nun in den eingedeichten, in aller Regel verkleinerten Abflussprofilen abgeführt werden. Die schnelle Ableitung extremer Hochwasserabflüsse erforderte flussabwärts, zumindest für Siedlungs- und Industriebereiche, zwangsläufig wieder einen erhöhten Hochwasserschutz. Als zusätzliche Schutzmaßnahme wurden im Einzugsgebiet Rückhaltespeicher gebaut, die durch ihre künstliche Retentionswirkung zu einer Reduzierung der Extremabflüsse führen sollen.

Für die Fließgewässer bedeuten die Ausbauten, einschließlich der zwangsläufig erfolgenden Unterhaltung der Anlagen, in den allermeisten Fällen eine wesentliche Veränderung der physikalischen, chemischen und biotischen Faktoren sowie einen erheblichen Verlust an Dynamik und Strukturvielfalt.

4.2.1 Fließgewässer- und Auendynamik

Viele Flüsse wurden durch Korrektionen in ein weitgehend uniformes Bett gezwängt. Die Ufer wurden durch Längsverbauungen vor der natürlichen *Umgestaltungsdynamik* geschützt (s. Abschn. 3.4.2).

Aufgrund der darauffolgenden *Sohleneintiefungen* blieben zumindest die kleineren Ausuferungen bei mittleren Hochwasserabflüssen immer häufiger aus. In der Folge wurden die in der Aue natürlicherweise vorkommenden, häufigen *Überschwemmungen*, von Überflutungen bis hin zum reinen *Überstau*, stark reduziert. Zwangsläufig sanken dementsprechend vielerorts auch die *Grundwasserspiegel* in der Aue langsam ab. In vielen Flusslandschaften wurde dieser auenuntypische Austrocknungseffekt noch durch *Meliorationsmaßnahmen* (z. B. Dränungen) verstärkt (Konold et al., 2008).

Diese Entwicklung in Richtung „naturferne" Fließgewässer und Auen wurde zusätzlich durch die *Bedeichung der Flüsse* begünstigt, da damit oftmals eine Hochwasserfreilegung ganzer Tallandschaften einherging. In den ausgedeichten Auenbereichen wurde die *Hochwasserretention* durch die ausbleibenden Überschwemmungen unterbunden oder zumindest auf ein Minimum reduziert. Dasselbe gilt für die hochwasserbedingte Versickerung in den Auen mit der Folge, dass sich die von den Hochwassern abhängige *Grundwasserneubildung* erheblich verringerte.

Beides, die reduzierte *Hochwasserretention* und fehlende, erhöhte Versickerung in den Auen, bedeutet auch eine stark geschmälerte Niedrigwasseraufbesserung zu Zeiten geringer Wasserführung im Fließgewässer (s. Abschn. 6.2.5).

Das früher bett- und auengestaltende Hochwasser muss nun in sehr schmalen Abflussquerschnitten zwischen den Deichen schadlos abgeführt werden. Zwar sorgen mitunter Rückhaltespeicher im Einzugsgebiet für einen ausgeglicheneren Abfluss, sodass extreme Abflüsse gekappt werden, allerdings auch dies wiederum auf Kosten der Fließgewässerdynamik.

Hinzu kommt, dass sich bei geschiebeführenden Gewässern das *Geschiebe* zum Teil in den Speichern ablagert und somit dem Fließgewässer entzogen wird. Dadurch wird die natürliche *Geschiebedynamik* unterbunden und aufgrund des fehlenden Geschiebes verstärkt die Flusssohle erodiert.

Als Gegenmaßnahme zur Sicherung der Sohle verbleibt oftmals nur die Möglichkeit, weitere *Querbauwerke*, bis hin zu Flussstauen, zu errichten. In Verbindung mit Kraftwerksanlagen entstanden so die Kraftwerksketten mit ihren typischen Höhenstufen an den einzelnen Kraftwerksbauten. Die Dämme dieser Flussstaue wurden zudem in etlichen Fällen dem sog. Stand der Technik entsprechend abgedichtet, sodass nicht einmal mehr über *Qualmwasser* eine unterirdische Verbindung zur Aue besteht, und somit jegliche fließgewässerabhängige *Auendynamik* der Vergangenheit angehört.

4.2.2 Physikalische Faktoren

Bei ausgebauten Fließgewässern werden alle wichtigen physikalischen Faktoren mehr oder minder stark beeinflusst und damit die Konditionen für die jeweiligen Lebensräume mitunter extrem abgewandelt.

4.2.2.1 Fließverhältnisse

Wichtigstes Ziel bei *Gewässerausbauten* war die Erhöhung der Abflussleistung durch eine Beschleunigung des Abflusses. Dies geschah durch Erhöhung des Gefälles und glatte Gerinnestrukturen (im Extrem mittels Beton). Die in natürlichen Fließgewässern strukturbedingt unterschiedlichen Fließbereiche werden in ausgebauten Gewässern oftmals zu einem weitgehend gleichmäßigen Fließen innerhalb eines Regelprofils mit geringen Rauhigkeiten reduziert.

Jede Änderung der Abflussverhältnisse, etwa durch *Laufverkürzung*, *Querschnittsveränderung* oder auch *Aufstau*, führt zu veränderten Strömungsverhältnissen. Oft fehlen bestimmte *Strömungsstrukturen* wie Kehrwasserbereiche als artspezifische Lebens- und Rückzugsräume vollständig. Auch Fließhindernisse, wie zum Beispiel Totholz, dürfen nicht anfallen, geschweige denn im Abflussprofil verbleiben. So werden u. a. im Rahmen der Gewässerunterhaltung ins Fließgewässer gestürzte Bäume zur Aufrechterhaltung eines ordnungsgemäßen Wasserabflusses möglichst schnell wieder entfernt. Aufgrund der *Strukturarmut* gibt es im Hochwasserfall für viele Organismen keinen ausreichenden Schutz vor der *Abtrift*. Das gilt umso mehr, wenn die tieferen Sedimentschichten in der Sohle in Bewegung geraten.

Einen erheblichen Eingriff in das Ökosystem Fließgewässer stellen *Flussstaue* dar. Sie gleichen in wesentlichen Bereichen Stillgewässern, während sie bei Hochwasser zu Fließgewässern werden. In solchen aquatischen Lebensräumen können sich fast keine typischen Fließgewässerarten oder charakteristische Stillwasserarten über längere Zeiträume hinweg entwickeln. Deshalb werden Stauräume fast ausschließlich von *Ubiquisten* (Allerweltsarten) besiedelt, die eine entsprechend breite ökologische Amplitude besitzen (Jürging 1987).

Bei größeren, schiffbaren oder schiffbar gemachten Strömen und Flüssen spielt auch der Wellensunk und -schwall bzw. der Wellenschlag am Ufer eine erhebliche Rolle. Vor allem die mechanische Belastung durch das Wasser hat vielerorts, unabhängig von durchgehenden Uferbefestigungen mit Wasserbausteinen, Flussröhrichten und damit den entsprechenden Lebensgemeinschaften den Lebensraum genommen.

4.2.2.2 Strahlungsverhältnisse

Ausbau-, unterhaltungs- und/oder nutzungsbedingt wurden an vielen Gewässern im Laufe der Zeit die flussbegleitenden Ufergehölze ersatzlos entfernt, um die *Abflussleistung* zu erhöhen oder eine landwirtschaftliche Nutzung bis an die Böschungsoberkante zu ermöglichen (s. Abschn. 3.4). Dies führt, vor allem in den Oberläufen, zu völlig veränderten *Strahlungsverhältnissen*, da nun die Gewässer zur Vegetationszeit kaum mehr beschattet sind. Die verstärkt einwirkende *Sonnen-* und *Himmelsstrahlung* stellt nun für die Primärproduktion keinen begrenzenden Faktor mehr dar. Bei guter Nährstoffverfügbarkeit kann diese intensive Einstrahlung, die ja auch zumindest zeitweilig eine Temperaturerhöhung des Gewässers nach sich zieht, in nicht zu schnell fließenden Bereichen, zu einem aus limnologischer Sicht unerwünscht kräftigen Pflanzenaufwuchs führen.

4.2.2.3 Temperatur

Die veränderten Strahlungsverhältnisse im Oberlauf, die durch Ausleitungen bedingten Restwasserstrecken, die Verringerung der Fließgeschwindigkeiten durch Aufstau sowie Kühlwassereinleitungen führen im Vergleich zu einem natürlichen Fließgewässer zu einer Erhöhung der *Wassertemperatur* bzw. der Temperaturamplitude im Tages- und Jahresgang. Das hat direkte Auswirkungen auf die *Stoffwechselaktivitäten* und andere Lebensprozesse der aquatischen Lebensgemeinschaften. Dabei sind kleinere Fließgewässer gegenüber anthropogen bedingten Temperaturveränderungen wesentlich empfindlicher, da diese im Vergleich zu größeren Fließgewässern allein schon aufgrund des geringeren Wasservolumens über weit weniger Puffermöglichkeiten verfügen.

Die höheren Temperaturen bewirken eine *geringere Sauerstoffaufnahmefähigkeit* des Wassers und führen, zusammen mit der vermehrten Einstrahlung und dem höheren Nährstoffangebot, zu erhöhten *Stoffwechselvorgängen*. Zwangsläufig beschleunigen sich in der Folge die *biochemischen Abbauprozesse* und damit die *Sauerstoffzehrung* (siehe u. a. Schwoerbel und Brendelberger 2013; Schönborn, 1992; Schönborn und Risse-Buhl 2013). Makrophyten können sich sogar in Oberläufen vermehrt ausbreiten, sofern die Fließgeschwindigkeiten das zulassen.

Diese Zunahme der *Phytomasse* bedingt höhere Fließwiderstände, verringert dadurch in der Folge zwangsläufig die Fließgeschwindigkeiten merklich und leistet somit einer weiteren Erwärmung des Gewässers Vorschub. Kann ein durch die Wasserpflanzen bedingter höherer Wasserstand nicht hingenommen werden, so wird in aller Regel im Rahmen der *Gewässerunterhaltung* die Phytomasse aus dem Gewässerbett weitgehend entfernt (s. Abschn. 12.3.1).

4.2.2.4 Morphologische Strukturen

Die ein natürliches Gewässer charakterisierenden morphologischen Strukturen wurden größtenteils durch den Menschen nivelliert. *Fließgewässertypische Strukturen* können heute kaum noch neu entstehen. Zwangsläufig hat unter diesen Rahmenbedingungen keine natürliche *Gewässermorphologie*, geschweige denn eine natürliche Vegetation Platz. Eine *Strukturarmut* kennzeichnet heute vielerorts die Vorländer der Fließgewässer, da auf ihnen meist nur rasenartige Vegetationsformationen geduldet werden. Diese, fast ausschließlich auf den Hochwasserabfluss ausgerichtete, Situation muss durch die *Gewässerunterhaltung*, meist durch Mahd, ständig aufrechterhalten werden.

Durch den veränderten Wasserhaushalt in der Aue wird eine landwirtschaftliche Nutzung mit hoher Intensität erst möglich. Zwangsläufig werden dabei die natürlich gewachsenen Strukturen in den Auen großflächig uniformiert. Die natürlichen Lebensräume nahmen dadurch kontinuierlich ab oder wurden zumindest qualitativ entscheidend verschlechtert (s. Abb. 4.33).

Abb. 4.33 Künstliches staugeregeltes Fließgewässer in einer landwirtschaftlich intensiv genutzten Aue. (Foto: P. Jürging)

Diese Aussage gilt auch vielerorts für das *Interstitial*, das durch Unterbindung der Umlagerung, durch Befestigungen, durch Wasserentzug oder durch Verschließen der Poren mit feinsten Sedimenten seine natürlichen Funktionen nicht mehr ausreichend erfüllen kann.

Kommt ein Hochwasser, ein plötzlicher Schadstoffeintrag o. ä., so kann aufgrund der fehlenden Fluchtmöglichkeiten die gesamte tierische Besiedlung flächendeckend vernichtet werden. Es dauert dann nicht nur einige Tage, sondern viele Monate, bis eine Wiederbesiedlung des Fließgewässers stattfindet.

4.2.3 Chemische Faktoren

Anthropogen bedingte Einträge aller Art in Fließgewässer können die chemische Zusammensetzung des Wassers und damit unter Umständen die Lebensbedingungen katastrophal verändern.

4.2.3.1 Gewässerbelastung

Der wirtschaftende Mensch hat den Chemismus der meisten Gewässer in vielfältiger Weise direkt und indirekt beeinflusst, und zwar

- durch die Zufuhr von *Abwasser* aus Haushalt und Gewerbe, also durch die Zufuhr von organischen und/oder anorganischen Dünge- und Schadstoffen und
- durch die vermehrte Zufuhr von *Nährstoffen* durch Nutzungsänderungen bis hin zu landwirtschaftlichen Nutzungen im Einzugsgebiet und in den Auen (DWA-Themen 2016).

So bedingen Einleitungen von ungereinigtem oder nur unzureichend gereinigtem Abwasser zumindest abschnittsweise gravierende chemische Veränderungen. Vor allem liegen die *Phosphatkonzentrationen* in diesen Bereichen im Vergleich zu einem natürlichen Fließgewässer um Größenordnungen höher. Auch von *Ammonium*, das natürlicherweise nur sehr geringe Konzentrationen aufweist, gelangen erhebliche Mengen direkt (und indirekt durch *mikrobielle Ammonifikation*) in die Vorfluter. Gleichzeitig können sich unter Umständen *Schwermetalle* in den Sedimenten anreichern. Aber auch die Einleitung von gereinigtem Abwasser bringt eine erhebliche Erhöhung der *Nährstoffbereitstellung* mit sich und führt zu Lebensbedingungen, die in einem vergleichbaren, natürlichen Fließgewässer, wenn überhaupt, erst weiter flussabwärts eintreten dürften.

In Einzugsgebieten mit *intensiver landwirtschaftlicher Nutzung* muss insbesondere der *(Über-)Düngung* durch Phosphor- und Stickstoffverbindungen erhebliche Bedeutung beigemessen werden. Vor allem die in ein Fließgewässer eingetragenen anorganischen Nährstoffe, insbesondere *Nitrate* und *Phosphate*, aber auch indirekt Ammonium, vergrößern durch die Erhöhung der Nährstoffverfügbarkeit die Produktion an pflanzlicher Biomasse im Fließgewässer. In solchen Situationen kann es dadurch im *Sauerstoffhaushalt* vor allem während der Nachtstunden, in denen alle Systemkomponenten Sauerstoff verbrauchen und die sauerstofferzeugende Photosynthese ruht, zu beträchtlichen Versorgungsdefiziten kommen. Dieses zeitweilige *Sauerstoffminimum* kann zum limitierenden Lebensraumfaktor für empfindliche Arten werden.

Bei ungünstigen Konstellationen können diese Auswirkungen auf das Fließgewässer noch wesentlich verstärkt werden. Speziell beim Anbau von einjährigen Kulturen besteht meist über längere Zeit im Jahresgang kein Vegetationsschluss bzw. kein ausreichender Erosionsschutz, sodass bei Starkregenereignissen oder Überflutungen die Ackerkrume abgetragen werden kann, die dann in vielen Fällen, möglicherweise noch angereichert mit Dünge- und Pflanzenschutzmitteln, wiederum in das Fließgewässer gelangt und dieses belastet. Dieser Effekt kann noch durch die Verdichtung der Aueböden durch schwere landwirtschaftliche Maschinen gefördert werden.

Desgleichen können *Nutzungsänderungen*, u. a. ein Kahlschlag im Einzugsgebiet eines kleinen Fließgewässers, enorme chemische Veränderungen im Wasserkörper nach sich ziehen. Neben einer Veränderung der Abflusscharakteristik und der Strahlungsverhältnisse kann zum Beispiel der Nitratgehalt bereits nach einem Jahr aufgrund der Nährstoffmobilisierung in der Fläche (und unabhängig von verstärkten Lösungsvorgängen aus Gesteinen) um das Vielfache im Fließgewässer steigen, was eine unnatürlich hohe *Nährstoffanreicherung* mit weiteren Folgen für das Gewässer bedeutet. Hinzu kommt noch ein erhöhter Schwebstoffeintrag in die Vorfluter durch eine verstärkte Erosion der nun unbewaldeten Flächen.

Unter Umständen kann ein *naturferner Gewässerausbau* auch eine direkt merkliche Änderung der Wasserchemie nach sich ziehen, wenn u. a. die Sohlenberollung oder die Uferbefestigung mit standortfremden Gesteinen bzw. Wasserbausteinen erfolgt (z. B. Kalksteine in Moorgewässern).

Am Rande ist noch zu erwähnen, dass die *Versauerung* von Fließgewässern in Urgesteinsgebieten durch den sog. „*sauren Regen*" derart verstärkt werden kann, dass etliche Organismen unter diesen sauren Lebensbedingungen nicht mehr existieren können.

4.2.3.2 Sauerstoff

Der *Sauerstoffhaushalt* eines anthropogen beeinflussten Fließgewässers kann vor allem durch:

- Änderung der Fließverhältnisse (z. B. durch gleichmäßigeres Fließen und dadurch bedingt weniger Turbulenzen),
- Erhöhung der Strahlungsverhältnisse, u. a. mit dem Resultat eines vermehrten Makrophytenwachstums,
- Erhöhung der Wassertemperatur aufgrund der temperaturabhängigen Löslichkeit von Sauerstoff im Wasser,
- Erhöhung des Nährstoffangebotes und damit vermehrter Primärproduktion und zwangsläufig folgender, sauerstoffzehrender Abbauvorgänge sowie aufgrund
- Abwassereinleitungen und der damit einhergehenden Sauerstoffzehrung

stark negativ beeinflusst werden.

Des Weiteren können vor allem im *Interstitial* durch Änderungen der Sohlenbeschaffenheit (z. B. durch verstärkte Feinsedimentation oder durch wasserbauliche Maßnahmen zur Sohlenbefestigung), aufgrund der in den Lückenräumen dann nur noch sehr geringen Wasseraustauschraten, dort anhaltend kritische Sauerstoffverhältnisse vorliegen, die die Lebensgemeinschaften nachhaltig verändern können.

4.2.4 Biotische Faktoren

Bei anthropogen veränderten Fließgewässern werden alle wichtigen biotischen Faktorenkomplexe mehr oder minder stark beeinflusst. Dies betrifft vor allem die Nahrungsketten, die organischen Strukturen und die Durchgängigkeit. Damit ging in vielen Fließgewässern ein extremer Wandel der Lebensgemeinschaften einher.

4.2.4.1 Selbstreinigung

In fast allen Fließgewässern werden organische und anorganische Abfallstoffe über Abwassereinleitungen oder andere vom Menschen verursachte Quellen eingebracht, die auch den im Abschn. 4.1.4 (Nahrungskette) beschriebenen Kreisläufen unterliegen. Diese Prozesse tragen bei verunreinigten Gewässern zur sog. *Selbstreinigung* bei (s. auch Drewes und Römisch 1993; Splett 2000).

Mitunter findet man unmittelbar hinter einer *Abwassereinleitung* einen Bereich, in dem alle Pflanzen und Tiere der Reinwasserzone fehlen. Aber auch diese fast sauerstofffreie „*Verödungszone*“ ist von Leben gekennzeichnet. In so einem Gewässerabschnitt der Güteklasse IV (s. Abschn. 5.1) existieren nur wenige Arten, allerdings in hohen Individuenzahlen. Hierzu zählt vor allem eine sehr auffällige Bakterienart, der sog. Abwasserpilz (*Sphaerotilus natans*), der oft große Watten ausbildet und die Substrate der Flusssohle mit einem glitschigen Filz überzieht.

Dieses massenhafte Auftreten von *Bakterien* wird durch das hohe *Nährstoffangebot* verursacht, das die Abwässer in fester oder gelöster Form mitbringen. Diese Nährstoffe werden über den Stoffwechsel der Bakterien mineralisiert, wobei vor allem Ammonium auf dem Wege der Nitrifikation zu Nitrat oxydiert wird. Die Bakterien nützen dabei die in den organischen Abwasserstoffen gebundene Energie aus. Sonnenlicht wird nicht benötigt. Wird der gesamte im Fluss vorhandene Sauerstoff für diesen Verbrennungsprozess benötigt, so wird zwangsläufig allen sauerstoffbedürftigen Arten in diesem Bereich die Lebensgrundlage entzogen.

Von diesem Bakterienaufwuchs leben Folgekonsumenten, die in diesem sauerstoffarmen Milieu existieren können, zum Beispiel Schlammröhrenwürmer, besser als *Tubifex* bekannt, und Larven von bestimmten Zuckmückenarten. Auch diese Organismen helfen mit, durch Stoffwechselvorgänge die Abwasserfracht abzubauen.

Die *Stoffwechselprodukte*, vor allem Nitrat- und Phosphat-Ionen, führen zu einer starken Düngung und somit zu einem großen Algenwachstum. Die Algen verwandeln dabei mit Hilfe der Sonnenenergie die anorganischen Nährstoffe in organisches Material und verwenden bzw. binden es beim Aufbau ihres pflanzlichen Organismus. Durch die Assimilation wird dem Gewässer wieder Sauerstoff zugeführt. Gleichzeitig sorgt auch die physikalische Belüftung durch Fließbewegungen, insbesondere bei hohen Turbulenzen, für einen weiteren Sauerstoffeintrag ins Gewässer. Diese biochemischen Vorgänge und der Fakt, dass nun auch wieder Produzenten dem Fließgewässerökosystem als Nahrungsbasis zur Verfügung stehen, bedingen, dass Primär- und Folgekonsumenten (z. B. Wasserasseln oder bestimmte Egelarten) wieder einen zusagenden Lebensraum vorfinden.

Durch die *abnehmende Nährstoffkonzentration* verschwinden weiter flussabwärts wieder die Bakterien mit ihren Folgekonsumenten. Der Energielieferant ist nur noch die Sonne und die Nahrungskette kann sich wieder auf einem naturnahen Niveau einpendeln und der ursprüngliche Reinheitsgrad wird wieder erreicht.

Zusammenfassend ist festzustellen:

- die Aktivität aller Wasserbewohner ist die Grundlage der *Selbstreinigung* eines Gewässers, also der Umwandlung von organischen Substanzen in mineralische Stoffe durch Bakterien und Pilze.
- Artenreiche Biozönosen haben positive Auswirkungen auf das Selbstreinigungsvermögen eines Gewässers (z. B. DVWK 1990; Schönborn 1992; Schwoerbel und Brendelberger 2013; Schönborn und Risse-Buhl 2013)
- Wasserturbulenzen begünstigen den Sauerstoffeintrag und damit auch die Selbstreinigung.

4.2.4.2 Organische Strukturen

Vor allem *Totholzstrukturen* sind in ausgebauten Gewässern praktisch nicht oder kaum mehr vorhanden. Insbesondere im Hinblick auf eine ordnungsgemäße Hochwasserabfuhr, sollen so Verklausungen verhindert werden. Die auf *Totholz* spezialisierten Lebensgemeinschaften sind deshalb in einem Großteil unserer Fließgewässer streckenweise verschwunden und vielerorts vom Aussterben bedroht (Kail und Gerhard 2003).

Vor allem in kleineren, volldurchlichteten und eutrophen Gewässern können sich in der Vegetationsperiode dichte Bestände submerser und emerser Pflanzen entwickeln. Um den von den Vegetationsbeständen verursachten, in vielen Fällen unerwünscht hohen Wasserstand und der damit einhergehenden verstärkten Sedimentation entgegenzuwirken, wird im Rahmen der *Gewässerunterhaltung* in aller Regel gekrautet, d. h. vorwiegend maschinell die Phytomasse aus dem Gewässer entnommen (s. Abschn. 12.3.1). Dabei wird nicht nur die Sukzession der Lebensgemeinschaften regelmäßig unterbrochen und auf ein niedrigeres Entwicklungsniveau zurückversetzt, sondern es werden auch pflanzliche Strukturen für Aufwuchsorganismen entfernt und gleichzeitig eine beginnende Sohlenstrukturierung immer wieder im regelmäßigen Turnus nivelliert.

4.2.4.3 Durchgängigkeit

In ausgebauten Fließgewässern ist für ständig ans Wasser gebundene Organismen, wie zum Beispiel für Fische oder Mollusken, die *Durchwanderbarkeit* des fließenden Wasserkörpers, stellenweise durch *Querbauwerke* (z. B. Wehre – s. Abb. 4.34 – siehe u. a. Patt et al. 2021) und vor allem durch Flussstauseen, verwehrt (s. auch Abschn. 3.4.4). Arten, die nur in einzelnen Lebensabschnitten (z. B. im Larvalstadium) andauernd fließendes Wasser benötigen und auch der Trift unterliegen, die aber als erwachsene (adulte) Tiere flugfähig sind, können über *Ausbreitungsflüge* (Dispersionsflüge) diese Querbauwerke überwinden und an oder in flussaufwärts gelegenen Abschnitten ihren Lebenszyklus neu beginnen.

Sogenannte *Verödungszonen* nach *Abwassereinleitungen* oder auch *Restwasserstrecken* können, zumindest über die meiste Zeit des Jahres, qualitative *Wanderhindernisse* darstellen. Dasselbe gilt für längere, naturfern befestigte und somit weitgehend strukturlose Ufer oder für intensiv genutzte Auen (s. auch Abschn. 3.4.1). Oftmals ist auch das *Interstitial* ausbau- bzw. strukturbedingt nicht mehr „durchwanderbar", sei es flussauf- oder flussabwärts, sei es in seitliche Uferbereiche oder in tiefere Schichten, sodass nicht nur die *Durchgängigkeit* im *Längsverlauf* unterbrochen, sondern auch die *Durchgängigkeit* im *Querprofil* nicht mehr gewährleistet ist (s. Abschn. 4.2.1).

Abb. 4.34 Auch Mühlstaue verändern viele Fließgewässercharakteristika nachhaltig und unterbrechen die „ökologische Durchgängigkeit". (Foto: P. Jürging)

Meist wurden auch die Mündungsbereiche von *Seitengewässern* naturfern ausgebaut, sodass vielerorts senkrechte Einmündungen, mitunter auch zusätzlich noch verrohrte Bäche, mit hohen Abstürzen ins Hauptgewässer die Situation kennzeichnen. In solchen Fällen ist eine Wanderung von Wasserorganismen in die Nebengewässer nicht mehr oder nur eingeschränkt möglich. Das Seitengewässer ist, was die ökologische Durchgängigkeit anbelangt, im wahrsten Sinne des Wortes, „abgehängt".

4.2.5 Anthropogen bedingte und beeinflusste Lebensräume und Lebensgemeinschaften

Wie die letzten Kapitel aufzeigten, hat der Mensch die natürlichen Faktoren der einzelnen Fließgewässerabschnitte durch *Eingriffe* und *Belastungen* abgewandelt. Viele Parameter wurden über weite Fließstrecken nivelliert. Nährstoffgehalt, Primärproduktion und Temperaturamplitude nahmen flussaufwärts zu, während Fließgeschwindigkeit, *Schleppkraft* und *Sauerstoffgehalt* zur Quelle hin abnahmen (s. Abb. 4.35).

Damit verlagerten (und durchmischten) sich auch die typischen Lebensgemeinschaften der einzelnen Flussabschnitte. Zusätzlich verfälschten bestimmte Nutzungen, wie zum Beispiel die Erwerbs- oder Sportfischerei durch Fischbesatz, die Lebensgemeinschaften im Fließgewässer.

Der veränderte Wasserhaushalt in Fluss und Aue schmälert oder unterbindet die ober- und unterirdische Gewässerdynamik und durch die nun häufigere Trockenheit der Auen verschwanden auetypische Lebensräume.

Für die meisten *auetypischen Lebensgemeinschaften* bedeutete die veränderte Entwicklung vieler Fließgewässer und ihrer Auen nicht nur eine *Strukturarmut*, sondern oftmals war ein totaler Verlust an natürlichen Lebensräumen das Resultat. Parallel dazu nahmen vielerorts in den verbliebenen Restflächen wesentliche Lebensraumqualitäten durch die fehlende oder *minimierte Gewässerdynamik* bei gleichzeitiger *Nährstoffanreicherung* zunehmend ab.

Die zusätzlich auftretenden *Trennungs-* und *Störeffekte* (z. B. durch Ausbauten, Verkehrswege, aber auch durch Erholungssuchende) bedingen fehlende oder zumindest stark eingeschränkte Migrationsmöglichkeiten. Aufgrund dieser *Verinselungseffekte* sind viele Populationen auf Dauer nicht überlebensfähig.

Das Ergebnis aller Standortveränderungen ist, dass ehemals reich strukturierte Fließgewässerlandschaften mit ihren vielfältigen Pflanzen- und Tiergemeinschaften heute durch eine vergleichsweise extreme *Artenverarmung* gekennzeichnet sind. Natürliche, Nässe und Dynamik vertragende Lebensgemeinschaften mussten der neuen Situation weichen oder wurden in den Restlebensräumen durch Ubiquisten (*Allerweltsarten*) verdrängt. Diese Vorgänge zeigen sich sehr eindrucksvoll in den sog. „Roten Listen" gefährdeter Tier- und Pflanzenarten (BfN 2000).

Zu den sich auf anthropogen gestörten Standorten immer weiter ausbreitenden anspruchslosen Ubiqisten zählen heutzutage auch etliche *Neophyten,* die sich u. a. auch in

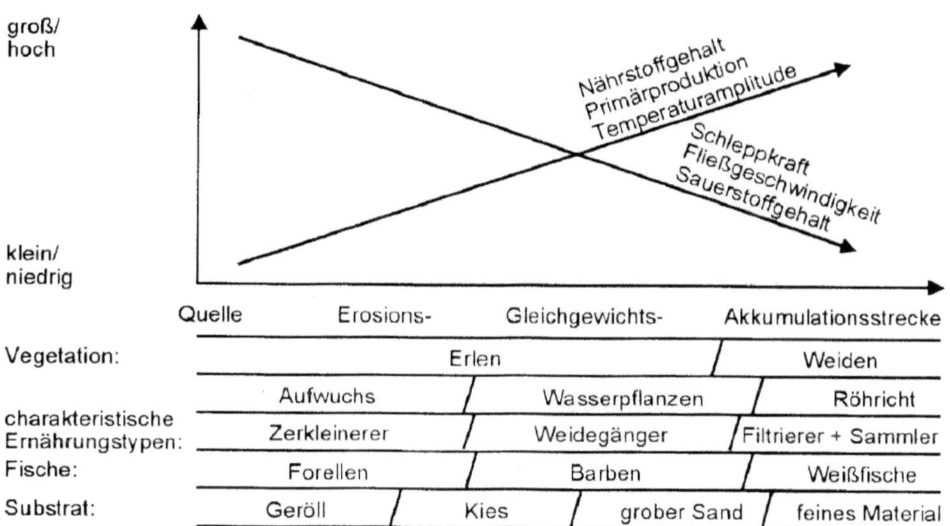

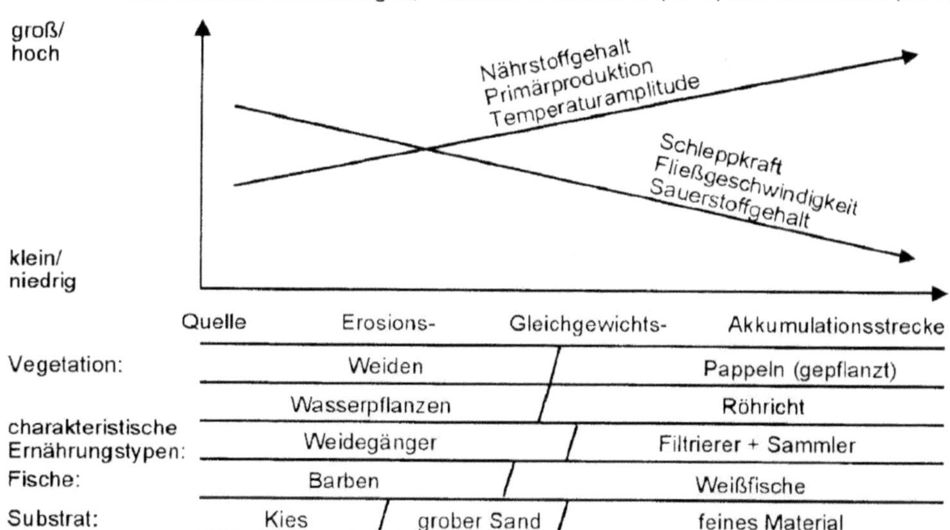

Abb. 4.35 Vergleich biotischer und abiotischer Faktoren zwischen einem natürlichen und einem naturfernen Fließgewässer im Gesamtverlauf. (Verändert nach DVWK 1984)

Abb. 4.36 Stellenweise beherrschen Neophyten die Ufer; wie zum Beispiel Riesenbärenklau (*Heracleum mantegazzianum*). (Foto: E. Städtler)

unseren Gewässerlandschaften zunehmend verbreiten (s. Abb. 4.36). Diese Pflanzen stammen aus fremden Ländern (Florengebieten) und haben sich im letzten halben Jahrtausend, etwa seit der Entdeckung Amerikas und der Intensivierung des Reise- und Handelsverkehrs, in zunehmendem Maße in unseren Breiten etabliert.

Die *Neophyten* behaupten sich überwiegend an Stellen, die durch menschliche Eingriffe entstanden sind, so eben auch entlang von Fließgewässern nach wasserbaulichen Ausbau- oder Unterhaltungsmaßnahmen (siehe u. a. GfG 1999; Städtler 2010).

Eine weitere Ursache für das vorzugsweise Vorkommen dieser Einwanderer an den Ufern unserer Fließgewässer sind schwankende Wasserstände sowie Hochwasser oder Wellenschlag (insbesondere, wenn der Boden an Ufern stellenweise abgetragen oder freigelegt wurde). Diese vegetationsfreien Flächen werden von verschiedenen Neophyten nahezu konkurrenzlos zur Ansiedlung genutzt. Selbstverständlich begünstigt auch die

Trift von Samen und Pflanzenteilen die Ausbreitung dieser Pflanzen an den Fließgewässern.

Zu den wichtigsten Neophyten unserer Flusslandschaften zählen der Japan-Knöterich (*Reynoutria japonica*), der Sachalin-Knöterich (*Reynoutria sachalinensis*), die Kanadische Goldrute (*Solidago canadensis*), die Späte Goldrute (*Solidago gigantea*), das Indische Springkraut (*Impatiens glandulifera*) und der Riesenbärenklau (*Heracleum mantegazzianum* – s. Abb. 4.36), der auch Herkulesstaude genannt wird. Diese Neulinge können zu ökologischen und unterhaltungstechnischen Problemen führen,

- da sie die vorhandenen Pflanzen verdrängen und damit tief in das ökologische Gleichgewicht der Biozönosen eingreifen und
- einige Arten, vor allem das Indische Springkraut und der Japan-Knöterich, während der Vegetationsruhe keine uferstabilisierende Wirkung haben und sich somit in diesen Zeiten die Erosionsgefahr erhöhen kann.

An unseren Fließgewässern haben sich aber nicht nur neue Florenelemente eingebürgert, sondern auch einige Tierarten. Die bekanntesten Beispiele hierfür sind Bisam (*Ondatra zibethicus*) und Nutria (*Myokastor coypus*). Diese Tierarten können durch ihre Wühlarbeit die Sicherheit von Ufern, Deichen und Dämmen gefährden (DWA-M 608-1 2017; DWA-M 608-2 2022).

4.2.5.1 Quelle mit Quelllauf

Die Umgestaltung und Nutzung vieler Grundwasseraustritte haben zu starken Eingriffen in die Lebensraumqualität der *Quellbereiche* und *Quellläufe* geführt. Nach Braun et al. (1996) sind zum Beispiel im Einzugsgebiet der Vils in der Oberpfalz von 109 Quellen zwei Drittel baulich verändert und dadurch in ihrer Biotopfunktion zum Teil erheblich beeinträchtigt (s. Abb. 4.37).

Im Wesentlichen handelt es sich bei diesen Veränderungen um Quellfassungen …

- für die Wassergewinnung bzw. Wasserversorgung,
- als Brunnen, zum Beispiel als Attraktion an Wanderwegen,
- in Form von Teichen zur fischereilichen Nutzung oder
- zur Entwässerung im Hinblick auf landwirtschaftliche Nutzungen mit Düngung und Mahd.

In vielen Fällen ist als Folge von Wasserentzug, Nährstoffzunahme und Temperaturerhöhung, der Verlust typischer Spezialisten und eine Zunahme von Ubiquisten zu verzeichnen. Nutzungsbedingt finden sich in Quellbereichen mitunter auch entsprechende Ersatzgesellschaften, wie zum Beispiel Grünland oder landschaftsgärtnerische Bepflanzungen (s. auch Tremp 2007).

Abb. 4.37 Dieser Schichtquellenbereich verliert bereits nach einem Höhenmeter seine Natürlichkeit durch einen nutzungsbedingten Aufstau. (Foto: P. Jürging)

4.2.5.2 Oberlauf

In ausgebauten Oberläufen wurden die vormals reichhaltigen Strukturen weitgehend vergleichmäßigt und vereinheitlicht. Überschwemmungen laufen nur noch bei Extremereignissen außerhalb des Gewässerbettes ab. Zudem wurden diese Fließabschnitte vor allem durch …

- die stärkere Durchlichtung und Erwärmung aufgrund der weitgehend fehlenden Beschattung durch Ufergehölze,
- die teilweise geringeren Fließgeschwindigkeiten und
- die erhöhte Verfügbarkeit von Nährstoffen verändert.

In diesen Fällen kann es bereits im *Oberlauf* naturferner Fließgewässer, vor allem in gestauten Bereichen, zu erheblichen, unnatürlichen *Verkrautungen* kommen. Die *Makrophytenbestände* können das Abflussprofil verengen und bewirken bei einer Massenentfaltung zwangsläufig eine Anstieg des Wasserspiegels sowie in aller Regel dann auch einen erhöhten Unterhaltungsaufwand. Wie sich verschiedene Veränderungen im Oberlauf auf die Verteilung der *Ernährungstypen* auswirken können zeigt Abb. 4.38.

Aus der Darstellung wird deutlich, dass sich in anthropogen beeinflussten Fließgewässern, vor allem im Oberlauf, auch die unter natürlichen Verhältnissen flussabwärts zu findenden Charakteristika einstellen. Eine fließgewässertypische Einteilung ist somit in

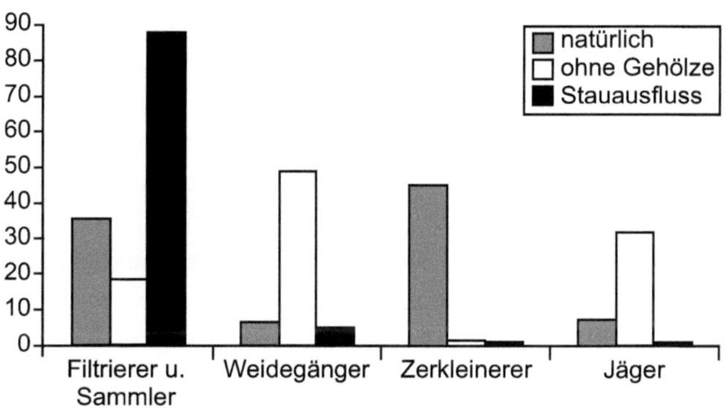

Abb. 4.38 Verteilung der Ernährungstypen in Prozent (ohne Sedimentfresser) in einem Oberlauf im Frankenwald im natürlichen Zustand, ohne beschattende und eintragmindernde Ufergehölze und in der Ausflussbiozönose eines Aufstaues. (Verändert nach Steinberg 1987)

ausgebauten Strecken nur noch sehr eingeschränkt, zum Teil überhaupt nicht mehr möglich (z. B. in Staubereichen).

Konsequenterweise haben sich auch die amphibischen und terrestrischen Lebensräume gewandelt. So verursachen zum Beispiel fehlende Strukturen eine Reduzierung von strukturgebundenen Arten. Als Beispiel sei nur erwähnt, dass, wenn geeignete Ansitzwarten verschwunden sind, der Eisvogel (*Alcedo atthis*) oder die Wasseramsel (*Cinclus cinclus*) einen zum Nahrungserwerb wichtigen Teillebensraum verloren haben.

4.2.5.3 Mittellauf

In vielen ausgebauten, geschiebeführenden Flüssen reicht das *Transportvermögen* nicht mehr zu einer natürlichen *Umlagerung* des Bettmaterials aus (s. Abschn. 3.4). Hier ist die zyklische Entstehung von vegetationslosen Geschiebeablagerungen stark eingeschränkt. Auf den verbliebenen, aber nicht mehr umgelagerten, Schotterbänken und Inseln schreitet die Vegetationsentwicklung zu reiferen Gehölzbeständen voran (zum Teil stark mit Fichte durchsetzt), mit dem Ergebnis, dass *auetypische Pioniergesellschaften* zusehends seltener werden.

Sind in geschiebeführenden Flüssen *Umlagerungsstrecken* verblieben, dann mussten vielerorts die konkurrenzschwachen Alpenschwemmlinge aufgrund höherer Nährstoffbelastung des Gewässers, und vor allem auch aufgrund von Überlagerungen der Magerstandorte mit nährstoffreichen Feinsedimenten, hochwüchsigen Gräsern und Kräutern wie Rohrglanzgras (*Phalaris arundinacea*) und Barbara-Kraut (*Barbaraea vulgaris*) weichen. Auch finden hier gelegentlich Neophyten einen zusagenden Lebensraum. Mitunter machen sich nach Einleitungen von Kläranlagen sogar auf leicht überschlickten Kiesflächen saisonal Tomaten (*Solanum lycopersicum*) breit!

In nicht geschiebeführenden Gewässern mit mittleren bis geringen Fließgeschwindigkeiten sind gegen Verunreinigungen empfindliche, submerse Arten sehr selten geworden. Als Beispiel sei das Bunte Laichkraut (*Potamogeton coloratus*), ein Vertreter der kalkreichen Klarbach-Gesellschaften, nochmals erwähnt, das im Laufe der letzten Jahrzehnte zu einer Seltenheit geworden ist. Stattdessen dehnten sich in diesen Lebensräumen „*abwassertolerante*“ Arten aus, wie vor allem der Flutende Hahnenfuß (*Ranunculus fluitans*) und auch manche Wasserstern-Arten (*Callitriche spec.)*, die in vielen unserer Flüsse und Bäche bereits dominant auftreten. Zum Teil müssen diese Bereiche zur Aufrechterhaltung einer ausreichenden Vorflut mechanisch unterhalten werden. Mitunter weisen diese Flüsse, vor allem im Bereich von Mühlstauen, auch schmale, nahezu durchgehende Röhrichte auf, die aus für Fließgewässer untypischem Schilf (*Phragmites communis*) bestehen.

Auch die *Fischartenzusammensetzung* hat sich vielerorts durch die veränderten Lebensbedingungen, vor allem aber durch Besatz geändert. So ist zum Beispiel in den südlichen Donauzuflüssen der Aal erst durch den Menschen „heimisch gemacht“ worden, was sich wiederum aufgrund des neu hinzu gekommenen „Feinddruckes“ auf die Bestände des Fluss- oder Edelkrebses (*Astacus astacus*) negativ auswirkte.

Sind in den Auen noch Auwaldreste vorhanden, so überwiegen im Gegensatz zu früher, meist hartholzartige Bestände. Diese stocken heute vielerorts lediglich deshalb an der Stelle von ehemaligen Weiden- und Erlenauen, weil die Wasserspiegellagen absanken und die häufigen Überschwemmungen ausblieben. Im Prinzip können ehemalige Weichholzauen, wenn sie überhaupt nicht mehr überschwemmt werden, wegen der Durchlässigkeit ihres in der Regel feinerdearmen Bodens sehr trocken werden, sodass sich letztlich Kiefernwälder oder auch Auen-Birken-Eichenwälder entwickeln können. Meist sind aber, wenn überhaupt noch Wälder längs der Flüsse existieren, diese forstlich mehr oder weniger stark übergeprägt (z. B. mit *Hybrid-Pappel-Kulturen* – s. Abb. 4.39).

Mitunter finden sich auch noch Zeugen alter Nutzungsformen, zum Beispiel von Kopfweiden- und Niederwaldnutzung. Der größte Teil unserer Auen ist aber heute landwirtschaftlich genutzt (s. Abb. 4.40).

Unter anderem auch aufgrund der *Gewässerunterhaltung* werden in intensiv genutzten Bereichen oftmals keine *Gehölzsäume* an den Gewässern geduldet. Hier entwickelten sich an den Ufern meist nur schmale, oft lückige Säume von mehr oder weniger nährstoffliebenden Pflanzengemeinschaften aus Kräutern, Gräsern und vor allem aus *Hochstauden*, die in vielen Fällen fast ausschließlich aus Brennnesseln (*Urtica dioica*) bestehen. Diese Situation trifft vielerorts auch auf künstlich angelegte Entwässerungsgräben und deren Vorfluter zu.

In einigen Fällen, vor allem in den Hügelländern, verblieb aber noch ein *galerieartiger Gehölzbestand* entlang der Bäche und Flüsse. In diesen meist noch naturnahen Uferzonen stocken vorwiegend Schwarz-Erle (*Alnus glutinosa*), verschiedene Weidenarten (z. B. *Salix alba, S. fragilis, S. viminalis*), Esche (*Fraxinus excelsior*) und mitunter Traubenkirsche (*Prunus padus*).

Nach Ausbaumaßnahmen wurden Mitte des 20. Jahrhundert oftmals die Ufer alleeartig mit *Hybrid-Pappeln* bepflanzt. Später erfolgte die Bepflanzung etwas gelockerter, wobei den standorttypischen Bäumen viele Sträucher, zum Beispiel Gewöhnliches Pfaffenkäppchen (*Evonymus europaeus*), Faulbaum (*Rhamnus frangula*) und Gewöhnlicher Schneeball (*Viburnum opulus*), beigemischt wurden.

Abb. 4.39 Anstelle der Weichholzaue stocken hier im Vorland in „Reih und Glied" hochwassergerecht aufgeastete Hybrid-Pappeln. (Foto: P. Jürging)

Abb. 4.40 Maisanbau im Überschwemmungsgebiet. (Foto: P. Jürging)

An größeren, ausgebauten Gewässern finden sich auf den Dämmen, Deichen und in den Vorländern meist nur noch rasenartige Vegetationsbestände, die regelmäßig im Rahmen der *Gewässerunterhaltung* gemäht oder/und beweidet werden. Dabei haben sich auf nährstoffarmen Deichen und Dämmen im Laufe der Zeit schützenswerte *Magerrasen* ausgebildet.

In diesem Zusammenhang ist festzuhalten, dass etliche künstlich entstandene Lebensräume mit ihren Lebensgemeinschaften entlang unserer Fließgewässer (z. B. die erwähnten Magerrasen, aber auch *Nasswiesen* und *Hochstaudenfluren* oder *Gehölzstreifen* – s. Abb. 4.41, 4.42 und 4.43) auch bis zu einem gewissen Grad notwendige ökologische Funktionen erfüllen. Diese, streng genommen naturfernen Vegetationssäume, sind in ausgeräumten Landschaften die letzten *Biotopreste*, denen aufgrund fehlender naturnaher Lebensräume lokal eine nicht zu unterschätzende Bedeutung für den Naturhaushalt zukommen kann.

4.2.5.4 Unterlauf mit Altgewässern

Die den Mittellauf kennzeichnenden, anthropogen bedingten Veränderungen gelten im Prinzip auch für den *Unterlauf*. Nur dass eben hier, aufgrund der in aller Regel breiteren Auen, die durch Nutzungen veränderten Flächen wesentlich größer sind.

Abb. 4.41 Anstelle der Weichholzaue stocken hier im Vorland in „Reih und Glied" ausgedehnte, naturnahe Ersatzgesellschaften aus Wiesen- und Röhrichtarten mit dominantem Großem Wasserschwaden (*Glyceria maxima*). (Foto: P. Jürging)

Abb. 4.42 Seggenreiche Ersatzgesellschaften für Auwälder im Hügelland. (Foto: P. Jürging)

Abb. 4.43 In trockeneren Uferbereichen finden sich mitunter als Ersatz für die Gehölze Hochstaudenfluren; hier mit Blutweiderich (*Lythrum salicaria*) und Gilbweiderich (*Lysimachia vulgris*). (Foto: P. Jürging)

Abb. 4.44 Durch Begradigung eines Unterlaufes zusätzlich entstandene Altgewässer, die ohne Zweifel einen hohen naturschutzfachlichen Wert besitzen. (Foto: P. Jürging)

Vor allem in den Auen der Unterläufe kamen zu den natürlich entstandenen Altgewässern im Zuge von Flussbegradigungen unnatürlich viele, künstlich abgeschnittene *Altgewässer* hinzu (s. Abb. 4.44).

Allerdings verschwand im Laufe der Zeit ein Großteil der natürlich oder künstlich entstandenen Altgewässer durch Nutzungen und/oder durch *Auf-* und *Verlandungsprozesse*. Letztere können bei einem zusätzlichen Nährstoffeintrag durch den nutzenden Menschen beschleunigt ablaufen. Gleichzeitig kann dieser Prozess auch noch durch sinkende Wasser- und Grundwasserspiegel eine indirekte „Förderung" erfahren (z. B. bei Sohleneintiefungen und/oder Grundwasserabsenkungen in der Aue – s. Abb. 4.45). Altgewässer können heutzutage in unserer Kulturlandschaft wegen der weitestgehend fehlenden (bettgestaltenden) *Fließgewässerdynamik* praktisch nur noch in sehr seltenen Ausnahmefällen neu entstehen (s. Abschn. 3.3.2).

An den wenigen noch vorhandenen Altgewässern verändern Nutzungen die Lebensräume und damit die Lebensgemeinschaften in aller Regel ganz erheblich (s. Abb. 4.46). Hierzu zählen im Wesentlichen einzeln oder in unterschiedlichen Kombinationen: Fischerei, Jagd, Erholung, Vorflut, Wasserentnahme, Landwirtschaft, Ablagerungen, Verfüllung und Bodenabbau. Somit kann der Rest der bis heute in unseren Auen verbliebenen Altgewässer seine ökologischen Funktionen meist nur noch sehr eingeschränkt erfüllen. Entsprechend dieser Entwicklungen fehlen heute natürliche oder naturnahe Altgewässer in fast allen Flusslandschaften oder stellen zumindest Mangelbiotope dar. Dies ist umso gra-

Abb. 4.45 Durch Flussausbau trocken gefallenes Altgewässer. (Foto: P. Jürging)

Abb. 4.46 Nutzungsbedingt weist dieses Altgewässer an seinen Ufern keine Gehölzstrukturen auf, sodass es u. a. der vollen Sonneneinstrahlung ausgesetzt ist und keinen Puffer gegenüber Stoffeinträgen besitzt. (Foto: P. Jürging)

vierender, da viele Fließgewässerarten nicht zuletzt aufgrund der meist ausbaubedingt im Fluss fehlenden Lebensräume auf Altarme (z. B. zum Laichen oder als Kinderstube), aber auch als Rückzugsraum angewiesen sind (z. B. bei Hochwasser).

4.2.5.5 Mündungslauf

Auch diese Fließgewässerabschnitte wurden vom Menschen mehr oder weniger stark verändert, sei es durch Ausbau und Nutzungen aller Art. Dementsprechend sind naturnahe *Mündungsbereiche*, die ja schon unter natürlichen Bedingungen nicht häufig waren, sehr selten geworden und deshalb besonders schützenswert. Letzte Beispiele hierfür sind die Mündung der Tiroler Achen in den Chiemsee (s. Abb. 4.30) oder die in den Marschen gelegene Oste-Mündung in die Unterelbe, wo noch u. a. Wattflächen, Salzwiesen, Weiden (Wiesen bzw. Grünland als Ersatzgesellschaften für Auwälder), Flutrasen, Schilf- und Brackwasserröhrichte einer sehr großen Zahl von Wat-, Wasser- und Seevögeln als Lebensraum dienen (Dahl et al. 1989).

Literatur

BayLfW (s. Bayerisches Landesamt für Wasserwirtschaft, Augsburg)

BayLfU & BayLWF (2010) (s. Bayerisches Landesamt für Umwelt – Augsburg und Bayerische Landes für Wald und Forstwirtschaft – Freising)

Bayerisches Staatsministerium für Landesentwicklung und Umweltfragen (1997) Flüsse, Auen, Täler – erhalten und entwickeln –, Wasserwirtschaft in Bayern, Heft 30.

Bayerisches Landesamt für Umwelt & Bayerische Landesanstalt für Wald und Forstwirtschaft (Hrsg.) (2010) Handbuch der Lebensraumtypen nach Anhang I der Fauna-Flora-Habitat-Richtlinie in Bayern. – 165 S. + Anhang, Augsburg & Freising-Weihenstephan.

Bayerisches Landesamt für Wasserwirtschaft – BayLfW (Hrsg.) (1983) Ökotechnische Modelluntersuchung Untere Isar, Eigenverlag, München.

Bayerisches Landesamt für Wasserwirtschaft – BayLfW (Hrsg.) (1987) Grundzüge der Gewässerpflege – Fließgewässer, Schriftenreihe des Bayerischen Landesamtes für Wasserwirtschaft, Heft 21, München.

BfN (s. Bundesamt für Naturschutz, Bonn)

Boschi, C., Bertiller, R., Coch, T. (2003) Die kleinen Fließgewässer – Bedeutung, Gefährdung, Aufwertung, vdf Hochschulverlag AG an der ETH Zürich, Professur für Natur- und Landschaftsschutz, ETH-Zentrum, CH-8092 Zürich.

Braun, P., Kügel, B., Kraier, W., Hartmann, J. (1996) Ökologisch begründete Sanierungskonzepte kleiner Fließgewässer – Fallbeispiel Vils/Oberpfalz, In: Schriftenreihe des Bayerischen Landesamtes für Wasserwirtschaft (1996).

Bundesamt für Naturschutz – BfN (Hrsg.) (2000) Bundesweite Rote Listen – Bilanzen, Konsequenzen, Perspektiven, Bearbeiter: M. Binot-Hafke, H. Gruttke, G. Ludwig, U. Riecken, Schriftreihe für Landschaftspflege und Naturschutz, Heft 65.

Dahl, H.-J., Hullen, M., Herr, W., Todeskino, D., Wiegleb, G. (1989) Beiträge zum Fließgewässerschutz in Niedersachsen – Naturschutz Landschaftspflege Niedersachsen, Heft 18, Hannover.

Deutschmann, K., Henschel, Th., Kraier, W. (2016) Stand und Perspektiven der Auenentwicklung in Bayern. Auenmagazin, Heft 10/2016. Neuburg a. d. Donau.

Drewes, U., Römisch, K. (1993) Reaktivierung der natürlichen Selbstreinigungspotentiale von Fließgewässern, Wasserwirtschaft, 83. Jahrg., Heft 3/1993.

DVWK (s. Deutscher Verband für Wasserwirtschaft und Kulturbau e.V., Bonn – Anmerkung: Die Abwassertechnische Vereinigung e.V. (ATV) und der Deutsche Verband für Wasserwirtschaft und Kulturbau e.V. (DVWK) waren seit dem 1. Januar 2000 fusioniert und gaben sich den Verbandsnamen: ATV-DVWK – Deutsche Vereinigung für Wasserwirtschaft, Abwasser, Abfall e.V. mit Sitz in Hennef. Mit Wirkung vom 27. Oktober 2004 wurde der Name in Deutsche Vereinigung für Wasserwirtschaft, Abwasser und Abfall e.V. (DWA) mit Sitz in Hennef geändert).

DVWK – Deutscher Verband für Wasserwirtschaft und Kulturbau e.V. (Hrsg.) (1984) Ökologische Aspekte bei Ausbau und Unterhaltung von Fließgewässern, DVWK-Merkblätter zur Wasserwirtschaft, Nr. 204/1984, Bonn.

DVWK – Deutscher Verband für Wasserwirtschaft und Kulturbau e.V. (Hrsg.) (1990) Abhängigkeit der Selbstreinigung von der Naturnähe der Gewässer, DVWK-Mitteilungen, Heft 21/1990, Bonn.

DVWK – Deutscher Verband für Wasserwirtschaft und Kulturbau e.V. (Hrsg.) (1991) Ökologische Aspekte zu Altgewässern, DVWK-Merkblätter zur Wasserwirtschaft, Nr. 219/1991, Bonn

DWA (s. Deutsche Vereinigung für Wasserwirtschaft, Abwasser, Abfall eV – DWA, Hennef – die DWA ist am 27. Oktober 2004 durch Namensänderung aus ATV-DVWK entstanden – siehe auch ATV, DVWK sowie ATV-DVWK)

DWA – Deutsche Vereinigung für Wasserwirtschaft, Abwasser und Abfall eV – DWA (Hrsg.) (2016) Diffuse Stoffeinträge in Gewässer aus der Landwirtschaft, DWA-Themen, August 2016.

DWA – Deutsche Vereinigung für Wasserwirtschaft, Abwasser und Abfall eV – DWA (Hrsg.) (2017) Biber, Bisam, Nutria – Teil 1: Erkennungsmerkmale und Lebensweisen, Merkblatt DWA-M 608-1.

DWA – Deutsche Vereinigung für Wasserwirtschaft, Abwasser und Abfall eV – DWA (Hrsg.) (2019a) Neobiota – Auswirkungen und Umgang mit wasserwirtschaftlich bedeutsamen Tier- und Pflanzenarten, Teil 1: Grundlagen, Merkblatt DWA-M 626-1.

DWA – Deutsche Vereinigung für Wasserwirtschaft, Abwasser und Abfall eV – DWA (Hrsg.) (2019b) Neobiota – Auswirkungen und Umgang mit wasserwirtschaftlich bedeutsamen Tier- und Pflanzenarten, Teil 2: Artensteckbriefe, Merkblatt DWA-M 626-2.

DWA-Deutsche Vereinigung für Wasserwirtschaft, Abwasser und Abfall eV – DWA (Hrsg.) (2022) Bisam, Biber, Nutria – Teil 2: Technische Gestaltung und Sicherung von Ufern, Deichen und Dämmen, DWA-Merkblatt M 608-2 (Mai 2022).

Ellenberg, H. (1996) Vegetation Mitteleuropas mit den Alpen in ökologischer, dynamischer und historischer Sicht, 5. Aufl., Eugen Ulmer Verlag, Stuttgart.

Ellenberg, H., Leuschner, Ch. (2010) Vegetation Mitteleuropas mit den Alpen in ökologischer, dynamischer und historischer Sicht, 6. Aufl., UTB, Stuttgart.

Engelhardt, W. (1996) Was lebt in Tümpel, Bach und Weiher? Kosmos-Naturführer, 14. Aufl.

Gemeinnützige Fortbildungsgesellschaft für Wasserwirtschaft und Landschaftsentwicklung mbH – GfG (Hrsg.) (1999) Neophyten – Gebietsfremde Pflanzenarten an Fließgewässern – Empfehlungen für die Gewässerpflege, 3. Aufl., 1999, Mainz.

Jungwirth, M. (1981) Auswirkungen von Fließgewässerregulierungen auf Fischbestände. – Wasserwirtschaft Wasservorsorge, Forschungsarbeiten des Bundesministeriums für Land- und Forstwirtschaft, Eigenverlag, Wien.

Jürging, P. (1987) Landschaftsökologische Untersuchungen bei Flußstauseen, Wasserwirtschaft, 77. Jahrg., Heft 6, S. 284–287.

Jürging, P. (1995) Wasserwirtschaftliche und ökologische Folgen der Nutzung von Gewässerauen, Zeitschrift für Kulturtechnik und Landentwicklung, Heft 4/1996, S. 154–158.

Jürging, P. (1997) Altgewässer: Entwicklung und Problematik aus landschaftsökologischer Sicht, Wasser, Abwasser, Praxis (WAP), Heft Nr.1, S. 18–2.

Jürging, P., Gröbmaier, W. (1996) Gewässer und ihre Lebensgemeinschaften, Wasser-Abwasser-Praxis (WAP), Heft Nr. 3, S. 46–50.

Kail, J., Gerhard, M. (2003) Totholz in Fließgewässern – eine Begriffsbestimmung, Wasser & Boden, 55. Jahrg., Heft 1+2/2003.

Konold, W. (2007) Die wasserabhängigen Landökosysteme. Gibt es gemeinsame Strategien von Wasserwirtschaft und Naturschutz zu deren Schutz und Erhalt? Hydrologie und Wasserbewirtschaftung, 51. Jahrg., Heft 6, Dezember 2007, S. 257–266.

Konold, W., Böcker, R., Hampicke, U. (Hrsg.) (2008) Handbuch Naturschutz und Landschaftspflege – Kompendium zu Schutz und Entwicklung von Lebensräumen und Landschaften, Stand 01/2008 nach 21. Ergänzungslieferung, ecomed-verlagsgesellschaft, Landsberg am Lech.

Landesamt für Landwirtschaft, Umwelt und ländliche Räume Schleswig-Holstein – LLUR (Hrsg.) (2017) Gewässerökologische Empfehlungen für die Renaturierung von Flussauen, Flintbek.

LLUR (s. Landesamt für Landwirtschaft, Umwelt und ländliche Räume des Landes Schleswig-Holstein, Flintbek)

Patt, H. (Hrsg.) (2022) Fließgewässer- und Auenentwicklung – Grundlagen und Erfahrungen, 3. Aufl., Springer Vieweg, Wiesbaden.

Patt, H., Speerli, J., Gonsowski P. (2021) Wasserbau – Flussbauliche Grundlagen und Gestaltung von wasserbaulichen Bauwerken und Anlagen, 8. Aufl., Springer Vieweg, Wiesbaden.

Peter, A. (2003) Fische lieben Totholz, Wasser, Energie, Luft, 95. Jahrg., Heft 11/12.

Rehklau, W., Kraier, W., Hendreschke, M. (2017) Gewässer- und Auenentwicklung in Bayern: Synergien von Natura 2000 und Wasserrahmenrichtlinie. In: Anliegen Natur, Zeitschrift für Naturschutz und angewandte Landschaftsökologie, Heft 39(2), Laufen a. d. Salzach.

Rickert, K. (1986) Der Einfluß von Gehölzen auf die Lichtverhältnisse und das Abflußverhalten in Fließgewässern, Mitteilungen Heft 61, Institut für Wasserwirtschaft, Hydrologie und landwirtschaftlichen Wasserbau der Universität Hannover, Hannover.

Schönborn, W. (1992) Fließgewässerbiologie, Gustav Fischer Verlag, Jena, Stuttgart.

Schönborn, W., Risse-Buhl, U. (2013) Lehrbuch der Limnologie, 2. Aufl., E. Schweizerbart'sche Verlagsbuchhandlung, Juli 2013, 669 S.

Schwoerbel, J., Brendelberger, H. (2013) Einführung in die Limnologie, 10. Aufl., Juli 2013, Springer Spektrum, 386 S.

Splett, G. (2000) Einfluss von Strukturverbesserungen auf Selbstreinigungskraft und Gütezustand von Fließgewässern – eine Übersicht, Wasserwirtschaft 90. Jahrg., Heft 7-8/2000.

Städtler, E. (2010) Zurückdrängen des Riesenbärenklaus (Herkulesstaude) an Fließgewässern – Umsetzung des neuen § 40 des Bundesnaturschutzgesetzes und Erfahrungen im Rhein-Sieg-Kreis, Korrespondenz Wasserwirtschaft, 3. Jahrg., Heft Nr. 07/2010.

Statzner, B. (1992) Räumliche und zeitliche Variabilität der Sohlschubspannung – ein Schlüsselfaktor zur ökologischen Bewertung der Mindestwasserabgabe, Wasserwirtschaft, 82. Jahrg., Heft 6.

Steinberg, C. (1987) Lebensgemeinschaften in Fließgewässern.– In: Grundzüge der Gewässerpflege – Fließgewässer, Schriftenreihe des Bayerischen Landesamtes für Wasserwirtschaft, Heft 21, München.

Tremp, H., Kappus, B. (2003) Natürliche Fließgewässer – Habitate, Flora und Fauna, In: Konold, W., Böcker, R., Hampicke, U. (Hrsg.) (2008) Handbuch Naturschutz und Landschaftspflege – Kompendium zu Schutz und Entwicklung von Lebensräumen und Landschaften, Stand 01/2008 nach 21. Ergänzungslieferung, ecomed-verlagsgesellschaft, Landsberg am Lech.

Tremp, H. (2007) Quellen, In: Konold, W., Böcker, R., Hampicke, U. (Hrsg.) (2008) Handbuch Naturschutz und Landschaftspflege – Kompendium zu Schutz und Entwicklung von Lebensräumen und Landschaften, Stand 01/2008 nach 21. Ergänzungslieferung, ecomed-verlagsgesellschaft, Landsberg am Lech. Vannote, R.L., Minshall, G.W., Cummins, K.W., Sedell, J.R., Cushing, C.E. (1980) The River Continuum Concept, Can. J. Fish. Aquat. Sci. 37.

Vannote, R.L., Minshall, G.W., Cummins, K.W., Sedell, J.R., Cushing, C.E. (1980) The River Continuum Concept, Can. J. Fish. Aquat. Sci. 37.

Internet

Auenzentrum Neuburg/Ingolstadt - www.auenzentrum-neuburg-ingolstadt.de - aufgerufen am 8. Juni 2024.

5 Fließgewässer – Güte, Struktur, Typologie sowie Bewertung und Zustand nach EG-Wasserrahmenrichtlinie

Heinz Patt und Mario Sommerhäuser

Durch anthropogene Eingriffe und Belastungen wurde das *Selbstreinigungsvermögen* der Fließgewässer in vielen Fällen überschritten. Trotz der Fortschritte in der Klärtechnik und des intensiven Baus moderner Kläranlagen, sind einige Gewässer bereichsweise immer noch erheblich belastet bzw. umgestaltet, sodass die Voraussetzungen zur Ansiedlung von naturraumtypischen Lebewesen in Gewässerkörper und Gewässerauen beeinträchtigt sind. Da die naturnahe Gestaltung eines Fließgewässers („Renaturierung") nur dann sinnvoll ist, wenn die Gewässergüte bestimmten Mindestanforderungen genügt, sollen hier die wichtigsten Methoden zur Beurteilung der *Gewässergüte* kurz umrissen werden.

Die *Fließgewässertypologie* hilft, die wesentlichen Merkmale von natürlichen Fließgewässern in einem abgegrenzten Landschaftsraum zu beschreiben und ist damit die Grundlage für die Ausweisung von *Referenzgewässern* bzw. zur Formulierung von *Referenzbedingungen.* Diese dienen dann der Beschreibung des ökologischen Zustands der Gewässerkörper und deren Bewertung im Sinne der EG-Wasserrahmenrichtlinie.

Als weiteres Qualitätsmerkmal ist in diesem Kapitel die *Gewässerstruktur* (vormals *Gewässerstrukturgüte*) enthalten. Unter diesem Begriff ist die Bewertung der Hydromorphologie (Strömungsverhalten im Gewässer sowie Ausprägung der Gewässer- und Umfeldstrukturen) zu verstehen.

Der Klimawandel hat ebenfalls Auswirkungen auf die Ergebnisse der Bewertung. So haben sich in den letzten Jahren u. a. die Niedrigwasser- und Austrocknungssituationen vie-

H. Patt (✉)
Sachverständigenbüro Professor Patt
Bonn, Deutschland

M. Sommerhäuser (✉)
Emschergenossenschaft/Lippeverband
Essen, Deutschland
E-Mail: sommerhaeuser.mario@eglv.de

H. Patt, *Naturnaher Wasserbau*, https://doi.org/10.1007/978-3-658-43846-3_5

ler Gewässer deutlich vermehrt. Solche zunehmenden Veränderungen führen in der Regel zu einer schlechteren Bewertung eines Wasserkörpers, ohne dass die direkte anthropogene Belastung zugenommen hätte. Klimabedingte Veränderungen der Bewertungsergebnisse haben zur Folge, dass die Bewirtschaftungsziele der EG-Wasserrahmenrichtlinie allein durch Maßnahmenprogramme am Gewässer nicht erreicht werden können. In diesem Zusammenhang sind Anpassungen der derzeitigen Bewertungsverfahren erforderlich.

5.1 Gewässergüte

Die Methoden zur Bestimmung der Gewässergütefaktoren lassen sich in chemisch-physikalische und biologische Verfahren unterteilen (Abb. 5.1).

5.1.1 Chemisch-physikalische Verfahren

Die *chemisch-physikalisches Verfahren* haben in den letzten Jahren zunehmend an Bedeutung gewonnen, da es sich bei den Gewässerbelastungen häufig um anthropogene Verunreinigungen durch eine Vielzahl von verschiedenen Substanzen handelt, die durch biologische Verfahren nicht hinreichend erfasst werden. In den *chemisch-physikalischen Untersuchungsprogrammen* werden üblicherweise die in Tab. 5.1 dargestellten Parameter ermittelt. Liegen einzelne Messwerte über den Grenzwerten, so muss der Ursache der jeweiligen Belastung gezielt nachgegangen werden.

Heute steht die Reduzierung der Wasserverschmutzung durch einzelne Stoffe oder Schadstoffgruppen (sog. „*prioritäre Stoffe*“) im Mittelpunkt der Bewertungskriterien. Ausführliche Hinweise dazu finden sich in der Oberflächengewässerverordnung (OGewV) und dort in den entsprechenden Anlagen (s. auch Abschn. 2.12.2).

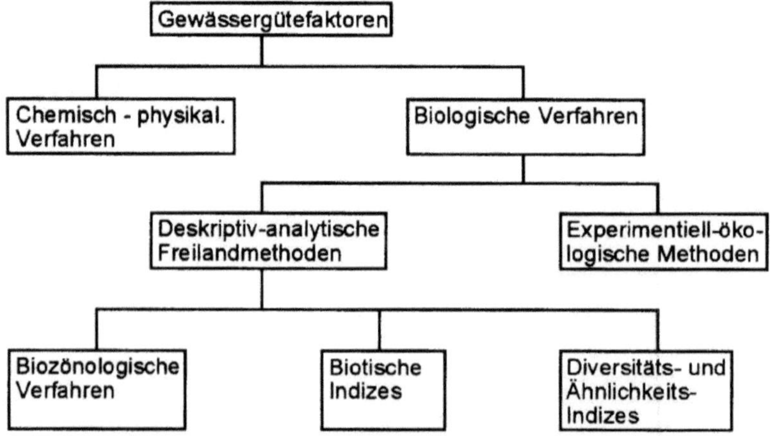

Abb. 5.1 Übersicht über die Verfahren zur Bestimmung von Gewässergütefaktoren

Tab. 5.1 Auswahl chemisch-physikalischer Parameter bei einer Laboruntersuchung

Untersuchungsprogramm: (Auswahl)	
Chemisch-physikalische Grundwerte	– Wassertemperatur – pH-Wert – Leitfähigkeit – Sauerstoffgehalt – Biochemischer u. Chemischer Sauerstoffbedarf (BSB und CSB) – Gehalt an organischem Kohlenstoff – Gehalt an Chlorophyll „a" als Zeiger für die Primärproduktion – Säuren- und Basenkapazität
Pflanzennährstoffe und Spurenelemente	– Gesamtphosphor u. Orthophosphat – Ammonium- u. Nitratstickstoff – Sulfat – Chlorid – Fluorid – Natrium – Kalium – Kalzium – Magnesium
Toxische Stoffe	– Arsen – Cadmium – Chrom – Kupfer – Eisen – Quecksilber – Mangan – Nickel – Blei – Zink

Da Laboruntersuchungen immer nur eine Bewertung des Zustandes zur Zeit der Probennahme erlauben, ist eine kontinuierliche Bewertung oder Vorwarnung mit diesen Methoden in der Praxis schwer durchführbar.

Bei der kontinuierlichen Ermittlung der chemisch-physikalischen Parameter kommen automatische *Gütemessstationen* zum Einsatz. Derartige Messstationen erfordern jedoch eine ständige Wartung und Überwachung, sodass diese nur an besonders kritischen Stellen betrieben werden. Dazu kommt, dass sich nur wenige Parameter wie Sauerstoff, pH-Wert, elektrische Leitfähigkeit, Temperatur, Trübung und ausgewählte Nährstoffe für eine automatische Auswertung und Registrierung eignen.

Ergebnisse der chemischen und physikalischen Gewässeruntersuchungen finden sich seit Einführung der EG-Wasserrahmenrichtlinie für alle untersuchten Oberflächenwasserkörper in den alle sechs Jahre veröffentlichten Bewirtschaftungsplänen und Maßnahmenprogrammen (s. Abschn. 2.1.1).

5.1.2 Biologische Verfahren

Die *biologischen Verfahren* waren lange die Grundlage für die *Gewässergüteklassifizierung* in Deutschland. Diese können in *deskriptiv-analytische Freilandmethoden* und *experimentell-ökologische* oder *physiologische Methoden* unterteilt werden (s. Abb. 5.1).

Bei den *deskriptiv-analytischen Freilandmethoden* werden unmittelbar die *Gewässerbiozönosen* (Gewässerlebensgemeinschaften) analysiert und bewertet, während bei den experimentell-ökologischen oder physiologischen Verfahren die Wasserproben hinsichtlich ihrer natürlichen Bioaktivität oder die Wirkung von Testorganismen auf eine Wasserprobe i. d. R. unter Laborbedingungen untersucht werden. Zu den deskriptiv-analytischen Freilandmethoden zählen *biozönologische Verfahren*, *biotische Indizes* und *Diversitäts-* und *Ähnlichkeits-Indizes*.

Insgesamt ist zu beobachten, dass die Molekularbiologie für die Bewertung der Gewässerqualität immer mehr an Bedeutung gewinnt (u. a. Zimmermann 2017).

5.1.2.1 Biozönologische Verfahren (Saprobienindizes)

Die biozönologischen Bewertungsverfahren basieren auf dem *Saprobiensystem*, d. h. auf dem Vorhandensein bestimmter „Indikatororganismen" (Saprobien) im Wasser (DIN 38410-1 2004). Geeignete Saprobien indizieren ein möglichst schmales Spektrum an Wasserqualität bezogen auf die organische Belastung eines Gewässers mit fäunisfähigen, d. h. sauerstoffzehrenden Substanzen. Saprobien (Makrosaprobien) sind wenig mobil und leben aber in einigen Fällen bis zu einem Jahr). Eine Übersicht der wichtigsten Zeigerorganismen zeigt Abb. 5.2.

Den Saprobien wird ein sog. „*Saprobienindex*" zugeordnet, der zwischen 1,0 und 4,0 liegen kann. Die Organismen werden im Gewässer nach standardisiertem Probenahmeverfahren gesammelt und im Labor bestimmt. Anhand der Häufigkeit oder *Individuenanzahl* und den *Saprobiewerten* der vorgefundenen Indikatoren wird der *Saprobienindex* der Biozönose errechnet. Dieser gibt die biozönotische Wirkung der Gewässerverschmutzung mit sauerstoffzehrenden Stoffen in der untersuchten Gewässerstrecke wieder. Der *Saprobienindex* kann insgesamt sieben Güteklassen zugeordnet werden; das an die EG-Wasserrahmenrichtlinie angepasste Verfahren des Saprobenindex kennt fünf Klassen. (s. Abb. 5.2)

Die Ermittlung der Gewässergüte nach diesem Verfahren stößt jedoch oft an Grenzen. So werden zum Beispiel in einem sand- oder schwebstoffführenden Fließgewässer einzelne Biozönosen rein „mechanisch" unterdrückt. Weil diese Saprobien anschließend in den Wasserproben fehlen, wird die Gewässergüte schlechter dargestellt, als sie eigentlich ist. Weiterhin können in einem monotonen, fast kanalartigen Gewässerabschnitt mit sauberem Wasser Bachflohkrebse („*Daphnien*") in hoher *Individuendichte* auftreten. Ein derartiges Gewässer würde weit besser bewertet, als es aus Sicht der Ökologie ist. Auch unterschieden sich die erreichbaren Saprobiewerte bei bestimmten Belastungen für die verschiedenen Gewässertypen. Für die Zustandsbewertung gemäß der EG-Wasserrahmenrichtlinie wurde deshalb ein leitbildorientiertes, typspezifisches Verfahren eingeführt (5.1.4).

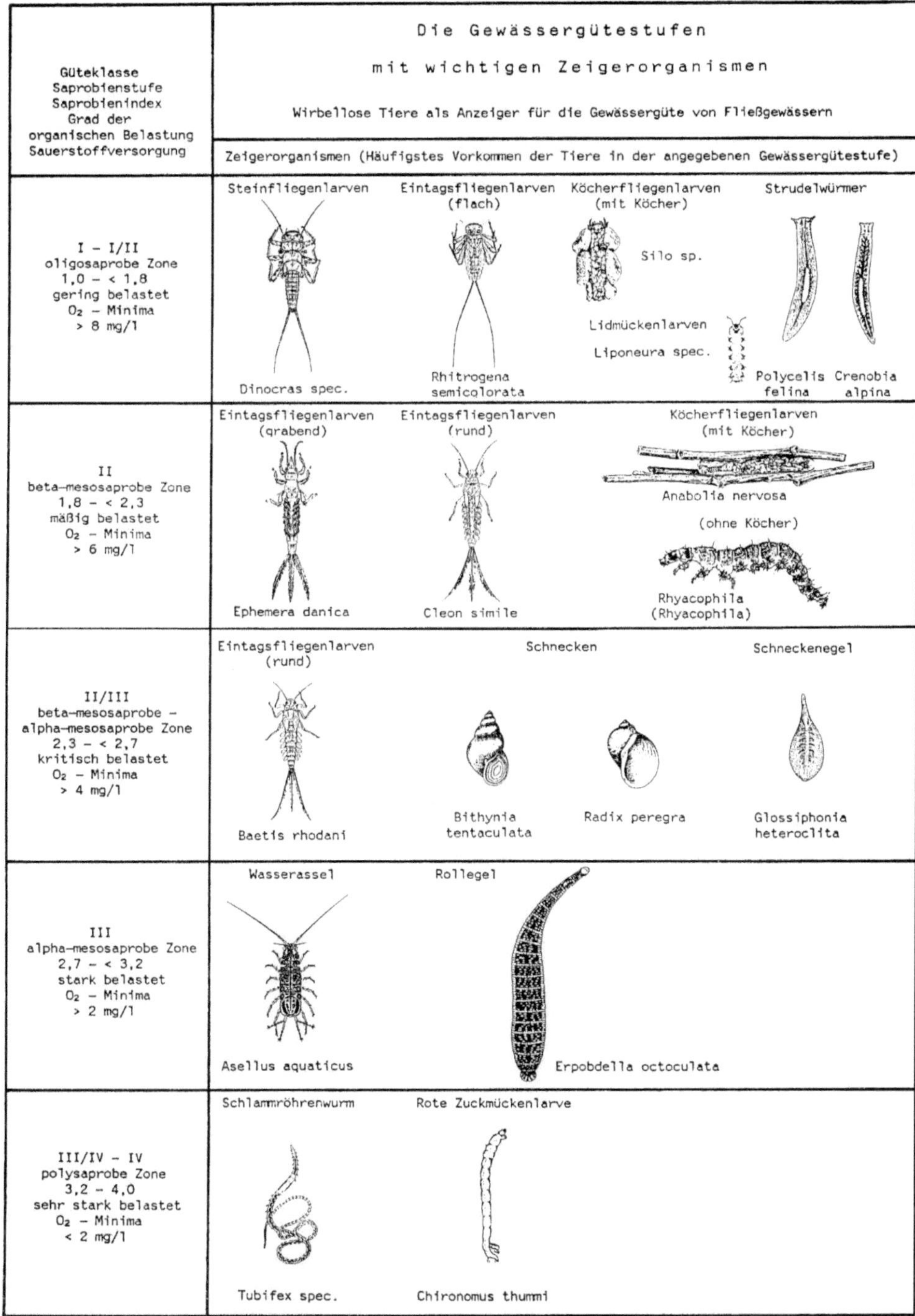

Abb. 5.2 Wichtige Zeigerorganismen bei den biozönologischen Verfahren. (UFT 1994)

5.1.2.2 Biotische Indizes (Biomonitoring-Verfahren)

Hierzu zählen *Biotestverfahren*, wie zum Beispiel *DF-Algentest, Regensburger Leuchtbakterientest* oder *Dynamischer Daphnientest*. Bei diesen Verfahren wird die Sensibilität bzw. Toleranz ausgewählter Organismen (Bioindikatoren) in Bezug auf eine Gewässerverschmutzung genutzt. So werden zum Beispiel die Veränderungen der normalen Lebensfunktionen (z. B. Atmungsfrequenz, Schwimmaktivität) der Monitororganismen (z. B. Bakterien oder Algen) durch automatisierte Messeinrichtungen kontinuierlich registriert. Die bei Verschmutzungen auftretenden signifikanten Abweichungen der Messwerte werden auf diese Weise sofort erfasst (siehe u. a. BfG 1992). Derartige Systeme reagieren auch auf solche Stoffe, die durch chemisch-analytische Methoden nicht nachweisbar sind bzw. in ihren Auswirkungen noch nicht bekannt sind.

Da die Zusammensetzung der Schadstoffe bei diesem Verfahren nicht ermittelt wird, sind derartige Verfahren als Ergänzung zu den zeit- und kostenaufwendigen physikalisch-chemischen Methoden zu sehen. Sie werden zum Beispiel am Rhein bereits im Rahmen eines biologischen Warnsystems erfolgreich eingesetzt (Diehl et al. 1997).

Weitere Hinweise über die toxische Belastung eines Fließgewässers kommen auch aus Untersuchungen mit speziellen Fischen oder aus der Lebensmittelüberwachung.

5.1.2.3 Diversitäts- und Ähnlichkeits-Indizes

Bei diesen biologischen Verfahren wird die Artenvielfalt zur Beurteilung herangezogen. Natürliche Biozönosen (Lebensgemeinschaften) zeichnen sich durch eine Vielfalt an Arten mit geringen *Individuendichten* aus, also durch eine große *Artendiversität*. Für gestörte Biozönosen sind wenige Arten mit hohen *Abundanzen* (durchschnittliche Zahl tierischer und pflanzlicher Individuen bezogen auf eine bestimmte Fläche oder Raumeinheit) charakteristisch.

5.1.3 Güteklassen – Gewässergütekarte

In der Bundesrepublik Deutschland wird die Gewässergüte einheitlich nach einem *biozönologischen Verfahren* nach DIN 38410 Teil 2 bestimmt, das auf der sog. *Münchener Methode nach Liebmann* basiert. Die *Gewässergüteskala* besteht aus vier *Gewässergüteklassen* mit drei Übergangsstufen zwischen den einzelnen Bereichen (insgesamt sieben *Saprobiestufen* – s. Tab. 5.2).

Dieses rein *biologische Verfahren* wird durch drei Parameter aus dem physikalischen Messprogramm ergänzt. Der BSB_5 (Biochemischer Sauerstoffbedarf) ist ein Maß für die Sauerstoffzehrung des Gewässerabschnittes. Das Ammonium-Nitrat (NH_4-N) ist wichtig, weil es unter bestimmten Bedingungen toxisch wirkt. Die Sauerstoffminima limitieren den Lebensraum für die aquatischen Biozönosen.

Die Darstellung der *Saprobienindizes* bzw. Gewässerbelastung erfolgt in farbig angelegten *Gewässergütekarten*, die jährlich aktualisiert werden und somit einen Überblick über die Entwicklung der Wasserqualität geben können.

Tab. 5.2 Güteklasseneinteilung nach dem Saprobienindex. (Aus LAWA 1999)

Güteklasse	Grad der organischen Belastung	Saprobien-Index SI	BSB_5 (mg/l)	NH_4-N (mg/l)	O_2-Minima (mg/l)
I	Unbelastet bis sehr gering belastet	1,0–< 1,5	1	Spuren	> 8
I–II	Gering belastet	1,5–< 1,8	1–2	Um 0,1	> 8
II	Mäßig belastet	1,8–< 2,3	2–6	< 0,3	> 6
II–III	Kritisch belastet	2,3–< 2,7	5–10	< 1	> 4
III	Stark verschmutzt	2,7–< 3,2	7–13	0,5 bis mehrere mg/l	> 2
III–IV	Sehr stark verschmutzt	3,2–< 3,5	10–20	mehrere mg/l	< 2
IV	Übermäßig verschmutzt	3,5–< 4,0	> 15	mehrere mg/l	< 2

5.1.4 Leitbildorientierte biologische Bewertung

Der wesentliche Vorteil der *leitbildorientierten biologischen Fließgewässerbewertung* gegenüber dem *Saprobiensystem* ist die gewässertypspezifische Anpassung des Saprobiensystems, d. h. die Erarbeitung saprobieller Leitbilder für die einzelnen Gewässertypen (siehe u. a. ATV-DVWK 2001; BMU 2003, 2005). Das *saprobielle Leitbild* entspricht demjenigen Saprobienindex, der den potenziell natürlichen Zustand des jeweiligen Fließgewässertyps charakterisiert.

Die Bewertung basiert auf den *saprobiellen Leitbildern* der in Deutschland vorkommenden Gewässertypen. Davon ausgehend wurden fünf *saprobielle Qualitätsklassen* als Abweichung vom saprobiellen Leitbild definiert. Diese fünf Klassen entsprechen den ökologischen Zustandsklassen der EG-Wasserrahmenrichtlinie aus saprobieller Sicht.

Diese Anpassung stellt sicher, dass typspezifische charakteristische Ausstattungsmerkmale (z. B. fehlende Zeigerorganismen bei geschiebeführenden Flüssen) bei der Bewertung berücksichtigt werden (UBA 2003). Außerdem wurde das 7-stufige deutsche Bewertungssystem an das 5-stufige System der EG-WRRL angepasst.

5.2 Gewässerstrukturkartierung

Neben der *Gewässergüte* hat mit der EG-Wasserrahmenrichtlinie die *Gewässerstruktur* als Qualitätskomponente zunehmend an Bedeutung gewonnen. Dieser Parameter wurde zunächst unter dem Begriff *Gewässerstrukturgüte* eingeführt, dann aber durch einen Beschluss der Länderarbeitsgemeinschaft Wasser (LAWA) in *Gewässerstruktur* umbenannt.

Das zugehörige Verfahren, die *Gewässerstrukturkartierung*, dient der Bewertung der im und am Gewässer vorhandenen Strukturen und ist damit ein wichtiges Hilfsmittel bei der Zustandsbeurteilung und für die Ableitung von Entwicklungszielen für Fließgewässer.

Die *Strukturkartierung* kann sowohl eine fachliche Grundlage für die Maßnahmenplanung als auch eine Planungshilfe bei der Aufstellung von übergeordneten Fachprogrammen (z. B. Auenprogramme, Gewässerrandstreifenprogramme) sein. Im großen Maßstab kann sie lokale Missstände bzw. Strukturdefizite aufzeigen und dient damit auch der Sensibilisierung der Öffentlichkeit.

Bei der Gewässerstruktur werden die Abweichungen vom Referenzzustand mit Hilfe eines Bewertungssystems zahlenmäßig erfasst. Nach einer entsprechenden Zusammenfassung der ermittelten Einzelwerte (Aggregation) werden den Gewässerabschnitten dann vorab definierte *Strukturklassen* zugeordnet. Werden Flussgebiete oder das Fließgewässernetz eines Bundeslandes oder eines Staates dargestellt, sind auf Grund des kleinen Maßstabs weitere Aggregationen erforderlich.

Die *Gewässerstrukturkartierung* enthält überwiegend morphologisch-strukturelle Daten. Zusätzlich werden im Verfahren jedoch auch noch die Umgebungsbedingungen (z. B. Nutzungen der Ufer- und Auenbereiche – siehe u. a. Pauschert und Buschmann 1999) und anthropogene Veränderungen am Gewässer (z. B. Wehre) berücksichtigt.

Auch wenn die Strukturkartierung nur abiotische Daten bereitstellt, und damit nur einen Teil der Qualitätskomponenten der EG-Wasserrahmenrichtlinie abdeckt (s. Abschn. 2.1.1 – Ausführungen zu Anhang V der EG-WRRL), beinhaltet sie eine Reihe von Informationen, die für die Beurteilung des hydromorphologischen Zustands genutzt werden können. Die Kartierung der Habitate an der Gewässersohle und an den Ufern ermöglicht Rückschlüsse, insbesondere auf die verfügbare Lebensraumqualität von Wirbellosen (*Makrozoobenthos*) und Fischen. Auch kann die Strukturkartierung erste Hinweise zur Ausweisung signifikanter anthropogener Belastungen geben (s. Abschn. 2.1.1 – Ausführungen zu Anhang II der EG-WRRL).

Weitergehende Hinweise zu den *hydromorphologischen Qualitätskomponenten* der Oberflächenwasserkörper und deren Auswirkungen auf die Einstufung des ökologischen Zustands und des ökologischen Potenzials finden sich in Anlage 4 („*Einstufung des ökologischen Zustands und des ökologischen Potenzials*“) der Oberflächengewässerverordnung (OGwV). Dort enthalten insbesondere die Tabelle 1 („*Allgemeine Einstufungskriterien …*“), Tabelle 2 („*Bestimmungen für den sehr guten, guten und mäßigen ökologischen Zustand von Flüssen*“) und Tabelle 5 („*Bestimmungen für den sehr guten, guten und mäßigen ökologischen Zustand von Küstengewässern*“) entsprechende Kriterien zur Einordnung der hydromorphologischen Qualitätskomponenten in die Gesamtbewertung.

5.2.1 Anfänge der Strukturkartierung

Lange Zeit gab es in Deutschland kein einheitliches Verfahren zur Erhebung und Bewertung der Fließgewässerstrukturen. Einige Bundesländer haben bereits sehr früh mit der Entwicklung eines für ihr Landesgebiet geeigneten Kartierverfahrens begonnen, andere Länder folgten, oft mit anderen Vorstellungen und Ideen, wieder andere warteten auf ein einheitliches Verfahren unter dem Mantel der Länderarbeitsgemeinschaft Wasser (LAWA).

Für den Fortschritt bei der Erhebung der Daten galt ähnliches; manche Länder hatten bereits nach kurzer Zeit einen großen Prozentsatz ihrer Gewässerstrecken kartiert, andere waren genau so weit fortgeschritten, hatten aber andere, für ihre Gewässer besser geeignete oder weniger Parameter bestimmt.

Unter diesen Vorbedingungen wurde die Länderarbeitsgemeinschaft Wasser (LAWA) beauftragt, ein für die gesamte Bundesrepublik Deutschland anwendbares Verfahren zu entwickeln. Als Ergebnis liegen heute für die unterschiedlichen Ziel- und Maßstabsebenen zwei Verfahrensempfehlungen vor: Das „*Übersichtsverfahren*" sowie das „*Verfahren für kleine und mittelgroße Fließgewässer*".

5.2.2 Verfahren

Um die Unterschiede zwischen den Verfahren beispielhaft aufzuzeigen, sollen im Folgenden das *LAWA-Übersichtsverfahren* (LAWA 2002) und das *LAWA-Vor-Ort-Verfahren* (LAWA 2000) kurz charakterisiert werden.

5.2.2.1 LAWA-Übersichtsverfahren

Beim LAWA-Übersichtsverfahren werden die Parameter aus Luftbildern, vorhandenem Karten- und Datenmaterial (u. a. Verwendung topografischer Karten im Maßstab 1:25.000, geologische Karten und Bodenkarten) sowie durch Abfragen bei Unterhaltspflichtigen und Ortskundigen ermittelt. Eine Erfassung im Gelände findet nur in Einzelfällen statt. Damit erlaubt das Übersichtsverfahren eine relativ rasche Ermittlung der erforderlichen Parameter (Tab. 5.3).

Die Erfassung findet in der Regel in 1 km-Abschnitten statt. Die Ergebnisse eignen sich in erster Linie für strategische und programmatische Aussagen.

5.2.2.2 LAWA-Verfahren für kleine und mittelgroße Fließgewässer (sog. Vor-Ort-Verfahren)

Dieses Verfahren wird auch Vor-Ort-Verfahren genannt, weil zur Erfassung der einzelnen Parameter Datenerhebungen im Gelände vorgesehen sind. Eine Übersicht der verwendeten Parameter zeigt Tab. 5.4.

Aus den Einzelparametern werden durch Mittelwertbildung die Hauptparameter, aus den Hauptparametern wiederum die Gesamtwerte für die Bereiche Sohle, Ufer und Land und letztlich die Gewässerstrukturklasse ermittelt. Die *funktionalen Einheiten* dienen der Kontrolle der Bewertungsergebnisse.

Ausführliche Hinweise zu den einzelnen Parametern für dieses Verfahren finden sich u. a. in Zumbroich et al. (1999) und LAWA (2000), sodass hier auf eine detaillierte Darstellung verzichtet wird.

Tab. 5.3 LAWA-Übersichtsverfahren – Darstellung der zu erfassenden Parameter

Gesamtwert	Teilwert	Zwischenbewertung	Erfassungsparamter
Gewässerstruktur	Gewässerbettdynamik (Sohle und Ufer)	*Strukturbildungsvermögen*	Linienführung Uferverbau Querbauwerke Abflussregelung Uferbewuchs
	Auendynamik	*Retention*	Hochwasserschutzbauwerke Ausuferungsvermögen
		Entwicklungspotenzial	Auennutzung Uferstreifen

Tab. 5.4 LAWA-Vor-Ort-Verfahren – Parameter. (Nach LAWA 2000)

Bereich	Hauptparameter	Funktionale Einheit	Einzelparameter
Sohle	Laufentwicklung	*Krümmung*	– Laufkrümmung – Längsbänke – Besondere Laufstrukturen
		Beweglichkeit	– Krümmungserosion – Profiltiefe – Uferverbau
	Längsprofil	*Natürliche Längsprofilelemente*	– Querbänke – Strömungsdiversität – Tiefenvarianz
		Anthropogene Wanderbarrieren	– Querbauwerke – Verrohrungen – Durchlässe – Rückstau
	Sohlenstruktur	*Art und Verteilung der Substrate*	– Substrattyp – Substratdiversität – Besondere Sohlenstrukturen
		Sohlenverbau	– Sohlenverbau
Ufer	Querprofil	*Profiltiefe*	– Profiltiefe
		Breitenentwicklung	– Breitenerosion – Breitenvarianz
		Profilform	– Profilform
	Uferstruktur	*Naturraumtypische Ausprägung*	– Besondere Uferstrukturen
		Naturraumtypischer Bewuchs	– Uferbewuchs
		Uferverbau	– Uferverbau
Land	Gewässerumfeld	*Gewässerrandstreifen*	– Gewässerrandstreifen
		Vorland	– Flächennutzung, sonstige Umfeldstrukturen

Für kleine bis mittelgroße Fließgewässer betragen die Kartierabschnittslängen in der Regel 100 m oder ein Mehrfaches. Die Ergebnisse sind besonders für regionale, lokale und projektbezogene Aussagen geeignet (z. B. für die Gewässerentwicklungsplanung). Für großräumige Aussagen ist ggf. eine Zusammenfassung und Generalisierung notwendig.

Die grundsätzliche Vergleichbarkeit der Ergebnisse aus beiden Verfahren (unter Berücksichtigung der Erhebungsgenauigkeit) ergibt sich aus der Tatsache, dass beide Verfahren das gleiche Leitbild und Wertsystem (s. Tab. 5.5) zugrunde legen.

5.2.2.3 Gewässerstrukturkarten

In den *Gewässerstrukturkarten* werden die Ergebnisse der Kartierung dargestellt. Dies erfolgt in farbig angelegten Karten in Maßstäben zwischen 1:25.000 und 1:1.000.000. Die Farben zeigen dabei jeweils die ermittelte Strukturklasse an (s. Tab. 5.6).

Tab. 5.5 Einteilung und Merkmale der Strukturklassen. (Angelehnt an LAWA 2002)

Klasse	Grad der Veränderungen	Farben im Plan	Kurze Beschreibung: Gewässerstruktur …
1	Unverändert	Dunkelblau	… entspricht dem **potenziell natürlichen Zustand**
2	Gering verändert	Hellblau	… **gering beeinflusst** durch einzelne, kleinräumige Eingriffe.
3	Mäßig verändert	Grün	… **mäßig beeinflusst** durch mehrere kleinräumigen Eingriffe
4	Deutlich verändert	Hellgrün	… **deutlich beeinflusst** durch verschiedene Eingriffe (z. B. in Sohle, Ufer, durch Rückstau und/oder Nutzungen).
5	Stark verändert	Gelb	… ist durch Kombinationen von Eingriffen (z. B. in die Linienführung, durch Uferverbau, Querbauwerke, Stauregulierung, Anlagen zum Hochwasserschutz und/oder Nutzungen in der Aue) **beeinträchtigt.**
6	Sehr stark verändert	Orange	… ist durch Kombinationen von Eingriffen (z. B. in die Linienführung, durch Uferverbau, Querbauwerke, Stauregulierung, Anlagen zum Hochwasserschutz und/oder Nutzungen in der Aue) **stark beeinträchtigt.**
7	Vollständig verändert	Rot	… ist durch Eingriffe in die Linienführung, durch Uferverbau, Querbauwerke, Stauregulierung, Anlagen zum Hochwasserschutz und/oder durch Nutzungen in der Aue **vollständig verändert.**

Tab. 5.6 Anforderungen an Referenzgewässer. (Verändert nach AQEMCONSORTIUM 2002)

Art	Anforderungen an ein Referenzgewässer
Allgemeine Anforderungen	– Repräsentativität für eine große Anzahl von Gewässern – Bedeutende Anteile „natürlicher“ Bedingungen – Nur minimale anthropogene Störungen
Spezifische Anforderungen	*Landnutzung im Einzugsgebiet:* – Einfluss von Urbanisierung, Land- und Forstwirtschaft so niedrig wie möglich – Vorzugsweise von der natürlichen Klimaxgesellschaft oder unbewirtschaftetem Wald begleitet
	Gewässerhabitat: – Sohle und Ufer unbefestigt – Keine Totholzräumung – Keine Wanderhindernisse, welche die Referenzstelle beeinflussen – Nur geringer Einfluss durch Hochwasserschutzmaßnahmen
	Ufer- und Auenvegetation: – Ufer/Auenvegetation, die eine laterale Verbindung ermöglicht, vorhanden
	Hydrologie und Gewässerregulierung: – Keine Veränderungen des natürlichen Regimes – Oberhalb der Referenzstelle keine oder nur leichte Veränderungen der Hydrologie durch Deiche, Reservoirs, Wehre und sonstige Strukturen, die Sedimente zurückhalten

(Fortsetzung)

Tab. 5.6 (Fortsetzung)

Art	Anforderungen an ein Referenzgewässer
	Hydrologie und Gewässerregulierung: – Keine Veränderungen des natürlichen Regimes – Oberhalb der Referenzstelle keine oder nur leichte Veränderungen der Hydrologie durch Deiche, Reservoirs, Wehre und sonstige Strukturen, die Sedimente zurückhalten
	Physiko-chemische Bedingungen: – Keine bekannte punktuelle organische Belastung oder Eutrophierung – Keine bekannten oder erwarteten diffusen Belastungen – Keine Anzeichen von Versauerung – Keine Kalkung – Keine Salzbelastung – Keine Veränderung der thermischen Bedingungen

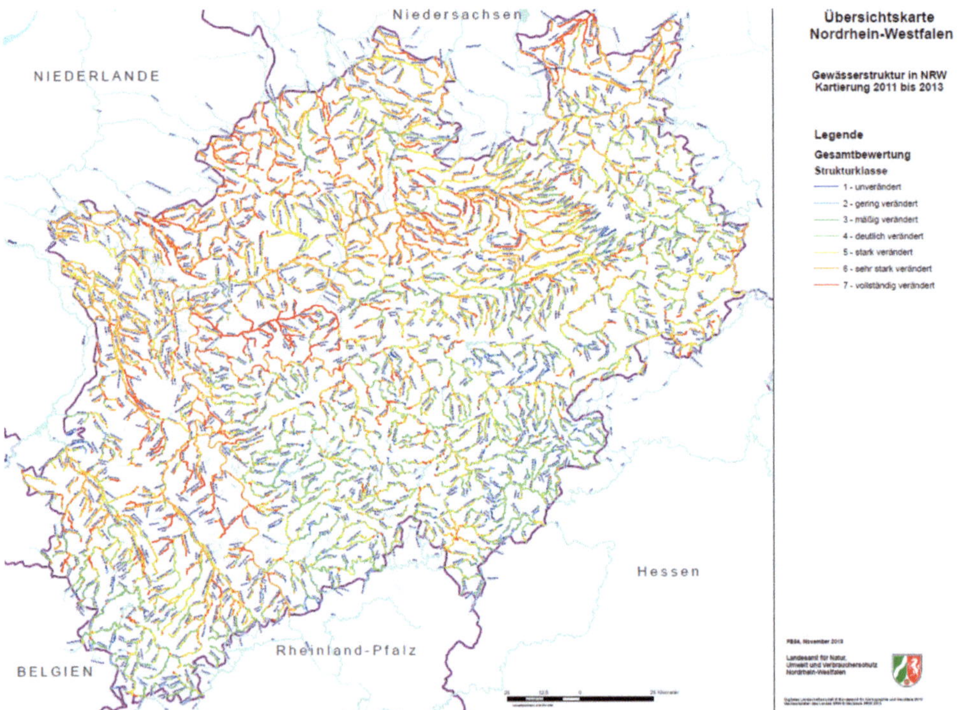

Abb. 5.3 Gewässerstruktur des Landes Nordrhein-Westfalen – Übersichtskarte Gewässerstruktur des Landes Nordrhein-Westfalen. (Quelle: Internetseite des Landesamtes für Natur, Umwelt und Verbraucherschutz des Landes Nordrhein-Westfalen, Recklinghausen)

Abb. 5.3 zeigt die Gewässerstruktur des Landes Nordrhein-Westfalen in einer Übersichtskarte (Kartierungen zwischen 2011 und 2013). Einen Ausschnitt aus dieser Karte zeigt Abb. 5.4.

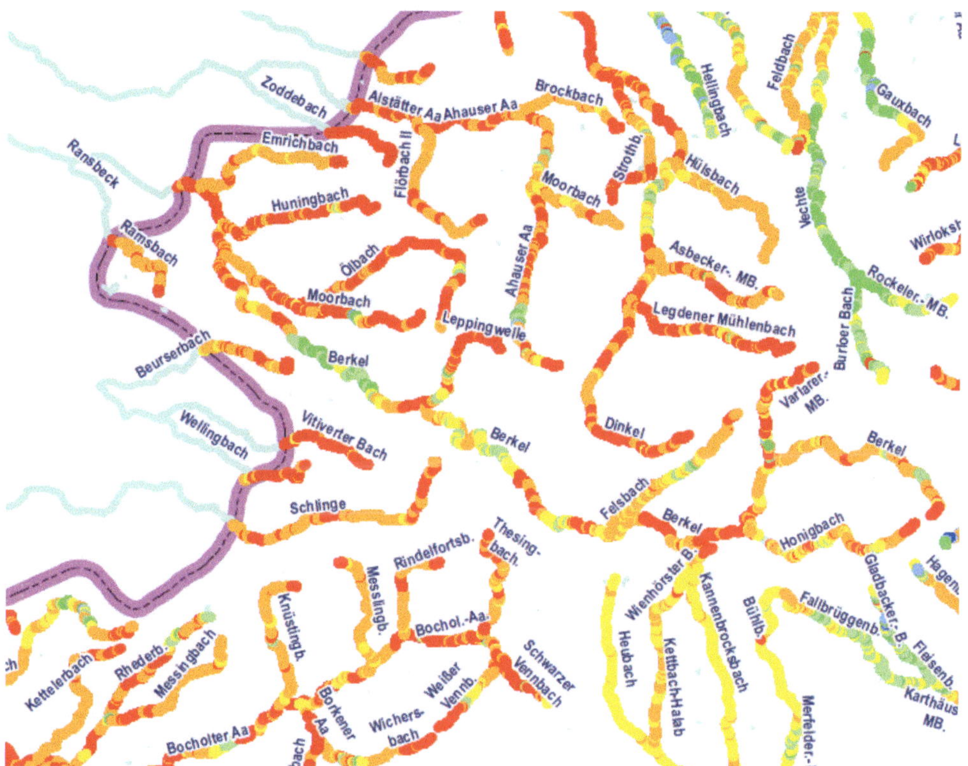

Abb. 5.4 Detailkarte für ein Teilgebiet – Kartierung 2011 bis 2013, Landesamt für Natur, Umwelt und Verbraucherschutz des Landes Nordrhein-Westfalen (https://www.lanuv.nrw.de/) - aufgerufen am 8. Mai 2024. (Quelle: Internetseite des Landesamtes für Natur, Umwelt und Verbraucherschutz des Landes Nordrhein-Westfalen, Recklinghausen)

Auf der Internet-Seite des Landesamtes für Naturschutz, Umwelt und Verbraucherschutz des Landes Nordrhein-Westfalen finden sich aktuelle Informationen über den Stand der Kartierungsarbeiten. Entsprechendes gilt natürlich auch für die anderen Bundesländer.

Der hierarchische Aufbau des gesamten Bewertungssystems erlaubt eine abgestufte Darstellung der Ergebnisse. So können zum Beispiel die einzelnen Hauptparameter (siehe Tab. 5.5) getrennt voneinander dargestellt werden oder eine Unterteilung nach Sohle, Ufer oder Land gewählt werden. Ebenfalls ist es möglich, jeden Parameter einzeln oder in frei wählbaren Kombinationen darzustellen.

5.3 Fließgewässertypologie

Unter einem *Fließgewässertyp* versteht man nach DIN 38410 eine idealisierte Zusammenfassung individueller Fließgewässer nach definierten Merkmalen (z. B. morphologische, physikalische, chemische, hydrologische, biozönotische Merkmale). Die Typen natürlicher Gewässer sind die sog. *Leitbilder* bzw. die *Referenzbedingungen* (siehe u. a. NLÖ 2001; LANUV NRW 2015; Pottgiesser und Sommerhäuser 2022).

5.3.1 Leitbild, Referenzbedingung, Referenzgewässer

Leitbild für die Bewertung der vorhandenen Strukturen ist die natürliche Funktionsfähigkeit eines Fließgewässers, d. h. sein *„potenziell natürlicher Zustand"*.

Das Leitbild entspricht im Hinblick auf die morphologischen Qualitätskomponenten nach der EG-Wasserrahmenrichtlinie dem *„sehr guten ökologischen Zustand"* (s. Abschn. 2.1.1 – Ausführungen zu Anhang V – Abschn. 1.1 EG-WRRL – *„Qualitätskomponenten für die Einstufung des ökologischen Zustands"*).

Die unterschiedlichen Bedingungen in den Naturräumen schließen aus, dass es nur ein *Leitbild* gibt. Die naturraumtypischen Gegebenheiten führen vielmehr zu einer individuellen Ausprägung der Fließgewässer und damit zu unterschiedlichen Leitbildern.

Die Beschreibung der Merkmale bzw. Ausprägungen der einzelnen Gewässertypen werden als *Referenzbedingung* bezeichnet. Die Referenzbedingung, als höchste Wertstufe (Klasse: *„sehr guter ökologischer Zustand"*) ist der Ausgangspunkt jeder Bewertung. Jede Abweichung von dieser Referenz führt zu einer Abstufung in die Klassen: gut, mäßig, unbefriedigend bzw. schlecht.

An ein *Referenzgewässer* sind daher Anforderungen zu stellen, wie sie in Tab. 5.6 zusammengestellt sind.

(Fließ-)Gewässerlandschaften (Briem 2003) sind Landschaftsräume, die in denen die wichtigsten gewässerprägenden Eigenschaften (u. a. Geologie, Geomorphologie, Bodenkunde) gleiche Ausprägungen zeigen. Sie sind Untereinheiten der europaweit ausgewiesenen Ökoregionen (Illies 1978).

Als *Ökoregionen* werden Großräume bezeichnet, in denen bestimmte Organismen in geografisch einheitlichen Großlandschaften bevorzugt vorkommen. Deutschland hat Anteil an folgenden Ökoregionen: Norddeutsches Tiefland, Mittelgebirge, Alpen und Alpenvorland (siehe u. a. Pottgiesser und Sommerhäuser 2022).

5.3.2 Fließgewässertypen

In den vergangenen Jahren wurden durch die Bundesländer umfangreiche Untersuchungen durchgeführt, um geeignete *Referenzgewässer* zu finden und deren charakteristischen Merkmale zu typisieren (siehe u. a. LfU BW 1999; LUA NRW 1999, 2001a, b, c, d; NLÖ 2001; GWD Südlicher Oberrhein/Hochrhein 2001; BayLfW 2002a, b; ATV-DVWK 2003; LANUV NRW 2015).

Mit dem aktuellen Bearbeitungsstand gibt es in Deutschland insgesamt 25 biozönotisch bedeutsame *Fließgewässertypen* („LAWA-Typen"). Vier für die Ökoregion der Alpen und des Alpenvorlandes, acht für das Mittelgebirge, neun für das Norddeutsche Tiefland sowie vier Fließgewässertypen, die als „Ökoregion-unabhängige" Typen in verschiedenen Ökoregionen verbreitet sind (siehe Tab. 5.7).

Pottgiesser und Sommerhäuser (2004 und 2008) haben zu den 25 *Gewässertypen* Kurzbeschreibungen („Steckbriefe") verfasst, welche die Typen im Hinblick auf ihre abiotischen (morphologisch-hydrologischen) und biotischen Eigenschaften (wesentliche Charakteristika der Lebensgemeinschaften) näher beschreiben. Die Steckbriefe erfüllen im Wesentlichen die Anforderungen an die Beschreibungen der Referenzbedingungen, wie sie die EG-Wasserrahmenrichtlinie verlangt.

Die *Fließgewässertypologie Deutschlands* hat sich inzwischen in der Praxis bewährt und wird als technisches Werkzeug bei der Umsetzung der EG-Wasserrahmenrichtlinie seitens der Länderarbeitsgemeinschaft Wasser (LAWA) und des Umweltbundesamtes (UBA) verwendet. Sie erfüllt vollständig die Anforderungen der EG-WRRL und ist im Umfang bzw. der Anzahl der Gewässertypen vergleichbar mit Typologien anderer Mitgliedsländer.

Tab. 5.7 Liste der 25 Fließgewässertypen Deutschlands (Stand: April 2008); nähere Angaben finden sich in Pottgiesser und Sommerhäuser (2004 und 2008); Pottgiesser et al. (2004)

Region	Typen	
Typen der Alpen und des Alpenvorlandes	Typ 1	Fließgewässer der Alpen
	Typ 2	Fließgewässer des Alpenvorlandes
	Typ 3	Fließgewässer der Jungmoränen des Alpenvorlandes
	Typ 4	Große Flüsse des Alpenvorlandes
Typen des Mittelgebirges	Typ 5	Grobmaterialreiche, silikatische Mittelgebirgsbäche
	Typ 5.1	Feinmaterialreiche, silikatische Mittelgebirgsbäche
	Typ 6	Feinmaterialreiche, karbonatische Mittelgebirgsbäche
	Typ 7	Grobmaterialreiche, karbonatische Mittelgebirgsbäche
	Typ 9	Silikatische, fein- bis grobmaterialreiche Mittelgebirgsflüsse
	Typ 9.1	Karbonatische, fein- bis grobmaterialreiche Mittelgebirgsflüsse
	Typ 9.2	Große Flüsse des Mittelgebirges
	Typ 10	Kiesgeprägte Ströme
Typen des norddeutschen Tieflandes	Typ 14	Sandgeprägte Tieflandbäche
	Typ 15	Sand- und lehmgeprägte Tieflandflüsse
	Typ 15 g	Große sand- und lehmgeprägte Tieflandflüsse
	Typ 16	Kiesgeprägte Tieflandbäche
	Typ 17	Kiesgeprägte Tieflandflüsse
	Typ 18	Löss-lehmgeprägte Tieflandbäche
	Typ 20	Sandgeprägte Ströme
	Typ 22	Marschengewässer
	Typ 23	Rückstau- bzw. brackwasserbeeinflusste Ostseezuflüsse
Ökoregion unabhängige Typen	Typ 11	Organisch geprägte Bäche
	Typ 12	Organisch geprägte Flüsse
	Typ 19	Kleine Niederungsfließgewässer in Fluss- und Stromtälern
	Typ 21	Seeausflussgeprägte Fließgewässer

5.4 Bewertung der Oberflächengewässer nach EG-WRRL

In einer aktuellen Veröffentlichung vom Bundesministerium für Umwelt, Naturschutz, Bau und Reaktorsicherheit (BMUB) und Umweltbundesamtes (UBA) (BMU 2005; BMUB und UBA 2017) wird ausführlich über die Bewertung und den aktuellen Zustand der Fließgewässer im Hinblick auf die Vorgaben der EG-Wasserrahmenrichtlinie berichtet. Hier soll nur kurz auf die Bewertung der Oberflächengewässer eingegangen werden.

5.4.1 Oberflächenwasserkörper

Wesentliche Unterscheidungsmerkmale bei einem Oberflächengewässerkörper sind die *morphologischen, hydrologischen und geochemischen Merkmale* im jeweiligen Naturraum und die Empfindlichkeiten des betrachteten Naturraums gegenüber anthropogenen Einflüssen. Um die einzelnen Merkmale und deren Veränderungen hinreichend genau bewerten zu können, wurde eine Einteilung in *Ökoregionen*, *Gewässertypen* und *Oberflächenwasserkörper* vorgenommen.

Die Bewertungen orientieren sich an „*klar abgegrenzten Wasserkörpern*". Diese sind „*einheitliche und bedeutende Abschnitte eines Oberflächenwasserkörpers*". Diese Begriffsbestimmung macht es erforderlich, dass einerseits der Wechsel eines Gewässertyps oder bedeutende Zustandsänderungen berücksichtigt werden müssen, andererseits aber auch Fließabschnitte bei der Bewirtschaftung zusammengefasst werden können, wenn die Einheitlichkeit sichergestellt ist.

Der *Oberflächenwasserkörper* ist in der Regel einem „natürlichen" Gewässertyp zugeordnet, für die es zoologische, botanische Referenzlisten gibt, die u. a. auch Angaben zu den vorkommenden Arten und deren Häufigkeiten enthalten. Die Gewässertypen finden sich in Anlage 1 der *Oberflächengewässerverordnung* – OGewV (s. Abschn. 2.12.2).

5.4.1.1 Bestandsaufnahme

Die Bestandsaufnahme gibt Hinweise, welche stofflichen und nichtstofflichen Belastungen für den Zustand der Oberflächenwasserkörper verantwortlich sind und die deshalb bei der operativen Überwachung („*Monitoring*") besonders zu überwachen sind.

Die Bestandsaufnahme ist eine wesentliche Grundlage der *Maßnahmenprogramme* und der *Bewirtschaftungspläne* und ist in einem sechsjährigen Rhythmus (das nächste Mal im Jahr 2019) zu wiederholen. Die einzelnen Elemente der Bestandsaufnahme sind in Tab. 5.8 dargestellt.

5.4.1.2 Klassifikation

Die EG-Wasserrahmenrichtlinie (EG-WRRL) unterscheidet zwischen „*natürlichen*", „*erheblich veränderten*" und „*künstlichen*" Oberflächenwasserkörpern.

Tab. 5.8 Elemente der Bestandsaufnahme für Oberflächenwasserkörper. (Nach BMU 2005)

Bestandsaufnahme
– Festlegung der Gewässerkategorie (Fluss, See, Küsten- und Übergangsgewässer und Grundwasser)
– Festlegung der Gewässertypologie und Ermittlung von Referenzgewässern zur Festlegung des „sehr guten ökologischen Zustands“
– Ermittlung künstlicher und vorläufig erheblich veränderter Gewässer
– Ermittlung von Gewässerbelastungen und Beurteilung der Auswirkungen
– Einschätzung der Wahrscheinlichkeit der Zielerreichung
– Wirtschaftliche Analyse der Wassernutzungen

„Erheblich veränderte Oberflächenwasserkörper“ (HMWB = *heavily modified water bodies*) sind aufgrund anthropogener Nutzungen derart verändert, dass der Referenzzustand nicht mehr erreichbar ist (z. B. durch eine Talsperre). In diesem Fall ändert sich die Gewässerkategorie zu einem See.

„Künstliche“ Oberflächenwasserkörper (AWB = *artificial water bodies*) sind künstlich geschaffene Gewässer (z. B. Tagebauseen, Kanäle). Für die beiden letztgenannten Kategorien bedingen die anthropogenen Nutzungen, dass anstatt des Bewirtschaftungszieles *„guter ökologischer Zustand“* das Ziel *„gutes ökologisches Potenzial“* angestrebt wird.

5.4.1.3 Bewertungskriterien

Der *ökologische Zustand* eines Gewässers wird auf der Basis eines fünfstufigen Klassifikationssystems beurteilt. Die Bewertungen reichen von „sehr gut“ bis „schlecht“. Die Bewertung erfolgt auf der Basis von Gewässertypen (leitbildorientierte Gewässerbewertung – s. Abschn. 5.1.4). Als Maßstab dient ein weitgehend unbelastetes Gewässer desselben Typs (*Referenzgewässer*).

In Deutschland wird von 25 Fließgewässertypen, 14 Seentypen, einem Typ von Übergangsgewässer sowie 9 Küstengewässertypen ausgegangen. Die einzelnen Typen werden mit Hilfe von „Steckbriefen“ beschrieben. Inhalte der Steckbriefe sind u. a. eine morphologische Kurzbeschreibung, Strömungsbild, Sohlensubstrate sowie die Charakterisierung der Makrozoobenthos-Besiedlung.

Neben der Charakterisierung der Gewässer anhand von Steckbriefen ist die Ermittlung der Belastungen für die Zustandsbewertung von Bedeutung. Bei den Belastungen wird zwischen stofflichen (Punktquellen und diffuse Quellen) und nicht stofflichen Belastungen (Wasserentnahmen, Abflussregulierungen, morphologische Veränderungen u. v. m.) unterschieden. Die Belastungen müssen erfasst und in ihren Auswirkungen abgeschätzt werden (s. Anhang II Nr. 1.4 EG-WRRL – s. Abschn. 2.1). Hierbei sind nicht nur die Belastungsursachen zu ermitteln, sondern auch die möglichen Risiken.

In einem nächsten Schritt sind die Belastungen hinsichtlich ihrer Auswirkungen auf den Gewässerzustand zu überprüfen. Die Beurteilung erfolgt auf der Basis von Indikatoren (u. a. Nährstoffbelastung, spezifische Schadstoffe, Versalzung, Versauerung, Wasserentnahmen, Abflussregulierung, morphologische Veränderung).

Für die Indikatoren wurden wiederum Kriterien formuliert, die als „Grenzbedingungen“ zu sehen sind. Wird die jeweilige Grenzbedingung überschritten, wird die Zielerreichung unwahrscheinlich. Hinsichtlich der morphologischen Bedingungen wurde zum Beispiel formuliert, dass die Zielerreichung „unwahrscheinlich“ ist, wenn die *Gewässerstruktur* auf mehr als 70 % der Gewässerstrecke mit Klasse 6 oder 7 bewertet wurde. Bei mehr als 30 % wird die Zielerreichung als „unsicher“ angesehen.

Die erste Zustandswertung hat gezeigt, dass hinsichtlich der Beurteilung der Auswirkungen noch Koordinierungsbedarf besteht. Das betrifft u. a. Auswahl und Analyse der Parameter (z. B. Querbauwerke, allgemeine chemisch-physikalische Parameter), die Festlegung der Signifikanzschwellen und der Grenzwerte sowie die Aggregation der Ergebnisse auf den gesamten Wasserkörper. Demzufolge waren bei der Betrachtung der ersten Zustandsbewertung länderspezifische Unterschiede zu berücksichtigen (BMU 2005).

5.5 Zustandsbewertungen

In der Bundesrepublik Deutschland wurde für die Zustandsbewertung 2005, ausgehend von einer Einzugsgebietsgröße von mindestens 10 Quadratkilometer, ca. 130.000 Flusskilometer untersucht und eingestuft. Abgegrenzt wurden ca. 9000 Flusswasserkörper. Hier sollen beispielhaft die Ergebnisse der ersten Zustandsbewertung für die Kategorie *„Flüsse“* dargestellt werden, wie sie vom Bundesministerium für Umwelt veröffentlicht worden sind (BMU 2005).

5.5.1 Abschätzung im Vorfeld der Zustandsbewertung 2005

Die Abschätzung, ob ein Wasserkörper das Ziel, *„guter Zustand“*, erreichen wird, erfolgte bei der *Zustandsbewertung 2005* zunächst auf der Basis eines dreistufigen Bewertungssystems. Die Einstufung erfolgte dann nach folgender Klassifikation:

- Gewässer, die wahrscheinlich den *„guten Zustand“* erreichen werden (Zielerreichung wahrscheinlich)
- Gewässer, für die es zurzeit unsicher ist, ob sie den *„guten Zustand“* erreichen (Zielerreichung unsicher – Anmerk.: Diese Unsicherheit basiert oft auf einer unzureichenden Datenlage)
- Gewässer, die den *„guten Zustand“* ohne weitergehende Maßnahmen wahrscheinlich nicht erreichen werden (Zielerreichung unwahrscheinlich).

Für diejenigen Gewässer, bei denen eine Zielerreichung „unsicher“ oder „unwahrscheinlich“ war, sollte die operative Überwachung intensiviert werden. Bei Gewässern, die das Ziel der EG-Wasserrahmenrichtlinie eindeutig verfehlen werden, sollte schon früh mit der Entwicklung von Maßnahmen begonnen werden.

5.5.2 Zustandsbewertung 2005

Die Zustandsbewertung (s. BMU 2005) ergab, dass …

- 61 % der Wasserkörper den „*guten ökologischen Zustand*“ wahrscheinlich nicht erreichen werden, bei
- 24 % der Wasserkörper „*Unsicherheit*“ besteht und
- 15 % der Wasserkörper den „*guten ökologischen Zustand*“ wahrscheinlich erreichen werden.

Der *chemische Zustand* der Flüsse war anhand der 33 „prioritären“ Stoffe der EG-Wasserrahmenrichtlinie, den Schadstoffen aus der EG-Richtlinie über gefährliche Stoffe (Tochterrichtlinie) sowie der Nitratbelastung zu bewerten. Angaben wurden für ca. 7700 Flusswasserkörper gemacht.

Die *chemische Zustandsbewertung* ergab, dass …

- ca. 63 % der Wasserkörper das Ziel der EG-WRRL „*wahrscheinlich nicht erreichen werden*“,
- bei 28 % der Wasserkörper „Unsicherheit“ besteht (auch wegen fehlender Daten) und
- bei ca. 9 % der Wasserkörper eine „*Zielerreichung wahrscheinlich*“ ist.

Zusammenfassend wird für das Jahr 2005 ausgeführt, dass die Ziele der EG-Wasserrahmenrichtlinie oftmals nicht erreicht werden. Insbesondere der „gute ökologische Zustand“ wird wegen irreversibler menschlicher Eingriffe (hauptsächlich aufgrund des Gewässerausbaus) vielerorts nicht zu erreichen sein. Die bedeutendsten Gewässerbelastungen sind neben dem Gewässerausbau, die fehlende Durchgängigkeit und Stoffeinträge aus der Intensivlandwirtschaft (BMU 2005).

5.5.3 Zustandsbewertungen 2010 bis 2021

Die Ergebnisse der *Zustandswertung 2010* (Daten bis zum Jahr 2008) und 2015 (Daten aus den Jahren 2009 bis 2014) sowie 2021 (Jahre 2015 bis 2021) wurden in Schriften des Bundesministeriums für Umwelt gemeinsam mit dem Umweltbundesamt veröffentlicht (z. B. BMUB & UBA 2017, 2022).

Die Wiedergabe aller Ergebnisse der Zustandsbewertungen würde den Rahmen dieses Kapitels sprengen. Hier werden daher nur die Ergebnisse der morphologischen Zustandsbewertung wiedergegeben.

In der Rubrik „*Fließgewässer*“ wird zwischen *biologischen* und *hydromorphologischen Qualitätskomponenten* unterschieden. Der morphologische Zustand wird auf der Grundlage eines 7-stufigen *Klassifizierungsschemas* bewertet.

Die Einordnung in eine *Gewässerstrukturklasse* erfolgt auf der Basis der Abweichung zwischen der *aktuellen* und *potenziell natürlichen Ausprägung* eines Oberflächenwasser-

Tab. 5.9 Prozentualer Anteil der Gewässerkörper in mindestens gutem Zustand und mit mindestens gutem ökologischem Potenzial. (BMUB & UBA 2017, 2022)

Zustand	2010 (Daten bis 2008)	2015 (Daten von 2009 bis 2014)	2021 (Daten von 2014 bis 2020)
Gut und sehr gut (Zustand); gut und höchstes Potenzial	7,8	6,7	9,2
Mäßig (Zustand und Potenzial)	29,1	36,2	36,3
Unbefriedigend (Zustand und Potenzial)	35,9	34,4	34,3
Schlecht (Zustand und Potenzial)	24,4	19,9	18,4
Unklar	2,8	2,8	1,8

körpers. Die Bewertung erfolgt mit Hilfe des „*Übersichtsverfahrens*" oder des „*Vor-Ort-Verfahrens*" der Länderarbeitsgemeinschaft Wasser (LAWA 2000, 2002, 2014). Hierbei werden besonders „bewertungsrelevante" Einzelparameter benutzt. Die Einzelparameter werden unterschiedlichen Bereichen (Sohle, Ufer, Land), Hauptparametern (Laufentwicklung, Längsprofil, Sohlenstruktur, Querprofil, Uferstruktur und Gewässerumfeld) und funktionalen Einheiten zugeordnet (Details siehe u. a. BMUB & UBA 2017).

In der *Zustandsbewertung 2015* werden etwa sieben Prozent der deutschen Fließgewässer-Wasserkörper in einen „*guten ökologischen*" oder „*sehr guten ökologischen*" Zustand bzw. ein „*gutes ökologisches Potenzial*" eingestuft (s. Tab. 5.9).

Im Vergleich zu 2010 ist für diese Bewertungsklasse also eine geringfügige Verschlechterung eingetreten. Dem steht wiederum eine Verbesserung in den Klassen „*mäßig*" gegenüber. Im Jahr 2021 ergab sich eine leichte Verbesserung des deutschlandweiten Zustands der Wasserkörper (9,2 Prozent „*gut*"). Die Befunde sind weiterhin erheblich entfernt von der Zielerreichung.

Die häufigsten Ursachen, dass ein „*guter ökologischer Zustand*" nicht erreicht wird, sind …

- die zu hohen, meist aus der Landwirtschaft stammenden Belastungen durch *Nährstoffe*, *Feinsedimenteinträge* und *Pflanzenschutzmittel*, die
- *hydromorphologische Degradation* der Gewässer durch Verbauung und Begradigung sowie die durch Wehre unterbrochene Durchgängigkeit der Fließgewässer und die
- Kombination verschiedener Faktoren.

5.6 Habitatindex

Die Erfahrungen aus dem Monitoring der Maßnahmen im Rahmen der Regelungen der EG-Wasserrahmenrichtlinie haben gezeigt, dass die teils unbefriedigenden Ergebnisse im Hinblick auf die Zielerreichung der EG-Wasserrahmenrichtlinie („*guter Gewässerzustand*") auch auf die angewendete Bewertungsmethode zurückzuführen ist.

Durch die Bewertung nach dem schlechtesten Einzelparameter (sog. „*Worst-Case-Bewertung*") wirken sich Erfolge bei anderen Bewertungsparameter nicht auf die Gesamtbewertung aus. Dadurch werden gute Erfolge bzw. Teilerfolge nicht berücksichtigt. Das ist insbesondere für die Außenwirkung der Ergebnisse, d. h. für die Rechtfertigung des Geldeinsatzes, sehr nachteilig. Der Entwicklung differenzierter Bewertungsmethoden wird daher große Bedeutung beigemessen (Korte et al. 2016; BfN 2017; LANUV NRW 2017).

Durch die Verwendung eines *Habitatindex* sollen die Interaktionen zwischen den Kennzahlen der *Gewässerstrukturkartierung* und den *biologischen Qualitätskomponenten* verwertbarer dargestellt werden (s. LANUV NRW 2017). So werden zum Beispiel die Strömungsverhältnisse, die Sohlenstruktur und die Beschattung des Gewässers, allesamt Parameter der Gewässerstrukturkartierung, in ihren Auswirkungen auf die biologischen Qualitätskriterien untersucht (Förster et al. 2017).

Dies soll die Ergebnisse nicht verwässern, sondern lediglich dazu beitragen, Veränderungen, positiv oder negativ, plausibel zu erklären und so die Maßnahmenplanung optimieren.

Literatur

AQEMconsortium (Hrsg.) (2002) Manual for the application of the AQEM system, A comprehensive method to assess European streams using benthic macroinvertebrates, developed for the purpose of the Water Framework Directive.

ATV-DVWK – (Deutsche Vereinigung für Wasserwirtschaft, Abwasser, Abfall e.V., Hennef – siehe auch ATV, DVWK und DWA)

ATV-DVWK – Deutsche Vereinigung für Wasserwirtschaft, Abwasser und Abfall (Hrsg.) (2001) Leitbildbezogenes Bewertungsverfahren mit Makrophyten und Phytobenthos, ATV-DVWK-Arbeitsbericht GB-1.5, Juni 2001.

ATV-DVWK – Deutsche Vereinigung für Wasserwirtschaft, Abwasser und Abfall (Hrsg.) (2003) Gewässerlandschaften in der Bundesrepublik Deutschland, „Steckbriefe", Autor: Elmar Briem, ATV-DVWK Arbeitsbericht, Februar 2003, Hennef.

Bayerisches Landesamt für Wasserwirtschaft – BayLfW (Hrsg.) (2002a) Fließgewässerlandschaften in Bayern, München.

Bayerisches Landesamt für Wasserwirtschaft – BayLfW (Hrsg.) (2002b) Flusslandschaft Isar von der Landesgrenze bis Landshut – Leitbilder, Entwicklungsziele, Maßnahmenhinweise, München.

BayLfW (s. Bayerisches Landesamt für Wasserwirtschaft, Augsburg)

BfG (s. Bundesanstalt für Gewässerkunde, Koblenz)

BMU (s. Bundesministerium für Umwelt, Naturschutz und Reaktorsicherheit – BMU, Bonn/Berlin)

BMUB (s. Bundesministerium für Umwelt, Naturschutz, Bau und Reaktorsicherheit – BMUB, Bonn/Berlin)

BMUB & UBA (s. Bundesministerium für Umwelt, Naturschutz, Bau und Reaktorsicherheit – BMUB und Umbeltbundesamt – UBA, Berlin/Dessau)

Briem, E. (2003) Gewässerlandschaften der Bundesrepublik Deutschland: morphologische Merkmale der Fließgewässer und ihrer Auen, Deutsche Vereinigung für Wasserwirtschaft, Abwasser und Abfall e.V. – ATV-DVWK.

Bundesamt für Naturschutz – BfN (Hrsg.) (2017) Indikatorensystem zur Darstellung direkter und indirekter Auswirkungen des Klimawandels auf die biologische Vielfalt, Bearbeiter: Rainer

Schliep, Robert Bartz, Rainer Dröschmeister, Frank Dziock, Silvia Dziock, Stefan Fina, Ingo Kowarik, Laura Radtke, Livia Schäffler, Stefan Siedentop, Christoph Sudfeldt, Sven Trautmann, Ulrich Sukopp, Stefan Heiland, BfN-Skripten 470.

Bundesanstalt für Gewässerkunde – BfG (Hrsg.) (1992) Automatische Biotestverfahren zur Rheinüberwachung, Informationen 3/92.

Bundesministerium für Umwelt, Naturschutz und Reaktorsicherheit – BMU (Hrsg.) (2003) Leitbildorientierte Biologische Fließgewässerbewertung, Umwelt, Nr. 7–8/2003.

Bundesministerium für Umwelt, Naturschutz und Reaktorsicherheit – BMU (Hrsg.) (2005) Umweltpolitik – Die Wasserrahmenrichtlinie – Ergebnisse der Bestandsaufnahme, August 2005.

Bundesministerium für Umwelt, Naturschutz, Bau und Reaktorsicherheit – BMUB & Umweltbundesamt – UBA (Hrsg.) (2017) Gewässer in Deutschland – Zustand und Bewertung, Bearbeiter: J. Arle, K. Blondzik, U. Claussen, A. Duffek, S. Grimm, F. Hilliges, B. Kirschbaum, I. Kirst, D. Koch, J. Koschorreck, P. Lepom, W. Leujak, V. Mohaupt, S. Naumann, U. Pirntke, J. Rechenberg, P. Schilling, A. Ullrich, J. Wellmitz, S. Werner, R. Wolter, Umweltbundesamt – UBA, März 2017.

Bundesministerium für Umwelt, Naturschutz, Bau und Reaktorsicherheit – BMUB & Umweltbundesamt – UBA (Hrsg.) (2022) Die Wasserrahmenrichtlinie – Gewässer in Deutschland 2021, Fortschritte und Herausforderungen. Autorinnen und Autoren: Jeanette Völker, Stephan Naumann (UBA) Jens Arle (UBA), Corinna Baumgarten (UBA), Katrin Blondzik (UBA), Jörg Frauenstein (UBA), Falk Hilliges (UBA), Maximilian Hofmeier (UBA), Manuela Krakau (UBA), Julian Mönnich (UBA), Volker Mohaupt (UBA), Dirk Osiek (UBA), Jörg Rechenberg (UBA), Niels Richter (UBA), Anna Schnäckel, Christoph Schulte (UBA), Antje Ullrich (UBA), Franka Vetter, Bonn, Dessau.

Diehl, P., Krauß-Kalweit, I., Lüthje, S. (1997) Die neue Rheingütestation Worms, Wasser & Boden, 49. Jahrg., Heft 1/1997.

Förster, J., Halle, M., Müller, A. (2017) Entwicklung eines Habitatindex zur Beurteilung biozönotisch relevanter Gewässerstrukturen, KW Korrespondenz Wasserwirtschaft, 10. Jahrg., Heft 8, S. 467 ff.

Gewässerdirektion Südlicher Oberrhein/Hochrhein – Bereich Offenburg (Hrsg.) (2001) Gewässertypenkatalog für die Gewässerentwicklung in den Landkreisen Ortenau und Emmendingen, Offenburg.

GWD Südlicher Oberrhein/Hochrhein (s. Gewässerdirektion Südlicher Oberrhein/Hochrhein, Offenburg)

Illies, J. (1978) Limnofauna Europaea – eine Zusammenstellung aller die europäischen Binnengewässer bewohnenden mehrzelligen Tiere mit Angaben über ihre Verbreitung und Ökologie, 2., überarbeitete und ergänzte Aufl., 532 S., Gustav Fischer Verlag, Stuttgart, New York; Swets & Zeitlinger B.V Amsterdam.

Korte, T., Pottgiesser, T., Hering, D. (2016) Den Erfolg hydromorphologischer Maßnahmen ganzheitlich und differenziert bestimmen, KW Korrespondenz Wasserwirtschaft, 9. Jahrg., Heft 9, S. 556 ff.

Länderarbeitsgemeinschaft Wasser – LAWA (Hrsg.) (1999) Gewässergüteatlas Bundesrepublik Deutschland – Fließgewässer in der Bundesrepublik Deutschland – Karten der Wasserbeschaffenheit 1987–1996.

Länderarbeitsgemeinschaft Wasser – LAWA (Hrsg.) (2000) Empfehlungen – Oberirdische Gewässer: Gewässerstrukturgütekartierung in der Bundesrepublik Deutschland – Verfahren für kleine und mittelgroße Fließgewässer, 1. Aufl., Schwerin.

Länderarbeitsgemeinschaft Wasser – LAWA (Hrsg.) (2002) Arbeitshilfe zur Umsetzung der EG-Wasserrahmenrichtlinie (aktuelle Fassung der Arbeitshilfe – siehe Internet).

Länderarbeitsgemeinschaft Wasser – LAWA (Hrsg.) (2014) LAWA-Verfahrensempfehlung Gewässerstrukturkartierung – Verfahren für mittelgroße bis große Fließgewässer, 2. Aufl.

Landesamt für Natur, Umwelt und Verbraucherschutz des Landes Nordrhein-Westfalen – LANUV NRW (Hrsg.) (2015) Fließgewässertypenkarten NRW, Arbeitsblatt Nr. 25, Recklinghausen.

Landesamt für Natur, Umwelt und Verbraucherschutz des Landes Nordrhein-Westfalen – LANUV NRW (Hrsg.) (2017) Entscheidungshilfe zur Auswahl von zielführenden hydromorphologischen Maßnahmen an Fließgewässern, Arbeitsblatt Nr. 32, Recklinghausen.

Landesanstalt für Umweltschutz Baden-Württemberg – LfU BW (Hrsg.) (1999) Die Gewässerlandschaften Baden-Württembergs, Oberirdische Gewässer, Gewässerökologie Nr. 53, Karlsruhe.

Landesumweltamt Nordrhein-Westfalen – LUA NRW (Hrsg.) (1999) Leitbilder für kleine bis mittelgroße Fließgewässer in Nordrhein-Westfalen – Gewässerlandschaften und Fließgewässertypen, Merkblätter Nr. 17, Essen.

Landesumweltamt Nordrhein-Westfalen – LUA NRW (Hrsg.) (2001a) Gewässerstrukturgüte in Nordrhein-Westfalen, Anleitung für die Kartierung mittelgroßer bis großer Fließgewässer, Merkblätter Nr. 26, Essen.

Landesumweltamt Nordrhein-Westfalen – LUA NRW (Hrsg.) (2001b) Referenzgewässer der Fließgewässertypen Nordrhein-Westfalens, Teil 2: Mittelgroße bis große Fließgewässer – Gewässerabschnitte und Referenzstrukturen, Merkblätter Nr. 29, Essen.

Landesumweltamt Nordrhein-Westfalen – LUA NRW (Hrsg.) (2001c) Vegetationskundliche Leitbilder und Referenzgewässer für die Ufer- und Auenvegetation der Fließgewässer in Nordrhein-Westfalen, Merkblätter Nr. 32, Essen.

Landesumweltamt Nordrhein-Westfalen – LUA NRW (Hrsg.) (2001d) Leitbilder für die mittelgroßen bis großen Fließgewässer, Merkblätter Nr. 34, Essen.

LANUV NRW (s. Landesamt für Natur, Umwelt und Verbraucherschutz des Landes Nordrhein-Westfalen, Recklinghausen)

LAWA (s. Länderarbeitsgemeinschaft Wasser)

LfU BW (s. Landesamt für Umwelt Baden-Württemberg)

LUA NRW (s. Landesumweltamt Nordrhein-Westfalen, Recklinghausen)

Ministerium für Umwelt und Naturschutz, Landwirtschaft und Verbraucherschutz des Landes Nordrhein-Westfalen – MUNLV NRW (Hrsg.) (2010) Blaue Richtlinie – Richtlinie für die Entwicklung naturnaher Fließgewässer in Nordrhein-Westfalen, Düsseldorf.

MUNLV NRW (s. Ministerium für Umwelt und Naturschutz, Landwirtschaft und Verbraucherschutz des Landes Nordrhein-Westfalen – MUNLV NRW, Düsseldorf)

Niedersächsisches Landesamt für Ökologie – NLÖ (Hrsg.) (2001) Morphologische Fließgewässertypen in Niedersachsen, Leitbilder und Referenzgewässer, Bearbeiter: M. Rasper, Hannover.

NLÖ (s. Niedersächsisches Landesamt für Ökologie, Hildesheim)

OGewV – Oberflächengewässerverordnung vom 20. Juni 2016 (BGBl. I S. 1373)

Patt H. (Hrsg.) (2022) Fließgewässer- und Auenentwicklung – Grundlagen und Erfahrungen, 3. Aufl., Springer Vieweg, Wiesbaden.

Pauschert, P., Buschmann, M. (1999) Kartierung und Bewertung der Strukturgüte von Flußauen – Methodik und Anwendung als Planungsinstrument am Beispiel der Mulde in Sachsen und Sachsen-Anhalt, Wasserwirtschaft 89, Heft 1/1999.

Pottgiesser, T., Sommerhäuser, M. (2022) Fließgewässertypologie, In: Patt, H. (Hrsg.) (2022) Fließgewässer- und Auenentwicklung – Grundlagen und Erfahrungen, 3. Aufl., Springer Vieweg, Wiesbaden.

Pottgiesser, T., Sommerhäuser, M. (2004) Fließgewässertypologie Deutschlands: Die Gewässertypen und ihre Steckbriefe als Beitrag zur Umsetzung der EU-Wasserrahmenrichtlinie. In: Steinberg, C., W. Calmano, R.-D. Wilken & H. Klapper (Hrsg.) Handbuch der Limnologie, 19. Erg. Lfg. 7/04. VIII-2.1, S. 1–16 + Anhang

Pottgiesser, T., Kail, J., Seuter, S., Halle, M. (2004) Abschließende Arbeiten zur Typisierung entsprechend den Anforderungen der EU-WRRL-Teil II, Endbericht, Forschungsprojekt im Auftrag der LAWA: 1–16 + „Karte der biozönotisch bedeutsamen Fließgewässertypen Deutschlands" [Stand Dezember 2003], Internet: www.wasserblick.net. - aufgerufen am 8. Mai 2024.

Pottgiesser, T., Sommerhäuser, M. (2008) Begleittext zur Aktualisierung der Steckbriefe der bundesdeutschen Fließgewässertypen (Teil A) und Ergänzung der Steckbriefe der deutschen Fließgewässertypen um typspezifische Referenzbedingungen und Bewertungsverfahren aller Qualitätselemente (Teil B), UBA-Projekt (Förderkennzeichen 36015007) und LAWA-Projekt O 8.06, Internet: www.wasserblick.net. - aufgerufen am 8. Juni 2024.

UBA (s. Umweltbundesamt, Dessau)

UFT (1994) Gewässergüte – Saprobienmethode, Dienstleistungsinformation der Fa. Umwelt- und Fluidtechnik, Dr. H. Brombach GmbH, Bad Mergentheim.

Umweltbundesamt (Hrsg.) (2003) Entwicklung eines leitbildorientierten Saprobienindexes für die biologische Fließgewässerbewertung, Umweltforschungsplan des Bundesministeriums für Umwelt, Naturschutz und Reaktorsicherheit, Forschungsbericht 200 24 227, UBA-FB 000366, Bearbeiter: Peter Rolauffs, Dr. Daniel Hering, Dr. Mario Sommerhäuser, Silke Rödiger, Sonja Jähnig, Universität Essen, Institut für Ökologie, Abt. Hydrobiologie.

Umweltbundesamt (Hrsg.) (2021) Online-Version der Systeme zur biologischen Fließgewässerbewertung. UBA-Texte 140, 147 S. Bearbeiter: Peter Rolauffs, Jörg Strackbein, Daniel Hering, Ilka Schönfelder, Antje Gutowski, Andreas Müller, Robert Vogl, Ute Mischke, Ursula Riedmüller, Klaus van de Weyer.

Zimmermann, J. (2017) Umwelt-DNA (eDNA) – Molekularbiologie erobert Arten-, Gewässer- und Naturschutz, Wasser Energie Luft, 109. Jahrg., 2017, Heft 31, S. 163–172.

Zumbroich, T., Müller, A., Friedrich, G. (Hrsg.) (1999) Strukturgüte von Fließgewässern, Springer-Verlag, Berlin, Heidelberg, New York.

Normen

DIN 38410-1 (2004) Deutsche Einheitsverfahren zur Wasser-, Abwasser- und Schlammuntersuchung – Biologisch-ökologische Gewässeruntersuchung (Gruppe M) – Teil 1: Bestimmung des Saprobienindex in Fließgewässern (M 1).

6 Hydrologische Grundlagen

Heinz Patt

Der natürliche *Wasserhaushalt* eines Einzugsgebietes ist von seinen Hauptparametern *Niederschlag, Verdunstung, Versickerung, Abfluss* und *Rückhalt* abhängig. Das Zusammenspiel der einzelnen Größen und deren Anteile am Wasserkreislauf prägen die hydrologischen Parameter. Das hydrologische Messwesen (*Hydrometrie*) und hydrologische Auswerteverfahren dienen der Beschaffung bzw. Aufbereitung der für wasserbauliche Maßnahmen erforderlichen Bemessungsparameter.

Die *Hydrologie* ist die Wissenschaft vom Wasser, seinen Eigenschaften und seinen Erscheinungsformen auf und unter der Landoberfläche. Der Anwendungsbereich beschränkt sich auf das Festland und die Inseln im Meer (DIN 4049 Teil 1). Dazu gehören die Fließgewässer (*Potamologie* = Flusskunde) und Seen (*Limnologie* = Seenkunde). Für die Hydrologie der Fließgewässer wird auch der Begriff „*Gewässerkunde*" verwendet. Die *Hydrogeologie* beschäftigt sich mit dem unterirdischen Wasser (*Grundwasser* u. a.). Forschungsschwerpunkte sind jeweils die physikalischen, chemischen und biologischen Verhältnisse.

Der natürliche *Wasserhaushalt* eines Einzugsgebietes ist von seinen Hauptparametern *Niederschlag, Verdunstung, Versickerung, Abfluss* und *Rückhalt* abhängig. Das Zusammenspiel der einzelnen Größen und deren Anteile am Wasserkreislauf prägen die hydrologischen Parameter. Das hydrologische Messwesen (*Hydrometrie*) und hydrologische Auswerteverfahren dienen der Beschaffung bzw. Aufbereitung der für wasserbauliche Maßnahmen erforderlichen Bemessungsparameter (siehe u. a. Maniak 2001; 2016; Bronstert 2005; Lecher et al. 2015; Patt und Jüpner 2020; Patt et al. 2021).

H. Patt (✉)
Sachverständigenbüro Professor Patt
Bonn, Deutschland

H. Patt, *Naturnaher Wasserbau*, https://doi.org/10.1007/978-3-658-43846-3_6

6.1 Wasserkreislauf

Bei wasserwirtschaftlichen Betrachtungen ist es sinnvoll, den *Wasserkreislauf* eines geschlossenen Systems zu betrachten (s. Abb. 6.1). Der Kreislauf des Wassers lässt sich dann für einen vorgegebenen Zeitabschnitt und ein bekanntes Einzugsgebiet mit Hilfe der *Wasserhaushaltsgleichung* bilanzieren.

6.2 Wasserhaushaltsgleichung

Mit dem Niederschlag N im betrachteten Einzugsgebiet der Größe A_E, dem Abfluss A (oberirdisch als *Oberflächenabfluss* A_o sowie unterirdisch als *Grundwasserabfluss* A_u), der Verdunstung V und dem Rückhalt R lässt sich die folgende Bilanz (so genannte Wasserhaushaltsgleichung) aufstellen:

$$N = V + A_o + A_u \pm R \tag{6.1}$$

Der *Rückhalt R* wird positiv (+R), wenn im Einzugsgebiet Wasser zurückgehalten wird. Wird im Einzugsgebiet gespeichertes Wasser freigesetzt, wird der Rückhalt negativ (−R). Bei der Betrachtung längerer Zeiträume kann der Rückhalt R als ausgeglichen angenommen werden (R = 0). Damit wird aus Gl. 6.1:

$$N = A + V \qquad \text{bzw.} \qquad N - V = A \tag{6.2}$$

In hydrologischen Auswertungen werden die Anteile der einzelnen Komponenten meist als Höhen [mm] über einer horizontalen Fläche [m²] angegeben (1 mm/m² entsprechen 1 Liter/m²). Aus Gl. 6.2 wird dann:

$$h_N = h_A + h_V \qquad \text{bzw.} \qquad h_N - h_V = h_A \qquad [\text{mm}] \tag{6.3}$$

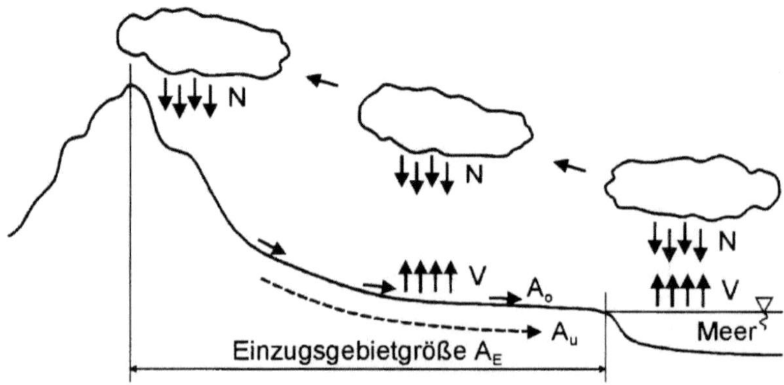

Abb. 6.1 Wasserkreislauf (vereinfacht)

Tab. 6.1 Auswahl weiterer Begriffe zum Wasserhaushalt (s. DIN 4049 Teil 1)

Parameter in der Wasserhaushaltsgleichung		Bezogene Größen [mm]
Niederschlag N		– Niederschlagshöhe h_N
Abfluss A	– Oberirdisch A_o – Unterirdisch A_u	– Abflusshöhe h_A
Verdunstung V		– Verdunstungshöhe h_V – Gebietsverdunstung h_V – Aktuelle Verdunstung h_{Ve} – Potenzielle Verdunstung h_{Vp}
Rückhalt R (Retention)		– Rücklage h_R – Aufbrauch h_B – Vorratsänderung h_S

Ist die Verdunstungshöhe größer als die Niederschlagshöhe ($h_V > h_N$), spricht man von *aridem Klima*. In *humiden* Gebieten (z. B. Mitteleuropa) ist die Bilanz positiv, d. h. die Niederschlagshöhe ist größer als die *Verdunstungshöhe* ($h_N > h_V$). Neben den genannten Parametern in der *Wasserhaushaltsgleichung* gibt es weitere, die helfen, die jeweiligen Anteile weiter zu spezifizieren (s. Tab. 6.1).

6.2.1 Niederschlag

Niederschläge entstehen dann, wenn die Luft mit Wasserdampf gesättigt ist (d. h. die Temperatur der Taupunkttemperatur entspricht), ein Phasenübergang (Kondensation oder Gefrieren) stattfindet und die Tröpfchen oder Eiskristalle eine Größe bekommen, sodass sie unter Einwirkung der Schwerkraft die Erde erreichen können.

Bei den Niederschlägen wird zwischen gefallenen und abgesetzten Niederschlägen unterschieden. Zu den gefallenen *Niederschlagsformen* zählen Regen, Schnee, Graupel und Hagel. Abgesetzte Niederschläge sind Tau, Reif sowie Nebelniederschlag bzw. Nebelfrost (Begriffe s. DIN 4049 Teil 101).

6.2.1.1 Niederschlagsmessung

Zur Messung der gefallenen Niederschläge gibt es unterschiedliche Messgeräte (z. B. Niederschlagsmesser nach Hellmann, Niederschlagssammler, Niederschlagsschreiber, Radar – s. DWA-Themen 2017). Ein wesentlicher Unterschied zwischen den Messgeräten ist die Häufigkeit der Ablesung und die Ablesemethode. Es gibt kontinuierlich messende, fern abfragbare Messstellen, aber auch Geräte die täglich abgelesen und manuell ausgewertet werden müssen.

Bei der Bestimmung des repräsentativen Niederschlags für ein beliebiges Einzugsgebiet sind häufig Niederschlagsdaten mehrerer Messstationen zu berücksichtigen. Dazu werden einfache Mittelungsverfahren (z. B. arithmetische Mittel aller Stationen) oder an die jeweiligen Verhältnisse im Einzugsgebiet angepasste Auswertemethoden (z. B. Gitternetzverfahren, Isohyeten-Verfahren) eingesetzt.

Sind lokal keine Messwerte vorhanden, wird es in vielen Fällen möglich sein, die erforderlichen Daten von benachbarten Messstellen mittels geeigneter Verfahren auf das Untersuchungsgebiet zu übertragen. Es ist wichtig, dass bei der Ableitung von Daten aus anderen Gebieten die jeweiligen Besonderheiten des Einzugsgebietes berücksichtigt werden. In anderen Fällen kann es erforderlich sein, entsprechende Messungen durchzuführen oder Näherungswerte aus überregionalen Klimatabellen abzuleiten.

6.2.1.2 Deutsches Meteorologisches Jahrbuch (DMJ)

Für ausgewählte Messstationen können die Niederschlagsdaten unmittelbar dem *Deutschen Meteorologischen Jahrbuch* (DMJ) entnommen werden, das vom Deutschen Wetterdienst herausgegeben und im jährlichen Turnus überarbeitet wird.

Das Jahrbuch enthält die täglichen Beobachtungen von 16 Klimamessstationen und die Monats- und Jahreswerte von ausgewählten Messstellen in der Bundesrepublik Deutschland. Dort sind u. a. Angaben zu Niederschlagshöhen, Luftdruck, Lufttemperatur, relative Luftfeuchte, Windrichtung, Windstärke, Sicht, Bewölkung, Art des Niederschlages und Witterungsverlauf, zu finden.

6.2.1.3 KOSTRA-Katalog

KOSTRA-DWD steht für Koordinierte Starkniederschlagsregionalisierung und -auswertung und enthält die Eintrittswahrscheinlichkeiten von Starkregenereignissen. Auf dieser Basis hat der Deutsche Wetterdienst (DWD) einen Katalog von regionalisierten Niederschlagshöhen herausgeben, die heute als Eingangsgrößen für Auslegung wasserwirtschaftlicher Anlagen dienen. Seit dem 1. Januar 2023 ist der Datensatz KOSTRA DWD 2020 gültig. Näheres zu den Nutzungsbedingungen finden sich auf der Internetseite des DWD (www.dwd.de). Das KOSTRA-Verfahren ist heute Standard.

6.2.2 Verdunstung

Die Summe aus Bodenverdunstung von vegetationsfreien Landflächen (*Evaporation*), Pflanzenverdunstung (*Transpiration*) und Interzeptionsverdunstung (*Interzeption* = an Pflanzenoberflächen aufgefangener und vorübergehend gespeicherter Niederschlag) wird als *Evapotranspiration ET* bezeichnet. Zusätzlich kann noch zwischen der *aktuellen* (tatsächlichen) *Verdunstung* ET_a und der *potenziellen* (maximal möglichen) *Verdunstung* ET_p unterschieden werden.

Die *potenzielle Verdunstung* beschreibt die Verdunstung unter vorgegebenen meteorologischen Bedingungen und unbegrenzt verfügbarem Wasser, während die *tatsächliche Verdunstung* vom oft nur begrenzt verfügbaren Wasserdargebot abhängt. Zum Messen der Verdunstung stehen wägbare und nicht wägbare Lysimeter sowie verschiedene Formen von Verdunstungswaagen zur Verfügung.

Ein *Lysimeter* besteht aus einem Bodenkörper, der dem zu untersuchenden Bewuchs und Bodenaufbau entsprechend, in einen seitlich geschlossenen, jedoch unten offenen Auffangbehälter eingebaut wurde. Im unteren Bereich befindet sich eine Sammel- und Messvorrichtung für das aus der Sohle des Bodenkörpers austretende Wasser. Bei wägbaren Lysimetern steht der Bodenkörper auf einer Waage, sodass über die Gewichtsveränderungen der Wasseranteil im Bodenkörper bestimmt werden kann. Damit eine Bilanzierung über die Wasserhaushaltsgleichung (s. Gl. 6.1) erfolgen kann, ist zusätzlich eine Niederschlagsmessung erforderlich (s. Abb. 6.2).

Die Ermittlung der *Verdunstung* ist schwierig, da sie von sehr vielen Faktoren (Lufttemperatur, Luft- und Bodenfeuchte, Bodenvegetation, Windgeschwindigkeiten u. a.) beeinflusst wird, die zudem kleinräumig stark schwanken können.

Die Verdunstung von Wasserflächen beträgt in Mitteleuropa im Durchschnitt ca. 1000 mm/Jahr. Aufgrund der unterschiedlichen Temperatur entfallen davon ca. 75 % auf den Sommer und ca. 25 % auf den Winter. Weitergehende Hinweise zur Abschätzung der Verdunstung finden sich u. a. in ATV-DVWK (2002) sowie Miegel und Kleeberg (2007).

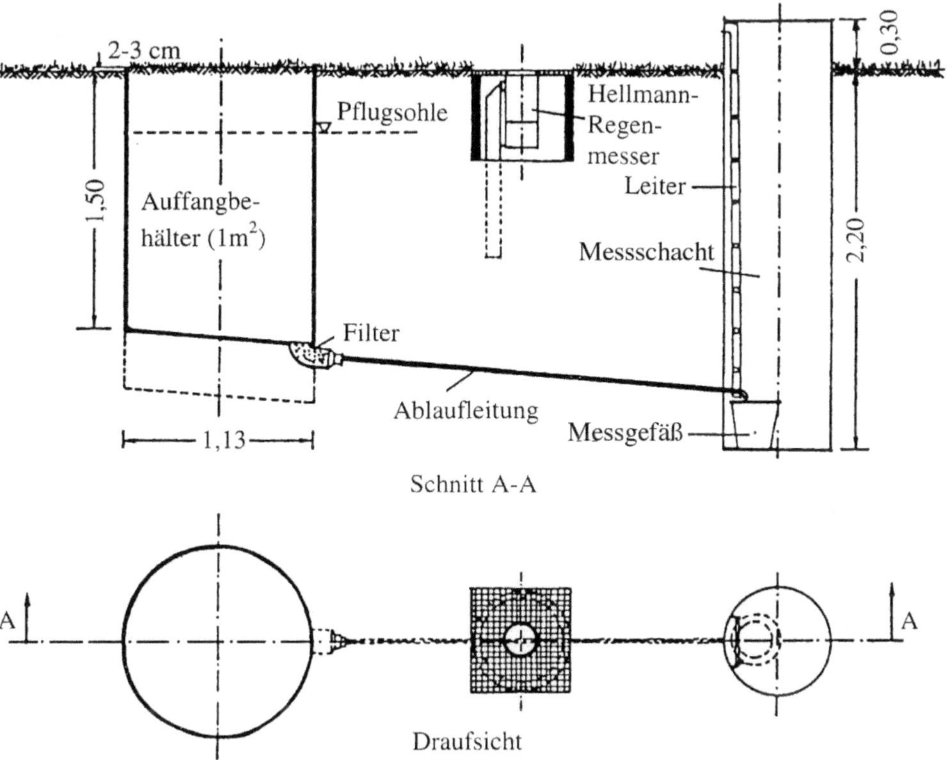

Abb. 6.2 Nicht wägbares Lysimeter zur Messung der Infiltration. (Aus Maniak 2016)

6.2.3 Abflussentstehung

Die Kenngrößen des Wasserkreislaufes beeinflussen das gesamte Abflussverhalten eines Einzugsgebietes, d. h. das Wirkungsgefüge zwischen Niederschlag und Abfluss. Der Begriff „*Abfluss*" umfasst dabei den oberirdischen und den unterirdischen Abfluss. Ob der Abfluss ober- oder unterirdisch erfolgt, hängt ausschließlich von der Infiltration ab. Dieser fällt damit eine Schlüsselrolle bei der Abflussentstehung zu.

6.2.3.1 Infiltration

Unter *Infiltration* wird der Zugang von Wasser in die Erdrinde verstanden. Sie kennzeichnet den Anteil der Niederschläge, die nach Kontakt mit der Erdoberfläche weder oberirdisch abfließen noch verdunsten. Bei der Betrachtung eines langen Zeitraumes (d. h. keine Speicherung im Bodenkörper) entspricht die Infiltration dem unterirdischem Abfluss A_u. Entsprechend gilt die Beziehung:

$$\text{Infiltration} = N - A_o - V \tag{6.4}$$

Die Infiltration wird durch meteorologische Faktoren (Art, Dauer, Höhe und Intensität des gefallenen Niederschlages, Lufttemperatur, Luftdruck und Verdunstungshöhe), Bodenkennwerte (z. B. Bodenart und -struktur, Bodenfeuchte, Geländeneigung) und die Vegetation (Art des Bodenbewuchses) beeinflusst. Sind die genannten Einflussfaktoren und die hydrogeologischen Parameter (z. B. Durchlässigkeit für Grundwasser, Porenvolumen) hinreichend bekannt, kann die *Durchsickerungsrate* rechnerisch abgeschätzt werden. Zur Messung der Infiltration bzw. Bilanzierung nach Gl. 6.4 können gemessene Daten aus Lysimetermessungen (s. Abschn. 6.2.2) herangezogen werden.

6.2.3.2 Abflussbildung

Die Abflussbildung ist ein komplexer Prozess, der an einem einfachen Beispiel qualitativ dargestellt werden soll (siehe u. a. Bronstert 2005; Casper und Herbst 2006). Dazu wird symbolisch ein Bodenkörper durch einen Regen mit konstanter Intensität (= 100 %) beregnet (s. Abb. 6.3).

Bei Beginn des Niederschlages bleibt der überwiegende Teil an den Pflanzenoberflächen (*Interzeption*) und auf dem Oberboden haften. Nach Überwindung der Anfangsverluste beginnt ein Teil des Niederschlages zu versickern (*Infiltration*). Mit fortschreitender Regendauer steigt der Anteil des oberirdisch abfließenden Wassers (*Oberflächenabfluss*), während die Versickerungsrate kontinuierlich abnimmt.

Ist der Boden nicht verfestigt, hält die Infiltration während der gesamten Regendauer an. Der versickernde Anteil fließt dem Grundwasserkörper zu und trägt damit zur Grundwasserneubildung bei. Von dort fließt das Wasser mit geringer Verzögerung als *Zwischenabfluss* (*Interflow*) oder, zeitlich stark verzögert, als *grundwasserbürtiger Abfluss* dem Fließgewässer zu.

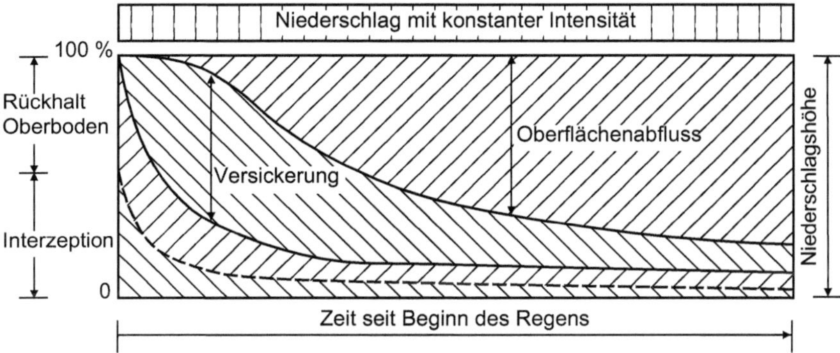

Abb. 6.3 Qualitative Darstellung des Abflussgeschehens (vereinfacht)

Ein mit Niederschlagswasser gefüllter *Bodenspeicher* (z. B. nach längeren Regenperioden oder durch Schneeschmelze) oder eine großflächige *Versiegelung* der Bodenoberfläche (z. B. durch Frost oder Bebauung) führen dazu, dass die *Versickerung* stark eingeschränkt wird und die Niederschläge unmittelbar abflusswirksam werden. Derartige Vorbedingungen führen häufig zu extremen Abflüssen im Gewässernetz.

Aus den dargestellten Zusammenhängen ist der große Einfluss einer reduzierten Versickerungsrate auf den Oberflächenabfluss erkennbar.

6.2.4 Retention (Rückhalt)

Von besonderer Bedeutung für die Entstehung von Hochwasser ist auch die zeitweise Speicherung (*Retention*) von Wasser in den verschiedenen Komponenten des Wasserkreislaufes. Dazu gehört der *Rückhalt* auf Pflanzenoberflächen, im Boden- und Grundwasserkörper sowie im Gewässernetz und in den Gewässerauen.

An den Fließgewässern selbst begrenzen u. a. Hochwasserschutzdeiche den Wasserkörper, sodass die Gewässer häufig von ihren natürlichen *Überschwemmungsgebieten* abgeschnitten sind. Dies gilt insbesondere für innerstädtische Bereiche, wo die Bebauung oft bis an die Ufer reicht. Dadurch wird der Rückhalt stark eingeschränkt.

Die Wirkung der Retention auf den Abfluss ist in Abb. 6.4 vereinfacht dargestellt. Die *Hochwasserfülle* (= Volumen einer Hochwasserganglinie, d. h. die Fläche unter den dargestellten Kurven) soll bei beiden Ereignissen gleich sein ($A_1 = A_2$). Der mit (I) gekennzeichnete Verlauf der *Abflussganglinie* ist typisch für ein Regenereignis, das unmittelbar abflusswirksam wird. Der *reduzierte Rückhalt* führt insbesondere bei Starkregenereignissen zu *hohen Abflussspitzen.*

Bei der gestrichelten Abflussganglinie (II) ist anzunehmen, dass ein Teil des Abflusses zurückgehalten wird. Durch die Retention gelangt das Wasservolumen mit einem reduzierten Maximalwert ($Q_{max,I} > Q_{max,II}$) und zeitlich verzögert zum Abfluss. Der Zeitpunkt des Auftretens des Maximalabflusses verschiebt sich von $t_{max,I}$ nach $t_{max,II}$.

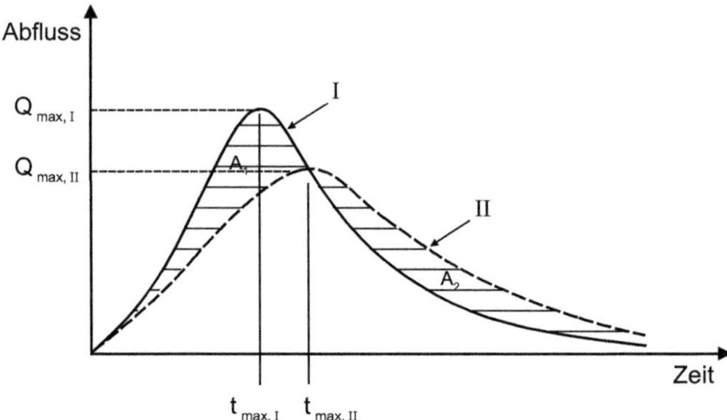

Abb. 6.4 Skizze zu den Wirkungen der Retention

Insgesamt treten durch fehlende *Retentionsräume* häufiger höhere Abflüsse auf. An Zusammenflüssen mit anderen Gewässern überlagern sich die Abflüsse und können, je nach Größe und Eintreffzeit, zu extremen Hochwasserabflüssen führen. Die Laufzeiten der Hochwasserwellen aus mehreren Einzugsgebieten spielen dabei eine besondere Rolle.

Neben möglichen *Ausuferungen* führt ein erhöhter Abfluss auch zu höheren Strömungsgeschwindigkeiten im Gewässerbett, wodurch die *aktuelle Schubspannung* erhöht wird (s. Abschn. 8.4). Dies kann, insbesondere in einem eingeengten Fließquerschnitt, zu einer verstärkten *Tiefenerosion* führen.

Maßnahmen zur Rückgewinnung von *Retentionsräumen* an einzelnen Gewässern bedürfen daher immer eingehender Untersuchungen hinsichtlich der Auswirkungen auf das Gesamtsystem.

6.2.5 Verbesserung des Wasserrückhaltes

Aufgrund der erheblichen Bedeutung für *Hochwasserschutz* und Naturhaushalt muss dem Erhalt und der Rückgewinnung von *Retentionsräumen* besondere Bedeutung beigemessen werden (LAWA 1995; Rieger und Disse 2008; Patt und Jüpner 2020). Auch im Wasserhaushaltsgesetz (WHG) wird die Wiederherstellung der früheren Überschwemmungsflächen, wo immer möglich, gefordert (s. Abschn. 2.4.5 und 2.5). Ausreichend große Retentionsräume tragen zur Dämpfung der *Hochwasserabflussspitzen* bei.

6.2.5.1 Urbane Bereiche

In urbanen Bereichen führen die *Flächenversiegelung* und die konzentrierte Ableitung des Niederschlagswassers in den Kanalnetzen zu einer *verminderten Infiltrationsrate*. In den nachfolgenden Abwasserbehandlungsanlagen können die ankommenden Wassermengen oft nicht verarbeitet werden, da diese aus Kostengründen nicht auf extreme Abflussereignisse ausgelegt werden können. Sind die Rückhaltemöglichkeiten (z. B. in Kanalstauräumen, Rückhaltebecken) erschöpft, springen *Regenüberläufe* an, die das Niederschlagswasser dann unmittelbar dem Vorfluter zuführen. Sowohl die qualitativen Auswirkungen derartiger Einleitungen als auch die plötzlich eintretenden, meist sehr hohen Zuflüsse, können zu einer starken Belastung der unterstrom liegenden Gewässerabschnitte führen. Das gilt sowohl für die morphologischen Strukturen als auch für die Lebensräume in den betroffenen Gewässerabschnitten (s. auch Abschn. 4.2).

Zu dem Spektrum von Maßnahmen (Geiger 1998; Sieker et al. 2006), die dazu beitragen können, die davon ausgehenden Beeinträchtigungen zu mindern, zählen u. a.:

- Bau von Flachdächern und flachen Gründächern,
- Infiltrationsfreudige Ausbildung der Oberflächen von Höfen, Park- und Stellplätzen, Gehwegen und Wohnstraßen,
- Entwässerung weniger stark befahrener Straßen „über die Schulter", d. h. ein Ausbau ohne Hochbord,
- Mulden-Rigolen-Entwässerung sowie
- Sicker- und Regenrückhaltebecken.

Zahlreiche Kommunen unterstützen heute Maßnahmen, die der weiteren *Versiegelung* von Flächen entgegenwirken oder die Infiltration von Niederschlagswasser fördern. Während die Versiegelungen in großen Flussgebieten nur eine geringere Rolle spielen, können diese die Abflussbildung in kleinen Einzugsgebieten entscheidend beeinflussen.

6.2.5.2 Management von Retentionsraum

Für die Entwicklung und Gestaltung naturnaher Fließgewässer ist es außerordentlich wichtig, *Überschwemmungsgebiete* und Auen in ihren natürlichen Ausdehnungen zu erhalten und, wo immer möglich, wieder neu auszuweisen. Dadurch werden sowohl die ökologischen Bedingungen verbessert als auch die Abflussspitzen gedämpft. Unterschieden wird dabei zwischen einer *natürlichen* und einer *künstlichen* (*gesteuerten*) *Flutung* der *Rückhalteräume* (Patt und Jüpner 2020).

Die *gesteuerte Flutung* von Talräumen und Rückhaltepoldern ist ein wesentliches Element des modernen Hochwasserschutzes. Bei gleichgroßer Überschwemmungsfläche sind gesteuerte Rückhalteräume für den *Hochwasserschutz* bei weitem effektiver als natürlich überschwemmte, da sie im kritischen Moment, d. h. möglichst nahe am Scheitelpunkt einer Hochwasserwelle, geflutet werden können. Nachteilig sind die erforderlichen Regelorgane (z. B. bewegliche Wehre), der unnatürliche zeitliche Ablauf von Flutung und Entleerung sowie die vergleichsweise große Wassertiefe. Wird die Flutung der Hochwasserrückhalteräume dem natürlichen Verlauf der Hochwasserwelle angepasst, lassen sich einige nachteilige Auswirkungen abmildern.

Bei einer *natürlichen Flutung* steigt das Wasser des Rückhalteraumes mit dem Wasserstand im Gewässer. Aus dem Blickwinkel der Ökologie ist die natürliche Überschwemmung vorteilhafter, da sie den natürlichen Lebensbedingungen der standorttypischen Flora und Fauna weitgehend gerecht wird.

Die Wirkungen eines ungesteuerten Rückhalteraumes sind jedoch begrenzt, da der Retentionsraum im Scheitelpunkt der Hochwasserwelle bereits entsprechend gefüllt ist. Um Rückhaltewirkungen zu erzielen, die mit der gesteuerten Flutung vergleichbar sind, müssen wesentlich größere Überschwemmungsflächen vorhanden sein.

Bei der Erarbeitung der Entwicklungsziele ist zu überprüfen, welche „Betriebsart“ unter den gegebenen Randbedingungen realisierbar ist und den angestrebten Zielen am ehesten gerecht wird.

6.3 Hydrologische Daten für die Planung

Für die Planung wasserbaulicher Maßnahmen sind Bemessungsgrößen erforderlich, die unmittelbar aus Messungen gewonnen werden oder das Resultat einer *hydrologischen Auswertung* bzw. einer *hydraulischen Berechnung* sind. Die Ausgangsdaten für alle Betrachtungen liefert die *Hydrometrie* (= hydrologisches Messwesen).

Bei der Planung und Durchführung von Maßnahmen im naturnahen Wasserbau sind oftmals die in Tab. 6.2 aufgeführten Eingangsdaten von Bedeutung.

6.3.1 Hydrometrie

Die *Hydrometrie* liefert nicht nur Profildaten, sondern auch die Ausgangsdaten für weitergehende *hydrologische Auswerteverfahren* (Hochwasserstatistik, Niedrigwasseranalyse, Einheitsganglinienverfahren u. a.). Zusätzlich spielen die Messdaten eine wichtige Rolle bei der Eichung *mathematischer* und *physikalischer Modelle*.

Tab. 6.2 Auswahl häufig verwendeter Planungsdaten im naturnahen Wasserbau

Datenart	Messgrößen	Messmethode bzw. Messverfahren
Profildaten	Querprofile Längsprofil Gefälle Wassertiefen Überschwemmungsgrenzen	Peilstange Nivellement Nivellement Pegelablesungen Luftbilder
Wasserstände	Wasserspiegel in m üNN	Lattenpegel Schreibpegel
Abflüsse	Fließgeschwindigkeiten in Verbindung mit Profildaten	Messflügel, Schwimmer Ultraschallmessung Tracer-Messungen Akustische Messmethoden
Feststoff	Korngrößenverteilung Geschiebefracht Schwebstofffracht	Siebanalyse o. Schlämmanalyse Geschiebefanggeräte Schwebstoffmessgeräte

Bei der Datenerhebung ist der Grundsatz der Wirtschaftlichkeit zu beachten, d. h. es sollten nur die Daten erhoben werden, die für die Planung erforderlich sind. In Bezug auf die Kosten spielt der Detaillierungsgrad eine besondere Rolle. Das gewählte Datenraster (Profilabstand, Anzahl von Bodenproben u. a.) sollte der geplanten Maßnahme angepasst sein und die einzelnen Datenarten in einem ausgewogenen Verhältnis zueinander stehen. So ist es i. d. R. nicht sinnvoll, in einem geraden Fließabschnitt einen Profilabstand von lediglich fünf Meter zu wählen.

Die Methoden sind auch hinsichtlich ihrer optimalen Aussagekraft zu bewerten. So sind z. B. Überschwemmungsgrenzen bei Hochwasser anhand von Luftbildaufnahmen relativ einfach und schnell zu ermitteln. Wird zeitgleich eine Abflussmessung durchgeführt, gewinnt man eine ausgezeichnete Datengrundlage zur Eichung von Modellen.

Im naturnahen Wasserbau ermöglicht die Auswertung von historischen Karten Aufschlüsse über den früheren Gewässerverlauf. Altes Kartenmaterial ist häufig in den Archiven der Landesvermessungsämter, Kommunen und Kirchen zu finden.

Wird auf vorhandene Daten zurückgegriffen, müssen diese unbedingt auf Aktualität und Verlässlichkeit überprüft werden. Veränderungen im Einzugsgebiet und am Gewässer haben unmittelbaren Einfluss auf viele hydrologische Größen.

Bereits bei der Datenerfassung sollte die Weiterverarbeitbarkeit der Daten in EDV-Anlagen berücksichtigt werden. Dazu gehört u. a. die Wahl von gängigen Speichermedien und Datenformaten. Die Einbindung in andere Programmsysteme wird dadurch wesentlich erleichtert (z. B. Geoinformationssysteme – GIS).

6.3.2 Hydrologische Verfahren

Sind die für die Planung erforderlichen hydrologischen Größen nicht verfügbar oder nicht unmittelbar verwendbar, müssen diese mit Hilfe von geeigneten *deterministischen* oder *stochastischen Verfahren* ermittelt werden. Dazu gibt es eine Vielzahl von Methoden, deren Anwendungsbereiche und Aussagen sich mehr oder weniger an der vorhandenen Datenlage orientieren (Kleeberg 2006).

Weiterhin stehen *Niederschlags-Abfluss-Modelle* (N-A Modelle) zur Verfügung, die, durch die Koppelung mit entsprechenden *Bodenabtragsgleichungen*, gleichzeitig eine Abschätzung der zu erwartenden *Feststofffracht* ermöglichen. Hinweise zu den einzelnen Verfahren und zur Anwendung finden sich in der Fachliteratur (z. B. Dyck und Peschke 1995; Maniak 2001, 2016).

In den *hydrologischen Kenngrößen* spiegeln sich gemessene und/oder prognostizierte Abflüsse wider. Sie dienen häufig als Eingangsgrößen (*Bemessungsgrößen*) für die hydraulischen Berechnungen. Zusätzlich bieten sie die Möglichkeit physikalische (*Modellversuchswesen*) und mathematische Modelle (ein- und mehrdimensionale Rechenmodelle) zu eichen oder zu überprüfen.

Hydrologische Daten von ausgewählten Pegelstellen finden sich in den *Gewässerkundlichen Jahrbüchern*, die von den zuständigen Behörden veröffentlicht werden. Sie enthalten u. a. die Jährlichkeiten der Abflüsse, Über- bzw. Unterschreitungstage, Maximal- und Minimalabflüsse. Hinweise zu den heute vornehmlich verwendeten KOSTRA-Daten finden sich in Abschn. 6.5.

6.4 Abflüsse

Die wichtigste Planungsgröße im naturnahen Wasserbau ist der *Abfluss* in Verbindung mit seinen unterschiedlichen zeitlichen Bezügen. Dazu gehören insbesondere die Größe und die *Jährlichkeiten* von *Hoch-* und *Niedrigwasserabflüssen* (HQ_x bzw. NQ_x) und der *mittlere Abfluss* (MQ).

Der ökologisch erforderliche *Mindestabfluss* ist der Abfluss, der für das Überleben der biotischen Strukturen im Gewässer erforderlich ist. Besondere Bedeutung hat der Mindestabfluss für die Fischfauna, da diese von einer Reduzierung des Wasserkörpers unmittelbar betroffen ist (u. a. DVWK-Themen 1997, 1999; Mader 2000).

Mittlerer Abfluss (*MQ*) und *mittlere Abflussspende* (Mq) charakterisieren die Fließgewässer in Bezug auf Gewässergröße und Einzugsgebiet. Zudem dient der mittlere Abfluss (MQ) bzw. der Mittelwasserstand (MW) der Festlegung der Grenzen zwischen dem *aquatischen* (dauerhaft unter Wasser stehend), dem *amphibischen* (semiaquatisch – die sog. *Wasserwechselzone* – gekennzeichnet durch häufig wechselnde Wasserstände) und dem *terrestrischen* Bereich (nur zeitweise unter Wasser stehend) (s. Abb. 6.6).

Eine weitere Kenngröße ist der *bordvolle Abfluss*, d. h. derjenige Abfluss, der gerade noch ohne Ausuferungen im Gewässerbett abfließen kann. Abgeleitete Größen sind u. a. die Wasserspiegelbreite und die Wassertiefe bei bordvollem Abfluss. Alle genannten Größen sind von der Querschnittsgeometrie des Gewässerbettes und der angrenzenden Ufer abhängig.

Kennlinien
Aus der zeitlichen Verteilung der Abflüsse und den dazu gehörigen Wasserständen lassen sich für entsprechende Zeiträume *Gang-* und *Dauerlinien* ableiten (s. Abb. 6.5).

In einer *Ganglinie* werden beobachtete oder berechnete Daten (z. B. Abflüsse, Wasserstände) in der Reihenfolge ihres zeitlichen Auftretens dargestellt. Die *Dauerlinie* zeigt die Daten in der Reihenfolge ihrer Größe. Die *Dauerlinie* der Über- bzw. Unterschreitung gibt die Dauer an, innerhalb welcher ein bestimmter Wert unter- bzw. überschritten wird.

Die *Wasserstandsdauerlinie*, als charakteristische Größe für die Dauer bestimmter Wasserstände im Jahresmittel, korrespondiert mit den Vegetationszonen am Ufer (s. Abschn. 4.1.5 und Abb. 6.6).

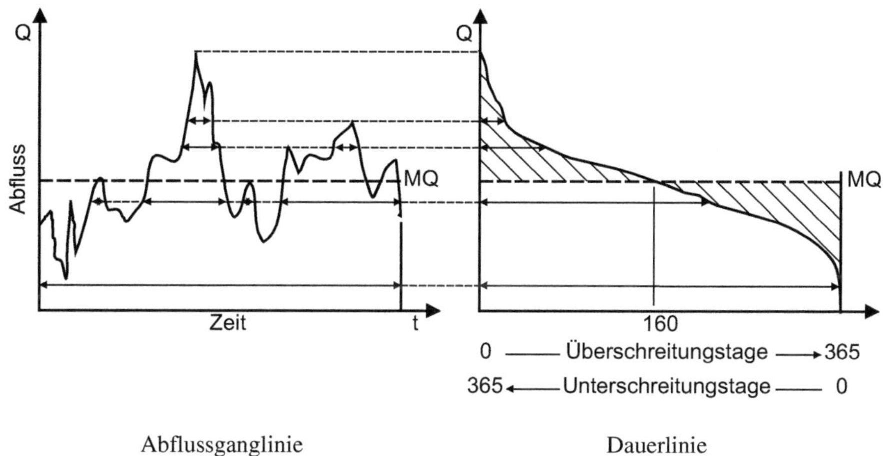

Abb. 6.5 Beispiele für hydrologische Kennlinien

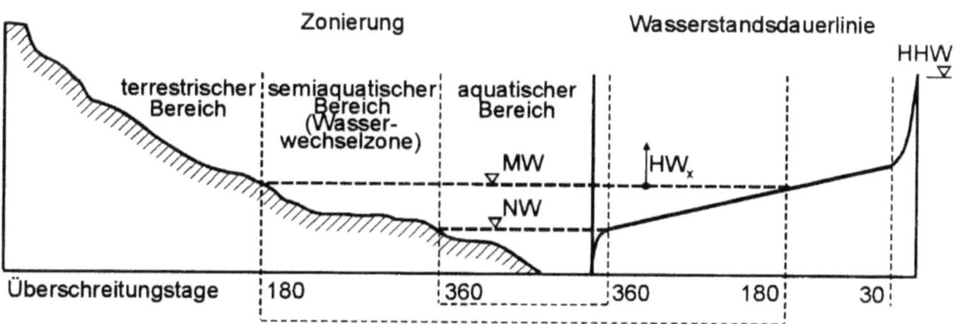

Abb. 6.6 Beziehung zwischen Wasserstandsdauerlinie und Vegetationszone

Abflussregime

Die Charakteristik der Abflussganglinie im Jahresverlauf gibt Aufschluss darüber, in welchen Monaten Hochwasser und Niedrigwasser an einem Gewässer unter den maßgeblichen Regimefaktoren bevorzugt auftreten (sog. *Abflussregime*). Zu den Regimefaktoren zählen klimatische, geologische, geomorphologische, vegetationskundliche und anthropogene Gegebenheiten des betrachteten Einzugsgebietes.

Die Kenntnis des Abflussregimes ist wichtig für die Planung des Bauablaufes. Davon sind zum Beispiel die Verteilung des Hochwasserrisikos auf Bauherr und Auftragnehmer, der Baumaschineneinsatz sowie die Einflüsse verschiedener Wasserführungen auf die Herstellung, Entwicklung und Stabilität der ingenieurbiologischen Ausbaumethoden betroffen.

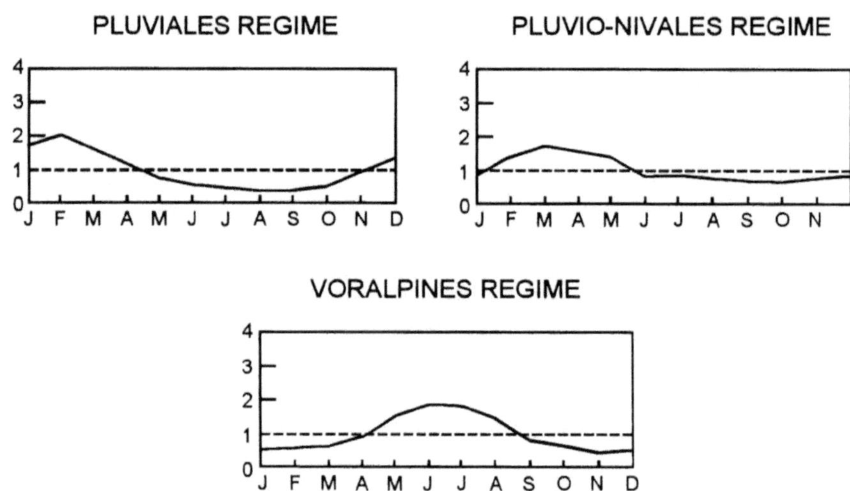

Abb. 6.7 Jahresganglinien verschiedener Abflussregime. (Teilweise nach Keller 1969)

In Mitteleuropa auftretende *Abflussregime* sind in Abb. 6.7 dargestellt. Auf der Ordinate ist das Verhältnis MQ_{Monat}/MQ_{Jahr} aufgetragen. Das *pluviale Regime* zeigt zum Beispiel ausgeprägte Niederschläge in den Monaten Januar und Februar, während im Sommer weniger Niederschläge anfallen. Dagegen fallen im *voralpinen Regime* in den Sommermonaten die meisten Niederschläge. Mehr und mehr zeigt sich allerdings, dass die Klimaveränderungen die Abflussregime verändern.

6.5 KOSTRA-DWA – Rasterkarten zu Niederschlagshöhen und -spenden

Der Begriff KOSTRA-DWD kennzeichnet ein Produkt des Deutschen Wetterdienstes (DWD) und steht für „*Koordinierte Starkniederschlagsregionalisierung und -auswertung des DWD*" (s. auch www.dwd.de) - aufgerufen am 8. Juni 2024.

Die KOSTRA-Daten enthalten *Rasterdaten* zu *Niederschlagshöhen* und *-spenden* in Abhängigkeit von der *Niederschlagsdauer* D und der Wiederkehrintervalle T (*Jährlichkeiten*). Zur Methodik und zum Anwendungsbereich wird auf der Internet-Seite des DWD ausgeführt:

> „Im Rahmen der Starkniederschlagsauswertung wurden Niederschlagshöhen (in mm) und Niederschlagsspenden (in l/(s · ha)) berechnet. Die Berechnung erfolgte in Abhängigkeit von verschiedenen Dauerstufen (D von 5 min bis 7 Tage) beziehungsweise Jährlichkeiten (T von 1 a bis 100 a). Die Ergebnisse wurden auf ein deutschlandweites Rasternetz (je Rasterfeld rund 25 km^2) übertragen.
>
> Ein wesentlicher Anwendungsbereich für die rasterbasierte Starkniederschlagsauswertung ist die Dimensionierung wasserwirtschaftlicher Bauwerke. Dazu gehören z. B. Kanalnetze, Kläranlagen, Pumpwerke und Rückhaltebecken. Auch für die Dimensionierung von Ent-

wässerungssystemen und Versickerungsanlagen werden sie häufig herangezogen. Mithilfe von KOSTRA-DWD ist es jedoch auch möglich, die Niederschlagshöhe starker Regenereignisse bezüglich ihrer Jährlichkeit einzuschätzen. Diese Einschätzung dient häufig der Bewertung von Schadensereignissen.“

Ab dem 01. Januar 2023 gilt der Datensatz KOSTRA-DWD-2020 mit dem Bezugszeitraum 1951–2020. Weiterführende Informationen sind auf der Internetseite des DWD zu finden.

6.6 Starkregen

Nach den katastrophalen Hochwasserereignissen an der Ahr (Rheinland-Pfalz) sowie Erft und Swist (Nordrhein-Westfalen) im Jahr 2021 erarbeitet das Bundesamt für Kartografie und Geodäsie (BKG) eine bundesweite Hinweiskarte zu Starkregengefahren. Die entsprechenden Arbeiten sollen für fünf Bundesländer bis 2023 bzw. deutschlandweit bis 2025 abgeschlossen werden. Die Karte soll „*realistische Simulationsergebnisse zu möglichen Überflutungsszenarien, insbesondere Überflutungstiefen und Strömungsgeschwindigkeiten*“ enthalten. In Verbindung mit naturnahen Gewässerausbaumaßnahmen kann die geplante, interaktive Hinweiskarte helfen, durch Starkregen gefährdete Bereiche zu identifizieren und dazu beitragen der Hochwassergefährdung angepasste Schutzmaßnahmen abzuleiten. Erste Ergebnisse können unter https://geoportal.de/Info/tk_04-starkregengefahrenkarte-nrw eingesehen werden.

Literatur

ATV-DVWK – (Deutsche Vereinigung für Wasserwirtschaft, Abwasser, Abfall e.V., Hennef – siehe auch ATV, DVWK und DWA)

ATV-DVWK – Deutsche Vereinigung für Wasserwirtschaft, Abwasser und Abfall (Hrsg.) (2002) Verdunstung in Bezug zu Landnutzung, Bewuchs und Boden, ATV-DVWK- Merkblatt M 504, Hennef.

Bronstert, A. (Hrsg.) (2005) Abflussbildung – Prozessbeschreibung und Fallbeispiele, Publikationen der Fachgruppe Hydrologische Wissenschaften, Forum für Hydrologie und Wasserbewirtschaftung Heft 13/2005.

Casper, M., Herbst, M. (Hrsg.) (2006) Niederschlag-Abfluss-Modellierung, Publikationen der Fachgruppe Hydrologische Wissenschaften, Forum für Hydrologie und Wasserbewirtschaftung Heft 16/2006, Beiträge zum RIMAX-Workshop am 10.–11. April 2006 in Trier.

DVWK (s. Deutscher Verband für Wasserwirtschaft und Kulturbau e.V., Bonn – Anmerkung: Die Abwassertechnische Vereinigung e.V. (ATV) und der Deutsche Verband für Wasserwirtschaft und Kulturbau e.V. (DVWK) waren seit dem 1. Januar 2000 fusioniert und gaben sich den Verbandsnamen: ATV-DVWK – Deutsche Vereinigung für Wasserwirtschaft, Abwasser, Abfall e.V. mit Sitz in Hennef. Mit Wirkung vom 27. Oktober 2004 wurde der Name in Deutsche Vereinigung für Wasserwirtschaft, Abwasser und Abfall e.V. (DWA) mit Sitz in Hennef geändert).

DVWK – Deutscher Verband für Wasserwirtschaft und Kulturbau e.V. (Hrsg.) (1997) Ermittlung einer ökologisch begründeten Mindestwasserführung hinsichtlich der aquatischen Lebensräume, Abschlussbericht eines Forschungs- und Entwicklungsvorhabens im Auftrag der Länderarbeitsgemeinschaft Wasser (LAWA), Bonn.

DVWK – Deutscher Verband für Wasserwirtschaft und Kulturbau e.V. (Hrsg.) (1999) Ermittlung einer ökologisch begründeten Mindestwasserführung mittels Halbkugelmethode und Habitat-Prognose-Modell, DVWK-Schriften Nr. 123, Bonn.

DWA (s. Deutsche Vereinigung für Wasserwirtschaft, Abwasser, Abfall eV – DWA, Hennef – die DWA ist am 27. Oktober 2004 durch Namensänderung aus ATV-DVWK entstanden – siehe auch ATV, DVWK sowie ATV-DVWK)

DWA-Deutsche Vereinigung für Wasserwirtschaft, Abwasser und Abfall eV – DWA (Hrsg.) (2017) Niederschlagserfassung durch Radar und Anwendung in der Wasserwirtschaft, DWA-Themen T2/2017.

Dyck, S., Peschke, G. (1995) Grundlagen der Hydrologie, 3. Aufl., Verlag für Bauwesen, Berlin.

Geiger, W. (1998) Versickerung von Regenwasser – Ersatz für herkömmliche Entwässerungskonzepte, Wasserwirtschaft, 88. Jahrg., Heft 2/1998.

Keller, G. (1969) Angewandte Hydrologie, Wasser- und Bodenverlag A. Lindow, Hamburg.

Kleeberg, H.-B. (Hrsg.) (2006) Niederschlag – Input für hydrologische Berechnungen, Publikationen der Fachgruppe Hydrologische Wissenschaften, Forum für Hydrologie und Wasserbewirtschaftung Heft 14/2006, Beiträge zum Seminar am 26.–27. April 2006 in Magdeburg.

Länderarbeitsgemeinschaft Wasser (Hrsg.) (1995) Leitlinien für einen zukunftsweisenden Hochwasserschutz, Stuttgart.

LAWA (s. Länderarbeitsgemeinschaft Wasser)

Lecher, K, Lühr, H.-P., Zanke, U.C.E. (Hrsg.) (2015) Taschenbuch der Wasserwirtschaft, 9. Aufl., Verlag Paul Parey, Berlin.

Mader, H. (2000) Minimierung der Auswirkungen von Wasserentzug auf Fließgewässer, Wasser & Boden, 51. Jahrg., Heft 4/2000.

Maniak, U. (2001) Wasserwirtschaft – Einführung in die Bewertung wasserwirtschaftlicher Vorhaben, VDI-Verlag, Berlin.

Maniak, U. (2016) Hydrologie und Wasserwirtschaft – Eine Einführung für Ingenieure, 7. Aufl., Springer Verlag, Berlin, Heidelberg.

Miegel, K., Kleeberg, H.-B. (Hrsg.) (2007) Verdunstung, Publikationen der Fachgruppe Hydrologische Wissenschaften, Forum für Hydrologie und Wasserbewirtschaftung Heft 21/2007, Beiträge zum Seminar am 10.–11. Oktober 2007 in Potsdam.

Patt, H., Jüpner R (Hrsg.) (2020) Hochwasser-Handbuch – Auswirkungen und Schutz, 3. Aufl., Springer Vieweg, Wiesbaden.

Patt, H., Speerli, U., Gonsowski, P. (2021) Wasserbau – Flussbauliche Grundlagen und Gestaltung von wasserbaulichen Bauwerken und Anlagen, 8. Aufl., Springer Vieweg, Wiesbaden.

Rieger, W, Disse, M. (2008) Wasserrückhalt in der Fläche – Möglichkeiten und Grenzen des dezentralen Hochwasserschutzes, KW Korrespondenz Wasserwirtschaft, 1. Jahrg., Heft 11, S. 603 ff.

Sieker, F., Kaiser, M., Sieker, H. (2006) Dezentrale Regenwasserbewirtschaftung, Grundlagen und Ausführungsbeispiele, Fraunhofer IRB Verlag, Stuttgart.

Internet

Bund/Länder-Arbeitsgemeinschaft Wasser (LAWA) - www.lawa.de - aufgerufen am 8. Juni 2024.

Bundesamt für Katographie und Geoäsie (BKG) - www.geoportal.bafg.de/karten/HWRM_Aktuell/ - aufgerufen am 8. Juni 2024.

Deutscher Wetterdienst www.dwd.de - aufgerufen am 8. Juni 2024.

Hydraulische Nachweise 7

Heinz Patt

Im naturnahen Wasserbau sind *hydraulische Nachweise* erforderlich, um die vorhandenen Verhältnisse (Ist-Zustand) zu überprüfen, die voraussichtlichen Auswirkungen einer Maßnahme abzuschätzen und eine geeignete Baumethode auswählen zu können.

Für die hydraulischen Nachweise werden heute sehr oft EDV-Programme verwendet, deren theoretische Grundlagen dem Bearbeiter oft nicht bekannt sind. Plausibiliätskontrollen zur Überprüfung der Rechenergebnisse haben deshalb eine besondere Bedeutung. Im Folgenden sollen einige grundlegende Zusammenhänge der *Hydraulik* erläutert werden, die in Verbindung mit dem naturnahen Wasserbau nützlich sein können (siehe u. a. Naudascher 1992; Zanke 2012; Martin et al. 2015; Patt et al. 2021).

7.1 Geschwindigkeitsverteilung

Die *Geschwindigkeitsverteilung* in einem natürlichen Gerinne ist sehr ungleichförmig. Die Darstellung der Linien gleicher Geschwindigkeiten (*Isotachen*) zeigt, dass die maximalen Werte im Bereich der größten Fließtiefe nahe der Wasseroberfläche auftreten. In der Nähe der Berandungen nehmen die Geschwindigkeiten ab (Abb. 7.1).

Aus der *Kontinuitätsgleichung*

$$v_1 \cdot A_1 = v_2 \cdot A_2 = Q \qquad \left[m^3/s\right] \tag{7.1}$$

H. Patt (✉)
Sachverständigenbüro Professor Patt
Bonn, Deutschland

H. Patt, *Naturnaher Wasserbau*, https://doi.org/10.1007/978-3-658-43846-3_7

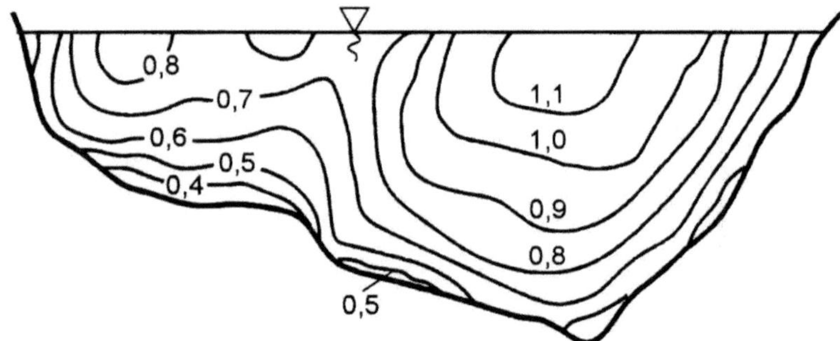

Abb. 7.1 Geschwindigkeitsverteilung in einem natürlichen Gerinne

Tab. 7.1 Verhältniswerte $v_m/v_{o,max}$ zur Abschätzung der mittleren Geschwindigkeiten. (Erfahrungswerte; auszugsweise aus Rössert 2001)

Sohle und Böschungen aus	$v_m/v_{o,max}$
Fein bis Mittelkies	0,83
Grobkies	0,71
Rauer Fels	0,40–0,52
Kies mit Rasen und Schilf	0,46–0,75
Grobkies mit Steinen	0,58–0,70
Sehr grober Kies	0,62
Lehm und Sand	0,65–0,83

mit

v_1, v_2 charakteristische Geschwindigkeit im Profil 1 bzw. 2 [m/s]

A_1, A_2 Querschnittsfläche der Profile 1 bzw. 2 [m^2]

Q Abfluss [m^3/s]

kann die mittlere Geschwindigkeit v_m aus folgender Gleichung bestimmt werden:

$$v_m = \frac{Q}{A} \quad [m/s] \tag{7.2}$$

mit

v_m mittlere Geschwindigkeit [m/s]

Q Abfluss [m^3/s]

A durchströmte Querschnittsfläche [m^2]

Je unregelmäßiger die Gerinnebegrenzungen sind, desto ungleichmäßiger sind die Geschwindigkeiten über den Querschnitt verteilt (Abb. 7.1). Die mittlere Geschwindigkeit kann daher in einzelnen Querschnittsbereichen von der wirklichen Geschwindigkeit mitunter sehr stark abweichen. Ist die maximale Oberflächengeschwindigkeit $v_{o,\,max}$ bekannt (z. B. aus einer Schwimmermessung), sind Rückschlüsse auf die mittlere Geschwindigkeit v_m möglich. Die in Tab. 7.1 aufgelisteten Erfahrungswerte sind nur als grobe Schätzwerte anzusehen.

Die ungleichmäßige Verteilung der *Fließgeschwindigkeiten* ist ein Grund für die Ausbildung von *Sekundärströmungen*. Diese sind wiederum in erheblichem Maße an der Gewässerbettgestaltung beteiligt.

7.2 Strömen – Schießen

Für offene Gerinne gilt die *Bernoulli-Gleichung* in der Form

$$h_E = h + \frac{v_m^2}{2g} \quad [m] \tag{7.3}$$

mit

h_E Energiehöhe [m]

g Fallbeschleunigung [m/s²]

h Wassertiefe [m]

v_m mittlere Geschwindigkeit [m/s]

Es lässt sich zeigen, dass der Abfluss in einem offenen Gerinne „*strömend*“ oder „*schießend*“ erfolgen kann (siehe u. a. Naudascher 1992; Zanke 2002a, 2012; Martin et al. 2015). Zwischen beiden Fließarten gibt es einen Übergangsbereich, für den die sog. *Grenzverhältnisse* gelten.

Ein Abfluss Q kann sowohl mit relativ großer Wassertiefe h_1 und kleiner Geschwindigkeit v_1 („*Strömen*“) als auch mit vergleichsweise geringerer Wassertiefe h_2 und dafür hoher Geschwindigkeit v_2 („*Schießen*“) abgeführt werden (s. Abb. 7.2). Entscheidend für die Fließart sind das Gefälle und die Rauheitsverhältnisse.

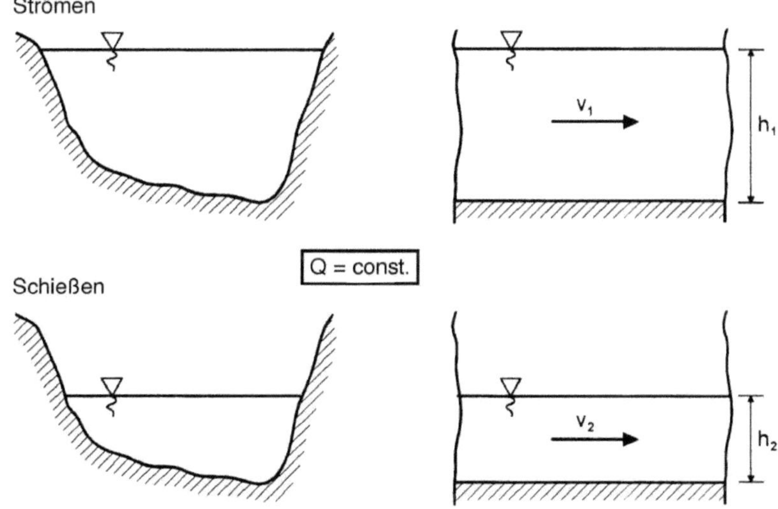

Abb. 7.2 Vergleich der Wassertiefen bei den Abflussarten „Strömen“ und „Schießen“ in einem natürlichen Gerinne. Um die gleiche Wassermenge abführen zu können ist, aufgrund der geringeren Strömungsgeschwindigkeiten, die Wassertiefe beim „Strömen“ größer als beim „Schießen“

7.2.1 Froude-Zahl

Die *Froude-Zahl* Fr ist eine *strömungsmechanische Kennzahl* mit deren Hilfe ermittelt werden kann, ob ein Abfluss „strömend“ oder „schießend“ ist. Sie ist definiert als:

$$\mathrm{Fr} = \frac{v}{v_c} \quad [-] \tag{7.4}$$

mit

v charakteristische Geschwindigkeit [m/s]

v_c Fortpflanzungsgeschwindigkeit einer Oberflächenwelle [m/s]

Für rechteckförmige Fließquerschnitte kann die Froude-Zahl Fr aus

$$\mathrm{Fr} = \frac{v}{\sqrt{g \cdot h}} \quad [-] \tag{7.5}$$

mit

v charakteristische Geschwindigkeit (z. B. mittlere Geschwindigkeit v_m) [m/s]

h Wassertiefe [m]

berechnet werden. Es sind zwei Bereiche (der Übergang wird als *Grenzzustand* bezeichnet) zu unterscheiden (s. Abb. 7.3).

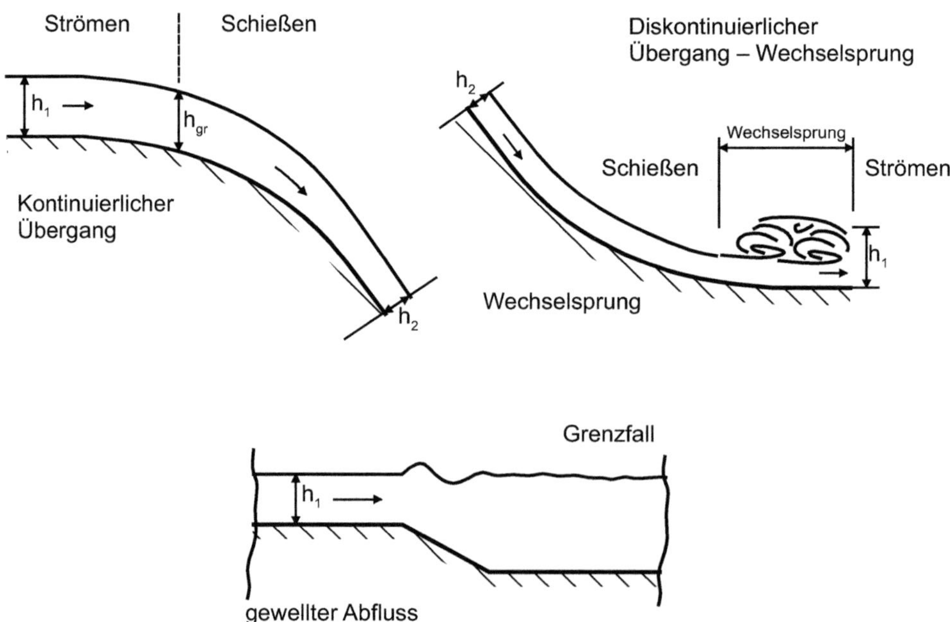

Abb. 7.3 Formen des Fließwechsels

„Strömen" – Fr < 1
Die charakteristische Geschwindigkeit v ist kleiner als die Oberflächengeschwindigkeit v_c, d. h. Oberflächenwellen (Druckstörungen) können sich sowohl gegen als auch in Fließrichtung ausbreiten.

„Schießen" – Fr > 1
Die charakteristische Geschwindigkeit v ist größer als die Oberflächengeschwindigkeit v_c, d. h. Oberflächenwellen können sich nur in Fließrichtung ausbilden.

„Grenzverhältnisse" – Fr = 1
Die Grenzverhältnisse werden auch als kritische Verhältnisse bezeichnet. – Da bei *schießendem Abfluss* die Geschwindigkeit einer *Oberflächenwelle* kleiner ist als die charakteristische Fließgeschwindigkeit ($v > v_c$), wird die Strömung im Oberwasser (OW) von den Verhältnissen im Unterwasser (UW) nicht beeinflusst. Umgekehrt gilt, dass bei *strömendem Abfluss* ($v_c > v$) die Verhältnisse im OW vom UW beeinflusst werden. Demzufolge wird in den hydraulischen Nachweisen bei *strömendem Abfluss* „gegen" und bei *schießendem Abfluss* „in" Fließrichtung gerechnet.

7.2.2 Formen des Fließwechsels

Der Übergang von der Fließart „*Strömen*" zur Fließart „*Schießen*" erfolgt allmählich. Die Grenztiefe h_{gr} stellt sich im Übergangsquerschnitt ein (s. Abb. 7.3). Ein Fließwechsel kann zum Beispiel durch eine Einengung des Abflussquerschnittes, eine Abnahme der Gerinnerauheit oder eine Vergrößerung des Sohlengefälles hervorgerufen werden.

Im Gegensatz dazu geschieht der *Fließwechsel* vom „*Schießen*" zum „*Strömen*" lokal (plötzlich) in einem „*Wechselsprung*". Im Wechselsprung wird überschüssige Strömungsenergie in Wärme- und Schallenergie umgewandelt.

Eine wichtige Zwischenstufe ist der *gewellte Abfluss*. Er stellt sich ein, wenn die Energiehöhen in *Unterwasser* (UW) und *Oberwasser* (OW) nahezu gleich sind. An der Übergangsstelle entstehen Wellen, die sich auf der Wasseroberfläche nach unterstrom fortpflanzen. Weil an den Böschungen im UW dadurch erhebliche Belastungen auftreten, sollte ein länger andauernder gewellter Abfluss durch eine entsprechende Gerinneauslegung vermieden werden.

7.2.3 Grenzverhältnisse

Da die *hohen Fließgeschwindigkeiten* beim schießenden Abfluss in den Abflussquerschnitten *hohe Schubspannungen* bewirken, sind die *Grenzverhältnisse* von besonderer Bedeutung.

Tab. 7.2 Grenzwerte für einige gängige Gerinneprofile. (Aus Albert 2022)

Gerinneform	Fläche A [m²]	Benetzter Umfang l_u [m]	Grenztiefe h_{gr} [m]	Grenzgeschw. v_{gr} [m/s]
Rechteck	$b \cdot h$	$b + 2 \cdot h$	$\sqrt[3]{\frac{Q^2}{g \cdot b^2}}$	$\sqrt{g \cdot h_{gr}}$
Trapez	$b \cdot h + m \cdot h^2$	$b + 2h \cdot \sqrt{1+m^2}$	$\frac{Q^2 \cdot m^3}{g \cdot b^5}$	$\sqrt{\frac{g \cdot h_{gr}(1+h')}{1+2h'}}$ $h' = \frac{h_{gr} \cdot m}{b}$

In Tab. 7.2 sind die Grenzwerte für rechteckförmige und trapezförmige Gerinneprofile zusammengestellt. Werte für andere Querschnittsformen finden sich in den einschlägigen Tabellenwerken (siehe u. a. Albert 2022; Visman 2021).

7.3 Abfluss- und Wasserspiegelberechnungen

Durch die naturnahe Gestaltung eines Fließgewässers werden die *Fließwiderstände* erhöht und die *Abflussleistung* des Gerinnes entsprechend reduziert. Unter sonst gleichen Bedingungen führt die Reduzierung der Abflussleistung zu einem Wasserspiegelanstieg, sodass Abflüsse, die im gehölzfreien Zustand im ursprünglichen Gewässerbett abgeführt werden konnten, nach einer naturnahen Umgestaltung zu Ausuferungen führen können.

In einem Laborgerinne durchgeführte *Geschwindigkeitsmessungen* belegen, dass die Fließgeschwindigkeiten nicht nur im Bewuchsbereich reduziert werden, sondern auch im bewuchsfreien Mittelquerschnitt erheblich abnehmen (s. Abb. 7.4). Unter sonst identischen Randbedingungen verminderte sich die Abflussleistung des Fließquerschnittes durch Bewuchs (im Modell durch Plexiglasstäbe simuliert) um 60 bis 65 %. Diese Reduzierung ist auf die ausprägten *Walzen-* und *Wirbelströmungen* zurückzuführen, die zwischen Mittelquerschnitt und Querschnittsbereichen mit Bewuchs einen intensiven Massen- und Impulsaustausch bewirken.

Aus Abb. 7.4 ist deutlich erkennbar, dass die maximale Geschwindigkeit im gehölzfreien Querschnitt durch die Bewuchsstrukturen auf den Böschungen um mehr als 50 % reduziert wird. Charakteristisch ist auch der langsame Anstieg der Geschwindigkeiten in den Bewuchsbereichen.

Der Einfluss eines Gehölzbewuchses nimmt mit zunehmender Gewässerbreite und sinkender Wassertiefe ab (Rickert 1997). Während die Leistungsminderung bei beidseitig bewachsenen Böschungen mit drei Meter Wassertiefe im Extremfall bis zu 75 % betragen kann, ist bei breiteren Gewässern (ab ca. 10 m) und 1,5 m Wassertiefe eine geringere Beeinflussung der Gerinneleistungsfähigkeit zu erwarten (s. Abb. 7.5).

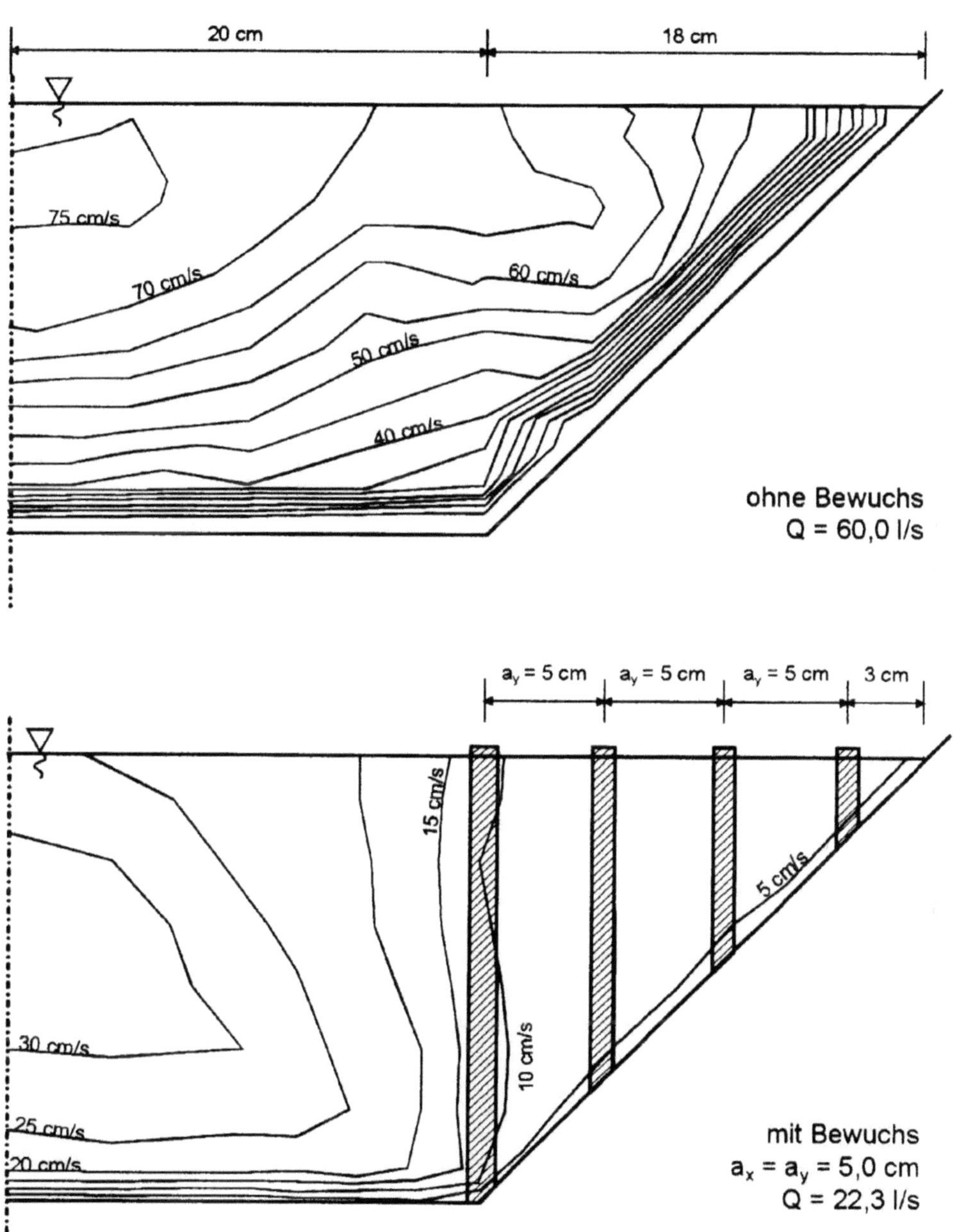

Abb. 7.4 Beispiel für die Geschwindigkeitsverteilung in einem Trapezprofil. (Aus Labormessungen; verändert nach Bertram 1985)

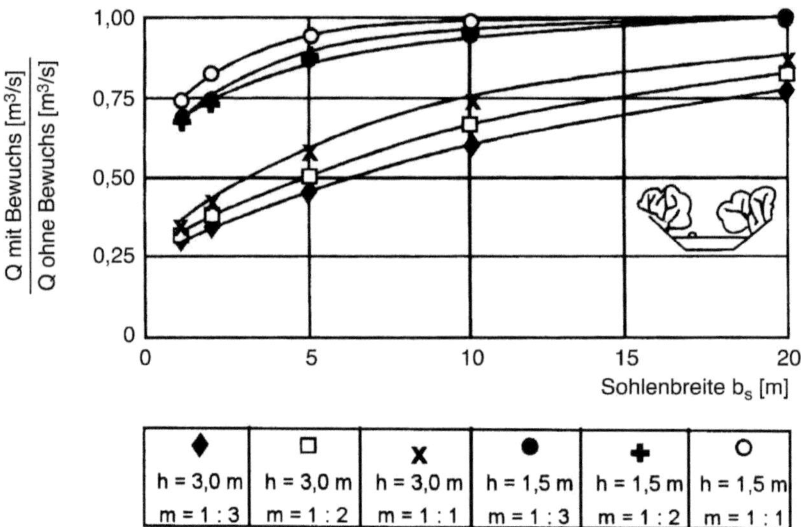

Abb. 7.5 Einfluss der Sohlenbreite b_S und der Böschungsneigung m auf die Abflussleistung eines Trapezquerschnittes mit beidseitigem Gehölzbewuchs – Sohlengefälle I_S =0,1 ‰. (Nach Rickert 1997)

Bereits im Planungsstadium muss daher der Abflussleistung nach einer Umgestaltung und den damit verbundenen Wasserspiegellagen große Bedeutung beigemessen werden. Es ist oft nicht vertretbar, dass ein Fließgewässer nach einer naturnahen Gestaltung häufiger ausufert.

Für *die hydraulische Berechnung* von gehölzfreien Querschnitten sind die in der Praxis verwendeten Berechnungsmethoden bereits hinlänglich erprobt und deren Gültigkeit durch zahlreiche Vergleiche mit Naturmessungen belegt.

Die Bestimmung der Abflussleistung von Querschnitten mit Gehölzen ist ungleich schwieriger. Deshalb ist die rechnerische Erfassung der Vegetationsstrukturen auf Böschungen und Vorländern sowie die wechselseitige Beeinflussung (*Interaktionen*) von Hauptgerinne und Vorland bzw. Mittelquerschnitt und Böschungsbereich immer noch Gegenstand von Grundlagenuntersuchungen.

Bei der Berechnung von turbulenten Gerinneströmungen wird zwischen den rein empirischen Methoden (sog. *Potenzformeln*) und der theoretisch-empirischen Betrachtungsweise nach *Darcy-Weisbach* unterschieden.

Obwohl bei der hydraulischen Berechnung von naturnah gestalteten Gerinnen heute ausdrücklich die *Darcy-Weisbach-Gleichung* empfohlen wird, haben die empirischen Methoden in der Praxis eine große Bedeutung. Stellvertretend für die Potenzformeln (zusammengestellt bei Hager 1988), soll hier nur die sehr weit verbreitete Gleichung von *Manning-Strickler* etwas näher erläutert werden.

7.3.1 Berechnung nach Manning-Strickler

Im europäischen Raum und den USA ist die Gleichung von *Manning-Strickler* die am häufigsten verwendete Formel, um die Leistungsfähigkeit und die Lage des Wasserspiegels in einem offenen Gerinne zu bestimmen. Sie lautet:

$$v_m = k_{Str} \cdot r_{hy}^{2/3} \cdot I_S^{1/2} \qquad [\text{m/s}] \tag{7.6}$$

mit

v_m mittlere Geschwindigkeit [m/s]
k_{Str} Geschwindigkeitsbeiwert nach *Strickler* [$m^{1/3}/s$]
r_{hy} hydraulischer Radius [m]
I_S Sohlengefälle [–]

Die Erfassung der Fließwiderstände erfolgt durch den sog. *Strickler-Beiwert* k_{Str}, der das gesamte Widerstandsverhalten des durchflossenen Querschnittes beschreibt. In Tab. 7.3 sind einige k_{Str}-Werte für offene Gerinne mit natürlichen Gewässersohlen zusammengestellt.

An der Dimension des k_{Str}-Beiwertes [$m^{1/3}/s$] ist erkennbar, dass die *Manning-Strickler-Gleichung* nicht dimensionsrein ist.

Beim Berechnungsansatz nach *Manning-Strickler* wird von einer mittleren Geschwindigkeit v_m im Querschnitt ausgegangen, einer Annahme, die streng genommen nur bei wenigen Profilformen ohne größeren Genauigkeitsverlust zulässig ist. Da früher meist

Tab. 7.3 Geschwindigkeitsbeiwerte für die *Manning-Strickler-Gleichung*

	k_{Str}-Werte		k_{Str}-Werte
Natürliche Wasserläufe:		*Erdkanäle:*	
Fluss mit fester Sohle, ohne Unregelmäßigkeiten	40–42	Festes Material, glatt	60
Fluss m. mäßigem Geschiebe	35–38	Fester Sand m. etwas Ton und Schotter	50
Fluss, verkrautet	30–35	Sohle aus Sand und Kies, Böschung gepflastert	45–50
Fluss mit Geröll und Unregelmäßigkeiten	30	Feinkies	40
Fluss, reich an grob. Geschiebe	28–30	Grobkies	35
Vorland, je nach Bewuchs	15–20	Scholliger Lehm	30
Wildbach mit grobem Geröll	15–20	Mit groben Steinen ausgelegt	26–30
Wildbach mit grobem Geröll, Geschiebe in Bewegung	10–15	Sand, Lehm, Kies, stark bewachsen	20–26
Felskanäle:			
Mittelgrob ausgebrochen	25–30		
Sorgfältig ausgesprengt	20–25		
Sehr grober Ausbruch	15–20		

hydraulisch einfache, deutlich auf Leistungsfähigkeit ausgelegte Querschnitte gebaut wurden, waren die Fehler, die durch die Anwendung dieser Gleichung bedingt waren, meist vernachlässigbar (Günzel 1964). Indlekofer (2004, 2006) schlägt einige Modifikationen der *Manning-Strickler-Formel* vor, die das Anwendungsspektrum der Formel erweitern.

7.3.2 Berechnung nach Darcy-Weisbach

Zur Berechnung von naturnah ausgebauten Gerinnen wird heute bevorzugt die Berechnungsmethode nach *Darcy-Weisbach* empfohlen, da diese eine eindeutigere Formulierung der Rauheiten und eine bessere Berücksichtigung der Geschwindigkeitsverteilung beinhaltet. Die *Darcy-Weisbach-Gleichung* lautet:

$$v_m = \sqrt{\frac{1}{\lambda} \cdot 8 \cdot g \cdot r_{hy} \cdot I_E} \qquad [\text{m/s}] \tag{7.7}$$

mit

λ Widerstandsbeiwert [–]

v_m mittlere Geschwindigkeit [m/s]

r_{hy} hydraulischer Radius [m]

I_E Energielinien- bzw. Wasserspiegelgefälle [–]

Zur Berechnung der Widerstandsbeiwerte (λ-Werte) wird bei der hydraulischen Berechnung von naturnahen Gerinnen häufig die Gleichung von Keulegan (1938) verwendet. Sie lautet für Trapezprofile:

$$\frac{1}{\sqrt{\lambda}} = \frac{v_m}{\sqrt{8 \cdot g \cdot h \cdot I_E}} = -2{,}03 \cdot \lg\left(12{,}27 \cdot \frac{r_{hy}}{k_s}\right) \qquad [-] \tag{7.8}$$

und für breite Rechteckprofile

$$\frac{1}{\sqrt{\lambda}} = \frac{v_m}{\sqrt{8 \cdot g \cdot h \cdot I_E}} = -2{,}03 \cdot \lg\left(11{,}00 \cdot \frac{r_{hy}}{k_s}\right) \qquad [-] \tag{7.9}$$

mit

λ Widerstandsbeiwert [–]

v_m mittlere Geschwindigkeit [m/s]

r_{hy} hydraulischer Radius [m]

k_s Rauheitsmaß [m]

7.3.2.1 Vereinfachungen bei Verwendung der Darcy-Weisbach-Gleichung

Bei Anwendung der *Darcy-Weisbach-Gleichung* sind u. a. folgende Vereinfachungen zu berücksichtigen:

- Stationärer Abfluss; die Ausbildung des Geschwindigkeitsprofils wird nur durch den Einfluss der Wandungen geprägt.
- Die Stromfäden sind nur schwach gekrümmt (quasi-hydrostatische Druckverteilung).
- Sohlenverformungen werden nicht berücksichtigt (ebene Sohle).
- Sekundärströmungen bleiben unberücksichtigt (eindimensionale Strömung).

7.3.2.2 Fließwiderstände

Die Genauigkeit aller Berechnungsansätze für ein naturnah ausgebautes Gerinne hängt hauptsächlich davon ab, wie präzise die *Fließwiderstände* erfasst werden. Ihre Bestimmung wird dadurch erschwert, dass natürliche Gerinne in der Regel keine konstante *Rauheit* haben, sodass das Widerstandsverhalten nicht immer durch einen konstanten Wert beschrieben werden kann.

In einem natürlichen Fließgewässer setzt sich der Gesamtfließwiderstand aus unterschiedlichen Teilwiderständen zusammen (s. Abb. 7.6). Es sind sowohl Fließwiderstände aufgrund der Ufer- und Sohlenausbildung als auch Widerstände durch Laufkrümmungen und Vegetationsstrukturen zu berücksichtigen. Bei den *Sohlenwiderständen* gibt es wiederum eine Unterscheidung zwischen Kornwiderstand (bei ebener Sohle), Formwiderständen (bei Riffeln und Dünen) und Widerständen aufgrund von Anlandungen, Kolken usw.

Aus Vereinfachungsgründen werden in den hydraulischen Berechnungen einige Fließwiderstände vernachlässigt (z. B. Einflüsse von Krümmungen und Kolke), während andere durch die Annahme von Widerständen in fiktiven Trennflächen berücksichtigt werden (z. B. die Widerstände aus den Vegetationsstrukturen). Die für einen gehölzfreien Querschnitt relevanten Widerstandsformen sind in Abb. 7.7 dargestellt.

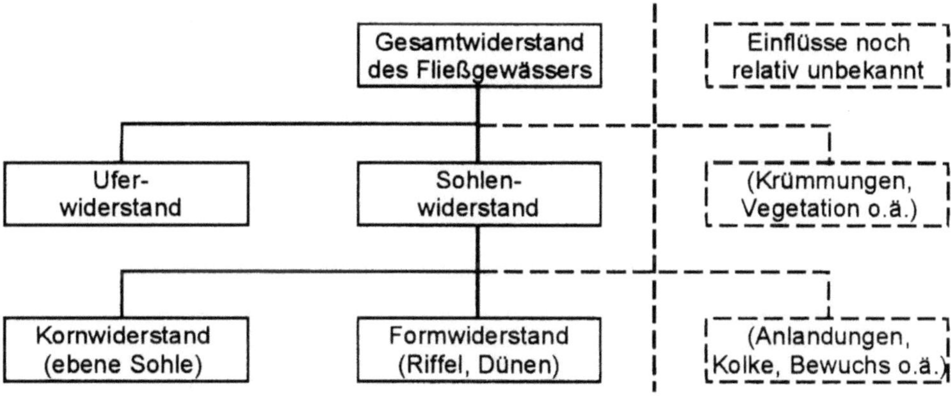

Abb. 7.6 Fließwiderstände in einem offenen Gerinne. (Nach Mertens 1994)

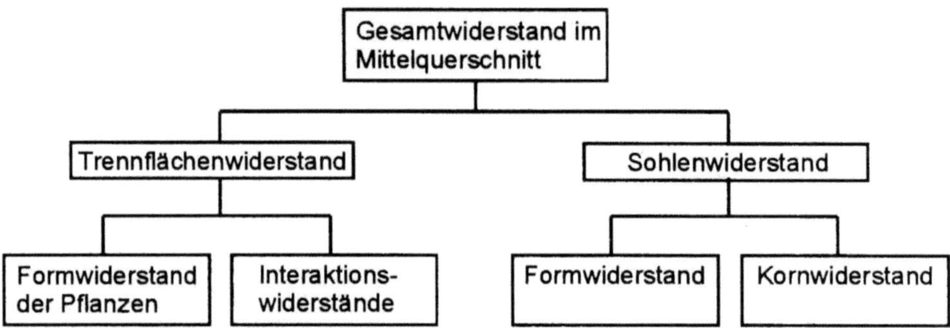

Abb. 7.7 Widerstände bei der Berechnung eines gehölzfreien Mittelquerschnittes

Tab. 7.4 Orientierungswerte für das Rauheitsmaß k_s. (Nach Zanke 1982)

Sohlenaufbau	k_s-Werte [mm]
Ebene Sohle, einkörniges Sohlenmaterial	$k_s = d_{ch}$
Ebene Sohle, Korngemisch	$k_s = 2{,}5 \cdot d_{50}$ oder d_{90}
Riffelsohle	$k_s \approx h_{Riffel}$
Dünensohle	$k_s \approx h_{Düne}$

Ebene Sohlen (äquivalente Sandrauheiten)

Zur Abschätzung der *äquivalenten Sandrauheit* k_s liegen für die meisten Materialien und Untergrundverhältnisse sowohl Orientierungswerte als auch zuverlässige Werte vor. Ist ein charakteristischer Korndurchmesser der Sohle oder die Höhe der Sohlenformen (z. B. Riffelhöhe h_{Riffel} oder Dünenhöhe $h_{Düne}$) bekannt, können die in Tab. 7.4 aufgeführten Näherungswerte verwendet werden.

Experimentell ermittelte k_s-Werte können zum Beispiel DVWK (1990) oder den einschlägigen Tabellenwerken entnommen werden (siehe u. a. Albert 2022 oder Vismann 2021. Einige Werte für das Rauheitsmaß k_s, die im Rahmen des naturnahen Wasserbaus von Bedeutung sein können, sind in Tab. 7.5 dargestellt.

Das Rauheitsmaß k_s in der Widerstandsbeziehung nach *Keulegan* (s. Gl. 7.8 bzw. 7.9) ist nicht mit dem k_{Str}-Wert (k-Strickler-Wert) zu verwechseln. Zwischen beiden Parametern besteht die Beziehung:

$$k_S = \frac{26}{\sqrt[6]{k_{Str}}} \tag{7.10}$$

wobei die folgenden Anwendungsgrenzen gelten (aus DVWK 1994):

$$5 \leq \frac{r_{hy}}{d_{90}} \leq 500 \qquad \text{und} \qquad Re^* = \frac{v_o^* \cdot d_{90}}{\upsilon} \geq 70 \tag{7.10a}$$

Tab. 7.5 Äquivalente Sandrauheiten k_s. (Aus DVWK 1990)

Sohlenaufbau	k_s-Werte [mm]
Fels:	
Nachgearbeitet gleichmäßig	220–350
Mittelgrob	450–700
Erdkanäle:	
Regelmäßig, je nach Ausführung	15–60
Sehr guter Zustand, frei von Bewuchs	6–10
Sohle und Böschung schlammig, sehr regelmäßig	25–50
Steiniger Boden, vereinzelt Pflanzen	80–140
Stärker bewachsen	190–270
Schlechter Zustand	300–500
Bei Geschiebetrieb	100–200
Stark verkrautet	500–1500
Steine und Kiese (kein Transport):	
Grobkies, Böschungen etwas angegriffen, Sohle mit einigen Steinen	50–54
Steine und Kiese (kein Transport):	
Gut gerundeter Kalksteinschotter (bis 5 cm), Zwischenräume durch Sand und Schlamm ausgeglichen	30–40
Sand und Kies bis 6 cm, Böschungen stellenweise schlammig	20–55
Gleichförmig gebrochene Steine, geschüttet, 10–20 cm groß, ebene Sohle	16–18

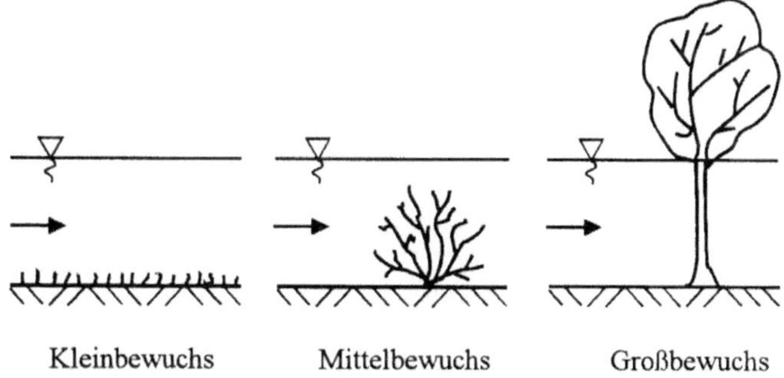

Abb. 7.8 Klassifizierung des Bewuchses. (Nach Rouvé 1987)

Bewuchsstrukturen

In der Literatur hat sich eine Einteilung des Bewuchses in Klein-, Mittel- und Großbewuchs durchgesetzt (Abb. 7.8). Je nach Bewuchshöhe spricht man von über- bzw. durchströmten Rauheiten.

Beim *Kleinbewuchs* (z. B. Rasen) stellt sich eine ähnliche Geschwindigkeitsverteilung wie bei reiner Kornrauheit ein. In diesem Fall können die Fließwiderstände mit ausreichender Genauigkeit durch die *äquivalente Sandrauheit* k_s erfasst werden.

Bei *durchströmten Rauheiten* ist die Bewuchshöhe größer als die Wassertiefe. In den verschiedenen Ansätzen wird der Formwiderstand λ_P, den die überströmten Gerinneteile hervorrufen, auf die Grundfläche umgelegt und durch folgende Gleichung beschrieben:

$$\lambda_p = \frac{4 \cdot A_p}{a_x \cdot a_y} \cdot C_{wr} \qquad [-] \tag{7.11}$$

mit (s. Abb. 7.9)

λ_p Formwiderstand aus überströmten Rauheiten [–]
A_p Angeströmte Fläche eines Bewuchselementes ($A_p = h \cdot d_p$) [m²]
h Fließtiefe [m]
d_p Breite der Bewuchselemente quer zur Fließrichtung [m]
a_x Abstand der Bewuchselemente in Fließrichtung [m]
a_y Abstand der Bewuchselemente quer zur Fließrichtung [m]
C_{wr} Widerstandsbeiwert einer durchströmten Bewuchsgruppe [–]

Der Widerstandsbeiwert C_{wr} einer durchströmten Pflanzengruppe liegt im Bereich zwischen $0{,}6 < C_{wr} < 2{,}4$. Als mittlerer Wert für überschlägliche Berechnungen kann $C_{wr} = 1{,}5$ angenommen werden (s. auch Kaluza 1999).

Der Bewuchs führt zu einem ausgeprägten Massen- und Impulsaustausch (Interaktion) zwischen gehölzfreiem Mittelquerschnitt und Bewuchszone. Diese zusätzlichen Fließ-

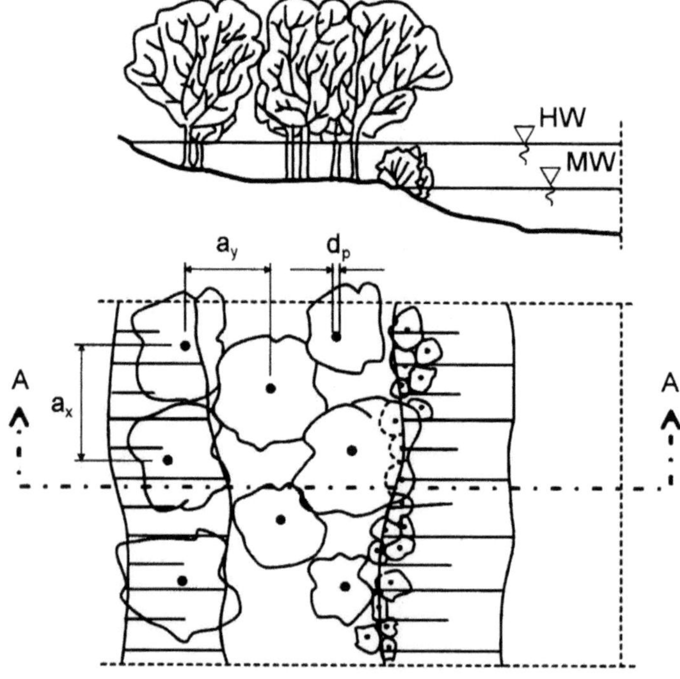

Abb. 7.9 Rechnerische Erfassung der Bewuchselemente. (Nach Rouvé 1987)

widerstände werden durch den Ansatz weiterer Schubspannungen in den *fiktiven Trennflächen* (sog. *Trennflächenspannungen*) berücksichtigt.

7.3.2.3 Fließwiderstände für unterschiedliche Querschnittsformen

Die in der Praxis vorkommenden Gerinnequerschnitte müssen aufgrund der unterschiedlichen Fließgeschwindigkeitsverteilungen (Verlauf der Isotachen) in folgende Profilformen unterteilt werden:

- Kompaktquerschnitte mit konstanter Rauheit
- Kompaktquerschnitte mit bereichsweise veränderlichen Rauheiten
- Gegliederte Querschnitte (d. h. Querschnitte mit Vorländern)
- Querschnitte mit durchströmtem bzw. überströmtem Uferbewuchs.

Kompaktquerschnitte

Die Geschwindigkeitsverteilung in einem *Kompaktquerschnitt* besitzt lediglich ein Maximum, das die Geschwindigkeiten in allen übrigen Bereichen bestimmt. Nach dem Überlagerungskonzept von *Einstein & Horton* verlaufen die „schubspannungsfreien“ Grenzlinien (*Trennlinien*) zwischen den einzelnen rauigkeitsbeeinflussten Teilflächen A_i senkrecht zu den Isotachen (s. Abb. 7.10).

Die Überlagerung der Fließwiderstände λ_i zu einem Gesamtwiderstand λ_{ges} erfolgt durch lineare Superposition (*Überlagerung*) der Einzelwiderstände λ_i, die mit ihren jeweiligen benetzten Umfängen $\lambda_{u,i}$ gewichtet werden, d. h.

$$\sqrt{\frac{1}{\lambda_{ges}}} = \sqrt{\frac{l_{u,ges}}{\Sigma\left(\lambda_i \cdot l_{u,i}\right)}} \quad [-] \tag{7.12}$$

Gegliederte Querschnitte

Bei gegliederten Querschnitten ist zwischen Querschnitten ohne und mit Interaktion zu unterscheiden.

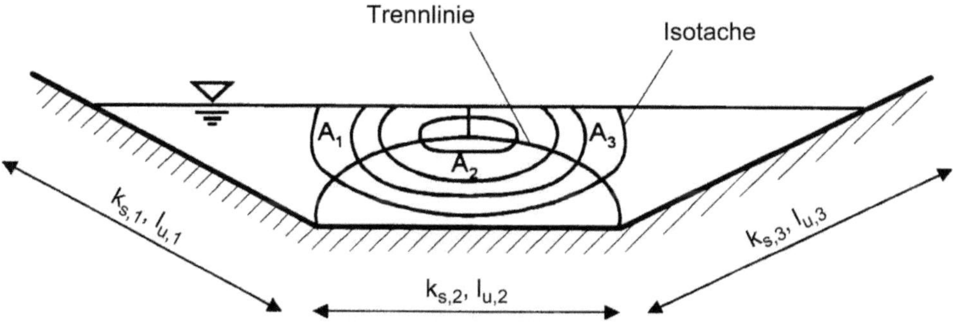

Abb. 7.10 Querschnittsaufteilung eines Kompaktquerschnittes mit unterschiedlichen Sohlenrauheiten. (Aus Horton 1933; verändert nach Mertens 1994)

- **Ohne Interaktion**

Gegliederte Querschnitte ohne Interaktion werden in Fließbereiche mit fiktiven vertikalen Trennflächen aufgeteilt (s. Abb. 7.11).

Den *Trennflächen* wird eine Trennflächenrauheit k_T bzw. ein Trennflächenwiderstandsbeiwert λ_T zugeordnet. Es wird empfohlen, mit Teilquerschnitten zu arbeiten, die etwa die gleiche Sohlenrauheit k_s besitzen.

Für die Berechnung wird oft vereinfacht angenommen, dass die Widerstandsbeiwerte der Trennflächen dem Widerstandsbeiwert der Sohle des Hauptgerinnes entsprechen ($\lambda_T = \lambda_{So,F}$). Der benetzte Umfang der Trennfläche $l_{u,T}$ wird rechnerisch dem benetzten Umfang des Hauptgerinnes $l_{u,F}$ zugeschlagen. Die Berechnung erfolgt analog zu dem Rechenschema für Kompaktquerschnitte mit unterschiedlichen Rauheiten.

Ab einem Wassertiefenverhältnis $h_F/h_V > 3$ steigen die Widerstände an den Trennflächen beträchtlich an, sodass die Interaktionsvorgänge nicht mehr vernachlässigt werden können (s. Abb. 7.11). Nach Bretschneider und Özbeck (1997) muss das Breitenverhältnis b_V/b_F ebenfalls berücksichtigt werden. Weitere Vorschläge zur Optimierung der Berechnung finden sich u. a. bei Nuding (1998) sowie Vischer und Oplatka (1998).

- **Mit Interaktion**

Die unterschiedlichen Geschwindigkeitsverteilungen im Hauptgerinne und auf den Vorländern führen zu den bereits erwähnten Massen- und Impulsaustauschvorgängen zwischen beiden Gerinnebereichen (*Interaktionen*), d. h. die schnellere Strömung im bewuchsfreien Mittelquerschnitt dringt in die Vorlandbereiche ein, wird dort durch den Bewuchs abgebremst und führt bei ihrem erneuten Austreten zu einer Reduzierung der Strömungsgeschwindigkeiten im besonders leistungsfähigen Mittelquerschnitt (s. Abb. 7.12).

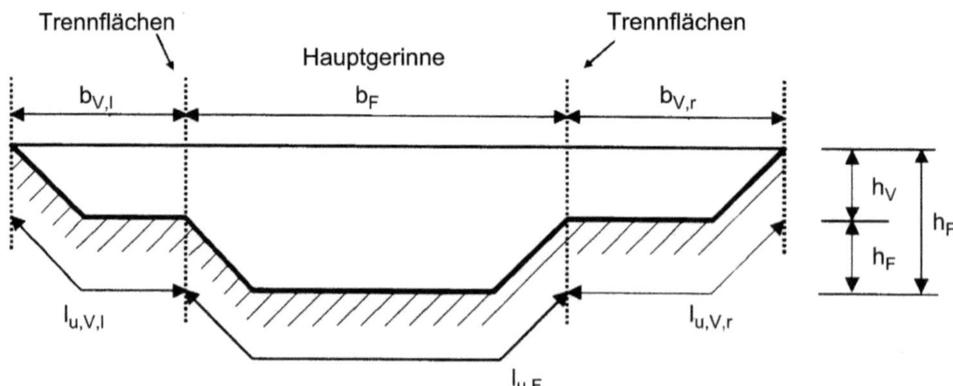

Abb. 7.11 Trennflächen in einem gegliederten Querschnitt

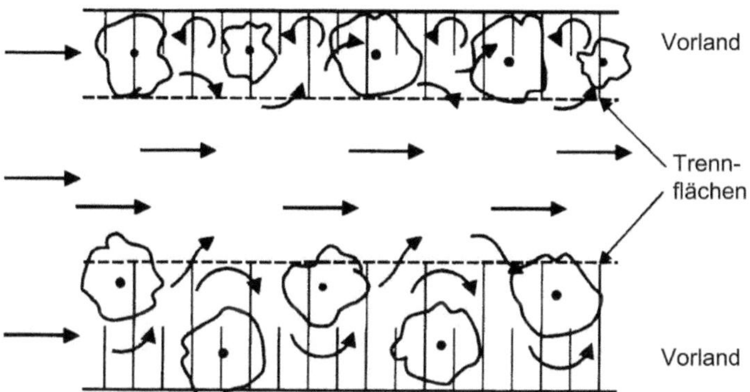

Abb. 7.12 Massen- und Impulsaustausch zwischen Hauptgerinne und Vorländern mit Bewuchs. (Nach Rouvé 1987)

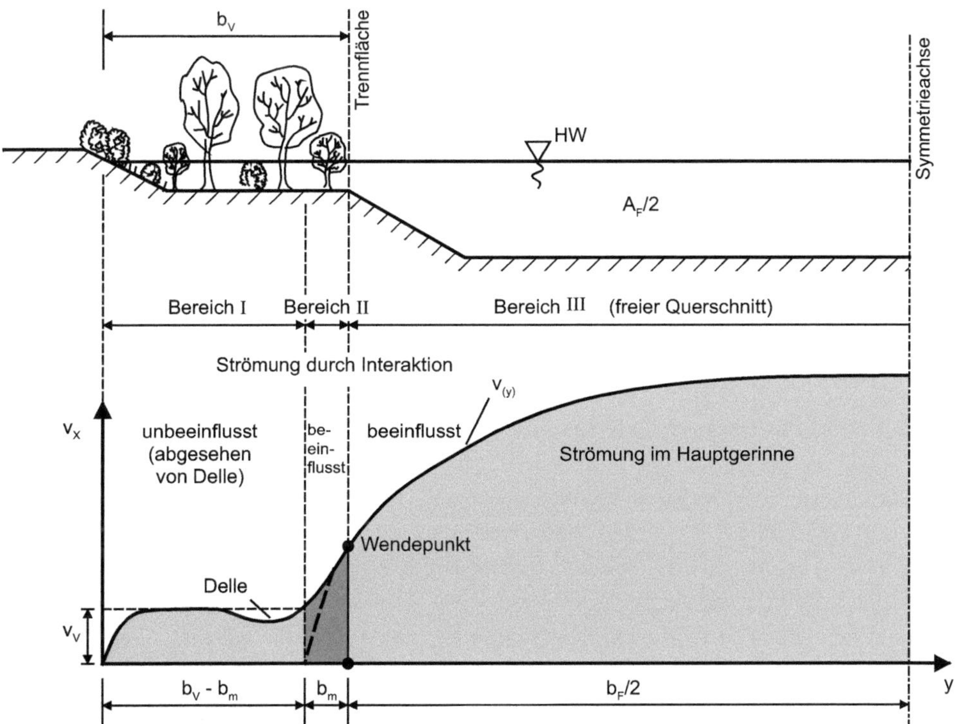

Abb. 7.13 Qualitativer Verlauf der Geschwindigkeiten in einem gegliederten Querschnitt. (Nach Nuding 1991)

Rechnerisch werden die Interaktionen als in den Trennflächen wirkend angesetzt. Hinsichtlich der Auswirkungen auf die Fließgeschwindigkeiten ist dabei zwischen verschiedenen Einflusszonen zu unterscheiden (s. Abb. 7.13 und Tab. 7.6).

Tab. 7.6 Bereichseinteilung für die Berechnung gegliederter Querschnitte (s. auch Abb. 7.14)

Strömungsbereich	Interaktionen	Bereich
Hauptgerinne	Unbeeinflusst von Bewuchszonen	Bereich IV
	Beeinflusst von Bewuchszonen	Bereich III
Vorländer	Beeinflusst vom Hauptgerinne	Bereich II
	Unbeeinflusst vom Hauptgerinne	Bereich I

Für die hydraulische Berechnung eines naturnahen Gerinnes wird eine Aufteilung in Teilbereiche empfohlen. Die Lage der Trennflächen sowie Anzahl und Reichweite der verschiedenen Interaktionsbereiche hängen von der jeweiligen Querschnittsform ab (s. Bereiche I, II, III, IV – Abb. 7.14a–c).

An den fiktiven Trennflächen wirkt eine Scheinschubspannung, die in der Berechnung durch die *Trennflächenrauheit* k_T bzw. den *Trennflächenwiderstandsbeiwert* λ_T erfasst wird. Die jeweiligen Trennflächen werden für den gehölzfreien Querschnitt als feste Wand betrachtet, die entsprechend der Wassertiefe h_T an der jeweiligen Trennfläche, den benetzten Umfang l_u vergrößern und dadurch zu einem Anwachsen des Gesamtfließwiderstandes im Mittelquerschnitt führen. Für den bewachsenen Teil des Querschnittes werden die Trennflächen als schubspannungsfrei angenommen.

Nahezu allen Verfahren zur Berechnung des interaktionsbedingten Trennflächenwiderstandes gemeinsam ist der Weg, über empirische Beziehungen die Bewuchsstrukturen und die Interaktionswirkungen zu erfassen. Die Auswirkungen von Bewuchs und Interaktion auf die Strömung werden jedoch bei den jeweiligen Verfahren unterschiedlich formuliert (siehe u. a. BWK 1999, 2000; DVWK 1991; Mertens 2004; DWA 2006; DWA-M 524 2020a; DWA-M 540 2020b).

7.3.3 Berechnungsverfahren nach Mertens

Die Vorgehensweise bei der Berechnung von naturnahen Gerinnen soll anhand des Verfahrens von Mertens (1994, 2004, 2006) näher erläutert werden. Dieses Verfahren wurde gewählt, weil es, trotz seiner einfachen Anwendbarkeit, den Genauigkeitsanforderungen in der Praxis genügt und zudem die wesentlichen Berechnungsschritte verdeutlicht.

Zur Berechnung der Fließwiderstände wird das Widerstandsgesetz von Keulegan (1938) verwendet:

$$\frac{1}{\sqrt{\lambda}} = -2{,}03 \cdot \lg\left(12{,}27\frac{r_{hy}}{k_S}\right) \quad [-] \tag{7.13}$$

Für die Trennflächenrauheit k_T wird (Bereiche II und III – s. Abb. 7.14 und Tab. 7.6)

$$k_T = c \cdot b_{II,m} + 1{,}5d_p \qquad [m] \tag{7.14}$$

angenommen. Der Wert c ist vom Bewuchs abhängig.

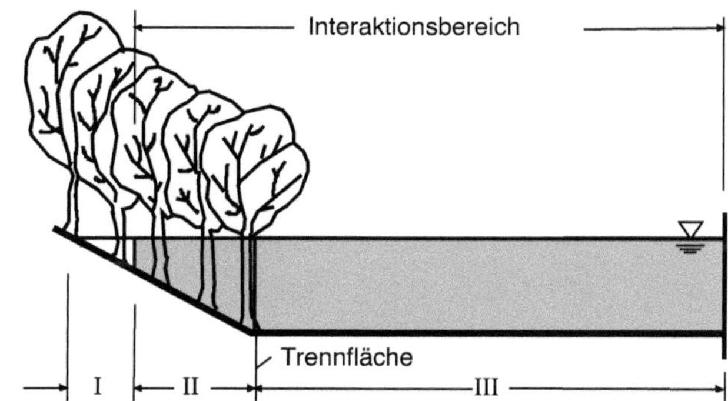

b

Geometrisch gegliederte Querschnitte

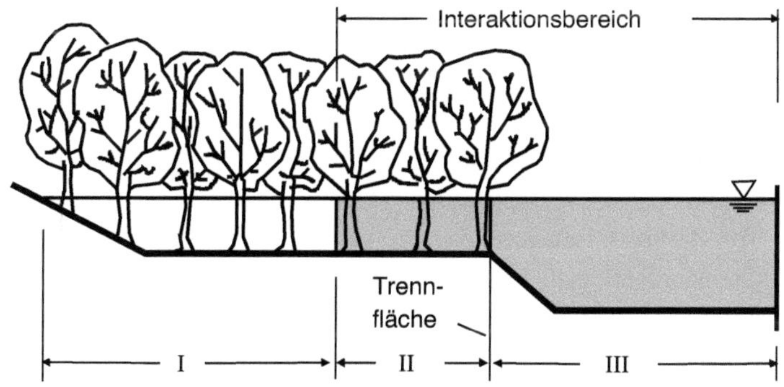

c

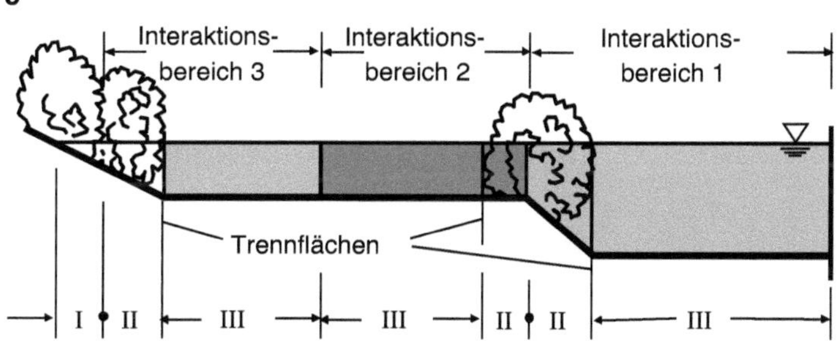

Abb. 7.14 Einteilung des Fließquerschnitts für die Berücksichtigung der Interaktion bei verschiedenen Querschnittsformen. (Nach Rouvé 1987)

$$c = 1{,}2 - 0{,}3\left(B/1000\right) + 0{,}06\left(B/1000\right)^{1{,}5} \quad [-] \tag{7.15}$$

Der Bewuchsparameter B ist folgendermaßen definiert ($B < 6000$):

$$B = \left(\frac{a_x}{d_p} - 1\right)^2 \frac{a_y}{d_p} \quad [-] \tag{7.16}$$

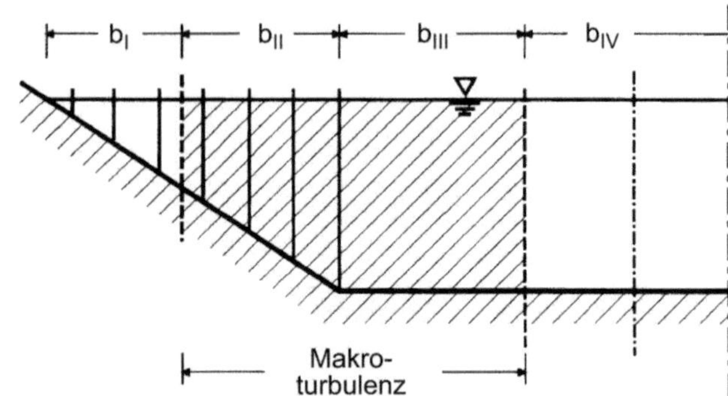

Abb. 7.15 Bereichseinteilung für das Verfahren von Mertens (1989)

Wegen der begrenzten Störwirkung der Hindernisse in Querrichtung wird $(a_y/d_p) = 10$ gesetzt, wenn der Bewuchsabstand in y-Richtung den 10-fachen Durchmesser d_p überschreitet. Die mittlere Breite $b_{II,m}$ des Bereiches II ergibt sich aus der Profilgeometrie (s. Abb. 7.15):

$$b_{II,m} = A_{II} / l_{u,T} \quad [m] \tag{7.17}$$

Die Fläche A_{II} ist durch die Böschungskonturen oder bei breiten Bewuchsstreifen durch $b_{II,max}$ begrenzt. Der maximale Wert $b_{II,max}$ ist eine Funktion der Breite b_{III} und der Bewuchsdichte. Bei dichtem Bewuchs dringen demnach die turbulenten Wirbel nicht sehr tief in den Bewuchsbereich ein.

Für $b_{II,max}$ gelten in Abhängigkeit vom Bewuchsparameter folgende Beziehungen:

$$B \le 16 \quad \Rightarrow \quad \frac{b_{II,max}}{b_{III}} = \frac{\sqrt{B}}{4} \quad [-] \tag{7.18}$$

$$B > 16 \quad \Rightarrow \quad \frac{b_{II,max}}{b_{III}} = 1{,}0 \quad [-] \quad (\text{lichter Bewuchs}) \tag{7.19}$$

Zur Bestimmung von $b_{II,max}$ muss b_{III} bekannt sein. Bei Querschnitten mit symmetrischen Bewuchsstrukturen ist $b_{III,l} = b_{III,r} = b_F/2$. Bei einseitig angeordnetem Bewuchs oder unterschiedlichen Bewuchsstrukturen ist der Bereich III der raueren Seite breiter, als derjenige auf der glatteren Seite. Für die Summe der beiden Bereiche III gilt:

$$b_{III,l} + b_{III,r} = b_F \quad [-] \tag{7.20}$$

Es wird also angenommen, dass die Bewuchsstrukturen den Abfluss im gesamten Hauptgerinne beeinflussen (d. h. der von der Strömung unbeeinflusste Bereich IV ist nicht vorhanden). Sind die Fließgeschwindigkeiten und das Wasserspiegelgefälle in den Abflussflächen $A_{T,l}$ und $A_{T,r}$ identisch, kann folgender Zusammenhang angenommen werden:

$$\frac{r_{hy,III,l}}{\lambda_{T,l}} = \frac{r_{hy,III,r}}{\lambda_{T,r}} \quad [-] \tag{7.21}$$

Mit $r_{hy,III,r} \approx b_{III}$ erhält man

$$\frac{b_{III,l}}{\lambda_{T,l}} = \frac{b_{III,r}}{\lambda_{T,r}} \quad [-] \tag{7.22}$$

Diese Gleichung lässt sich weiter umformen zu:

$$b_{III,l} = b_F \frac{\lambda_{T,l}}{\lambda_{T,l} + \lambda_{T,r}} \quad [-] \tag{7.23}$$

Die gesamte Berechnung wird iterativ durchgeführt. Weitere Hinweise und Beispielberechnungen finden sich bei Mertens (1989, 2004, 2006), DVWK (1991, 1997, 2006; DWA-M 525 2012).

7.3.4 Transportkörper auf der Sohle

Die bewegliche Sohle mit ihren unterschiedlichen *Sohlenformen* (*Transportkörper*) ist ein Kennzeichen für die enge Verknüpfung zwischen *Abflussgeschehen* und *Feststofftransport* (s. Abb. 7.16). Die Wechselwirkungen zwischen Fließgeschwindigkeit und den ver-

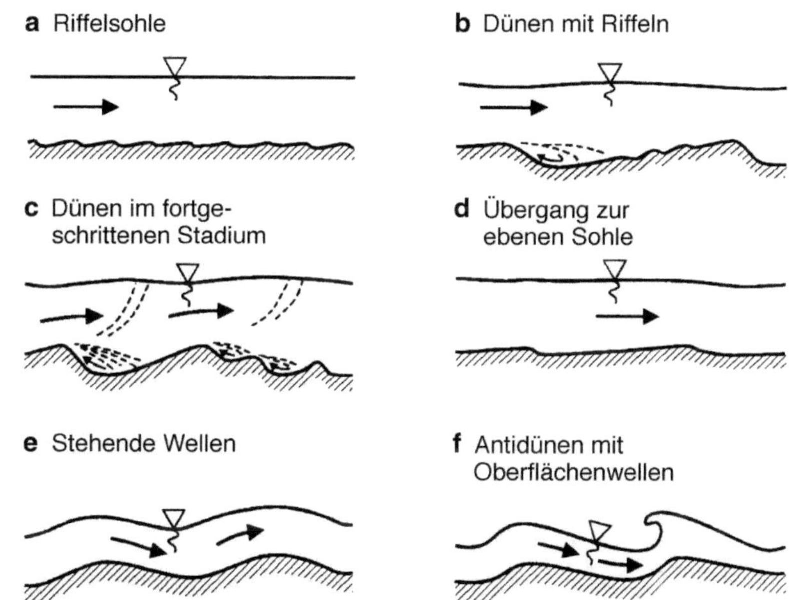

Abb. 7.16 Sohlenformen (Transportkörper). (Aus DVWK 1994)

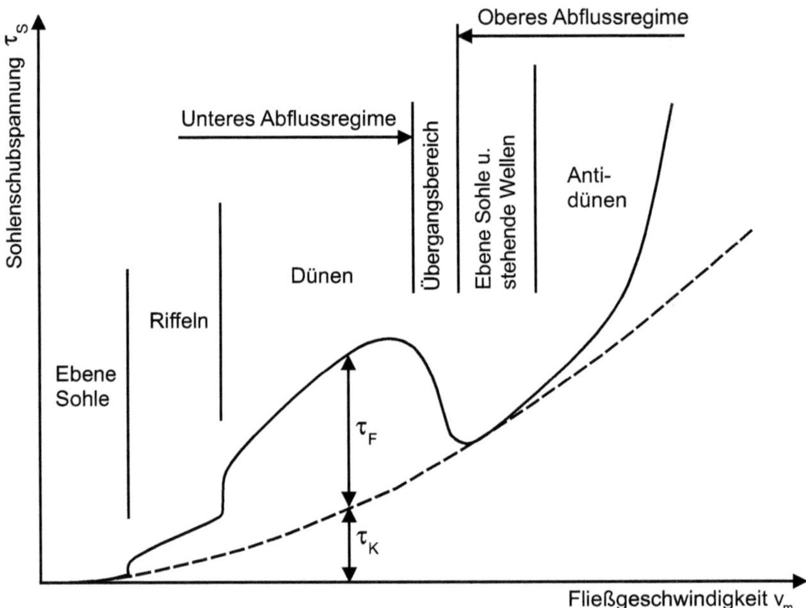

Abb. 7.17 Verlauf der Sohlenschubspannung τ_S bei verschiedenen Sohlenformen. (Nach Engelund und Fredsoe 1982; aus DVWK 1994)

schiedenen Sohlenformen machen sich im Verlauf der *Sohlenschubspannung* τ_S bemerkbar (s. Abb. 7.17). Diese setzt sich aus zwei Anteilen zusammen:

$$\tau_S = \tau_K + \tau_F \qquad \left[\mathrm{N/m^2}\right] \tag{7.24}$$

mit

τ_S Sohlenschubspannung [N/m²]

τ_K Sohlenschubspannung aus der Kornrauheit der Sedimente [N/m²]

τ_F Sohlenschubspannung aus der Sohlenform [N/m²]

Es hat sich eine Unterscheidung in drei Abflussregime eingebürgert (s. Abb. 7.17):

- Unteres Abflussregime (ebene Sohle, Riffeln, Dünen)
- Übergangsregime (abflachende Sohlenformen)
- Oberes Abflussregime (ebene Sohle, stehende Wellen, Antidünen).

Bei ebenen Sohlen resultiert die *Sohlenschubspannung* ausschließlich aus der Kornrauheit der Sedimente, während bei Riffeln und Dünen der Formanteil dominant ist. Im Übergangsbereich ist die Kornrauheit der Sedimente maßgebend. Im oberen Abflussregime folgt wieder ein zunehmender Einfluss des Formanteiles.

Der Einfluss der Transportkörper wird durch besondere Widerstandsbeziehungen berücksichtigt. Eine Auswahl von Gleichungen mit ihren jeweiligen Anwendungsbereichen und entsprechende Berechnungsbeispiele finden sich in DVWK (1994) und DWA (2006) sowie DWA-M 528 2012; DWA-M 524 2020a; DWA-M 540 2020b).

7.3.5 Verklausungen und lokale Fließwiderstände

Eine besondere Bedeutung für die Abflussleistung eines naturnahen Gerinnes haben mögliche *Verklausungen.* Der Begriff *Verklausung* steht für das Zusetzen des Fließquerschnittes, insbesondere durch Schwimmstoffe oder einzelne, sehr stark das Abflussgeschehen beeinflussende Strukturen (auch sog. *Totholz*). Derartige Beeinflussungen können wegen ihrer Zufälligkeit nur schwer in einer hydraulischen Berechnung erfasst werden.

Die Gefahr einer Verklausung kann durch vorbeugende gestalterische und konstruktive Maßnahmen vermindert werden (z. B. rechtzeitiges Räumen der bei Hochwassergefahr gefährdeten Bereiche, keine Anpflanzungen in der Hauptströmungsachse auf den Vorländern, Treibholzfänge).

7.4 Überströmte Strukturen

Im naturnahen Wasserbau werden des Öfteren überströmte Steinschwellen geplant, da diese sich aufgrund ihrer natürlichen Strukturen in viele Bereiche am Gewässer problemlos integrieren lassen (z. B. zur Überwindung von kleinen Höhenstufen in Form von Querriegeln, aber auch als Ausleitungsbauwerk für Fischaufstiegsanlagen oder zur Abgrenzung der einzelnen Becken bei kaskadenförmigen *Fischaufstiegen* – s. Abschn. 10.7).

Auch wenn aufgrund der ungleichförmigen Form der Überfallkrone keine hohe Genauigkeit in den Berechnungen erwartet werden darf, bieten die Ergebnisse zumindest einen Anhaltspunkt für den Planer. Die eigentliche Anpassung an die Erfordernisse der Planung geschieht in der Bauphase. Dazu werden bei fließendem Wasser die Steine derart angeordnet, dass sich die gewünschten Bauwerksstrukturen und Abflüsse einstellen (s. Abschn. 11.2.2).

Bei der Berechnung von *„überströmten Bauwerken“* ist zwischen vollkommenem und unvollkommenem Überfall zu unterscheiden (s. Abb. 7.18). Detaillierte Hinweise zur Anwendung der Formeln und entsprechende Beiwerte finden sich u. a. in BWK (1999).

7.4.1 Vollkommener Überfall

Bei *vollkommenem Überfall* kann der Abfluss Q mit Hilfe der *Poleni-Formel* bestimmt werden. Diese lautet:

$$Q = \frac{2}{3} \cdot \mu \cdot b \cdot \sqrt{2g} \cdot h_{ü}^{\frac{3}{2}} \quad \left[m^3/s\right] \tag{7.25}$$

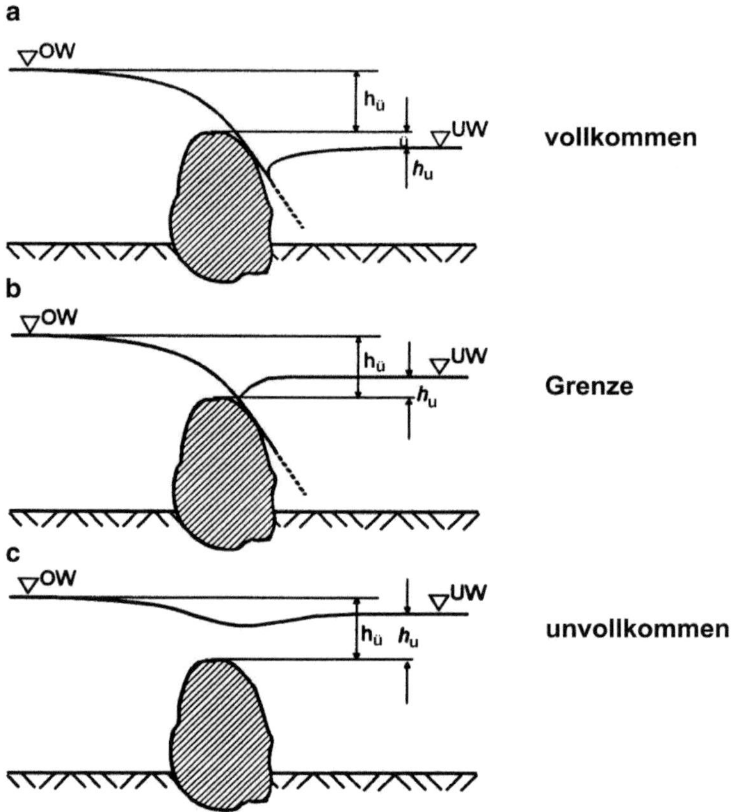

Abb. 7.18 Steinreihe – vollkommener und unvollkommener Überfall

mit

Q	Abfluss [m³/s]
$h_ü$	Überfallhöhe [m]
μ	Abflussbeiwert [–]
b	Länge der Überfallkrone [m]

7.4.2 Unvollkommener Überfall

Die Beeinflussung der Überfallleistung durch das Unterwasser (UW) wird formelmäßig durch den *Überfallbeiwert* c erfasst. Die *Poleni-Formel* lautet nun:

$$Q = c \cdot \frac{2}{3} \cdot \mu \cdot b \cdot \sqrt{2g} \cdot h_{ü}^{\frac{3}{2}} \qquad \left[m^3/s\right] \qquad (7.26)$$

Der Beiwert c kann Abb. 7.19 entnommen werden. Der hinterlegte Bereich umfasst den Wertebereich von c-Werten, der in der Literatur für rund- und breitkronige Kronenformen angegeben wird.

7.4.3 Abflussbeiwert

Der Abflussbeiwert μ ist eine Funktion des Wasserstandes h_k über der Rampenkrone, der Steingröße d_s, der Geometrie der Rampenkrone, der Kronenüberhöhung gegenüber der Oberwassersohle und der Neigung der Seitenböschung. Für verschiedene Steinsätze konnte der Einfluss des Verhältnisses h_k/d_S auf den μ-Wert ermittelt werden (s. Abb. 7.20).

Der Rückstau aus dem Unterwasser ist nach den Untersuchungen von Hassinger (1992) erst dann von Bedeutung, wenn er mindestens 2/3 der Überfallhöhe an der Rampenkrone

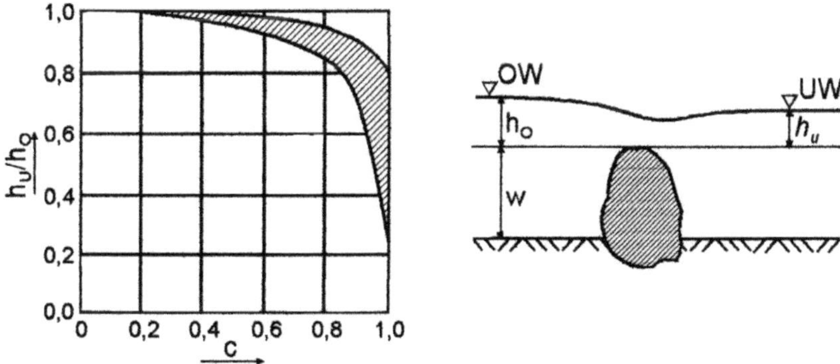

Abb. 7.19 Überfallbeiwert c für unvollkommene Überfälle

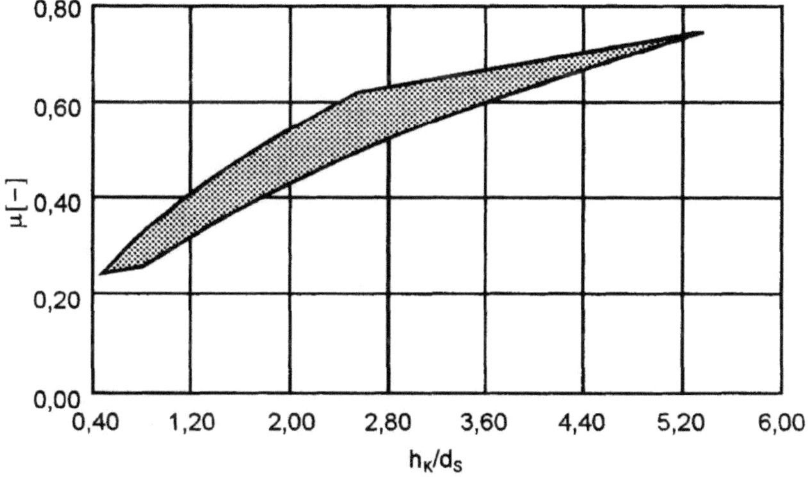

Abb. 7.20 Abflussbeiwert μ für Blocksteinrampen. (Nach Hassinger 1992)

erreicht. Eine signifikante Reduzierung der Abflussleistung tritt erst bei einem Unterwassereinstau von 0,9 · h_o auf.

7.4.4 Seitlich angeströmte Überfälle – „Streichwehre"

Mittels einer seitlich angeströmten Überfallkrone kann einem Fließgewässer ein Teil des Abflusses entnommen werden, um diesen zum Beispiel einem Umleitungsgerinne (z. B. einer Fischaufstiegsanlage) zuzuführen (s. Abb. 7.21).

Zur Berechnung des Abflusses kann die *Poleni-Formel* (s. Gl. 7.25) mit einigen Modifikationen verwendet werden. Bei einem Streichwehr steigt der Wasserspiegel längs der Überfallkrone geradlinig an (s. Abb. 7.21). Die Überfallhöhe $h_ü$ ergibt sich durch Mittelwertbildung aus:

$$h_ü = \frac{h_u + h_o}{2} \quad [m] \tag{7.27}$$

Damit ergibt sich der seitliche Abfluss Q_{Str} zu:

$$Q_{Str} = \vartheta \cdot \frac{2}{3} \cdot \mu \cdot \sqrt{2g} \cdot l_ü \cdot h_ü^{\frac{3}{2}} \quad \left[m^3/s\right] \tag{7.28}$$

mit

Q_{Str} Abfluss über die seitliche Überfallkante [m³/s]
ϑ Beiwert für die Schräganströmung (ϑ = 0,95) [–]
μ Überfallbeiwert (μ = 0,5 bis 0,65) [–]
$l_ü$ Länge der Überfallkrone [m]
$h_ü$ mittlere Überfallhöhe [m]

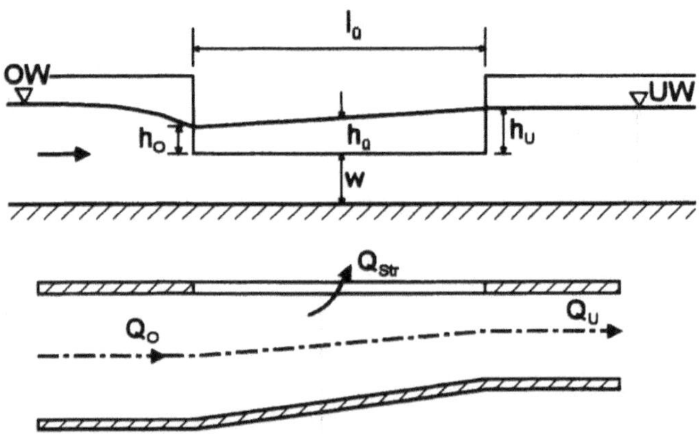

Abb. 7.21 Schema einer parallel (seitlich) angeströmten Überfallkrone (sog. Streichwehr)

Mit den o. a. Zahlenwerten lässt sich Gl. 7.28 vereinfachen:

$$Q_{Str} = 2{,}8 \cdot \mu \cdot l_{ü} \cdot h_{ü}^{\frac{3}{2}} \quad \left[m^3/s\right] \tag{7.29}$$

7.5 Sohlenbauwerke

Sohlenbauwerke (*Sohlenstufen* und *Sohlenschwellen* – s. DIN 4047 Teil 5) dienen der Stabilisierung der Gewässersohle durch eine Reduzierung des Sohlengefälles. Je nach Bauart eines Sohlenbauwerkes, kann die Durchgängigkeit des Fließgewässers für wandernde Fische oder andere Organismen durch zu hohe Wasserspiegelunterschiede zwischen Oberwasser (OW) und Unterwasser (UW) (z. B. bei einem zu hohen Absturz), durch zu hohe Strömungsgeschwindigkeiten (z. B. bei steilen Rampen) oder durch zu glatte Bauwerkskonturen stark beeinträchtigt werden. Unüberwindbar sind natürlich auch die hohen Wasserspiegeldifferenzen bei Wehranlagen. Im naturnahen Wasserbau wird angestrebt, derartige Bauwerke, wo immer möglich, durch überwindbare Bauformen zu ersetzen.

Zu den *Sohlenstufen* gehören auch die *Sohlenrampen*. Rampen haben eine durchgehende Sohle und sind daher für Fische und andere Lebewesen passierbar. Um hohe Fließgeschwindigkeiten zu vermeiden, haben ökologisch wirksame Rampen (*Gleiten*) Neigungen zwischen 1: 15 und 1: 20 (Jäggi 2004; Patt et al. 2021).

7.5.1 Hydraulische Wirksamkeit

In der DIN 19661 Teil 2 wird für hydraulisch wirksame Rampen ein zweifacher Fließwechsel (Strömen – Schießen – Strömen) und eine Deckwalze im Unterwasser (UW) gefordert (s. Muth 2001).

Das hydraulische Kriterium für das Auftreten einer Deckwalze sind nach DIN 19 661 Froudezahlen $Fr \geq 1{,}7$. Der für eine optimale Energieumwandlung (d. h. „*stabiler Wechselsprung*“ bzw. „*hydraulische Wirksamkeit*“) erforderliche Froude-Bereich von $4{,}5 \leq Fr \leq 9{,}0$ kann aufgrund der im naturnahen Wasserbau geforderten niedrigen Rampenhöhen nicht erreicht werden, da die verbleibende Restenergie zur Ausbildung eines stabilen Wechselsprunges nicht ausreicht. Unterhalb der Rampe stellt sich daher häufig ein gewellter Abfluss ein (s. Abschn. 7.2).

Die für Sohlenstufen geforderten hydraulischen Anforderungen entsprechen jedoch nicht den wirklichen Belastungsverhältnissen auf einer extrem rauen Rampe, da der weitaus größte Teil der Energieumwandlung aufgrund der großen Rauheiten auf der Rampe selbst stattfindet und nicht, wie bei einem Absturz, im nachgeschalteten Tosbecken (Gebler 1991).

Aus den Strömungsbildern (s. Abb. 7.22a–d) wird deutlich, dass eine Bemessung bei Zugrundelegung des maximalen Abflusses (d. h. es wird „schießender Normalabfluss“ über der Rampe angenommen – s. Abb. 7.22a) zu einer Überdimensionierung der Rampe

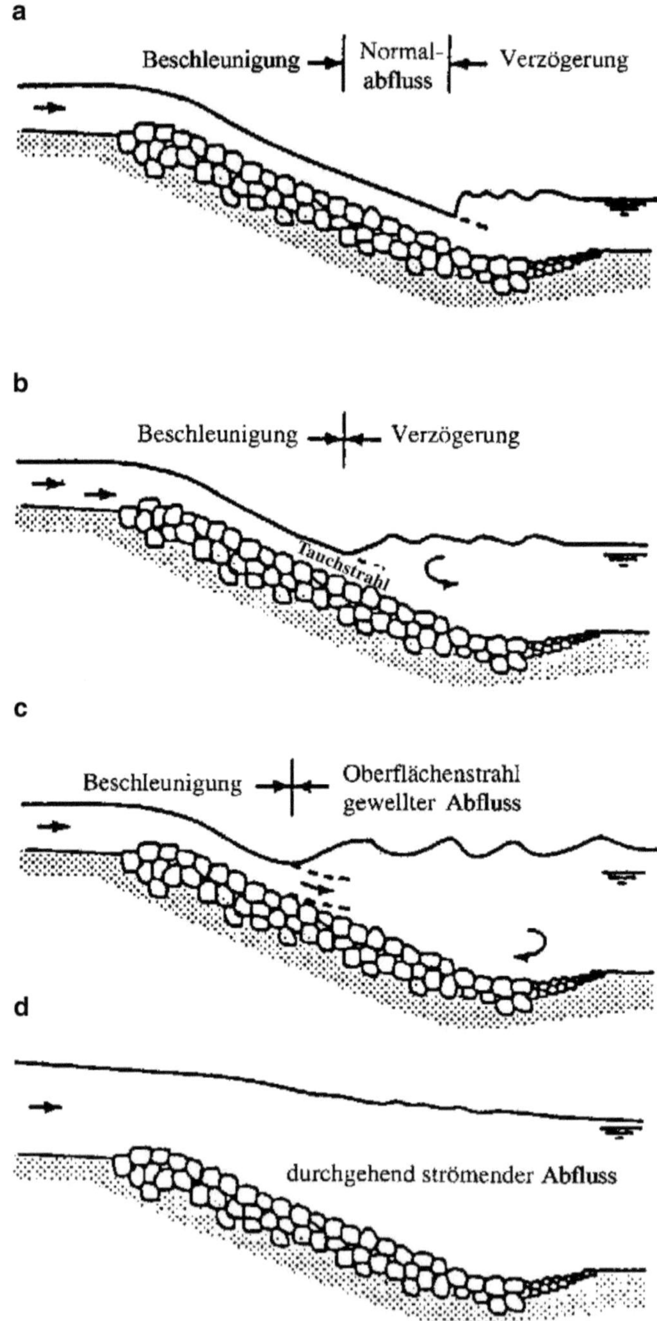

Abb. 7.22 Strömung auf einer Steinrampe bei steigendem Abfluss. (**a**) Die Rampenlänge reicht zur Entwicklung des schießenden Normalabflusses aus. (**b**). Die Einstauwirkung vom UW her nimmt zu. Auf der Rampe bildet sich ein stabiler Wechselsprung aus. (**c**). Ablösung des Schussstrahles von der Sohle. Es stellt sich ein gewellter Abfluss ein. (**d**). Kein Fließwechsel, durchgehend strömender Abluss. (Nach Gebler 1991)

führt. Bei höheren Abflüssen verhindert der Einstau vom Unterwasser (UW) her, dass dieser Belastungsfall eintritt (s. Abb. 7.22b). Der bei extremem Hochwasser auftretende gewellte Abfluss belastet das Bauwerk geringer als kleinere Abflüsse, bei denen der Einstau vom Unterwasser noch nicht abflusswirksam ist (s. Abb. 7.22c).

7.5.2 Bemessung von Sohlenrampen

Als *Bemessungsabfluss* ist derjenige Abfluss zu wählen, bei dem der Tauchstrahl in den gewellten Oberflächenabfluss übergeht. Dieser Zustand ist näherungsweise dann erreicht, wenn die Wassertiefe im Unterwasser (UW) die Wasserspiegelhöhe an der Rampenkrone (Grenztiefe) erreicht. Bei bekannter Wassertiefe im Unterwasser, kann der zugehörige Bemessungsabfluss bestimmt werden (s. Abschn. 7.3).

Zur Dimensionierung von *Sohlenrampen* gibt es verschiedene Verfahren (Platzer 2000; Jäggi 2004). Das älteste, und daher zumindest in Deutschland am weitesten verbreitete, stammt von Knauss (1979).

Das Stabilitätskriterium basiert auf einer vereinfachten Gleichgewichtsbetrachtung am Einzelstein, obwohl letztlich für die Bauausführung eine geschlichtete Rampe empfohlen wird. Hierdurch liegt die Bemessung auf der sicheren Seite, d. h. derart bemessene Rampen sind überdimensioniert.

Das Bemessungsverfahren nach Whittaker und Jäggi (1986) beruht auf Modelluntersuchungen. Als Stabilitätskriterium für lockere Rampen wird angegeben (s. Abb. 7.23):

$$q_{krit} = 0{,}235\sqrt{\frac{\rho_S - \rho_W}{\rho_W}} \cdot \sqrt{g} \cdot I^{-\frac{7}{6}} \cdot d_s^{\frac{3}{2}} \tag{7.30}$$

mit

q_{krit} kritischer spezifischer Abfluss je Breitenmeter, bei dem Umlagerungen im Rampenkörper beginnen $[m^3/(s \cdot m)]$

ρ_s Rohdichte der Steine des Rampenkörpers $[kg/m^3]$

ρ_w Dichte von Wasser $[kg/m^3]$

g Fallbeschleunigung $[m/s^2]$

I Neigung der Rampe [m/m]

d_s Äquivalenter Kugeldurchmesser der Steine [m]

In der Praxis ist die Rohdichte des Steinmateriales ρ_S (s. Tab. 11.3) und die Rampenneigung meist gegeben bzw. Planungsgrundlage. Mit der Annahme, dass die Rampenbreite etwa der Sohlenbreite des anschließenden Gewässerabschnittes entspricht, kann der *kritische spezifische Abfluss* q_{krit} ermittelt werden. Nach Einsetzen von Zahlenwerten und Umformung von Gl. 7.30 kann der erforderliche Steindurchmesser $d_{s,erf}$ unmittelbar berechnet werden:

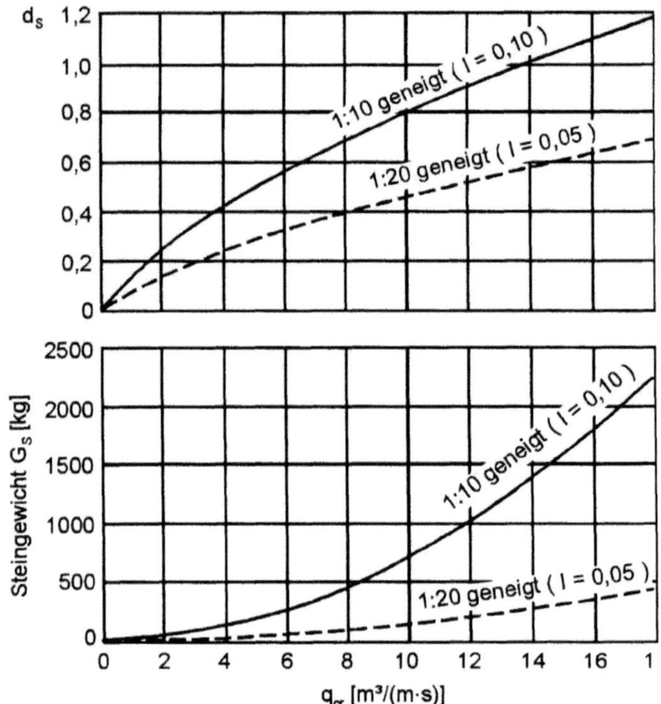

Abb. 7.23 Stabilitätsgrenzen für Steinschüttrampen (ρ_S =2650 kg/m³. (Nach Whittaker und Jäggi 1986)

$$d_{s,erf} = 1{,}225 \cdot \left(\frac{\rho_S - \rho_W}{\rho_W} \right)^{-\frac{1}{3}} \cdot I^{\frac{7}{9}} \cdot q_{krit}^{\frac{2}{3}} \qquad [m] \tag{7.31}$$

Für den üblichen Fall der Verwendung von Steinen mit einer Rohdichte von etwa ρ_s =2700 kg/m³ (z. B. Granit, Porphyr, Dolomit, Marmor und Gneis – s. Tab. 11.3) reduziert sich die Formel zu:

$$d_{s,erf} = 1{,}026 \cdot I^{\frac{7}{9}} \cdot q_{krit}^{\frac{2}{3}} \qquad [m] \tag{7.32}$$

Für *offene Kaskadenrampen*, bei denen sich in den Böden der Becken ein Kolk ausbildet, gibt es noch kein geschlossenes Bemessungsverfahren. Daher empfiehlt es sich, die Steine der „Querriegel" mit dem Faktor 1,20 bis 1,25 überzudimensionieren und auf deren tiefe Gründung besonders zu achten.

Römisch (2000) hat die Stabilität vergossener Steinschüttungen untersucht. Sie schützen Sohle und Böschungen bei hohen Strömungsbelastungen. Ökologisch gesehen sind sie jedoch als kritisch einzustufen, da sich kein Interstitial ausbilden kann.

7.6 Physikalische und mathematische Modelle

Bei der Modellierung von Gerinneströmungen kommen sowohl mathematische Modelle (siehe u. a. BfG 1998; Martin et al. 2015) als auch physikalische Modelle (Darstellung der Strömungsverhältnisse im verkleinerten Modell) zum Einsatz (s. Abb. 7.24). Bei Modellen ist sowohl auf die Anwendbarkeit des jeweiligen Modells als auch auf Qualität der Ergebnisse zu achten (Stoesser und Dittrich 2007).

Die Leistungsfähigkeit der Computer und das Vorhandensein entsprechender professionell entwickelter Berechnungsprogramme hat das Einsatzfeld der mathematischen Modelle erheblich erweitert (BWK 2000; Musall et al. 2006; Oertel und Bung 2015).

Verfügbar sind heute *ein-, zwei- und dreidimensionale Modelle*, die für die Lösung vieler hydraulischer Fragestellungen sehr hilfreich sind. Vielfach werden hydrologische Modelle mit hydraulischen Modulen gekoppelt (Bloß und Kleeberg 2005). Dadurch lässt sich ein „*Variantenstudium*" i. d. R. ohne großen Aufwand durchführen (Ammer und Lerch 1998; Bechteler und Nujic 2000; Nujic 2019).

7.6.1 Wasserspiegellagen, Überschwemmungsgrenzen

Eindimensionale hydromechanische Modelle genügen meist den Anforderungen an Wasserspiegellagenberechnungen von Fließgewässern, wenn Ausuferungen nur eine untergeordnete Rolle spielen (Bär et al. 2001). Dies trifft oft für kanalartig ausgebaute Gewässerstrecken mit weitgehend gestreckter Linienführung zu.

Sind großflächige Ausuferungen infolge von Hochwasser oder die Füllung von Retentionsräumen zu berücksichtigen, sind *zweidimensionale Modelle* (2D-Modelle) erforderlich. Sie kommen heute insbesondere bei der Bestimmung der Überschwemmungsgrenzen und der Wasserspiegellagen zum Einsatz (u. a. Fuchs und Schmidt 2015; Stefan und Telegdy 2015). Sie bieten in der Regel viele Möglichkeiten der Erweiterung, was gerade bei speziellen Bedingungen vor Ort (z. B. Einbindung von Geodaten – siehe DWA-M 543-1 2019a; DWA-M 543-2 2019b; DWA-M 543-3 2019c oder Bauwerken) und bei der grafischen Darstellung der Ergebnisse bedeutsam ist.

Gerade bei den zweidimensionalen mathematischen Modellen gibt es heute eine Vielzahl von Anbietern, sodass hier nicht weiter auf die jeweiligen Vor- und Nachteile eingegangen werden kann. Einige Hinweise zum Einsatz und zur weiteren Entwicklung der numerischen Strömungssimulationen finden sich in der Veröffentlichung von Oertel und Bung (2015). Die gerade bei naturnahen Gewässergestaltungen bedeutsame Vegetation wird mit entsprechenden Modellen simuliert (DWA-M 524 2020a)

Wegen des großen Rechenaufwandes werden *dreidimensionale Modelle* (3D-Modelle) bevorzugt bei lokalen, eng umrissenen Fragestellungen eingesetzt. Einige Hinweise zum Einsatz von 3D-Modellen finden sich u. a. bei Musall 2011.

Abb. 7.24 Flächenmodell zur Darstellung der Überschwemmungsgrenzen. (Foto: H. Patt)

7.6.2 Feststofftransportmodelle

Neben der Bestimmung der Wasserspiegellagen, beispielsweise zur Festlegung von Überschwemmungsgrenzen, werden mathematische Modelle heute auch zur Abschätzung der *morphologischen Entwicklung* einer Gewässerstrecke verwendet.

Wichtige Fragestellungen sind die Abschätzung der zukünftigen Entwicklung der *Höhenlage einer Gewässersohle* oder die *Geschiebebilanz* eines Gewässers oder einer abgegrenzten Gewässerstrecke. Die dazu entwickelten *Feststoffmodelle* (siehe u. a. Zanke 2002b, 2012; ATV-DVWK 2003; DWA-M 540 2020b) werden vielfach mit hydromechanischen Modellen gekoppelt und erlauben so eine mehr oder weniger präzise Darstellung der Feststofftransportphänomene und der Morphologie in Abhängigkeit vom langjährigen Abflussgeschehen.

7.6.3 Habitatmodellierung – Öko-Hydraulik

Eine Bewertung der morphologischen Strukturen in Bezug auf die Habitatansprüche der unterschiedlichen Organismen in einem Gewässer ist das Arbeitsgebiet der „*Öko-Hydraulik*" („*Eco-hydraulics*" oder „*Environmental hydraulics*").

In einem numerischen Modell werden die Strömungsverhältnisse und die Habitatansprüche naturraumtypischer Wasserorganismen gleichzeitig betrachtet. Auf diese Weise ist es möglich, die Auswirkung einer Umgestaltungsmaßnahme im Hinblick auf die zukünftige Besiedlung abzuschätzen.

Die Öko-Hydraulik ist ein relativ neues Wissensgebiet, dass sicher in den nächsten Jahren weiter an Bedeutung gewinnen wird (siehe u. a. Lee et al. 1998; Jorde und Schneider 1998; Hauer et al. 2014; Weiwei 2016). Hierbei werden nicht nur die Auswirkungen von baulichen bzw. gewässerstrukturellen Veränderungen vorab bestimmbar, sondern auch die Einflüsse verschiedener Unterhaltungsformen.

7.6.4 Physikalische Modelle, wasserbauliches Versuchswesen

Auch wenn mathematische Modelle bei vielen Aufgaben hilfreich sind, gibt es im naturnahen Wasserbau immer noch Fragestellungen, die in der erforderlichen Genauigkeit und Verlässlichkeit nur mit Hilfe des wasserbaulichen Versuchswesens beantwortet werden können, sodass auf die physikalischen Modelle, trotz der grossen Vorschritte in der mathematischen Modellierung, auch heute noch nicht verzichtet werden kann (DVWK 1999; Bechteler et al. 2001).

Ein verkleinertes Modell (*physikalisches Modell*) erlaubt sowohl die unmittelbare Klärung von komplizierten Strömungssituationen als auch die umfassende visuelle Darstellung eines Strömungsproblems. Um eine exakte Eichung eines physikalischen Modells durchführen zu können, sind jedoch umfangreiche Naturmessdaten erforderlich.

Physikalische Modelle dienen häufig zur Ermittlung von Parametern für die mathematischen Modelle und zur Aufstellung von empirischen Beziehungen für die vereinfachten (praxisnahen) Berechnungen in der *Technischen Hydraulik* (z. B. die Bestimmung eines *Verlustbeiwertes*).

Literatur

Albert, A. (Hrsg.) (2022) Schneider – Bautabellen für Ingenieure: mit Berechnungshinweisen und Beispielen, 25. Aufl. (21. März 2022), Reguris Fachmedien GmbH.

Ammer, M., Lerch, A. (1998) Wasserspiegelberechnung mit einem 2D-Fließgewässermodell bei komplizierten Fluß-Vorland-Bedingungen, Wasserwirtschaft 88. Jahrg., Heft 10/1998.

ATV-DVWK – (Deutsche Vereinigung für Wasserwirtschaft, Abwasser, Abfall e.V., Hennef – siehe auch ATV, DVWK und DWA)

ATV-DVWK – Deutsche Vereinigung für Wasserwirtschaft, Abwasser und Abfall (Hrsg.) (2003) Feststofftransportmodelle für Fließgewässer, ATV-DVWK Arbeitsbericht, März 2003, Hennef.

Bär, A., Dittrich, A., Hartmann, G. (2001) Anwendungsgrenzen eindimensionaler Berechnungsansätze für geradlinig gegliederte Gerinne, Wasserwirtschaft, 91. Jahrg., Heft 5/2001.

Bechteler, W., Nujic, M. (2000) Isar-Plan München – Numerische Simulation, Wasserwirtschaft, 90. Jahrg., Heft 11/2000.

Bechteler, W., Hartmann, S., Wieprecht, S. (2001) Isar-Plan München – Physikalisches Modell, Wasserwirtschaft, 91. Jahrg., Heft 1/2001.

Bertram, H.-U. (1985) Über den Abfluß in Trapezgerinnen mit extremer Böschungsrauheit, Mitteilungen aus dem Leichtweiß-Institut für Wasserbau, Technische Universität Braunschweig, Heft 86.

BfG (s. Bundesanstalt für Gewässerkunde, Koblenz)

Bloß, S., Kleeberg, H.-B. (Hrsg.) (2005) Numerische Simulationsmodelle für Fließgewässer, Publikationen der Fachgruppe Hydrologische Wissenschaften, Forum für Hydrologie und Wasserbewirtschaftung Heft 3/2005, Beiträge zum Seminar am 15. März 2005 in Dortmund, 2005.

Bretschneider, H., Özbeck, T. (1997) Durchflußermittlung bei geometrisch gegliederten Gerinnen, Wasserwirtschaft, 87. Jahrg., Heft 4/1997.

Bund der Ingenieure für Wasserwirtschaft, Abfallwirtschaft und Kulturbau e.V. – BWK (Hrsg.) (1999) Hydraulische Berechnung von naturnahen Fließgewässern, Teil 1: Stationäre Berechnung der Wasserspiegellage unter besonderer Berücksichtigung von Bewuchs- und Bauwerkseinflüssen, Merkblatt 1/BWK.

Bund der Ingenieure für Wasserwirtschaft, Abfallwirtschaft und Kulturbau e.V. – BWK (Hrsg.) (2000) Hydraulische Berechnung von naturnahen Fließgewässern – Teil 2: Grundlagen für stationäre, eindimensionale Wasserspiegellagenberechnungen, Berichte 1/2000.Bundesanstalt für Gewässerkunde – BfG (Hrsg.) (1998) Mathematische Modelle in der Gewässerkunde – Stand und Perspektiven, Beiträge zum Kolloquium am 15./16. November 1998 in Koblenz, BfG-Mitteilung Nr. 19, Koblenz.

BWK (s. Bund der Ingenieure für Wasserwirtschaft, Abfallwirtschaft und Kulturbau e.V.)

DVWK (s. Deutscher Verband für Wasserwirtschaft und Kulturbau e.V., Bonn – Anmerkung: Die Abwassertechnische Vereinigung e.V. (ATV) und der Deutsche Verband für Wasserwirtschaft und Kulturbau e.V. (DVWK) waren seit dem 1. Januar 2000 fusioniert und gaben sich den Verbandsnamen: ATV-DVWK – Deutsche Vereinigung für Wasserwirtschaft, Abwasser, Abfall e.V. mit Sitz in Hennef. Mit Wirkung vom 27. Oktober 2004 wurde der Name in Deutsche Vereinigung für Wasserwirtschaft, Abwasser und Abfall e.V. (DWA) mit Sitz in Hennef geändert).

DVWK – Deutscher Verband für Wasserwirtschaft und Kulturbau e.V. (Hrsg.) (1990) zusammengestellt von R.C.M. Schröder, Hydraulische Methoden zur Erfassung von Rauheiten, DVWK-Schriften, Heft 92, Bonn.

DVWK – Deutscher Verband für Wasserwirtschaft und Kulturbau e.V. (Hrsg.) (1991) Hydraulische Berechnung von Fließgewässern, DVWK-Merkblätter zur Wasserwirtschaft, Nr. 220/1991, Bonn.

DVWK – Deutscher Verband für Wasserwirtschaft und Kulturbau e.V. (Hrsg.) (1994) Hydraulisch-sedimentologische Berechnungen naturnah gestalteter Fließgewässer – Berechnungsverfahren für die Ingenieurpraxis, DVWK-Mitteilungen Heft 25/1994, Bonn.

DVWK – Deutscher Verband für Wasserwirtschaft und Kulturbau e.V. (Hrsg.) (1997) Maßnahmen zur naturnahen Gerinnestabilisierung, DVWK-Schriften, Heft 118, Bonn.

DVWK – Deutscher Verband für Wasserwirtschaft und Kulturbau e.V. (Hrsg.) (1999) Numerische Modelle von Flüssen, Seen und Küstengewässern, DVWK-Schriften Nr. 127, Bonn.

DWA (s. Deutsche Vereinigung für Wasserwirtschaft, Abwasser, Abfall eV – DWA, Hennef – die DWA ist am 27. Oktober 2004 durch Namensänderung aus ATV-DVWK entstanden – siehe auch ATV, DVWK sowie ATV-DVWK)

DWA – Deutsche Vereinigung für Wasserwirtschaft, Abwasser und Abfall e.V. (DWA) (Hrsg.) (2006) Hydraulisch-sedimentologische Berechnungen naturnah gestalteter Fließgewässer – Berechnungsverfahren für die Ingenieurpraxis, Bearbeiter: Wolfgang Mertens, Mai 2006.

DWA – Deutsche Vereinigung für Wasserwirtschaft, Abwasser und Abfall eV – DWA (Hrsg.) (2012) Sedimentmanagement in Fließgewässern – Grundlagen, Methoden, Fallbeispiele, Merkblatt DWA- M 525.

DWA-Deutsche Vereinigung für Wasserwirtschaft, Abwasser und Abfall eV – DWA (Hrsg.) (2018a) Begriffe aus der Gewässerunterhaltung und Gewässerentwicklung, DWA-Merkblatt M 600, Juni 2018.

DWA-Deutsche Vereinigung für Wasserwirtschaft, Abwasser und Abfall eV – DWA (Hrsg.) (2018b) Begriffe aus Gewässermorphodynamik und Flussbau, DWA-Merkblatt M 570, August 2018.

DWA-Deutsche Vereinigung für Wasserwirtschaft, Abwasser und Abfall eV - DWA (Hrsg.) (2019a) Geodaten in der Fließgewässermodellierung – Teil 1: Grundlagen und Verfahren, DWA-Merkblatt M 543-1, Februar 2019.

DWA-Deutsche Vereinigung für Wasserwirtschaft, Abwasser und Abfall eV - DWA (Hrsg.) (2019b) Geodaten in der Fließgewässermodellierung - Teil 2: Bedarfsgerechte Datenerfassung und -aufbereitung, DWA-Merkblatt M 543-2, Februar 2019.

DWA-Deutsche Vereinigung für Wasserwirtschaft, Abwasser und Abfall eV - DWA (Hrsg.) (2019c) Geodaten in der Fließgewässermodellierung – Teil 3: Aspekte der Strömungsmodellierung und Fallbeispiele, DWA-Merkblatt M 543-3, Februar 2019

DWA-Deutsche Vereinigung für Wasserwirtschaft, Abwasser und Abfall eV - DWA (Hrsg.) (2020a) Hydraulische Berechnung von Fließgewässern mit Vegetation, DWA-Merkblatt M 524, September 2020.

DWA-Deutsche Vereinigung für Wasserwirtschaft, Abwasser und Abfall eV - DWA (Hrsg.) (2020b) Mehrdimensionale morphodynamisch-numerische Modelle für Fließgewässer, DWA-Merkblatt M 540 (September 2020).

Engelund, E., Fredsoe, J. (1982) Sediment Rippels and Dunes, Annual Rev. Fluid Mechanic, Heft 14.

Freimann R. (2014) Hydraulik für Bauingenieure – Grundlagen und Anwendungen, Carl Hanser Verlag, München.

Fuchs, L., Schmidt, N. (2015) Vergleich von 2-dimensionalen Berechnungsansätzen für die Gefährdungsanalyse in urbanen Gebieten, In: Bundesministerium für Land- und Forstwirtschaft, Umwelt und Wasserwirtschaft (Hrsg.) (2015) Österreichische Wasser- und Abfallwirtschaft, Heft 5-6/2015, S. 187–196.

Gebler, R.-J. (1991) Naturgemäße Bauweisen von Sohlbauwerken und Fischaufstiegen zur Vernetzung der Fließgewässer, Mitteilungen des Instituts für Wasserbau und Kulturtechnik der Universität Karlsruhe, Prof. Dr. Techn. P. Larsen (Hrsg.), Heft 181.

Günzel, W. (1964) Modelle geschiebeführender Flüsse mit hydraulisch rauher Sohle – Darlegung der Modelltechnik am Beispiel des Flusses Neumagen, 150. Arbeit aus dem Theodor-Rehbock-Flußbaulaboratorium, Technische Hochschule Karlsruhe, Karlsruhe.

Hager, W. H. (1988) Abflußformeln für turbulente Strömungen, Wasserwirtschaft, 78. Jahrg., Heft 2, S. 79–84.

Hager WH (2016) Eugen Meyer-Peter und die MPM-Sedimenttransportformel, Wasser Energie Luft, 108. Jahrg., 2016, Heft 2, S. 127–137.

Hassinger, R. (1992) Abflußcharakteristik rauher Rampen mit räumlicher Krümmung der Rampenkrone, Wasserwirtschaft, 82. Jahrg., Heft 9.

Hauer, Ch., Blamauer, B., Mühlmann, H., Habersack, H. (2014) Morphodynamische Aspekte der Ökohydraulik und Habitatmodellierung im Kontext der rechtlichen Rahmenbedingungen, Österreichische Wasser- und Abfallwirtschaft, Volume 66, Heft 5–6, S. 169–178.

Horton, R.E. (1933) Separate Roughness Coefficients for channel Bottom and Sides, Engineering News Record, 111, No. 22.

Indlekofer, H.M.F. (2004) Verwendung der Strickler-Formel für Fließgewässer mit Profilgliederung und Vegetationsbesatz, Wasserwirtschaft, 94. Jahrg., Heft 5/2004.

Indlekofer, H.M.F. (2006) Der hydraulische Einfluss von gemischtem Bewuchsstand auf Böschungen und Vorländer von Fließgewässern , Wasserwirtschaft 96. Jahrg., Heft 5/2006.

Jäggi, M. (2004) Grundsätze zum Bau von Blockrampen, Wasser, Energie, Luft, 96. Jahrg., Heft 5–6/2004.

Jorde, K., Schneider, M. (1998) Einsatz des Simulationsmodells PHABBSIM zur Festlegung von Mindestwasserregelungen, Wasser & Boden, 50. Jahrg., Heft 4/1998.

Kaluza, T. (1999) Erfassung natürlicher Bewuchsstrukturen auf den Vorländern der Wartha, Wasser & Boden, 51. Jahrg., Heft 1+2/1999.

Keulegan, G.H. (1938) Laws of turbulent flow in open channels, National Bureau of Standards, Journal of Research, No. 21.

Knauss, J. (1979) Flach geneigte Abstürze, glatte und rauhe Sohlenrampen, Versuchsanstalt für Wasserbau, Technische Universität München, Bericht Nr. 41.

Lee, J.H.W., Jayawardena, A.W., Wang, Z.Y. (edit.) (1998) Environmental hydraulics, Proceedings of the second international symposium on environmental hydraulics, Hong Kong, China, A.A. Balkema Publishers, Amsterdam.

Martin, H., Pohl, R., Aigner, D., Bollrich, G., Carstensen, D., Diersch H.-J., Horlacher, H.-B. (Hrsg.) (2015) Technische Hydromechanik 4 – Hydraulische und numerische Modelle, Beuth Verlag, Berlin.

Mertens, W. (1989) Zur Frage hydraulischer Berechnungen naturnaher Fließgewässer, Wasserwirtschaft, 79. Jahrg., Heft 4/1989.

Mertens, W. (1994) Hydraulisch-sedimentologische Berechnungen naturnah gestalteter Fließgewässer – Berechnungsverfahren für die Ingenieurpraxis, In: DVWK-Mitteilungen (1994).

Mertens, W. (2004) Zur Berechnung naturnaher Wasserläufe nach DVWK-Merkblatt 220 und DVWK-Mitteilung 25, Wasserwirtschaft, 94. Jahrg., Heft 3/2004.

Mertens, W. (2006) Hydraulisch-sedimentologische Berechnungen naturnah gestalteter Fließgewässer – Berechnungsverfahren für die Ingenieurpraxis, Fachpublikation aus dem Programm der DWA.

Musall, M., Stelzer, C., Theobald, St., Nestmann, F. (2006) Numerische Modelle bei der wasserbaulichen Planung , Wasserwirtschaft, 96. Jahrg., Heft 9/2006.

Musall, M. (2011) Mehrdimensionale hydrodynamisch-numerische Modelle im praxisorientierten und operationellen Einsatz, Dissertationsschrift, Fakultät für Bauingenieur-, Geo- und Umweltwissenschaften des Karlsruher Instituts für Technologie (KIT), Karlsruhe, 2011.

Muth, W. (2001) Hydraulisch wirksame Absturzbauwerke – Berechnung nach DIN 19 661-2, Wasserwirtschaft, 91. Jahrg., Heft 6/2001.

Naudascher, E. (1992) Hydraulik der Gerinne und Gerinnebauwerke, Springer-Verlag, Wien, New York.

Nuding, A. (1991) Fließwiderstandsverhalten in Gerinnen mit Ufergebüsch, Mitteilungen Nr. 35, Institut für Wasserbau, Technische Hochschule Darmstadt, Darmstadt.

Nuding, A. (1998) Zur Durchflussermittlung bei gegliederten Gerinnen, Wasserwirtschaft, 88. Jahrg., Heft 3/1998.

Nujic, M. (2019) Zweidimensionales Strömungsmodell H_SIM-2D, Handbuch, Samobor.

Oertel, M., Bung, D.B. (2015) Numerische Strömungssimulationen von Fließgewässern – Praxisanwendungen und zukünftige Entwicklungen, KW Korrespondenz Wasserwirtschaft, 8. Jahrg., Heft 3, S. 177 ff.

Patt, H., Speerli, U., Gonsowski, P. (2021) Wasserbau – Flussbauliche Grundlagen und Gestaltung von wasserbaulichen Bauwerken und Anlagen, 8. Aufl., Springer Vieweg, Wiesbaden.

Platzer, G. (2000) Dimensionierung muldenförmiger Blocksteinrampen, In: Bundesamt für Wasserwirtschaft (Hrsg.) (2000) Schriftenreihe des Bundesamtes für Wasserschaft, Bd. 9, S. 104.

Rickert, K. (1997) Wirkungen von Gehölzen an Fließgewässern, In: Universität Hannover, Weiterbildendes Studium Bauingenieurwesen, Wasser und Umwelt, Kap. 5: Naturnahe Regelung von Fließgewässern, Hannover.

Römisch, K. (2000) Strömungsstabilität vergossener Steinschüttungen, Wasserwirtschaft, 90. Jahrg., Heft 7–8/2000.

Rössert, R. (2001) Hydraulik im Wasserbau, 10. Aufl., R. Oldenbourg Verlag, München, Wien.

Rouvé, G. (Hrsg.) (1987) Hydraulische Probleme beim naturnahen Gewässerausbau – Ergebnisse aus dem Schwerpunktprogramm „Anthropogene Einflüsse auf hydrologische Prozesse“, Band 2, VCH-Verlagsgesellschaft mbH, Weinheim.

Stefan, M., Telegdy, T. (2015) Einsatzbereiche verschiedener Methoden zur Darstellung des oberflächlichen Abflusses im Siedlungsraum, In: Bundesministerium für Land- und Forstwirtschaft, Umwelt und Wasserwirtschaft (Hrsg) (2015) Österreichische Wasser- und Abfallwirtschaft, Heft 5-6/2015, S. 197–202.

Stoesser, Th., Dittrich, A. (2007) Qualitätssicherung bei der Verwendung mehrdimensionaler Strömungsmodelle in der wasserbaulichen Praxis, Wasserwirtschaft 97. Jahrg., Heft 7–8/2007.

UBA (s. Umweltbundesamt – UBA, Dessau)

Umweltbundesamt – UBA (Hrsg.) (2023) In der Diskussion: Hydromorphologie. Ergebnisse der UBA Workshopreihe – Abschlussbericht, Autoren: Lamberty, G, Zumbroich Th, Naumann St, Ressortforschungsplan des Bundesministerium für Umwelt, Naturschutz, nukleare Sicherheit und Verbraucherschutz, Forschungskennzahl 3719 43 201 0, FB000959, März 2023.

Vischer, D., Oplatka, M. (1998) Der Strömungswiderstand eines flexiblen Ufer- und Vorlandbewuchses, Wasserwirtschaft, 88. Jahrg., Heft 6/1998.

Visman, U. (2021) Wendehorst Bautechnische Zahlentafeln, 38. Aufl., Beuth – Springer Vieweg.

Vogel, G. (1999) „Neuer“ Lösungsvorschlag für die Gleichungen zur Abflußberechung nach Mertens, Wasserwirtschaft, 89. Jahrg., Heft 5/1999.

Weiwei, Yao (2016) Application of the Ecohydraulic Model on Hydraulic and Water Resources Engineering, Berichte des Lehrstuhls und der Versuchsanstalt für Wasserbau und Wasserwirtschaft der Technischen Universität München, Nr. 136, 220 Seiten.

Whittaker, J., Jäggi, M. (1986) Blockschwellen, Versuchsanstalt für Wasserbau, Hydrologie und Glaziologie der ETH Zürich, Mitteilung Nr. 91, Zürich.

Zanke, U. (1982) Grundlagen der Sedimentbewegung, Springer Verlag, Berlin, Heidelberg, New York.

Zanke, U.C.E. (2002a) Hydromechanik der Gerinne und Küstengewässer, Parey Buchverlag, Berlin.

Zanke, U. (2002b) Morphodynamisches Simulationssystem TIMOR, Wasser & Boden, 54. Jahrg., Heft 4/2002.

Zanke, U. (2012) Hydraulik für Bauingenieure, 3. Aufl., Springer-Verlag.

8 Feststofftransport in Fließgewässern

Heinz Patt

Die *Laufentwicklung* eines natürlichen Fließgewässers wird maßgeblich von den Feststofftransportvorgängen geprägt. Das permanente Zusammenspiel von Strömung und Relief, die Wirkungen wechselnder Abflüsse auf *Erosion*, *Transport* und *Ablagerung* sowie die Auswirkungen von Störungen (z. B. durch das Wurzelwerk von Bäumen und Sträuchern) sind die Gründe, warum sich in natürlichen Fließgewässern die vielfältigsten Strukturen ausbilden (ATV-DVWK 2002; DWA-M 525 2015; Dittrich 2016; Patt et al. 2021; UBA 2014, 2023).

An der Vielzahl empirischer Parameter in den Berechnungsformeln zum Feststofftransport spiegelt sich wider, dass viele Zusammenhänge immer noch nicht abschließend geklärt sind und wahrscheinlich mit einem vertretbaren Aufwand auch nicht geklärt werden können (Gyr und Hoyer 2006). Da die Einflussparameter sehr unterschiedlich sind.

Bei allen Betrachtungen zum Feststofftransport sollte man daher keine exakten Rechenergebnisse erwarten, sondern vielmehr die grundsätzlichen Zusammenhänge im Auge behalten (Korthe et al. 2016; DWA-M 540 2020).

Im Zusammenhang mit den Transportprozessen spielen auch ökotoxikologische Gesichtspunkte eine bedeutende Rolle, da sich viele Schadstoffe mit den Sedimenten abgelagert haben und heute in unseren Flüssen eine erhebliche Altlast darstellen können (BMU 2003). Die entsprechenden gesetzlichen Regelungen zu Altlasten finden sich u. a. im Bundes-Bodenschutzgesetz (s. Abschn. 2.8).

H. Patt (✉)
Sachverständigenbüro Professor Patt
Bonn, Deutschland

H. Patt, *Naturnaher Wasserbau*, https://doi.org/10.1007/978-3-658-43846-3_8

8.1 Systematik

Die Systematik des *Feststofftransportes* ist schematisch in Abb. 8.1 dargestellt. Ausgehend vom jeweiligen *Feststoffherd* sorgen chemische Prozesse, Erosion und Schwerkraft für die Versorgung der Fließgewässer mit entsprechenden *Feststoffmaterialien.*

Hinsichtlich der Herkunft der Materialien ist zwischen eingetragenem Material (*Spülfracht*) und *Bettmaterial* zu unterscheiden (s. Abb. 8.1). Die *feinkörnige Spülfracht* wird fast ausschließlich in Form von *Schwebstoff* (Suspension) transportiert. Das *Bettmaterial* ist den Prozessen *Erosion, Transport, Sedimentation* und *Resuspension* ausgesetzt und ist in Abhängigkeit von Abfluss, Wassertiefe, Fließgeschwindigkeit, Gefälle, Korngröße und Korngrößenverteilung, entweder als *Geschiebe* oder als suspendiertes Bettmaterial (*Schwebstoff*) vertreten.

Schwimmstoffe sind meist organischen Ursprungs (z. B. Laub, Äste, Bäume, usw.) und stammen vom Ufer- und Vorlandbewuchs. Im Oberlauf eines Gewässers sind die organischen Materialien eine wichtige Nährstoffquelle und somit ein wichtiger Bestandteil der Nahrungskette (s. Abschn. 4.1).

Transportarten

Geschiebe und *Schwebstoffe* sind ungelöste Stoffe. Diese stammen aus dem Einzugsgebiet des Gewässers, aus seitlichen Zuflüssen oder aus dem Sohlen- und Ufersubstrat. Die Übergänge und Grenzen zwischen den einzelnen Transportarten sind nicht immer klar bestimmbar.

Schwebstofftransport Beim *Schwebstofftransport* bewegen sich die Feststoffteilchen ohne Sohlenkontakt in der Strömung mit. Für diese Transportart sind die Sinkgeschwindigkeit der Feststoffe (d. h. Korndurchmesser, Korndichte, Kornform und Dichte des Wassers) und die Strömungsparameter (d. h. Geschwindigkeitsverteilung im Gerinne und Turbulenz) die maßgeblichen Einflussfaktoren.

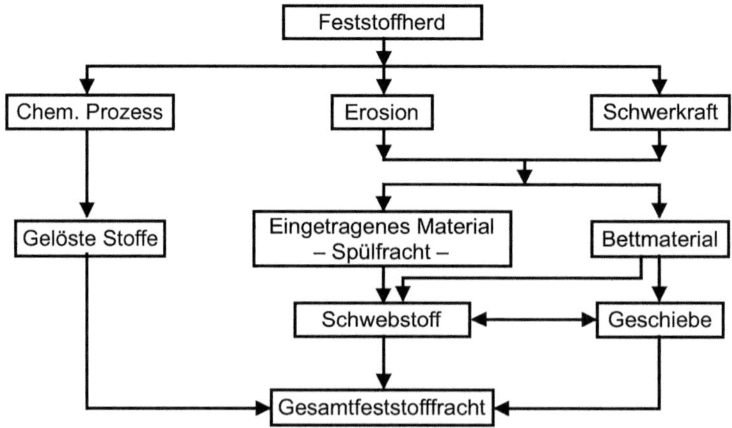

Abb. 8.1 Schema zum Feststofftransport (ohne Schwimmstoffe)

In *stehenden Gewässern* (z. B. Seen und Stauraumhaltungen) und Bereichen mit geringeren Strömungsgeschwindigkeiten (z. B. schwach durchströmte Bereiche auf den Vorländern) können durch *Schwebstoffablagerungen* beträchtliche Verlandungen entstehen (DVWK 1999). Im naturnahen Wasserbau werden diese auch künstlich herbeigeführt (z. B. durch Paralleleinbauten), um in den Gewässern spezielle Lebensräume zu schaffen.

Im *Unterlauf* eines Fließgewässers hat der Schwebstofftransport nur geringen Einfluss auf die gewässermorphologischen Strukturen, obwohl Schwebstoffe dort den weitaus größten Teil der transportierten Materialien ausmachen.

Weiterführende Hinweise zu der überaus komplexen Schwebstofftransportproblematik, im Prinzip eine dreidimensionale Zweiphasenströmung, kann der entsprechenden Fachliteratur entnommen werden (siehe u. a. Yalin 1972, 1992; Zanke 1982, 1990, 2013; Mertens 1990, 2006; ATV-DVWK 2003; DWA-M 525 2012; DWA-M 526 2015). Eine nützliche Übersicht über in der Gewässermorphodynamik und im Flussbau verwendete Begriffe finden sich in DWA-M 570 (2018).

Geschiebetransport Der *Geschiebetransport* spielt sich in den sohlennahen Bereichen ab und ist deshalb einer der wichtigsten Faktoren bei der Ausformung des Gewässerbettes. Er hängt im Wesentlichen vom Abfluss, Gefälle, Sohlenaufbau und vom Feststoffdargebot ab. *Erosions-* und *Sedimentationsvorgänge* wechseln in einem naturbelassenen Fließgewässer ständig einander ab und charakterisieren den *Geschiebehaushalt* einer Gewässerstrecke.

Anthropogene Beeinflussungen haben erheblich dazu beigetragen, dass die natürliche Versorgung der Fließgewässer mit Feststoffmaterialien in vielerlei Hinsicht gestört ist (s. Abschn. 3.4). Dies gilt insbesondere dann, wenn Laufkorrekturen durchgeführt oder Stauanlagen gebaut wurden. Es kann davon ausgegangen werden, dass nahezu alle Eingriffe des Menschen in den natürlichen Geschiebehaushalt wasserbauliche Folgemaßnahmen bedingen.

Schwimmstoffe *Schwimmstoffe* sind meist organischen Ursprungs und bewegen sich schwimmend auf der Wasseroberfläche oder oberflächennah mit der Strömung. Dazu zählen u. a. von der Strömung losgerissene Bäume und Sträucher, die noch biologisch aktiv (d. h. ausschlagfähig) sind, aber auch nicht mehr ausschlagfähige Materialien (sog. Totholz). Auf die Bedeutung derartiger Strukturen als Lebensraum wurde bereits hingewiesen (s. Abschn. 4.1.4).

Eines der wichtigsten Ziele im naturnahen Wasserbau ist die *Erhöhung der Strukturvielfalt* in einem Fließgewässer. Dabei haben abgelagerte oder in den vorhandenen Strukturen festgesetzte Schwimmstoffe eine besondere Bedeutung. Dazu gehören u. a. die Ablenkung der Strömung sowie die Einleitung und Unterstützung der *Seitenerosion*. Der naturnahe Wasserbau bzw. die Ingenieurbiologie nutzt diese Mechanismen bei bestimmten Bauweisen (z. B. Wurzelstockbuhne, Rauhbaum – s. Abschn. 10.4.2).

Schwimmstoffe können die Abflussleistung eines Gerinnes erheblich reduzieren. Das gilt insbesondere dann, wenn sie in Form von *Verklausungen* den vorhandenen Fließquerschnitt einschränken (s. Abb. 8.2). Hinter derartigen Hindernissen können sich tiefe *Kolke* ausbilden, die die Sohlenstrukturen auf weite Strecken dominieren (s. Abb. 8.3).

Abb. 8.2 Fließhindernisse – Schwimmstoffe setzen sich bevorzugt an Engstellen fest. (**a**) Zunächst sieht es harmlos aus. (**b**) nach dem Hochwasser zeigt sich die Problematik der Ablagerungen; die Abflussleistung wird reduziert und an den Brückenpfeiler ist mit Umlagerungen an der Gewässersohle (Kolkbildung) zu rechnen. (**a**) Schwimmstoffe an einem Brückenpfeiler während des Hochwassers. (**b**) Erst nach dem Hochwasser ist das Gesamtvolumen der angetriebenen Schwimmstoffe erkennbar

Abb. 8.3 Umströmung von Fließhindernissen führen zu erheblichen Veränderungen an der Gewässersohle. (**a**) Selbst kleinere Ansammlungen von Schwimmstoffen können … (**b**) … unterstrom der Störung großflächige Auskolkungen verursachen. (**a**) Strömungshindernisse während des Hochwassers …. (**b**) … können zu großflächigen Umlagerungen an der Sohle (Auskolkungen) führen, die die Stabilität baulicher Anlagen beeinträchtigen können

Physikalische Eigenschaften von Wasser und Feststoff, Korndurchmesser
Neben der *Dichte* ρ_w und der *kinematischen Zähigkeit* ν_w des Wassers (beide abhängig von der Temperatur) sind die *Dichte des Feststoffes* ρ_F und dessen *Korngrößenverteilung* von entscheidender Bedeutung für den Feststofftransport.

Als Eingangsgröße für die Berechnungsformeln dient in der Regel ein *charakteristischer Korndurchmesser* d_{ch}, der die Eigenschaften des Korngemisches widerspiegeln soll. In der Transportfunktion nach Meyer-Peter und Müller (1949) – s. Abschn. 8.5.2 – wird zum Beispiel als charakteristischer Korndurchmesser der mittlere Korndurchmesser d_m verwendet. Weiterführende Hinweise dazu sind zum Beispiel bei Simons und Sentürk (1977) zu finden.

8.2 Transportbeginn

Aufgrund der natürlichen Ausgangsbedingungen (z. B. Aufbau der Sohle, Strömung) ist der Beginn des *Feststofftransportes* (*Transportbeginn*) stark vom subjektiven Befinden des Beobachters abhängig und daher oft nicht eindeutig zu bestimmen.

Gröbere Körner sind der Strömung stärker ausgesetzt, halten dafür aber größeren Strömungskräften stand. Kleinere Körner werden zwischen den größeren abgeschirmt (sog. „*Hiding-Effekt*" – s. Abb. 8.4), haben aber einen kleineren Erosionswiderstand. Diese sich z. T. aufhebenden Einflüsse führen dazu, dass sich in der Regel mehrere Fraktionen eines Korngemisches gleichzeitig in Bewegung setzen. Die Angabe eines charakteristischen Korndurchmessers für die Berechnung entspricht daher durchaus den natürlichen Gegebenheiten beim Transportbeginn.

Der überwiegende Teil der Messdaten, die zur Ableitung von *Feststofftransportformeln* verwendet werden, stammt aus Laboruntersuchungen. Die Formeln gelten zumeist nur für rolliges Material mit d > 0,1 mm. Rechnerisch kann der Bewegungsbeginn über die *kritische Geschwindigkeit* oder die *kritische Schubspannung* ermittelt werden.

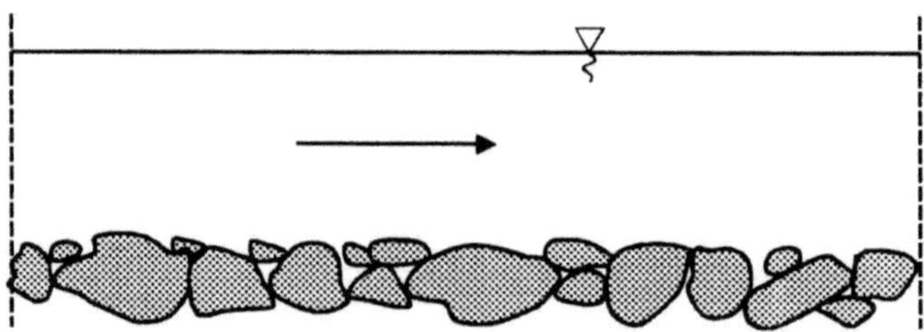

Abb. 8.4 Hiding-Effekt bei der Ausbildung der Gewässersohle. (Nach DVWK 1992)

8.3 Kritische Geschwindigkeit

Hjulström (1935) hat den Bewegungsbeginn von Quarzsand in Abhängigkeit von der mittleren Geschwindigkeit v_m und dem charakteristischen Korndurchmesser d_{ch} dargestellt (s. Abb. 8.5). Das Diagramm gilt nur für weitgehend ebene Gewässersohlen und für Wassertiefen größer als ca. ein Meter. Es wird empfohlen, das Diagramm nur bis d ≈ 0,1 mm zu benutzen, da der Transportbeginn von *kohäsiven Materialien* nicht erfasst wird.

Aufgrund der Unsicherheiten bei der Festlegung des Bewegungsbeginns ist dieser durch ein „Band" gekennzeichnet. Oberhalb des „Bandes" liegt der Bereich „Bewegung", darunter der Bereich „Ruhe". Durch Verwendung der oberen (hohe Bewegungswahrscheinlichkeit) oder unteren Grenzkurve (niedrige Bewegungswahrscheinlichkeit) kann das Bewegungsrisiko näherungsweise berücksichtigt werden.

Eine dimensionsreine empirische Beziehung, mit der die kritische mittlere Geschwindigkeit $v_{m,cr}$ unter Berücksichtigung von Wassertemperatur und Adhäsion bestimmt werden kann, wurde von Zanke (1982) entwickelt. Die Gleichung lautet:

$$v_{m,cr} = 2{,}8 \cdot \left(\rho' \cdot g \cdot d_{ch}\right)^{0,5} + 14{,}7 \frac{\upsilon}{d_{ch}} \cdot c_a \qquad [\text{m/s}] \tag{8.1}$$

mit

$v_{m,cr}$ kritische mittlere Fließgeschwindigkeit [m/s]

ρ' relative Feststoffdichte $\left(\rho' = \frac{\rho_F - \rho_W}{\rho_W}\right)$ [−]

g Fallbeschleunigung [m/s²]

d_{ch} charakteristischer Durchmesser [m]

ν Zähigkeit des Wassers [m²/s]

c_a Adhäsion (für natürliche Sande $c_a = 1$)

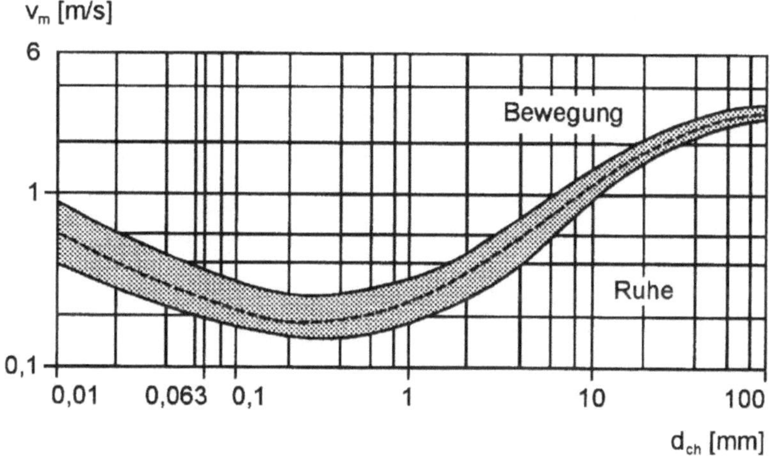

Abb. 8.5 Bewegungsbeginn für Quarzmaterial. (Nach Hjulström 1935; aus DVWK 1992)

Die Formel gilt für Wassertiefen h zwischen 0,7 und 2,0 m (im Mittel 1,4 m). Für natürliche Sande ist die Adhäsion $c_a = 1$. Liegen die Wassertiefen außerhalb des angegebenen Bereichs, kann die nach Gl. 8.1 ermittelte kritische mittlere Fließgeschwindigkeit $v_{m,cr}$ mit dem Faktor

$$\left(h_{vorh} / 1{,}4\right)^{\frac{1}{6}} \tag{8.2}$$

an die vorhandene Wassertiefe h_{vorh} [m] angepasst werden. Weitergehende Hinweise und Rechenbeispiele finden sich in DVWK (1992) und DWA (2006) sowie DWA-M 525 (2012 und DWA-M 526 2015).

8.4 Kritische Schubspannung

Die auf das Gewässerbett *wirkende Schubspannung* ist nicht gleichmäßig über den gesamten Fließquerschnitt verteilt, sondern weist, in Abhängigkeit vom Gerinneprofil, eine besondere Charakteristik auf. Zu unterscheiden ist zwischen den Schubspannungen an den seitlichen Berandungen (Wände oder Böschungen) und der Fließgewässersohle. In einem Trapezprofil wird sich beispielsweise in etwa eine Verteilung wie in Abb. 8.6 dargestellt einstellen.

Sohlenschubspannung

Die klassische Ableitung für die an der Gewässersohle *wirkende Schubspannung* (Sohlenschubspannung) beruht auf einem Gleichgewichtsansatz an dem in Abb. 8.7 dargestellten Wasserkörper.

Die Gewichtskraft des Wasserkörpers G ergibt sich aus:

$$G = l \cdot A \cdot \rho_W \cdot g \qquad [N] \tag{8.3}$$

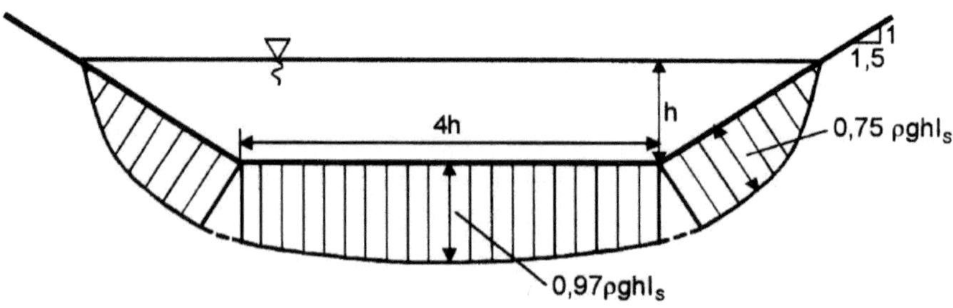

Abb. 8.6 Verteilung der Schubspannung in einem trapezförmigen Gerinnequerschnitt

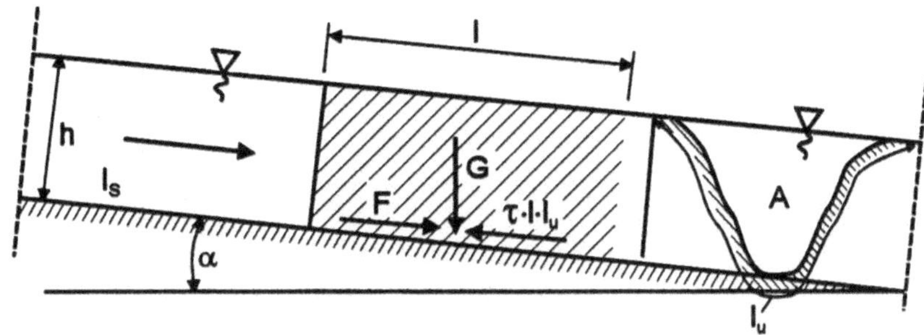

Abb. 8.7 Schema zum Schubspannungsansatz im Gewässerbett

mit

G Gewichtskraft des Wasserkörpers [N]

l Länge des Wasserkörpers [m]

A Querschnittsfläche [m²]

ρ_w Dichte des Wassers [kg/m³]

g Fallbeschleunigung [m/s²]

h Wassertiefe [m]

Die Komponente der Gewichtskraft F des Wasserkörpers in Fließrichtung beträgt (bei kleinen Winkeln α kann vereinfacht sin α ≈ I_s angenommen werden):

$$F = G \cdot \sin\alpha \approx G \cdot I_s = l \cdot A \cdot \rho_w \cdot g \cdot I_s \quad [N] \tag{8.4}$$

mit

I_s Sohlengefälle [–]

Aus der Gleichgewichtsbedingung $F = \tau \cdot l \cdot l_u$ ergibt sich

$$\tau = \rho_w \cdot g \cdot r_{hy} \cdot I_s \quad [N/m^2] \tag{8.5}$$

mit

$r_{hy} = A/l_u$ hydraulischer Radius [m]

l_u benetzter Umfang [m]

Für breite (Rechteck-)Gerinne gilt (Gerinnebreite b > 30 h):

$$r_{hy} = \frac{b \cdot h}{b + 2h} \approx \frac{b \cdot h}{b} = h \quad [m] \tag{8.6}$$

Damit vereinfacht sich Gl. 8.5 zu

$$\tau = \rho_w \cdot g \cdot h \cdot I_s \quad [N/m^2] \tag{8.7}$$

Mit Hilfe dieser Beziehung lässt sich die für den Transportbeginn maßgebliche Schubspannung τ bestimmen. Wenn die vorhandene (*aktuelle*) *Sohlenschubspannung* τ einen kritischen Wert τ_{cr} überschreitet, setzt sich theoretisch das Sohlenmaterial in Bewegung.

Bewegungsbeginn

Shields (1936) hat die auf die *Kornrauheit* der Sohle wirkenden Kräfte bilanziert und in dimensionsloser Schreibweise dargestellt. Dieses Diagramm wurde von Zanke (1990) auf Bereiche geringerer Schubspannungen erweitert und mit Angaben über die *Wahrscheinlichkeit* des *Bewegungsbeginns* versehen (s. Abb. 8.8).

Der *kritischen Schubspannung* nach Shields (1936) wurde eine *Bewegungswahrscheinlichkeit* von 10 % zugeordnet. Das bedeutet, dass 10 % der Körner an der Gerinnesohle in Bewegung sind. Als Eingangsgrößen für Gl. 8.8 werden folgende Kennzahlen benötigt:

Feststoff-Reynoldszahl Re:*

$$\mathrm{Re}^* = \frac{v_o^* \cdot d_{ch}}{\nu} \qquad [-] \tag{8.8}$$

Feststoff-Froude-Zahl Fr:*

$$\mathrm{Fr}^* = \frac{v_o^{*2}}{\rho' \cdot g \cdot d_{ch}} \qquad [-] \tag{8.9}$$

Sedimentologischer Durchmesser D:*

$$D^* = \left(\frac{\rho' g}{\nu^2}\right)^{\frac{1}{3}} \cdot d_{ch} = \left(\frac{\mathrm{Re}^{*2}}{\mathrm{Fr}^*}\right)^{\frac{1}{3}} \qquad [-] \tag{8.10}$$

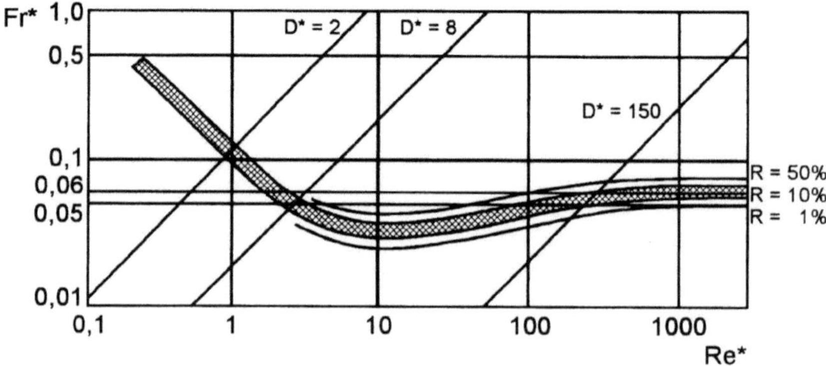

Abb. 8.8 Bewegungsbeginn nach Shields (1936) mit Angabe des Bewegungsrisikos (R) nach Zanke (1990). (Aus DVWK 1992)

Relative Feststoffdichte ρ':

$$\rho' = \frac{\rho_F - \rho_w}{\rho_w} \quad [-] \tag{8.11}$$

Die Schubspannungsgeschwindigkeit v_0^* an der Sohle beträgt:

$$v_o^* = \sqrt{t_o / \rho_w} = \sqrt{g \cdot r_{hy} \cdot I_s} \quad [m/s] \tag{8.12}$$

Im *hydraulisch glatten Bereich* gilt $Fr^* \approx 0{,}1/Re^*$, (d. h. Zähigkeitskräfte dominieren). Im *hydraulisch rauhen Bereich* (etwa ab $Re^* > 300$ bzw. $D^* \approx 150 \rightarrow d_s \approx 0{,}06$ cm) ist Fr^* nicht mehr von Re^* abhängig. In diesem Bereich sind Druckkräfte und Formwiderstände für den *Transportbeginn* maßgebend. Zwischen den beiden Bereichen liegt eine *Übergangszone*, die große praktische Bedeutung hat. Die untere Gültigkeitsgrenze des *Shields-Diagramms* liegt bei $D^* \approx 1$, d. h. $d_{ch} \approx 0{,}05$ mm.

Transportkörper

Hat sich das Feststoffmaterial in Bewegung gesetzt, bildet sich, in Abhängigkeit von den sedimentologischen und hydraulischen Einflüssen, eine der in Abb. 8.9 dargestellten *Sohlenformen* (*Transportkörper*) aus, denen entsprechende Fließwiderstände zuordenbar sind (s. Abschn. 7.3.4). Bei veränderten Bedingungen passt sich die Strömung an, die ihrerseits von dem natürlichen Abflussdargebot abhängig ist (s. Abschn. 6.2.3). Die intensive Verzahnung von Strömung und Gewässerbett ist auch hier wieder deutlich zu erkennen.

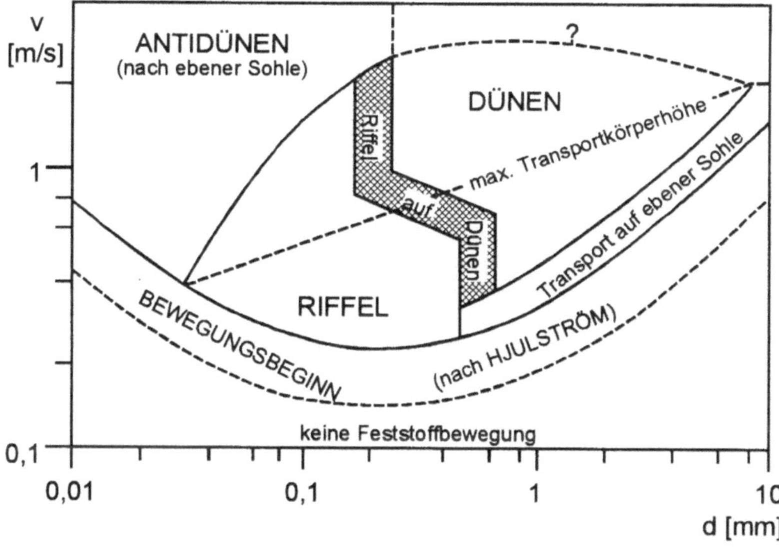

Abb. 8.9 Sohlenformen in Abhängigkeit von sedimentologischen und hydraulischen Einflussgrößen – Quarzmaterial ($\rho_F = 2650$ kg/m³; $\rho_W = 1000$ kg/m³; T = 18 °C). (Nach Zanke 1976)

Riffeln sind kleine Sohlenunebenheiten von unregelmäßiger Form (Abmessungen im Zentimeter- und Dezimeterbereich). Die Größenordnung von *Dünen* liegt dagegen im Dezimeter- und Meterbereich. Riffeln und Dünen bewegen sich stets in Strömungsrichtung, während die bei schießendem Abfluss (Fr > 1) auftretenden *Antidünen* gegen die Strömung wandern.

Die Wechselwirkungen von Strömung und Transportkörper ist der Gegenstand von *hydraulisch-sedimentologischen Berechnungen*. Dazu wird die hydraulische Berechnung (vorzugsweise nach *Darcy-Weisbach* – s. Abschn. 7.3.2) mit einer Feststofftransportberechnung gekoppelt. Damit ist es mögich, sowohl den Ist-Zustand als auch die Veränderungen von Abflussleistung und Geschiebetrieb nach einer Umgestaltungsmaßnahme abzuschätzen. Zusätzlich sind langfristige Prognosen über die morphologische Veränderung der Gewässersohle möglich (ATV-DVWK 2003; DWA 2006).

Kohäsive Sohlen

Die bisherigen Ausführungen und Bestimmungsgleichungen für den Bewegungsbeginn und den Feststofftransport galten für *nichtkohäsive* Sohlen, also typische Sand- und Kiessohlen.

Im Falle *kohäsiver Sohlenmaterialien* (Ton, Lehm u. ä.) wird die kritische Geschwindigkeit $v_{m,cr}$ größer, d. h. die Sohle wird stabiler. Für kohäsive Sedimente werden in Hoffmanns und Verheij (1997) die in Tab. 8.1 aufgeführten Werte angegeben.

Die Gleichung zur Bestimmung der *mittleren kritischen Geschwindigkeit* $v_{m,cr}$ für kohäsive Sedimente lautet:

$$v_{m,cr} = \lg\left(\frac{8{,}8h}{d_{ch}}\right)\sqrt{\frac{0{,}4}{\rho_W}\left[(\rho_F - \rho_W)g \cdot d_{ch} + 0{,}021 \cdot C_0\right]} \quad [\mathrm{m/s}] \qquad (8.13)$$

Tab. 8.1 Schätzwerte für die mittlere kritische Geschwindigkeit $v_{m,cr}$ für kohäsive Sedimente. (Nach Hoffmanns und Verheij 1997)

Bodenart	Wassertiefe h [m]	Mittlere kritische Geschwindigkeit $v_{m,cr}$ [m/s]
Lehmiger Sand, lehmiger Ton, nicht verfestigt	1,0	0,4
Schwach lehmiger Sand, mittlere Verdichtung	1,0	0,8
Schwach lehmiger Ton, fest	1,0	1,2
Stark lehmiger Ton, geringe Dichte	3,0	0,5
Stark lehmiger Ton, mittlere Dichte	3,0	1,0
Schwerer lehmiger Ton, fest	3,0	1,5
Ton, geringe Dichte	10,0	0,6
Ton, mittlere Dichte	10,0	1,3
Harter Ton	10,0	1,9

mit

h Wassertiefe [m]

d_{ch} Charakteristischer Korndurchmesser [m]

ρ_F Dichte des Feststoffes [kg/m^3]

ρ_W Dichte des Wassers [kg/m^3]

C_o Kohäsion [N/m^2]

Algenbewuchs

In Fließgewässern mit sandiger Sohle und mäßiger Verunreinigung kann sich durch den *Algenbewuchs* auf der Gewässersohle ein dünner, hautartiger Film, ähnlich einer Sielhaut, ausbilden. Dieser Film glättet die Sohlenoberfläche, erhöht den Verbund der einzelnen Partikel und trägt damit zur Stabilisierung der Sohle bei (z. B. Führböter 1983; Heinzelmann 1992; Spork et al. 2000). Ähnliche Stabilisierungseffekte sind bei *Kolmationsvorgängen* an der Gewässersohle zu erwarten.

Kritische Schubspannungen für verschiedene Ausbaumethoden

Die Stabilität eines bestimmten Böschungsaufbaus wird mittels einer Gleichgewichtsbetrachtung bestimmt. Damit die Stabilitätsbedingungen erfüllt sind, muss die angreifende Sohlenschubspannung τ nach Gl. 8.5 bzw. 8.7 kleiner sein als die kritischen Werte der jeweiligen Ausbauvariante (s. Tab. 10.1).

Die im Vergleich zur Sohle geringere Schubspannung auf den Böschungen (s. Abb. 8.6), wird rechnerisch durch einen prozentualen Abschlag oder durch die Einbeziehung des natürlichen Reibungswinkels der Böschungen berücksichtigt.

Deckschicht und Interstitial

Die Ausbildung einer *Deckschicht* hat große Bedeutung für die Stabilität der Sohle, aber auch für die Austauschvorgänge zwischen Wasser- und dem Porenwasserraum unter der Gewässersohle (*Interstitial*).

Als *Deck-* oder *Abpflasterungsschichten* werden Schichten bezeichnet, die sich durch selektive Erosionsvorgänge derart umgelagert haben, dass es zu einer Steigerung der Sohlenstabilität kommt. Das Kornmaterial einer Deckschicht besteht aus gröberen Körnern, deren Hohlräume durch Kies- und Sandanteile optimal verfüllt sind. Deckschichten haben die Stärke des Größtkornes und schützen das darunter befindliche Material vor der Strömung.

Für die Abschätzung der *kritischen Schubspannung* t_{cr} (s. Abschn. 8.4) stehen eine Reihe von Berechnungsformeln zur Verfügung. Dittrich (1999) hat diese ausgewertet und hinsichtlich ihrer Anwendung überprüft. Wichtig für die Auswahl einer Formel ist der Zustand der Deckschichtbildung, d. h. ob diese bereits voll ausgebildet oder erst am Entstehen ist. Für die Ermittlung der *aktuellen Schubspannung* τ (Strömungsangriff) wird ein Typisierungskonzept vorgeschlagen, welches die Widerstandswirkungen der einzelnen Grobstrukturen berücksichtigen hilft.

Von der Ausbildung der Sohle werden sowohl die Lebensbedingungen *benthischer Invertebraten* (wirbellose Bewohner der Gewässersohle) geformt als auch die dort lebenden Organismen unmittelbar betroffen (Borchardt et al. 2001). Die Turbulenz bzw. die turbulenzbedingten Druckschwankungen haben nicht nur einen maßgeblichen Einfluss auf die Sohlenstabilität und den Sedimenttransport, sondern beeinflussen auch den Austausch zwischen Porenwasser und fließender Welle (Dittrich und Träbing 1999).

8.5 Geschiebetransportformeln

Die Entwicklung allgemein gültiger *Geschiebetransportformeln* ist seit Jahrzehnten ein Forschungsschwerpunkt der Hydromechanik. Aus theoretischen (eindimensionalen) Betrachtungen über den Gleichgewichtszustand zwischen den Schubspannungen an der Gewässersohle resultieren zahlreiche Formeln. Die sich aus der Dreidimensionalität der Strömung ergebenden Effekte werden in den Formeln jedoch nicht berücksichtigt, sodass deren Genauigkeit sehr eingeschränkt ist.

In dieser Ausarbeitung sollen nur die Gleichungen von *Einstein* und *Einstein & Brown* sowie die Formel von Meyer-Peter und Müller (1949) näher erläutert werden, da sie die in der Praxis vorkommenden Anwendungsbereiche weitgehend abdecken.

Eine vollständige analytische Ableitung einer Gleichung für die Geschiebebewegung stammt von Zanke (1999). Basierend auf einem alten Ansatz von *Du Boys* ergibt sich der Geschiebetransport aus dem Produkt der Dicke der bewegten Sedimentschicht mit der mittleren Geschwindigkeit dieser Schicht.

8.5.1 Formel von Einstein

Die Sedimentbewegung wird von *Einstein* als ein Wahrscheinlichkeitsproblem betrachtet, in das sowohl die Strömungsparameter als auch die sedimentspezifischen Parameter einbezogen werden. Aus Labormessungen mit verschiedenen Korngemischen wurden die dimensionslosen Kennzahlen *Transportintensität* und *Strömungsintensität* abgeleitet. Die Transportintensität Φ ist durch

$$\Phi = \frac{m_G}{\rho_w \cdot \rho'} \cdot \left(\frac{1}{\rho'}\right)^{\frac{1}{2}} \cdot \left(\frac{1}{g \cdot d^3}\right)^{\frac{1}{2}} \quad [-] \tag{8.14}$$

mit

m_G Geschiebetrieb [kg/(m · s)]

gegeben und die Strömungsintensität ψ durch:

$$\psi = \frac{d \cdot \rho'}{h \cdot I} \quad [-] \tag{8.15}$$

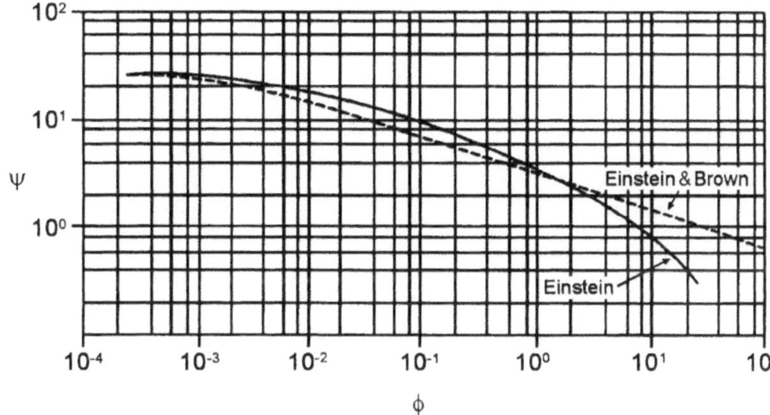

Abb. 8.10 Geschiebefunktionen von *Einstein* und *Einstein & Brown.* (Aus Vetter 1988)

In Abb. 8.10 ist neben der reinen Geschiebefunktion nach *Einstein* auch eine später entwickelte Gesamttransportgleichung nach *Einstein & Brown* dargestellt.

8.5.2 Formel nach Meyer-Peter & Müller

Das Grundkonzept der *Meyer-Peter & Müller-Formel* ist der Vergleich von *aktueller Schubspannung* τ und *kritischer Schubspannung* τ_{cr}, bei der sich das Sohlenmaterial mit dem charakteristischen Korndurchmesser d_{ch} in Bewegung setzt (s. Klammern unter Gl. 8.16). Die Gleichung lautet:

$$m_G = \frac{8}{g} \cdot \frac{\rho_F}{\rho_F - \rho_w} \cdot \sqrt{\frac{1}{r_w}} \cdot \left[\underbrace{\rho_w \cdot g \cdot I_r \cdot R_s}_{\tau} - \underbrace{0{,}047 \cdot (\rho_F - \rho_w) \cdot g \cdot d_{ch}}_{\tau_{cr}} \right]^{\frac{3}{2}} \tag{8.16}$$

mit

m_G Geschiebetrieb [kg/(m · s)]
I_r Reibungsgefälle [–]
d_{ch} charakteristischer Korndurchmesser [m]

$$I_r = \left(\frac{k_{Str}}{k_r} \right) \cdot I \quad [-] \tag{8.17}$$

mit

k_{Str} Beiwert nach *Manning-Strickler* [$m^{1/3}$/s]
k_r Koeffizient der Kornrauheit [$m^{1/3}$/s]

$$k_r = \frac{26}{\sqrt[6]{d_{90}}} \quad \left[m^{1/3}/s\right] \tag{8.18}$$

und

d_{90} Korndurchmesser beim 90-Prozent-Durchgang [m]

$$R_S = h \cdot \frac{Q_S}{Q} \quad [m] \tag{8.19}$$

mit

R_s hydraulischer Radius für den transportwirksamen Abflussanteil [m]

Q_s transportwirksamer Abflussanteil [m³/s]

Q Abfluss [m³/s]

Über den *transportwirksamen Abflussanteil* Q_s wird die an den Transportvorgängen beteiligte Querschnittsfläche berücksichtigt. Zur Festlegung dieses Anteils wird die Geschwindigkeitsverteilung im Querschnitt (*Isotachen*) benötigt. Näherungsweise kann $R_s \approx h \cdot (b/l_u)$ angenommen werden (l_{u-} benetzter Umfang). Bei breiten Gerinnen ($b > 30 \cdot h$) kann anstelle von R_s die Wassertiefe h eingesetzt werden.

8.5.3 Anwendungsbereiche der empirischen Formeln

Berechnet man den *Geschiebetrieb* mit verschiedenen Transportformeln und vergleicht die Resultate, weichen die Ergebnisse in der Regel mehr oder weniger stark voneinander ab. Eine allgemein gültige Formel gibt es nicht (siehe u. a. Vetter 1988; Zanke 1992). Ein Vergleich der verschiedenen Formeln ergab, dass bei der Auswahl insbesondere die entsprechenden Gültigkeitsgrenzen beachtet werden müssen. Hinweise zur Abschätzung des Anwendungsbereichs der verschiedenen Formeln finden sich u. a. bei Pernecker und Vollmers (1965) und Hager (2016).

Die *Einstein & Brown-Formel* (s. Abschn. 8.5.1) ist zum Beispiel beim Vorhandensein von feinem Sohlenmaterial besonders geeignet, während die *Meyer-Peter & Müller-Formel* (s. Abschn. 8.5.2) den Bereich der Sand- und Kiessohlen abdeckt.

Aus der analytischen Lösung von Zanke (1999) lassen sich die Anwendungsgrenzen der *Meyer-Peter & Müller-Formel* wie folgt ermitteln: $Re_d^* \gtrapprox 70$ und $\tau/\tau_c > \approx 1{,}3$ sowie $h/d > \approx 28(\tau^* - t^*_c)$. Die analytische Lösung deckt sich für diesen Wertebereich gut mit den Ergebnissen der *Meyer-Peter & Müller-Formel.*

Die Auswirkungen von Schwankungen der Eingangsgrößen in den Transportformeln (z. B. Messungenauigkeiten bei der Bestimmung von Feststoffdichte, Wassertiefe oder charakteristischem Korndurchmesser) auf die Genauigkeit einer Feststofftransportberechnung wurden von Bechteler und Maurer (1989) mittels eines Gütekonzeptes untersucht.

Durch Sensivitätsanalysen mit häufig verwendeten Feststofftransportformeln lässt sich beurteilen, inwieweit sich Ungenauigkeiten bei den Eingangsgrößen (z. B. Messfehler) auf das jeweilige Berechnungsergebnis auswirken. Damit kann man für die Praxis abschätzen, ob sich ein größerer Messaufwand (z. B. bei der Bestimmung der mittleren Fließgeschwindigkeit) signifikant auf die Genauigkeit der Transportberechnungen auswirkt.

8.5.4 Geschiebejahresfracht

Die in Abb. 8.11 dargestellte Berechnung der *Geschiebejahresfracht* ermöglicht Aussagen über den Geschiebehaushalt eines Fließgewässers. Ausgehend von der *Abflussdauerlinie* (s. Abb. 8.11A) und der *Abflusskurve* (s. Abb. 8.11B) lassen sich die *Geschiebetransportkurve* (s. Abb. 8.11D) und schließlich die *Geschiebedauerlinie* (s. Abb. 8.11C) berechnen. Zur Ermittlung der *Geschiebetransportkurve* muss eine geeignete Transportformel gewählt werden (z. B. die Formel von Meyer-Peter & Müller – s. Abschn. 8.5.2). Aus Abb. 8.11D sind die Abflussbedingungen beim Transportbeginn unmittelbar ablesbar. Die *Geschiebejahresfracht* entspricht der schraffierten Fläche links unten in Abb. 8.11C.

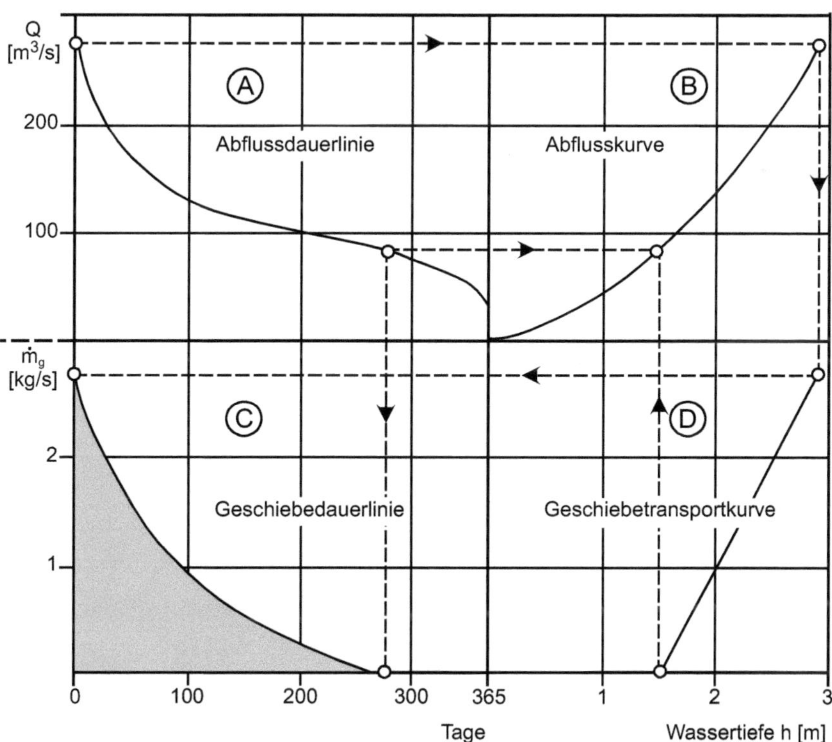

Abb. 8.11 Schema zur Ermittlung der Geschiebejahresfracht. (Nach DVWK 1992)

8.6 Messmethoden für den Feststofftransport

Die Messung des Feststofftransportes vor Ort im Fließgewässer hat für die Aufstellung und Überprüfung einer *Feststoffbilanz* erhebliche Bedeutung. Aufgrund der andersartigen Transportmechanismen bei Schwebstoff und Geschiebe gibt es dazu unterschiedliche Messapparaturen. Hier soll lediglich ein kurzer Überblick gegeben werden.

8.6.1 Geschiebemessung

Bei den *quantitativen Messmethoden* wird zwischen *beweglichen Geschiebefängern* (siehe z. B. Abb. 8.12 – Geschiebefänger der Bundesanstalt für Gewässerkunde) und *festen Geschiebefangeinrichtungen* (stationär an der Sohle eingebaut) unterschieden. Angaben zu wichtigen Konstruktionsmerkmalen und zur Effizienz eines Geschiebefängers werden ausführlich in DVWK (1992) beschrieben.

Zu den *qualitativen Methoden* der *Geschiebemessung* zählen u. a. die *akustischen Messungen* (Aufnahme der Bewegungsgeräusche) und die verschiedenen *Tracermethoden* (z. B. radioaktive Markierung, Magnettracertechnik). Des Weiteren ist es möglich, über die Entnahmemengen bei regelmäßigen Baggerungen und daraus abgeleitete Massenbilanzen (Geschiebebilanzrechnung) überschlägliche Angaben zum Geschiebetrieb zu machen.

8.6.2 Schwebstoffmessung

Schwebstoffgehalt und Schwebstofftransport sind für die Beurteilung physikalischer und ökologischer Prozesse im Gewässer von Bedeutung. *Schwebstoffmessungen* erlauben

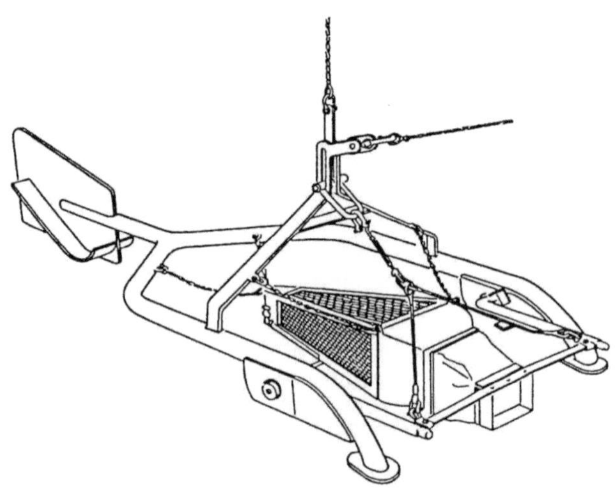

Abb. 8.12 Geschiebefänger der Bundesanstalt für Gewässerkunde. (Aus DVWK 1992)

Rückschlüsse sowohl auf physikalische (z. B. Verlandung, Verschlammung, Abschätzung von Verschleißerscheinungen an Turbinen) als auch auf ökologische Prozesse (z. B. Beurteilung der Sauerstoffzehrung, Lebensbedingungen für Fische, Schwermetalle) im Gewässer.

Messgeräte zur Bestimmung des Schwebstoffgehaltes wurden von Schemmer (1995) zusammengestellt. Andere Entwicklungen werden u. a. in einem Tagungsbericht der Bundesanstalt für Gewässerkunde vorgestellt (BfG 1999).

Literatur

ATV-DVWK (s. Deutsche Vereinigung für Wasserwirtschaft, Abwasser, Abfall e.V., Hennef – siehe auch ATV, DVWK und DWA)

ATV-DVWK – Deutsche Vereinigung für Wasserwirtschaft, Abwasser und Abfall (Hrsg.) (2002) Formen und Strukturen der Fließgewässer, Autor: Elmar Briem, ATV-DVWK Arbeitsbericht-GB-1, Hennef.

ATV-DVWK – Deutsche Vereinigung für Wasserwirtschaft, Abwasser und Abfall (Hrsg.) (2003) Feststofftransportmodelle für Fließgewässer, ATV-DVWK Arbeitsbericht, März 2003, Hennef.

Bechteler, W., Maurer, M. (1989) Gütebeurteilung theoretisch-empirischer Modellansätze der Hydromechanik mit Hilfe der Zuverlässigkeitsmethode erster Ordnung, Mitteilungen des Instituts für Wasserwesen, Universität der Bundeswehr München, Heft 32, Neubiberg.

BfG (s. Bundesanstalt für Gewässerkunde, Koblenz)

BMU (s. Bundesministerium für Umwelt, Naturschutz und Reaktorsicherheit – BMU, Bonn/Berlin)

Borchardt, D., Fischer, J., Ibisch, R. (2001) Struktur und Funktion des Hyporheischen Interstitials in Fließgewässern, Wasser & Boden, 53. Jahrg., Heft 4/2001.

Bundesanstalt für Gewässerkunde – BfG (1999) Neue Entwicklungen in der Hydrometrie – Feststofftransport, Kolloquium der Bundesanstalt für Gewässerkunde (BfG) mit Herstellern und Anwendern von Messtechnik in Berlin am 25./26. November 1998, Autoren: Günter Knackfuß, Dr. Andreas Schmidt, Yvonne Strunk, Wasserwirtschaft, 89. Jahrg., Heft 4/1999.

Bundesministerium für Umwelt, Naturschutz und Reaktorsicherheit – BMU (Hrsg.) (2003) Ökotoxikologische Sedimentkartierung der großen Flüsse Deutschlands, Umwelt, Nr. 6/2003.

Dittrich, A. (1999) Sohlenstabilität naturnaher Fließgewässer, In: WBW-Gemeinnützige Fortbildungsgesellschaft für die Gewässerentwicklung mbH (Hrsg.) (1999).

Dittrich, A. (2016) Hydromorphologie versus Morphodynamik, KW Korrespondenz Wasserwirtschaft, 9. Jahrg., Heft 9, S. 510 ff.

Dittrich, A., Träbing, K. (1999) Turbulenzbedingte Prozesse kleiner Fließgewässer, Wasserwirtschaft, 89. Jahrg., Heft 6/1999.

DVWK (s. Deutscher Verband für Wasserwirtschaft und Kulturbau e.V., Bonn – Anmerkung: Die Abwassertechnische Vereinigung e.V. (ATV) und der Deutsche Verband für Wasserwirtschaft und Kulturbau e.V. (DVWK) waren seit dem 1. Januar 2000 fusioniert und gaben sich den Verbandsnamen: ATV-DVWK – Deutsche Vereinigung für Wasserwirtschaft, Abwasser, Abfall e.V. mit Sitz in Hennef. Mit Wirkung vom 27. Oktober 2004 wurde der Name in Deutsche Vereinigung für Wasserwirtschaft, Abwasser und Abfall e.V. (DWA) mit Sitz in Hennef geändert).

DVWK – Deutscher Verband für Wasserwirtschaft und Kulturbau e.V. (Hrsg.) (1992) Geschiebemessungen, DVWK-Regeln zur Wasserwirtschaft, Heft 127/1992, Bonn.

DVWK – Deutscher Verband für Wasserwirtschaft und Kulturbau e.V. (Hrsg.) (1999) Methoden zur Erkundung, Untersuchung und Bewertung von Sedimentablagerungen und Schwebstoffen in Gewässern, DVWK-Schriften Nr. 128, Bonn.

DWA (s. Deutsche Vereinigung für Wasserwirtschaft, Abwasser, Abfall eV – DWA, Hennef – die DWA ist am 27. Oktober 2004 durch Namensänderung aus ATV-DVWK entstanden – siehe auch ATV, DVWK sowie ATV-DVWK)

DWA – Deutsche Vereinigung für Wasserwirtschaft, Abwasser und Abfall e.V. (DWA) (Hrsg.) (2006) Hydraulisch-sedimentologische Berechnungen naturnah gestalteter Fließgewässer – Berechnungsverfahren für die Ingenieurpraxis, Bearbeiter: Wolfgang Mertens, Mai 2006.

DWA – Deutsche Vereinigung für Wasserwirtschaft, Abwasser und Abfall eV – DWA (Hrsg.) (2012) Sedimentmanagement in Fließgewässern – Grundlagen, Methoden, Fallbeispiele, Merkblatt DWA-M 525, November 2012.

DWA – Deutsche Vereinigung für Wasserwirtschaft, Abwasser und Abfall eV – DWA (Hrsg.) (2015) Grundlagen morphodynamischer Phänomene in Fließgewässern, Merkblatt DWA-M 526, August 2015.

DWA-Deutsche Vereinigung für Wasserwirtschaft, Abwasser und Abfall eV – DWA (Hrsg.) (2018) Begriffe aus Gewässermorphodynamik und Flussbau, DWA-Merkblatt M 570, August 2018.

DWA-Deutsche Vereinigung für Wasserwirtschaft, Abwasser und Abfall eV – DWA (Hrsg.) (2020) Mehrdimensionale morphodynamisch-numerische Modelle für Fließgewässer, DWA-Merkblatt M 540 (Entwurf Februar 2020).

Führböter, A. (1983) Über mikrobiologische Einflüsse auf den Erosionsbeginn bei Sandmatten, Wasser & Boden, 35. Jahrg., Heft 3/1983.

Gyr, A., Hoyer, K. (2006) Sediment Transport – A Geophysical Phenomenon, Springer-Verlag.

Hager, W.H. (2016) Eugen Meyer-Peter und die MPM-Sedimenttransportformel, Wasser Energie Luft, 108. Jahrg., 2016, Heft 2, S. 127–137.

Heinzelmann, C. (1992) Hydraulische Untersuchung über den Einfluß benthischer Diatomeenfilme auf Strömungswiderstand und Transportbeginn, Technische Hochschule Darmstadt, Heft 48, Technische Berichte über Ingenieurhydrologie und Hydraulik, R.C.M. Schröder (Hrsg.), Darmstadt.

Hjulström, F. (1935) Studies of the morphological activity of rivers as illustrated by the River Fyris, Bulletin of the Geological Institution of the University of Upsala.

Hoffmanns, G.J.C.M., Verheij, H.J. (1997) Scour Manual, A.A. Balkema, Rotterdam, Brookfield.

Korte, Th., Pottgiesser, T., Hering, D. (2016) Den Erfolg hydromorphologischer Maßnahmen ganzheitlich und differenziert bestimmen, KW Korrespondenz Wasserwirtschaft, 9. Jahrg., Heft 9, S. 556 ff.

Mertens, W. (1990) Sedimentologische Aspekte beim naturnahen Gewässerausbau, Wasserwirtschaft, 80. Jahrg., Heft 4/1990.

Mertens W. (2006) Hydraulisch-sedimentologische Berechnungen naturnah gestalteter Fließgewässer – Berechnungsverfahren für die Praxis, 59 S.

Meyer-Peter, E., Müller, R. (1949) Eine Formel zur Berechnung des Geschiebetriebs, Schweizer Bauzeitung, 67. Jahrg., Nr. 3, Bern.

Patt H, Speerli U, Gonsowski P (2021) Wasserbau – Flussbauliche Grundlagen und Gestaltung von wasserbaulichen Bauwerken und Anlagen, 8. Aufl., Springer Vieweg, Wiesbaden.

Pernecker, L., Vollmers, H.-J. (1965) Neue Betrachtungsmöglichkeiten des Feststofftransportes in offenen Gerinnen, Wasserwirtschaft, 55. Jahrg., Heft 12.

Schemmer, J. (1995) Meßgeräte zur Bestimmung des Schwebstoffgehaltes, In: Bechteler, W., Günthert, F.W., Kleeberg, H.-B, Teichmann, H., Vollmers, H-J. (Hrsg.) (1995).

Shields, A. (1936) Anwendungen der Ähnlichkeitsmechanik und der Turbulenzforschung auf die Geschiebebewegung, Mitteilungen, Heft 26, Preuss. Versuchsanstalt für Wasser- und Schiffbau, Berlin.

Simons, D.B., Sentürk, F. (1977) Sediment Transport Technology, Water Resources Publication, Fort Collins, Colorado, USA.

Spork, V., Prochnow, J.B., Jahnke, J., Köngeter, J. (2000) Auswirkungen benthischer Mikroalgen auf die Erosion kohäsiver Sedimente, Wasser & Boden, 51. Jahrg., Heft 6/2000.

UBA (s. Umweltbundesamt, Dessau)

Umweltbundesamt – UBA (Hrsg.) (2014) Hydromorphologische Steckbriefe der deutschen Fließgewässertypen, UBA Texte 43/2014, Anhang 1: Von Strategien zur Optimierung von Fließgewässer-Renaturierungsmaßnahmen und ihrer Erfolgskontrolle, Berlin.

Umweltbundesamt – UBA (Hrsg.) (2023) In der Diskussion: Hydromorphologie. Ergebnisse der UBA-Workshopreihe, Abschlussbericht, Autoren: Lamberty, G, Zumbroich Th, Naumann St, Ressortforschungsplan des Bundesministerium für Umwelt, Naturschutz, nukleare Sicherheit und Verbraucherschutz, Forschungskennzahl 3719 43 201 0, FB000959, März 2023.

Vetter, M. (1988) Gesamttransport von Sedimenten in offenen Gerinnen, Mitteilungen Institut für Wasserwesen, Universität der Bundeswehr München, Heft 26, Neubiberg.

Yalin, S. (1972) Mechanics of Sediment Transport, Pergamon Press, Oxford.

Yalin, S. (1992) River Mechanics, Pergamon Press, Oxford.

Zanke, U. (1976) Über den Einfluß von Kornmaterial, Strömungen und Wasserständen auf die Kenngrößen von Transportkörpern in offenen Gerinnen, Mitteilungen des Franzius-Instituts der Universität Hannover, Heft 44.

Zanke, U. (1982) Grundlagen der Sedimentbewegung, Springer Verlag, Berlin, Heidelberg, New York.

Zanke, U. (1990) Der Beginn der Geschiebebewegung als Wahrscheinlichkeitsproblem, Wasser & Boden, 42. Jahrg., Heft 1/1990.

Zanke, U. (1992) Über die Unschärfe von Sedimenttransportberechnungen, Wasser & Boden, 44. Jahrg., Heft 9/1992.

Zanke, U.C.E. (1999) Analytische Lösung für den Geschiebetrieb, Wasser & Boden, 51. Jahrg., Heft 6/1999.

Zanke, U.C.E. (2013) Hydraulik im Wasserbau, Springer-Verlag, Berlin, Heidelberg, New York.

Flussgebietsmanagement, Fließgewässerentwicklung

9

Klaus Arzet und Heinz Patt

Im Hinblick auf die nachhaltige und umfassende (integrale) Bewirtschaftung der Gewässer („*Oberflächenwasserkörper*") und des Grundwassers („*Grundwasserköper*"), ist insbesondere die *EG-Wasserrahmenrichtlinie* aus dem Jahr 2000 von Bedeutung.

Wesentliche Instrumente der EG-Wasserrahmenrichtlinie sind die detaillierten *Bewirtschaftungspläne* für Einzugsgebiete (Art. 13 EG-WRRL) und die *Maßnahmenprogramme* (Art. 11 EG-WRRL), die inzwischen seit ihrer erstmaligen Erstellung im Jahr 2009 zweimal, nämlich im Jahr 2015 und im Jahr 2021, fortgeschrieben wurden (s. auch Abschn. 2.1.1).

Die *Europäische Hochwasserrisikomanagement-Richtlinie* (EG-HWRM-RL) (s. Abschn. 2.1.2) trägt dazu bei, die Flächen in Gewässernähe (im Wesentlichen die „*Überschwemmungsgebiete*") für den Wasserrückhalt zu sichern und damit eine für den ungehinderten Abfluss unverträgliche Nutzung fernzuhalten. Diese Areale könnten zukünftig, von Fall zu Fall, neben dem Hochwasserschutz auch für die naturnahe Gestaltung der Fließgewässer, d. h. für eine Verbesserung der Gewässerstruktur, zur Verfügung stehen.

Oft spielen aber auch naturschutzfachliche Regelungen, dargestellt u. a. in der *EU-Vogelschutzrichtlinie* (Richtlinie 79/409/EWG des Rates vom 2. April 1979) (s. Abschn. 2.1.3.2) und in der *Fauna-Flora-Habitat-Richtlinie* (Richtlinie 92/43/EWG des Rates vom 21. Mai 1992 – sog. FFH-Richtlinie) (s. Abschn. 2.1.3.3) eine gewichtige Rolle.

K. Arzet (✉)
ehemals Bayerisches Staatsministerium für Umwelt und Verbraucherschutz
München, Deutschland

H. Patt (✉)
Sachverständigenbüro Professor Patt
Bonn, Deutschland

H. Patt, *Naturnaher Wasserbau*, https://doi.org/10.1007/978-3-658-43846-3_9

Die *Vogelschutzrichtlinie* regelt den Schutz der wild lebenden Vogelarten und ihrer Lebensräume in der Europäischen Union. In den genannten Richtlinien wird dem Schutz der natürlichen Lebensräume im „Wasserkörper" und auf den angrenzenden Flächen (d. h. auch den Fließgewässerauen) u. a. im Hinblick auf die Biotopvernetzung erhebliche Bedeutung beigemessen.

Im Wesentlichen dienen sowohl die *EG-Wasserrahmenrichtlinie* als auch die *EU-Vogelschutzrichtlinie* der Umsetzung der *Berner Konvention.* Ein wichtiges Ziel dieser Konvention ist die Schaffung eines zusammenhängenden Netzes von Schutzgebieten, das *Natura 2000* genannt wird (BMU 2007b).

Der Verpflichtung, die genannten europäischen Richtlinien rechtlich verbindlich einzuführen, ist die Bundesrepublik Deutschland u. a. durch entsprechende Anpassungen des *Wasserhaushaltsgesetzes* (*WHG*) (s. Abschn. 2.4) und des *Bundesnaturschutzgesetzes (BNatSchG)* (s. Abschn. 2.6) nachgekommen. Die Bundesländer ihrerseits haben teilweise gemäß Art. 72 Abs. 3 GG abweichende Regelungen getroffen (s. auch Abschn. 2.3).

Im Hinblick auf die fristgerechte Umsetzung der EG-Wasserrahmenrichtlinie wurden Ende des Jahres 2009 erstmals sowie, in der Folge, im Jahr 2015 und im Jahr 2021, die vorgeschriebenen *Bewirtschaftungspläne* aufgestellt, deren Umsetzung aber oftmals, aus vielerlei Gründen, nicht abgeschlossen. Es ist absehbar, dass wegen der vielschichtigen Probleme bei der Umsetzung der Maßnahmen, die Umweltziele der EG-WRRL in Deutschland in vielen Gewässern bis zum Jahr 2027 nicht zu erreichen sind.

Im Umsetzungsprozess wird der *Öffentlichkeitsbeteiligung* ein besonderer Stellenwert beigemessen. Dies geschieht in den einzelnen Bundesländern in unterschiedlicher Weise, vornehmlich in Form von Wasserforen, Workshops und Gesprächsrunden (sog. „*Runde Tische*") mit Verbänden und Stakeholdern. Diese haben zum Ziel, die „programmatische Ebene" der Bewirtschaftungspläne an die konkrete Umsetzung einer Planung vor Ort, die „*Maßnahmenplanung*", heranzuführen (Becker und Götzinger 2009).

Da dieser komplexe Prozess nach Inkrafttreten der EG-WRRL im Jahr 2000 (zu Beginn des 6-jährigen ersten Bewirtschaftsungszyklus bis zum Jahr 2009) erstmalig durchgeführt wurde, und damit anfangs neu war, mussten dabei zunächst einmal Erfahrungen gesammelt und die Ergebnisse bewertet werden. Gleiches gilt auch für die Erfolgskontrolle des Umsetzungsprozesses als Ganzes sowie der umgesetzten Maßnahmen. Inzwischen hat sich die EG-WRRL als Instrumentarium der *integrierten Gewässerbewirtschaftung* sowie der damit verbundenen neuen Begrifflichkeiten in der Fachwelt etabliert, wenn gleich bis heute, im laufenden Prozess, kontinuierlich Anpassungen und Harmonisierungen in der Vorgehensweise der Länder erforderlich sind.

In dieser sechsten Auflage des Buches ist das bisherige Planungsinstrument, die „*Fließgewässerentwicklungsplanung*", weiterhin ein fester Bestandteil. Es hat sich gezeigt, dass es sinnvoll ist, dass über Jahrzehnte gesammelte Wissen und die praktischen Erfahrungen mit der *Fließgewässer-* und *Auenentwicklung* auf den unterschiedlichen Ebenen zur Umsetzung der EG-WRRL zu nutzen (siehe u. a. Patt 2022).

Die folgenden Abschnitte zeigen die Thematik im Überblick und im Bezug auf das eigentliche Thema dieses Buches, den Naturnahen Wasserbau.

9.1 Flussgebietsmanagement – Bewirtschaftungsplanung

Ziel des *Flussgebietsmanagements* ist es, ein Fließgewässer in seiner Gesamtheit zu erfassen und zu bewirtschaften. Bei der Bewirtschaftung sollten möglichst alle natürlichen und durch die menschliche Nutzung bedingten Einflüsse berücksichtigt werden.

Dabei kommt zu der bisher föderalen Aufteilung der Zuständigkeiten, entsprechend den politischen Ländergrenzen, das Konzept der einzugsgebietsbezogenen Bewirtschaftung (sog. „*Bewirtschaftungsplanung*") von Fließgewässern und Grundwasserkörpern hinzu. Diese macht die grenzüberschreitende Abstimmung zwischen Staaten oder (Bundes-)Ländern zu einem zentralen Element der Umsetzung der EG-WRRL, mit dem Ziel Fließgewässer, Seen und das Grundwasser in Einzugsgebieten gemeinsam zu bewirtschaften (Art. 3 EG-WRRL).

Der sechsjährige Zyklus der Bewirtschaftungsplanung nach den Vorgaben der EG-Wasserrahmenrichtlinie enthält folgende Einzelschritte (nach DWA-Arbeitsbericht 2008):

- Erhebung der signifikanten Belastungen und des Gewässerzustandes
- Bewertung des Gewässerzustandes anhand der Qualitätskomponenten der EG-WRRL
- Ermittlung der ggf. festgestellten Abweichungen vom Bewirtschaftungsziel
- Analyse der Ursachen für diese Abweichungen und Festlegung des Bewirtschaftungszieles
- Entwicklung, Analyse und Bewertung von Maßnahmen zur Erreichung des Bewirtschaftungszieles
- Abschließende Konkretisierung des Bewirtschaftungszieles nach Machbarkeitskriterien und Kosten-Nutzen-Analysen

Die dargestellten Einzelschritte sind im Wesentlichen die Inhalte des Bewirtschaftungsplans.

9.1.1 Bewirtschaftung nach Flussgebietseinheiten

Die großen *Flussgebietseinheiten* in der Bundesrepublik Deutschland sind im Wasserhaushaltsgesetz (WHG) benannt (s. Abschn. 2.4). Es handelt sich um: Donau, Rhein, Maas, Ems, Weser, Elbe, Eider, Oder, Schlei/Trave und Warnow/Peene.

In der Praxis werden die großen *Flussgebiete* wiederum in kleinere *Bearbeitungsgebiete* unterteilt. Für das internationale Flussgebiet „Rhein" sind dies zum Beispiel: Alpenrhein/Bodensee, Hochrhein, Oberrhein, Mosel, Neckar, Main, Mittelrhein, Niederrhein und Deltarhein.

Für die konkrete Vor-Ort-Planung erfolgt eine weitere Unterteilung, zum Beispiel in Teileinzugsgebiete mit unterschiedlichen Planungseinheiten (u. a. einzelne Wasserkörper).

Auf internationaler Ebene gibt es zum Beispiel für die Donau einen übergeordneten Bewirtschaftungsplan für das gesamte Einzugsgebiet der Donau von der Quelle bis zur Mündung (*Danube River Basin Management Plan* – DRBMP), der von der *„Internationalen Kommission zum Schutz der Donau* (IKSD)" in Koopersation mit den Donau-Anrainerstaaten, also auch Deutschland, herausgegeben wird und das internationale Vorgehen im Einzugsgebiet der Donau zwischen den Staaten auf konzeptioneller Ebene koordiniert. Vergleichbare Ansätze und Bemühungen gibt es auch in anderen internationalen Flussgebieten (z. B. für das Flussgebiet der Sava – Rahmenabkommen zwischen Slowenien, Kroatien, Bosnien-Herzogownina und Jugoslawien).

9.1.2 Umweltziele

In Art. 4 EG-WRRL sind die Umweltziele definiert, die durch entsprechende Maßnahmenprogramme erreicht werden sollen.

Im Hinblick auf die *Oberflächenwasserkörper* werden als „Umweltziele" genannt:

9.1.2.1 „Guter Zustand"

Der *„gute Zustand*" leitet sich von den *naturraumtypischen Referenzgewässern* ab, die sich möglichst noch in einem *natürlichen* oder zumindest *naturnahen Zustand* befinden sollen. Bundesweit sind rund 20 Fließgewässertypen festgelegt worden, für die anschließend geeignete Referenzgewässer ausgewählt wurden (ATV-DVWK 2003).

Auf dieser Basis wurde ein Bezugssystem für eine *gewässertypische Bewertung* aufgebaut. Demnach darf das Bewertungsergebnis *„guter Zustand*" für das bewertete Gewässer (bzw. die Gewässerstrecke) nur geringfügig vom Zustand des *„Referenzgewässers*" abweichen.

9.1.2.2 „Gutes ökologisches Potenzial"

Falls das Gewässer als *„künstlich*" zu klassifizieren oder der Wasserkörper aufgrund nutzungsbedingter hydromorphologischer sowie chemisch-physikalischer Veränderungen (z. B. Stauregulierung für Schifffahrt, Wasserkraftnutzung, Einfluss von Siedlungen oder Infrastruktureinrichtungen) als *„erheblich verändert*" (*„heavily modified*") einzustufen und deshalb das Umweltziel *„guter Zustand*" nicht zu erreichen ist, ist stattdessen als Umweltziel *„das gute ökologische Potenzial*" anzustreben.

Unter dem *„ökologischen Potenzial*" versteht die EG-Wasserrahmenrichtlinie eine *Lebensgemeinschaft* mit ihren entsprechenden *Habitatbedingungen*, die sich unter den gegebenen Nutzungsbedingungen einstellen kann.

Die Wiederzulassung von gewässertypischen hydromorphologischen Prozessen oder die Einhaltung spezifischer chemisch-physikalischer Bedingungen ist an derart anthropogen veränderten Gewässern in der Regel nicht möglich, da dies zu einer *signifikanten Beeinträchtigung* (oder ggf. zur Einstellung) bestehender Nutzungen führen würde. Abb. 9.1 verdeutlicht die einzelnen Schritte zur Ermittlung der Referenzsituation gemäß dem *„höchsten bzw. guten ökologischen Potenzial*".

In der praktischen Umsetzung wird der Zielzustand *„gutes ökologisches Potenzial*" unmittelbar aus den als (ökologisch und wirtschaftlich) angemessen erachteten Maßnahmen, d. h. maßnahmenorientiert ermittelt. Das bedeutet, dass das *„gute ökologische Potenzial*"

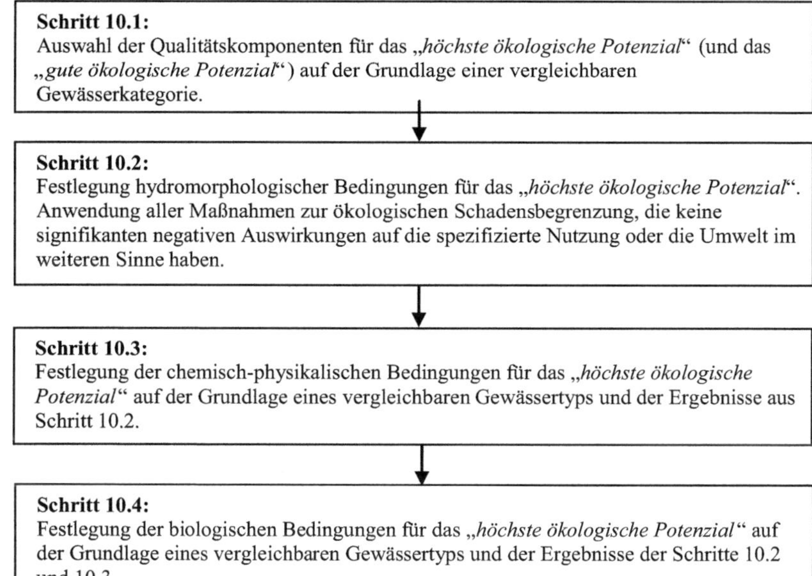

Abb. 9.1 Verfahrensschritte zur Definition des „*guten ökologischen Potenzials*". (Aus: Common Implementation Strategy – CIS GD HMWB)

den Zustand beschreibt, der sich unter den veränderten Lebensraumbedingungen, nach Umsetzung aller wirksamer Verbesserungsmaßnahmen, welche die Nutzung nicht beeinträchtigen bzw. weiter ermöglichen, einstellt.

Grundlage für die Umsetzung des Konzeptes einer stufenweisen Annäherung an das „*gute ökologische Potenzial*" ist, dass möglichst vorab und nach Umsetzung der einzelnen Maßnahmenschritte, jeweils ein begleitendes Monitoring durchgeführt wird, auch wenn die abschließende Zustandsbewertung nach Umsetzung aller Maßnahmen (z. B. auf Grund verzögerter ökologischer Wirksamkeit der Maßnahmen noch nicht möglich ist).

Die Bewertung des „*ökologischen Potenzials*" erfolgt in Anlehnung an die Bewertung des „*ökologischen Zustands*" (u. a. hinsichtlich Probenahme und Bewertungsmethodik).

9.1.2.3 „Erheblich veränderte Wasserkörper"

Im Hinblick auf die Ausweisung von „*erheblich veränderten Wasserkörpern*" (sog. „*heavily modified water bodies*" – *abgekürzt:* „*hmwb*") gemäß Art. 4 Abs. 3 EG-WRRL galt es ein Verfahren zu finden, das einerseits ausschließt, dass die Erreichung der Umweltziele der Wasserrahmenlinie in den entsprechenden Gewässern herabgesetzt bzw. auf Jahre ausgesetzt wird, andererseits aber den schwierigen Ausgangsbedingungen vor Ort gerecht wird (s. EG-WRRL – Abschn. 2.1.1).

Um eine sinnvolle Bewertung abgeben zu können, werden, wie bei *natürlichen Gewässern*, auch *umweltrelevante Aktivitäten* („*driving forces*") hinsichtlich der von ihnen ausgehenden *Belastungen* („*pressures*") und den daraus zu erwartenden *Auswirkungen* („*impacts*") untersucht (sog. *Drivers-Pressures-State-Impact-React* – DPSIR-Ansatz).

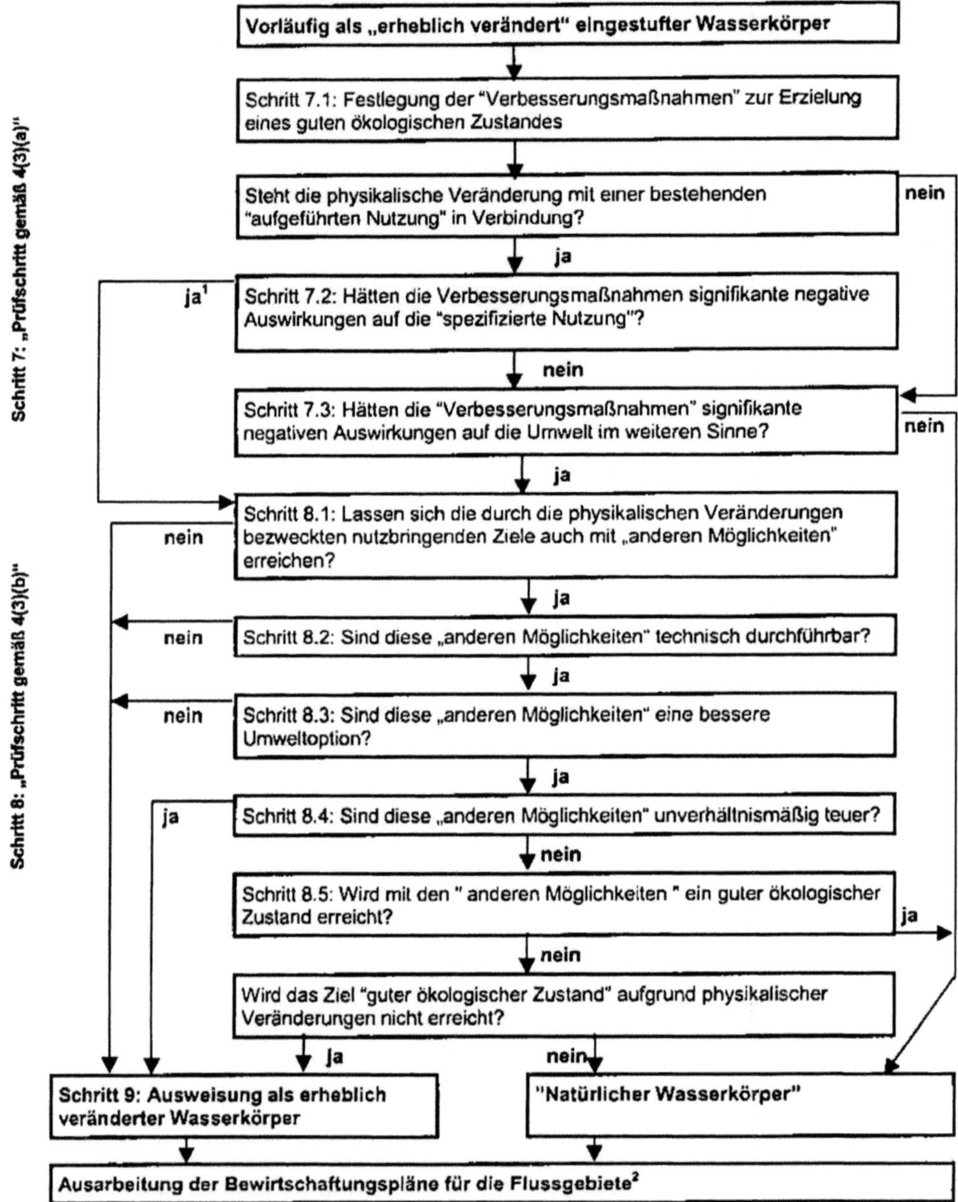

Abb. 9.2 Ausweisung von „*erheblich veränderten Wasserkörpern*" – Ablaufschema. (Aus: CIS GD HMWB)

Das vollständige Ablaufschema zur Ausweisung eines „*erheblich veränderten Wasserkörpers*" ist in Abb. 9.2 dargestellt. Die „vorläufige" Einstufung als „*erheblich veränderter Wasserkörper*" erfolgt nach dem in Abb. 9.3 dargestellten Ablaufschema.

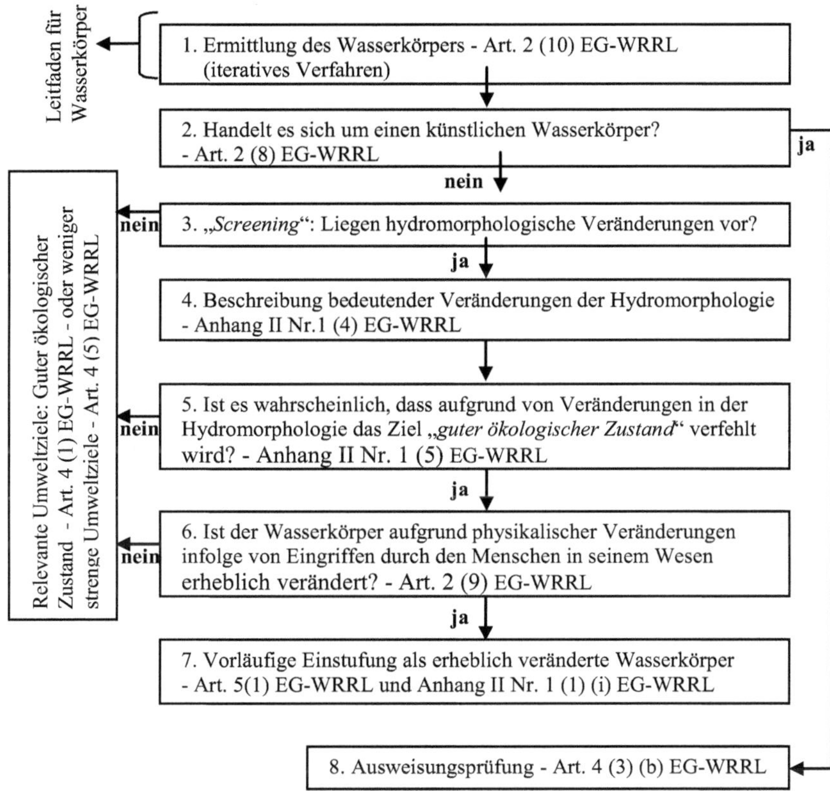

Abb. 9.3 Arbeitsschritte bei der Analyse von umweltrelevanten Aktivitäten zur vorläufigen Einstufung als *„erheblich veränderter Wasserkörper"*. (Aus: CIS GD HMWB)

9.1.3 Zustandsbewertung

Im Hinblick auf eine gesamtheitliche *ökologische Zustandsbewertung* der Gewässer werden verschiedene, bis zur Einführung der EG-Wasserrahmenrichtlinie maßgebende Parameter, wie zum Beispiel *Gewässergüte, Trophie, Versauerung* (s. Abschn. 5.1) und *Fließgewässerstruktur* (s. auch Abschn. 5.2), in einer umfassenden *„leitbildorientierten biologischen Fließgewässerbewertung"* (s. Abschn. 5.3) zusammengeführt, die neben den o. a. Aspekten weitere der biologisch-ökologischen Gewässerbewertung, wie zum Beispiel die *Degradation* beim *Makrozoobenthos* oder die *Fischartenzusammensetzung*, berücksichtigt (siehe u. a. UBA 2003; Frotscher-Hoof 2008; DWA-M 517 2017).

9.1.3.1 Bewertungskomponenten

Der *„leitbildorientierten biologischen Fließgewässerbewertung"* liegen biologische, physikalisch-chemische Komponenten sowie hydromorphologische Parameter zu Grunde.

Biologische Qualitätskomponenten sind:

- Fische
- Makrozoobenthos (Kleinlebewesen der Gewässersohle, „Fischnährtiere“)
- Makrophyten (höhere Wasserpflanzen) und Phytobenthos (Aufwuchsalgen)
- Phytoplankton (Schwebealgen des Freiwassers)

sowie zur Unterstützung der biologischen Komponenten:

- Physikalisch-chemische und
- Hydromorphologische Parameter

Zu den *physikalisch-chemischen Komponenten* für die Einstufung des ökologischen Zustandes gehören:

- Temperaturverhältnisse
- Sauerstoffhaushalt
- Salzgehalt
- Versauerungszustand
- Nährstoffverhältnisse
- Belastung durch prioritäre Stoffe, bei denen festgestellt wurde, dass diese in den Wasserkörper eingeleitet werden
- Verschmutzungen durch sonstige Stoffe, bei denen festgestellt wurde, dass diese in signifikanten Mengen in den Wasserkörper eingeleitet werden (u. a. „*flussgebietsspezifische Schadstoffe*“, gesetzlich nicht verbindliche Stoffe).

Hydromorphologische Parameter sind (s. auch Anhang V der EG-WRRL):

- Wasserhaushalt
- Abfluss und Abflussdynamik, Feststoffdynamik, hydromorphologische Prozesse
- Verbindung zu den Grundwasserkörpern
- Durchgängigkeit des Wasserkörpers
- Morphologische Bedingungen
  - Tiefen- und Breitenvariation
  - Struktur und Substrat des Gewässerbettes
  - Struktur der Uferzone

Für raumbezogene, typspezifische biologische Referenzbedingungen wurde von den Mitgliedsstaaten der Europäischen Union ein Bezugsnetz für jede Art von Oberflächengewässer entwickelt. Grundlage hierfür waren eine ausreichende Anzahl von Gewässerstrecken in „*sehr gutem ökologischen Zustand*“, um einen ausreichenden Grad an Zuverlässigkeit der Werte für die Referenzbedingungen (und angesichts anzuwendender Modellierungstechniken) gewährleisten zu können (s. Anhang II der EG-WRRL).

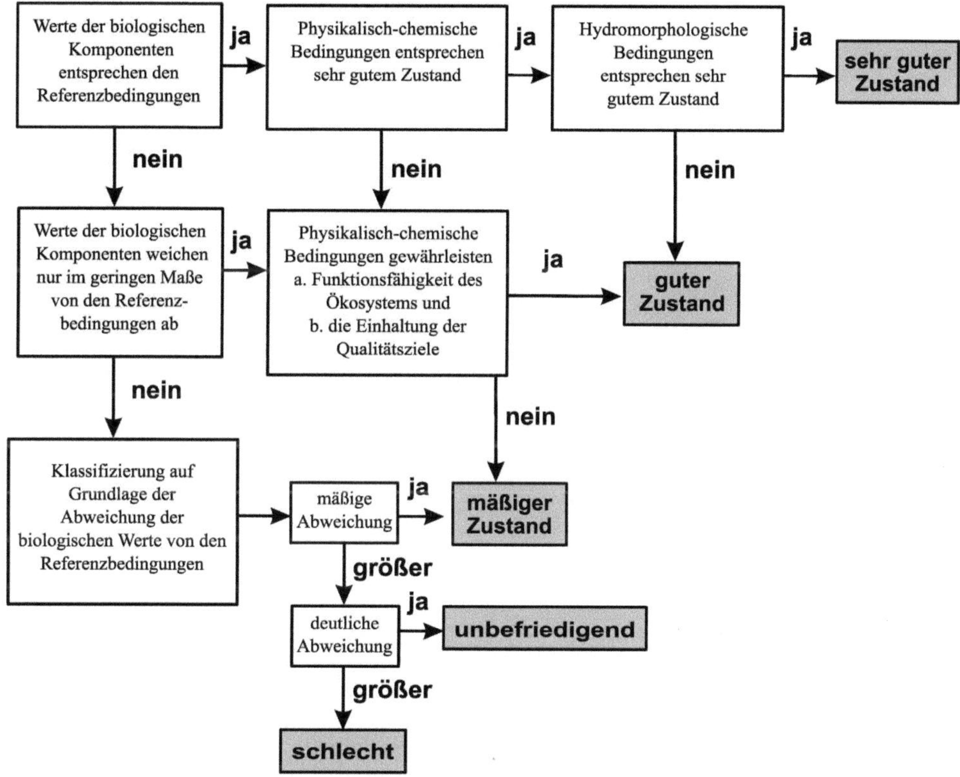

Abb. 9.4 Bewertung des ökologischen Zustandes nach der EG-Wasserrahmenrichtlinie – Ablaufschema. (Nach: CIS GD REFCOND)

Das in Abb. 9.4 dargestellte Ablaufschema gibt die wesentlichen Schritte der *Zustandsbewertung* wieder.

9.1.3.2 Bewertungsverfahren

Expertinnen und Experten aus den Mitgliedsstaaten der Europäischen Union (EU) haben gemeinsam für jede der biologischen Qualitätskomponenten (Fische, Makrozoobenthos, Makrophyten und Phytobenthos sowie Phytoplankton) allgemein gültige Bewertungsverfahren entwickelt.

Eine Übersicht der entsprechenden Verfahren enthält Tab. 9.1. Aktuelle Informationen und Details können im Internet, unter Eingabe des jeweiligen Synonyms bzw. des entsprechenden Begriffs, abgerufen werden.

Allen Verfahren gemeinsam ist der Vergleich mit den entsprechenden Referenzbedingungen der Qualitätskomponenten des jeweiligen Gewässertyps. Artenzusammensetzung, Abundanz, Vielfalt, Störungsempfindlichkeit, Funktionalität, Habitatansprüche und Alterszusammensetzung bei Fischen werden unter Zuhilfenahme von unterschiedlichen Bewertungsformeln hinsichtlich ihrer Abweichung vom Referenzzustand dar-

Tab. 9.1 Bewertung des ökologischen Zustandes in Fließgewässern – Bewertungssysteme für ökologische Qualitätskomponenten

Qualitätskomponente	Synonym des Projektes	Anmerkung
Fischfauna	FIBS	Verfahren zur Fließgewässerbewertung mit Fischen auf der Basis der Zusammensetzung der Arten, Abundanz, Vorkommen störempfindlicher Taxa und Altersstruktur der Biozönosen
Makrozoobenthos	AQEM – ASTERICS	Deutsches Bewertungssystem auf Grundlage des Makrozoobenthos basierend auf der taxonomischen Zusammensetzung, Anteil störempfindlicher bzw. bis -unempfindlicher Taxa, Grad der Vielfalt
Makrophyten und Phytobenthos	Phylib	Arbeitsanleitung für die biologische Qualitätskomponente Makrophyten und Phytobenthos auf der Basis der taxonomischen Zusammensetzung und Abundanz
Phytoplankton (nur relevant bei Ae > 1000 km^2)		Verfahren basiert auf dem LAWA-Vorhaben „Entwicklung eines Bewertungsverfahrens für Fließgewässer mittels Phytoplankton zur Umsetzung der EG-Wasserrahmenrichtlinie" des Leibniz-Instituts für Gewässerökologie und Binnenfischerei (IGB) in Berlin. Basiert auf der taxonomischen Zusammensetzung und der Abundanz

gestellt. Die gesamtheitliche Bewertung erfolgt nicht auf Basis eines einzelnen Wertes (z. B. dem *Saprobienindex*), sondern mittels einer sog. *multimetrischen Bewertung*.

9.1.3.3 Ergebnisse

Die Zustandsbewertung ist fester Bestandteil des sechsjährigen Zyklus einer *Bewirtschaftungsperiode*, in deren Rahmen u. a. die Bestandsaufnahme (u. a. signifikante Belastungen, Risikoanalyse), das Monitoring, die Zustandsbeurteilung, das Erreichen der Umwelt-/Bewirtschaftungsziele und die Anpassung der Maßnahmenprogramme durchgeführt wird.

Mit Stand 2023 liegen für das Gebiet der Bundesrepublik Deutschland drei Bewirtschaftungspläne und Maßnahmenprogramme für die Bewirtschaftungszeiträume 2009 bis 2015, 2016 bis 2021 und 2022 bis 2027 für alle Flusseinzugsgebiete der Länder vor (siehe u. a. BMUB & UBA 2017). Hierzu wird auf die Internetseite des Umweltbundesamtes

https://www.umweltbundesamt.de/themen/wasser/wasserrahmenrichtlinie/die-wasserrahmenrichtlinie-gewaesser-in-deutschland - aufgerufen am 8. Juni 2024.

und auf die entsprechenden Veröffentlichungen der Umweltportale der Bundesländer verwiesen.

9.1.4 Bewirtschaftungspläne

Die *Bewirtschaftungspläne* sind eine Rahmenplanung auf programmatisch/konzeptioneller Ebene. Sie sind bei allen nachfolgenden (Detail-)Planungen zu berücksichtigen, die einen Bezug zum Gewässer haben.

In Nordrhein-Westfalen werden zum Beispiel bei der Aufstellung der Bewirtschaftungspläne Land, Regionen, Landkreise und Kommunen auf der Ebene von Planungseinheiten mit einer durchschnittlichen Größe von 400 km^2 beteiligt. In anderen Bundesländern gibt es ähnliche Ansätze.

Die Öffentlichkeit und auch regionale Interessengruppen (z. B. sondergesetzliche Wasserverbände, Wasser- und Bodenverbände, Landwirtschafts- und Gartenbauverbände, die Landwirtschaftskammer, anerkannte Naturschutzverbände, Fischereiverbände und -genossenschaften und Industrie- und Handelskammern) sind von Beginn an in den Bewirtschaftungsprozess eingebunden und werden im Zuge der vorgeschriebenen Öffentlichkeitsbeteiligung u. a. mittels diverser Anhörungen über die Inhalte, Ergebnisse und Fortschritte informiert (Surburg 2005; BMU 2007a; Frotscher-Hoof 2008).

Die *Bewirtschaftungspläne* geben u. a. Auskunft über den Gewässerzustand, die Gewässernutzungen sowie die vorgesehenen Maßnahmen im Wasserkörper. Bedeutsame Bewirtschaftungsfragen (z. B. die landesweite Reduzierung von Nährstoffeinträgen, die Wiederansiedlung von Langdistanzwanderfischen) müssen auf den nachfolgenden, regionalen Planungsebenen entsprechend in vorhandenen Planungsinstrumenten (z. B. Gewässerentwicklungspläne, Umsetzungskonzepte, Maßnahmenplanung) verankert werden.

Checklisten und methodische Hinweise (z. B. die Berücksichtigung der Ergebnisse aus den Untersuchungen zur *Strahlwirkung* – siehe u. a. DRL 2007 oder die europäische *Common Implementation Strategy* – sog. CIS-Prozess, Working Programme 2022–2024) können dazu beitragen, die Planungen zu optimieren, ohne dem konkreten behördlichen Vollzug und der *Ausführungsplanung* den Gestaltungsfreiraum zu nehmen.

9.1.5 Maßnahmenprogramme, Maßnahmenplanung

Die *Maßnahmenprogramme* sind wesentlicher Bestandteil der *Bewirtschaftungsplanung* und enthalten die für jede Flussgebietseinheit zu treffenden Vorkehrungen, um die im Bewirtschaftungsplan festgelegten Umweltziele zu erreichen (Jedlitschka und Schmedtje 2006). Sie beinhalten eine weitere Konkretisierung des Bewirtschaftungsplanes, während die darauffolgende *Maßnahmenplanung* der Umsetzung vor Ort dient.

Im Hinblick auf den „*Naturnahen Wasserbau*“ ist besonders Art. 11 Abs. 3 (i) EG-WRRL von Bedeutung. Dort werden die Maßnahmen erwähnt, die sicherstellen, dass die hydromorphologischen (Rahmen-)Bedingungen der Wasserkörper so beschaffen sind, dass der geforderte „*gute Zustand*“ bzw. bei „*künstlichen*“ oder „*erheblich veränderten*“ Gewässern, das „*gute ökologische Potenzial*“, erreicht werden kann bzw. sich nach Umsetzung der Maßnahmen zu gegebener Zeit einstellt.

Abb. 9.5 Zusammenhänge zwischen Belastungsbereichen und Maßnahmengruppen

Die Bundesländer haben zur Erstellung der *Maßnahmenprogramme* so genannte *Maßnahmenkataloge* für die Oberflächenwasserkörper sowie die Grundwasserkörper erarbeitet. Diese umfassen, neben Maßnahmen zur *gewässerschonenden Landbewirtschaftung*, auch Maßnahmen zur Verbesserung der *Gewässerstruktur*, die in den Maßnahmenkatalogen unter „*Hydromorphologie*" zusammengefasst sind. Dabei lassen sich die betreffenden Maßnahmen hinsichtlich ihrer ökologischen Wirkungen einordnen.

Abb. 9.5 zeigt die Belastungsbereiche, die Verursacher und die durch sie ausgelösten Defizite sowie die zum Abbau dieser Defizite zweckmäßigen Maßnahmen, zusammengefasst in Maßnahmengruppen.

Die *Maßnahmengruppen* werden in den *Maßnahmenkatalogen* durch Einzelmaßnahmen präzisiert, wobei die ökologisch besonders wirksamen Maßnahmen zuerst genannt werden. So ist zum Beispiel das Schaffen ökologisch verträglicher Verhältnisse bei Wasserentnahmen gewässerökologisch effektiver als *Habitatverbesserungen* im Uferstreifen, denn ohne die Verfügbarkeit von ausreichend Wasser im benetzten Gewässerquerschnitt greifen alle anderen Maßnahmen nicht. Für jeden Wasserkörper werden die entsprechenden Maßnahmen in einer *Maßnahmenliste* erfasst. Bei der Zusammenstellung der *Maßnahmenprogramme*, ist auch auf die *Kosteneffizienz* bzw. *Wirtschaftlichkeit* der Maßnahmen zu achten.

9.2 Fließgewässerentwicklungsplanung

Der Begriff „*Fließgewässerentwicklungsplanung*" wird in der EG-Wasserrahmenrichtlinie nicht ausdrücklich verwendet, er ist aber wesentlicher Bestandteil für die Umsetzung einer naturnahen Fliessgewässerentwicklung in der Praxis. Wesentliche Inhalte der *Gewässerentwicklungsplanung* umfassen dabei viele Elemente und Merkmale aus dem Komplex der *„nichtstofflichen Parameter“* (physische Komponenten) der EG-Wasserrahmenrichtlinie.

Die auf unterschiedlichen hierarchischen Ebenen, zum Teil schon vor Inkrafttreten der EG-WRRL, erarbeiteten *Fließgewässerentwicklungsprogramme*, *-konzepte* und *-planungen* der Länder liefern daher bei der Umsetzung der Bewirtschaftungspläne und der darauf aufbauenden *Maßnahmenprogramme* wertvolle Hinweise.

9.2.1 Planungsebenen

Die *Fließgewässerentwicklung* basiert auf den Vorgaben der *Gewässerentwicklungsprogramme* und umfasst die Ebenen *Gewässerentwicklungskonzept* und *Gewässerentwicklungsplan* (s. Abb. 9.6). Im Einzelnen sind folgende Arbeitsschritte zu berücksichtigen:

- *Gewässerentwicklungsprogramme* geben die Zielsetzungen zur Gewässerentwicklung programmatisch auf Landesebene vor, so zum Beispiel im *Fließgewässerschutzprogramm* Niedersachsen oder im früheren Landesentwicklungsprogramm Bayern. Die *Bewirtschaftungspläne und Maßnahmenprogramme* für die Flussgebietseinheiten (Art. 13 EG-WRRL) liefern hierfür eine wichtige Grundlage für die heutigen Arbeiten.
- Das *Gewässerentwicklungskonzept* beinhaltet auf der Ebene der *wasserwirtschaftlichen Rahmenplanung* bzw. der *Regionalplanung* das fachliche Konzept für die Entwicklung von *Gewässerlandschaften.* Dabei richtet sich die Maßstabsebene nach der Gewässergröße und den darzustellenden Zielen.

  Konzepte eignen sich insbesondere für die Entwicklung von Fließgewässern in Teileinzugsgebieten. In einzelnen Ländern werden solche Konzepte von Fachverwaltungen der Wasserwirtschaft oder auch von den Unterhaltungspflichtigen (u. a. Kommunen) erarbeitet, nicht zuletzt auch als Grundlage für detaillierte Planungen.

  Zu den *Gewässerentwicklungskonzepten* zählen zum Beispiel auch die Gewässerauenkonzepte (siehe u. a. Städtler 1997; MUNLV NRW 2002) und die *Konzepte zur naturnahen Entwicklung von Fließgewässern (KnEFs)* des Landes Nordrhein-Westfalen. Weitere gebräuchliche Inhalte und Begriffe für naturnahe Umgestaltungskonzepte an Fließgewässern finden sich z. B. in: Auf zu neuen Ufern (Bundesministerium für Land- und Forstwirtschaft 1991), Neue Wege in der Gewässerpflege (BayLfW 1995), Ökologisch begründete Sanierungskonzepte kleiner Fließgewässer (Braun et al. 1996), Ökologische Gesamtplanung Weser (z. B. Henneberg und Schilling 1998), Natur und Landschaftspflege an Wasserläufen (BfN 1998), Integrierte Konzeption (Renschler 2000), Renaturierung von Bächen, Flüssen und Strömen (BfN 2001), Aktion Blau (MUFV-RP 2005) und Leitlinien der Gewässerentwicklung.

  Einen interessanten Ansatz bietet das *Ökokonto* Wasserwirtschaft, das mittels Bewertung von Maßnahmen der *Gewässer-* und *Auenentwicklung* einen Anreiz zur Um-

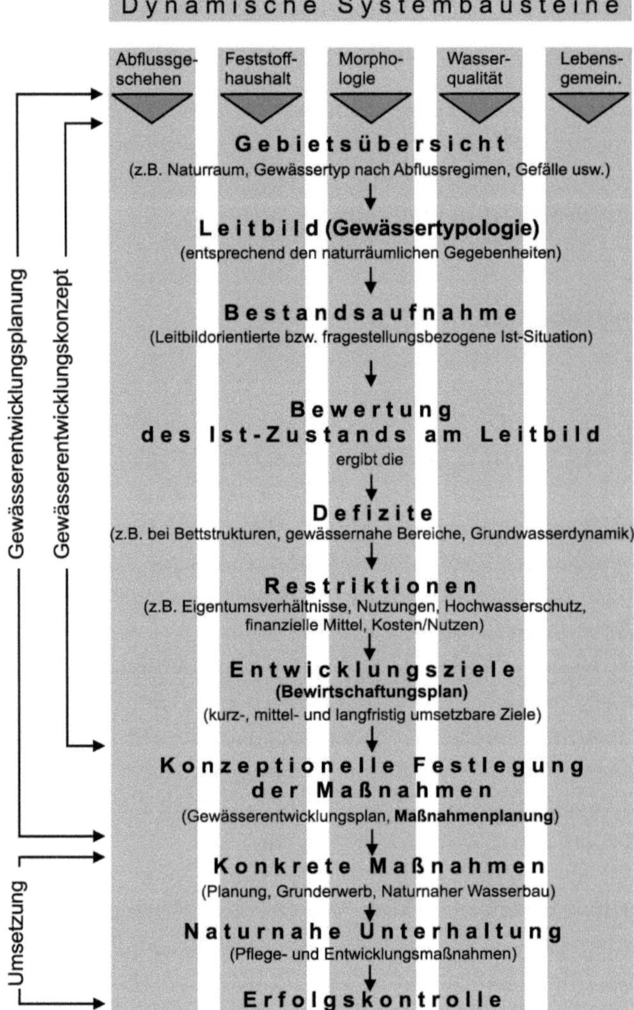

Abb. 9.6 Gewässerentwicklungsplanung und Umsetzung

setzung von Maßnahmen durch Kommunen oder sonstige Dritte fördert, die als ökologische Ausgleichsmaßnahmen anerkannt bzw. als solche verrechnet werden können (BayLfU 2021).

- Der *Gewässerentwicklungsplan* wird im Allgemeinen vom Unterhaltungspflichtigen erarbeitet und stellt auf der unteren Planungsebene die Ziele des Gewässerentwicklungskonzeptes maßnahmenbezogen und flächenscharf dar. Unter den Begriffen Renaturierung, naturnaher Ausbau u. a. finden sich im Internet mittlerweile eine Vielzahl von ausgeführten Beispielen, sodass an dieser Stelle auf die Nennung spezieller Literatur verzichtet werden kann.

9.2.2 Planungsdaten

Für die Umsetzung einer Maßnahme vor Ort können, neben den bei der Bestandsaufnahme ermittelten Parametern, die in Tab. 9.2 dargestellten Planungsgrößen von Bedeutung sein.

Tab. 9.2 Datenauswahl zur Erhebung des Ist-Zustandes von Fließgewässer und Aue

Dynamische Ökosystembausteine	
Abflussgeschehen	– Gewässerkundliche Hauptwerte (Abflussregime), Niedrig- bis Hochwasserabflüsse, Dauer, Häufigkeit und Verteilung der Abflüsse im Jahresgang – Bettbildender Abfluss, bordvoller Abfluss, Abflussleisung – Fließgeschwindigkeiten, Strömungsmuster – Überschwemmungen, Überflutung bis Überstau, Überschwemmungsgrenzen, Grundwasserverhältnisse – Grundwasserschwankungen in der Aue
Feststoffhaushalt	– Feststofftransport, Feststoffbilanz (Geschiebezubringer, Kornverteilungen, Sedimentation, Erosion, Verfrachtung)
Morphologie	– Gewässerbett (Laufgestalt, Längs- und Querprofil, Sohlenprofil und Interstitial, auch Gewässerstruktur) – Ausbau- und Unterhaltungszustand (auch Deiche, Dämme) – Auenrelief, Standorte bzw. Lebensräume (auch Böden, Altgewässer, Strukturen usw.)
Wasserqualität	– Saprobie, Trophie – Physikalische und chemische Verhältnisse (z. B. Toxizität, Versauerung)
Arten- und Lebensgemeinschaften	– Fischregion, Fischarten – Längszonale Fließgewässerregionen, ökofunktionale Gruppen des Makrozoobenthos (z. B. Ernährungstypen, Strömungstypen) – Fließ- und Stillwasservegetation, Ufer- und Auenvegetation – Ufer- und Auenfauna – Ausgewählte Tierarten(-gruppen), Leitorganismen
Nutzungen	– Infrastrukturen (z. B. Verkehrs- und Energietrassen, Bebauung, Industrie, Hochwasserschutzbauten) – Land- und Forstwirtschaft, einschl. Teichwirtschaft – Wasserkraft – Schifffahrt – Freizeit und Erholung – Rohstoffgewinnung – Fischerei
Rechtlicher Rahmen	– Eigentumsverhältnisse – Bewilligungen und Erlaubnisse – Fischereirechte – Schutzgebiete und Schutzgebietsauflagen – Verbindliche Planungen und Programme – Zuständigkeiten für Ausbau- und Unterhaltung – Denkmalschutz

9.2.2.1 Dynamische Systembausteine

Für *Gewässerentwicklungsplanungen* sind die veränderlichen, sog. *dynamischen Systemkomponenten* eines Fließgewässers, d. h. die Morphologie, der Feststoffhaushalt, das Abflussgeschehen, die Wasserqualität und die Arten- und Lebensgemeinschaften (Besiedlung) von zentraler Bedeutung (s. Abb. 9.6). Die einzelnen Systemkomponenten umfassen:

- *Abflussgeschehen* – die Abflussdynamik, also die jahreszeitliche Verteilung des Abflusses, das Abflussregime, die Abflussextreme (s. Abschn. 6.4), die Wasserverhältnisse in der Aue und damit auch die Vernetzung von Wasser und Land sowie die Grundwasserdynamik (s. Abschn. 4.1).
- *Feststoffhaushalt* – den an das Abflussgeschehen gebundenen Feststofftransport (s. Kap. 8), oder anders ausgedrückt, das Wechselspiel von Erosion und Sedimentation.
- *Morphologie* – das Fluss- und Auenrelief, das in Abhängigkeit vom Abflussgeschehen und Feststoffhaushalt stetig mehr oder weniger starken Veränderungen unterworfen ist (s. Kap. 3).
- *Wasserqualität bzw. Gewässergüte* – das Ergebnis von Stoffeinträgen, Energieflüssen und Stoffkreisläufen (s. Kap. 5).
- *Lebensgemeinschaften bzw. Besiedlungsdynamik* – die Zusammensetzung nach Arten und Lebensgemeinschaften, zum Beispiel nach Ernährungstypen und/oder Fischregionen sowie die Vernetzung der Lebensgemeinschaften und nicht zuletzt auch die sog. ökologische Durchgängigkeit (s. Abschn. 4.1.5).

9.2.2.2 Arbeitsschritte

Diese dynamischen Systemkomponenten dienen der Nachvollziehbarkeit der ökologischen Funktionsfähigkeit des jeweiligen Fließgewässerökosystems und sollten entsprechend Abb. 9.6 bei jedem Arbeitsschritt zur Gewässerentwicklungsplanung Berücksichtigung finden. Zu diesen Arbeitsschritten gehören (LUBW 2019):

- Erarbeitung einer Gebietsübersicht
- Zuordnung zum entsprechenden Leitbild der Gewässertypologie der Länderarbeitsgemeinschaft Wasser (siehe u. a. LUA NRW 1999, 2001a, b, c sowie 2003a, b; ATV-DVWK 2003; UBA 2003).
- Erhebung der Ist-Situation
- Bewertung des Ist-Zustandes mit Hilfe des Leitbildes
- Aufzeigen von Defiziten
- Erfassen der „nicht veränderbaren" Restriktionen, um aus den Defiziten und Restriktionen die umsetzbaren Entwicklungsziele für bestimmte Zeitabschnitte ableiten und in der Folge die konkreten Maßnahmen planen zu können.

Ausarbeitung einer Gebietsübersicht

Der erste Schritt für die Planung einer Entwicklungsmaßnahme an einem Fließgewässer ist die Erarbeitung bzw. Zusammenstellung einer *Gebietsübersicht*. Hierzu sind zunächst eine naturräumliche Groborientierung zu dem Fließgewässer mit seinem Einzugsgebiet sowie die Sichtung vorhandener Daten sehr hilfreich.

Von besonderer Bedeutung sind in diesem Zusammenhang auch die Arbeiten zur Ausweisung und Charakterisierung von *Fließgewässerlandschaften in Deutschland* (s. Abschn. 5.3). Ergänzende, landeseigene Arbeiten enthalten weitere Details (s. ATV-DVWK 2003). Auf dieser Basis kann der Untersuchungsrahmen bereits weitgehend festgelegt werden.

Zu den weiterhin ggf. erforderlichen Daten zählen u. a.:

- *Klimadaten*, wie zum Beispiel Niederschlag, Lufttemperatur, auch *phänologische* Daten (z. B. jahreszeitlich bedingte Entwicklungen von Pflanzen, wie Zeitpunkt der Blüte).
- Topografie, also Ort- und Lagebeschreibungen.
- Relief (Struktur), Geomorphologie (Formen der Erdoberfläche mit den sie gestaltenden Kräften) und Geologie.
- Boden, vor allem Bodenarten.
- Informationen zu stehenden Gewässern (z. B. Seen) und künstlichen Gewässern (z. B. Entwässerungsgräben, Kanäle) im Planungsraum und u. U. auch Grundwasserverhältnisse.
- Vegetation, natürliche und heutige Vegetationsformen (siehe u. a. BfN 1995, 2002, 2003 – sowie die aktuellen Veröffentlichungen des Bundesamtes für Naturschutz – BfN – www.bfn.de) - aufgerufen am 8. Juni 2024.
- Rote Listen geschützter Tiere, Pflanzen und Pilze (s. Internetseite des Bundesamtes für Naturschutz – BfN – www.bfn.de) - aufgerufen am 8. Juni 2024.
- Landnutzung (z. B. Land- und Forstwirtschaft, Besiedlung, Industrie, Infrastrukturen).
- Historische Informationen, wie zum Beispiel alte Karten oder alte Berichte über Nutzungen (z. B. Fischfang).

Diese Daten können vielfältigen Quellen entnommen werden, wie zum Beispiel:

- Topografischen, geologischen, bodenkundlichen und historischen Karten.
- Programmen zur Landes- und Regionalentwicklung (auch zum Beispiel Ziele von Umwelt-, Arten- und Biotopschutzprogrammen).
- Veröffentlichungen des Wetterdienstes und der Wasserwirtschaft (z. B. Klimaatlas, gewässerkundliche Jahrbücher, Gewässergütekarten usw.).
- Wissenschaftlichen Gutachten, gebiets- und fachspezifischer Literatur.

Die Ergebnisse der in vielen Bundesländern durchgeführten Arbeiten zur *Fließgewässerstrukturkartierung* (s. Abschn. 5.2) sind heute ein wichtiges Hilfsmittel, um Defizite aufzudecken und Umgestaltungsbedarf nachzuweisen.

Leitbild, Fließgewässertypologie, Referenzgewässer
Im Zusammenhang mit Planungen von Fließgewässerrenaturierungen taucht häufig der Begriff „*Leitbild*" auf (DVWK 1996b; LUBW 2019). Einige Zeit wurde heftig darüber diskutiert, was darunter zu verstehen ist. Die Frage lautet: Soll das Leitbild die Entwicklung eines Fließgewässers beschreiben, als hätte es anthropogene Einflüsse nie gegeben oder wird es seinen Aufgaben eher gerecht, wenn es den Zustand beschreibt, der sich auf der Basis des heutigen Naturpotenzials ohne anthropogene Einflussnahme einstellen würde?

Als Ergebnis der Diskussion kristallisierte sich das *Leitbild* heraus, das ausschließlich den *potenziell natürlichen Zustand* eines Fließgewässers mit seinen Auen unter den heutigen Bedingungen zum Inhalt hat, d. h. denjenigen Zustand, der sich im Laufe der Zeit einstellen würde, wenn die vorhandenen Nutzungen aufgegeben, Sohlen- und Ufersicherungen zurückgebaut, künstliche Regelungen des Wasserhaushaltes aufgehoben, Grundwasserabsenkungen in den Auen rückgängig gemacht und die Gewässerunterhaltung eingestellt werden würden. Am so definierten Leitbild wird das Umweltziel *„guter ökologischer Zustand" oder „gutes ökologisches Potenzial"* der EG-Wasserrahmenrichtlinie ausgerichtet.

Bei der Formulierung des Leitbildes stehen dynamische Prozesse hinsichtlich des Abflussgeschehens, des Feststoffhaushalts, der morphologischen Gewässerbettgestaltung einschließlich der Auenausbildung, des Stoffhaushaltes und der Wasserqualität sowie der Entwicklung der Arten bzw. der Lebensgemeinschaften im Mittelpunkt, also die dynamischen Systembausteine (s. Abb. 9.6), welche die gesamte Gewässerentwicklungsplanung bis hin zur Umsetzung und Unterhaltung bestimmen. Das Leitbild ist damit eine von gesellschaftspolitischen Vorgaben unabhängige Messlatte für die Bewertung des momentanen Fließgewässerzustandes.

Ein *Leitbild*, das ohne Wenn und Aber die Idealvorstellungen beinhaltet, behält auch bei sich wandelnden planerischen Randbedingungen (Restriktionen) Gültigkeit. Somit ist das Leitbild auch bei längerfristigen Vorhaben, bei denen sich möglicherweise im Laufe der Zeit durch veränderte (gesellschaftliche/umweltpolitische) Rahmenbedingungen eine Aktualisierung der Planung als unumgänglich erweisen wird, eine stets brauchbare Orientierungshilfe (Sommerhäuser und Klausmeier 1999).

Die abstrakte Formulierung eines Leitbildes ist für den Gebrauch in der Praxis wenig geeignet. Aus einer Übersicht der *Gewässerlandschaften* und einer darauf aufbauenden Typologie der Fließgewässer (siehe u. a. LfU BW 1999, 2019; ATV-DVWK 2003) wurden typenbezogene Leitbilder (LfU NRW 1999) und Entwicklungsziele entwickelt. Diese wurden wiederum als Grundlage für die Ausweisung von *Referenzgewässern* herangezogen (siehe u. a. LUA NRW 2001a, b, c und 2003b – siehe auch www.lanuv.nrw.de - aufgerufen am 8. Juni 2024 – für das Land Nordrhein-Westfalen).

Entwicklungsziele

Die *Entwicklungsziele* definieren die unter den gegebenen sozio-ökonomischen Rahmenbedingungen aus gewässerökologischer Sicht möglichst naturnahen und in der Praxis realisierbaren Möglichkeiten für das Einzugsgebiet, die Aue und die Fließgewässer. Somit stellen sie die realistischen *Sanierungsziele* dar, in denen die gesellschaftspolitischen Randbedingungen der verantwortlichen Interessensträger und Nutzer nach einem Abwägungsprozess, einschließlich der *Kosten-Nutzen-Betrachtungen*, Eingang gefunden haben. Die Entwicklungsziele beinhalten kurz-, mittel- bis langfristig erreichbare Etappenziele und umfassen den Prozess der Umweltzielerreichung über die gesamte Wegstrecke. Wenn sich Rahmenbedingungen ändern, sind die Entwicklungsziele dem Leitbild entsprechend fortzuschreiben.

Aus den Entwicklungszielen werden schließlich die operativen Maßnahmen entwickelt (s. Kap. 10), wobei dem Flächenbedarf bzw. dem Grunderwerb sowie der Akzeptanz der Betroffenen in aller Regel eine Schlüsselrolle zukommt. Vielfach werden diese konzeptionellen Maßnahmen in Text- und Planform, d. h. in einem *Gewässerentwicklungsplan* einschließlich des Flächenbedarfes festgelegt. Die konkrete Planung erfolgt in der Umsetzungsphase.

Von Bedeutung für den Praktiker sind aber auch die entsprechenden Ausführungen im Wasserhaushaltsgesetz (WHG). Sie sind dort im Abschnitt 2.4.3 „Bewirtschaftung oberirdischer Gewässer“ und Abschnitt 2.4.6 „Maßnahmenprogramm, Bewirtschaftungspläne“ zu finden.

Ausbau- und Unterhaltungsmaßnahmen, Hochwasserschutz

Ausbau und *Unterhaltung* sind ein Schwerpunkt der *Fließgewässerentwicklung*, da sie unmittelbar in das Gewässerumfeld, die Gewässerstruktur und Gestaltung durch Eigenentwicklung der Fließgewässer eingreift. Beim *Ausbau* (§ 67 WHG) ist die Erhaltung der natürlichen *Rückhalteflächen* für den *Wasserrückhalt* und deren Einbindung in die *Fluss-* und *Auenlandschaft* zur Bewahrung naturraumtypischer Lebensgemeinschaften ein wichtiger Grundsatz (s. § 67 Abs. 1 WHG). Die *Gewässerunterhaltung* umfasst die Pflege und Entwicklung der Fließgewässer (s. Kap. 12).

Wasserhaushaltsgesetz (WHG) und Bundesnaturschutzgesetz (BNatSchG) enthalten eine Reihe von Anforderungen an die Planung von Maßnahmen an Fließgewässern, die naturnahe Unterhaltungs- und Ausbaumethoden erforderlich machen.

So sind zum Beispiel sowohl beim Ausbau (§ 67 Abs. 1 WHG) als auch bei der Gewässerunterhaltung (§ 39 WHG) ökologischen Belangen Rechnung zu tragen. Bei der Unterhaltung sind zudem *Bild* und *Erholungswert der Landschaft* zu berücksichtigen. Ebenso sind aber auch der ordnungsgemäße Abfluss zu erhalten und die Schiffbarkeit bei schiffbaren Gewässern (§ 39 Abs. 1 und Abs. 2 WHG – s. auch Abschn. 2.4.3).

Beim *Gewässerausbau* (§ 67 Abs. 1 WHG) sind

- natürliche Rückhalteflächen zu erhalten,
- das natürliche Abflussverhalten nicht wesentlich zu verändern,
- naturraumtypische Lebensgemeinschaften zu bewahren und
- sonstige erhebliche nachteilige Veränderungen des natürlichen oder naturnahen Zustandes zu vermeiden oder auszugleichen.

Im Hinblick auf die Planfeststellung bzw. Plangenehmigung (§ 68 WHG) bei einem Ausbauvorhaben ist bedeutsam, dass ein Plan u. a. nur festgestellt oder genehmigt wird, wenn …

„… *eine Beeinträchtigung des Wohls der Allgemeinheit, insbesondere eine erhebliche und dauerhafte, nicht ausgleichbare Erhöhung der Hochwasserrisiken oder eine Zerstörung natürlicher Rückhalteflächen, vor allem in Auwäldern, nicht zu erwarten ist* …“ (§ 68 Abs. 3 WHG).

9.2.2.3 Umsetzung

Die für ein Fließgewässer oder einen Teilabschnitt festgesetzten Entwicklungsziele bzw. die in den entsprechenden Entwicklungsplänen bzw. Entwicklungskonzepten fachspezifisch aufgeführten Maßnahmen, lassen sich oftmals im Rahmen der Gewässerunterhaltung umsetzen. Würden diese Maßnahmen zu einer nachhaltigen Veränderung der Gewässerlandschaft führen, so überschreitet dies den Umfang der Unterhaltung. In diesen Fällen sind die vorgegebenen Ziele und die zu ihrer Umsetzung erforderlichen Maßnahmen als Gewässerausbau (auch wenn er ökologisch orientiert ist) zu planen und die dazu vorgeschriebenen Rechtsverfahren (z. B. *Planfeststellung* bzw. *Plangenehmigung*) durchzuführen (§ 68 WHG).

Im Falle eines Gewässerausbaus erfolgt in den öffentlich-rechtlichen Verfahren (z. B. *Planfeststellung* – s. Abschn. 2.11) ein gesellschaftlicher Abwägungsprozess, d. h. die Beteiligten (z. B. Grundeigentümer, Anlieger, Nutzungsberechtigte) und öffentlich-rechtlich anerkannte Gruppen (z. B. Naturschutzverbände und auch Sport- und Freizeitverbände) haben Einwendungs- und Vorbehaltsrechte. Voraussetzung für eine erfolgreiche Umsetzung der einzelnen Maßnahmen ist, neben der Flächenbereitstellung, die Akzeptanz der Betroffenen (z. B. Grundstückeigentümer, Fischereiberechtigte, Wasserkraftbetreiber, sonstige Nutzer) und der Öffentlichkeit.

Sind diese Voraussetzungen für die Umsetzung der Ziele und der konzeptionellen Maßnahmen geschaffen (z. B. durch Grunderwerb oder vertragliche Absprachen), können konkrete Maßnahmen geplant und verwirklicht werden. Dabei kann durchaus eine pragmatische Vorgehensweise sinnvoll sein, die solche Maßnahmen bevorzugt, die unmittelbar und problemlos umsetzbar sind und somit rasch realisiert werden können.

Wesentlich dabei ist immer, dass sich die Gewässerunterhaltung an den Bewirtschaftungszielen (§ 27 bis 31 WHG) ausrichtet und das Erreichen der Umweltziele nicht gefährdet. Auch sind die Anforderungen an die Gewässerunterhaltung, festgelegt in den *Maßnahmenprogrammen* nach § 82 WHG, zu beachten.

Grunderwerb, Vertragliche Absprachen

Die Renaturierung bzw. Revitalisierung naturferner Fließgewässer mit ihren Auen kann nur dann sinnvoll verfolgt und umgesetzt werden, wenn die Maßnahmen auf Dauer angelegt werden. Deshalb müssen bei der Umsetzung der *Ankauf* oder der *Flächentausch* im Vordergrund stehen. Dies ist allein schon deshalb notwendig, um die gewünschte eigendynamische Verlagerung des Gewässerverlaufes und/oder eine mögliche Vernässung der Auen ohne spätere Einsprüche zulassen zu können.

Oftmals sind Grundeigentümer an einem Verkauf von Flächen am Gewässer oder in der Aue aus rein persönlichen oder steuerlichen Gründen nicht interessiert, scheuen den mit dem Eigentümerwechsel verbundenen Aufwand oder wollen die Eigentumsrechte für zukünftige Generationen bewahren. In diesen Fällen erscheint bei gegenseitigem Einverständnis die Zahlung einer *Verkehrswertentschädigung* sinnvoll. Die Fläche verbleibt dabei im Grundeigentum des Betroffenen, aber die Verwirklichung und der Bestand von Maßnahmen wird durch eine Grunddienstbarkeit im Grundbuch dinglich gesichert. Gegebenfalls lassen sich Bedenken oder Hindernisse auch durch einen gleichwertigen *Flächentausch* ausräumen.

Zeitlich befristete Maßnahmen, wie zum Beispiel Beiträge zur Extensivierung der Auen (u. a. befristete Stilllegungen, Bewirtschaftungsverträge) oder auch Pacht, sind nur dann in Betracht zu ziehen, wenn dadurch Maßnahmen sofort realisierbar werden und die Flächen in nicht allzu ferner Zukunft mit einer hohen Wahrscheinlichkeit gekauft (am besten Vorkaufsrecht einräumen) oder eingetauscht werden können.

Eine spätere Wiederbewirtschaftung nach Ablauf der Bewirtschaftungsbeschränkungen gilt nicht als Eingriff in Natur- und Landschaft (§ 14 Abs. 2 BNatSchG – s. auch Abschn. 2.7.1) sofern die land-, forst- oder fischereiwirtschaftliche Bodennutzung innerhalb einer von den Ländern festzusetzenden Frist wieder aufgenommen wird (§ 14 Abs. 3 BNatSchG). Zunächst besteht also für den Grundstückeigentümer nicht die Gefahr einer Unterschutzstellung gemäß § 20 BNatSchG.

Beteiligung der Öffentlichkeit

Für viele Maßnahmen im Hinblick auf eine naturnahe Entwicklung bzw. Gestaltung von Fließgewässern muss eine *Akzeptanz* bzw. das *Einvernehmen* in der Bevölkerung gefunden werden. In der Vergangenheit hat sich in vielen Fällen gezeigt, dass eine behördeninterne Planung bei den Betroffenen vor Ort nicht durchsetzbar ist. Daher ist es heute unerlässlich und sinnvoll, die Öffentlichkeit frühzeitig in den Planungsprozess einzubeziehen, alle Beteiligten von den Vorteilen der angestrebten Entwicklung zu überzeugen bzw. Nachteile für einzelne Betroffene zu entschärfen bzw. abzumildern. Durch eine frühzeitige und gute Information aller Beteiligten können die Zeiträume bis zur Umsetzung erheblich verkürzt werden.

Die *Information und Beteiligung der Öffentlichkeit* wird in Art. 14 EG-WRRL geregelt. Die Aufstellung, Überprüfung und Aktualisierung der Bewirtschaftungspläne soll demnach von einer möglichst breiten Öffentlichkeit begleitet werden. Auch ist der Zugang zu Hintergrunddokumenten und -informationen sicherzustellen und transparent zu machen, welche für die Entscheidungsfindung der Behörde relevant sind.

Wichtige Einrichtungen und Instrumente im Rahmen der Öffentlichkeitsbeteiligung sind zum Beispiel die *Bachpatenschaften, Gewässernachbarschaften, (regionale) Wasserforen, Runde Tische* und breit abgestimmte Umsetzungskonzepte (z. B. in Bayern oder Baden-Württemberg).

Informationsbroschüren
Die gesellschafts- und umweltpolitische Bedeutung von Gewässerumgestaltungen ist auch an der Öffentlichkeitsarbeit der jeweiligen Vorhabenträger erkennbar. Vom Herausgeber der Information (z. B. Wasserwirtschafts-, Landwirtschafts-, Naturschutzverbände, Oberste Landesbehörden, Kommunen usw.) werden häufig unterschiedliche Schwerpunkte bei der Darstellung der Ergebnisse gewählt. Die verwendete Fachsprache, die Interpretation der Resultate und die darauf basierenden Schlussfolgerungen müssen so verständlich abgefasst sein, dass sie auch in Schulen und Verbänden sowie bei Umweltveranstaltungen und sonstigen Anlässen verteilt werden können.

Bachpatenschaften
Im Rahmen der Förderung von Vorhaben auf dem Gebiet des Gewässerschutzes sollen insbesondere die Einrichtung sowie finanzielle und logistische Unterstützung von Bachpatenschaften, d. h. die aktive Einbeziehung der Bevölkerung in den Gewässerschutz, erwähnt werden (siehe u. a. MUFV 2007a, b).

Durch *Bachpatenschaften* werden die für die Gestaltung und den Zustand der Gewässer verantwortlichen Stellen (*Unterhaltspflichtige*) bei ihrer Arbeit unterstützt sowie das Umweltbewusstsein und die Mitverantwortung der Bevölkerung an der Entwicklung unserer Fließgewässer gefördert. Engagierte Bürgerinnen und Bürger, Vereine, Schulklassen u. a. („Bachpaten") tragen mit ihren Beobachtungen, ihrer Präsenz vor Ort und ihrer praktischen Arbeit im Biotop- und Artenschutz zum verstärkten Schutz der Gewässer und ihres Umfeldes bei.

Unterhaltspflichtige sollten die Chance nutzen, den überschaubaren Kreis Interessierter jedweden Alters fachlich so weit zu schulen, dass Bachpaten als kompetente Partner der Gewässerunterhaltung, verbunden mit dem Blick für ökologische Details, ihre gesellschaftliche Rolle ausfüllen können.

Eine enge und vertrauensvolle Zusammenarbeit zwischen Unterhaltspflichtigen und Bachpatenschaften bietet eine gute Gewähr dafür, dass neue Erkenntnisse zu ökologisch ausgerichteten Maßnahmen an Gewässern ohne großen Zeitverlust in eine Multiplikatoren-Gruppe eingebracht und von ihr verbreitet werden können.

Durch die Eingabe des Begriffes „*Bachpatenschaften*" in eine Internet-Suchmaschine ist schnell zu erkennen, dass es heute an vielen Gewässern Bachpatenschaften gibt.

Gewässernachbarschaften
Die Interessen der Gewässernachbarschaften umfassen den gesamten Verlauf eines Gewässers. Bei den Veranstaltungen treffen sich Mitarbeiter der zuständigen Behörden, Gemeindevertreter und Unterhaltungspflichtige zum Erfahrungsaustausch. Bei diesen Treffen wird ein über den eigenen Zuständigkeitsbereich hinausgehender Erfahrungsaustausch zu jeweils aktuellen Fragestellungen gefördert (siehe u. a. WBW 1996, 1999, 2006; Reich 2002; ATV-DVWK 2002; Städtler 2002).

Gewässernachbarschaften dienen der (internen) Fortbildung aller am Gewässer Betroffenen (u. a. Kommunen, Grundstückseigentümer, Fischereiberechtigte, Landschaftspflegeverbände) und werden regelmäßig an wechselnden Orten zu unterschiedlichen Themenschwerpunkten durchgeführt. Sie sind meist einem aktuellen, eng umrissenen, Themenschwerpunkt gewidmet. Die Themen werden in Form von Fachvorträgen oder als Projektstudien vorgestellt. Daneben wird großer Wert auf *Ortsbesichtigungen* und *Gewässerbegehungen* gelegt, da diese die Anschaulichkeit von Maßnahmenumsetzungen unterstützt.

9.3 Akzeptanzförderung

Soll die Öffentlichkeit für die Ziele einer naturnahen Gewässergestaltung gewonnen werden, müssen die Grundlagen und Zusammenhänge vermittelt werden. Es ist Aufgabe des planenden Teams, die Besonderheiten des Planungsgebietes und der dort lebenden Menschen zu verstehen und in alle Planungsprozesse zu integrieren. Dazu gehört die Berücksichtigung der sozio-ökonomischen Verhältnisse der oftmals betroffenen landwirtschaftlichen Betriebe ebenso wie das Freizeit- und Erholungsbedürfnis der Bevölkerung (Luz 1993), was heute auch gerne als *Sozialfunktion* bezeichnet wird und immer größere Bedeutung an Gewässern erlangt. Auch die Verbesserung von sog. *Ökosystemleistungen* (z. B. Selbstreinigungskraft des Gewässers, Hochwasserschutz, Landschaftsbild/-attraktivität) können zur Akzeptanzföderung beitragen.

Eine Planung findet oft dann keine Akzeptanz, wenn mit dieser zum Beispiel versucht wird, die Bevölkerung aus für die Freizeitaktivitäten attraktiven Landschaften auszusperren. Eine Planung sollte daher bevorzugt immer für die Menschen bzw. mit den Menschen und nicht gegen sie umgesetzt werden. Nicht nur aus rechtlichen Überlegungen, sondern auch aus praktikablen Erwägungen, ist es deshalb geboten, dass Freizeit- und Erholungsbedürfnis des Menschen in die Planungsüberlegungen einzubeziehen. Dies ist heutzutage umso wichtiger, als der Freizeitdruck stetig zunimmt (DWA 2007).

Es ist meist nicht möglich, alle Nutzerinteressen gleichzeitig zufrieden zu stellen. Ein weitgehender gesellschaftlicher Konsens ist jedoch für die Umsetzung der Entwicklungsziele unbedingt erforderlich. Wo dies ökologisch verträglich ist, können zum Beispiel Rad- und Wanderwege, Badestellen, Liegewiesen und Parkplätze Bestandteile von Entwicklungszielen sein. Dabei spielen Maßnahmen zur Lenkung der Nutzer eine große

Rolle. Mit ihrer Hilfe lassen sich belastbare Räume erschließen, während ökologisch wertvolle Bereiche geschützt werden (siehe u. a. BfN 1998; DWA 2007).

Anerkannte Möglichkeiten des Planungs- und Umsetzungsmanagements sind Bürgerbeteiligungen, die auch mit den Stichworten „*Runder Tisch*" oder „*Offene Planung*" umschrieben werden. Diese sind auch für die Entwicklung und Gestaltung von Gewässern im naturnahen Wasserbau sinnvoll und vorteilhaft einzusetzen (DVWK 1996a).

Durch entsprechende Informationen muss für die Zusammenhänge in der Natur Verständnis geweckt werden (Mach 2006). Allgemeine, zeitlich unbefristete Verbote werden von Erholungssuchenden oft nicht beachtet. Die konkrete Aufklärung durch Tafeln und zusätzliche mündliche Hinweise und Erläuterungen durch Behördenvertreter, Fischer, Natur- und Vogelschützer u. a. können hierbei sehr hilfreich sein.

9.4 Ausbildung, Fortbildung, Weiterbildung

Auf der Grundlage der neuen gesetzlichen Regelungen (EG-Wasserrahmenrichtlinie, Wasserhaushaltsgesetz, Bundesnaturschutzgesetz) wurde zum 01. August 2004 der Ausbildungsberuf des „*Wasserbauers/der Wasserbauerin*" neu geordnet und zum 01. November 2007 die Fortbildung zum „*Wasserbaumeister/zur Wasserbaumeisterin*".

Darüber hinaus wird auch die Ausbildung der Wasserbau- und Umweltingenieure/innen immer interdisziplinärer, um den Anforderungen bei Gewässerentwicklungsnahmen gerecht zu werden. Kenntnisse und praktische Erfahrungen in der Landschaftspflege, Biologie, Ökologie, Naturschutz, Geoökologie, Geologie und der Gewässerunterhaltung, um nur einige zu nennen, sind mit Sicherheit für das Gelingen eines Projektes bedeutsam.

9.4.1 Facharbeiter – Ausbildung zum Wasserbauer/zur Wasserbauerin

Wasserbauer/Wasserbauerinnen werden ausgebildet und eingesetzt bei Dienststellen der Wasser- und Schifffahrtsverwaltung des Bundes, bei vergleichbaren Dienststellen der Länder, Wasserbaufirmen, Wasserverbänden, Talsperrenverbänden, Deichverbänden und bei den zur Gewässerunterhaltung Verpflichteten auf Landes- und kommunaler Ebene.

Einsatzbereiche sind Planung und Bau sowie Betrieb und Unterhaltung …

- schiffbarer Gewässer,
- nicht schiffbarer Gewässer,
- im Rahmen des Insel- und Küstenschutzes,
- an Talsperren, Speichern und Rückhaltebecken,
- im Hochwasserschutz und in der
- Eisabwehr.

Ausbildungsschwerpunkte sind, neben rechtlichen (u. a. Wasser-, Naturschutz-, Arbeitsrecht) und organisatorischen Inhalten (Aufbau der Verwaltung, Verwaltungsverfahren, Verkehrssicherung), die Ausbau- und Unterhaltungsarbeiten. Die Vermittlung ökologischer Inhalte gewinnt immer mehr an Bedeutung.

Die Ausbildung dauert drei Jahre und erfordert einen Hauptschul- oder einen Realschulabschluss.

9.4.2 Meister – Fortbildung zum Wasserbaumeister/ zur Wasserbaumeisterin

Aufbauend auf den Ausbildungsberuf des „*Wasserbauers/der Wasserbauerin*" wurde ein Neuordnungsverfahren zum „*Geprüften Wasserbaumeister*" bzw. zur „*Geprüften Wasserbaumeisterin*" notwendig. Bei der Prüfung handelt es sich um eine berufliche Fortbildungsprüfung bzw. um eine handlungsorientierte Weiterbildungsprüfung (BIBB 2005).

Die *Meisterprüfung* umfasst und gliedert sich in drei Prüfungsteile:

- Grundlegende Qualifikationen
- Handlungsspezifische Qualifikationen
- Berufs- und arbeitspädagogische Qualifikationen.

Das Fortbildungskonzept sieht vor, die neuen Inhalte in etwa 1300 h in 35 Wochen innerhalb eines Zeitraumes von 2,5 Jahren zu vermitteln.

Mit einem Abitur, einem Zeugnis der Fachhochschulreife oder einer als gleichwertig anerkannten Vorbildung kann man sich gleichzeitig für ein Studium des Bauingenieurwesens bewerben (sog. „*Duale Ausbildung*"). Es folgen im Wechsel Zeiten des Studiums und der gewerblichen Berufsausbildung. Die Absolventen qualifizieren sich gleichzeitig in zwei Bildungsgängen und erlangen so innerhalb kurzer Zeit zwei vollwertige Abschlüsse.

9.5 Staatliche Fördermaßnahmen und Programme

Bund und Länder unterstützen Maßnahmen der naturnahen Entwicklung der Fließgewässer und Auen durch *Förderprogramme*. Die Zielsetzungen beschränken sich nicht nur auf Gewässer und Auen, sondern auch auf andere *Schutz-* und *Entwicklungsziele* (z. B. *Biotopvernetzung*).

Die Finanzierung von Maßnahmen zur naturnahen Entwicklung von Fließgewässern ist einer der wichtigsten Punkte bei der Realisierung. Zu unterscheiden sind verschiedene Strategien, von der Eigenfinanzierung durch den zuständigen Unterhaltungspflichtigen, die Durchführung der Maßnahme als reine Unterhaltungsmaßnahme bis hin zur teilweisen

Finanzierung über staatliche Förderprogramme des Bundes und der Länder. Von besonderer Bedeutung ist hier auch die Kofinanzierung der Projekte über die Förderprogramme der Europäischen Union (EU).

Die finanzielle Ausstattung der *EU-Programme* und die Bedingungen ändern sich ständig und können auf entsprechenden Plattformen im Internet abgerufen werden (z. B. Programm zur Finanzierung der gemeinsamen Agrarpolitik – EAGFL, Programm Europäische territoriale Zusammenarbeit – INTERREG).

An staatlichen bzw. kommunalen, ausschließlich gewässerbezogenen Programmen sind zum Beispiel *Gewässerauen-* und *Uferrandstreifenprogramme* zu nennen. Daneben gibt es weitere Programme, die einer naturnahen Gestaltung der Fließgewässer entgegenkommen. So können zum Beispiel landwirtschaftliche *Kulturlandschafts-* oder *Vertragsnaturschutzprogramme* zumindest eine auen- und gewässerverträgliche Nutzung fördern (BfN 2005a). Dasselbe kann für Landbewirtschaftungs-, Extensivierungs- oder Programme, die besondere Bewirtschaftungsformen fördern, gelten (siehe u. a. Schumacher und Klingenstein 2002; Hachtel et al. 2003; BfN 2005b).

Arten- und *Biotopschutzprogramme* sind keine (finanziellen) Förderprogramme zur Fließgewässerentwicklung, da sie nur naturschutzfachliche Zielsetzungen aufzeigen. Da jedoch die Ergebnisse derartiger Programme (z. B. extensiv genutzte Kulturlandschaften, Flächenstilllegungen) die Spielräume für eigendynamische Entwicklungen vergrößern, sind diese auch für die Fließgewässerentwicklung von Bedeutung (siehe u. a. Poschlod und Schumacher 1998).

Die Höhe der Förderung hängt von verschiedenen Voraussetzungen ab. So fällt zum Beispiel die Förderung in aller Regel umso höher aus je höher der ökologische Wert ist und je mehr die Bewirtschaftung der Flächen durch die Programme reglementiert wird. Dies betrifft u. a. das Verbot von Grünlandumbruch, das Einhalten eines bestimmten Viehbestandes, den Einsatz von mineralischem Dünger und Pflanzenschutzmitteln, die Beachtung verschiedener Schnittzeitauflagen oder Erschwerniszulagen bei aufwendigerer Unterhaltung.

Ein weiterer wichtiger Punkt ist die Dauer der vereinbarten Nutzungsbeschränkungen, die vertraglich mit den Besitzern, sonstigen Eigentümern oder Nutzungsberechtigten abgeschlossen werden. Längerfristige Verträge sind anzustreben, denn nur dann ist eine entsprechende Entwicklung möglich. Es muss bedacht werden, was nach Vertragsablauf mit den Flächen geschieht. Eine vorherige Abstimmung und präzise vertragliche Vereinbarung trägt sehr dazu bei, dass spätere Streitigkeiten vermieden werden.

Grundsätzlich ist der Erwerb allen zeitlich befristeten Maßnahmen und Bewirtschaftungsauflagen vorzuziehen. Hier spielen jedoch nicht nur die Kosten für den Grunderwerb eine Rolle, sondern auch die dann oftmals anfallenden Unterhaltungskosten.

Literatur

ATV-DVWK – (Deutsche Vereinigung für Wasserwirtschaft, Abwasser, Abfall e.V., Hennef – siehe auch ATV, DVWK und DWA)

ATV-DVWK – Deutsche Vereinigung für Wasserwirtschaft, Abwasser und Abfall (Hrsg.) (2002) Gewässernachbarschaften – Regionaler Erfahrungsaustausch, Aktuelle Hinweise über Aufgaben und Ziele der Initiativen der ATV-DVWK, Broschüre.

ATV-DVWK – Deutsche Vereinigung für Wasserwirtschaft, Abwasser und Abfall (Hrsg.) (2003) Gewässerlandschaften in der Bundesrepublik Deutschland, „Steckbriefe", Autor: Elmar Briem, ATV-DVWK Arbeitsbericht, Februar 2003, Hennef.

Bayerisches Landesamt für Wasserwirtschaft – BayLfW (Hrsg.) (1995) Neue Wege in der Gewässerpflege, Informationsbericht 4/1995 des Bayerischen Landesamtes für Wasserwirtschaft, München.

BayLfW (s. Bayerisches Landesamt für Wasserwirtschaft – BayLfW; jetzt Bayerisches Landesamt für Umwelt, Augsburg)

Bayerisches Landesamt für Umwelt, Ökokonto Wasserwirtschaft – BayLfU (2021) Handlungsanleitung zur Bewertung von Maßnahmen der Gewässer- und Auenentwicklung – Merkblatt Nr. 5.1/8, 2021

Becker, H., Götzinger, J. (2009) Europäische Wasserrahmenrichtlinie – Stand der Umsetzung und Perspektiven, KW Korrespondenz Wasserwirtschaft, 2. Jahrg., Heft Nr. 11/2009.

BfN (s. Bundesamt für Naturschutz, Bonn)

BIBB (s. Bundesinstitut für Berufsbildung)

BMU & BfN (s. Bundesministerium für Umwelt, Naturschutzu und nukleare Sicherheit – BMU, Berlin/Bonn & Bundesamt für Naturschutz – BfN, Bonn)

BMUB & UBA (s. Bundesministerium für Umwelt, Naturschutz, Bau und Reaktorsicherheit – BMUB & Umweltbundesamt – UBA, Bonn/Berlin/Dessau) (2017).

BMUB (s. Bundesministerium für Umwelt, Naturschutz und Reaktorsicherheit – BMUB, Bonn/Berlin)

Braun, P., Kügel, B., Kraier, W., Hartmann, J. (1996) Ökologisch begründete Sanierungskonzepte kleiner Fließgewässer – Fallbeispiel Vils/Oberpfalz, In: Schriftenreihe des Bayerischen Landesamtes für Wasserwirtschaft (1996).

Bundesamt für Naturschutz – BfN (Hrsg.) (1995) Biologische Daten für die Planung, Bearbeiter: Uwe Riecken & Eckhard Schröder, Schriftreihe für Landschaftspflege und Naturschutz, Heft 43.

Bundesamt für Naturschutz – BfN (Hrsg.) (1998) Naturerfahrensräume, Bearbeiter: Hans-Joachim Schemel et al., Schriftreihe für Angewandte Landschaftsökologie, Heft 19.

Bundesamt für Naturschutz – BfN (Hrsg.) (2000) Bundesweite Rote Listen – Bilanzen, Konsequenzen, Perspektiven, Bearbeiter: M. Binot-Hafke, H. Gruttke, G. Ludwig, U. Riecken, Schriftreihe für Landschaftspflege und Naturschutz, Heft 65.

Bundesamt für Naturschutz – BfN (Hrsg.) (2001) Berichtspflichten in NATURA-2000-Gebieten – Empfehlungen zur Erfassung der Arten des Anhangs II und Charakterisierung der Lebensraumtypen des Anhangs I der FFH-Richtlinie, Bearbeiter: T. Fartmann, H., Gunnemann, P. Salm, E. Schröder, Schriftreihe für Landschaftsökologie, Heft 42.

Bundesamt für Naturschutz – BfN (Hrsg.) (2002) Systematik der Biotoptypen- und Nutzungstypenkartierung (Kartieranleitung), Schriftreihe für Landschaftspflege und Naturschutz, Heft 73.

Bundesamt für Naturschutz – BfN (Hrsg.) (2003) Standard-Biotoptypenlisten für Deutschland – 2. Fassung Februar 2003, Bearbeiter: U. Riecken, P. Fink, U. Raths, E. Schröder, A. Ssymank, Schriftreihe für Landschaftspflege und Naturschutz, Heft 75.

Bundesamt für Naturschutz – BfN (Hrsg.) (2005a) Methoden zur naturschutzfachlichen Konkretisierung der „Guten fachlichen Praxis" in der Landwirtschaft – Ergebnisse aus dem F +E-Vorhaben

(FKZ 800 88 001) des Bundesamtes für Naturschutz, Bearbeiter: Harald Plachter, Ulrich Stachow, Armin Werner, Naturschutz und Biologische Vielfalt, Heft 7, Bonn-Bad Godesberg.

Bundesamt für Naturschutz – BfN (Hrsg.) (2005b) Agrarumweltprogramme und Vertragsnaturschutz weiter entwickeln, Bearbeiter: Wolfram Güthler, Rainer Oppermann, Naturschutz und Biologische Vielfalt, Heft 13, Bonn-Bad Godesberg.

Bundesinstitut für Berufsbildung (BIBB) (Hrsg.) (2005) Wasserbauer/Wasserbauerin, Erläuterungen und Praxishilfen zur Ausbildungsordnung, W. Bertelsmann Verlag.

Bundesministerium für Land- und Forstwirtschaft – Österreich (Hrsg.) (1991) Auf zu neuen Ufern – Ingenieurbiologische Bauweisen im naturnahen Wasserbau, Wien.

Bundesministerium für Umwelt, Naturschutz und Reaktorsicherheit – BMU (Hrsg.) (2007a) Die Beteiligung der Öffentlichkeit bei der Wasserwirtschaftlichen Planung, Umwelt, Nr. 3/2007.

Bundesministerium für Umwelt, Naturschutz und Reaktorsicherheit – BMU (Hrsg.) (2007b) Natura2000 vor der Vollendung: Aktualisierung des europäischen Netzes der FFH-Schutzgebiete, Umwelt, Nr. 9/2007.

Bundesministerium für Umwelt, Naturschutz und nukleare Sicherheit (BMU) & Bundesamt für Naturschutz – BfN (Hrsg.) (2021) Auenzustandsbericht 2021, Autoren: U. Koenzen, D. Günther-Diringer, Berlin/Bonn.

Bundesministerium für Umwelt, Naturschutz, Bau und Reaktorsicherheit – BMUB & Umweltbundesamt – UBA (Hrsg.) (2017) Gewässer in Deutschland – Zustand und Bewertung, Bearbeiter: J. Arle, K. Blondzik, U. Claussen, A. Duffek, S. Grimm, F. Hilliges, B. Kirschbaum, I. Kirst, D. Koch, J. Koschorreck, P. Lepom, W. Leujak, V. Mohaupt, S. Naumann, U. Pirntke, J. Rechenberg, P. Schilling, A. Ullrich, J. Wellmitz, S. Werner, R. Wolter, Umweltbundesamt, März 2017.

Bund/Länderarbeitsgemeinschaft Wasser (LAWA) (2021) Empfehlungen Oberirdische Gewässer, Leitlinien der Gewässerentwicklung, LAWA-Arbeitsprogramm Flusgebietsbewirtschaftung, April 2019

CIS (s. Common Implementation Strategy)

Common Implementation Strategy – CIS (2021) European Water Law, Working Programme 2022–2024 (December 2021)

Deutscher Rat für Landespflege – DRL (Hrsg.) (2007) Kompensation von Strukturdefiziten in Fließgewässern durch Strahlwirkung, Gutachtliche Stellungnahme und Ergebnisse des Projektes „Potenziale der Fließgewässer zur Kompensation von Strukturdefiziten" („Strahlwirkung"), Schriftenreihe des Deutschen Rates für Landespflege, Heft 81, Dezember 2007.

DRL (s. Deutscher Rat für Landespflege, Bonn)

DVWK (s. Deutscher Verband für Wasserwirtschaft und Kulturbau e.V., Bonn – Anmerkung: Die Abwassertechnische Vereinigung e.V. (ATV) und der Deutsche Verband für Wasserwirtschaft und Kulturbau e.V. (DVWK) waren seit dem 1. Januar 2000 fusioniert und gaben sich den Verbandsnamen: ATV-DVWK – Deutsche Vereinigung für Wasserwirtschaft, Abwasser, Abfall e.V. mit Sitz in Hennef. Mit Wirkung vom 27. Oktober 2004 wurde der Name in Deutsche Vereinigung für Wasserwirtschaft, Abwasser und Abfall e.V. (DWA) mit Sitz in Hennef geändert).

DVWK (s. Deutsche Vereinigung für Wasserwirtschaft und Kulturbau, Bonn – siehe auch DWA)

DVWK – Deutscher Verband für Wasserwirtschaft und Kulturbau e.V. (Hrsg.) (1996a) Fluß und Landschaft – Ökologische Entwicklungskonzepte, DVWK-Merkblätter zur Wasserwirtschaft, Nr. 240/1996, Bonn.

DVWK – Deutscher Verband für Wasserwirtschaft und Kulturbau e.V. (Hrsg.) (1996b) Zur aktuellen Leitbilddiskussion, DVWK-Nachrichten 148, Nov. 1996, Bonn.

DWA (s. Deutsche Vereinigung für Wasserwirtschaft, Abwasser, Abfall eV – DWA, Hennef – die DWA ist am 27. Oktober 2004 durch Namensänderung aus ATV-DVWK entstanden – siehe auch ATV, DVWK sowie ATV-DVWK)

DWA – Deutsche Vereinigung für Wasserwirtschaft, Abwasser und Abfall e.V. (DWA) (Hrsg.) (2007) Freizeit und Erholung an Fließgewässern, Merkblatt DWA-M 603.

DWA – Deutsche Vereinigung für Wasserwirtschaft, Abwasser und Abfall e.V. (DWA) (Hrsg.) (2008) Der Prozess der Bewirtschaftungsplanung gemäß EG-WRRL-Handlungsempfehlungen aus der Sicht der DWA, DWA-Arbeitsbericht, April 2008.

DWA – Deutsche Vereinigung für Wasserwirtschaft, Abwasser und Abfall e.V. (DWA) (Hrsg.) (2010) Fluss und Landschaft – Ökologische Entwicklungskonzepte, Merkblatt DWA-M 611.

DWA – Deutsche Vereinigung für Wasserwirtschaft, Abwasser und Abfall eV – DWA (Hrsg.) (2017) Gewässermonitoring – Strategien und Methoden zur Erfassung der physikalisch-chemischen Beschaffenheit von Fließgewässern, Merkblatt DWA-M 517.

Frotscher-Hoof, U. (2008) Maßnahmenschwerpunkte in Nordrhein-Westfalen, Vortrag auf dem Symposium „Gewässerschutz und Gewässerentwicklung" in Europa und NRW – Umsetzung der WRRL, 21.–22. Januar 2008, Bonn.

Hachtel, M., Weddeling, K., Nawrath, A., Reisch, C., Schmelzer, M., Schumacher, W. (2003) Förderung der 20-jährigen Flächenstilllegung, LÖBF-Mitteilungen Heft Nr. 3/2003, S. 23–30.

Henneberg, S.C., Schilling, J. (1998) Ökologische Gesamtplanung Weser – Ziele und Umsetzung, Wasser & Boden, 50. Jahrg., Heft 9/1998.

Jedlitschka, J., Schmedtje, U. (2006) Maßnahmenprogramm nach WRRL, Wasser und Abfall, Heft 5/2006.

Konold, W. (2020) Ökologie und Management von Bach- und Flussauen, Themenheft der Arbeitsgruppe im Fachausschuss GB-1, KW Korrespondenz Wasserwirtschaft, 13. Jahrg., Heft 6, S. 301ff.

Landesanstalt für Umweltschutz Baden-Württemberg – LUBW (Hrsg.) (1999) Die Gewässerlandschaften Baden-Württembergs, Oberirdische Gewässer, Gewässerökologie Nr. 53, Karlsruhe.

Landesanstalt für Umwelt Baden-Württemberg – LUBW (Hrsg.) (2019) Gewässerentwicklung und Gewässerbewirtschaftung in Baden-Württemberg, Teil 3 – Maßnahmenplanung, -umsetzung,-unterhaltung, Oktober 2019

Landesumweltamt Nordrhein-Westfalen – LUA NRW (Hrsg.) (1999) Leitbilder für kleine bis mittelgroße Fließgewässer in Nordrhein-Westfalen – Gewässerlandschaften und Fließgewässertypen, Merkblätter Nr. 17, Essen.

Landesumweltamt Nordrhein-Westfalen – LUA NRW (Hrsg.) (2001a) Referenzgewässer der Fließgewässertypen Nordrhein-Westfalens, Teil 2: Mittelgroße bis große Fließgewässer – Gewässerabschnitte und Referenzstrukturen, Merkblätter Nr. 29, Essen.

Landesumweltamt Nordrhein-Westfalen – LUA NRW (Hrsg.) (2001b) Vegetationskundliche Leitbilder und Referenzgewässer für die Ufer- und Auenvegetation der Fließgewässer in Nordrhein-Westfalen, Merkblätter Nr. 32, Essen.

Landesumweltamt Nordrhein-Westfalen – LUA NRW (Hrsg.) (2001c) Leitbilder für die mittelgroßen bis großen Fließgewässer, Merkblätter Nr. 34, Essen.

Landesumweltamt Nordrhein-Westfalen – LUA NRW (Hrsg.) (2003a) Fließgewässertypenatlas NRW's, Merkblätter Nr. 36, Essen.

Landesumweltamt Nordrhein-Westfalen – LUA NRW (Hrsg.) (2003b) Vegetationskundliche Leitbilder und Referenzabschnitte für die Ufer- und Auenvegetation des Rheins in Nordrhein-Westfalen, Merkblätter Nr. 40, Essen.

LAWA (s. Bund/Länder Arbeitsgemeinschaft Wasser)

LU BW (s. Landesanstalt für Umwelt Baden-Württemberg, Karlsruhe)

LUA NRW (s. Landesamt für Umwelt des Landes Nordrhein-Westfalen, Recklinghausen)

Luz, F. (1993) Zur Akzeptanz landschaftsplanerischer Projekte, Determinanten lokaler Akzeptanz und Umsetzbarkeit von landschaftsplanerischen Projekten zur Extensivierung, Biotopvernetzung

und anderen Maßnahmen des Natur- und Umweltschutzes, Europäische Hochschulschriften, Reihe 42, Ökologie, Umwelt und Landespflege, Bd. 11, Peter Lang Verlag, Frankfurt am Main.
Mach, R. (2006) Visualisierung im Wasserbau und Wasserwirtschaft – Bilder als Schnittstelle zum Verständnis, Wasserwirtschaft, 96. Jahrg., Heft 10/2006.
Ministerium für Umwelt und Naturschutz, Landwirtschaft und Verbraucherschutz des Landes Nordrhein-Westfalen – MUNLV NRW (Hrsg.) (2002) Gewässerauenprogramm – Ein Überblick über die Gewässerauenkonzepte in Nordrhein-Westfalen, Düsseldorf.
Ministerium für Umwelt und Forsten Rheinland-Pfalz – MUFV RP (Hrsg.) (2005) 10 Jahre Aktion Blau – Gewässerentwicklung in Rheinland-Pfalz, Bearbeitung: Landesamt für Umwelt, Wasserwirtschaft und Gewerbeaufsicht Rheinland-Pfalz, Oppenheim, Mainz.
Ministerium für Umwelt, Forsten und Verbraucherschutz Rheinland-Pfalz – MUFV RP (Hrsg.) (2007a) Handbuch für Bachpaten, Juni 2007, Mainz.
Ministerium für Umwelt, Forsten und Verbraucherschutz Rheinland-Pfalz – MUFV Rheinland-Pfalz (Hrsg.) (2007b) Die besten Ideen rund ums Wasser, Bearbeitung: Bund für Umwelt und Naturschutz Deutschland – BUND, Stephan Hübner, Jutta Scheiner, 2007, Mainz.
MUFV RP (s. Ministerium für Umwelt und Forsten Rheinland-Pfalz – MUFV RP, Mainz)
MUNLV NRW (s. Ministerium für Umwelt und Naturschutz, Landwirtschaft und Verbraucherschutz des Landes Nordrhein-Westfalen, Düsseldorf)
Patt, H. (Hrsg.) (2022) Fließgewässer- und Auenentwicklung – Grundlagen und Erfahrungen, 3. Aufl., Springer Vieweg, Wiesbaden.
Poschlod, P., Schumacher, W. (1998) Naturschutzziele für extensiv genutzte Kulturlandschaften, Bundesministerium für Umwelt, Tagung Naturschutz in Deutschland.
Reich, J. (2002) 10 Jahre Gewässernachbarschaften in Baden-Württemberg, Wasserwirtschaft, 92. Jahrg., Heft 9/2002.
Renschler, H. (2000) IKONE-Integrierende Konzeption Neckar-Einzugsgebiet – Schlüssel zur Konsensfindung bei der nachhaltigen Bewirtschaftung und Entwicklung der Gewässer im Lebensraum Neckar, Wasserwirtschaft, 90. Jahrg., Heft 9/2000.
Schumacher, W., Klingenstein, F. (2002) Nachhaltige Landwirtschaft zwischen Wunsch und Wirklichkeit, In: Erdmann, K.-H., Schell, C. (Hrsg.) Natur zwischen Wandel und Veränderung, Springer-Verlag, Berlin, Heidelberg, S. 87–98.
Sommerhäuser, M., Klausmeier, P. (1999) Fließgewässertypisierung und Leitbildfindung – zur Methodik und Anwendung in ökomorphologischen Bewertungsverfahren am Beispiel ausgewählter Flachlandbachtypen, Wasserwirtschaft 89, Heft 9/1999.
Städtler, E. (1997) Das Gewässerauenkonzept Sieg, Wasser & Boden, 49. Jahrg., Heft 10/1997.
Städtler, E. (2002) 10 Jahre Gewässernachbarschaft Sieg – 10 Jahre Fließgewässerentwicklung an einem Mittelgebirgsgewässer, KA-Abwasser, Abfall, 49. Jahrg., Nr. 5, Mai 2002, S. 673–678.
Surburg, U. (2005) Die Umsetzung des SUP-Gesetzes in der wasserwirtschaftlichen Planung, Wasserwirtschaft, 95. Jahrg., Heft 11/2005.
Umweltbundesamt – UBA (2014) Hydromorphologische Steckbriefe der deutschen Fließgewässertypen, Anhang 1 von „Strategien zur Optimierung von Fließgewässer-Renaturierungsmaßnahmen und ihrer Erfolgskontrolle“, Heft 43/2014.
UBA (s. Umweltbundesamt, Dessau)
Umweltbundesamt – UBA (Hrsg.) (2003) Entwicklung eines leitbildorientierten Saprobienindexes für die biologische Fließgewässerbewertung, Umweltforschungsplan des Bundesministeriums für Umwelt, Naturschutz und Reaktorsicherheit, Forschungsbericht 200 24 227, UBA-FB 000366, Bearbeiter: Peter Rolauffs, Dr. Daniel Hering, Dr. Mario Sommerhäuser, Silke Rödiger, Sonja Jähnig, Universität Essen, Institut für Ökologie, Abt. Hydrobiologie.
WBW (s. WBW-Fortbildungsgesellschaft für die Gewässerpflege)

WBW-Fortbildungsgesellschaft für die Gewässerentwicklung mbH (Hrsg.) (1999) Gewässernachbarschaften in Baden-Württemberg, Statusbericht 1998/1999, Heidelberg.

WBW-Fortbildungsgesellschaft für die Gewässerentwicklung mbH (Hrsg.) (2006) Von der Gewässerpflege zur Gewässerentwicklung – 14 Jahre WBW Fortbildungsgesellschaft für Gewässerentwicklung, September 2006, Heidelberg.

WBW-Fortbildungsgesellschaft für die Gewässerpflege (Hrsg.) (1996) Gewässernachbarschaften in Baden-Württemberg, Statusbericht 1995, Heidelberg.

Internet

Bundesamt für Naturschutz https://www.bfn.de/ - aufgerufen am 8. Juni 2024.

Bundesministerium für Umwelt, Naturschutz, nukleare Sicherheit und Verbraucherschutz - www.bmuv.de/ aufgerufen am 8. Juni 2024.

Europäisches Parlament - Gemeinsame Agrarpolitik - Ziele, Funktionsweise, Finanzierung https://www.landwirtschaft.de/landwirtschaft-verstehen/wie-funktioniert-landwirtschaft-heute/wie-funktioniert-die-gemeinsame-agrarpolitik-der-eu - aufgerufen am 8. Mai 2024. https://www.europarl.europa.eu/factsheets/de/sheet/106/die-finanzierung-der-gemeinsamen-agrarpolitik-zahlen-und-fakten - aufgerufen am 8. Juni 2024.

Europäische territoriale Zusammenarbeit (Interreg) www.interreg.de/INTERREG2021/DE/Startseite/home_node.html - aufgerufen am 8. Juni 2024.

Landesamt für Natur, Umwelt und Verbraucherschutz Nordrhein-Westfalen www.lanuv.nrw.de - Typologie, Referenzgewässer - aufgerufen am 8. Juni 2024.

Umweltbundesamt www.umweltbundesamt.de/ - aufgerufen am 8. Juni 2024.

Naturnahe Gestaltung – Methoden des naturnahen Wasserbaus und der Ingenieurbiologie

10

Heinz Patt und Andreas Stowasser

Eines der wichtigsten Ziele des naturnahen Wasserbaus ist es, einem Fließgewässer ausreichend Raum zu überlassen, sodass es sich durch *Eigendynamik* frei entwickeln kann. Lassen die bestehenden Randbedingungen eine freie Entfaltung nicht zu, muss der Mensch lenkend eingreifen. Der naturnahe Wasserbau bedient sich dabei der eigendynamischen Entwicklung oder solcher Bauweisen und Materialien, wie sie an der Stelle im Gewässer auch natürlich vorkommen könnten. Ein wesentliches Gestaltungselement sind dabei die *ingenieurbiologischen Bauweisen*, d. h. Bauweisen bei denen Pflanzen bzw. austriebsfähige Pflanzenbestandteile zum Einsatz kommen (siehe u. a. Schiechtl und Stern 2002; Stowasser und Lagemann 2008a, b; Stowasser 2011; Dachsel et al. 2018; DWA-M 620-1 2020b; Hermannsdorfer 2020; DWA-M 620-2 2022a) sowie zahlreiche Veröffentlichungen der Gesellschaft für Ingenieurbiologie e. V. – www.ingenieurbiologie.com - aufgerufen am 8. Juni 2024.

10.1 Eigendynamische Fließgewässerentwicklung

Fließgewässer sind dynamische Systeme, die ihr Bett und den dazugehörigen Talraum durch Abfolgen von *Erosion, Transport* und *Sedimentation* unter den jeweiligen Randbedingungen ausformen und dabei ihre eigenen morphologischen und biotischen Strukturen

H. Patt (✉)
Sachverständigenbüro Professor Patt
Bonn, Deutschland

A. Stowasser (✉)
Stowasserplan – Landschaftsarchitektur/Ingenieurbiologie
Radebeul, Deutschland
E-Mail: stowasser@stowasserplan.de

H. Patt, *Naturnaher Wasserbau*, https://doi.org/10.1007/978-3-658-43846-3_10

entwickeln (siehe u. a. DWA-M 526 2015b; Dittrich 2016; Stowasser und Stratmann 2017; Jährling 2017; Seidel et al. 2017; Patt 2022). Grundvoraussetzungen für eine natürliche Entwicklung sind das Fehlen anthropogener Eingriffe im Einzugsgebiet und das Vorhandensein von ausreichend Raum für diese Entwicklung (s. Kap. 3 und 4).

In einem natürlichen Fließgewässer treten unterschiedliche charakteristische Merkmale als Abfolge nacheinander auf, wobei einzelne Teilbereiche fehlen oder wiederholt auftreten können (s. Abschn. 3.3). Für die Planung müssen diese Merkmale ermittelt werden, um die künftige Entwicklung eines Fließgewässers abschätzen zu können. Erst dann können die Rahmenbedingungen geschaffen werden, die dem Gewässer ausreichend Spielraum für eine *eigendynamische Laufentwicklung* zur Verfügung stellen. Anschließend muss Geduld vorhanden sein, um die weitere Entwicklung abzuwarten.

Die Abb. 10.1, 10.2, 10.3 und 10.4 zeigen die Entwicklung eines Nebengewässers über einen Zeitraum von mehr als 30 Jahren. Die eigendynamische Entwicklung wurde durch die Umgestaltung der unterstromigen Verbindung mit dem Hauptgewässer eingeleitet.

Abb. 10.1 18 Jahre eigendynamische Entwicklung haben einen Seitenarm an der Sieg naturnah umgestaltet (Entwicklungsstand im Jahr 2005). (Foto: E. Städtler)

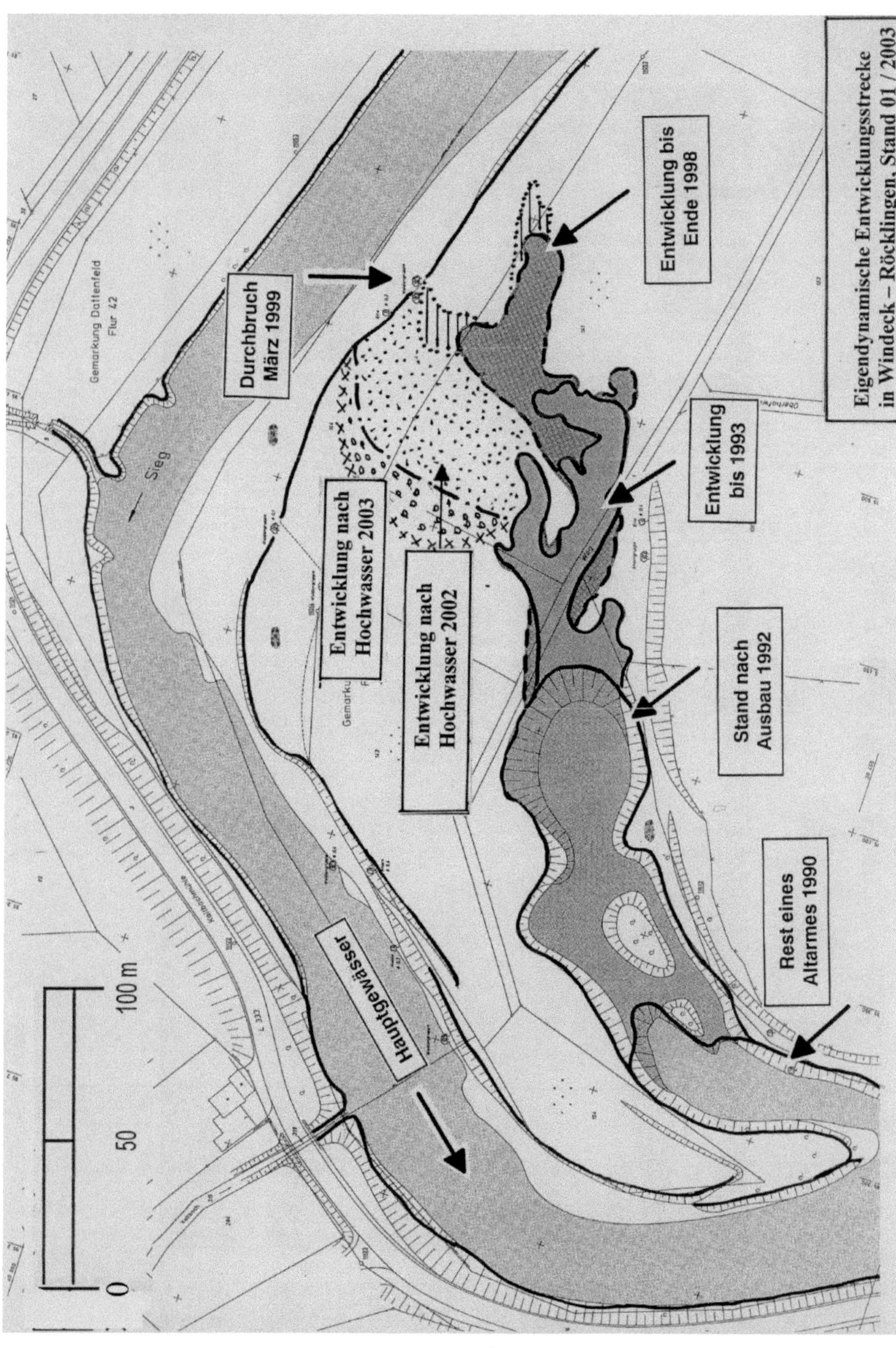

Abb. 10.2 Eigendynamische Entwicklung eines Seitenarmes nach einer einleitenden Baumaßnahme (aus Städtler 2008). (Zeichnung: E. Städtler)

Abb. 10.3 Röcklinger Bogen im März 2018 – Zwei Jahrzehnte eigendynamische Entwicklung haben einen Seitenarm an der Sieg naturnah umgestaltet. (**a**) Im März 2018 hat sich ein vielgestaltiger Einlaufbereich eigendynamisch ausgeformt … (**b**) … der einen speziellen Lebensraum für selten gewordene Species anbietet. **c.** Inwieweit die dort befindlichen erheblichen Totholzansammlungen zu Problemen führen können, muss im Einzelfall geklärt werden. (Fotos: H. Patt)

Abb. 10.4 Uferanbrüche als Ausdruck dynamischer Prozesse zwischen Strömung und Ufer. (Foto: H. Patt)

Durch rückschreitende Erosion vergrößerte sich das Altgewässer zunehmend. Heute wird der Nebenarm bei Hochwasser durchströmt.

Um diese Entwicklung zu ermöglichen, wurden vom Unterhaltungspflichtigen umfangreiche Flächen in diesem Bereich angekauft. Die Restfläche wurde dem ehemaligen Besitzer zur Nutzung als extensives Weideland überlassen (siehe u. a. Patt und Städtler 2000; Patt 2002, 2022; Städtler 2008).

10.2 Einleiten dynamischer Prozesse

Von Menschen unbeeinflusste, natürliche Fließgewässerlandschaften gibt es praktisch nicht mehr (Karl 1994). Maßnahmen im Einzugsgebiet, wie z. B. Wasserkraftnutzung und Hochwasserschutz, können das Abflussregime oder den Geschiebehaushalt derart stark beeinflussen, dass es im Unterlauf zu Sohleneintiefungen kommt, obwohl das Gewässer dort nicht eingeengt ist und ihm ausreichend Raum zur Verfügung steht (Willi 2000).

Veränderungen am dynamischen Entwicklungsprozess eines Fließgewässers sollten erst eingeleitet werden, wenn die vorgesehenen Umweltziele (s. Abschn. 9.1.2) geklärt und die Randbedingungen ermittelt sind. Dazu müssen alle Eingriffe in die natürliche Fließgewässerentwicklung auf ihre weiteren Auswirkungen überprüft werden. Sind der Eingriff selbst oder die Folgewirkungen nicht zu korrigieren, müssen diese in die Planung mit einbezogen werden.

Wasserbauliche Maßnahmen, die eine *eigendynamische Gewässerentwicklung* einleiten, zeichnen sich dadurch aus, dass mit ihnen niemals ein „fertiger Zustand“ nach Abschluss der Bauarbeiten erstellt wird. Es werden Grobstrukturen vorgegeben, die anschließend durch die gestaltende Kraft des Wassers vollendet werden (siehe u. a. Junghardt und Vollmer 1998; Patt und Städtler 2000; Hafner 2008; Patt 2022).

10.2.1 Veränderungen an der Laufentwicklung

Die *Laufentwicklung*, d. h. Linienführung, Längs-, Querprofile und Gewässerbettstruktur, muss stets als Einheit angesehen und daher in gegenseitiger Wechselwirkung entwickelt werden (s. Abschn. 3.3). Vor Eingriffen in die bisherige Laufentwicklung empfiehlt es sich, Strukturen von *Referenzgewässern* zu studieren und auf die eigene Aufgabe zu übertragen. Klassifizierungs- oder Typisierungsschemata und die Arbeiten zu den Gewässerlandschaften (ATV-DVWK 2003a; b) bieten zusätzliche Anhaltspunkte, um die charakteristischen Merkmale und die voraussichtliche Entwicklung abzuschätzen (s. Abschn. 3.5.2).

Bei der vollständigen *Neugestaltung* eines Wasserlaufs ist der Planung die natürliche Laufentwicklung eines Fließgewässers im jeweiligen Naturraum zugrunde zu legen, d. h. größere Abweichungen zwischen den charakteristischen Merkmalen von *Referenzgewässer* und „neuem“ Fließgewässer sollten nicht auftreten.

Einfacher und pragmatischer kann an die *Verbesserung der Laufentwicklung* eines bestehenden Fließgewässers herangegangen werden. So kann zum Beispiel ein begradigter Fluss ausgelenkt werden, um die Linienführung naturnäher zu gestalten. Hierzu wird an geeigneter Stelle der Uferverbau entnommen und oberstrom am gegenüberliegenden Ufer ein *Regelungsbauwerk* angeordnet. Das Regelungsbauwerk, in diesem Fall eine Buhne, verstärkt die vorhandene Strömung, sodass der nicht mehr gesicherte Uferbereich angegriffen wird und ein Prallufer entsteht (s. Abb. 10.5). Das dort erodierte Material wird abtransportiert und unterstrom abgelagert.

Durch das neu entstandene Prallufer wird die Strömung verstärkt gegen das gegenüberliegende Ufer gelenkt. Dort ist nun ebenfalls der Uferverbau zu entnehmen, damit der eingeleitete Prozess sich fortsetzen kann. In der Folge entsteht ein Wechsel von *Prall-* und *Gleituferstrukturen.*

Wenn der Verbau an den Gleitufern nicht mehr erforderlich ist, kann das Material entnommen und an anderer Stelle wiederverwendet werden. Falls es ökologisch verträglich ist, ist es jedoch meist wirtschaftlicher den alten Verbau im Gewässerbett zu belassen und als Strömungslenker einzusetzen.

Steht ausreichend Raum für die eigendynamische Entwicklung eines Fließgewässers zur Verfügung, so wird sich mit der Zeit ein Querprofil ausbilden, das natürlichen Verhältnissen sehr weit angepasst ist. Aber auch ein derart entwickeltes Querprofil ist durch die *Eigendynamik* weiterhin dauernden Veränderungen unterworfen. Entsprechend der natürlichen Laufentwicklung durchläuft ein Fließgewässer dabei die bereits in Abschn. 3.3 dargestellten naturraumspezifischen Entwicklungsprozesse. So verändern sich zum Beispiel Mäanderschleifen durch ständigen Abtrag und Anlandung bis hin zum Mäanderdurchbruch (s. Abschn. 3.3.1).

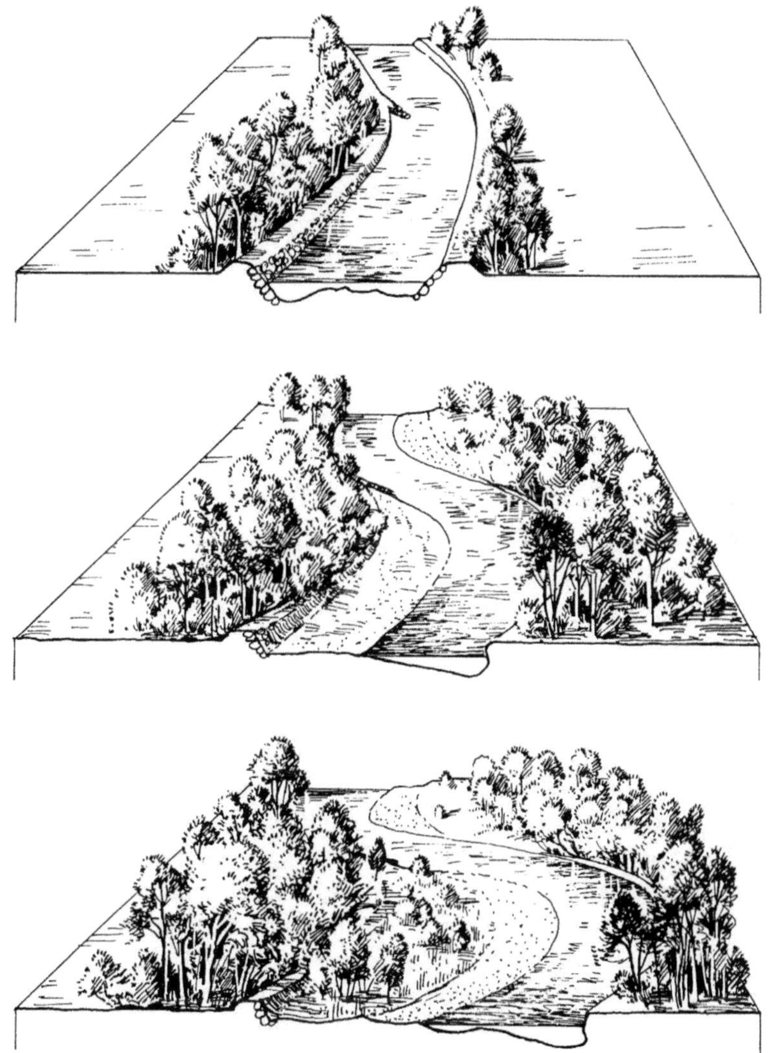

Abb. 10.5 Verbesserung der Laufentwicklung durch Rückbau der Ufersicherung und Auslenkung der Strömung mittels einer Buhne. (Zeichnung: H. Geipel)

10.2.2 Gewässeraufweitungen

Die Fließgewässersohle kann durch eine *Gewässeraufweitung* gegen Tiefenerosion gesichert werden, da sich im aufgeweiteten Querschnitt Material ablagert. Die Sohle des Fließgewässers wird dadurch angehoben (Hunzinger 2004; Requena et al. 2005).

Mit dem Anheben der Sohle vergrößert sich das Sohlengefälle zwischen dem erweiterten Querschnitt und dem unterstrom gelegenen unveränderten Gewässerabschnitt. In diesem Bereich steigt mit zunehmender Schubspannung die Geschiebefracht (Fäh et al. 2008).

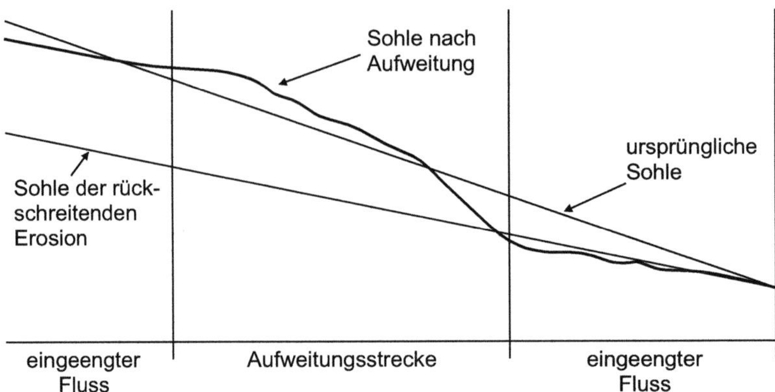

Abb. 10.6 Auswirkungen einer Gewässeraufweitung auf die Gewässersohle. (Verändert nach Zarn 1992)

Modellversuche zu Gewässeraufweitungen mit beweglicher Sohle zeigen deutlich einen tiefen Kolk am Übergang der Aufweitung zum vorhandenen Querschnitt, dessen Sohlenlage unter die Sohle der rückschreitenden Erosion herunter reicht (s. Abb. 10.6). Aufgrund der Unsicherheiten bei der Berechnung empfiehlt es sich, den Querschnitt etwas weiter zu öffnen als es der hydraulische Nachweis vorgibt. Eine Sohlensicherung mittels Schwellen bewirkte eine deutliche Verringerung der Kolktiefe (Wieprecht 1997; Hunzinger 1998).

Die Auswirkungen der Querschnittserweiterung sind zu beobachten und bei Bedarf durch den Einbau naturnaher Steinsporne und -buhnen zu korrigieren (s. Abschn. 10.5). Ist die Querschnittserweiterung richtig dimensioniert, stellt sich ein dynamisches Gleichgewicht zwischen Sedimentation und Weitertransport mit neuer Sohlenlage ein. Das Gefälle variiert entsprechend den veränderten Querschnittsausbildungen (s. Abb. 10.6).

Die sich in der Aufweitung einstellende Sohlenaufhöhung darf eine kritische Kote nicht überschreiten, da es sonst möglicherweise zu Ausuferungen kommt. Weiterhin ist zu berücksichtigen, dass unterstrom, zumindest bis zur Herstellung eines Gleichgewichtzustandes, das in der Aufweitung abgelagerte Geschiebe fehlt und es dort zeitweise zu einem Geschiebedefizit kommen kann.

Im Bereich der Aufweitung stellt sich üblicherweise die *Umlagerungsstrecke* eines verzweigten Flusses ein, die ökologisch von hohem Wert ist (Rohde 2005) (s. Abschn. 4.1).

10.2.3 Verbesserung des Geschiebehaushaltes

Jedes natürliche Gewässer weist einen dem Naturraum angepassten *Geschiebehaushalt* auf. Sohlenstrukturen, Sand- und Kiesbänke, Gleit- und Prallufer verändern sich ständig. In ausgebauten Gewässern und bei Unterbrechung der Feststoffzufuhr von oberstrom können sich die natürlichen Strukturen nicht ausbilden (s. Abschn. 3.4). Die Wiederherstellung der Durchgängigkeit für Geschiebe trägt daher zu einer erheblichen Verbesserung der Fließgewässerstruktur bei.

10.2.3.1 Förderung der Erosion

Im Falle eines *Geschiebedefizits* sind die grundsätzlichen Ursachen zu klären und, wenn möglich, zu beseitigen. Ansonsten können zum Beispiel die Seitenerosion gefördert oder Geschiebedepots aktiviert werden. Zur Förderung der Seitenerosion werden dynamische Prozesse entsprechend Abschn. 10.2.1 eingeleitet (siehe u. a. Korte et al. 2016; Donner und Linnenweber 2021; Pottgiesser et al. 2021; UBA 2023).

Soll der Geschiebehaushalt durch *Feststoffdepots* verbessert werden, sind zunächst nutzbare Depots zu erkunden. Geeignet sind festgelegte Kies- und Sandbänke, die oft durch Aufwuchs nicht mehr als solche zu erkennen sind. Dort sind die Bäume zu entnehmen, damit diese bei Hochwasser nicht zu Schäden und Gefahren an Brücken, Wehren oder sonstigen Engstellen führen können (s. Abschn. 12.3.2). Die Strömung wird durch Regelungsbauwerke auf die Depots gelenkt, sodass diese erodieren und das Material verfrachtet wird. Erosion und Feststofftransport, auch wenn sie bewusst verstärkt werden, finden nur zu Zeitpunkten statt, zu denen diese auch natürlicherweise ablaufen. Buhnen sind geeignete Bauweisen für solche Leitwerke (s. Abschn. 10.5).

10.2.3.2 Geschiebezugabe und Stauraumspülung

Wird der Verlauf eines Fließgewässers durch einen Speicher oder ein Wehr unterbrochen, so tieft sich die Gewässerstrecke unterstrom wegen des Geschiebedefizits ein (s. Abschn. 3.4.4). Durch Feststoffzugabe kann einer weiteren Eintiefung der Sohle begegnet werden. Hierzu wird Material eingebracht, das in diesem Gewässerabschnitt umgelagert und verfrachtet werden kann.

Eine andere Möglichkeit besteht darin, den Stauraum durch das gezielte Öffnen von Wehrverschlüssen zu spülen und so die abgelagerten Materialien nach unterstrom zu verfrachten (DWA 2006a; DWA-Themen 2006b). Ein Nachteil der *Stauraumspülung* ist, dass die Spülwirkung meist nicht weit nach oberstrom reicht. Es wird daher nur feines Sediment ausgespült, weil sich die gröberen Materialien bereits an der *Stauwurzel* abgelagert haben.

Ein weiterer Nachteil der Spülung ist, dass diese für das Ökosystem des Rückhalteraums und die unterstrom gelegenen Gewässerabschnitte eine extreme „Stresssituation" darstellt. Das gilt insbesondere dann, wenn selten gespült wird und die Biozönosen nicht an die Feststoffverfrachtung gewöhnt bzw. angepasst sind. Der gesamte Spülvorgang ist sorgfältig zu planen, damit weder durch die veränderte Abflusscharakteristik noch durch die oft erheblichen Schwebstoffkonzentrationen nachhaltige Schäden auftreten.

Aufgrund der beschriebenen Auswirkungen einer Spülung, ist es besser, Stauräume an der Stauwurzel auszubaggern und das Material unterhalb des Absperrbauwerkes als künstliche Sand- oder Kiesbänke in Längsrichtung im Fluss aufzuschütten. Beim nächsten größeren Hochwasser wird dieses Depot dann verfrachtet.

Bei der künstlichen Zugabe von Material, das außerhalb des Fließgewässers gewonnen wird, ist abzuwägen, ob die Auswirkungen im Gewässer, die den Bau von sohlenstabilisierenden Bauwerken möglicherweise vermeiden, das Aufreißen von Löchern in der Landschaft und die ständigen Kosten rechtfertigen.

10.2.4 Totholz

Totholz ist ein natürlicher Bestandteil naturbelassener Fließgewässer und prägt deren Erscheinungsbild. Es beeinflusst die Strömungsverhältnisse, die Abflussleitung, den Feststofftransport und den Stoffhaushalt (s. Abschn. 4.1), hat Einfluss auf die Biozönosen und dient als Besiedlungssubstrat und Lebensraum für das Makrozoobenthos, die Fischfauna und ausgewählte terrestrische Arten (Gerhard und Reich 2001; GfG 1999, 2005).

10.2.4.1 Auswirkungen auf den Lebensraum

Um Totholzstrukturen wechseln sich Erosion und Sedimentation ab. Wird die Strömung gegen die Ufer gelenkt, bilden sich Uferabbrüche (s. Abschn. 10.1). Diese dienen wiederum als Lebensraum für uferbrütende Vogelarten (u. a. Uferschwalbe, Eisvogel) bzw. als Rückzugsraum für die Fischfauna bei Niedrigwasser. Im Strömungsschatten von Totholz entstehen Kiesbänke, die ein wichtiges Laichsubstrat für die Fischfauna darstellen. Parallel zum Ufer liegendes Totholz reduziert die Erosion der Ufer.

Die Veränderung der Gewässermorphologie und die strömungsmodifzierende Wirkung des Totholzes erhöhen die *Strömungsvielfalt.* Die sich ausbildenden Stillwasserbereiche sind wichtiger Rückzugsort für die Fischfauna und verringern die Verdriftung des Makrozoobenthos bei Hochwasser. Durch die lokale Erhöhung der Strömungsgeschwindigkeit kann das mit Feinsubstrat verfüllte Lückensystem von Kiesgewässern (Interstitial) gereinigt und so Laichsubstrat für die Fischfaune geschaffen werden (GfG 2005).

Durch den Rückhalt von organischem Material wird der *Stoffhaushalt* wesentlich verändert. Strukturreiches Totholz in Form von Ästen und Zweigen filtert Sträucher und Laub aus der fließenden Welle. Feines organisches Material lagert sich in strömungsberuhigten Zonen ab. Dadrch wird organisches Material im Gewässerabschnitt zurückgehalten und damit das Nahrungsangebot für die Biozönose und die Bioproduktion erhöht.

Totholz dient auch *unmittelbar als Lebensraum und Nahrungsquelle* (s. Abschn. 4.1.5). Das Makrozoobenthos nutzt die Totholzstrukturen u. a. als Ort der Eiablage und Verpuppung, heftet sich am Holz fest, um die Nahrung aus der fließenden Welle heraus zu filtern und frisst den auf dem Holz befindlichen Biofilm bzw. das Holz selbst (BayLfW 2005).

In Sandgewässern ist Totholz oft das einzige lagestabile Hartsubstrat, an dem sich die Tiere anheften können. Die Fischfauna nutzt Totholz u. a. als Sichtschutz vor aquatischen und terrestrischen Räubern (Unterstand). Des Weiteren verringert Totholz durch die Gliederung in Teillebensräume die Konkurrenz zwischen den Individuen einer Art und bietet Rückzugsbereiche bei Hochwasser.

10.2.4.2 Auswirkungen auf die Bewirtschaftung

Was im Hinblick auf die Ausbildung naturnaher Strukturen günstig ist, wird für die Bewirtschaftung oft zum Problem. Durch die Ablenkung der Strömung durch Totholzstrukturen können Deiche gefährdet, die Abflussleistung herabgesetzt und der Betrieb von Wasserkraftanlagen beeinträchtigt werden. Die zur Gefahrenabwehr und für die Sicherstellung eines ordnungsgemäßen Betriebs erforderlichen zusätzlichen Unterhaltungsmaßnahmen (z. B. das Entfernen von Bäumen und Sträuchern vor dem Einlaufrechen einer Wasserkraftanlage oder das Räumen von Verklausungen vor Brücken) sind mit zusätzlichen Kosten verbunden (siehe u. a. Salomon et al. 2020; Schröder 2020).

Geht es schließlich um das Einbringen von Totholz zur Verbesserung der ökologischen Bedingungen, verhärten sich die Fronten sehr schnell. Jeder Gewässernutzer wird Gründe finden, warum nach seinen Vorstellungen zu verfahren ist. Letztendlich werden dadurch Möglichkeiten zur Verbesserung des ökologischen Zustands blockiert.

10.2.4.3 Totholzmanagement

Das *Totholzmanagement* hat zum Ziel, gemeinsam mit den Nutzern Gestaltungsvorschläge zu entwickeln, die das Einbringen und Belassen von Totholz ermöglichen. Dazu werden der betreffende Gewässerabschnitt bzw. die Fließquerschnitte im Detail betrachtet, um problematische Zugabestellen und Engstellen zu identifizieren. Auf diese Weise lassen sich die Möglichkeiten einer Totholzzugabe auf einer fachlichen Ebene abschätzen. Nachteile und Vorteile müssen dann gemeinsam mit allen Betroffenen diskutiert werden.

In BayLfW (2005) findet sich eine Auswahl von Beispielen, wie durch den Einsatz von Totholz die Fließgewässerentwicklung positiv beeinflusst werden kann.

10.2.5 Altgewässer

Altgewässer sind Teile von Fließgewässern, die vorwiegend im Mittel- und Unterlauf eines Fließgewässers vorzufinden sind (siehe u. a. Patt und Städtler 2008; Patt et al. 2009; Patt und Städtler 2009; DWA-M 607 2010, 2023b; Patt 2022). Sie entstehen durch Laufverlagerungen oder Mäanderdurchbrüche, werden längere Zeit noch durchströmt, dann abgeschnürt und verlanden schließlich (s. Abschn. 3.3.2).

Bei der *Neuanlage von Altgewässern* sind gezielt mehrere Stellen auszuwählen, wo Altgewässer angelegt werden können. Als erste Maßnahme sollte an einem Drittel der geeigneten Stellen ein Altarm möglichst naturnah hergestellt und dann vollständig sich selbst überlassen werden. Die dynamische Entwicklung setzt ein, bildet den Bereich sukzessive um, bis die Strukturen des Altgewässers in der Aue gerade noch erkennbar sind (Jürging 1997).

Haben die angelegten *Altgewässer* den Verlandungsprozess weitgehend durchlaufen, ist es sinnvoll, an anderer Stelle neue anzulegen, damit der Zyklus, bei noch vorhandenem Artenpotenzial, wieder von vorne beginnen kann.

Es wird immer wieder diskutiert, ob ein Altgewässer durchströmbar sein soll, d. h. eine Anbindung an den Fluss, sowohl von oberstrom als auch von unterstrom, bestehen soll. Die Praxis zeigt, dass durchströmte Altgewässer sehr viel schneller auf- und verlanden, weil auch bei den häufig auftretenden kleinen Hochwasserereignissen Feststoffe eingespült werden (*Auflandung*). Es empfiehlt sich daher, Altgewässer nur von unterstrom anzuschließen und den Aushub wallartig um die neu geschaffene Wasserfläche aufzuschütten. Ziel ist, dass nur 10- bis 20-jährliche Hochwasser das Altwasser überströmen und somit nur Schwebstoffe hinein verfrachten, die in den obersten Schichten des Gewässers transportiert werden. Die große Masse der Feststoffe wird so vorbei geleitet.

Der Anschluss des Altarms an das Gewässer sollte als schmaler Schlitz (z. B. mittels Steinsatz) ausgebildet werden. Die Verbindung bleibt so auch bei sehr niedrigen Wasserständen erhalten und der „Flaschenhals" wird durch den Wasseraustausch freigespült. Liegt der Altarm im Bereich eines leichten Prallufers, legt sich keine Sandbank vor diese Verbindung, sodass diese offen bleibt.

Die Neuanlage eines Altgewässers stellt zwar einen Eingriff in den Talraum dar, die dynamische Entwicklung bis hin zur Verlandung bleibt aber ungestört. Ein künstliches Altgewässermanagement ist ökologisch sinnvoller, als ein vielleicht noch natürlich vorhandenes Altwasser immer wieder auszubaggern und so künstlich mit wiederkehrenden, für die vorhandene Biozönose katastrophalen Eingriffen zu erhalten

10.3 Revitalisierung einzelner Ökosystem-Bausteine

Mitteleuropa ist dicht besiedelt, sodass nicht überall Raum verfügbar ist, um eine eigendynamische Entwicklung tolerieren zu können oder Prozesse einzuleiten, die dann mit der den Fließgewässern eigenen Dynamik ablaufen dürfen. In solchen Fällen ist es auch schon von Vorteil, wenn einzelne *Bausteine* des Gesamtökosystems verbessert werden (siehe u. a. Schiechtl 1973; Begemann und Schiechtl 1986; Hütte 2000; Schiechtl und Stern 2002; BAFU 2010, 2012).

Alleine die Herstellung der *Durchgängigkeit* ist ein wichtiger Baustein auf dem Weg zu naturnäheren Fließgewässern. Oft lassen sich so Seitengewässer, die häufig als Laichgewässer dienen, wieder an die Hauptgewässer anbinden. Eine wichtige Rolle spielt auch die Anlage von *Uferstreifen* (Gewässerrandstreifen), um Teile der Aue als Entwicklungsraum für die Fließgewässer wiederzugewinnen (siehe u. a. Kraus 1995, 1997; DVWK 1997b; GfG 2018, Stowasser und Lagemann 2008a, b; DWA-M 607 2010; Stowasser 2011).

10.3.1 Durchgängigkeit

Grundsätzlich ist die Durchgängigkeit der Fließgewässer anzustreben (s. Abschn. 4.1). Aus hydraulischen Gründen sind Fließgewässer in beengten, innerörtlichen Bereichen aber häufig als Kastenprofil mit gepflasterter Sohle und mehr oder weniger lotrechten Ufermauern ausgebaut. Gibt es auch noch Sohlenabstürze, so ist eine Migration aquatischer Lebewesen meist vollständig unterbrochen. In einem derartigen Fall ist die Herstellung einer minimalen *Durchgängigkeit* wichtiger, als zum Beispiel in einem naturnahen Bereich ein weiteres Altgewässer zu schaffen. Es sollte sogar geprüft werden, ob nicht für ein naturnäheres Gewässerbett eine Reduzierung der Abflussleistung in Kauf genommen werden kann.

Durch Entnahme des Sohlenpflasters können wieder natürliche Sohlenstrukturen entstehen. Dabei muss der drohenden Sohlenerosion entgegengewirkt werden. Sind die Ufermauern tief genug gegründet (z. B. auf Bohrpfählen), reicht eine Sicherung mit tief gegründeten Sohlengurten in entsprechenden Abständen. Angedeutete Uferböschungen über den Mittelwasserspiegel mit rasen- und röhrichtartigem Bewuchs (so genannte „*Bewuchsvouten*") und ein paar Büsche aus flexiblen Pflanzen, die sich bei Überströmung umlegen, bilden ein Minimum an amphibischer Uferzonierung und Durchgängigkeit (s. Abb. 10.7 und 10.8).

Die Gewässersohlen unter Brückenbauwerken sind ebenfalls so auszuführen, dass eine offene Sohle erhalten bleibt. Der lichte Querschnitt ist dazu größer zu wählen als rechnerisch erforderlich, sodass die Sohlen der Durchlässe tiefer gelegt werden können als die vorhandene Gewässersohle. In den Durchlässen ist so ausreichend Raum für die Entwicklung einer durchgängigen Substratschicht vorhanden, ohne das die hydraulische Leistungsfähigkeit des Profils eingeschränkt wird. Ein Sohlenriegel am unteren Ende des Durchlasses sichert die Sohle vor Erosion (Kraus 1987).

Abb. 10.7 Minimale Durchgängigkeit in Kastenquerschnitten. (Zeichnung: H. Geipel)

Abb. 10.8 Auch wenn die Leistungsfähigkeit des Gerinnes reduziert wird, sollte eine Minimalausstattung mit natürlichen Strukturen in Erwägung gezogen werden. (Foto: H. Patt)

In Ausleitungsstrecken sollte der *Restwasserabfluss* derart dimensioniert werden, dass die ökologische Durchgängigkeit zumindest in einem schmalen Band erhalten bleibt. Naturnah gebaute Niedrigwasserbuhnen können dazu beitragen, dass eine ausreichende Wassertiefe (ca. 25 bis 30 cm) in einzelnen Querschnittsbereichen gewährleistet ist. *Sohlengurte* schaffen Strukturen, insbesondere *Kolke* und *Gumpen*, sodass Rückzugsmöglichkeiten bei extremen Niedrigwassersituationen vorhanden sind. Die Anbindung der Ausleitungsstrecke nach oberstrom ist mit besonderer Sorgfalt durchgängig und naturnah zu gestalten (s. Abschn. 10.7).

10.3.2 Anbinden von Seitengewässern

Seitengewässer sind ein wesentliches Element der *Vernetzung* in einem Fließgewässersystem. Um bei eingetieften Hauptgewässern eine rückschreitende Erosion in die

Seitengewässer zu vermeiden, befindet sich an der Einmündung häufig eine starke Gefällestufe oder gar ein technisches Absturzbauwerk.

Bei Höhenunterschieden von 40 bis 80 cm ist die Durchgängigkeit vom Haupt- in das Seitengewässer unterbrochen. Selbst Salmoniden können diese Höhendifferenzen nicht überwinden. Derartige Einmündungen sind in durchgängige, naturnahe Kaskadenrampen oder Fischpässe in Art von *Rauhbettgerinnen* umzubauen (s. Abschn. 10.7 und Abb. 10.9).

Unter natürlichen Bedingungen münden Seitengewässer oft nicht unmittelbar in das Hauptgewässer. Häufig bildet sich eine Kies- oder Sandbank aus, sodass das Seitengewässer streckenweise neben dem Hauptgewässer her fließt, bis es Anschluss an dieses findet. Solche parallel fließenden Kleingewässer sind wichtige Rückzugs- und Laichbiotope für Fische und sonstige Tiere des Hauptgewässers (Michor und Egger 1993).

Abb. 10.9 Kaskadenrampe zur Anbindung eines Seitengewässers. (Foto: W. Kraus)

Deshalb sollte, wo immer möglich, darauf geachtet werden, dass bei Revitalisierungen im Mündungsbereich eines Fließgewässers zumindest ein Einleitungswinkel von etwa 45 bis 60 Grad zur Fließrichtung gewählt wird. Damit ist nicht nur eine bessere Durchgängigkeit gewährleistet, sondern es bleibt auch der so genannte Lockstrom für Wasserorganismen im Fluss länger „gebündelt". Zudem werden im Gegensatz zu senkrechten Einmündungen die möglichen Erosionskräfte auf das gegenüberliegende Ufer wesentlich verringert.

10.3.3 Auenvitalisierung, Anlage von Gewässerrandstreifen

Auen sind notwendiger Bestandteil eines intakten Fließgewässersystems (s. Abschn. 4.1.4). Wo natürliche Auenflächen nicht mehr verfügbar sind, sollte versucht werden, in Gewässerrandstreifen einzelne Biotopbausteine naturnaher Auen zu gestalten (s. Abb. 10.10). Hierbei ist die Breite des Gewässerrandstreifens bzw. Entwicklungskorridors von besonderer Bedeutung für seine Wirksamkeit (siehe u. a. DVWK 1997b; DWA-M 607 2010; BMUB und BfN 2015; DWA-Themen 2019; DWA-M 607 2023b).

10.3.3.1 Auenvitalisierung

Zu den vielfältigen Gestaltungsmöglichkeiten zur *Wiederherstellung* von *Auenstrukturen* zählen zum Beispiel:

Abb. 10.10 Beschattung eines Fließgewässers durch Bäume und Gehölze im Gewässerrandstreifen (Uferstreifen). (Foto: B. Walser)

Abb. 10.11 Auerevitalisierung durch Ausbaggern eines neuen Altwassers. (Foto: W. Kraus)

- Öffnen oder Auflassung von Deichen, um wieder eine Überflutungsdynamik zu erreichen.
- Ausbaggern von Flächen bei eingetieften Gewässern, um wieder Anschluss an das Grundwasser und an Überflutungen zu erhalten (s. Abb. 10.11).
- Vernässen von Sekundärrinnen, die infolge Eintiefung des Gewässers trocken gefallen sind (s. Abb. 10.12). Neubegründung von Auenwald auf Flächen, die aus der Nutzung genommen wurden.
- Erhöhung der Vielfalt an morphologischen Strukturen und damit auch der ökologischen Reliefstrukturen, zum Beispiel durch das Ausbaggern von Altgewässern (s. Abschn. 10.2.5), Grundwasserblänken und Tümpeln, die nur periodisch überflutet werden und dann langsam austrocknen dürfen. Ebenso können durch Geländeaufschüttungen bewusst Trockenstandorte geschaffen werden.

10.3.3.2 Gewässerrandstreifen, Entwicklungskorridore

Gewässerrandstreifen bzw. Entwicklungskorridore begleiten das Gewässer und umfassen Teile der Aue ab der Mittelwasserlinie, soweit diese eine funktionale Einheit mit dem Gewässer bilden (siehe u. a. GfG 2006; Kaltenbrunner 2006; DWA M 607 2010; DWA-M 607 2023b). Vorbild für einen wirksamen Gewässerrandstreifen ist eine naturnahe Aue, wie sie für den betrachteten Gewässerabschnitt repräsentativ ist (siehe u. a. Kraus 1994; Patt 1996, 1997a, b).

Abb. 10.12 Auerevitalisierung durch Wiedervernässung einer alten Abflussmulde. (Foto: H. Patt)

Um den Themenkomplex „Gewässerrandstreifen und Auen" umfassend zu diskutieren, sollten folgende Punkte berücksichtigt und erörtert werden (s. Abb. 10.13) (siehe u. a. Grambow et al. 2006; Haimerl und Lovas 2006; DWA-M 607 2010; Patt 2022; DWA-M 607 2023b):

- die Wechselwirkungen mit dem Gewässer,
- die Struktur des Gewässerbettes bzw. die Eigendynamik des Gewässers,
- die Puffer- und Filterwirkungen des Gewässerrandstreifens gegenüber Stoffeinträgen aus dem Hinterland,
- die Auswirkungen auf den Energie- und Stoffhaushalt des Fließgewässers, zum Beispiel durch die Beschattung u. ä. (s. Abb. 10.10),
- Auswirkungen auf den weiteren Talraum, etwa auf Kleinklima und Windschutz,
- Auswirkungen auf die landwirtschaftliche Nutzung,
- Landschaftsbild und Erholungsnutzung und
- die Funktion von Gewässerrandstreifen und Auen
  - als Lebensraum,
  - für die Längs- und Quervernetzung anderer Ökosysteme und
  - für die Anbindung von Seitengewässern an die Hauptgewässer.

Abb. 10.13 Information angrenzender Landwirte bei der Neuanlage von Gewässerrandstreifen. (Foto: W. Kraus)

10.4 Sicherung gegen Seitenerosion, Längsverbau

In natürlichen Fließgewässern und bei der eigendynamischen Entwicklung von Wasserläufen ist nicht ohne weiteres zwischen Seiten- und Tiefenerosion zu unterscheiden (SMUL-Sachsen 2005). Häufig wirken beide zusammen (s. Abschn. 3.3). Das Sanierungskonzept muss daher die Ursachen beseitigen, damit Uferschutzmaßnahmen nicht von vornherein scheitern (s. Abschn. 3.4.2). Bei Sohleneintiefungen ist deshalb zunächst zu klären, ob es sich nur um lokale Eintiefungen, etwa entlang eines zu glatten Längsverbaus oder der Struktur einer Ufermauer (Hersberger und Schleiss 2004), oder um ein grundsätzliches Problem mit der Tiefenerosion handelt.

Klassische *Ufersicherungen* zum Schutz vor *Seitenerosion* sind *Parallelbauwerke*, die das Ufer oder den Böschungsfuß durchgängig lückenlos befestigen. Sie sind oft sehr gleichmäßig gestaltet, verkürzen die Uferlinie und erschweren Tieren und anderen

Organismen den Übergang. Im Gegensatz dazu fördern naturnahe Bauweisen die Durchgängigkeit zwischen den aquatischen, amphibischen und terrestrischen Bereichen eines Fließgewässers (Florineth 2004).

Ein Ansatz für die Berechnung der Standsicherheit von naturnah gestalteten Böschungen findet sich bei Richwien (1999). Er weist darauf hin, dass die Durchwurzelung ein Unsicherheitsfaktor in den Berechnungen ist.

10.4.1 Röhrichte

Eine *Röhrichtpflanzung* ist eine naturnahe Bauweise zum Uferschutz in Fließgewässern mit nicht zu hoher Fließgeschwindigkeit. Entscheidend für den Erfolg ist, dass die gewählte Röhrichtart für den jeweiligen Standort nach Boden, Gewässerchemismus und -temperatur, Strömungsbelastung und Lichtverhältnissen geeignet ist.

Die wichtigsten Röhrichtarten an unseren Fließgewässern sind Rohrglanzgras (*Phalaris arundinacea*) und Schilf (*Phragmites communis*). Rohrglanzgras sichert mit kräftigem Wurzelwerk die Ufer sehr gut (s. Abb. 10.14). Bei Überströmen legt sich dieses Gras um, und kann sich, da der Halm meist nicht abgebrochen wird, danach von selbst wieder aufrichten. Daher ist es auch bei höheren Fließgeschwindigkeiten bis etwa 1,8 m/s geeignet.

Schilf kann dagegen nur an sehr langsam fließenden Fließgewässern Röhrichte ausbilden. Höhere Fließgeschwindigkeiten während der Vegetationsperiode brechen den Halm ab, sodass Wasser in den hohlen Halm eindringt. Geschieht dies mehrmals, so verfault das Wurzelwerk des Schilfes von innen her und die Pflanze stirbt ab.

Abb. 10.14 Rohrglanzgras zur Ufersicherung. (Foto: H. Patt)

Abb. 10.15 Röhrichtpflanzung mit Gelber Schwertlilie (*Iris pseudacorus*). (Foto: B. Walser)

Flussröhrichte werden meist nur aus einer oder sehr wenigen Arten aufgebaut, die das relativ dichte Grundgerüst bilden. Dieses ist dann oftmals von so genannten „Begleitern“ durchsetzt, die nur vereinzelt auftreten, aber dann durchaus große Bulte (Horste, Inseln) ausbilden können, wie zum Beispiel die Gelbe Schwertlilie (*Iris pseudacorus* – s. Abb. 10.15).

In *Altgewässern*, die bei Hochwasser nicht überflutet, sondern nur überstaut werden, können nahezu alle heimischen Röhrichtarten vorkommen bzw. bei einer Neuanlage angesiedelt werden.

Je nach Art können Röhrichte entweder ausgesät, gepflanzt oder über Halmstecklinge angesiedelt werden. Sehr bewährt hat sich auch das Verpflanzen mittels ausreichend großer Soden, die ein gutes Anwachsen und einen relativ frühen Schutz erwarten lassen. Ist ein rasch wirksamer Schutz erforderlich, können vorgefertigte Vegetationsmatten oder -walzen Verwendung finden (s. Abschn. 11.1.2).

10.4.2 Rauhbäume

Ein *Rauhbaum* ist eine einfache und rasch gegen Uferangriffe wirkende, naturnahe Bauweise. Dazu wird ein Nadelbaum mit einer Kette oder einem Stahlseil so festgehängt, dass der Baumwipfel mehr oder weniger parallel vor dem Ufer zu liegen kommt. Der Wurzelstock oder der Stamm zeigt dabei nach oberstrom (s. Abb. 10.16).

Nadelbäume, insbesondere Fichten und Tannen, sind von Vorteil, weil ihre Äste und Zweige im feuchten Milieu jahrelang flexibel bleiben. Äste und Zweige von Laubbäumen werden dagegen schneller starr und brechen dann leicht. Entscheidend bei Nadelbäumen

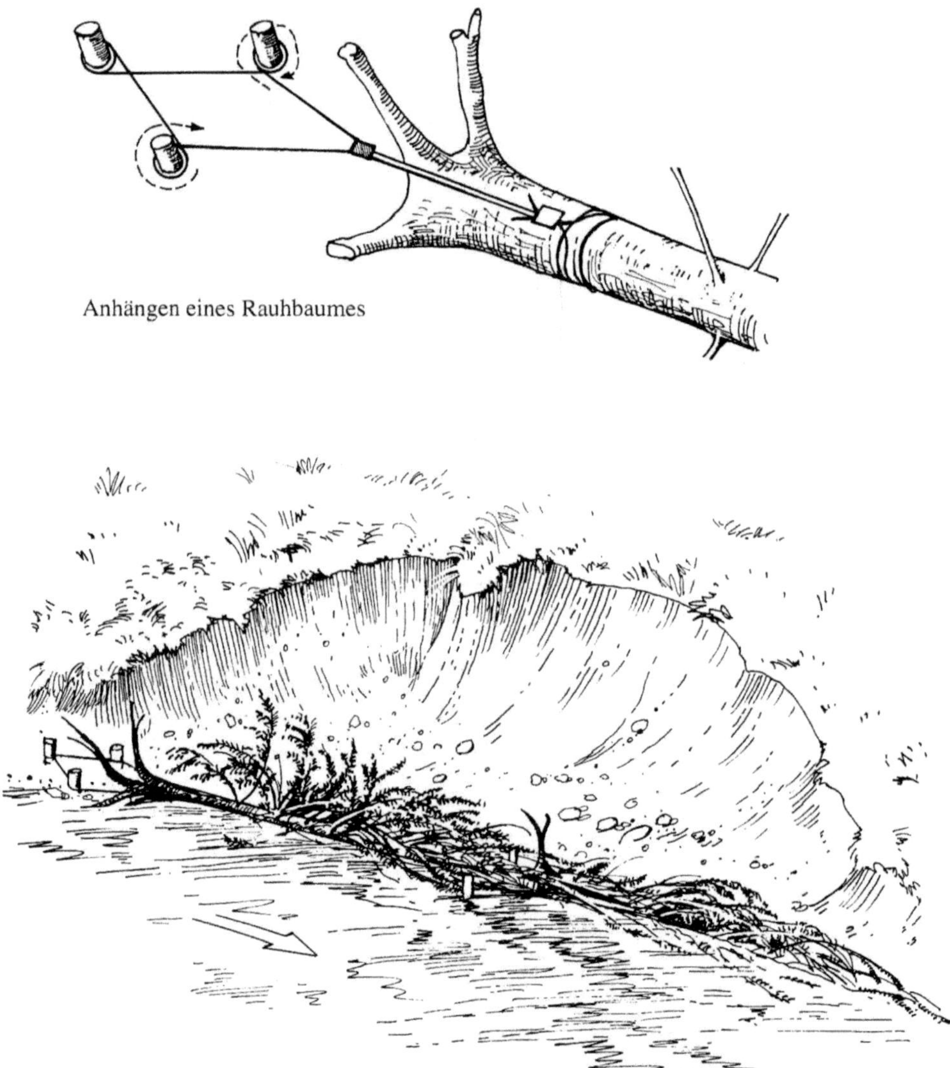

Abb. 10.16 Rauhbaum als Sicherung gegen Seitenerosion. (Zeichnung: H. Geipel)

ist aber ihr dichter, „rauer“ Wipfel, da dieser das Ufer vor der angreifenden Strömung schützt. Gleichzeitig filtert der Baumwipfel Feststoffe aus dem Wasser, bewirkt deren Sedimentation und baut so das Ufer wieder auf.

Bei größeren, längeren Uferschäden können auch mehrere Rauhbäume hintereinander gehängt werden. Zuweilen ist es zweckmäßig, die Stämme der Rauhbäume an zwei oder drei Stellen mit großen Steinen zu beschweren. Dazu werden die Steine mit Dübeln versehen und mit Stahlseilen am Stamm befestigt. So wirken diese als Anker und halten die Bäume in der gewünschten Lage. Die Hauptströmung verläuft dann nicht mehr parallel zur Uferlinie, sondern wird zur Gewässermitte hin abgelenkt.

Rauhbäume übernehmen mit dem Einbau ihre Schutzfunktion. Aufgrund der Lage in der Wasserwechselzone ist ihre Lebensdauer auf etwa 10 bis 15 Jahre begrenzt. Daher ist es erforderlich, das stehengebliebene Ufer oder, wenn die alte Uferlinie wiederhergestellt werden soll, das Sediment hinter dem Rauhbaum zu bepflanzen. Den eigentlichen Uferschutz übernimmt dann später die Gehölzpflanzung. Alternativ zur Bepflanzung können auch einfache ingenieurbiologische Bauweisen wie austriebsfähige Weidensteckhölzer oder Weidensetzstangen zur Etablierung einer Gehölzvegetation eingesetzt werden.

Zweckmäßigerweise gewinnt man Rauhbäume nicht durch herkömmliches Fällen von Bäumen. Werden die Ansätze von zwei oder drei möglichst mächtigen Flachwurzeln am Stamm belassen, so kann der Rauhbaum mit Hilfe der fixierten Schlaufe eines Stahlseils oder einer fixierten Würgekette angehängt werden (s. Abb. 10.16). Bei höheren Strömungsgeschwindigkeiten oder, wenn der Befestigungspflock nicht ausreichend tief und fest in den Untergrund geschlagen werden kann, sollten zwei oder drei Pfähle eingerammt werden. Sind nur Bäume mit glattem Stamm (ohne Wurzelansatz) vorhanden, so empfiehlt es sich, den Stamm abzusägen und anderweitig zu verwerten. Der Rauhbaum kann dann oberhalb des ersten Astkranzes angehängt werden.

Rauhbäume bieten gute Unterstände und, nach einiger Alterung, auch Besiedelungsmöglichkeiten in Form von natürlichem *Totholz* (Kail und Hering 2003). Durch das Verrotten der Nadelmasse werden Huminstoffe ins Wasser abgegeben, die einer Versauerung Vorschub leisten können.

10.4.3 Weiden als Ausgangsmaterial

Geeignetes Ausgangsmaterial im naturnahen Wasserbau sind langtriebige und schmalblättrige Strauchweiden (z. B. Korbweide – *Salix viminalis, Purpurweide – Salix purpurea, Mandelweide – Salix triandra etc.*), weil diese biegsam sind. Die aus ihnen entstandenen Weidensäume an der Mittelwasserlinie legen sich bei Hochwasser um, sodass die Strömungsverhältnisse weniger beeinträchtigt werden. Lebendfaschinen können aber genauso gut aus schmalblättrigen Baumweiden (z. B. Bruchweide – *Salix fragilis*, Rotweide – *Salix x rubens*, Silberweide – *Salix alba* etc.) gebaut werden, sofern die Entwicklung eines gewässerbegleitenden Baumbestands möglich ist.

Zur Bestimmung wichtiger einheimischer Weidenarten am Naturstandort und Ihre Verwendung in der Ingenieurbiologie wird auf Dachsel 2018 verwiesen.

10.4.4 Faschinenbündel

Faschinenbündel, auch *Wippen* oder *Faschinenwalzen* genannt, zählen zu den Längsverbauarten und werden zur *Böschungsfußsicherung* verwendet.

Zur Herstellung der Faschinenwalzen werden etwa 5 bis 6 m lange Weidenruten von Daumenstärke auf der *Wippenbank* mit Rödeldraht zu etwa 20 bis 40 cm starken Bündeln zusammengebunden (s. Abb. 10.17).

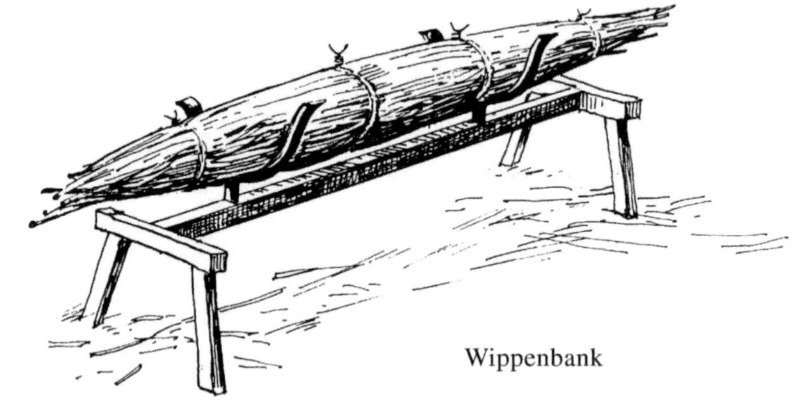

Abb. 10.17 Wippenbank und Faschinenbündel als Böschungsfußsicherung. (Zeichnung: H. Geipel)

Eingebaut werden *Faschinenbündel* im Bereich der Mittelwasserlinie, indem diese mit den dicken Rutenenden nach oberstrom verlegt und mit Pflöcken fixiert werden. Eine Überdeckung mit Erdreich hält die Faschinen feucht und verbessert das Anwachsen und es entsteht daraus ein Gehölzsaum bzw. ein Saum aus Buschwerk, der langfristig die Ufersicherung übernimmt.

Die beste Zeit Faschinen zu gewinnen, ist während der Vegetationsruhe. Werden diese nicht sofort verarbeitet, eingebaut und mit Erdreich abgedeckt, so müssen sie so zwischengelagert werden, dass die Weidenruten vor Austrocknung geschützt sind. Dies erfolgt in der Regel durch Lagerung der austriebsfähigen Weiden an einem kühlen und schattigen, vor Wind geschützten Platz. Als zusätzlichen Schutz vor Verdunstung und Austrockung können die Faschinen auch kompakt aufgeschichtet und mit einem atmungsaktiven Naturfasergewebe (z. B. Jute oder Kokos) abgedeckt werden.

Die Faschinen dürfen weder vor noch nach während des Einbaus austrocknen, aber auch nicht ständig unter Wasser liegen, da sie sonst ersticken.

Sofort nach dem Einbau, noch bevor diese ausgetrieben haben und verwurzelt sind, übernehmen die *Faschinenbündel* einen rein mechanischen Uferschutz. Die überlappenden Stöße der einzelnen Bündel sind stets Angriffspunkte für das Wasser. Es ist deshalb vorteilhaft, Faschinen „endlos" zu verarbeiten und einzubauen.

Faschinenbündel können vielseitig verarbeitet werden. Werden mehrere parallel nebeneinander gelegt, so entsteht eine *Faschinenmatte* als flächige Sicherung. Schwimmt man eine solche ein und versenkt diese durch eine Auflast aus Kies oder Steinen am Einbauort, wird die Faschine als *Sinkstück* bezeichnet. Ohne Auflast müssen die Faschinen mit Pfählen an der Flusssohle befestigt werden, da das Gewerk sonst aufschwimmen würde.

Über die Faschinenmatte quer gebundene Wippen ergeben kastenartige Konstruktionen, die, abgesenkt mit einer Auflast aus Kies oder Steinen, *Packwerk* oder *Packfaschinat* genannt werden. Solche räumlichen Konstruktionen sind sehr stabil und können als massiver Uferschutz, als Buhnen oder Parallelwerke eingesetzt werden.

Faschinenbauwerke sind sehr flexibel und als Bauweise ökologisch positiv zu bewerten. Zwischen den Zweigen und Ruten bleiben stets genügend Hohlräume, die einer Vielzahl von Lebewesen als Unterschlupf dienen. Faschinen aus abgestorbenem Material sind daher ein durchaus erwünschter Eintrag von Totholz in die Gewässer.

10.4.5 Senkwalzen, Senkfaschinen

Senkwalzen oder *Senkfaschinen* sind Faschinenbündel, in deren Inneren Steine eingebunden sind (s. Abb. 10.18). Daher können diese bei tiefen Anbrüchen als Böschungsfußsicherung unter Wasser abgesenkt werden.

Senkwalzen sind eine Kombinationsbauweise von Holz und Steinen. Auch an ausschlagsfähigen Faschinen kann bei dieser Bauweise kein Weidensaum entstehen, weil die Pflanzenteile ständig unter Wasser sind. Durch die Verwendung von Steinen sind die Senkwalzen sehr schwer, sodass meist eine Sicherung mit Pflöcken oder Pfählen nicht notwendig ist.

Für Bauteile, die ständig unter Wasser sind, können auch nicht austriebsfähige Ruten und Zweige verwendet werden. Austriebsfähige würden dauernd unter Wasser ohnehin ersticken. Sinnvoll ist die Verwendung Letzterer in der Wasserwechselzone bzw. entlang des Mittelwasserspiegels, da sie dort ausschlagen und die Wurzeln zusätzlich stabilisierend wirken. Lebende Faschinen als ingenieurbiologische Bauweisen lassen Vegetationssäume entstehen, die erwünschte Lebensräume darstellen (Florineth 2004).

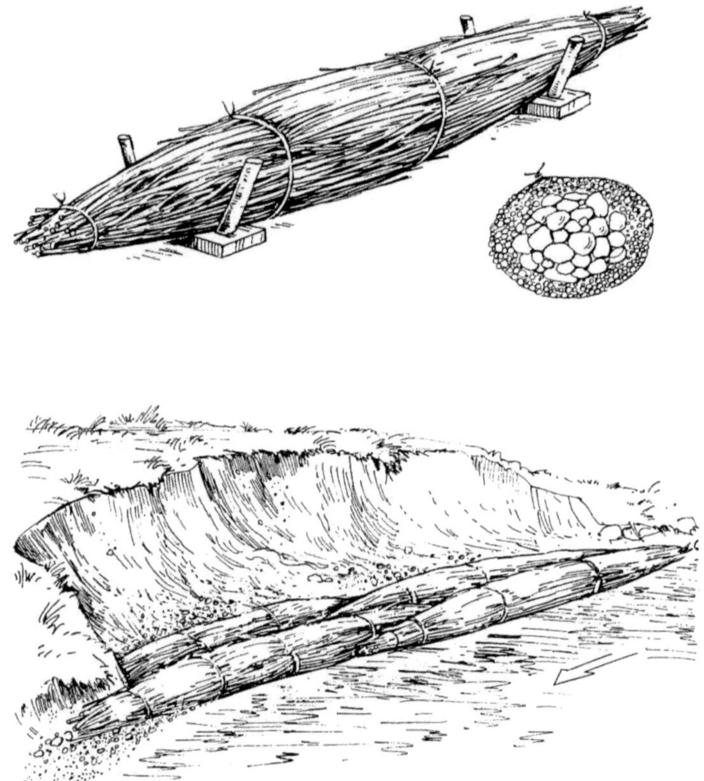

Abb. 10.18 Herstellung und Schnitt durch eine Senkwalze – Eine Senkwalze ist ein sehr massives Bauelement, sodass oft auf die dargestellte Sicherung mit Pflöcken verzichtet werden kann. (Zeichnung: H. Geipel)

10.4.6 Flechtzaun

Ein *Flechtzaun* kann die frühere Uferlinie eines Uferanbruches in nicht geschiebeführenden Fließgewässern mit Wassertiefen von bis zu 60 cm bei Mittelwasser wieder herstellen. Hierzu schlägt man entlang der früheren Uferlinie Pflöcke aus Rundholzstangen im Abstand von etwa 80 bis 100 cm etwa 50 cm tief in die Gewässersohle. In den Drittelpunkten dazwischen werden kleinere, schwächere Pflöcke (sog. *Spieker*) eingerammt (s. Abb. 10.19).

Zur Herstellung des Zaunes werden ausschlagfähige Weidenruten mit den unteren, dickeren Enden etwa 30 cm schräg abwärts in die Sohle eingegraben und dann in Fließrichtung um Pflöcke und Spieker geflochten. Dort können diese nach Bedarf mit Rödeldraht fixiert werden. Der Flechtfortschritt läuft gegen die Fließrichtung des Wassers. Es muss eng geflochten werden, da der Flechtzaun zumindest zum Teil hinterfüllt werden muss. Ist der Zaun zu lückig, kann das Bodenmaterial wieder ausgespült werden. Der Flechtzaun muss über den Mittelwasserspiegel herausragen. Die Hinterfüllung sollte den Mittelwasserspiegel erreichen. Nach dem Ausschlagen der Pflanzen entsteht aus dem Flechtzaun ein Weidensaum.

Abb. 10.19 Flechtzaun mit Hinterfüllung. (Zeichnung: H. Geipel)

Die beste Zeit zum Bau von Flechtzäunen ist der Winter und das zeitige Frühjahr, vor Beginn der Weidenblüte. Ein ständig submerser Flechtzaun wird vielleicht austreiben, aber nicht auf Dauer anwachsen. Ist die Fläche des Uferabbruches größer, so muss diese nicht vollständig verfüllt werden, da sich diese Bereiche im Laufe der Zeit mit Sedimenten füllen. Durch Hinterfüllung und Sedimentation entstandene Flächen sind zu bepflanzen, da der Weidensaum nur eine begrenzte Lebensdauer von 10 bis 15 Jahren hat.

Flechtzäune sind reine Böschungsfußsicherungen. Höhere Ufer können nicht gesichert bzw. ausgebildet werden. Sie sind nur für Fließgewässer ohne größeren Geschiebetrieb geeignet, da sie sonst zu stark beschädigt und zerstört werden. Früher wurden Flechtzäune auch als Parallelverbau zum Uferschutz über größere Strecken eingesetzt. Das ist ungünstig, da die vom Flechtzaun gebildete Uferlinie geradlinig und verhältnismäßig glatt ist. Ein besser strukturiertes Ufer stellt sich erst durch Sukzession ein, wenn der Weidensaum des Flechtzaunes durch einen standorttypischen Gehölzsaum abgelöst wird.

Es gibt auch Flechtzäune aus nicht austriebfähigem Material. Diese sollten aus den eben genannten Gründen vermieden werden. Sind sie nötig, sollten sie vollständig hinterfüllt und sofort bepflanzt werden. Die Wurzeln des Buschwerkes oder der Gehölze müssen die Schutzfunktion übernehmen, bevor der Flechtzaun verrottet ist.

10.4.7 Weidenspreitlage

Eine *Weidenspreitlage* ist eine naturnahe Bauweise zum Schutz von Uferböschungen (s. Abb. 10.20 und 10.21). Für die Herstellung werden austriebsfähige Weidenruten, möglichst wenig verzweigt, Durchmesser 3 bis 10 cm, Länge 2,5 bis 4 m flächig verarbeitet

Abb. 10.20 Weidenspreitlage als Böschungsschutz. (Foto: W. Kraus)

Abb. 10.21 Weidenspreitlage mit einer Faschinenwalze als Böschungsfußsicherung. (Zeichnung: H. Geipel)

(s. auch Abschn. 10.4.3). Sie werden auf der Böschung in Fließrichtung schräg aufwärts verteilt und mit quer dazu angeordneten Stangenniedergehalten, wobei Letztere mit Pflöcken in der Böschung „vernagelt“ werden.

Unmittelbar nach dem Einbau wird kiesig-sandiges Substrat in die Spreitlage eingeschlämmt, damit die Weidenruten Bodenschluss haben. Nach Fertigstellung sollte die Spreitlage nur wenige Zentimeter mit sandig-kiesigem Boden so abgedeckt sein, dass die Oberseiten der Weidenruten noch teilweise zu sehen sind und Licht bekommen. Keinesfalls sollte die Spreitlage mit einer mehrere Zentimeter dicken Schicht aus bindigem Boden abgedeckt werden, da die Weiden ansonsten nicht austreiben und diese Schicht durchdringen können. Bei Spreitlagen ist der Böschungsfuß meist einzeln zu sichern, etwa mittels *Faschinenwalze* oder *Steinwurf*.

Geeignetes Material für Spreitlagen sind wiederum schmalblättrige Strauch- und/oder Baumweiden gemäß *potenziell natürlicher Vegetation* des jeweiligen Standorts (z. B. Korbweide – *Salix viminalis, Purpurweide – Salix purpurea, Mandelweide – Salix triandra, Bruchweide – Salix fragilis, Silberweide – Salix alba*).

Der Weidenaustrieb bleibt noch ca. 2–3 Jahre nach Einbau der Weiden flexibel und kann sich bei Überströmung umlegen und im Stromstrich pendeln. In der hydraulischen Berechnung sind Spreitlagen mit ihrer maximalen Vegetationsentwicklung zu berücksichtigen.

Bereits in der Planungsphase ist zu definieren, ob sich aus den Spreitlagen als Zielvegetation ein Strauchbestand oder ein Baumbestand entwickeln soll. Dabei ist zu beachten, dass sich selbst bei ausschließlicher Verwendung von Strauchweidenarten im Laufe der Zeit auch dort Baumweiden ansiedeln können. Flexible, strauchdominierte Bestände lassen sich daher nur durch regelmäßigen Rückschnitt der Weiden erreichen.

Aus Spreitlagen entstehen dicht bewachsene Uferböschungen, die Rückzugs- und Lebensraum für eine Vielzahl von Tieren sind. Durch fachgerechte Pflege unter Einbeziehung der natürlichen Sukzession kann der Weidenbestand im Laufe der Zeit ein standortgerechter und vielfältiger Gehölzbestand entwickelt werden. Dazu ist es hilfreich, wenn bereits beim Einbau der Spreitlagen Arten der Schlusswaldvegetation wie Schwarzerle (Alnus glutinosa), Bergahorn (Acer pseudoplatanus) o. ä.) eingebaut und diese dann im Zuge der Pflege gezielt gefördert werden, bis diese den Weidenbestand überragen (vgl. Stowasser und Lagemann 2008b).

Spreitlagen können Uferböschungen bis zu einer Neigung von etwa 1:1 oder etwas steiler sichern. Begrenzend ist die Standfestigkeit der Erdböschung vor dem Verwurzeln der Spreitlage.

10.4.8 Weidenbuschlage

Steilere Böschungen, insbesondere auch aus rolligem Material, können mit Hilfe von *Buschlagen* ingenieurbiologisch aufgebaut werden. Hierzu werden mindestens 60 cm lange, bei völlig neu aufzuschüttenden Böschungen auch längere, austriebsfähige Zweige mit den dickeren Enden in den Boden so eingegraben, dass sie etwa 20 cm aus der Böschung herausschauen.

Der Baufortschritt geht vom Böschungsfuß aus nach oben. Zunächst wird die unterste Berme mit leichtem Gefälle in den Hang hinein gegraben, die Zweige rautenartig überkreuzend eingelegt und mit dem Aushub der darüber liegenden Berme verfüllt (s. Abb. 10.22). Der Abstand der Buschlagen und die Tiefe der zu grabenden Berme richten sich nach der Standfestigkeit des Bodens und nach der Böschungsneigung.

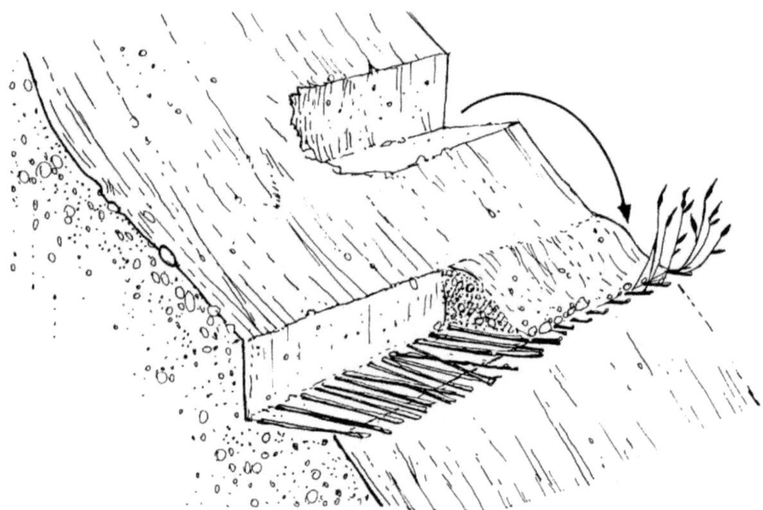

Abb. 10.22 Buschlage zur Sicherung von steilen Böschungen. (Zeichnung: H. Geipel)

Bei sehr trockenen Böschungen werden die zum Hang geneigten Bermen ohne Längsgefälle, d. h. horizontal gegraben, sodass einsickerndes Wasser aufgefangen und genutzt werden kann. In feuchten Hängen und nahe der Wasserwechselzone gibt man den Bermen ein Längsgefälle von zwei bis vier Prozent gegen die Fließrichtung des Fließgewässers, damit die Bermen entwässern können und keine Wassersäcke bilden, die zu Rutschungen entlang der Bermeninnenkanten führen könnten. Besteht ein Längsgefälle in Fließrichtung, kann die aufgelockerte Verfüllung der Bermen leichter ausgespült werden als gegen die Fließrichtung.

Buschlagen stellen bereits nach ihrem Bau eine gewisse Armierung der obersten Böschungsschichten dar. Volle Wirkung entfalten diese jedoch erst nach dem Verwurzeln. Sie „vernageln" den Hang bis zur Tiefe der Wurzelbildung.

Geeignetes Material sind wieder Zweige standorttypischer Strauchweiden. Um vital zu bleiben, müssten die Weiden alle fünf bis acht Jahre geschnitten werden. Ohne Pflege haben sie eine Lebensdauer von 15 bis 20 Jahren. Buschlagen begründen deshalb nur eine Pioniervegetation, in die im Laufe der Zeit durch Sukzession Arten der Schlusswaldgesellschaft einwandern können und im Rahmen der Pflege gezielt zu fördern sind.

Alternativ zu Buschlagen ausschließlich aus Weidenästen, können auch Heckenbuschlagen eingebaut werden. Dabei werden auf den Bermen (s. o.) abwechselnd eine Lage Weiden und eine Lage wurzelnackter Gehölzjungpflanzen (zweimal verschulte Sämlinge, 60 bis 80 cm) der Schlusswaldgesellschaft gemäß potenziell natürlicher Vegetation eingebaut. Hierzu eignen sich, je nach Nähe zum Gewässer, zum Beispiel Schwarzerle (Alnus glutinosa), Ahorn (*Acer* spec.), Esche (*Fraxinus excelsior*), Traubenkirsche (*Prunus padus*), Vogelkirsche (*Prunus avium*), Faulbaum (*Rhamnus frangula*), Haselnuss (*Corylus avellana*) und Roter Hartriegel (*Cornus sanguinea*). Hinsichtlich der Standorte wird auf Tab. 11.2 verwiesen.

Buschlagen und Heckenbuschlagen sind auch in der Wildbachverbauung bewährte Bauweisen.

10.4.9 Böschungsrasen

Böschungsrasen ist eine geeignete naturnahe Bauweise zum Schutz von flachen Böschungen (s. Abschn. 11.1.1). Er kann durch herkömmliches Ansäen, durch Mulchsaat, Nasssaat und Ausbringen von Rollrasen angelegt werden.

Vegetationsmatten sind verrottbare Geotextilmatten mit eingearbeitetem Samen, die einen Böschungsrasen entstehen lassen. Es kann aber auch durchaus sinnvoll sein, Böschungsflächen bei ausreichendem Samenpotenzial im Talraum nicht anzusäen, sondern ausschließlich der natürlichen Sukzession zu überlassen.

Rasen ist eine einfache und preiswerte Bauweise. Es gibt fertige Rasenmischungen, aber auch Mischungen, die je nach Anforderungsprofil, selbst zusammengestellt werden (s. Tab. 11.1). Rasenansaaten schützen aber erst nach etwa einem Jahr.

Ein Böschungsrasen muss gepflegt, d. h. häufig gemäht werden, damit das Gras kurzgehalten wird und sich die Wurzeln entwickeln können. Ein bereits verfestigter Rasen, ist am besten durch Schafbeweidung kostengünstig zu pflegen. Ein dichter Böschungsrasen hält kurzfristig Fließgeschwindigkeiten von 1,5 bis 1,8 m/s stand.

Die Schutzfunktion des Böschungsrasens wird geschwächt beim Einwandern von *Neophyten*, wie Herkulesstaude (*Heracleum mantegazzianum*) und Indischem Springkraut (*Impatiens glandulifera*) (GfG 1999a). Diese Pflanzen unterdrücken das Rasenwachstum durch Lichtentzug (s. Abschn. 4.2.5). Ein derart geschwächter Rasen ist nicht so widerstandsfähig gegen Wassererosion, wie ein gut gepflegter, kurzer Böschungsrasen. Die genannten Neophyten kann man nur durch ständiges Mähen vor dem Ausreifen der Samen bekämpfen (Städtler 2010).

Auch wenn die meisten Ufer ohne menschlichen Eingriff *Auwaldgesellschaften* oder Hochstaudenfluren beheimaten würden, so sind Böschungsrasen ökologisch durchaus positiv zu bewerten. Eine Vielzahl von Offenland-Arten, von Laufkäfern über Schnecken bis hin zu wiesenbrütenden Vogelarten, ist an solche Biotope gebunden. Rasengesellschaften mit Kräutern und Blütenpflanzen sind Lebensraum für eine weitaus höhere Artenzahl als dies bei gepflegten, technischen Rasen der Fall ist (Kraus 1994, zur Anlage von Rasen – s. Abschn. 11.1.1).

10.4.10 Gehölze

Die Neubegründung von *Gehölzen* ist ein wichtiges Detail bei der Renaturierung unserer Gewässer. Unter natürlichen Verhältnissen wäre, von einigen Ausnahmen abgesehen, der größte Teil unserer Gewässer von Bach- und Flussauen begleitet. Gehölze bilden dabei die wichtigsten Vegetationsgesellschaften, sowohl in Uferstreifen als auch in Auen.

Eine natürliche Gehölzzonierung an Fließgewässern beginnt an der Uferlinie. Hier sind dies in erster Linie Weiden oder Erlen. Weiter landwärts folgen Arten der Hartholzaue (s. Abschn. 4.1.5).

Für die Auswahl der Gehölze und deren Pflege ist die Kenntnis der natürlichen Auenzonierung hilfreich (GfG 1999b). Eine standortbezogene Zusammenstellung der wichtigsten Arten, einschließlich ihrer ingenieurbiologischen Eigenschaften, ist Tab. 11.2 zu entnehmen. Zusätzlich können bei der Pflanzenauswahl noch bestimmte, zum Beispiel den Gewässerabfluss beeinflussende Eigenschaften von Gehölzen berücksichtigt werden. So wachsen an natürlichen Gewässern mit überwiegenden Sommerhochwasser u. a. auch flexible, schmalblättrige Weiden (z. B. Korbweide – *Salix vinimalis*), deren Zweige sich bei Überflutungen umlegen und in der Strömung hin und her pendeln.

Speziell an Fließgewässern werden für eine Gehölzansiedlung oftmals Steckhölzer oder Steckstangen in nichtbindigen Böden verwendet.

Steckstangen sind besonders große Steckhölzer, um zum Beispiel die weitere Seitenerosion eines Prallhangs zu begrenzen. In entsprechendem Abstand von der Bruchkante werden Pflanzlöcher bis zur Höhe des Mittelwasserspiegels gebohrt oder gegraben. In die Löcher werden Weidenstangen gesteckt, die so lang sein müssen, dass diese noch etwa 50 bis 80 cm über das Gelände herausragen. Wichtig ist, dass das dickere Ende unten ist, d. h. die Stangen in Wuchsrichtung eingesteckt werden und die Knospen nach oben zeigen (s. Abb. 10.23).

Die Löcher werden lagenweise mit dem Aushub verfüllt und immer wieder eingeschlämmt, damit keine Hohlräume bleiben. Die Steckstange wird über die ganze Höhe Wurzeln schlagen und oben austreiben. Die Wurzelbildung ist im feuchten Milieu, also im Bereich des Grundwasserspiegels, am kräftigsten. Schreitet die Seitenerosion fort, so trifft sie vor dem Weidensaum auf ein von den Wurzeln verfestigtes Erdreich, wird abgebremst und, wenn nicht zu hoher Geschiebetrieb stattfindet, ganz unterbunden. Der Abstand der Steckstangenpflanzung zur Bruchkante des Prallufers ist aus Gründen der Arbeitssicherheit nötig, aber auch, damit genügend Zeit für eine intensive Wurzelbildung bleibt.

Bei Grundwasserflurabständen bis zu 1,50 m reicht auch eine normale Pflanzung an der Geländeoberfläche. Bei größeren Flurabständen würden Erle, Weide und andere Ufergehölze Pfahl- und Senkerwurzeln bilden, um das Grundwasser zu erreichen, aber kein dichtes Herz-

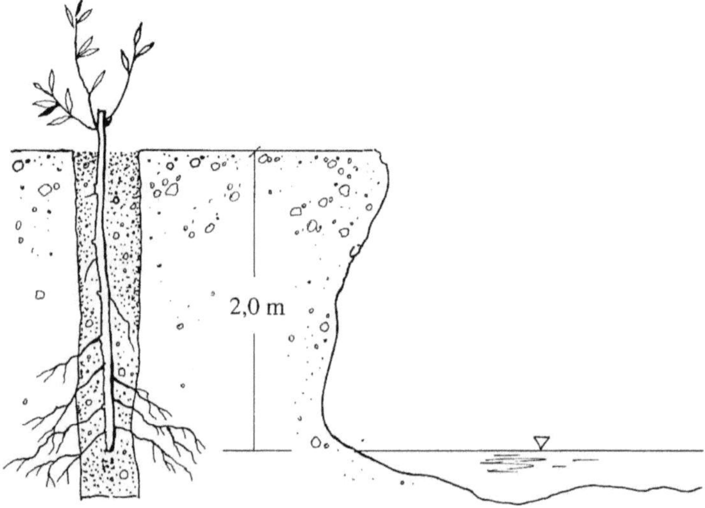

Abb. 10.23 Steckstange in nichtbindigem Boden – bei bindigen Böden besteht die Gefahr einer Ausspülung. (Zeichnung: H. Geipel)

wurzelsystem (Binder 1989). Bei Annähern der Seitenerosion würde der Hauptwurzelhorizont unterschnitten und der Baum in das Gewässer fallen. Weiden-Steckstangen vermeiden dieses Risiko.

Uferstreifen mit Gehölzen sind hervorragende Bauweisen zur naturnahen Gestaltung von Gewässern. Sie beschatten das Gewässer, stabilisieren das Ufer, bieten Lebens- und Rückzugsraum für eine Vielzahl von Pflanzen und Tieren, sind Retentions- und Abstandsflächen entlang der Gewässer und gliedern den Talraum (siehe u. a. Kraus 1984; DVWK 1997b; DWA-M 612 2020a).

10.4.11 Steinverbau

Ein *Steinverbau* zur *Ufersicherung gegen Seitenerosion* ist dort erforderlich, wo eine freie Entfaltung des Fließgewässers nicht möglich ist und ingenieurbiologische Maßnahmen nicht ausreichen. Das ist insbesondere dann der Fall, wenn steile Uferböschungen vorliegen und das Mittelwasser so tief ist, dass die Gehölzwurzeln nicht bis zum Böschungsfuß reichen, ferner, wenn zum Beispiel Geschiebetrieb, hohe Schubspannungen oder Wellenschlag (etwa durch Flussschifffahrt) Pflanzenwachstum verhindern. Es gibt aber auch Beispiele, etwa an der mittleren Elbe, wo Gehölze auch als Uferschutz an schiffbaren Flüssen ausreichen.

Die Größe bzw. das Gewicht des einzelnen Steines muss der örtlich auftretenden Schubspannung entsprechen und die Steingröße zur Kornverteilung des Sohlen- bzw. Böschungssubstrats passen, ggf. ist ein Filter bzw. Filtervlies zwischen Böschung und Steinen einzubauen (Schleiss 2000).

Wie im technischen Flussbau, ist auf eine ausreichende Einbindung und Tiefe des Böschungsfußes zu achten. Die Erosion der Gewässersohle durch die Spiralbewegung des Wassers vor einem insgesamt doch verhältnismäßig glatten Längsverbau darf nicht unterschätzt werden. Daraus folgt zum Beispiel, dass das Fundament eines Steinverbaus an großen Flüssen mindestens 1,50 bis 2,00 m unter die Sohle einzugraben ist. Im unteren Bereich sollten die größten Steine eingebaut werden.

Auch wenn keine echten Buhnen geplant sind, sollten im Fundamentbereich große Blöcke immer wieder spornartig vorgezogen werden, um den *Längsverbau* möglichst rau zu gestalten. Die Steingröße kann mit der Höhe der Böschungssicherung reduziert werden, da die Schubspannung mit geringerer Wassertiefe abnimmt. Auch der landseitige Übergang vom Steinverbau zur anschließenden Böschungssicherung ist möglichst rau und verzahnt auszuführen. Bei linienhafter, glatter Begrenzung kann sich dort eine bevorzugte Strömungsrinne mit höherer Fließgeschwindigkeit einstellen, die zur Erosion der oberhalb liegenden Böschung führen kann.

Endet der Steinverbau im Mittelwasserbereich, kann ein Röhrichtsaum anschließen. Muss die Steinsicherung höher gezogen werden als der Mittelwasserspiegel, so bietet sich im Anschluss ein Saum aus Weiden an. Dieser kann durch Steckholzpflanzungen in den Zwischenräumen der obersten Steinreihen in den Längsverbau einbezogen werden. Eine solche Konstruktion ist von Vorteil, da die Gehölzwurzeln die Steine mit der Böschung gleichsam „verdübeln". Oberhalb des Steinverbaus ist eine Weidenspreitlage die geeignete

Böschungssicherung. Auch wenn das Ufer wegen der hydraulischen Leistungsfähigkeit nur mit Hilfe von Böschungsrasen gesichert werden darf, ist der Übergang rau und verzahnt zu gestalten.

10.4.11.1 Steinsatz

Große Steine und Steinblöcke mit einer Kantenlänge von mehr als etwa 80 cm und einer Masse von mehr als 1,2 t, sind mit Hilfe schwerer Hydraulikbagger als Steinsatz einzeln zu verlegen (s. Abb. 10.24 und 10.25). In extremen Fällen wird bei alpinen Gewässern sogar der Einbau von Elementen aus dem Küstenschutz (Wellenbrecher) empfohlen (Bezzola 2005).

Hydraulikbagger arbeiten üblicherweise bei Niedrigwasser im Gewässerbett. Die erforderliche Baustraße, auf welcher der Bagger steht und über die Lastkraftwagen (LKW) die Steine antransportieren, wird aus dem Fundamentaushub und ggf. aus zusätzlichem Sohlensubstrat geschüttet (s. Abb. 10.26).

Das Kiesmaterial der Baustraße wird dazu verwendet, große Hohlräume zwischen den Steinen bzw. dem gesetzten Steinufer und der Arbeitsböschung zu verfüllen. Das dort befindliche Feinmaterial wird später vom Wasser so lange weggespült, bis sich ein Stützgerüst ausgebildet hat. Auf diese Weise wird die Baustraße mit dem Arbeitsfortschritt wieder rückgebaut. Überschüssiges Material wird im Flussbett belassen und ggf. grob verteilt.

Es ist darauf zu achten, dass durch den Steinsatz keine glatte, mauerwerksartige Ufersicherung entsteht. Im Gegenteil, aus ökologischen Gründen und zur Verminderung der Erosion entlang des Böschungsfußes, soll ein ungleichmäßiger, rauer Längsverbau entstehen.

Abb. 10.24 Steinsatz und Weidensteckhölzer zur Ufersicherung. (Foto: E. Städtler)

Abb. 10.25 Steinsatz. (**a**). Steinsatz mit Steckholz (**b**). (Zeichnungen: H. Geipel)

10.4.11.2 Steinwurf

Kleine Steine mit Kantenlänge unter etwa 60 cm und einer Masse von ca. 0,5 t werden üblicherweise vom Lkw oder von einer Feldbahn von oben über die Böschung gekippt oder mit Hilfe eines Baggers über der Böschung abgeworfen. Diese Einbaumethode wird als Steinwurf oder Steinberollung bezeichnet. Auch hier ist ein ausreichend tiefes Fundament auszubilden und, je nach anstehendem Boden, ggf. ein Filter einzubauen.

Der Steinwurf ist aufgrund der geringeren Steingröße weniger widerstandsfähig als ein Steinsatz und kann daher nur bei niedrigen Schubspannungen eingesetzt werden.

Im Vergleich zum Steinsatz ist ein Steinwurf jedoch wesentlich preiswerter, weil kleinere Steine billiger sind, der Baubetrieb einfacher und der Baufortschritt rascher ist.

Abb. 10.26 Hydraulikbagger im Einsatz. (Foto: W. Kraus)

10.4.11.3 Steinschüttung und Steinpflaster

Stehen, u. a. aus Kostengründen, nur sehr kleine Steine mit Kantenlängen um 15 bis 20 cm zur Verfügung, die mehrlagig als Steinschüttung verarbeitet werden, ist die Grenze naturnaher Bauweisen überschritten. Solche kleinen Steine widerstehen nur geringen Schubspannungen, sodass auch eine ingenieurbiologische Sicherung ausreichen würde. Steinpflaster, eventuell sogar mit Fugenverguss, Vermörtelung oder im Unterbeton, sollten im naturnahen Wasserbau nicht eingesetzt werden.

10.4.11.4 Steinwurf mit Steckhölzern

Je nach Verbauungsziel und Einsatzort bietet sich auch eine Kombination von Tot- und Lebendverbau an. Die Natur kennt eine solche gegenseitige Unterstützung, insbesondere an der Uferlinie. In geschiebeführenden Gewässern dringen Bäume, insbesondere Erlen und Weiden, soweit an das Gewässer vor, dass ihr Wurzelwerk das Substrat verfestigt. Der ständige „Schliff" (*Abrasion*) durch häufige Sandverfrachtung bzw. Geschiebetransport bei bettbildenden Abflüssen verhindert ein zu weites Vordringen von Gehölzen in das Flussbett. Die Wechselwirkung der dynamischen Kräfte bzw. das Zusammenspiel von nicht mehr verfrachtetem Substrat und Gehölzen gestaltet das Ufer.

Die Anwendung dieser natürlichen Vorbilder im naturnahen Wasserbau ist der Steinwurf oder Steinsatz mit großen Wasserbausteinen, in dessen Lücken Weidensteckhölzer gesteckt werden. Solche kombinierten Bauweisen kommen überwiegend dort zum Einsatz, wo potenziell natürlich Pflanzen vorkämen, die besonderen Anforderungen jedoch eine stärkere Sicherung verlangen.

10.4.11.5 Trockenmauer

Ist wegen beengter Platzverhältnisse eine Ufermauer erforderlich, kann eine Trockenmauer ohne Vermörtelung oder Unterbeton noch als naturnahe Bauweise akzeptiert werden. Die Fugen sollten möglichst breit belassen und mit Rasen ausgestopft werden. Auch eine Trockenmauer ist eine klassische Kombination von lebenden und toten Baustoffen.

Ökologisch ist ein Steinverbau umso höher zu bewerten, je größer die Steine und je rauer, unregelmäßiger ihr Verbund ist, weil damit die Hohlräume anwachsen. Unter Wasser entstehen unterschiedliche Strömungsmuster und Rückzugsräume für eine Vielzahl von Tieren.

Über den Wasserspiegel herausragende Steine sind ideale Ansitzwarten für Bachstelze (*Motacilla alba*) und Wasseramsel (*Cinclus clincus*). Ein Steinverbau über dem Wasserspiegel bietet Versteck- und Fluchträume, insbesondere wenn er rau und voller Hohlräume ist, erschwert aber amphibisch lebenden Tieren den Zugang zum Gewässer. Verbauungen aus losen Steinen sind flexibel, rutschen bei Sohleneintiefung nach und erfüllen dann immer noch ihren Zweck. Sie können zudem leicht ergänzt oder ausgebessert werden.

Die Belastbarkeit der verschiedenen Bauweisen zur Böschungs- und Ufersicherung ist unterschiedlich zu bewerten. Die *kritischen Schubspannungen* bzw. Fließgeschwindigkeiten (s. Abschn. 8.4), ab denen eine Zerstörung der Sicherungsmaßnahmen zu erwarten ist, basieren vornehmlich auf Erfahrungswerten unter besonderen Randbedingungen. Sie weisen deshalb eine gewisse Bandbreite auf (s. Tab. 10.1). In Abhängigkeit von der berechneten Schubspannung (s. Abschn. 8.4) ist eine geeignete Bauweise auszuwählen, die die Stabilitätskriterien erfüllt.

Tab. 10.1 Kritische Schubspannungen τ_{cr} bzw. Geschwindigkeiten v_{cr} für verschiedene Sicherungsmethoden des naturnahen Wasserbaus. (siehe u. a. auch Dittrich 1995; Visman 2021; Albert 2022)

Böschung aus:	Kritische Schubspannung τ_{cr} [N/m²]	Kritische Geschwindigkeit v_{cr} [m/s]
Rasen, kurze Überflutungszeit	20–50	1,8–2,0
Lange Überflutungszeit	15–20	1,5
Röhrichtwalze	50	2,0
Weidenfaschine, Senkfaschine, Reisiglagen	60–80	2,5–3,0
Weidenspreitlage	150–300	3,5–4,0
Rollierung (Kies 0–50 mm)	70–100	2,5–3,2
Steinwurf	100–200	3,5–4,0
Steinwurf mit Weidenstecklingen	100–150	3,0–3,5
Großer Steinwurf	200–240	4,0–6,0
Grober Steinsatz	200–300	4,0–6,5

10.5 Sicherung gegen Seitenerosion, Buhnen

Buhnen sind dammartige, massive Bauwerke, die quer im Gewässerbett liegen, jedoch nicht über die gesamte Gewässerbreite reichen (s. Abb. 10.27 und 10.28) (Patt et al. 2021). Sie können erheblich dazu beitragen, die Vielfalt der Lebensräume an Fließgewässern zu erhöhen und tragen damit dazu bei, die Habitatvielfalt zu verbessern (Müller et al. 2021)

Durch die Einengung des Querschnittes wird die Durchflussbreite verringert und damit die Wassertiefe erhöht. Die vergrößerte Fließtiefe bewirkt erhöhte Schubspannungen, sodass die Gewässersohle im unverbauten Profilbereich stärker eingetieft wird. Die Sohlenerosion dauert so lange an, bis sich ein neuer Gleichgewichtszustand zwischen angreifender Strömung und Sohlenmaterial eingestellt hat.

Unterschieden wird zwischen *inklinanten* (stromaufwärts gerichtete), *deklinanten* (stromabwärts gerichtete) und *rechtwinkligen* (im rechten Winkel zur Streichlinie gerichtete) Buhnen (s. Abb. 10.28).

Deklinante Buhnen lenken bei einer teilweisen Überströmung des Buhnenkörpers die Strömung zur Flussmitte. Mit zunehmender Überströmung wird die Strömung allerdings verstärkt auf das Ufer gerichtet, sodass die stromabwärts gelegene Uferböschung in der Regel gesichert werden muss. Zur Ufersicherung sind deklinante Buhnen daher nicht geeignet.

Durch deklinante Buhnen können jedoch eigendynamische Entwicklungsprozesse (s. Abschn. 10.1) eingeleitet werden, sodass diese Bauform im naturnahen Wasserbau durchaus Verwendung findet.

Abb. 10.27 Steinsporne zum Uferschutz unmittelbar nach Einbau. (Foto: W. Kraus)

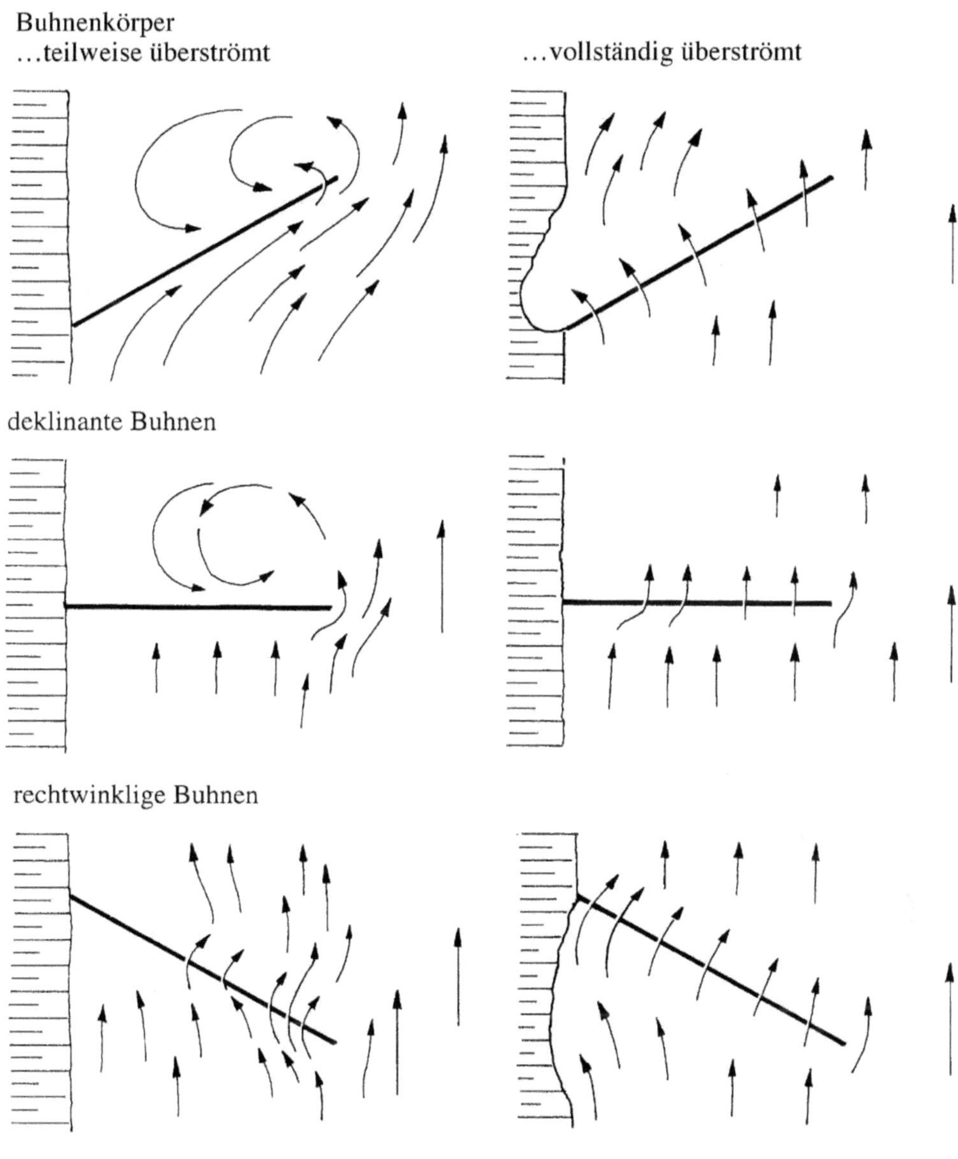

Abb. 10.28 Bauweisen und Strömungsbilder von Buhnen. (Zeichnung: H. Geipel)

Rechtwinklige Buhnen wirken überwiegend neutral. Wichtig ist grundsätzlich ein gutes Einbinden der Buhnenwurzel in die Uferböschung sowie ein massives Ausbilden und Absenken des Buhnenkopfes unter die Sohle, da der Buhnenkopf dem größten Strömungsdruck ausgesetzt ist (s. Abb. 10.28).

Inklinante Buhnen lenken die Strömung bei einer teilweisen Überströmung auf das Ufer und können deshalb oberstrom der Buhne zu Uferangriffen führen. Die Buhnenwurzel sollte aus diesem Grunde mit einer Ufersicherung oberstrom der Buhne ergänzt werden. Mit steigendem Wasserstand und beginnendem Überfall über die Buhne wird die Hauptströmung stromabwärts von der Buhne zur Flussmitte hin abgelenkt. In den strömungsberuhigten Buhnenfeldern (zwischen den einzelnen Buhnen) kommt es zu den teilweise angestrebten Verlandungen. Hinweise zur rechnerischen Ermittlung der Sohlenveränderungen finden sich u. a. bei Spannring und Seus (2000) sowie Weber et al. (2000).

10.5.1 Buhnen aus Steinen

Steinbuhnen werden entsprechend den Schubspannungsanforderungen des Gewässerabschnittes aus Schüttsteinen oder einzeln versetzten, großen Steinen bis ca. 5 t Gewicht erstellt. Stehen sie am Ufer genau gegenüber, engen sie den Fließquerschnitt ein, erzeugen dadurch höhere Fließgeschwindigkeiten und Schubspannungen, was in der Tendenz zu einer Sohleneintiefung führt.

Werden die Buhnen an beiden Ufern versetzt angeordnet, so betonen diese eine mäandrierende Fließbewegung und helfen, damit einen gewundenen Gewässerverlauf auszubilden. Einzelne Buhnen halten den Hauptstromstrich vom Ufer weg. Die Tiefenerosion unmittelbar am Ufer wird dadurch vermindert. Ist der Abstand der Steinbuhnen derart bemessen, dass die Hauptströmung etwa mittig auf die nächste unterstrom liegende Buhne trifft, so sind Buhnen ein vorzüglicher Uferschutz.

Steinbuhnen sind, wie alle aus einzelnen, nicht vermörtelten Steinen erstellte Bauwerke, sehr flexibel. Beobachtete Auswirkungen können durch Hinzufügen oder Wegnehmen von Steinen leicht korrigiert werden.

Die Beschleunigung der Strömung am Buhnenkopf lässt, wie an einem „Belebungsstein", örtlich Kolke und gröberes Sohlensubstrat entstehen. In den Feldern zwischen den Buhnen bilden sich Still- und Kehrwasserbereiche aus, die sich durch Sedimentation von Feinmaterial auszeichnen. Im Flussschlauch selbst, ist meist sortiertes Sohlensubstrat zu finden (s. Abb. 10.29).

Da naturnah gestaltete Buhnen die Strukturvielfalt der Fließgewässer erhöhen und somit zusätzliche Lebensräume schaffen, sind sie ökologisch hoch einzustufen (s. Abb. 10.29 und 10.30).

10.5.2 Dreiecksbuhnen aus Steinen (Steinsporne)

Steinsporne sind einfache Buhnen aus großen Wasserbausteinen, die mit einem Fundament in die Sohle und in das Ufer eingebunden werden (s. Abschn. 11.2). Aufgrund ihrer gedrungenen, zum Ufer hin verbreiterten Grundrisse werden Steinsporne häufig auch *Dreiecksbuhnen* genannt (s. Abb. 10.31).

Abb. 10.29 Korrektur des Gewässerlaufs durch Steinbuhnen. (Foto: H. Patt)

Abb. 10.30 Buhne zur Aktivierung des Geschiebes im Gleituferbereich. (Foto: W. Kraus)

Abb. 10.31 Steinsporn. (Zeichnung: H. Geipel)

Das Verhältnis Länge in den Fluss zu Breite entlang der Uferlinie reicht bei Steinspornen von 1:1 bis 2:1. Die räumliche Gestalt ist als liegender Pyramidenstumpf zu beschreiben, dessen Basis ins Ufer eingebunden ist und dessen abgestumpfte Spitze zum Gewässer hinzeigt. Das Wasser umspült diesen räumlichen Körper und bildet unterschiedliche Strömungsbereiche aus.

Die Anströmung der Buhne ist relativ gleichförmig und verläuft aufgrund der Dreiecksform etwa im rechten Winkel auf diese zu. Deshalb reicht die Sedimentation, die zum Beispiel von einer oberstrom liegenden Buhne ausgelöst wird, meist bis an den Buhnenkörper heran. Am Kopf des Sporns bildet sich ein tiefer Kolk aus, dessen Sohle aus grobem Substrat besteht. In diesem Bereich entstehen die höchsten Fließgeschwindigkeiten, sodass dort die Einbindung in die Sohle besonders wichtig ist.

Mit steigendem Wasserspiegel wird der Steinsporn überspült, was zu einem Abfluss wie über einen rauen Wehrrücken führen kann. Aufgrund der Dreiecksform des Buhnenkörpers wird der Strahl vom Ufer weggeleitet, d. h. der Steinsporn wirkt wie eine inklinante Buhne und die Gefahr von Ufererosion ist gering. Unmittelbar hinter dem Steinsporn bildet sich ein Kolk, der zum Ufer hin verläuft, d. h. das Sedimentationsfeld reicht von unterstrom meist nicht bis an den Buhnenkörper heran.

Auch in alten Wasserbau-Lehrbüchern werden schon *Dreiecksbuhnen* beschrieben und in ihrer Wirkung positiv bewertet (Wiebeking 1811). Dort sind sie nicht geschlossene, geschlichtete Steingebilde, sondern innen offen. Sie werden als „Fangkribben" bezeichnet.

Die Sedimentationsbereiche zwischen zwei Buhnen sind entsprechend der unterschiedlichen Strömungsbereiche strukturiert. Die Wasseroberfläche ist kugelförmig aufgewölbt und reicht in der Mitte zwischen zwei Spornen aufgrund der dort gleichförmigen, nicht beschleunigten Fließgeschwindigkeit häufig weiter in den Fluss hinein als die Verbindungslinie zweier Buhnenköpfe. Grobes Substrat lagert sich in der Nähe der Buhnenköpfe und zur Seitenlinie hin ab.

Abb. 10.32 Eingrünung nach zwei Jahren. (Foto: W. Kraus)

Unmittelbar nach dem Bau sind Steinsporne „nackte“ Bauwerke, die als „Steinhaufen“ wie Fremdkörper im Gewässer wirken. Aufgrund von Feststoffverfrachtungen bei höheren Abflüssen werden sie jedoch schnell verfüllt.

Unter der Mittelwasserlinie wird das Feinsubstrat immer wieder weggespült, sodass Hohlräume zwischen den großen Wasserbausteinen auf Dauer erhalten bleiben.

Oberhalb des Mittelwasserstandes sammelt sich Feinmaterial, während sich Geschwemmsel, Totholz und Laub auf der Buhnenwurzel ablagern. Diesen Bereich erobern bald Pionierpflanzen. Mit der Zeit wandern Erlen und Weiden ein (s. Abb. 10.32). So entsteht im Bereich der Mittelwasserlinie ein geschwungener Vegetations- und Gehölzsaum. Diese Entwicklung kann dadurch beschleunigt werden, indem die Steinsporne beim Bau mit Sohlenmaterial überschüttet werden, das bei höherem Wasserstand eingespült wird und im Bereich der Buhnenwurzel bindiges, humushaltiges Material hinzufügt.

Ebenso wie um die gesamte Dreiecksbuhne, bilden sich um jeden einzelnen Stein, unterschiedliche Strömungsmuster aus mit einem entsprechenden Anströmbereich, hohen

Strömungsbelastungen an den dem fließenden Wasser zugewandten Flächen und Kanten sowie Fließschattenbereichen mit Turbulenzen und örtlichen Kehrwassern im Abströmbereich.

Diese Bereiche sind bevorzugte Lebensräume für viele strömungsliebende Arten. Die Sedimentfelder zwischen den Steinspornen dienen unterschiedlichsten Interstitial-Arten. In Verbindung mit Vegetationsgürteln im Uferbereich sind diese sortierten Sedimentationsfelder mit ihren gut ausgebildeten, unterschiedlichen Strömungsbereichen wichtig, zum Beispiel für das Aufkommen von Fließwasser-Libellen.

10.5.3 Buhnen aus Wurzelstöcken

Einfache naturnahe, buhnenartige Ufersicherungen sind *Wurzelstockbuhnen*. Hierzu werden *Wurzelstöcke* mit dem Wurzelwerk zum Wasser und mit dem Stammansatz zum Ufer hin am Böschungsfuß etwa in Höhe zwischen Niedrig- und Mittelwasserstand eingegraben. Im Bereich der Uferböschung werden sie mit Wasserbausteinen beschwert und mit Erdreich abgedeckt (s. Abb. 10.33 und 10.34).

Das in den Wasserkörper hineinreichende Wurzelwerk ist ein hervorragender *Unterstand* und Zufluchtsort für viele Wassertiere und verbessert in unseren häufig ausgeräumten Fließgewässern die Habitatbedingungen (s. Kap. 4). Frisch eingebaute Wurzelstöcke von Weiden und Erlen schlagen meist wieder aus. Ist dies nicht erwünscht, so sind abgelagerte, ausgetrocknete, und somit abgestorbene Wurzelstöcke zu verwenden.

Gut eingegrabene Wurzelstöcke halten auch größeren Hochwasserabflüssen stand. Die Steinauflast erhöht diesen Effekt, vor allem aber dient sie der Ufersicherung, wenn der Wurzelstock nach 20 oder mehr Jahren einmal vermodert ist. Übrig bleibt eine ver-

Abb. 10.33 Wurzelstockbuhne mit Steinen beschwert. (Zeichnung: H. Geipel)

Abb. 10.34 Wurzelstockbuhne. (Foto: W. Kraus)

wachsene, örtlich mit Steinen gesicherte, nischenartige, etwas steilere Uferböschung. Für die Ausführung sind schwere Hydraulikbagger nötig, die bei Niedrigwasser vom Gewässer her arbeiten.

10.5.4 Flechtwerksbuhnen

Flechtzäune entsprechend Abschn. 10.4.5 können auch als *Flechtwerksbuhnen* verarbeitet werden. Hierzu wird der Zaun vom Wasser her in Richtung Uferböschung geflochten (s. Abb. 10.35 und 10.36).

Zweckmäßigerweise verwendet man als Befestigungspflöcke ausschlagfähige Setzhölzer. Der Buhnenkopf sollte durch einige vom Flechtwerk unabhängige Pflöcke zusätzlich gesichert werden. Es soll erreicht werden, dass die Flechtwerksbuhne austreibt und einen Weidensaum von der Uferböschung in das Gewässer hinein bildet. Das gelingt jedoch nur, wenn bei geringer Wassertiefe oder im Bereich der Flechtwerksbuhne rasch Sedimentation eintritt. Ständig submerse Weiden werden nicht überleben. Auch Sandschliff kann das Austreiben und Überleben der Weiden beeinträchtigen. Eine nicht ausgetriebene Flechtwerksbuhne aus Totholz schützt das Ufer für die Zeit ihrer Lebensdauer, insbesondere dann, wenn diese Sedimentation auslöst.

Flechtwerksbuhnen als ingenieurbiologische Maßnahmen sind bei der Planung und bei den hydraulischen Berechnungen mit ihrer maximalen Vegetationsentwicklung zu berücksichtigen.

Abb. 10.35 Flechtwerkbuhne. (Foto: W. Kraus)

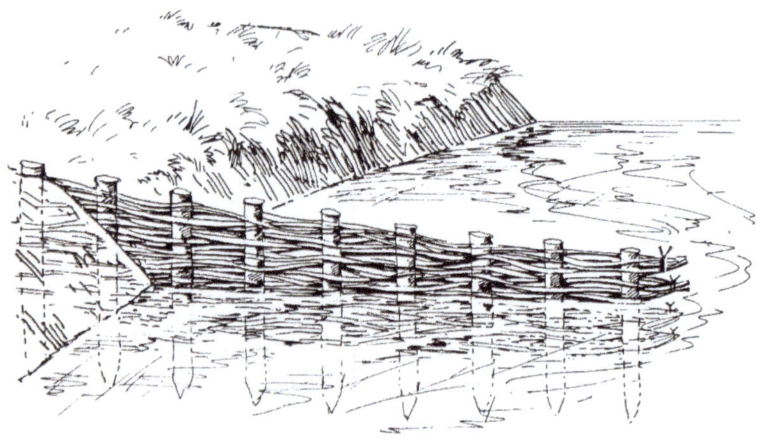

Abb. 10.36 Flechtwerksbuhne (Systemskizze). (Zeichnung: H. Geipel)

10.5.5 Steinkastenbuhnen

Steinkastenbuhnen werden in kombinierter Bauweise aus Holz und Steinen errichtet (s. Abb. 10.37).

Dazu werden Rundhölzer mit einem Durchmesser von etwa 15 bis 20 cm mit schwächeren Rundholzabschnitten als Querzangen verbunden, lagenweise mit Steinen ausgefüllt, beschwert und so Schicht auf Schicht zu einer räumlichen, kastenartigen Buhne

Abb. 10.37 Steinkastenbuhne. (Zeichnung: H. Geipel)

aufgebaut. Die unterste Holzlage wird mit leichtem Gefälle vom Ufer zur Flussmitte hin in die Sohle eingegraben. So erhält die Oberfläche der Buhne das gewünschte Gefälle zum Fluss hin. Wird für den Bau der Steinkastenbuhnen Totholz verwendet, so entstehen übliche Buhnen in kombinierter Bauweise aus Holz und Stein und mit den in Abschn. 10.5.1 beschriebenen Wirkungen.

Als Baukörper selbst sind Steinkastenbuhnen von großem ökologischem Wert, da sie sowohl im aquatischen als auch im amphibischen oder terrestrischen Bereich Zufluchts-, Überwinterungs- und Lebensraum für eine Vielzahl von Tieren sind. Da sie aber als relativ gleichförmige, geometrische Gebilde optisch in Erscheinung treten, sollten sie, zumindest an stärker frequentierten Flussufern, nicht zu weit über den Mittelwasserspiegel hinausragen.

Werden Erlen und Weiden als Baustoff verwendet und hiebfrisch verarbeitet, so werden diese ausschlagen. Die Buhnen sind dann nach wenigen Jahren nicht mehr als Bauwerk zu erkennen. Vielmehr stellen sie Gehölzriegel dar, die von der Uferböschung zum Gewässer hin wachsen.

Ökologisch betrachtet sind Steinkastenbuhnen mit Lebendholz noch wertvoller als solche aus Totholz. Derartige Buhnen können auch über dem Mittelwasserspiegel als Vorland- oder Hochwasserbuhnen gebaut werden, um zum Beispiel den Stromstrich von einem Hochwasserdeich fernzuhalten. Sie werden dann am Deichfuß sitzen, müssen in diesen einbinden und gleichermaßen ins Vorland eingegraben sein, damit sie ausschlagen. Die Sicherheit des Deiches darf aber nicht beeinträchtigt werden. In der hydraulischen Berechnung müssen Steinkastenbuhnen in ihrer maximalen Vegetationsentwicklung berücksichtigt werden.

10.6 Sicherung gegen Tiefenerosion

Tiefenerosion tritt in natürlichen Fließgewässern in gestreckten Flussläufen auf, wo das Schubspannungspotenzial aufgrund des hohen Gefälles größer ist als die Widerstandskraft der Gewässersohle. Ursache für die Tiefenerosion in anthropogen veränderten Gewässern ist insbesondere das erhöhte Gefälle und die starke Einschnürung, die zur Zerstörung der vorhandenen Sohlenstrukturen und zur Eintiefung führen (Weichert et al. 2006). Ist daran grundsätzlich nichts zu ändern (s. Abschn. 10.1 und 10.2), so muss das Gewässerbett gegen weitere Tiefenerosion gesichert werden.

10.6.1 Totholzschwellen

In natürlichen Gewässern fallen Bäume und Äste in das Gewässerbett. Die Strömung spült die Materialien häufig so zusammen, dass diese quer über der Sohle liegen und dort zu Abflusshindernissen werden. Durch den Rückstau findet Sedimentation statt, sodass weitere Äste und Zweige hinzugespült werden. Solche Ansammlungen von Totholz verbessern die Gewässerstruktur (s. Abschn. 3.3 und 4.1.4). Zudem bilden sich regelrechte Schwellen aus, welche die Sohle stabilisieren. Ähnliche Wirkungen haben Biberdämme (s. auch DWA-M 608-1 2017; DWA-M 606-2 2023b).

Diese Beobachtungen können im naturnahen Wasserbau umgesetzt werden, indem bewusst Bäume in das Gewässer gefällt werden. Sie müssen länger sein, als die Gewässersohle breit ist, damit sie sich verkeilen können und nicht abgetrieben oder ans Ufer geschwemmt werden. Zusätzlich kann der Baum beidseitig festgehängt werden, wie dies beim *Rauhbaum* (s. Abschn. 10.4.2) erfolgt (s. Abb. 10.38). Auch gibt es die Möglichkeit, den Baum mit großen Ankersteinen zu beschweren.

Nadelbäume haben eine dichtere Krone, die länger flexibel und biegsam bleibt. Sie bewirkt eine schnellere Auflandung. Die ökologischen Gesichtspunkte von Rauhbäumen gelten ebenso.

Durch den Sedimentschliff haben Querbäume eine geringere Lebensdauer als Rauhbäume.

Abb. 10.38 Totholzschwelle zur Eindämmung der Tiefenerosion. (Zeichnung: H. Geipel)

10.6.2 Sohlen- und Grundschwellen

Sohlenbauwerke sind Bauwerke quer zur Fließrichtung. Als *Sohlenschwelle* oder *Sohlenriegel* schließen sie bündig mit der Flusssohle ab, während *Grundschwellen* über die Sohle hinausragen. Sohlenbauwerke werden im naturnahen Wasserbau aus einzelnen Steinen, möglichst ohne Verwendung von Mörtel und Beton, gesetzt (s. Abb. 10.39 und 10.40). Für die Einbautiefe und Fundamentierung gelten die Ausführungen in Abschn. 10.4.10.

Abb. 10.39 Sohlengurte in naturnaher Bauweise. (Foto: W. Kraus)

Abb. 10.40 Stabilisierung eines Gewässers durch eine Grundschwelle. (Zeichnung: H. Geipel)

In naturnahen Gewässern mit Umlagerung von Sohlensubstrat werden oberstrom von Grundschwellen Feststoffe sedimentiert. Während der Sohlenumlagerung wirken Sohlenbauwerke als Querbauwerke, hinter denen sich ein Kolk entwickelt, der sichtbar bleibt, sobald die Sohle wieder zur Ruhe kommt. Deshalb sind Sohlen- und Grundschwellen in naturnahen Gewässern nicht eindeutig zu trennen bzw. zu unterscheiden. Aus Gründen der Durchgängigkeit sollte eine Schwellenhöhe von 10 bis 20 cm nicht überschritten werden.

Zur zusätzlichen Stabilisierung von Schwellen, insbesondere um kleinere Steine auch bei Hochwasser mit tief reichender Sohlenumlagerung zu halten, werden unterstrom der Bauwerke oft *Pilotenreihen* geschlagen. Der Abstand der *Piloten* muss dazu kleiner sein als der Steindurchmesser. Sie sollten möglichst tief eingeschlagen werden, da es unschön ist, wenn sie sichtbar sind oder gar über die Steine herausragen. Letzteres kann leicht passieren, falls sich die Steine nach dem Einbau noch eingraben. Auf jeden Fall stellen herausragende Schienen eine Gefahr dar. *Spundwände* zur Stabilisierung der Bauwerke behindern die Durchströmung des *Interstitials*.

In alpinen Flüssen mit hoher Abtragsenergie werden Sohlenbauwerke dadurch stabilisiert, dass die einzelnen Steine mit Hilfe von Stahlseilen zusammengehängt werden. Dadurch können einzelne Steine nicht ausgebrochen werden, was die Zerstörung des gesamten Bauwerks zur Folge hätte.

Sohlengurte sollten unterschiedlich gestaltet werden. Gleichartige Bautypen, die oft wiederholt werden, wirken monoton. Bogenartig nach oberstrom gewölbte Sohlengurte erzeugen *Kolke* und *Rückströmungen*. Der Kolkbereich ist daher immer besonders zu sichern. Die „Riegel“ sind relativ stabil, da sich Stein auf Stein abstützen kann (s. Abb. 10.41).

Abb. 10.41 Naturnahe Sohlenschwelle in Riegelbauweise. (Foto: H. Patt)

Bewährt haben sich auch brillenförmige Schwellen. Dabei werden von den Ufern zur Flussmitte hin taschenförmig zwei Steinreihen mit jeweils nur der Hälfte des Sohlengefälles gesetzt und derart miteinander verbunden, dass quasi zwei Brillengläser entstehen. In Flussmitte bzw. im Hauptstromstrich läuft nur eine Steinreihe durch. Unterstrom bildet sich ein Kolk aus.

Ökologisch wirken sich Sohlenschwellen dann positiv aus, wenn möglichst große Steine verwendet werden, damit sich größere Hohlräume ergeben.

10.6.3 Sohlenrampen

Gefällestufen gibt es in allen natürlichen Fließgewässern. Sie sind jedoch nur selten als lotrechte Sohlensprünge, zum Beispiel als Wasserfälle über Felswände, ausgebildet. Üblicherweise liegen sie als Querbarrieren vor, d. h. als quer zur Strömung liegende Schwellen in Form von Sand- und Kiesbänken, Stromschnellen oder Katarakten. Der Abbau des Höhenunterschiedes ist dann auf eine gewisse Fließlänge verteilt.

Zu diesen Steilstrecken gehört zwangsläufig gröberes Substrat, als die natürliche Kornverteilung in den anschließenden flacheren Gewässerabschnitten aufweist.

Mit Ausnahme der Wasserfälle sind natürliche Gefällestufen im Allgemeinen keine Wanderungsbarrieren für ständig an das Wasser gebundene Organismen. Sie sind zumindest zeitweise, d. h. bei geeigneten Abflussverhältnissen, zum Beispiel von Fischen, Schnecken und Muscheln, überwindbar.

Im technischen Wasserbau werden Gefällestufen meist als *Abstürze* mit lotrechter Stirnwand ausgeführt. Absturzhöhen bis 60 cm, ggf. auch höher, können von Salmoniden übersprungen, bis etwa 30 cm auch noch von Nasen und *Döbel* (auch *Aitel*) überwunden werden. Lotrechte Wände in dieser Größenordnung sind dagegen für Groppen, Krebse und Insektenlarven unüberwindlich. Auch schräg geneigte, glatte Schussstrecken, wie sie häufig bei Wehren vorkommen, stellen Ausbreitungsbarrieren dar.

10.6.3.1 Rampentypen

Sohlenrampen, die als „kurze Gewässerstrecke mit stark geneigter und befestigter Sohle“ definiert sind (s. DIN 4047 Teil 5), genügen zum Teil den Anforderungen an die Erhaltung der Durchgängigkeit. Unterschieden werden Sohlenrampen (auch Schussrinnen) mit Neigungen 1:10 und steiler sowie *Sohlengleiten* mit Neigungen 1:10 und flacher. Bei beiden Rampentypen ist die Gewässersohle im Bereich des Bauwerkes mit Steinen befestigt (Jäggi 2004).

Zwischenzeitlich wurden offene oder aufgelöste Rampen entwickelt, die als „*Rampen in Riegelbauweise*“ (siehe u. a. Ministerium für Umwelt Baden-Württemberg 1990; Korecky und Hengl 2008), aber auch, entsprechend ihrer natürlichen Vorbilder, „*Kaskadenrampen*“, d. h. eine Abfolge kleiner Wasserfälle, genannt werden (s. Abb. 10.42). Hierbei wird der Rampenkörper aus einzelnen, flächig ineinander verzahnten Steinreihen (sog. Riegel) hergestellt, zwischen denen sich beckenartige Kolke ausbilden können und sollen.

10.6.3.2 Lockere Rampen – Geschlichtete Rampen

Je nach Herstellung des Rampenkörpers ist zwischen lockeren Rampen, bei denen die einzelnen Steine nur durch ihr Gewicht bzw. ihre Größe der Schubspannung des Wasserabflusses

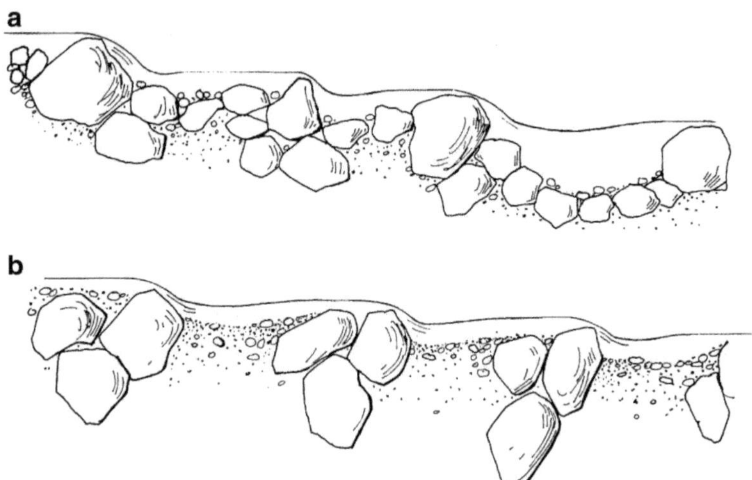

Abb. 10.42 Kaskadenrampe. (**a**). und offene Kaskade. (**b**). (Zeichnung: H. Geipel)

widerstehen, und *geschlichteten Rampen*, bei denen die einzelnen Steine hochkant, Stein an Stein, gesetzt werden, zu unterscheiden.

Lockere Rampen sind flexible Bauwerke, die bei Umlagerungen nicht zwangsläufig gefährdet sind. Geringfügige Bewegungen in locker gesetzten oder geschütteten Rampen führen zu einem Verkeilen der Steine, wodurch die Rampenstabilität erhöht wird (Janisch et al. 2007).

Geschlichtete Rampen sind starre Bauwerke, denen Zerstörung droht, sobald ein Stein aus dem Verbund gelöst wird oder der Rampenfuß nachgibt (Chervet und Weiß 1990). Derartige Rampenkörper müssen daher „eng gepackt" sein, um der Strömung widerstehen zu können. Die Gewichtskraft des einzelnen Steins ist hierbei geringer, als es die kritische Schubspannung bzw. der kritische spezifische Abfluss verlangen würden.

10.6.3.3 Hinweise zum Bau von Sohlenrampen

Beim *Bau von Sohlenrampen* ist es, aufgrund vorstehender Überlegungen, am besten gleich auf geschlichtete Rampen zu verzichten. Die Menge an Steinmaterial ist bei ihnen zwar geringer als bei lockeren Rampen, der Arbeitsaufwand aber um einiges höher. Deshalb kommt bei *lockeren Rampen* zur höheren Sicherheit i. A. eine preiswertere Herstellung hinzu (siehe u. a. Scapozza 2017; Hunzinger und Opferkuch 2017).

Bei Steingrößen bis etwa 40 cm Durchmesser, können *Sohlenrampen* geschüttet werden. Bei Niedrigwasser wird das Rohplanum der Flusssohle mit Hilfe von Schubraupen oder Radladern hergestellt und die Schüttsteine vom Transportfahrzeug aus, von unterstrom beginnend, unmittelbar in das Gewässer abgekippt. Geschickte Fahrer verteilen das Schüttgut während des Kippvorganges sofort flächig in gleichbleibender Schichtstärke von, je nach Planungsvorgabe, ein bis zwei Steinen. Nur wenn sich zu ungleiche Schichtstärken oder gar Haufen bilden, ist eine Nachverteilung mit Bagger oder per Hand mit Hilfe von Steinzangen nötig.

Bei Steingrößen d > 50 cm werden die Steine zweckmäßigerweise von einem Greiferbagger einzeln versetzt. Das Herstellen des Rampenplanums und das Setzen der Steine können dabei meist in einem Arbeitsgang erfolgen. Die Steine werden mit dem Aushub unterfüttert und überfüllt. Nur wenn im fließenden Wasser gearbeitet wird, schlämmen die Hohlräume zwischen den Steinen gleichzeitig zu.

Ist das im Gewässerbett anstehende Sohlensubstrat im Vergleich zu den nötigen Rampensteinen zu feinkörnig ($d_{Stein} > 5 \cdot d_{85\ Substrat}$), so ist unter der Rampe ein *Filteraufbau* erforderlich. Dies kann ein mineralischer Filter oder, wie heute üblich, ein *geotextiler Filter* (*Filtervlies*) sein. Das *Geotextil* wird am Rampenkopf etwa 40 cm tief eingegraben und mit Erdnägeln fixiert, die Bahn über den Rampenkörper abgerollt und in Abständen wieder befestigt. Ist die schräge Länge der Rampe länger als eine Textilbahn, so ist die Bahn dachziegelartig überlappend zu verlängern. Das Geotextil ist anschließend mit Sohlensubstrat oder Kies abzudecken.

Das Verlegen des Geotextils sollte in „trockener" Baugrube erfolgen, d. h. der Niedrigwasserabfluss wird durch einfache Erddämme oberstrom der Rampe auf die andere Flusshälfte gedrängt. Die eigentliche Schüttung oder das Setzen des Rampenkörpers erfolgt wieder im fließenden Wasser. Kritische Teile einer Rampe sind stets der *Rampenfuß* und der *Rampenkopf*.

Baugeschichtlich und auch hinsichtlich ihrer hydraulischen Berechnung und Dimensionierung entwickelten sich Rampen aus Rauhbettgerinnen. Deshalb endeten erste Rampen meist an der Verschneidung von geneigter Rampe mit der Flusssohle. An dieser Stelle stellt sich oft ein kleiner Kolk ein. Die Tendenz zur Kolkbildung wird durch eine räumlich gekrümmte, löffelartige Ausbildung des Rampenkörpers verstärkt. Wenn derartige Rampen von unterstrom nicht genügend eingestaut werden, entsteht unterhalb des Rampenfußes ein besonders tiefer Kolk. Zusätzlich ist ein Schussstrahl zu beobachten, der weit in das Unterwasser reicht und dort oft Uferschäden verursacht. Um Schäden zu vermeiden, wird der Rampenfuß mittels einer Piloten- oder Spundwandreihe fixiert und die Obergrenze der Rampenbeaufschlagung auf $q = 8$ bis $9\ m^3/(s \cdot m)$ festgelegt (Knauss 1979).

Es ist daher vorteilhaft, den Rampenkörper nicht löffelartig auszubilden, sondern eben, mit ausreichender Einbindung in die seitliche Uferböschung. Dadurch wird verhindert, dass sich der Abfluss in der Mitte der Rampe konzentriert.

Die Fließtiefe ist bei einer ebenen Rampenform über den ganzen Rampenkörper etwa gleichmäßig verteilt. Die Ausbildung eines Schussstrahles, der den tiefen Kolk am Rampenfuß bewirkt, wird dadurch verhindert. Ist der geneigte Rampenkörper möglichst rau, wird ein Großteil der kinetischen Fließenergie auf ihm umgesetzt und nicht erst im Kolk am Rampenfuß.

Aus der Praxis ist bekannt, dass bereits Ende der 1970er-Jahre Rampen gebaut wurden, die nachweislich einem spezifischen Abfluss von $20\ m^3/(s \cdot m)$ ohne Schaden standhielten. Die Erklärung ist, dass bei den Rampen die Energie bei Mittelwasserabfluss voll auf den Rampenkörper umgelegt wird.

Mit steigendem Abfluss bildet sich auf dem Rampenkörper kurzzeitig ein Wechselsprung aus (s. Abb. 10.43a). Mit weiter steigendem Abfluss wird der Wechselsprung mehr und mehr eingestaut, bis er beim eigentlichen Bemessungshochwasser kaum mehr als eine größere Welle auf der Wasseroberfläche in Erscheinung tritt (s. Abb. 10.43b). Das für technische Rampen geltende Kriterium der hydraulischen Wirksamkeit kann bei rauen Rampen folglich nicht als Bemessungskriterium herangezogen werden, da die Rampe überdimensioniert würde (s. Abschn. 7.5).

Abb. 10.43 Abfluss über einen Rampenkörper. (**a**) Rampe bei Mittelwasserabfluss und (**b**) bei Hochwasser. (Fotos: W. Kraus)

Die Rauheit der Rampe folgt aus der Steingröße. Sie kann zusätzlich erhöht werden, wenn man den Körper aus einzelnen Becken erstellt, bei denen einzelne, übergroße Steine riegelartig hervorstehen und die anschließenden, normal großen Steine, muldenartig vertieft bleiben. Bei

Niedrigwasser ergibt sich dann eine Folge kleiner Wasserfälle von Becken zu Becken („*Kaskade*“). Bei der Konstruktion einer Rampe sollten die folgenden Hinweise beachtet werden:

- der Rampenkörper ist in sich rau, aber ohne spürbare räumliche Krümmung als lockeres, flexibles Bauwerk auszubilden,
- am Rampenfuß ist ein tiefer Kolk, gleichsam ein naturnahes Tosbecken mit Gegenschwelle, als Fortsetzung des Rampenkörpers vorzuformen und
- die Gewässersohle sollte, anschließend an den Kolk, je nach Gewässerbreite noch auf 10 bis 20 m mit Steinen abnehmender Größe ausgelegt werden.

Die unterstrom vom Kolk befindlichen Steine werden sich in der Mitte eingraben und nach unterstrom bewegen, bis sich eine horizontale Bogenwirkung nach oberstrom ausbildet, wobei sich der Bogen seitwärts am Ufer abstützt.

Bei einer Berechnung der Rampe als lockeres, flexibles Bauwerk reicht die Dimensionierung der Steingröße für die Standfestigkeit der Rampe im Allgemeinen aus (Platzer 2000; Hengl et al. 2012). Die Abstützung auf den unterstrom liegenden horizontalen Bogen bewirkt eine zusätzliche Stabilisierung. Der Kolk am Rampenfuß und die einzelnen Becken im Rampenkörper füllen sich mit verfrachtetem Substrat auf, sodass die Sicherungssteine in der Tiefe der Sohle bei Normalabflüssen gar nicht in Erscheinung treten.

Die Becken im Rampenkörper erhöhen die Rampenrauheit und damit die Energieumwandlung auf der Rampe. Bei einer derartigen Ausbildung der Rampe ist deren Sicherung mit Piloten- oder gar Spundwandreihen nicht erforderlich.

Am Rampenkopf ist eine zusätzliche Sicherung überflüssig, wenn der Rampenkörper nach oberstrom je nach Steindurchmesser etwa 0,5 bis 1,0 m in die Sohle hineingezogen und der Übergang vom Sohlensubstrat, über zunächst kleine Steine bis zur nötigen Steingröße der Rampe, kontinuierlich ausgebildet wird.

Rampen, deren Einzelsteine auf die kritische Schubspannung dimensioniert wurden, sind sehr stabil. Wie bei den geschlichteten Rampen verkeilen sich die Steine untereinander und können sich so, durch die „Bogenwirkung“, zusätzlich noch auf die Fundamente abstützen. Der Materialbedarf für eine derartige Rampe ist hoch. Da auf der Baustelle meist nur ein Baggerfahrer und ein Arbeiter im Einsatz sind, sind die Lohnkosten jedoch gering. Dadurch sind solche Rampen üblicherweise preiswerter als geschlichtete Rampen.

Die Suche nach Kosteneinsparung führte dazu, den Boden der einzelnen Becken wegzulassen. Das dort vorhandene Sediment zeigt, dass diese Sicherung nur selten gebraucht wird. Die *Querriegel* („Rippen“) dieser *„offenen Kaskaden“* werden bei der Bemessung mit dem Faktor 1,20 bis 1,25 überdimensioniert. Wichtig ist die tiefe Gründung, mit einem Fundamentaufbau nach Abschn. 11.2.2.

Ökologisch sind Rampen, insbesondere *Kaskadenrampen*, jeder anderen Art von Sohlenbauwerken überlegen. Fische finden immer einen ausreichenden Wasserstand und die passende Beckenhöhe, die sie überwinden können. Selbst Krebse, Insektenlarven und Wasserschnecken können sich in Ritzen, Spalten und an der feuchten, rauen Steinoberfläche stromauf arbeiten. Über die raue Rampe und Kaskade wird viel Sauerstoff eingetragen, was die biologische Wirksamkeit der Fließgewässerstrecke verbessert. In mancher Kaskade bauten schon Wasseramseln ihr Nest, kaum dass der Bagger abgezogen war (s. Abb. 10.44).

Abb. 10.44 Umbau einer Wehranlage. (**a**) Ehemaliges Ausleitungswehr … (**b**) … umgestaltet zur Kaskade. (Fotos: W. Kraus)

10.7 Entscheidungsunterstützungssysteme im naturnahen Wasserbau

Entsprechend der stetig steigenden Bedeutung des naturnahen Wasserbaus sowie der damit verbundenen Nachfrage nach Lösungen zur naturnahen Ufersicherung und nachhaltigen Aufwertung der Gewässerstruktur sind seit mehreren Jahren Softwareprodukte in Form von webbasierten Entscheidungsunterstützungssystemen (**D**ecision **S**upport **S**ystem – DSS) am Markt.

10.7.1 Software *„Ufer-Expert"*

Mehreren Systemen liegt der methodische Ansatz nach Stowasser (2011) zu Grunde, wobei zur Definition der Rahmenbedingungen am Einbauort 15 maßgebliche Faktoren zu definierten sind, um ein Anforderungsprofil der spezifischen Ausgangsbedingungen zu erstellen. Entsprechend der jeweiligen Eigenschaften der verschiedenen Bauweisen kann damit datenbankgestützt deren Eignung anhand dieser Faktoren am spezifischen Einbauort ermittelt werden (siehe Abb. 10.45).

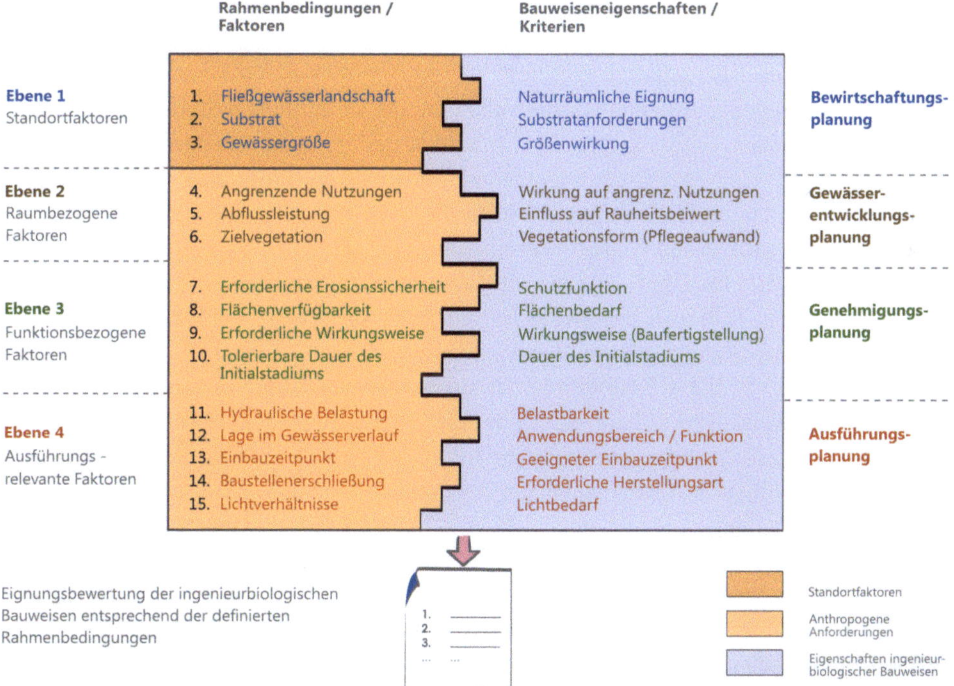

Abb. 10.45 Funktionsprinzip der Methodik zur Auswahl ingenieurbiologischer Bauweisen nach Stowasser (2011). Der Grad der Übereinstimmung von Eigenschaften ingenieurbiologischer Bauweisen (Kriterien) mit den Standortanforderungen (Faktoren) definiert die Eignung einer Bauweise für einen konkreten Anwendungsfall.

Diese Methodik zur stufenweisen und transparenten Auswahl ingenieurbiologischer Bauweisen aufgrund der Rahmenbedingungen am Einbauort und der Bauweiseneigenschaften ist auch maßgeblicher Bestandteil des DWA-Regelwerks zu ingenieurbiologischen Bauweisen (DWA-M 620-1 2020b).

Mittels 15 „Schlüsselfaktoren" lässt sich als Voraussetzung für die Auswahl ingenieurbiologischer Bauweisen im Wasserbau ein Anforderungsprofil der spezifischen standörtlichen Ausgangsbedingungen erstellen. Gemäß diesem Anforderungsprofil kann aufgrund der jeweiligen Bauweiseneigenschaften die spezifische Eignung der verschiedenen Baumethoden für den konkreten Anwendungsfall ermittelt werden.

So beinhaltet zum Beispiel die Software für Ingenieurbiologie (SOFIE®) sowie die von der DWA bereitgestellte Software „*Ufer-Expert*" einen Auswahl-Algorithmus, der eine anwendungsfreundliche und nutzerinteraktive Bauweisenauswahl ermöglicht. Diese Methodik wird als „*Schlüssel-Schloss-Verfahren*" zusammengefasst (vgl. DWA-M 620-1 2020b).

10.7.2 Schüssel-Schloss-Verfahren

Bei der als „*Schlüssel-Schloss-Verfahren*" bezeichneten Methode zur Auswahl ingenieurbiologischer Bauweisen wird für das anhand der am Einbauort vorherrschenden Rahmenbedingungen definierte Anforderungsprofil die Eignung ingenieurbiologischer Bauweisen entsprechend ihrer Eigenschaften ermittelt.

Zu diesen Rahmenbedingungen zählen nicht nur die wesentlichen Standortfaktoren wie Bodenbeschaffenheit, Gewässertyp und klimatische Bedingungen, sondern auch anthropogene Faktoren wie die Nutzung der angrenzenden Flächen, Anforderungen an die Erosionssicherheit der geplanten Maßnahmen sowie die Zugänglichkeit der Baustelle. Die Eignung einer Bauweise wird anhand ihrer Übereinstimmung mit den Rahmenbedingungen am Einbauort beurteilt. Man kann sich dies wie das passende Einsetzen eines Schlüssels in ein Schloss vorstellen: Je besser die Bauweise mit ihren spezifischen Eigenschaften zu den Anforderungen des Standorts passt, desto geeigneter ist sie.

Voraussetzung für diese Beurteilung der Bauweisen auf Übereinstimmung mit einem konkreten Anforderungsprofil ist eine möglichst genaue Kenntnis ihrer Eigenschaften. Daher sind in den Softwareprogrammen die Informationen zu den Eigenschaften der Bauweisen in entsprechenden Datenbanken aufbereitet.

10.8 Fischwanderhilfen

Fischauf- und Fischabstiegsanlagen sind Bauwerke, die der Wiederherstellung der Durchgängigkeit der Fließgewässer für Fische dienen. Sie sind dort erforderlich, wo der Mensch durch die Errichtung von Querbauwerken (z. B. Staustufen, Wehre) die Fischwanderwege unterbrochen hat (siehe u. a. Reich 1999; Land Salzburg 2002; DWA 2006a; Gerken 2006; Bauhaus Universität 2010; LFV Bayern 2012; Keuneke und Massmann 2021; Keuneke 2022a, b; Keuneke et al. 2022; Steegmüller 2022). Unterbunden wurde dadurch auch der bedeutsame Aufstieg in die Seitengewässer, die von besonderer Bedeutung für die Fortpflanzung sind (Lüttke 2001).

Abb. 10.46 Fischwanderhilfe an der Sieg. Die Rampe dient als Aufstiegshilfe (rechts im Bild). (Foto: E. Städtler)

Neben den biologischen Voraussetzungen (z. B. Temperatur, Anteile an gelöstem Sauerstoff), sind die Strömungsverhältnisse und die Durchgängigkeit der Sohle als wichtige Bedingungen für das Vorhandensein einer bestimmten Fischart zu nennen (siehe u. a. Schwevers 2000; Adam und Schwevers 2001; MUNLV NRW 2002a, 2002b; GfG 2005; DWA-Themen 2005; LFV Bayern 2012; DWA-M 509 2014a).

Die Strömungsgeschwindigkeiten charakterisieren den Energieeinsatz, den die aquatischen Lebewesen aufwenden müssen, um nicht verdriftet zu werden. Das vielfältig strukturierte Sohlensubstrat wiederum bietet denjenigen Lebewesen Schutz, die sich mit Hilfe anderer Strategien einer Abdrift entziehen (z. B. durch an die Strömung angepasstes Verhalten, Anheftung mittels Saugnäpfen, Aufenthalt in strömungsberuhigten Zonen).

Der Fließrichtung folgend befindet sich der Einlauf der Fischaufstiegsanlage im Oberwasser (OW) und der Auslauf im Unterwasser (UW). Die Fische passieren eine *Fischaufstiegsanlage* gegen die Strömungsrichtung, während *Fischabstiegsanlagen* in Strömungsrichtung durchschwommen werden (Abb. 10.46).

10.8.1 Planungsgrundlagen

Die Bedeutung der Strömung für die Fischwanderungen und Besiedelung ist offensichtlich (siehe u. a. DWA-M 509 2014a). Die Fische orientieren sich auf ihren stromaufwärts gerichteten Wanderungen an der Hauptströmung. Entsprechend der jeweiligen Laufform des

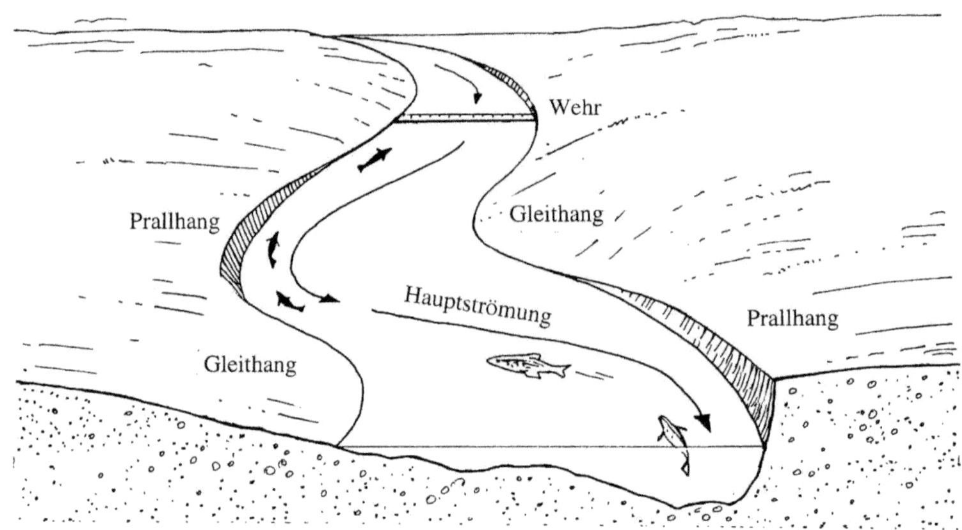

Abb. 10.47 Aufstieg von Fischen entlang der Hauptströmung. (Zeichnung: H. Geipel; nach DWA 2005)

Fließgewässers, pendelt die Hauptströmung, dem *Talweg* folgend, von einem Ufer zum anderen. Befindet sich im Fließgewässer ein Querbauwerk (z. B. eine Wehranlage) sind die Fische deshalb bevorzugt dort zu finden, wo die Hauptströmung am Hindernis anliegt (s. Abb. 10.47).

Fische benötigen für die Orientierung eine ausreichend starke *Leitströmung* („*Lockströmung*"), damit diese den Auslauf der Anlage finden. Die dazu erforderlichen Fließgeschwindigkeiten liegen zwischen 0,8 und 2 m/s. In Bereichen mit starker Turbulenz (z. B. in einem Tosbecken) können sich die Fische nicht orientieren, da die zielgerichtete Strömung fehlt. Die Ausläufe von Fischaufstiegsanlagen sind demzufolge in ausreichender Entfernung von turbulenten Bereichen zu platzieren.

Die Sohle einer Fischaufstiegsanlage sollte mit den Sohlenstrukturen des Gewässers verbunden sein (z. B. mittels einer Anrampung), damit auch sohlenorientierte Lebewesen einen Zugang zur Anlage finden. Eventuell auftretende Wasserstandsschwankungen und ungenügende Wassertiefen bei Niedrigwasser können umgangen werden, indem das Gewässer lokal vor Ein- und Auslauf eingetieft wird.

Auch in der Fischaufstiegsanlage ist eine möglichst turbulenzarme Strömung anzustreben, wobei die maximalen Fließgeschwindigkeiten nicht über 2,0 m/s liegen dürfen. Die maximale Wasserspiegeldifferenz sollte kleiner als 20 cm sein, damit die maximalen Wassergeschwindigkeiten auch in den Engstellen eingehalten werden können (z. B. in den Schlupflöchern oder unter den Trennwänden). Die mittlere Geschwindigkeit muss jedoch deutlich niedriger als 2 m/s liegen, damit auch kleinere Fische aufsteigen können. Die Ausbildung von ausreichend bemessenen Ruhezonen ist deshalb ein wichtiges Konstruktionsmerkmal. Eventuell sind entsprechende Ruhebecken anzulegen (Abb. 10.48).

Für technische Fischaufstiegsanlagen sind Neigungen zwischen 1:5 und 1:10 möglich, während bei naturnahen Konstruktionen (z. B. Rampen, Gleiten) Werte unter 1:15 an-

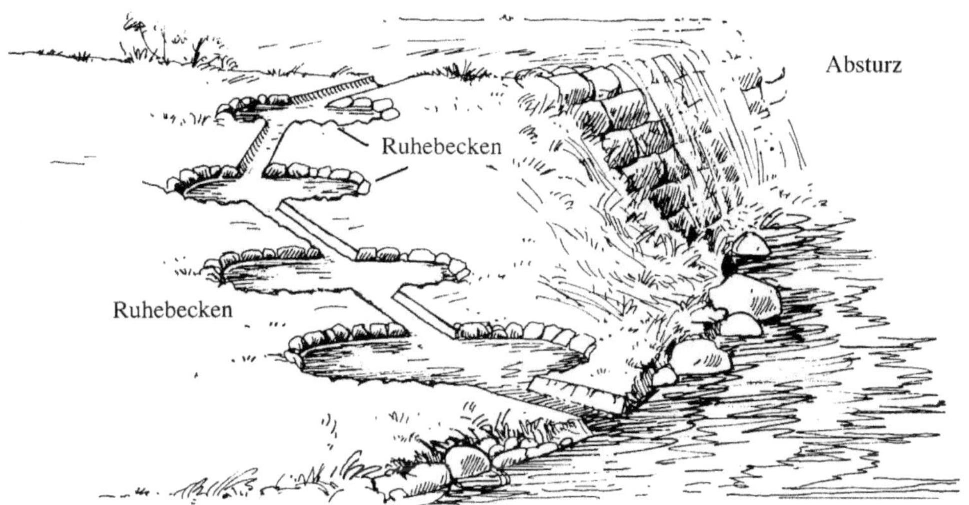

Abb. 10.48 Anordnung von Ruhebecken (Schema). (Zeichnung: H. Geipel)

gestrebt werden sollten. Die Abmessungen der einzelnen Teile einer Aufstiegsanlage orientieren sich an der Größe der zu erwartenden Fischart (Städtler und Schaa 1996; Bauhaus Universität 2010; DWA-Themen 2005; DWA 2006a; DWA-M 509 2014a).

Die Durchgängigkeit der Sohlenstrukturen in der Anlage selbst, ist ebenfalls zu gewährleisten. Es hat sich als günstig erwiesen, die Sohle mit einer mindestens 20 cm dicken Schicht aus Grobsubstraten zu bedecken.

Der Einlauf der Fischaufstiegsanlage im Oberwasser muss in ausreichender Entfernung von den Turbineneinläufen liegen, da die Fische bei Strömungsgeschwindigkeiten $v > 0{,}5$ m/s in Richtung Querbauwerk verdriftet werden. Als Mindestabstand sollten 5 m eingehalten werden; eventuell muss die Anlage in das Oberwasser hinein verlängert werden.

Um einen störungsfreien Betrieb einer Fischaufstiegsanlage zu gewährleisten ist eine regelmäßige Wartung der Anlage vorzusehen. Die unmittelbaren Ein- und Auslaufbereiche sind von allen Störungen freizuhalten. Die Funktion einer Fischaufstiegsanlage sollte regelmäßig kontrolliert werden (siehe u. a. BWK 2006; DWA-Themen 2005; DWA 2006a; DWA-M 509 2014a).

Bei den Bauweisen wird zwischen *naturnah gestalteten* und *technischen Anlagen* unterschieden. Es sind aber auch Kombinationen zwischen beiden Bauweisen möglich (Queißer et al. 2006).

Ausführliche Beschreibungen zu den einzelnen Bauweisen können den Fachpublikationen entnommen werden (siehe u. a. BAFU 2012; Land Salzburg 2002; BWK 2006; DWA-Themen 2005, 2006b; DWA 2006a; Bauhaus Universität 2010; DWA-M 509 2014a; DWA 2021; Wagner 2022). Dort finden sich weitergehende Informationen zur Konstruktion und Bemessung. Hier sollen nur einige allgemeine Hinweise gegeben werden.

10.8.2 Naturnahe Bauweisen

Naturnah gestaltete Fischaufstiegsanlagen passen sich durch ihre Bauart weitgehend den natürlichen Gegebenheiten an, sodass diese im naturnahen Wasserbau bevorzugt Berücksichtigung finden sollen. Technische Aufstiegsanlagen sind nur dann akzeptabel, wenn aufgrund der Randbedingungen eine naturnahe Bauweise nicht in Frage kommt.

Zu den „*naturnahen*“ Bauweisen zählen:

- Umgehungsgerinne
- Sohlenrampen und Sohlengleiten
- Fischrampen.

Umgehungsgerinne sind künstlich angelegte, naturnah gestaltete Fließgewässer, die im Nebenschluss ein vorhandenes Querbauwerk umgehen. *Sohlenrampen* und *Sohlengleiten* sind über die gesamte Gewässerbreite reichende Sohlenstufen mit flachem Gefälle und rauer Oberfläche.

Eine spezielle Bauweise sind Fischrampen. Sie nehmen im Gegensatz zu den normalen Rampen und Gleiten nur einen Teil der Gewässerbreite ein. Die Gefälleverhältnisse sind jedoch ähnlich.

10.8.2.1 Umgehungsgerinne

Mittels eines *Umgehungsgerinnes* wird ein bestehendes Querbauwerk (z. B. eine Wehranlage) im „*Nebenschluss*“ umgangen. Bei Umgehungsgerinnen ist besonders vorteilhaft, dass keine baulichen Veränderungen an bestehenden Anlagen durchgeführt werden müssen und diese sich gut in die Landschaft einbinden lassen. Sie können sich durchaus zu einem eigenständigen Lebensraum für strömungsliebende Arten entwickeln (Schneider und Korte 2005). Erschwert wird die Anlage von Umgehungsgerinnen insbesondere durch den hohen Flächenbedarf.

Da der Höhenunterschied zwischen Ober- und Unterwasser auf relativ kurzer Lauflänge abgebaut werden muss, sind Umgehungsgerinne in den meisten Fällen steiler als herkömmlich umgestaltete Fließgewässerabschnitte. Wenn möglich, sind Abschnitte mit starkem Gefälle auf wenige Bereiche zu beschränken. So bietet es sich zum Beispiel an, im Auslaufbereich der Fischtreppe eine steile Strecke anzuordnen, um auf diese Weise auch die erforderliche Geschwindigkeit für die Leitströmung sicherzustellen. Aufgrund des hohen Gefälles ist in der Regel ein stabiler Ausbau des Querschnittes erforderlich.

In den Abschnitten mit starkem Gefälle kann der zulässige Bereich der Fließgeschwindigkeiten (v_m = 0,4 bis 0,6 m/s) nur dann eingehalten werden, wenn Störsteine eingebaut werden. Als Richtwert für den lichten Abstand zwischen den einzelnen Steinen werden Werte zwischen 2 und 3 Steindurchmessern empfohlen. Die Steine sollten etwa zu einem Drittel bis zur Hälfte in die Sohle eingebunden sein. Je nach Anordnung der Steine in den Querriegeln bilden sich Becken mit unterschiedlichen Wassertiefen oder Kaskaden aus.

Der Abstand der Querriegel sollte nicht weniger als 1,5 m betragen; wobei die maximalen Absturzhöhen Δh den Grenzwert von 20 cm nicht überschreiten sollten (in potamalen Gewässer: Δh = 10 bis 15 cm). Ein Ablösen des Überfallstrahls ist zu vermeiden.

Tab. 10.2 Bemessungsgrundlagen für Umgehungsgerinne. (Nach DWA-Themen 2005)

Parameter	Empfehlungen
Sohlenbreite	$b_{So} > 0,8$ m
Wassertiefe	h > 0,2 m; angepasst an die potenziell natürliche Fischfauna
Mittlere Fließgeschwindigkeit	v = 0,4 bis 0,6 m/s
Maximale Fließgeschwindigkeit	v = 1,6 bis 2,0 m/s
Minimaler Abfluss	q > 0,1 $m^3/(s \cdot m)$
Lichter Abstand der Störsteine	$a_x = a_y = 2$ bis 3 d_s; mind. 0,3 bis 0,4 m

Tab. 10.3 Entwurfsparameter für die Konstruktion von Fischrampen. (Nach DWA-Themen 2005)

Parameter	Empfehlungen
Gefälle	Zwischen 1:20 bis max. 1:30
Rampenbreite	b > 2,0 m
Mittlere Wassertiefe	h = 0,3 bis 0,4 m
Maximale Fließgeschwindigkeit	v = 1,6 bis 2,0 m/s
Mittlere Fließgeschwindigkeit	v = 0,4 bis 0,6 m/s
Minimaler Abfluss	q > 0,1 $m^3/(s \cdot m)$

Eine raue Sohle in Form einer natürlichen Substratbedeckung erhöht die Strukturvielfalt. Mit einem Anschluss an das Interstitial werden günstige Voraussetzungen für eine naturraumtypische Entwicklung geschaffen.

Bei der Planung des Umgehungsgerinnes (Linienführung, Querschnittausbildung und Sicherung der Böschungen), sind die Grundsätze und Methoden des naturnahen Wasserbaus zu beachten. Die in Tab. 10.2 dargestellten Werte geben einige Anhaltspunkte für die Konstruktion eines Umgehungsgerinnes.

10.8.2.2 Fischrampen

Dort, wo bestehende Wehranlagen nicht vollständig aufgelassen werden können, bieten sich Fischrampen als Aufstiegsbauwerke an. Fischrampen erfassen nur einen Teil des gesamten Fließquerschnittes. In ihrem Aufbau orientieren sie sich weitgehend an den Sohlengleiten (DWA-Themen 2007b), da für Fischrampen die gleichen Gefälleverhältnisse eingehalten werden müssen. Hinsichtlich der Ausbildung des Sohlensubstrats und der Geschwindigkeiten auf den Rampen gelten die gleichen Ausführungen wie bei den Umleitungsgerinnen. Die wichtigsten Entwurfsparameter für die Konstruktion sind in Tab. 10.3 zusammengefasst.

Besondere Bedeutung bei der Konstruktion von Fischrampen hat die Stabilität des Gesamtbauwerkes, das beim Umbau zu einem Teil erhalten bleibt. Hier trifft im Regelfall das relativ starre Querbauwerk der bestehenden Anlage auf die sehr flexible Rampenkonstruktion. Damit die Gesamtanlage geschlossen auf alle auftretenden Belastungen reagiert, wird der Rampenkörper häufig in massiver Bauweise, d. h. aus Stampfbeton hergestellt. Bei dieser Bauweise ist der Beton im plastischen Zustand mittels einer eingedrückten Lage Schotter aufzurauen.

Wird der Rampenkörper aus geschüttetem, gebrochenem Material aufgebaut, sind die unterschiedlichen Belastungen und Setzungen des Bauwerks zu berücksichtigen (siehe u. a. Heimerl und Ittel 2002; Heimerl et al. 2005). Das Material ist entsprechend der Filterregel abzustufen. Alternativ kann auch auf einem Geotextil oder einer Dichtungsschicht aufgebaut werden. Eine zu starke Durchsickerung des Rampenkörpers und eine ungenügende Selbstabdichtung durch eingespülte Sedimente können zu einem Trockenfallen der Rampe führen.

Wichtig ist auch die Nachbettsicherung, da die gesamte Anlage durch rückschreitende Erosion gefährdet werden kann. Mehrlagige Steinschüttungen (eventuell mit einem Filteraufbau) sind dafür am besten geeignet. Bei erosionsbeständiger Gewässersohle liegen die Mindestlängen der Nachbettsicherung zwischen 3 bis 5 m. Bei erosionsgefährdeten Sohlen ist für die Nachbettsicherung die 7- bis 10-fache Rampenhöhe anzusetzen, wobei die Korngröße zum Unterwasser hin abgestuft wird. Die Ausformung eines Naturkolkes als Tosbecken wird empfohlen.

10.8.2.3 Sonderformen

Sonderformen von Fischaufstiegsanlagen sind u. a. der *Rauhgerinne-Beckenpass* und der *Borsten-Fischpass*.

Beim *Rauhgerinne-Beckenpass* werden hochkant gestellte Steine zur Trennung der Becken verwendet. Die Steine sind derart in die Sohle einzubetten, dass sie nur umströmt werden können. Der lichte Abstand zwischen den Steinen sollte mehr als 20 cm betragen. Die Wassertiefen in den Becken sind dadurch wesentlich größer (minimale Wassertiefe:40 cm), sodass die Rampen steiler gebaut werden können (bis ca. 1:10). Die Gerinnebreite sollte mindestens 1,5 m betragen, und der lichte Abstand der Steinriegel zwischen 1,5 und 2,5 m liegen. Die bereits bei den anderen Bauwerksarten zulässigen maximalen Wasserspiegeldifferenzen von 20 cm müssen ebenso eingehalten werden, wie die maximalen Fließgeschwindigkeiten von v = 2 m/s. Die Trennung zum Wehrfeld erfolgt i. d. R. durch eine massive Trennwand aus Mauerwerk oder Beton. Die hydraulische Funktionsfähigkeit muss durch Probeläufe sichergestellt werden. Auf diese Weise wird die günstigste Anordnung der Steine ermittelt.

Der *Borsten-Fischpass* bietet die Möglichkeit sowohl den Aufstieg von Fischen und Benthosorganismen als auch die Passierbarkeit mit Kleinbooten in einer Anlage zu kombinieren (Siering 2004; Hiekel und Hassinger 2008). In der Anlage werden die Fließgeschwindigkeiten durch elastisch schwingende Borsten soweit reduziert, dass Fische genügend Schutz- und Ruhebereiche finden, um über die Anlage aufsteigen zu können (Hassinger 2002; Maier und Lehmann 2006).

10.8.3 Technische Bauweisen

Technische Fischaufstiegsanlagen leisten zur naturnahen Strukturierung der Fließgewässer keinen Beitrag. Die Herstellung der Durchgängigkeit für die Fischfauna hat jedoch einen so hohen Stellenwert, dass der Kompromiss, den man beim Bau einer technischen Fischaufstiegsanlage immer eingeht, bei weitem aufgewogen wird.

Zu den technischen Fischaufstiegsanlagen zählen u. a. folgende Bauweisen:

- Beckenpässe
- Schlitzpässe
- Denilpässe
- Mäander-Fischpässe.

Die Funktionsweisen der Anlagen beruhen alle auf dem Prinzip, die relativ steile Fließstrecke auf einer Rampe, die beim Aufsteigen von den Fischen überwunden werden muss, durch die Anordnung von Zwischenwänden derart aufzuteilen, dass strömungsberuhigte Bereiche entstehen, in denen die Fische dann ungehindert aufsteigen können. Die hohen Geschwindigkeiten treten durch diese Anordnung nur an den Engstellen auf.

Bei den verschiedenen Arten von *Beckenpässen* entstehen durch die Querwände treppenartig aneinander gereihte Becken. Nach der Form der Einbauten wird zwischen *konventionellen Beckenpässen* (lotrechte Zwischenwände mit Kronenausschnitten oben und Schlupflöchern unten), *Schlitzpässen* (lotrechte Zwischenwände mit seitlichen Schlitzen), *Rhomboidpässen* (geneigte, schräg zur Beckenachse eingebaute Zwischenwände), *Wulstfischpässen* (stromlinienförmige Schlupfkanäle) und *Mäander-Fischpässen* (hintereinander geschaltete Rundbecken – s. Peters 2004) unterschieden (Abb. 10.49).

Die Abmessungen der Anlagen und die Konstruktionsdetails (Schlitzbreite, Beckenbreite, Beckenlänge usw.) richten sich nach den zu erwartenden Fischarten. Vorteilhaft beim *Schlitzpass* sind die durchgehenden Sohlenstrukturen. Das Kornmaterial sollte mindestens einen Durchmesser d_{50} = 60 mm haben. Die Mindestdicke für den Einbau beträgt 20 cm. Eine an das natürliche Sohlensubstrat des Gewässers angepasste Zusammensetzung ist anzustreben (s. auch Heimerl und Ittel 2002; Städtler und Patt 2003).

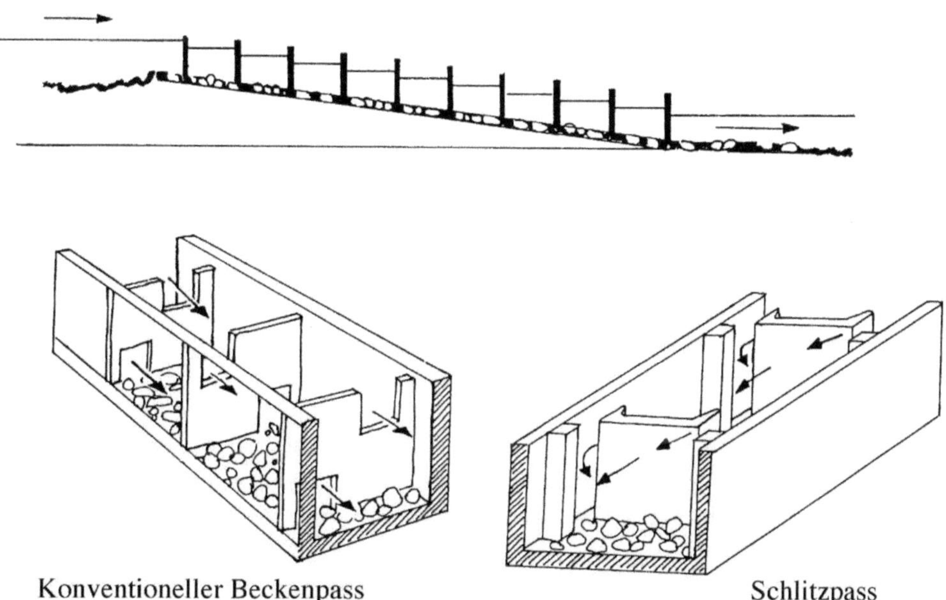

Abb. 10.49 Ausbildung der Zwischenwände bei Beckenpässen. (Zeichnung: H. Geipel; nach DWA-Themen 2005)

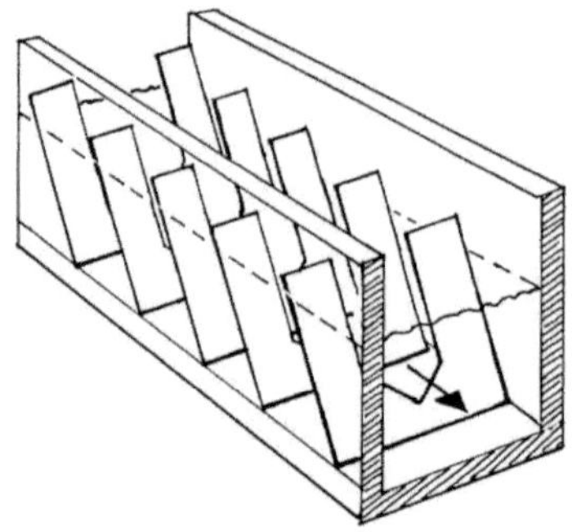

Abb. 10.50 Ausbildung der Zwischenwände beim Denilpass. (Zeichnung: H. Geipel)

Der *Denilpass* besteht aus einer geradlinig geführten Rinne mit in Fließrichtung geneigten Lamellen (Abb. 10.50 und 10.51). Aufgrund der Form und der Anordnung dieser Lamellen entstehen Rückströmungen, die zum Abbau der Strömungsenergie beitragen. Die Fließgeschwindigkeiten im unteren Teil der Lamellen sind gering.

10.8.4 Fischschutz- und Fischabstiegsanlagen

Fischschutz- und Fischabstiegsanlagen dienen dem Schutz aquatischer Organismen bei ihren Wanderungen stromabwärts. Querbauwerke und Wasserentnahmen bergen ein erhebliches Verletzungsrisiko, dem durch entsprechende technische Maßnahmen Rechnung zu tragen ist. Derartige Anlagen müssen sowohl das jeweilige Artenspektrum berücksichtigen als auch das Wanderverhalten (Zeit, Rhythmus und Verhalten bei der Abwanderung).

In ATV-DVWK (2005) findet sich eine Reihe von Nutzungen, die den Fischabstieg erschweren. Besonders genannt wird in diesem Zusammenhang die Wasserkraftnutzung, die mit ihren Turbinen und Rechenanlagen zur Schädigung abwandernder Fische in erheblichem Maße beiträgt.

Zum Schutz der aquatischen Organismen werden folgende Maßnahmen (auch in Kombination) aufgeführt:

- Einsatz mechanischer Barrieren, um das Eindringen von Fischen in gefährliche Bereiche zu vermeiden.
- Verhaltensbarrieren haben Leit- bzw. Scheuchwirkungen und sorgen dafür, dass Fische bestimmte Bereiche verlassen bzw. nicht nutzen.
- Fischsammelsysteme entfernen Fische aus gefährlichen Bereichen und transportieren diese zu Einrichtungen, mit denen der weitere Abstieg möglich ist.
- Bypässe dienen der Umgehung von Hindernissen oder gefährlichen Bereichen.
- Fischtransportsysteme integrieren den Fang von Fischen und den Abtransport in den unterstromigen Gewässerabschnitt.
- Durch an Fischwanderungen angepasste Betriebsstrategien der Wasserkraftanlagen kann der Fischabstieg unterstützt werden.
- Einsatz von fischschonenden Turbinen (derzeit sind diese Turbinen in der Entwicklung).
- Fischschonende Platzierung der Einlaufbauwerke.

Abb. 10.51 Denilpass mit nachgeschaltetem Ruhebecken. – Blick in Fließrichtung. (Foto: H. Patt)

Zum Teil sind diese Maßnahmen bzw. Strategien noch in der Entwicklung und bedürfen einer Verifikation in der praktischen Anwendung. Sicher ist jedoch, dass hinsichtlich der Durchgängigkeit in Fließrichtung Überprüfungs- und Nachholbedarf besteht.

Weitere Hinweise zu Fischabstiegsanlagen finden sich u. a. bei Dumont (2000), DWA – Themen (2005), Bauhaus Universität (2010), Böttcher et al. (2015) und DWA-Themen T2/2021 (2021).

10.8.5 Wanderfischprogramme

Für die Wiedereinbürgerung wandernder Fischarten haben der Bund und auch einzelne Bundesländer Programme aufgelegt, um mittelfristig stabile Populationen aufzubauen. An den großen Fließgewässern, wie Rhein, Donau und Oder, werden diese Programme von inter-

Abb. 10.52 Wiederbesiedlung der Laichgewässer – Wanderfischprogramme. (Fotos: E. Städtler). (**a**) Lachs-Rückkehrer in das Laichgewässer Sieg. (**b**) Springender Lachs an einer Wehranlage der Sieg

nationalen Kommissionen (u. a. IKSR-Internationale Kommission zum Schutz des Rheins) begleitet. Von besonderer Bedeutung – auch für die Öffentlichkeitsarbeit und die Akzeptanzförderung – ist dabei der Lachs (IKSR 2004) (Abb. 10.52).

Zu den wasserbaulichen Maßnahmen, die u. a. zur Erreichung der Ziele der EG-Wasserrahmenrichtlinie dienen, zählt in besonderem Maße die Wiederherstellung der Durchgängigkeit durch Wanderhilfen. Hinsichtlich der Fortpflanzungshabitate ist die Ausgestaltung des Gewässerbetts ausschlaggebend, insbesondere die Struktur des Lückensystems an der Gewässersohle (Interstitial). Die Methoden des naturnahen Wasserbaus sind daher auch für die Ziele der Wanderfischprogramme förderlich (Städtler 2008).

10.9 Deiche

Trotz der strengen Umweltschutzauflagen wird es auch in Zukunft immer wieder notwendig, dass Fließgewässer ausgebaut werden müssen, um u. a. Menschen und Sachgüter vor Hochwasser zu schützen (siehe u. a. LAWA 1995; DWA-M 607 2007b; DWA-M 507-1 2011; Patt und Jüpner 2020; Patt et al. 2021; DWA-M 507-2 2022c). Jeder *Deich* bedeutet jedoch einen Eingriff in den Entwicklungs- oder den Speicherkorridor eines Fließgewässers und sollte daher möglichst vermieden werden. Das gilt insbesondere dann, wenn durch den Bau weitere Engstellen geschaffen (s. auch Abschn. 3.4.2) oder natürliche Überschwemmungsgebiete vom Gewässer abgeschnitten werden (s. auch Abschn. 3.4.3).

10.9.1 Gestaltung und Unterhaltung

Ist eine Bedeichung erforderlich, sollte ein möglichst breites Vorland vorgesehen werden, da dann die naturnahe Gestaltung des Deiches und seiner Umgebung vereinfacht wird (DVWK 1993; Patt und Jüpner 2020; Patt et al. 2021). Eventuell können dadurch sogar die Unterhaltungskosten gesenkt werden, da nicht jede Feststoffablagerung, Totholzansammlung o. ä. eine Unterhaltungsmaßnahme erfordert (s. Kap. 11).

Breite Vorländer ermöglichen oft eine eigendynamische Entwicklung des eingedeichten Fließgewässers (s. Abschn. 10.1) oder die Einleitung bzw. Akzeptanz derartiger Prozesse (s. Abschn. 10.2). Gleichzeitig wird die Gefahr des Befalls der Deiche durch Wühltiere (u. a. Bisam, Biber, Nutria – s. DVWK 1997a; DWA-M 608-1 2017; DWA-M 608-2 2022 – aber auch Maulwurf, Wildkaninchen, Feldmaus u. a.) stark verringert. Wenn eine Nutzung der Vorländer nicht vollständig aufgegeben werden kann, ist eine extensive Nutzung anzustreben. Hierbei dürfen die gestalterischen Eingriffe des streng geschützten Bibers in einer natürlichen Fließgewässerlandschaft keinesfalls unberücksichtigt bleiben (siehe u. a. Zahner et al. 2020; Schrenk et al. 2022). Oft machen es die vorhandenen Randbedingungen (u. a. Naturschutz, Tierschutz, Nutzungen, Sicherheit der Schutzanlagen und gewässernahen Bauwerke) schwierig, unter den gegebenen Bedingungen allseits zufriedenstellende Strategien zu finden.

Planung (Linienführung, Deichquerschnitt, Untergrund, Standsicherheit, Baustoffe und Erdarbeiten u. a.), bauliche Anlagen, Deichüberwachung, Deichunterhaltung, Baumaßnahmen an bestehenden Deich und Deichverteidigung sind in der DIN 19712 geregelt. Die vorhandene Ufervegetation sollte bei der Planung der Linienführung berücksichtigt werden (s. Abb. 10.53).

Abb. 10.53 Gestaltung eines Hochwasserschutzdeiches. (Foto: W. Kraus)

Gehölze und andere Biotopstrukturen sollten detailliert aufgenommen werden, um die Wertigkeit der vorhandenen Strukturen ermitteln zu können.

Zur besseren Einpassung in die natürliche Umgebung sollte der Deich keine gleichmäßigen Böschungen aufweisen. Geländeränder sind stets Abfolgen von Kanten, Bermen, Hohl- und Abtragsformen. Solche Elemente können im Landschaftsraum analysiert und für die Gestaltung der Deiche übernommen werden.

Kritisch kann die Anordnung von Gehölzen in der Nähe des Deichfußes sein. Dort kann es aufgrund der Umströmung zu erheblichen Auskolkungen kommen, die im Extremfall einen Deich zerstören können. Dieser Effekt wird verstärkt, wenn die Anströmfläche der Bäume und Sträucher durch das Festsetzen von Schwimmstoffen erheblich ansteigt (s. Abb. 10.54).

Durch die regelmäßige *Unterhaltung* muss die Funktionsfähigkeit der Deiche erhalten werden. Die Wartung und Instandsetzung von Hochwasserschutzanlagen als wasserrechtlich planfestgestellte Gewässerausbauten ist rechtlich verpflichtend und bedarf deshalb keiner besonderen Erlaubnis (Kleber-Lerchbauer 2008).

Die Wartung umfasst die regelmäßige Unterhaltung bzw. Pflege …

- der Grasnarbe auf den Deichen durch Mahd oder Beweidung,
- der Bepflanzungen und Gehölzbestände,
- die Beseitigung von Wühltier- und Trittschäden (s. auch DVWK 1997a; DWA-M 608-1 2017; DWA-M 608-2 2023a),
- der Deichverteidigungswege und
- die Verkehrssicherungspflicht.

Abb. 10.54 Auskolkungen hinter Gehölzstrukturen nach einem Hochwasser (Blick in Strömungsrichtung). (**a**) Während eines Hochwassers setzen sich häufig Schwimmstoffe an Hindernissen fest und … (**b**) … führen unterstrom zu erheblichen Auskolkungen, die ggf. in der Nähe von Deichen problematisch sein können. (Fotos: H. Patt)

Die Entscheidungen bezüglich einer tolerierbaren Bepflanzung von Deichen und die damit verbundene Gehölzpflege sind von großer Bedeutung für die Standsicherheit.

Die Nutzung der Deichanlagen für Freizeit- und Erholungsaktivitäten und die Auswirkungen einer ggf. erforderlichen Deichertüchtigung auf das Landschaftsbild führen oftmals zu heftigen Diskussionen zwischen allen Beteiligten.

10.9.2 Gehölze auf Deichen

Die Hochwasserereignisse in den letzten Jahren haben gezeigt, dass Gehölze auf Deichen zu einer wesentlichen Erschwernis der Deichüberwachung und damit zu einer zusätzlichen Gefährdung der Bauwerke im Belastungsfall führen können. Deshalb darf *Gehölzbewuchs* auf Deichen nur geduldet werden, wenn die Überwachung gewährleistet und eine Gefährdung der Bauwerke ausgeschlossen werden kann. Dabei sind u. a. folgende Kriterien zu beachten:

- **Einsicht der Böschungen**
  Strauchbewuchs erschwert die Einsicht auf die Böschungen innerhalb des Kronentraufs und damit die Kontrolle von Wühltieren, die in der Böschung leben. Mit zunehmendem Alter der Sträucher wird diese Kontrolle erschwert, wenn diese Sträucher nicht regelmäßig zurückgeschnitten werden.
- **Belastung des Deichkörpers durch Bäume**
  Einzelbäume und Baumgruppen stellen in den ersten Jahren nach der Pflanzung noch keine Gefahr dar, doch mit zunehmendem Alter gewinnt der Baum (Stamm und Krone) an Gewicht, sodass die Gefahr, dass Bäume bei Sturm oder bei Belastung des Deiches bei Hochwasser umstürzen im Laufe der Jahre steigt.
- **Hohlräume im Deich**
  Im Wurzelwerk von Gehölzen bilden sich mit zunehmendem Alter Hohlräume aus, die im Belastungsfall zu bevorzugten Sickerwegen für das Wasser werden können. Das Deichbauwerk wird dadurch gefährdet, die Deichverteidigung durch den Gehölzbewuchs erschwert.
- **Ausbildung von Kolken**
  Hinter Gehölzstrukturen kann es zu erheblichen Auskolkungen kommen, die nicht nur zu einer Zerstörung der Oberflächenstrukturen führen (s. Abb. 10.54a, b), sondern in der Nähe von Deichen durchaus deren Stabilität gefährden können.

Die meisten Deiche stehen demnach für Gehölzanwuchs nicht zur Verfügung. Vorhandene Gehölze auf bestehenden Deichen, die diese Anforderungen nicht erfüllen, müssen genauer betrachtet und nach den Erfahrungen der Hochwasser in den letzten Jahren i. d. R. entfernt werden (GFG 1999).

In DIN 19712 (Flussdeiche) finden sich Hinweise zu den möglichen Auswirkungen von Gehölzen auf Deichen, die aus Gründen der Standsicherheit beachtet werden müssen.

Gehölze auf Deichen können nur toleriert werden, wenn der Deich entsprechend diesen besonderen Anforderungen aufgebaut worden ist.

Soll aus landschaftsgestalterischen Gründen der Deichkörper durch Gehölzgruppen in die Landschaft eingebunden werden, so kann dies durch eine entsprechende Ausbildung des Deichkörpers erreicht werden (Lucke 2010).

Eine Bepflanzung ist u. a. möglich, wenn die Gehölzebereiche so breit sind, dass die Wurzeln der Gehölze nicht in den erdstatisch erforderlichen Deichquerschnitt eindringen können. Die dazu erforderlichen Breiten und Abstände sollten bei der Planung berücksichtigt werden. Auch kann durch den Einbau entsprechender Stützelemente (z. B. durch die Innendichtung von Deichen – wie u. a. bei der Renaturierung der Isar in der Innenstadt von München geschehen – siehe u. a. Arzet und Joven 2008) und bei Verwendung entsprechender Gehölze (u. a. kleine Kronen, Begrenzung des Alters der Gehölze) an ausgewählter Stelle ggf. ein Gehölzbewuchs akzeptiert werden.

10.9.3 Rückverlegung von Deichen

Die Rückverlegung von Deichen ist heute ein viel diskutiertes Thema. Durch das Zurücklegen der Deiche werden zusätzliche Rückhalteflächen erschlossen, die, je nach Größe und Betriebsweise, zu einer mehr oder weniger starken Reduzierung der Hochwasserscheitelabflüsse beitragen können (Patt und Jüpner 2020).

Die Vor- und Nachteile der verschiedenen Betriebsweisen eines Rückhalteraumes werden in Abschn. 6.2.5 erläutert. Da in den meisten Fällen eine vollständige Auflassung der Hochwasserschutzdeiche nicht in Frage kommt, müssen die Deiche auf einer zurückversetzten Deichlinie neu gebaut werden.

Den Grundwasserverhältnissen ist besondere Beachtung beizumessen, da sich die Grundwasserspiegelhöhen aufgrund der neuen Deichlinie verändern (Patt und Jüpner 2020).

10.10 Freizeit und Erholung

Hochwasserschutzdeiche liegen wegen ihrer Veranlassung her stets in unmittelbarer Nähe von bewohnten Gebieten. Sie eignen sich daher stets auch als Parkanlagen für die Erholungsnutzung durch die Bevölkerung (s. Abb. 10.55).

Derartige Überlegungen sollten daher bereits im Planungsprozess berücksichtigt werden (z. B. Anlage von Fuß- und Radwegen – siehe u. a. DWA-A 904-1 2019c), Verbesserung des Zugangs zum Fließgewässer, Ausweisung von Ruhezonen, Lenkung der Erholungssuchenden) (siehe u. a. Patt et al. 2001; DWA-M 603 2007a; DWA-M 618 2014b). Die hierbei oft zu beachtenden naturschutzfachlichen Randbedingungen finden sich in DWA-M 617 (2020c).

Abb. 10.55 Freizeit und Erholung an einem Fließgewässer. (**a**) Camping und Zelteplätze. (Foto: E. Städtler). (**b**) Naturerleben am Gewässer. (Foto: H. Patt) (**c**) Wassersportler treten oft in größeren Gruppen auf. (Foto: E. Städtler)

Naturnahe Bereiche sind schnell einem zunehmenden Nutzungsdruck ausgesetzt und führen zur Überlastung der vorhandenen natürlichen Strukturen. Auch sind wasserbauliche Anlagen, trotz aller Gefahren, oft sehr attraktive „Spielplätze" (u. a. Rampen und Entlastungsgerinne).

Näheres zur Gestaltung von Freizeit und Erholung an Fließgewässern und Seen findet sich u. a. bei DWA-M 603 (2007a) und DWA-M 618 (2014b). Hinweise zu den Risiken aus gewässerhygienischer Sicht finden sich in DWA-M 624 (2016).

Literatur

Adam, B., Schwevers, U. (2001) Planungshilfen für den Bau funktionsfähiger Fischaufstiegshilfen, Band 17 der Bibliothek Natur, Verlag Natur und Wissenschaft, Solingen.

Albert, A. (Hrsg.) (2022) Schneider – Bautabellen für Ingenieure: mit Berechnungshinweisen und Beispielen, 25. Aufl. (21. März 2022), Reguris Fachmedien GmbH.

Arzet, K., Joven, St. (2008) Erlebnis Isar – Fließgewässerentwicklung im städtischen Raum von München, KW-Korrespondenz Wasserwirtschaft, 1. Jahrg., Nr. 1, Januar 2008, S. 17–22.

ATV-DVWK – (Deutsche Vereinigung für Wasserwirtschaft, Abwasser, Abfall e.V., Hennef – siehe auch DWA)

ATV-DVWK – Deutsche Vereinigung für Wasserwirtschaft, Abwasser und Abfall (Hrsg.) (2003a) Gewässerlandschaften in der Bundesrepublik Deutschland, „Steckbriefe", Autor: Elmar Briem, ATV-DVWK Arbeitsbericht, Februar 2003, Hennef.

ATV-DVWK – Deutsche Vereinigung für Wasserwirtschaft, Abwasser und Abfall (Hrsg.) (2003b) Gewässerlandschaften in der Bundesrepublik Deutschland, Autor: Elmar Briem, ATV-DVWK Arbeitsbericht, Februar 2003, Hennef.

ATV-DVWK – Deutsche Vereinigung für Wasserwirtschaft, Abwasser und Abfall (Hrsg.) (2005) Fischschutz- und Fischabstiegsanlagen – Bemessung, Gestaltung, Funktionskontrolle, ATV-DVWK Themen, 2. korrigierte Auflage, Juli 2005, Hennef.

BAFU (s. Bundesanstalt für Umwelt, Bern, Schweiz)

Bauhaus-Universität Weimar (Hrsg.) (2010) Durchgängigkeit und Habitatmodellierung von Fließgewässern – Wiederherstellen der Durchgängigkeit, Funktionskontrolle von Wanderhilfen, Habitate und ihre Beschreibung, Weiterbildendes Studium „Wasser und Umwelt", 1. Aufl., April 2010, Verlag der Bauhaus-Universität Weimar, Weimar.

Bayerisches Landesamt für Wasserwirtschaft – BayLfW, Landesfischereiverband Bayern e.V. (Hrsg.) (2005) Totholz bringt Leben in Flüsse und Bäche, Juni 2005, München.

BayLfW (s. Bayerisches Landesamt für Wasserwirtschaft, München)

Begemann, W., Schiechtl, H.M (1986) Ingenieurbiologie – Handbuch zum naturnahen Wasser- und Erdbau, Bauverlag GmbH, Wiesbaden.

Bezzola, G.R. (2005) Von der Küste in den Wildbach – Erosionsschutz mit Betonelementen, Wasser, Energie, Luft, 97. Jahrg., Heft 9–10/2005.

BfN (s. Bundesamt für Naturschutz, Bonn)

Binder, W. (1989) Gehölze auf Deichen, Informationsbericht 5/1989, Bayerisches Landesamt für Wasserwirtschaft, München.

BMUB (s. Bundesministerium für Umwelt, Naturschutz und Reaktorsicherheit – BMUB, Berlin/Bonn).

Bockwinkel, G. (2015) Erfolgskontrollen von Gewässerentwicklungsmaßnahmen – Methodik und Praxisbeispiele, KW Korrespondenz Wasserwirtschaft, 8. Jahrg., Heft 6, S. 345 ff.

Böttcher, H., Unfer, G, Zeiringer, B., Schmitz, S., Aufleger, M. T. (2015) Fischschutz und Fischabstieg – Kenntnisstand und aktuelle Forschungsprojekte in Österreich, In: Bundesministerium für Land- und Forstwirtschaft, Umwelt und Wasserwirtschaft (Hrsg.) (2015) Österreichische Wasser- und Abfallwirtschaft, Heft 7-8/2015, S. 299–306.

Bund der Ingenieure für Wasserwirtschaft, Abfallwirtschaft und Kulturbau e.V. – BWK (Hrsg.) (2006) Methodenstandard für die Funktionskontrolle von Fischaufstiegsanlagen, BWK-Fachinformation 1/2006.

Bundesanstalt für Umwelt (BAFU) (Hrsg.) (2010) Ingenieurbiologische Bauweisen im naturnahen Wasserbau, Praxishilfe, überarbeitete Ausgabe 2010.

Bundesanstalt für Umwelt (BAFU) (Hrsg.) (2012) Wiederherstellung der Fischauf- und abwanderung bei Wasserkraftanlagen, UW-1210-D, Reihe Umweltwissen.

Bundesministerium für Umwelt, Naturschutz und Reaktorsicherheit – BMUB & Bundesamt für Naturschutz – BfN (Hrsg) (2015) Den Flüssen mehr Raum geben, Renaturierung von Flussauen in Deutschland, Fachliche Bearbeitung: Alfred Maria Walter, Martin West, Thomas Ehlert, Stephanie Natho, Bernd Neukirchen, Texte: Ulrike Möhring, Astrid Peters, Bernd Schackers, unter Mitarbeit von Uwe Koenzen, Oktober 2015.

BWK (s. Bund der Ingenieure für Wasserwirtschaft, Abfallwirtschaft und Kulturbau e.V.)

Chervet, A., Weiss, H.W. (1990) Sohlenstabilisierung mit Blockrampen, Schweizer Ingenieur und Architekt, Heft 42.

Dachsel, K., Stowasser, A., Roloff, A. (2018) Bestimmung wichtiger Salix-Arten am Naturstandort und ihre Verwendung in der Ingenieurbiologie, Artikel in der Zeitschrift „ProBaum“, Heft 3/2018, S. 15–20

Dittrich, A. (1995) Hydraulische Belastbarkeit ingenieurbiologischer Bauweisen, In: WBW-Gemeinnützige Fortbildungsgesellschaft für die Gewässerpflege mbH (Hrsg.) (1996).

Dittrich, A. (2016) Hydromorphologie versus Morphodynamik, KW Korrespondenz Wasserwirtschaft, 9. Jahrg., Heft 9, S. 510 ff.

Donner, M., Linnenweber, Ch. (2021) Bewertung der Sedimentdurchgängigkeit in Fließgewässern, KW Korrespondenz Wasserwirtschaft, 14. Jahrg., Heft 1, S. 36ff.

Dumont, U. (2000) Fischabstiegsanlagen, Wasser & Boden, 51. Jahrg., Heft 4/2000.

DVWK (s. Deutscher Verband für Wasserwirtschaft und Kulturbau e.V., Bonn – Anmerkung: Die Abwassertechnische Vereinigung e.V. (ATV) und der Deutsche Verband für Wasserwirtschaft und Kulturbau e.V. (DVWK) waren seit dem 1. Januar 2000 fusioniert und gaben sich den Verbandsnamen: ATV-DVWK – Deutsche Vereinigung für Wasserwirtschaft, Abwasser, Abfall e.V. mit Sitz in Hennef. Mit Wirkung vom 27. Oktober 2004 wurde der Name in Deutsche Vereinigung für Wasserwirtschaft, Abwasser und Abfall e.V. (DWA) mit Sitz in Hennef geändert).

DVWK – Deutscher Verband für Wasserwirtschaft und Kulturbau e.V. (Hrsg.) (1993) Landschaftsökologische Gesichtspunkte bei Flussdeichen, DVWK-Merkblätter zur Wasserwirtschaft, Nr. 226/1993, Bonn.

DVWK – Deutscher Verband für Wasserwirtschaft und Kulturbau e.V. (Hrsg.) (1997a) Biber, Bisam, Nutria, DVWK-Merkblätter zur Wasserwirtschaft, Nr. 247/1997, Bonn.

DVWK – Deutscher Verband für Wasserwirtschaft und Kulturbau e.V. (Hrsg.) (1997b) Maßnahmen zur naturnahen Gerinnestabilisierung, DVWK-Schriften, Heft 118, Bonn.

DVWK – Gemeinnützige Fortbildungsgesellschaft für Wasserwirtschaft und Landschaftsentwicklung mbH – GfG (Hrsg.) (1999a) Neophyten – Gebietsfremde Pflanzenarten an Fließgewässern – Empfehlungen für die Gewässerpflege, 3. Aufl., 1999, Mainz.

DVWK – Gemeinnützige Fortbildungsgesellschaft für Wasserwirtschaft und Landschaftsentwicklung mbH – GfG (Hrsg.) (1999b) Ufergehölze und Gehölzpflege – Empfehlungen für den Gewässerunterhaltungspflichtigen, Autor: Thomas Paulus, Sept. 1999, Mainz.

DVWK – Gemeinnützige Fortbildungsgesellschaft für Wasserwirtschaft und Landschaftsentwicklung mbH – GfG (Hrsg.) (2004) Erlensterben durch Phytophthora an Fließgewässern, Autorin: Sabine Werres, 2004, Mainz.

DVWK – Gemeinnützige Fortbildungsgesellschaft für Wasserwirtschaft und Landschaftsentwicklung mbH – GfG (Hrsg.) (2005) Strukturelle Verbesserungen von Fließgewässern für Fische, Autoren: Jörg Schneider und Egbert Korte, 2005, Mainz.

DVWK – Gemeinnützige Fortbildungsgesellschaft für Wasserwirtschaft und Landschaftsentwicklung mbH – GfG (Hrsg.) (2006) Randstreifen an Gewässern, Empfehlungen zur Umsetzung und Unterhaltung, Autor: Karl Kaltenbrunner, 2006, Mainz.

DVWK-GfG (s. DVWK – Gemeinnützige Fortbildungsgesellschaft für Wasserwirtschaft und Landschaftsentwicklung mbH – GfG, Mainz)

DWA (s. Deutsche Vereinigung für Wasserwirtschaft, Abwasser, Abfall eV – DWA, Hennef – die DWA ist am 27. Oktober 2004 durch Namensänderung aus ATV-DVWK entstanden – siehe auch ATV, DVWK sowie ATV-DVWK)

DWA – Deutsche Vereinigung für Wasserwirtschaft, Abwasser und Abfall e.V. (DWA) (Hrsg.) (2005) Fischschutz- und Fischabstiegsanlagen – Bemessung, Gestaltung, Funktionskontrolle, DWA-Themen, 2. korrigierte Auflage, Juli 2005.

DWA – Deutsche Vereinigung für Wasserwirtschaft, Abwasser und Abfall e.V. (DWA) (Hrsg.) (2006a) Durchgängigkeit von Gewässern für die aquatische Fauna/Free Passage for Aquatic Fauna in Rivers and other Water Bodies, Vorträge des Internationalen DWA-Symposiums am 3./4. April 2006 in Berlin, 157 S.

DWA – Deutsche Vereinigung für Wasserwirtschaft, Abwasser und Abfall e.V. (DWA) – Landesverband Bayern (Hrsg.) (2006b) Entlandung von Stauräumen, DWA-Themen, Dezember 2006.

DWA – Deutsche Vereinigung für Wasserwirtschaft, Abwasser und Abfall e.V. (DWA) (Hrsg.) (2006c) Funktionskontrolle von Fischaufstiegsanlagen – Auswertung durchgeführter Untersuchungen und Diskussionsbeiträge für Durchführung und Bewertung, April 2006, 123 S.

DWA – Deutsche Vereinigung für Wasserwirtschaft, Abwasser und Abfall e.V. (DWA) (Hrsg.) (2007a) Freizeit und Erholung an Fließgewässern, Merkblatt DWA-M 603.

DWA – Deutsche Vereinigung für Wasserwirtschaft, Abwasser und Abfall e.V. (DWA) (Hrsg.) (2007b) Naturnahe Sohlengleiten, DWA-Themen.

DWA – Deutsche Vereinigung für Wasserwirtschaft, Abwasser und Abfall e.V. (DWA) (Hrsg.) (2010) Altgewässer – Ökologie, Sanierung und Neuanlage, Merkblatt DWA-M 607, Juni 2010.

DWA – Deutsche Vereinigung für Wasserwirtschaft, Abwasser und Abfall eV – DWA (Hrsg.) (2011) Deiche an Fließgewässern – Teil 1: Planung, Bau und Betrieb, Merkblatt DWA-M 507-1, Dezember 2011, Dezember 2011,

DWA – Deutsche Vereinigung für Wasserwirtschaft, Abwasser und Abfall eV – DWA (Hrsg.) (2014a) Fischaufstiegsanlagen und fischpassierbare Bauwerke – Gestaltung, Bemessung, Qualitätssicherung, Merkblatt DWA-M 509, Juni 2014.

DWA – Deutsche Vereinigung für Wasserwirtschaft, Abwasser und Abfall eV – DWA (Hrsg.) (2014b) Erholung und Freizeitnutzung an Seen – Voraussetzungen, Planung und Gestaltung, Merkblatt DWA-M 618, September 2014.

DWA – Deutsche Vereinigung für Wasserwirtschaft, Abwasser und Abfall eV – DWA (Hrsg.) (2015a) Verkehrssicherung, Merkblatt DWA-M 616, Juni 2017.

DWA-Deutsche Vereinigung für Wasserwirtschaft, Abwasser und Abfall eV – DWA (Hrsg.) (2015b) Grundlagen morphodynamischer Phänomene in Fließgewässern, DWA-Merkblatt M 526, August 2015.

DWA-Deutsche Vereinigung für Wasserwirtschaft, Abwasser und Abfall eV – DWA (Hrsg.) (2016) Risiken an Badestellen und Freizeitgewässern aus gewässerhygienischer Sicht, DWA-Merkblatt M-624, Juni 2016.

DWA – Deutsche Vereinigung für Wasserwirtschaft, Abwasser und Abfall eV – DWA (Hrsg.) (2017) Biber, Bisam, Nutria – Teil 1: Erkennungsmerkmale und Lebensweisen, Merkblatt DWA-M 608-1.

DWA – Deutsche Vereinigung für Wasserwirtschaft, Abwasser und Abfall eV – DWA (Hrsg.) (2018a) Begriffe aus der Gewässerunterhaltung und Gewässerentwicklung, Merkblatt DWA-M 600.

DWA – Deutsche Vereinigung für Wasserwirtschaft, Abwasser und Abfall e.V. (DWA) (Hrsg.) (2018b) Planungsmanagement bei Maßnahmen an Fließgewässern – zielorientiert, strukturiert und integriert, Merkblatt DWA-M 614, Februar 2018.

DWA – Deutsche Vereinigung für Wasserwirtschaft, Abwasser und Abfall eV – DWA (Hrsg.) (2018c) Begriffe aus Gewässermorphodynamik und Flussbau", Merkblatt DWA-M 570.

DWA-Deutsche Vereinigung für Wasserwirtschaft, Abwasser und Abfall eV – DWA (Hrsg.) (2019a) Neobiota – Auswirkungen und Umgang mit wasserwirtschaftlich bedeutsamen Tier- und Pflanzenarten, Teil 1: Grundlagen, DWA-Merkblatt M 626-1, Februar 2019.

DWA-Deutsche Vereinigung für Wasserwirtschaft, Abwasser und Abfall eV – DWA (Hrsg.) (2019b) Neobiota – Auswirkungen und Umgang mit wasserwirtschaftlich bedeutsamen Tier- und Pflanzenarten, Teil 2: Artensteckbriefe, DWA-Merkblatt M 626-2, Februar 2019.

DWA-Deutsche Vereinigung für Wasserwirtschaft, Abwasser und Abfall eV – DWA (Hrsg.) (2019c) Richtlinien für die Anlage und Dimensionierung Ländlicher Wege (RLW) – Teil 1: Richtlinien für die Anlage und Dimensionierung Ländlicher Wege, DWA-Arbeitsblatt A-904-1, August 2019.

DWA-Deutsche Vereinigung für Wasserwirtschaft, Abwasser und Abfall eV – DWA (Hrsg.) (2019d) Grundsätze und Maßnahmen einer gewässerschützenden Landbewirtschaftung, Arbeitsblatt DWA-A 912, Juni 2019.

DWA-Deutsche Vereinigung für Wasserwirtschaft, Abwasser und Abfall eV – DWA (Hrsg.) (2020a) Gewässerrandstreifen – Uferstreifen – Entwicklungskorridore: Grundlagen und Funktionen, Hinweise zur Gestaltung, Beispiele, DWA-Merkblatt DWA- M 612, Mai 2020.

DWA-Deutsche Vereinigung für Wasserwirtschaft, Abwasser und Abfall eV – DWA (Hrsg.) (2020b) Ingenieurbiologische Bauweisen an Fließgewässern, Teil 1: Grundlagen und Bauweisenauswahl, DWA-Merkblatt M 620-1, Juni 2020.

DWA-Deutsche Vereinigung für Wasserwirtschaft, Abwasser und Abfall eV – DWA (Hrsg.) (2020c) Naturschutz bei Planung und Genehmigung von Fließgewässerrenaturierungen, DWA-Merkblatt M 617, August 2020.

DWA-Deutsche Vereinigung für Wasserwirtschaft, Abwasser und Abfall eV – DWA (Hrsg.) (2021) Methodische Grundlagen zur standörtlichen Evaluierung des Fischschutzes und Fischabstiegs, DWA-Themen T2/2021, August 2021.

DWA-Deutsche Vereinigung für Wasserwirtschaft, Abwasser und Abfall eV – DWA (Hrsg.) (2022a) Ingenieurbiologische Bauweisen an Fließgewässern, Teil 2: Planung, Umsetzung und Erfolgskontrolle, DWA-Merkblatt M 620-2, Januar 2022.

DWA-Deutsche Vereinigung für Wasserwirtschaft, Abwasser und Abfall eV – DWA (Hrsg.) (2022c) Deiche an Fließgewässern – Teil 2: Landschaftsökologische Aspekte, DWA-Merkblatt M 507-2 (Entwurf Dezember 2022).

DWA-Deutsche Vereinigung für Wasserwirtschaft, Abwasser und Abfall eV – DWA (Hrsg.) (2023a) Bisam, Biber, Nutria – Teil 2: Technische Gestaltung und Sicherung von Ufern, Deichen und Dämmen, DWA-Merkblatt M 608-2, Mai 2023.

DWA – Deutsche Vereinigung für Wasserwirtschaft, Abwasser und Abfall e.V. DWA (Hrsg.) (2023b) Altgewässer – Ökologie, Sanierung und Neuanlage, Merkblatt DWA-M 607 (Gelbdruck Mai 2023).

Fäh, R., Müller, R., Rousselot, P., Vetsch, D. (2008) Sohlenentwicklung in einer Flussaufweitung beim Durchgang einer Hochwasserwelle – Vergleich zwischen Messung und numerischer Modellierung, Wasser Energie Luft, 100. Jahrg., 2008, Heft 2.

Florineth, Florin (2004) Pflanzen statt Beton – Handbuch zur Ingenieurbiologie und Vegetationstechnik, Patzner-Verlag, Berlin, Hannover.

Gemeinnützige Fortbildungsgesellschaft für Wasserwirtschaft und Landschaftsentwicklung (GFG) mbH (Hrsg.) (1999) Ufergehölze und Gehölzpflege – Empfehlungen für den Gewässerunterhaltungspflichtigen, Autor: Thomas Paulus, Sept. 1999, Mainz.

Gemeinnützige Fortbildungsgesellschaft für Wasserwirtschaft und Landschaftsentwicklung mbH – GfG (Hrsg.) (2018) Naturnahe Bäche und Flüsse – Umsetzungsempfehlungen und Beispiele, Autor: Thomas Schmidt, Februar 2018, Mainz.

Gerhard, M., Reich, M. (2001) Totholz in Fließgewässern, DVWK-Gemeinnützige Fortbildungsgesellschaft für Wasserwirtschaft und Landschaftsentwicklung mbH – GfG und WBV-Fortbildungsgesellschaft für Gewässerentwicklung (Hrsg.) (2001), Mainz.

Gerken, R. (2006) Wiederansiedlung von Lachs und Meerforelle im oberen Wümmegebiet, Arbeitsgemeinschaft der Angelvereine Lauenbrück, Fintel und Westervesede, Stiftung Naturschutz in Landkreis Rotenburg Wümme (Hrsg.), Naturkundliche Schriften, Band 3 – 2006.

GfG (s. Gemeinnützige Fortbildungsgesellschaft für Wasserwirtschaft und Landschaftsentwicklung mbH – GfG, Mainz)

Grambow, M., Badura, M., Palenberg, D. (2006) Das Interreg-IIIB-Projekt SUMAD und die Dachinitiative „Rivers need space", Wasserwirtschaft, 96. Jahrg., Heft 3/2006.

Hafner T. (2008) Uferrückbau und eigendynamische Gewässerentwicklung, Aspekte der Modellierung und Abschätzungsmöglichkeiten in der Praxis, Berichte des Lehrstuhls und der Versuchsanstalt für Wasserbau und Wasserwirtschaft der Technischen Universität München, Herausgegeben von Peter Rutschmann, Nr. 117/2008.

Haimerl, G., Lovas, A. (2006) Das SUMAD-Handbuch für nachhaltige Vorlandbewirtschaftung, Wasserwirtschaft, 96. Jahrg., Heft 3/2006.

Hassinger R. (2002) Der Borstenfischpass – Fischaufstieg und Bootsabfahrt in einer Rinne, Wasserwirtschaft, 92. Jahrg., Heft 4–5/2002.

Heimerl S., Ittel G. (2002) Becken-Schlitz-Pässe als zukunftsträchtige Bauweise für technische Verbindungsgewässer, Wasserwirtschaft, 92. Jahrg., Heft 4–5/2002.

Heimerl S., Homilius S., Standfuß M., Wurster H. (2005) Auslegung von Fischaufstiegsanlagen in Störsteinbauweise, Wasserwirtschaft, 95. Jahrg., Heft 6/2005.

Hengl, M., Aufleger, M., de Mas, V., Eggertsberger, J., Hafner, T., Michor, K., Mühlbauer, M., Raudaschl, S., Schuardt, W., Spannring, M., Unterlercher, M., Wiesenegger, C. (2012) Eigendynamische Aufweitungen an der Unteren Salzach – vom Konzept bis zu den ersten Erfahrungen. Österr. Wasser und Abfallwirtschaft, Heft 7-8/12, S 401–410.

Hermannsdorfer, G. (2020) Renaturierung von Fließgewässern – Praxishandbuch für naturnahe Bauweisen, Patzer Verlag, Berlin-Hannover.

Hersberger, D., Schleiss, A. (2004) Einfluss von vertikalen Rauigkeitsrippen auf die Kolkgefahr entlang von gekrümmten Ufermauern, Wasser, Energie, Luft, 96. Jahrg., Heft 9–10/2004.

Hiekel, I., Hassinger, R. (2008) Einsatz von Borsten als Rauheitselemente und Erprobung eines Fisch-Kanu-Passes im Spreewald, KW-Korrespondenz Wasserwirtschaft, 1. Jahrg., Nr. 2, Februar 2008.

Hunzinger, L. (1998) Flussaufweitung – Morphologie, Geschiebehaushalt und Grundsätze zur Bemessung, Versuchsanstalt für Wasserbau der ETH-Zürich (VAW), VAW-Mitteilungen Nr. 159.

Hunzinger, L. (2004) Flussaufweitungen: Möglichkeiten und Grenzen, Wasser, Energie, Luft, 96. Jahrg., Heft 9–10/2004.

Hunzinger, L., Opferkuch, F. (2017) Praxisanleitung zur Ausführung – Kurzfassung, Wasser Energie Luft, 109. Jahrg., 2017, Heft 1, S. 41–44.

Hütte, M. (2000) Ökologie und Wasserbau – Ökologische Grundlagen von Gewässerverbauung und Wasserkraftnutzung, Parey Buchverlag, Berlin.

IKSR (s. Internationale Kommission zum Schutz des Rheins)

Internationale Kommission zum Schutz des Rheins (Hrsg.) (2004) Rhein Lachs 2020, Koblenz.
Jäggi, M. (2004) Grundsätze zum Bau von Blockrampen, Wasser, Energie, Luft, 96. Jahrg., Heft 5–6/2004.
Jährling, K.H. (2017) Die Rolle von Eigendynamik und Feststoffhaushalt für die Umsetzung der EU-WRRL, Fachliche Grundlagen, Beispiele und inhaltliche Defizite, KW Korrespondenz Wasserwirtschaft, 10. Jahrg., Heft 2, S. 100 ff.
Janisch, T., Weichert, J., Bezolla, G.R. (2007) Verhalten aufgelöster unstrukturierter Blockrampen, Wasser, Energie, Luft, 99. Jahrg., Heft 2/2007.
Junghardt, S., Vollmer, A. (1998) Lösungsansätze einer naturnahen Gewässerdynamik an der Lippe, Wasser & Boden, 50. Jahrg., Heft 3/1998.
Jürging, P. (1997) Altgewässer: Entwicklung und Problematik aus landschaftsökologischer Sicht, Wasser, Abwasser, Praxis (WAP), Heft Nr.1, S. 18–2.
Kail, J., Hering, D. (2003) Renaturierung von Fließgewässern mit Totholz, Wasser, Energie, Luft, 95. Jahrg., Heft 11/12.
Kaltenbrunner, K. (2006) Randstreifen an Gewässern, DVWK – Gemeinnützige Fortbildungsgesellschaft für Wasserwirtschaft und Landschaftsentwicklung mbH – GfG und WBV-Fortbildungsgesellschaft für Gewässerentwicklung (Hrsg.) (2006), Mainz.
Karl, J. (1994) Renaturierung und Revitalisierung alpiner Fließgewässer, In: Verein zum Schutz der Bergwelt e.V. (Hrsg.) (1994) Jahrbuch des Vereins zum Schutz der Bergwelt, 59. Jahrg.,1994.
Keuneke, R., Massmann, E. (2021) Ziele für den Fischschutz und Fischabstieg in Deutschland, KW Korrespondenz Wasserwirtschaft, 14. Jahrg., Heft 12, S. 786ff.
Keuneke, R., Massmann, E., Naumann, St. (2022) Fischschutz- und Fischabstiegsmaßnahmen – Praxisbeispiele im Überblick, KW Korrespondenz Wasserwirtschaft, 15. Jahrg., Heft 5, S. 300ff.
Keuneke R (2022a) Technische Funktionsfähigkeit großer Fischschutzrechen in der Praxis bestätigt, KW Korrespondenz Wasserwirtschaft, 15. Jahrg., Heft 1, S. 51ff.
Keuneke, R. (2022b) Fischschutz- und Fischabstiegsanlagen an großen Wasserkraftanlagen, KW Korrespondenz Wasserwirtschaft, 15. Jahrg., Heft 12, S. 769ff
Kleber-Lerchbauer, U. (2008) Unterhaltung von Flussdeichen, Korrespondenz Wasserwirtschaft, 1. Jahrg., Heft Nr. 10/2008.
Knauss, J. (1979) Flach geneigte Abstürze, glatte und rauhe Sohlenrampen, Versuchsanstalt für Wasserbau, Technische Universität München, Bericht Nr. 41.
Korecky, N., Hengl, M. (2008) Stabilität und Bemessung von flach geneigten, aufgelösten Riegelrampen, Wasserwirtschaft, 98. Jahrg., Heft 1–2, S. 32–36.
Korte Th., Pottgiesser T, Hering D (2016) Den Erfolg hydromorphologischer Maßnahmen ganzheitlich und differenziert bestimmen, KW Korrespondenz Wasserwirtschaft, 9. Jahrg., Heft 9, S. 556ff.
Kraus, W. (1984) Uferstreifen an Gewässern zum Nutzen der Wasserwirtschaft, Ökologie und Landschaft, Wasser & Boden, 36. Jahrg., Heft 12.
Kraus, W. (1987) Biotopvernetzung im Wasserbau, Wasser & Boden, Heft 39/1987.
Kraus, W. (1994) Uferstreifen – unverzichtbare Bestandteile von Tallandschaften, Zeitschrift für Kulturtechnik und Landentwicklung, Heft 35/1994.
Kraus, W. (1995) Gewässerpflege an großen Flüssen, In: BayLfW (Hrsg.) (1995) Neue Wege in der Gewässerpflege, Informationsbericht 4/1995 des Bayerischen Landesamtes für Wasserwirtschaft, München.
Kraus, W. (1997) Uferstreifen und Auen – Erfahrungen im Wasserwirtschaftsamt Rosenheim, In: DVWK (Hrsg.) (1997).
Land Salzburg (Hrsg.) (2002) Salzburger Fischpass-Fibel – Erfahrungen zu Bau und Betrieb von Fischaufstiegshilfen, Land Salzburg, Reihe Gewässerschutz, Band 1, 2. Aufl., 2002.
Länderarbeitsgemeinschaft Wasser (Hrsg.) (1995) Leitlinien für einen zukunftsweisenden Hochwasserschutz, Stuttgart.

Landesfischereiverband Bayern e.V. – LFV Bayern & Bayerisches Landesamt für Umwelt- (Hrsg) (2012) Fischaufstiegsanlagen in Bayern, Praxishandbuch Hinweise und Empfehlungen zu Planung, Bau und Betrieb, Bearbeiter: Kurt Seifert, Oberschleißheim, Augsburg.

Landesfischereiverband Bayern e.V. – LFV Bayern & Bayerisches Landesamt für Umwelt- (Hrsg) (2015) Der Huchen, Ökologie – aktuelle Situation, Gefährdung, Bearbeiter: Sebastian Hanfland, Miha Ivanc, Clemens Ratschan, Johannes Schnell, Michael Schubert, Michael v. Siemens, Oberschleißheim, Augsburg.

LFV (s. Landesfischereiverband Bayern e.V., Oberschleißheim)

LUBW (s. Landesanstalt für Umwelt, Messungen und Naturschutz Baden-Württemberg – LUBW, Karlsruhe)

Lucke, Th. (2010) Abschlussbegrünung von Flussdeichen, KW Korrespondenz Wasserwirtschaft, 3. Jahrg., Heft Nr. 1/2010.

Lüttke, M. (2001) Nicht Längsdurchgängigkeit, sondern Seitenaufstieg tut Not, Wasserwirtschaft, 91. Jahrg., Heft 10/2001.

Maier, D., Lehmann, B. (2006) Borstenfischpass – Entwicklung eines Bemessungskonzeptes, Wasserwirtschaft, 96. Jahrg., Heft 10/2006.

Michor, K., Egger, G. (1993) Vegetationsökologische Untersuchungen als Planungsgrundlage, Landschaftswasserbau, Bd. 15, Institut für Wassergüte und Abfallwirtschaft, Abt. für Landschaftswasserbau, Technische Universität Wien.

Ministerium für Umwelt Baden-Württemberg (Hrsg.) (1990) Handbuch Wasserbau, Naturgemäße Gestaltung von Fließgewässern, Heft 3.

Ministerium für Umwelt und Naturschutz, Landwirtschaft und Verbraucherschutz des Landes Nordrhein-Westfalen – MUNLV NRW (Hrsg.) (2002a) Wanderfischprogramm Nordrhein-Westfalen, Statusbericht zur ersten Programmphase 1998 bis 2002, Ein Landesprogramm im Bereich Naturschutz und Gewässerökologie, Düsseldorf.

Ministerium für Umwelt und Naturschutz, Landwirtschaft und Verbraucherschutz des Landes Nordrhein-Westfalen – MUNLV NRW (Hrsg.) (2002b) Fische unserer Bäche und Flüsse – Aktuelle Verbreitung, Entwicklungstendenzen, Schutzkonzepte für Fischlebensräume in Nordrhein-Westfalen, Düsseldorf.

Müller, A.C.T., Seidel, F., Nestmann, F. (2021) Untersuchung der durch Lenkbuhnen hervorgerufenen Habitatvielfalt – Freilanduntersuchungen an einem Flachlandgewässer, KW Korrespondenz Wasserwirtschaft, 14. Jahrg., Heft 3, S. 236ff.

MUNLV-NRW (s. Ministerium für Umwelt und Naturschutz, Landwirtschaft und Verbraucherschutz des Landes Nordrhein-Westfalen – MUNLV NRW, Düsseldorf)

Patt, H. (1996) Bank Strips for Our Rivers – First or Last Step in a Reconstruction Process, International Workshop Environment and Interaction, Porto – Portugal, 18.–19. Nov. 1996.

Patt, H. (1997a) Water Protection through Bank Strips, XXVII. IAHR Congress „Water for a Changing Global Community“, San Francisco, 10–15 August 1997.

Patt, H. (1997b) New Strategies for the Protection and Rehabilitation of Waters, IX. World Water Congress, Montreal, Canada, 1–6 Sept. 1997.

Patt, H. (2002) Natural Development of a River Bend, Environmental Flows for River Systems, International Conference on Assessment and Implementation, Incooperating Fourth International Ecohydraulics Symposium, Cape Town, South Africa, March 3–8, 2002.

Patt, H. (Hrsg.) (2022) Fließgewässer- und Auenentwicklung, Grundlagen und Erfahrungen, 3. Aufl., Springer Vieweg, Wiesbaden.

Patt, H., Städtler, E. (2000) Eigendynamische Entwicklung einer Gewässerstrecke, Wasser & Boden, 51. Jahrg., 1+2/2000.

Patt, H., Städtler, E. (2008) Altgewässer, Korrespondenz Wasserwirtschaft, 1. Jahrg., Heft Nr. 7/2008.

Patt, H., Städtler, E. (2009) Altgewässer – Ökologie, Sanierung und Neuanlage, Teil 2: Beispiele für Schutz, Neuanlage und Sanierung, KW Korrespondenz Wasserwirtschaft, 2. Jahrg., Heft Nr. 3/2009.

Patt, H., Schackers, B., Städtler, E. (2001) Fließgewässerentwicklung aus der Sicht der Freizeit- und Erholungsplanung, KA-Wasserwirtschaft, Abwasser, Abfall, 48. Jahrg., Heft Nr. 5, Mai 2001, S. 612–623.

Patt, H., Groß, J., Städtler, E., Weih, A. (2009) Altgewässer – Ökologie, Sanierung und Neuanlage, Teil 1: Grundlagen, KW Korrespondenz Wasserwirtschaft, 2. Jahrg., Heft Nr. 2/2009.

Patt, H., Jüpner, R. (Hrsg.) (2020) Hochwasser-Handbuch – Auswirkungen und Schutz, 3. Aufl., Springer Vieweg, Wiesbaden.

Patt, H., Speerli, J., Gonsowski, P. (Hrsg.) (2021) Wasserbau – Grundlagen, Gestaltung von wasserbaulichen Bauwerken und Anlagen, Springer Vieweg, Wiesbaden.

Peters, H.W. (2004) Der Mäander-Fischpass, Wasserwirtschaft, 94. Jahrg., Heft 7–8/2004.

Platzer, G. (2000) Dimensionierung muldenförmiger Blocksteinrampen, In: Bundesamt für Wasserwirtschaft (Hrsg.) (2000) Schriftenreihe des Bundesamtes für Wasserschaft, Bd. 9, S. 104.

Pottgiesser, T., Januschke K., Müller, A., Fischer, F. (2021) Erfolgskontrolle hydromorphologischer Maßnahmen in und an Fließgewässern, KW Korrespondenz Wasserwirtschaft, 14. Jahrg., Heft 3, S. 212ff.

Queißer, J., Bernhard, H. H., Weimer, P. (2006) Kombinationsbauwerke zur Herstellung der Durchgängigkeit der Ruhr, Wasser und Abfall, Heft 10/2006.

Reich, J. (1999) Wiederherstellung der Durchgängigkeit von Fließgewässern – Fortbildungsthema 1999 der Gewässernachbarschaften in Baden-Württemberg, Wasserwirtschaft, 89. Jahrg., Heft 11/1999.

Requena, P., Bezolla, G.R., Minor, H.-E. (2005) Aufweitungen in erodierenden Flüssen, Wasser, Energie, Luft, 97. Jahrg., Heft 7–8/2005.

Richwien, W. (1999) Nachweis der Standsicherheit von Böschungen naturnah gestalteter Fließgewässer, Wasser & Boden, 51. Jahrg., Heft 1+2/1999.

Rohde, S. (2005) Flussaufweitungen lohnen sich! Ergebnisse einer Erfolgskontrolle aus ökologischer Sicht, Wasser, Energie, Luft, 97. Jahrg., Heft 3–4/2005.

Sächsisches Staatsministerium für Umwelt und Landwirtschaft – SMUL (Hrsg.) (2005) Ufersicherung – Strukturverbesserung, Anwendung ingenieurbiologischer Bauweisen im Wasserbau Handbuch (1), Juli 2005, Zentraler Broschürenversand der Sächsischen Staatsregierung, Dresden.

Salomon M, Dahms H, Bernhard B, Steup L, Niekisch M (2020) Renaturierung von Oberflächengewässern – Wie kann die Umsetzung der Wasserrahmenrichtlinie verbessert werden? KW Korrespondenz Wasserwirtschaft, 13. Jahrg., Heft 6, S. 308ff.

Scapozza, C. (2017) Aufgelöste unstrukturierte Blockrampen, Wasser Energie Luft, 109. Jahrg., 2017, Heft 1, S. 33–40.

Schiechtl, H.M. (1973) Sicherungsarbeiten im Landschaftsbau – Lebende Baustoffe, Callwey Verlag, München.

Schiechtl, H.M., Stern, R. (2002) Naturnaher Wasserbau – Anleitung für ingenieurbiologische Bauweisen, Ernst & Sohn Verlag, Berlin.

Schleiss, A. (2000) Uferschutz an Gebirgsflüssen, Wasser, Energie, Luft, 92. Jahrg., Heft 9/10.

Schneider, J., Korte, E. (2005) Strukturelle Verbesserungen von Fließgewässern für Fische, Gemeinnützige Fortbildungsgesellschaft für Wasserwirtschaft und Landschaftsentwicklung mbH – GfG (Hrsg.) (2005), Mainz.

Schrenk, G., Heyer, Th., Arndt M, Lauenstein, G., Pook A, Rombach, R., Sättele, B., Schöll, F.X. Schuhmacher, A., Schwab, G. (2022) Technische Gestaltung und Sicherung von Ufern, Deichen und Dämmen gegen Wühltiere, KW Korrespondenz Wasserwirtschaft, 15. Jahrg., Heft 5, S. 355ff.

Schröder NJS (2020) Umsetzungsprozesse der EU-Wasserrahmenrichtlinie in Deutschland, Teil 1: WRRL-Zielerreichung zwischen Plan und Machbarkeit, KW Korrespondenz Wasserwirtschaft, 13. Jahrg., Heft 8, S. 490ff.

Schwevers, U. (2000) Biologische Mechanismen der Fischabwanderung, Wasser & Boden, 51. Jahrg., 4/2000.

Seidel, M., Langheinrich, U., Lüderitz, V. (2017) Gewässermorphologische Integrität von Flüssen, Wiederanschluss von Altgewässern zur Verbesserung der Lebensbedingungen flusstypischer Arten, KW Korrespondenz Wasserwirtschaft, 10. Jahrg., Heft 8, S. 467 ff.

Semrau, M. (2015) Ökologische Baubegleitung und Gewässerunterhaltung urbaner Fließgewässer, KW Korrespondenz Wasserwirtschaft, 8. Jahrg., Heft 9, S. 555 ff.

Siering, P. (2004) Der Fisch-Kanu Pass – Eine Kombination von Ökologie und Kanusport, Wasser und Abfall, Heft 7–8/2004.

SMUL (s. Sächsisches Staatsministerium für Umwelt und Landwirtschaft – SMUL, Dresden)

Spannring, M., Seus, G. J. (2000) Die Wirkung von Buhnen auf Strömung und Sohle eines Fließgewässers, Wasserwirtschaft, 90. Jahrg., Heft 2/2000.

Städtler, E. (2008) Gewässerentwicklung und Wanderfischprogramm für die Sieg, Korrespondenz Wasserwirtschaft, 1. Jahrg., Heft Nr. 10/2008.

Städtler, E. (2010) Zurückdrängen des Riesenbärenklaus (Herkulesstaude) an Fließgewässern – Umsetzung des neuen § 40 des Bundesnaturschutzgesetzes und Erfahrungen im Rhein-Sieg-Kreis, Korrespondenz Wasserwirtschaft, 3. Jahrg., Heft Nr. 07/2010.

Städtler, E., Patt, H. (2003) Entwicklung und Bau von Fischaufstiegsanlagen an der Sieg – 10 Jahre Pilotprojekte an Sieg und Agger, Wasser & Boden, 55. Jahrg., Heft 7–8/2003.

Städtler, E., Schaa, W. (1996) Entwicklung moderner Fischaufstiege an der unteren Sieg, In: LÖBF (Hrsg.) (1996) Wiedereinbürgerung des Lachses in NRW – Schriftenreihe, Band 11, S. 156–160.

Steegmüller S (2022) Anforderungen der Gewässerökologie und technische Maßnahmen zur Schaffung der linearen Durchgängigkeit an Kreuzungsbauwerken, 15. Jahrg., Heft 4, S. 283ff.

Stowasser, A. (2011) Potenziale und Optimierungsmöglichkeiten bei der Auswahl und Anwendung ingenieurbiologischer Bauweisen im Wasserbau, Schriftenreihe Umwelt und Raum, Bd. 5, Leibniz Universität Hannover.

Stowasser, A., Lagemann, T. (2008a) Pflege und Entwicklung von Uferholzbeständen aus ingenieurbiologischen Bauweisen, Teil 1: Pflege- und Entwicklungsgrundsätze, KW Korrespondenz Wasserwirtschaft, 1. Jahrg., Heft 8, S. 417 ff.

Stowasser, A., Lagemann, T. (2008b) Pflege und Entwicklung von Uferholzbeständen aus ingenieurbiologischen Bauweisen, Teil 2: Bauweisenspezifische Pflegeschnitte, KW Korrespondenz Wasserwirtschaft, 1. Jahrg., Heft 9, S. 487 ff.

Stowasser, A., Stratmann, L. (2017) Gewässerentwicklung durch nachhaltige und prozessorientierte Gewässerunterhaltung, Beitrag im NUA-Seminarbericht Band 13 „Lebendige Gewässer – Sohle, Ufer, Aue", S. 83–90.

Umweltbundesamt – UBA (Hrsg.) (2023) In der Diskussion: Hydromorphologie. Ergebnisse der UBA Workshopreihe–Abschlussbericht, Autoren: Lamberty, G., Zumbroich, Th, Naumann, St., Ressortforschungsplan des Bundesministerium für Umwelt, Naturschutz, nukleare Sicherheit und Verbraucherschutz, Forschungskennzahl 3719 43 201 0, FB000959, März 2023.

Visman, U. (2021) Wendehorst Bautechnische Zahlentafeln, 38. Aufl., Beuth Verlag, Berlin – Springer Vieweg, Wiesbaden

Wagner F (2022) Wann ist ein Rechen ein Fischschutzrechen? KW Korrespondenz Wasserwirtschaft, 15. Jahrg., Heft 2, S. 115ff.

WBW (s. Fortbildungsgesellschaft für Gewässerentwicklung mbH – WBW)

WBW – Fortbildungsgesellschaft für Gewässerentwicklung mbH – WBW & Landesanstalt für Umwelt, Messungen und Naturschutz Baden-Württemberg – LUBW (Hrsg.) (2013) Ingenieurbiologische Bauweisen an Fließgewässern, Teil 1 – Leitfaden für die Praxis, Bearbeitung: Angelika Jany, Peter Geitz, Oktober 2013.

Weber, M., Roth, M., Hermann, F. (2000) Der Einfluss von Buhnen auf die Hydraulik, die Flussmorphologie und den Geschiebetransport, Zeitschrift „wasser-energie, luft" des Schweizer Wasserwirtschaftsverbandes, 92. Jahrg., Heft 5/6.

Weichert, R., Bezolla, G.R., Minor, H.E. (2006) Beurteilung der Sohlenstabilität von Gebirgsbächen, Wasser, Energie, Luft, 98. Jahrg., Heft 3/2006.

Wiebeking, C.F. (1811) Theoretisch-praktische Wasserbaukunst, Eigenverlag – gedruckt bei Joseph Zängl, München.

Wieprecht, S. (1997) Profilaufweitung, In: DVWK (Hrsg.) (1997).

Willi, H.P. (2000) Raumbedarf von Fließgewässern, Zeitschrift „wasser-energie, luft" des Schweizer Wasserwirtschaftsverbandes, 93. Jahrg., Heft 1/2.

Zahner V, Schmidbauer M, Schwab G, Angst Ch (2020) Der Biber; Baumeister mit Biss, SüdOst-Verlag

Zarn, B. (1992) Lokale Gerinneaufweitung, eine Maßnahme zur Sohlenstabilisierung der Emme bei Utzenstorf, Mitteilung der VAW, Heft 118.

Zeh, H. (2010) Ingenieurbiologische Bauweisen im naturnahen Wasserbau – Praxishilfe, Umwelt-Wissen Nr. 1004, Bundesamt für Umwelt, Bern, Schweiz, 59 S.

11 Baumaterialien im naturnahen Wasserbau und in der Ingenieurbiologie

Heinz Patt

Im naturnahen Wasserbau verwendete *Baumaterialien* sind in erster Linie Pflanzen (Ingenieurbiologische Bauweisen), geschüttete oder gesetzte Steine und Holz. In Ausnahmefällen finden für Sonderkonstruktionen auch Metalle in Form von Pfählen und Drahtgeflechten (ggf. auch Spundwände) sowie Geotextilien aus Kunststoffen oder Naturfasern Verwendung. Abdichtende Materialien wie Beton, Asphalt, Kunststofffolien, Pflasterungen u. a. kommen für naturnahe Bauweisen im Allgemeinen nicht in Betracht.

Können Fließgewässersysteme in unseren oft dicht besiedelten und genutzten Talräumen nicht ihrer eigendynamischen Gestaltung überlassen werden, so sind sie möglichst naturnah zu sichern. Dabei finden solche Materialien Verwendung, wie sie am jeweiligen Gewässer auch natürlich vorkommen könnten.

Im naturnahen Wasserbau verwendete *Baumaterialien* sind in erster Linie Pflanzen (Ingenieurbiologische Bauweisen), geschüttete oder gesetzte Steine und Holz. In Ausnahmefällen finden für Sonderkonstruktionen auch Metalle in Form von Pfählen und Drahtgeflechten (ggf. auch Spundwände) sowie Geotextilien aus Kunststoffen oder Naturfasern Verwendung. Abdichtende Materialien wie Beton, Asphalt, Kunststofffolien, Pflasterungen u. a. kommen für naturnahe Bauweisen im Allgemeinen nicht in Betracht.

H. Patt (✉)
Sachverständigenbüro Professor Patt
Bonn, Deutschland

H. Patt, *Naturnaher Wasserbau*, https://doi.org/10.1007/978-3-658-43846-3_11

11.1 Pflanzen

Im naturnahen Wasserbau sind die Baumaterialien den Anforderungen des jeweiligen Gewässerabschnitts anzupassen. So sollte z. B. in nicht geschiebeführenden Fließgewässern auf die Verwendung von Wasserbausteinen verzichtet werden. Derartige Fließgewässer sind typische Anwendungsbereiche von *ingenieur-biologischen Bauweisen.*

Die zum Einsatz kommenden Pflanzen müssen nicht nur dem Einzugsgebiet, sondern auch dem jeweiligen Standort entsprechen (z. B. Boden, Wasserhaushalt, Lokalklima, Einwirkung des fließenden Wassers).

11.1.1 Rasen

Gehölze haben nicht an jedem Fließgewässer ausreichend Platz und sind auch nicht immer praktikabel (z. B. wenn Flächen für den Hochwasserabfluss freigehalten werden müssen). An Fließgewässern werden daher auch Rasenflächen anzulegen sein. *Rasen* lässt sich an wenig beanspruchten Gleitufern und kurzen Flussgeraden, vor allem aber auf Vorländern, Deichen und Dämmen einsetzen. In bestimmten Fällen besteht sogar die Möglichkeit, seltene natürliche Lebensräume neu zu schaffen (z. B. Halbtrockenrasen).

Rasen kann auf unterschiedlichste Weise angesiedelt werden. Am bekanntesten ist die Trockensaat. Unter besonderen Bedingungen kommen auch Mulchsaat, Nasssaat, Rollrasen und *Vegetationsmatten* zur Anwendung. Nicht zuletzt können auch die Vorteile der natürlichen Sukzession bei der Neuanlage von Rasenflächen Berücksichtigung finden.

Bei den Saatverfahren werden je nach Standortvorgaben und Zielsetzung zunächst unterschiedliche Saatmischungen aus etwa 5 bis 10 Grasarten und einigen Kräutern zusammengestellt. Über die einzelnen, für den Wasserbau geeigneten Arten gibt die Tab. 11.1 einen groben Überblick. Den jeweiligen Mischungen kann mit Ausnahme von Halbtrockenrasen zur Sicherung der Ansaat etwas Deutsches Weidelgras (*Lolium perenne*) beigegeben werden, das relativ schnell keimt und damit für die anderen Gräser ein günstigeres Wuchsklima schafft.

11.1.1.1 Trockensaat

Bei der *Trockensaat* wird Rasensamen auf der humosen, standfesten Böschung ausgebracht. Günstigster Zeitpunkt ist das Frühjahr zu Beginn der Vegetationsperiode, wenn nicht mehr mit Nachtfrost zu rechnen ist.

Problematisch ist die Anwachsphase des Böschungsrasens. Tritt in dieser Zeit Oberflächenabfluss auf, so werden die Samen weggespült. Auch nach dem Austreiben besteht die Gefahr, dass die erst leicht verwurzelten Keimlinge einschließlich des Oberbodens erodiert werden. Bei stärkerer Sonneneinstrahlung drohen die Samen aus- bzw. die Sämlinge einzutrocknen. Deshalb sollten beim Ansäen von Böschungsrasen Anwuchsschäden mit den nötigen Nachbesserungen einkalkuliert werden.

11.1.1.2 Mulchsaat

Eine Verringerung der Anwuchsrisiken stellt die *Mulchsaat* dar. Hierbei wird die angesäte Fläche mit einer einige Zentimeter starken Mulchschicht (z. B. aus gehäckseltem Stroh)

Tab. 11.1 Zur Aussaat im Wasserbau geeignete Gräser und Kräuter. (Auswahl)

	Feuchteanspruch			Bodensäure		
	trocken	frisch feucht	nass	sauer		basisch
Gräser						
Weißes Straußgras, *Agrostis alba*		■	■		■	
Flechtstraußgras, *Agrostis stolonifera*		■	■		■	
Rotes Straußgras, *Agrostis tenuis*	■	■		■	■	
Ruchgras, *Anthoxanthum odoratum*	■	■	■	■	■	
Fiederzwenke, *Brachipodium pinnatum*	■					■
Aufrechte Trespe, *Bromus erectus*	■					■
Wiesen-Kammgras, *Cynosurus cristatus*		■	■	■		
Gebogene Schmiele, *Deschampsia flexuosa*	■	■				■
Rohrschwingel, *Festuca arundinacea*		■			■	
Schaf-Schwingel, *Festuca ovina*	■	■			■	■
Haar-Schwingel, *Festuca ovina tenuifolia*	■	■		■		
Wiesenschwingel, *Festuca pratensis*		■	■	■		
Horstb. Rotschwingel, *Festca rubra commutata*	■	■		■	■	
Ausläufertr. Rotschwingel, *Festuca rubra rubra*	■	■			■	■
Rohrglanzgras, *Phalaris arundinacea*		■	■		■	
Platthalmrispe, *Poa compressa*	■					■
Sumpfrispe, *Poa palustris*		■	■		■	
Wiesenrispe, *Poa pratensis*	■	■			■	
Gemeine Rispe, *Poa trivialis*		■			■	■
Blaues Pfeifengras, *Molinea coerulea*		■	■			■
Kräuter						
Gemeine Schafgarbe, *Achillea millefolium*	■				■	
Wundklee, *Anthyllis vulneraria*	■	■				■
Wucherblume, *Chrysanthemum leucanthemum*	■	■	■		■	
Johanniskraut, *Hypericum perforatum*	■				■	
Gemeiner Hornklee, *Lotus corniculatus*	■	■			■	■
Sumpf-Hornklee, *Lotus uliginosus*						
Bibernelle, *Pimpinella saxifraga*	■					■
Wiesensalbei, *Salvia pratensis*	■	■			■	■
Kleiner Wiesenknopf, *Sanquisorba minor*	■					■
Tauben-Skabiose, *Scabiosa columbaria*	■	■				■
Gemeiner Thymian, *Thymus pulegioides*	■	■		■	■	

abgedeckt. Häufig wird auch Dünger hinzugefügt. Bei Regen oder künstlicher Bewässerung bildet sich in der Mulchschicht ein feuchtwarmes Mikroklima aus, das die Keimzeit verringert und vor Austrocknung schützt. Die verrottende Mulchschicht verbessert gleichzeitig die Humusbildung auf Rohböden. Zur Verfestigung der Mulchschicht und damit zum Schutz gegen Abspülung kann man einen pflanzenverträglichen Kleber, wie zum Beispiel eine wasserlösliche Bitumenlösung, darüber sprühen.

11.1.1.3 Nasssaat

Mischt man Samen, Dünger, Kleber, Mulchsubstrat und Wasser zusammen und bringt diese Mixtur mit Hilfe eines Druckfasses und Strahlrohres gemeinsam aus, so spricht man von *Nasssaat*, auch *Hydro- oder Spritzbegrünung* genannt. Als Mulchsubstrat sind dann Zellulose- oder Baumwollfasern besser geeignet als Strohhäcksel, weil dieses häufig zu Verstopfungen der Strahlrohrdüse führt. Die nötigen Fahrzeuge sind relativ schwer. Die zur Nassbegrünung vorgesehenen Böschungsflächen müssen folglich in Spritzweite einer standfesten Baustraße liegen.

11.1.1.4 Rasensoden oder Fertigrasen

Ist die Erosionsgefahr besonders hoch oder aus anderen Gründen eine rasche Begrünung der Böschung erforderlich, so kommt ein Anlegen von Rasenflächen mittels *Rasensoden* oder *Fertigrasen* (Rollrasen) in Frage. Hierzu wird auf geeigneten Rasenflächen die Grasnarbe mit Schälpflügen seitlich geschnitten und geschält. Die Rasensoden müssen feucht gehalten und unverzüglich auf die vorbereitete Böschung aufgebracht werden. Dort sind sie mit Holzpflöcken (sog. *Spieker*) zu sichern. Es kann sogar nötig sein, ein grobmaschiges Geotextilnetz aus verrottenden Fasern darüber zu legen und zu befestigen.

Bei direkter Sonneneinstrahlung oder allgemeiner Trockenheit ist der Rasen solange feucht zu halten, bis er nach etwa sechs bis acht Wochen ausreichend mit dem Untergrund verwurzelt ist. Dann übernimmt er seine volle Schutzfunktion wie ein mehrjähriger, kurz gehaltener und gut gepflegter Rasen.

11.1.1.5 Vegetationsmatten

In *Vegetationsmatten* aus verrottbaren Geotextil-Fasern kann Böschungssamen und, wenn notwendig, auch Dünger eingearbeitet werden. Diese Matten müssen auf der Böschung aufgebracht und mit kleinen Pflöcken befestigt werden. Bei fehlendem Niederschlag müssen auch sie anfangs bewässert werden. Hinsichtlich Mikroklima und Humusbildung sind sie der Mulchsaat vergleichbar und weisen dieselben Probleme hinsichtlich der Anwachsphase und Pflege bis zum Entstehen eines dichten Böschungsrasens auf. Im Vergleich zu der Mulchsaat haben sie aber den entscheidenden Vorteil, dass das Geotextil sofort nach dem Aufbringen einen mechanischen Schutz gegen Erosion bietet.

11.1.1.6 Heublumensaat

Soweit in der Nähe der Baustelle artenreiche Wildrasenbestände vorkommen, kann auch (zusätzlich) eine *Heublumensaat* vorgenommen werden. Dazu sind samenreife Bestände zu mähen und das Mähgut zum Beispiel auf den Böschungen auszubringen. Diese Art der Rasenbegründung ist arbeitsintensiv, wobei das Anwachsen aller Arten nicht garantiert ist. Der Ausdruck „Heublumensaat" stammt von der früheren bäuerlichen Praxis, den samenreichen Boden auf den Heuböden zusammenzukehren und wieder als Samen zu verwenden.

11.1.1.7 Sukzession

Wenn kein baldiger Erosionsschutz notwendig ist, kann man auch die natürliche Entwicklung auf einem, wenn möglich, mager hergerichteten Standort abwarten. Diese *Sukzession* läuft besonders erfolgreich ab, wenn in der näheren Umgebung artenreiche Pflanzenbestände vorhanden sind.

Durch die Selbstbegrünung entwickeln sich normalerweise vielfältige Pflanzenbestände, die näherungsweise eine dem natürlichen Spektrum entsprechende Artenzusammensetzung aufweisen. Haben sich aber aus benachbarten Flächen zu viele Ackerwildkräuter angesiedelt und soll das Ziel „Wildrasen" aufrechterhalten bleiben, so sind in den ersten Jahren mehrere Schnitte zu empfehlen.

11.1.1.8 Rasenpflege

Böschungsrasen bedarf einer wiederkehrenden Pflege. Zum optimalen Schutz gegen den Angriff des fließenden Wassers ist er jährlich, meistens sogar zweimal, zu mähen. Das gemähte Gras sollte nicht auf der Fläche verbleiben, da der Rasen sonst Schimmelschäden erhält und mastig werden kann. Dies ist insbesondere dann kostenintensiv, wenn das Schnittgut nicht verwertet, sondern in eine Kompostieranlage verbracht werden muss. Deshalb ist es günstig, solche zweischürigen Wiesen auf flachen Böschungen kostenlos an Landwirte zu verpachten. Kostengünstig ist auch eine Beweidung mit Schafen. Diese reißen das Gras nicht aus, sondern beißen es kurz ab. Im Vergleich zu Rindern ist die Trittbelastung geringer.

Ist es das Ziel der *Rasenpflege*, ein Aufkommen von Gehölzen zu verhindern, so reicht in aller Regel eine Mahd alle zwei bis drei Jahre aus. Dieses Mähgut ist aber meist nicht mehr zu verwerten. Haben sich allerdings Gehölze mit einer starken Regenerationsfähigkeit flächig angesiedelt, die eine Mahd aufgrund ihrer hohen Ausschlagfähigkeit weitgehend überstehen, so ist eine jährliche Mahd bei gleichbleibender Schnitthöhe unerlässlich.

11.1.1.9 Halbtrockenrasen

Aus der Sicht des Artenschutzes besteht zum Beispiel auf Deichen die Möglichkeit, Rasengesellschaften so anzulegen, zu entwickeln und zu pflegen, dass artenreiche Wildgrasfluren (*Halbtrockenrasen*) entstehen. Neben der großen Artenvielfalt erweist sich auch der geringe Pflegeaufwand auf solchen Flächen als vorteilhaft. Eine wirtschaftliche Nutzung ist auf diesen Flächen nur unter Berücksichtigung des Artenschutzes möglich.

Halbtrockenrasengesellschaften können in unseren Breiten nur auf durchlässigem Material begründet werden. Der Oberbodenauftrag ist auf diesen Flächen so gering wie technisch machbar vorzunehmen. Am erfolgversprechendsten sind Abdeckungen um 5 cm, wobei das Material einen hohen Sandanteil aufweisen und keinesfalls aus Acker- und Intensivgrünland stammen sollte.

Fertige Wildrasenmischungen sind meist nicht verwendbar, da oftmals standort- und sogar florenfremde Arten enthalten sind. Deshalb erscheint eine gezielte Auswahl zum Kauf von Gräsern und Kräutern bei Saatgutfirmen nach Tab. 11.1 sinnvoll. Die Einsaatdichte soll gegenüber herkömmlichen Angaben (20 bis 30 g/m^2) bei Gräsern nicht wesentlich über 6 g/m^2 liegen und zusätzlich einen Kräuteranteil von etwa 1 bis 2 g/m^2 aufweisen.

Die Artenfülle solcher Rasen ist solange gewährleistet, als ein Überwachsen mit Gehölzen unterbleibt und die Flächen nicht gedüngt werden. Deshalb müssen die Wildrasen im Abstand von einem bis zu mehreren Jahren gemäht werden, wobei das Mähgut abzufahren ist. Der Zeitpunkt der Mahd sollte in der Regel erst Anfang September oder später liegen, damit die Mehrzahl der Gräser und Kräuter zur Blüte und Samenreife kommt. Bei großen, zusammenhängenden Flächen kann die Pflege auch durch eine *Wanderschäferei* (s. Abschn. 12.3.1) erfolgen.

Bei Deichaufhöhungen muss immer der Oberboden abgetragen werden. Sofern hier artenreiche Wildrasen wachsen, sollte dieser Oberboden in Form von Soden auf eine Zwischendeponie gebracht und später wieder angedeckt werden. Dabei wird zwar ein Teil der Pflanzen absterben, der verbleibende Rest und ein gewisser Samenanteil im Boden gewährleisten jedoch, dass das vorhandene Artengefüge weiterhin erhalten bleibt.

11.1.2 Röhrichte

Die häufigste Röhrichtart an Fließgewässern ist *Rohrglanzgras* (*Phalaris arundinacea*), das sich völlig problemlos aussäen lässt. Bei Gewässern mit geringen Fließgeschwindigkeiten kann auch das *Schilf* (*Phragmites communis*) nennenswerte Fließgewässerröhrichte ausbilden. Obwohl das Schilf reichlich Samen produziert, ist eine Ansaat kaum möglich, da fast alle Samen des Schilfs taub und somit nicht keimfähig sind. Es verbreitet sich natürlich fast nur vegetativ mit Hilfe seiner reichlich vorhandenen Ausläufer. Manchmal durchsetzen und ersetzen auch Seggenarten (*Carex* spec.) die Fließgewässerröhrichte.

In ruhigeren Zonen mischen sich mitunter etliche Begleitarten in diese *Röhrichte* ein und bilden z. T. lockere Bulte aus. Hierzu zählen Arten wie zum Beispiel Gelbe Schwertlilie (*Iris pseudacorus,* s. Abb. 10.9), Igelkolben (*Sparganium* spec.), Schwanenblume (*Butomus umbellatus*), Pfeilkraut (*Sagittaria sagittifolia*) und, vor allem in sehr nährstoffreichen Situationen, Großer Wasserschwaden (*Glyceria maxima*). Diese Arten werden entweder gepflanzt oder als Soden (zusammen mit anderen Röhrichtarten) ausgebracht.

Um sicher zu gehen, dass man dem Naturraum entsprechendes Pflanzenmaterial erhält, ist es bei letzterem sinnvoll, ganze Schollenstücke an vergleichbaren Standorten desselben Flusssystems zu gewinnen und zu verpflanzen. Hierzu sticht man mit dem Spaten Stücke der Röhrichtvegetation mit dem dazugehörigen Wurzelhorizont und einer anhaftenden Scholle des Bodens aus und baut sie mitsamt den Wurzeln, Rhizomen usw. im vorgesehenen Uferbereich ein. Je größer diese verpflanzten Schollen sind, umso höher ist die Anwuchssicherheit.

Ist im Gewässersystem kein geeignetes Pflanzenmaterial vorhanden oder darf dies nicht gewonnen werden, so gibt es in speziellen Gärtnereibetrieben Röhricht in Ballen zu kaufen. In diesem Zusammenhang darf man sich nicht dazu verleiten lassen, attraktive Sorten zu nehmen, die selbstverständlich viel häufiger angeboten werden.

Üblicherweise reicht es aus, eine Scholle auf 5 m Uferlänge als Startpflanzung zu transplantieren. Ist der Standort geeignet, so breitet sich das Röhricht rasch aus. Grundsätzlich können Schollen das ganze Jahr über verpflanzt werden. Während der Vegetationsperiode ist die Gefahr, dass die Ballen austrocknen und nicht wieder anwachsen, aber höher. Der beste Verpflanzungstermin ist also das zeitige Frühjahr.

Insbesondere Schilf und Rohrglanzgras können auch dadurch verpflanzt werden, dass nur Abschnitte von Wurzeln und Rhizomen gewonnen und frisch vergraben werden. Für Schilf ist eine *Halmpflanzung* möglich. Hierzu werden einzelne Halme unter der Bodenoberfläche abgestochen und am neuen Standort zu mehreren in vorbereitete, etwa 30 cm tiefe Pflanzlöcher gesteckt. Die Löcher werden durch Zutreten verschlossen. Geeignete Zeit ist das späte Frühjahr, wenn das Röhricht im kräftigen Wachstumsschub steckt.

Röhrichte können heute auch in „vorkonfektionierten" *Vegetationsmatten* oder *-walzen* gekauft werden. Hierfür werden Samen, Sporen oder Wurzeln von Röhrichtpflanzen zwischen oder in verrottende Geotextilbahnen eingenäht. Die Matten bzw. Walzen werden am Ufer bzw. entlang der Uferlinie ausgebracht und mit Pfählen und Holzpflöcken befestigt. Die Pflanzenteile schlagen aus und bilden flächige bzw. lineare Röhrichtsäume. Da es sich um lebendes Material handelt, müssen Vegetationsmatten und -walzen gesondert antransportiert und rasch eingebaut werden.

An wenig beanspruchten Ufern können direkt an der Wasserlinie und knapp darüber auch wurzelintensive, anspruchslose und reichlich blühende *Stauden* angesiedelt werden. Dazu zählen zum Beispiel der Blutweiderich (*Lythrum salicaria*), der Gilbweiderich (*Lysimachia vulgaris*, s. Abb. 11.1) und Mädesüß (*Filipendula ulmaria*). Dies gilt besonders auch für die Pestwurz (z. B. *Petasites hybridus*), die mit einem dichten Geflecht aus Wurzeln und unterirdischen Ausläufern flach ansteigende Innenufer auf Dauer festigen kann.

Abb. 11.1 In trockeneren Uferbereichen finden sich mitunter als Ersatz für die Gehölze Hochstaudenfluren. Hier mit Blutweiderich (*Lythrum salicaria*) und Gilbweiderich (*Lysimachia vulgaris*). (Foto: P. Jürging)

Röhrichte, insbesondere Rohrglanzgras und Uferstauden, breiten sich längs der Gewässer auch selbstständig aus. Sie fassen in umgestalteten Fließgewässern rasch Fuß und bilden in wenigen Jahren nahezu durchgehende Säume aus, sofern ihre Ansiedlung nicht durch Mahd in der Wasserwechselzone unterbunden wird.

11.1.3 Gehölze

Bäume und Sträucher an unseren Fließgewässern sind wichtige Strukturelemente, schützen die Ufer, beschatten die Gewässer, dienen als Lebensraum, verbessern gleichzeitig die Lebensbedingungen für Wasserorganismen und lockern das Landschaftsbild auf.

Wie bedeutsam eine einzige Baumart an Fließgewässer sein kann, hat Jürging (2003) beispielhaft für die Schwarzerle (*Alnus glutinosa*) zusammengestellt. Soll ein neuer Bestand begründet werden, so ist bei der Artenwahl auf ihre Eigenschaften und die naturraumtypischen Wuchsorte zu achten. Hierzu sind in Tab. 11.2 heimische *Gehölze* nach Wuchshöhe, Standort und ingenieurbiologischen Eigenschaften zusammengestellt. Gehölze werden in aller Regel gepflanzt oder als „Steckholz" gesteckt. Eine Aussaat spielt bei Gehölzen an Gewässern aufgrund der langen Entwicklungszeit keine so große Rolle. Dasselbe gilt für die natürliche Sukzession.

11.1.3.1 Gehölzsaat

Grundsätzlich lassen sich alle Gehölze durch Saat vermehren. Dabei ist es häufig am besten, nur den Boden vorzubereiten und auf natürlichen Samenanflug zu warten. Weiden-, Pappel- und Erlensamen benötigen feuchte Rohböden, um keimen zu können. In der Natur werden sie insbesondere durch das Wasser oder vom Wind verfrachtet, finden die vom vorangegangenen Hochwasser vorbereiteten Spülsäume, keimen und wachsen dort.

Sollen zum Beispiel Weiden- und Pappelbestände flächig durch Samenanflug begründet werden, müssen feuchte, d. h. grundwassernahe Rohböden, durch Pflügen oder Eggen vorbereitet und zur Zeit des Samenfluges (etwa Ende Mai bis Anfang Juni) bereit liegen.

Auch Samen anderer Gehölzarten werden vom Wind verfrachtet; je nach „Flugfähigkeit" unterschiedlich weit. Hierzu gehören zum Beispiel Birken, Ahorn, Linde, Esche und Ulme. Die Samen dieser Baumarten keimen auch auf Rohböden. Schwere Samen fallen dagegen zu Boden und werden durch Vögel und Nagetiere vertragen. Sie gelangen so aus dem Kronenbereich des Mutterbaumes hinaus und werden häufig im Erdreich vergraben, wo sie im Frühjahr keimen (z. B. Eiche, Buche, Vogel- und Traubenkirsche, Eberesche, Wildbirne und Holzapfel, Weißdorn, Holunder und Hasel).

Um Gehölze künstlich durch Ansaat zu vermehren, sollten die Strategien der Natur angewendet werden. Samen, die vom Wind verfrachtet werden, sind nur ein bis drei Zentimeter in den Boden einzuarbeiten oder leicht mit humosem Boden zu überdecken. Frucht- und nussartige Samen sind fünf bis zehn Zentimeter in den Boden, zum Beispiel in kleine Löcher, einzubringen. Der Saatzeitpunkt ist richtig, wenn auch in der Natur die betreffenden Samen reifen bzw. zu Boden fallen.

Tab. 11.2 Mittlere Höhen und Breiten (Kronendurchmesser) standortgerechter und heimischer Gehölzarten an Fließgewässern; geordnet nach Wuchshöhen in Metern unter Angabe ihrer Hauptverbreitung und ihrer ingenieurbiologischen Eigenschaften

Gehölze	Höhe	Breite	Hauptverbreitung der Gehölze in außeralpinen, naturnahen Wäldern an Gewässern				Ingenieurbiologische Eigenschaften
Schwarzpappel (*Populus nigra*)	35	20	W				Flachwurzler
Zitterpappel (*Populus tremula*)	35	15			S		Ausläufer, Rohboden
Bergulme (*Ulmus glabra*)	30	20			S	E	Tiefwurzler, Stockausschlag
Flatterulme (*Ulmus laevis*)	30	20		H		E	Tiefwurzler, Ausläufer, Stockausschlag
Silberpappel (*Populus alba*)	30	20	W	H			Offene, sandige Böden
Sommerlinde (*Tilia platyphyllus*)	30	20				E	Herzwurzler, flache, dicht verzweigte Feinwurzeln
Stieleiche (*Quercus robur*)	30	20		H	S	E	Herzwurzler, tiefgreifende Hauptwurzeln
Bergahorn (*Acer pseudoplatanus*)	30	15		H		E	Herz-Senkwurzelsystem
Gemeine Esche (*Fraxinus excelsior*)	30	15		H	S	E	Gutes Wurzelsystem (bei GW flach), Stockausschlag
Graupappel (*Populus canescens*)	30	10	W				Kräftiges Herzwurzelsystem, guter Rohbodenbesiedler
Winterlinde (*Tilia cordata*)	25	25		H		E	Flacher Herzwurzler
Silberweide (*Salix alba*)	25	20	W		S		Mittl. Wurzelsystem, Stockausschlag, überflutungstol.
Rotweide (*Salix rubens*)	25	15	W				Mittleres Wurzelsystem
Spitzahorn (*Acer platanoides*)	25	15		H		E	Herzwurzler, intensiv
Schwarzerle (*Alnus glutinosa*)	25	10		H	S		Tiefwurzler (a. unter MW oder GW), Stockausschl.
Feldulme (*Ulmus minor*)	20	15		H	S		Mitteltiefes Wurzelsystem, Stockausschlag, Ausläufer

(Fortsetzung)

Tab. 11.2 (Fortsetzung)

Gehölze	Höhe	Breite	Hauptverbreitung der Gehölze in außeralpinen, naturnahen Wäldern an Gewässern				Ingenieurbiologische Eigenschaften
Hainbuche (*Carpinus betulus*)	20	15		H		E	Intensiver Tiefwurzler, Stockausschlag, schnittvertr.
Vogelkirsche (*Prunus avium*)	20	10		H	S	E	Intensivwurzler
Bruchweide (*Salix fragilis*)	15	10	W		S		Flachwurzler, Stockausschlag, guter Uferbefestiger
Eberesche (*Sorbus aucuparia*)	15	8			S		Tiefwurzler, Stockausschlag
Grauerle (*Alnus incana*), nur Südd.	15	8	W			E	Mitteltiefes Wurzelsystem, Stockausschlag, Wurzelbrut
Gewöhnliche Traubenkirsche (*Prunus padus*)	10	10		H	S	E	Mitteltiefes Wurzelsystem
Feldahorn (*Acer campestre*)	10	8		H		E	Flach- und Intensivwurzler, Stockausschlag
Lavendelweide (*Salix elaeagnos*) nur Südd.	10	7	W				Intensivwurzler, Stockausschlag robuster Bodenfestiger
Wildbirne (*Pyrus pyraster*)	10	5		H			Mittleres Wurzelsystem
Hasel (*Corylus avellana*)	8	6		H	S	E	Herzwurzler, Stockausschlag
Holzapfel (*Malus sylvestris*)	8	6		H			Herzwurzler, Stockausschlag, Wurzelbrut
Zweigriffeliger Weißdorn (*Crataegus oxyacantha*)	8	5		H	S	E	Intensivwurzler, anspruchslos, schnittverträglich
Korbweide (*Salix viminalis*)	8	4	W				Flachwurzler, Stockausschlag, Rohböden, Uferbefestig.
Eingriffeliger Weißdorn (*Crataegus monogyna*)	7	5		H		E	Intensivwurzler, anspruchslos, schnittverträglich
Schwarzer Holunder (*Sambucus nigra*)	7	5		H	S		Flachwurzler, Stockausschlag, Ausläufer

(Fortsetzung)

Tab. 11.2 (Fortsetzung)

Gehölze	Höhe	Breite	Hauptverbreitung der Gehölze in außeralpinen, naturnahen Wäldern an Gewässern				Ingenieurbiologische Eigenschaften
Pfaffenhütchen (*Euonymus europaeus*)	7	3		H	S	E	Mitteltiefes Wurzelsystem, guter Stockausschlag
Mandelweide (*Salix triandra*)	6	5	W				Intensives flaches Wurzelsystem, Stockausschlag
Roter Hartriegel (*Cornus sanguinea*)	6	4		H		E	Gute Durchwurzelung, Stockausschlag, Wurzelausläufer
Grauweide (*Salix cinerea*)	5	6			S		Dichtes Wurzelsystem, Stockausschlag, Ausläufer
Schwarzweide (*Salix nigricans*)	5	4	W		S		Mittleres Wurzelsystem, Stockausschlag
Sanddorn (*Hippophae rhamnoides*), nur Südd.	5	3	W (bis dealpin)				Intensiver Tiefwurzler, Ausläufer
Faulbaum (*Rhamnus frangula*)	5	3		H	S		Wurzelbrut, Stockausschlag
Liguster (*Ligustrum vulgare*)	5	3		H			Intensivwurzler, Stockausschlag, Ausläufer
Purpurweide (*Salix purpurea*)	5	3	W				Sehr guter Flachwurzler, Stockausschlag, a. Rohböden
Rote Heckenkirsche (*Lonicera xylosteum*)	4	3		H		E	Flachwurzler
Gewöhnlicher Schneeball (*Viburnum opulus*)	4	3		H	S		Flacher Intensivwurzler, Wurzelbrut, Stockausschlag

Anmerkung: Berücksichtigung fanden nur Bäume und Großsträucher, die wenigstens eine Höhe von 4 m erreichen können. Die angegebenen Höhen beziehen sich auf ausgewachsene Gehölze, die sich unter einem nicht zu großen Konkurrenzdruck (vergleichbar mit Solitärgehölzen) weitgehend frei entwickeln können

Abkürzungen:

W = Weichholzaue (Überflutungen an 30 bis 150 Tagen im Jahr)

H = Hartholzaue (Überflutungen an bis zu 30 Tagen im Jahr)

S = Wälder in Auen mit hoch anstehendem Grundwasser und regelmäßigen, aber nur kurz andauernden Überschwemmungen, vorwiegend im Frühjahr (z. B. Schwarzerlen-Eschen-Auenwald)

E = Wälder an Fließgewässern ohne ausgeprägte Aue und weitgehend fehlenden bzw. nur kurzandauernden Überschwemmungen (z. B. Erlen-Eschenwälder oder Ahorn-Eschenschluchtwälder)

Das Risiko einer Gehölzsaat ist dennoch hoch. Vögel und Landtiere aller Art bedienen sich und fressen die Samen auf. Die ausgebrachten Samenmengen müssen folglich groß genug sein, damit ein kleiner Rest auf der Fläche verbleibt. Wasser- und Winderosion können die Samen wegspülen oder verblasen. Schimmelpilze und Bakterien zerstören einen Teil der Samen und krautige Vegetation kann die Keimlinge und kleinen Pflänzchen ersticken. Auch außergewöhnliche Trockenzeiten können den Erfolg einer Ansaat beeinträchtigen. Die Anwachsrisiken können innerhalb einer Fläche stark differieren und ein gleichmäßiger Erfolg ist nicht sicher. Eine Kontrolle und Anwuchspflege ist bei der Ansiedlung durch Saat unerlässlich.

Vorteil der Saat ist, dass sie preiswert ist und sich bereits die Keimlinge an den Standort anpassen. Die Erfolgsaussichten sind am größten, wenn das Saatgut aus dem gleichen oder zumindest einem vergleichbaren Landschaftsraum stammt.

11.1.3.2 Gehölzanpflanzung

Der Anwuchserfolg und insbesondere eine bewusste Verteilung in der Fläche sind beim *Anpflanzen von Gehölzen* besser als bei der Saat. Arten- und Pflanzenwahl müssen Naturraum und Standort entsprechen (s. Tab. 11.2). Am besten sollte es sich um autochthones Material aus dem gleichen Talraum handeln. Sind solche Pflanzen in Baumschulen nicht verfügbar, so können Baumschulen Jungpflanzen aus im Talraum gewonnenen Samen vorziehen, oder man legt sich selbst einen Pflanzengarten an.

Pflanzungen benötigen einen Vorlauf von mindestens zwei bis drei Jahren. Ein einmaliges Umschulen ist vorteilhaft. Falls vorhanden, können auch Jungpflanzen aus der Natur gewonnen und verpflanzt werden. Wichtig ist, dass die Pflanzen kräftig und gut bewurzelt sind. Dann wachsen sie schnell über die sie umgebende Vegetation heraus und nur eine geringe Anwuchspflege ist erforderlich. Die Wurzelballen müssen feucht gehalten werden bzw. dürfen nicht an- oder gar austrocknen.

Der Boden muss für die Pflanzung vorbereitet werden. Schwere, bindige Böden müssen tiefer gelockert werden als die *Pflanzlöcher* tief sind. Andernfalls läuft in diesen Wasser zusammen und erstickt die Pflänzchen. In leichten, durchlässigen Böden reicht das Graben der Pflanzlöcher mit dem Spaten oder speziellen Pflanzbohrern. Das Graben von Pflanzlöchern und vor allem das Tieflockern des Bodens ist an Uferböschungen wegen der Erosionsgefahr kritisch. Die Löcher müssen ausreichend groß sein, damit der Wurzelballen nicht eingeengt wird. Die Wurzeln sollten beim Pflanzen leicht beschnitten werden. Verletzte und übergroße Wurzeln sind fachgerecht zu entfernen. Die Löcher sollten mit Substrat verfüllt werden, das dem bisherigen Standort entspricht, d. h. bei Waren aus Pflanzenschulen sollte im unmittelbaren Wurzelbereich humushaltiger Boden eingefüllt werden. Die verfüllten Pflanzlöcher sind leicht anzutreten und zu wässern, damit keine Hohlräume um die einzelnen Wurzeln verbleiben und diese dann eintrocknen. Die beste Pflanzzeit ist die Vegetationsruhe, jedoch nicht während der Frostperioden. Größere Pflanzen, wie Heister oder Hochstämme, sind fachgerecht an Pflöcken zu sichern.

Anwuchsrisiken für Pflanzungen stellen Wühlmäuse und ähnliche Tiere, ggf. Engerlinge, dar, welche die Wurzeln abfressen. Schäden drohen auch von Mäusen und Hasen, die bei länger anhaltender Schneelage die Rinden von Gehölzpflanzen abfressen. Gegen *Wildverbiss* und *Fegeschäden* helfen ein wilddichter Zaun oder ein Einzelschutz durch Drahthosen oder Kunststoffmanschetten. Auch das Bestreichen der Triebe mit Vergrämungsmitteln kann hilfreich sein. Bei Fraß- und Trittschäden durch Weidevieh ist ein Abzäunen nötig. Pflanzungen sind während der Anwuchsphase zu kontrollieren, ggf. freizuschneiden und bei Trockenheit zu gießen. Bisam, Biber und Nutria erfordern spezielle Sicherungsmaßnahmen (siehe u. a. DWA-M 608-1 2017; DWA-M 608-2 2023). Weiterhin können Hochwasser, Treibgut und Eisgang Gehölzpflanzungen beschädigen.

11.1.3.3 Steckhölzer

Ein Sonderfall der Gehölzansiedlung ist die Verwendung von *Stecklingen* und *Steckhölzern*. Im Wesentlichen werden aber in der Praxis nur Baum- und Strauchweiden (Beispiele – siehe Abb. 11.2) mit Ausnahme der Salweide (*Salix capera*) verwendet. Grundsätzlich sind jedoch fast alle Gehölze ausschlagfähig.

Als Steckhölzer werden 60 bis 80 cm lange Stücke von etwa 2 bis 6 cm starken Weidenästen abgeschnitten. Wie Faschinen werden sie in der Vegetationsruhe gewonnen und zeitnah, d. h. innerhalb 1 bis 2 Wochen, verwendet. Müssen sie auf Vorrat gelegt werden, so sind diese feucht einzuschlagen.

Steckhölzer werden unten zugespitzt oder schräg abgeschnitten. In weiche Böden können sie eingeschlagen werden, wonach gesplittertes Holz abgeschnitten werden muss. Ansonsten sind mit Stemmeisen Löcher zu rammen, in die sie eingesetzt werden. Etwa zwei Drittel des Steckholzes sollte im Boden stecken, etwa ein Drittel des Steckholzes, mit mindestens drei bis vier Knospen, sollte herausschauen. Die Löcher sind festzutreten, damit das Steckholz satt vom Boden ummantelt wird und nicht austrocknet.

Steckhölzer werden insbesondere zum Befestigen von Faschinenbündeln und Spreitlagen sowie als Pflöcke oder Pfähle für Flechtzäune und zum Hinterpflanzen von Sedimentationszonen hinter Rauhbäumen, Flechtzäunen und Stangenbeschlächt verwendet. Steckhölzer sind auch zum Bepflanzen von Uferböschungen geeignet, weil keine großen Pflanzlöcher gegraben werden müssen. In Kombination mit Steinwurf und Steinsatz verbessern sie die Verbindung zwischen dem Steinverbau und der Ufervegetation.

Beim Schneiden des Materials sollte dieses nicht nur von einer „Mutterpflanze“ entnommen werden, da die aufkommenden Gehölze ansonsten als „Klone“ alle dieselben Wuchseigenschaften aufweisen und somit der gesamte Bestand auf bestimmte Umwelteinwirkungen (z. B. auf Nassschnee, extremen Frost oder Sturm, aber auch bei einem eventuellen Schädlingsbefall) einheitlich reagiert und im Extremfall alle Gehölze ausfallen.

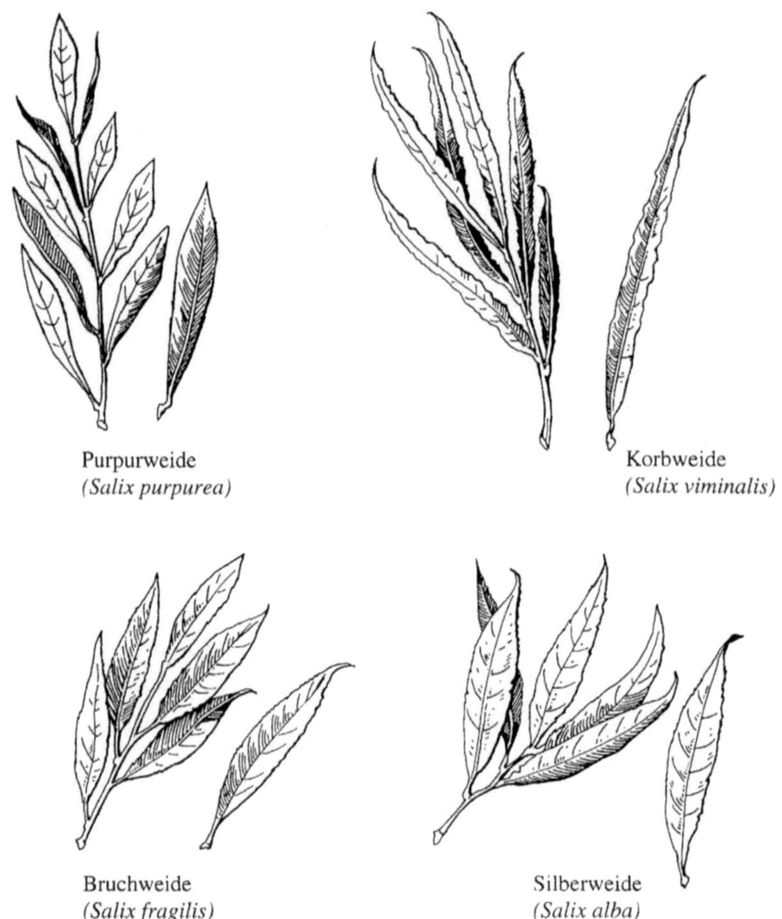

Abb. 11.2 Weidenarten. (Zeichnung: H. Geipel)

11.1.3.4 Erlensterben

Systematische Erkrankungen von Bäumen hat es immer einmal gegeben, denken wir nur an das so genannte Ulmensterben vor wenigen Jahrzehnten. Nun macht uns diesbezüglich die Schwarzerle (*Alnus glutinosa*) erhebliche Sorgen. Sie gehört neben einigen Weidenarten zu den wenigen Baumarten, die sehr gut mit hoher Bodennässe und mit rohen Nassstandorten zurechtkommen.

In natürlichen Auen steht die Erle vorwiegend im Bereich der Fließgewässerdynamik. Sie verträgt Überflutung, Überstau, Überschotterung, Eisgang sowie Grundwasserschwankungen. Alles Standorteigenschaften, die der Erle wenig Konkurrenz erwachsen lassen. Nur anspruchslose Gehölze wie die Erle, mit guter Keimfähigkeit, guter Durchwurzelung des Standortes und hoher Regenerationsfähigkeit können hier bestehen. Heute findet man die Schwarzerle noch an etlichen Flüssen und vor allem aber an vielen kleineren Fließgewässern. Sie bildet dort oftmals an den Ufern als Hauptbaumart mehr oder weniger geschlossene Gehölzsäume aus.

Seit knapp zwei Jahrzehnten greift nun eine spezielle Erkrankung der Erlen, insbesondere der Schwarzerle, um sich. Diese Krankheit, ein Pilzbefall, die so genannte *Phytophthora-Wurzelhalsfäule*, zeigt sich zunächst durch kleine, oft vergilbte Blätter, später durch eine zunehmend austrocknende Krone mit büscheliger Restbelaubung, oftmals einhergehend mit starkem Blühen und reichlich Zapfenbildung (Notfruchtung). An verholzten Wurzeln sowie vom Stammfuß aufsteigend bilden sich schwarzbraune *Schleimflussflecken* (Teerflecken) und das Gewebe wird zunehmend zerstört. Wenn stammumfassende *Nekrosen* auftreten, führt dies innerhalb weniger Jahre zum Absterben des Baumes. Ausgerechnet der natürliche Lebensraum an Gewässern könnte nun der Schwarzerle zum letalen Verhängnis werden, da die Sporen vieler *Phytophthora*-Arten auf ein Leben im Wasser angepasst sind und somit ihre Verbreitung in Überflutungsbereichen und damit speziell entlang von Gewässern enorm begünstigt wird. Inzwischen hat sich diese Erlenerkrankung in fast allen größeren Flusssystemen Europas ausgebreitet (GfG 2004; Werres 2004).

Eine direkte Bekämpfung der *Erlen-Phytophthora*, zum Beispiel mit Fungiziden, ist aufgrund der Lebensweise des Pilzes sowie gesetzlicher Bestimmungen nicht möglich. Mit einer Neubepflanzung an Bächen und Flüssen lässt sich das Problem offensichtlich auch nicht lösen, da viele scheinbar gesunde, aber bereits infizierte Jungerlen aus Baumschulen kommen und somit die Verbreitung der Krankheit eher begünstigen können. Auf jeden Fall wäre es besser, dass, wenn eine Pflanzung von Gehölzen notwendig erscheint, bevorzugt andere Arten, wie zum Beispiel Eschen oder Weiden, verwendet werden.

Als realistische Gegenmaßnahme wird oftmals das „auf den Stock setzen" genannt, da sich danach reichliche Stockausschläge bilden, die auch noch nach Jahren gesund sind und ein kräftiges Wachstum zeigen (Blaschke und Jung 2001).

Bliebe also nur ein gleichzeitiges, systematisches „auf den Stock setzen" oder im Extrem, wie bereits mancherorts andiskutiert, ein rigoroses Entfernen aller Erlen an den „befallenen Gewässern" und dessen Überschwemmungsbereichen von der Quelle bis zur Mündung bzw. bis zum letzten Baum flussabwärts. Dies kann und darf aber auf keinen Fall das erklärte Ziel bei der Bekämpfung der Erlen-Wurzelhalsfäule sein. Unabhängig von den wasserwirtschaftlichen und ökologischen Funktionen der Erlensäume und dem Charakter des Landschaftsbildes wäre ein derartiges Vorgehen sicherlich ein zu arbeitsintensives, möglicherweise uferdestabilisierendes und vermutlich auch unnötiges Überreagieren. Noch dazu, wenn man bedenkt, dass ein dann als „Phytophtora-frei" erklärtes Fließgewässer durchaus neu infiziert werden kann, zum Beispiel durch Wasservögel, die den Pilz aus anderen Gebieten einschleppen können. Es genügt sicherlich, alle paar Jahre befallene Schwarzerlen (und im Alpenvorland auch Grauerlen) „auf den Stock zu setzen“, sodass die gesunden bzw. noch gesund aussehenden Erlen weiterhin einen, wenn auch mitunter lückigen Gehölzsaum an unseren Gewässern ausbilden können. Müssen in einigen Jahren erneut in der Zwischenzeit erkrankte Erlen „auf den Stock gesetzt“ werden, so haben die in den Vorjahren „auf den Stock gesetzten“ Erlen bereits neue Triebe ausgebildet, die in wenigen Jahren wieder eine erwünschte Gehölzkulisse ausbilden können.

Zusätzlich wird in Zukunft verstärkt auf eine Selbstansiedlung (natürliche Sukzession) bzw. Naturverjüngung zu setzen sein. Dieses Vorgehen hilft sicherlich mit, dass die Schwarzerle in unseren Gewässerlandschaften weiterhin präsent ist und es fördert zugleich eine größere genetische Vielfalt innerhalb der Erlenstandorte, was im Hinblick auf die Entwicklung von widerstandsfähigeren bzw. resistenten Erlen gegenüber der Erlen-Phytophthora sicherlich von großem Vorteil sein könnte (Jürging 2003).

11.2 Steine

In geschiebeführenden Fließgewässern sind *Steine* der geeignete Baustoff. Sie müssen frostbeständig, abrieb- und schlagfest sowie ausreichend widerstandsfähig gegen Verwitterung sein. Einen Überblick über die verschiedenen Gesteinsarten, die im naturnahen Wasserbau eingesetzt werden, gibt Tab. 11.3.

Tab. 11.3 Kenndaten von im naturnahen Wasserbau eingesetzten Gesteinen

Gestein	Mineralische Bestandteile	Rohdichte ρ [kg/m^3]	Schlagfestigkeit; Schläge bis zur Zerstörung
Erstarrungsgesteine:			
Granit	Feldspat, Quarz, Glimmer	2600–2800	10–12
Syenit	Feldspat, Hornblende	2600–2800	10–12
Diorit	Hornblende, Feldspat	2700–3000	10–15
Ergussgestein:			
Basalt	Feldspat, Augit, Olivin	2900–3000	12–17
Diabas	Augit, Feldspat	2800–3000	11–16
Porphyr	Feldspat u. div. Kristalle	2500–2800	11–13
Ablagerungsgestein:			
Kalkstein	Kalkspat, Quarz, Glimmer, Ton	(1700)–2800	– 11
Dolomit	Kalkstein mit Magnesia	2500–2700	8–10
Grauwacke	Lichter Sandstein	2600–2800	10–15
Nagelfluh	Karbonatisches Konglomerat	600–(2400)	

Anmerkung: Bei Kalkstein und Nagelfluh gibt es je nach Zusammensetzung sehr unterschiedliche Ausbildungen, die teilweise nicht frostbeständig sind. Nagelfluh härtet an der Luft nach. Insbesondere bei Kalkstein spielt die Gewinnung eine Rolle. Bei Verwendung brisanter Sprengstoffe bei der Gewinnung können sich zunächst nicht sichtbare Risse bilden, die nach Frosteinwirkung zum Zerfall der Steine führen

11.2.1 Chemismus

Bei der Auswahl der Steine ist zu beachten, dass diese zum Einzugsgebiet passen. Jedes Fließgewässer enthält je nach geologischem Aufbau des Einzugsgebietes eine gewisse Fracht an gelösten Stoffen. Überwiegen kristalline Gesteine und kalkarme Sandsteine, werden die gelösten Mengen gering sein. In Gebieten mit Kalk- und Gipsvorkommen steigt der Gehalt an gelösten Materialien stark an. Ausschlaggebend dafür ist der Kohlensäuregehalt des Wassers. Dieser löst sowohl Kalkstein ($CaCO_3$) als auch Dolomit ($CaMg(CO_3)_2$).

Die Biozönosen sind an die Umgebungsbedingungen ihres Lebensraumes angepasst. Extrem sind die Bedingungen in Urgesteinsgebieten mit ihren von Natur aus sauren Gewässern. Deren pH-Wert sinkt durch den sauren Regen noch weiter ab. Derartige Gewässer neigen zum Teil zur biologischen Verödung. Dort ist zu entscheiden, ob Kalksubstrat zur Abpufferung der Säureanteile eingesetzt werden soll.

11.2.2 Grundsätze des Arbeitens mit Steinen

Größe und Gewicht der verwendeten Steine können nicht der Korngröße des natürlich vorkommenden Substrats entsprechen. Vielmehr müssen sie dem jeweiligen Einbauziel angepasst, d. h. ausreichend groß und schwer sein, damit sie von der Strömung nicht wesentlich fortbewegt werden.

Leichte Veränderungen gibt es immer. Beispielsweise gräbt sich ein großer Stein so lange in die Sohle ein, bis sich ein ausreichendes Stützgerüst unter und um ihn herum gebildet hat. Örtlich wird die Fließbewegung um den Stein herum beschleunigt, was zu der in diesem Fall gewünschten Kolkausbildung seitlich, leicht unterstrom, des Steines führt (s. Abb. 11.3).

Steht nur leichtes Substrat an, „rollt" der Stein nach unterstrom, in einen der von ihm selbst geschaffenen Kolke. Dieser Prozess endet, wenn der Stein soweit in die Sohle eingetaucht ist, dass er dem Wasser keinen nennenswerten Fließwiderstand mehr entgegensetzt und es nicht mehr zur Ausbildung weiterer Kolke kommt. Der Prozess wird dann vorzeitig beendet, wenn in der Flusssohle ausreichend korngestuftes Substrat ansteht. Feinmaterial wird weggespült, gröberes bleibt gerade liegen, insbesondere dann, wenn es durch das Eigengewicht des Steines festgehalten wird.

Für das Arbeiten mit losen Steinen folgt daraus, dass die nötige Größe bzw. das notwendige Gewicht des einzelnen Wasserbausteins größer sein muss, als es die auftretende Schubspannung verlangt (s. Abschn. 8.4). Liegt ausreichend korngestuftes Sohlenmaterial vor, dann können die Steine ohne sonstige Hilfsmaßnahmen verwendet werden, weil sich selbstständig ein Stützgerüst aufbauen wird (s. Abb. 11.3).

In der Praxis hat sich bewährt, dass der Durchmesser des einzubauenden Wasserbausteins mindestens den fünffachen Durchmesser des natürlichen vorkommenden Sohlenmaterials entsprechen sollte ($d_{Stein} > 5 \cdot d_{max}$). Ist dies nicht gewährleistet, so ist ört-

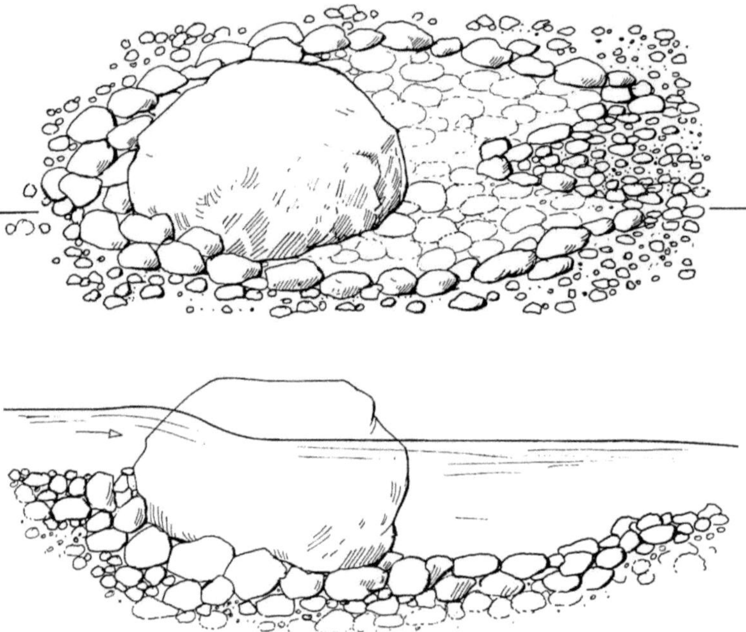

Abb. 11.3 Kolkbildung und Lagerung eines Einzelsteins. (Zeichnung: H. Geipel)

Abb. 11.4 Aufbau eines Steinfundamentes. (Zeichnung: H. Geipel)

lich ein Filter zu schütten, der das nötige Stützgerüst aufbaut. Notfalls kann ein geotextiles Vlies die Sicherung unterstützen.

Die leichten Bewegungen während des Einbaus und während der ersten höheren Abflüsse führen dazu, dass sich die Steine derart verkanten, dass sie bis an die Grenze der kritischen Sohlenschubspannung (s. Abschn. 8.4) und auch darüber hinaus belastbar sind.

Stark belastete Bereiche, wie zum Beispiel Kaskaden, Sohlenriegel oder Buhnenköpfe, brauchen ein entsprechend gegründetes Steinfundament, auf dem sich die eigentliche Konstruktion über die Sohle erhebt (s. Abb. 11.4). Die Fundamentsohle muss tiefer liegen als der Sohlenbereich, der bei größeren Hochwasserereignissen in Bewegung ist.

Bei fließendem Wasser ist gegen die Fließrichtung zu arbeiten. Die ausgebaggerte „Baugrube" füllt sich dann mit den Grobanteilen des Sohlensubstrats, da die vorhandenen Feinanteile weggespült werden. Mit der Zeit füllen sich die Hohlräume bzw. Grobporen mit verfrachtetem Feinmaterial auf. Im Nahbereich der Steinbauwerke verschiebt sich die Sieblinie des Sohlensubstrats hin zu gröberen Anteilen im Vergleich zur unberührten Sohle.

Bei Erstellen eines „fertigen" Bauwerkes in einer trockenen Baugrube kann sich ein Stützgerüst nicht in gleicher Weise aufbauen. Bei der Flutung eines derartigen Bauwerkes ist es möglich, dass das Wasser zwischen oder unter den Wasserbausteinen hindurchströmt und so, zumindest bis das nächste Hochwasser für eine Umlagerung des Substrats sorgt, eine „Steinwüste" zurückbleibt. Aber auch dann ist eine Abdichtung flächiger Steinbauwerke nicht sicher, da gröbere Geschiebeanteile möglicherweise nicht in die Hohlräume der Fundamente gelangen, sodass diese später wieder freigespült werden können.

Durch das Abspülen von Feinanteilen wird das Wasser getrübt. Dieses Feinmaterial setzt sich in den Stillwasserbereichen ab. Es wird ein „unnatürliches, kleines" Hochwasser erzeugt, bei dem die Wasserführung so gering ist, dass diese unter natürlichen Verhältnissen noch keine Substratverfrachtung verursachen würde. Sofern nicht gerade Laich oder andere empfindliche Organismen überschüttet werden, kann das Ökosystem einen solchen Eingriff in der Regel kompensieren. Durch die Wahl eines günstigen Zeitraumes für die Arbeiten können die Nachteile minimiert werden.

Übersteigt die Wassertiefe die mögliche Arbeitstiefe der Baugeräte, kann ein Arbeiten in fließendem Wasser durch Schütten von Arbeitsdämmen erreicht werden, deren Material im Rückbau für das eigentliche Bauwerk verwendet wird.

11.3 Weitere Baustoffe

Neben Steinen gibt es weitere Baustoffe, die im naturnahen Wasserbau Verwendung finden. Dazu zählen Holz, Metalle und Textilien sowie neuerdings auch künstliche Steine. Im Folgenden sollen die wichtigsten Anwendungen beschrieben werden.

11.3.1 Holz

In natürlichen Fließgewässern und deren Randbereichen findet sich *Holz* als totes Material in vielfacher Form. Zweige und Äste bilden in kleinen, langsam fließenden Gewässern oft die entscheidenden Ufer- und Sohlenstrukturen. In Bächen und kleinen Flüssen festigen und strukturieren umgestürzte Bäume oder deren Wurzelstöcke oft das Ufer (s. Abschn. 3.3.1). Das Holz ist Nahrungsgrundlage und Lebensraum für eine Vielzahl von Pilzen, Insekten und Vögeln, bietet Deckung und Rückzugsraum für Krebse und Fische und ist bei seinem Zerfall ein wichtiger Nährstofflieferant (s. Abschn. 4.1.4). Holz ist daher ein ideales Material für naturnahe Bauweisen.

Es findet Verwendung als *Rauhbaum* für lokale Ufersicherungen, in Form von Rundholz für Pfähle aller Art, als *Stangenbeschlächt* zur Böschungssicherung und, in Kombination mit Steinen, für *Holzkastenbuhnen* oder *Krainerwände*. Eingegrabene Wurzelstöcke bilden hervorragende Buhnen im Fließgewässer und belassene tote Bäume (Totholz) bereichern die Talaue (s. Abschn. 10.2.4). Faschinen, d. h. zusammengebundene lange Weidenäste, werden als Flechtwerke, Senkwalzen oder Rigolen eingesetzt (s. Kap. 10).

Bei Verwendung von Holz als „totem" Baustoff haben Lärche, Tanne und Eiche eine höhere Lebenserwartung als andere heimische Holzarten. Konstruktionen, die sich ständig unter Wasser befinden, sind dabei langlebiger als solche in der Wasser-Wechselzone. Relativ rasch zerfallen Holzkonstruktionen, wenn sie periodisch benetzt und dann wieder trocken fallen. In derartigen Bereichen sollten daher die genannten Holzarten eingesetzt werden, auch wenn sie etwas teurer sind als Fichte oder Esche (s. Abschn. 10.2.4).

Es bedarf keiner Erwähnung, dass für naturnahe Bauweisen kein imprägniertes Holz eingesetzt wird. Will man Holz länger haltbar machen, so kann man die Oberfläche leicht „ankohlen". Dies bewährt sich insbesondere für Pfähle.

11.3.2 Metalle

Stahl und Eisen werden als Pfähle und Pflöcke zur Stabilisierung naturnaher Querbauwerke eingesetzt. Hierfür werden abgelängte, unten zugespitzte alte Eisenbahnschienen eingerammt. Eng genug geschlagen, können diese die Steine von Rampen oder Sohlenschwellen sichern, ohne die Fließverhältnisse im Interstitial zu beeinflussen.

Spundwände dagegen bilden ein dichtendes, flächenhaftes Bauelement. Bei Abwägen der Vor- und Nachteile, können diese dennoch in Ausnahmefällen Verwendung finden, etwa um einen freien Kolk unterhalb eines Absturzes zu ermöglichen.

Metallgeflechte finden Verwendung als Drahtschotterwalzen oder als Gabionen-Drahtschotterkästen zur Böschungsfußsicherung oder als Stützmauer. Vor der Verwendung von Drahtgeflechten ist stets der Abrieb durch Sand und Geschiebe zu berücksichtigen und die Folgen, wenn das Drahtgeflecht durchgeschliffen ist.

An metallischen Baustoffen kommen auch Stahlseile zum Festhängen von Rauhbäumen und Draht zum Binden von Faschinenwalzen u. ä. zum Einsatz.

11.3.3 Geotextilien

Textile Gewebe und *Vliese* haben als flächige Konstruktionselemente Eingang in naturnahe Bauweisen gefunden. Matten aus pflanzlichen Fasern, wie zum Beispiel Kokos, Jute oder Baumwolle, sichern während der kritischen Anwuchsphase gegen Erosion. Vorteilhaft ist, dass diese Materialien verrotten und sich rückstandslos in den Stoffkreislauf der Natur einfügen.

Kunststofffasern in Form von Vliesen werden als flächenhafte Trennschichten und Filter verwendet (z. B. zwischen einem feinkörnigen Boden und den groben Steinen einer Rampe). Als abgedeckte, dauerhafte Konstruktionselemente sind derartige Vliese richtig eingesetzt. Kritisch zu hinterfragen ist der Einsatz von Kunststoff-Vliesen dort, wo diese durch UV-Einstrahlung, Geschiebetrieb oder andere mechanische Belastungen zerstört werden können.

Literatur

Blaschke, M., Jung, T. (2001) Die Phytophthora-Wurzelhalsfäule der Erlen, In: Verein zum Schutz der Bergwelt e.V. (Hrsg.) (2001) Jahrbuch des Vereins zum Schutz der Bergwelt, 66. Jahrg., 2001.

DWA (s. Deutsche Vereinigung für Wasserwirtschaft, Abwasser, Abfall eV – DWA, Hennef – die DWA ist am 27. Oktober 2004 durch Namensänderung aus ATV-DVWK entstanden – siehe auch ATV, DVWK sowie ATV-DVWK).

DWA – Deutsche Vereinigung für Wasserwirtschaft, Abwasser und Abfall eV – DWA (Hrsg.) (2017) Biber, Bisam, Nutria – Teil 1: Erkennungsmerkmale und Lebensweisen, Merkblatt DWA-M 608-1 (August 2017).

DWA-Deutsche Vereinigung für Wasserwirtschaft, Abwasser und Abfall eV – DWA (Hrsg.) (2023) Bisam, Biber, Nutria – Teil 2: Technische Gestaltung und Sicherung von Ufern, Deichen und Dämmen, DWA-Merkblatt M 608-2 (Mai 2023).

Gemeinnützige Fortbildungsgesellschaft für Wasserwirtschaft und Landschaftsentwicklung mbH – GfG (Hrsg.) (2004) Erlensterben durch Phytophthora an Fließgewässern, Autorin: Sabine Werres, 2004, Mainz.

GfG (s. Gemeinnützige Fortbildungsgesellschaft für Wasserwirtschaft und Landschaftsentwicklung mbH – GfG, Mainz)

Jürging, P. (2003) Bedeutung der Schwarzerle für die Wasserwirtschaft. Bayerische Landesanstalt für Wald und Forstwirtschaft, LWF-Bericht Nr. 42.

Werres, S. (2004) Erlensterben durch Phytophthora an Fließgewässern, Gemeinnützige Fortbildungsgesellschaft für Wasserwirtschaft und Landschaftsentwicklung mbH – In: GfG (1999), Mainz.

12 Gewässerunterhaltung

Heinz Patt

Die naturräumlichen Gegebenheiten, naturschutzfachliche Aspekte sowie hydrologische und hydraulische Größen (u. a. Abflussleistung, Abflussregime, Feststoffhaushalt) sind bei der Planung der Gewässerunterhaltung zu berücksichtigen.

Rechtliche Grundlage der Gewässerunterhaltung ist § 39 WHG. Die Unterhaltung eines Gewässers umfasst seine *Pflege* und *Entwicklung* als öffentlich rechtliche Verpflichtung.

Für die Entwicklung von Fließgewässern spielt die *Gewässerunterhaltung* eine besondere Rolle, da diese nach Abschluss von Baumaßnahmen den Entwicklungsprozess maßgeblich beeinflusst. Deshalb sollte die Gewässerunterhaltung bereits frühzeitig in die Planung integriert werden.

Die naturräumlichen Gegebenheiten, naturschutzfachliche und ökologische Aspekte sowie hydrologische und hydraulische Größen (u. a. Abflussleistung, Abflussregime, Feststoffhaushalt) sind bei der Planung der Gewässerunterhaltung zu berücksichtigen (DWA-M 610 2010). Eine aktuelle Übersicht für die Fachbegriffe bei Gewässerunterhaltung und Entwicklung von Fließgewässern findet sich bei DWA-M 600 (2018a).

Rechtliche Grundlage der Gewässerunterhaltung ist § 39 WHG. Die Unterhaltung eines Gewässers umfasst seine *Pflege* und *Entwicklung* als öffentlich rechtliche Verpflichtung (§ 39 Abs. 1 WHG).

H. Patt (✉)
Sachverständigenbüro Professor Patt
Bonn, Deutschland

H. Patt, *Naturnaher Wasserbau*, https://doi.org/10.1007/978-3-658-43846-3_12

12.1 Unterhaltungslast, Eigentumsverhältnisse und Duldungspflichten

Nach § 40 Abs. 1 WHG („*Träger der Unterhaltungslast*") obliegt die Unterhaltung von Gewässern, „... *den Eigentümern der Gewässer soweit sie nicht nach landesrechtlichen Vorschriften Aufgabe von Gebietskörperschaften, von Wasser- und Bodenverbänden gemeindlichen Zweckverbänden oder sonstigen Körperschaften des öffentlichen Rechts ist* ...".

Hinsichtlich der Unterhaltungskosten ist zu beachten (§ 40 Abs. 1 Satz 2 WHG):

> „... Ist der Gewässereigentümer Träger der Unterhaltungslast, sind die Anlieger sowie diejenigen Eigentümer von Grundstücken und Anlagen, die aus der Unterhaltung Vorteile haben oder die Unterhaltung erschweren, verpflichtet, sich an den Kosten der Unterhaltung zu beteiligen. ...."

Es ist zu prüfen, ob es für konkrete Gewässerstrecken Sonderverpflichtungen zur Gewässerunterhaltung gibt. Häufig sind die Betreiber von Wasserkraftanlagen, von Brücken, kreuzenden Leitungen und sonstigen Anlagen in und am Gewässer aufgrund spezieller Wasserrechtsbescheide verpflichtet, im Einwirkungsbereich ihrer Bauwerke die Unterhaltung zu übernehmen oder sich daran zu beteiligen (s. § 40 Abs. 3 WHG; aber auch § 40 Abs. 1 WHG).

Hinsichtlich der „*Besonderen Pflichten der Gewässerunterhaltung*" (§ 41 WHG) ist festzuhalten, dass der Gewässereigentümer die Unterhaltungsmaßnahmen zu dulden hat, dass dabei die betroffenen Grundstücke betreten und benutzt werden dürfen, eine Uferbepflanzung möglich ist und auch die Benutzung vorübergehend eingeschränkt werden darf (§ 41 Abs. 1 bis 3 WHG). Die Maßnahmen sind jedoch rechtzeitig anzukündigen.

Bei Schäden durch Arbeiten im Rahmen der Gewässerunterhaltung hat der Geschädigte Anspruch auf Schadensersatz (§ 41 Abs. 4 WHG).

12.2 Aufgaben der Gewässerunterhaltung

Die *Gewässerunterhaltung* umfasst die *Instandhaltung* der technischen Einrichtungen (z. B. Wehranlagen, Hochwasserschutzeinrichtungen usw.) und die Beseitigung von Abflussstörungen im Gewässerbett. Im Einzelnen gehören u. a. dazu:

- *im aquatischen Bereich*
  Freihalten, Reinigen und Räumen des Gewässerbettes (z. B. Entfernung von Krautbewuchs und Auflandungen, Entschlammungen),
- *im amphibischen Bereich*
  Ufersicherungsarbeiten (z. B. Sicherung der Ufer durch naturschonende Baustoffe, Mahd von Uferröhricht und Uferstauden) und
- *im terrestrischen Bereich*
  die Pflanzen- und Gehölzpflege sowie die Ufersicherung (z. B. Pflanzen und Pflegen von Gehölzen, Böschungsmahd zur Sicherung oder Herstellung einer geschlossenen Grasnarbe, Verfüllen von Uferabbrüchen, Sicherung der Ufer, Vorländer und wasserbaulicher Konstruktionen).

Neben den wasserwirtschaftlichen Belangen („*Bewirtschaftungszielen*" und Anforderungen in den „*Maßnahmenprogrammen*") soll

> „... der Erhaltung der Leistungs- und Funktionsfähigkeit des Naturhaushalts Rechnung getragen werden; Bild und Erholungswert der Gewässerlandschaft sind zu berücksichtigen."

Diese Zielsetzung entspricht den „*Allgemeinen Grundsätzen der Gewässerbewirtschaftung*" (siehe § 6 WHG), wonach die Gewässer u. a. nachhaltig, klimagerecht und umweltverträglich zu bewirtschaften sind.

Bei unterhaltungsbedingten Eingriffen in besonders geschützte Biotope sind deshalb entsprechende Abstimmungen mit den Naturschutzbehörden erforderlich (Werk 2015). Die gesetzliche Verpflichtung zur Unterhaltung befreit nicht von der Einholung einer Ausnahmegenehmigung. Die Genehmigung kann von der Durchführung einer Ausgleichs- oder Ersatzmaßnahme abhängig gemacht werden.

Im Folgenden sollen einige Hinweise zu den wichtigsten Unterhaltungsarbeiten, insbesondere zum Maschineneinsatz, zur zeitlichen Durchführung der Arbeiten und zur Verwendung des anfallenden Materials gegeben werden.

12.3 Unterhaltungsmaßnahmen

Unterhaltungsmaßnahmen müssen sich an den Bewirtschaftungszielen und -anforderungen ausrichten und dürfen die diesbezüglichen Ziele nicht gefährden (siehe §§ 27 bis 31 WHG). Ebenfalls müssen sie den Anforderungen der Maßnahmenprogramme nach § 82 WHG entsprechen.

Typische Unterhaltungsmaßnahmen sind das Freihalten oder die Wiederherstellung des notwendigen Abflussprofils zur Erhaltung der hydraulischen Leistungsfähigkeit, die Gehölzpflege, die Beseitigung von Schäden am Gewässer und der Unterhalt von Bauwerken. Einige dieser Arbeiten fallen regelmäßig im Verlaufe eines Jahres an, andere nur bei Bedarf, also unregelmäßig.

Bei der Unterhaltung von künstlichen Fließgewässern (z. B. Gräben, Marchengräben) sind Besonderheiten zu beachten (siehe u. a. GfG 2000, speziell für Marschengewässer: DWA-M 622-1 2018c und DWA-M 622-2 2023b).

Gleiches gilt natürlich auch für die Unterhaltungsmaßnahmen an urbanen Gewässern (siehe u. a. DWA-M 609-1 2020d und DWA-M 609-2 2018b).

Das Vorhandensein entsprechender Entwicklungsflächen (Patt 2011; DWA-M 612-1 2020a) und die Einbeziehung von naturschutzfachlichen und ökologischen Belangen in den Planungs- und Ausführungsprozess hat in den letzten Jahren immer mehr an Bedeutung gewonnen (DWA-M 619 2015; Semrau 2015)

12.3.1 Regelmäßig wiederkehrende Unterhaltungsmaßnahmen

Typische, mindestens einmal im Jahr wiederkehrende Unterhaltungsmaßnahmen sind die Reduzierung oder Beseitigung eines übermäßigen Pflanzenaufwuchses im Abflussprofil sowie an Deichen und Dämmen. Dies wird mit unterschiedlichem Wirkungsgrad mit Hilfe *mechanischer, biologischer* und *chemischer* Methoden (oder Kombinationen derselben) erreicht.

12.3.1.1 Mechanische Unterhaltung

Sie umfasst im Wesentlichen das Mähen von Vorländern und Böschungen sowie das Krauten im Gewässerbett.

12.3.1.2 Mahd

Das *Mähen* des Aufwuchses und das Entfernen des Mähgutes sind vielerorts die umfangreichsten Unterhaltungsarbeiten, die im Allgemeinen mehr als einmal im Jahr erforderlich sind. Bei einer regelmäßigen Mahd der Uferböschungen, Vorländer und Bermen bleibt die hydraulische Leistungsfähigkeit erhalten und das Aufkommen von Gehölzen, die den Abfluss behindern, wird zwangsläufig unterbunden. Gleichzeitig wird die Sedimentation von Feststoffen, vor allem in den unteren Böschungsbereichen verringert. Wichtig ist auch, dass eine regelmäßige Mahd eine Verfestigung der Grasböschungen durch intensive Durchwurzelung fördert.

Für die Lebensgemeinschaften der Rasen, Hochstauden und Röhrichte bedeutet eine Mahd einen einschneidenden Eingriff, da letztlich ganze Teillebensräume entfernt werden und die natürliche Sukzession immer wieder unterbrochen bzw. um eine Entwicklungsstufe zurückversetzt wird. Entsprechend empfindlich reagieren auch Tierarten, die zu dieser Zeit auf die Wiesen als Deckungs-, Nahrungs-, Schatten- oder Fortpflanzungshabitate angewiesen sind. Nur in wenigen Fällen (z. B. bei breiten Vorländern und einem ersten Schnitt frühestens nach Mitte Juni) können auch Tierarten offener Feuchtlandschaften gefördert werden, zum Beispiel Wiesenbrüter wie der Brachvogel (*Numenius numenius*).

12.3.1.3 Formen der Mahd

Ganz allgemein gilt, dass durch eine *räumlich* und/oder *zeitlich abgestufte Mahd* verschiedene Entwicklungsphasen (z. B. Blühaspekte) und abflusstechnische Anforderungen besser aufeinander abgestimmt werden können (Tab. 12.1).

Besonders gravierend wirkt sich eine mehrfache Mahd für Schilfröhrichte aus, wenn wiederholt Wasser in die luftgefüllten Schilfhalme eindringen kann und dadurch die Rhizome geschädigt werden.

Grundsätzlich sollten Röhrichte aus Gründen des Artenschutzes und der Böschungssicherung nicht gemäht werden. Die entsprechenden Ausführungen im Bundesnaturschutzgesetz (in § 30 Abs. 2 BNatSchG) sind eindeutig, wobei es aber durchaus auch Ausnahmen geben kann (siehe § 30 Abs. 3 bis Abs. 6 BNatSchG).

Bei breiteren Gewässern ist eine Mahd aus hydraulischen Gründen oft nicht notwendig. Wenn aber eine *Röhrichtmahd* bei kleineren Fließgewässern aus hydraulischen Gründen unerlässlich wird, so sollte diese erst ab Mitte September erfolgen. Problematisch wird es aus landschaftsökologischer Sicht, wenn der gesamte Abflussquerschnitt dicht mit Röhricht bewachsen ist und eine Mahd aus abflusstechnischen Gründen früher im Jahr erforderlich wird.

Tab. 12.1 Formen der Mahd bei einer Grünlandnutzung

Differenzierung	Mahdformen, Mahdzyklen
Räumlich (s. Abb. 12.1)	*Abschnittsmahd* abschnittsweise Mahd des gesamten Querschnitts *Streifenmahd* mähen gewässerparalleler Streifen *Seitenmahd* zeitlich gestaffelte Mahd der Luft- und Wasserseite von Deichen und Dämmen
Zeitlich	*Mehr als 1 × pro Jahr:* angepasst an die landwirtschaftliche Nutzung 2–3 × pro Jahr *1 × pro Jahr:* nach der Blüte bzw. am Ende der Vegetationsperiode *Weniger als 1 × pro Jahr:* u. U. zur Förderung von Trockenrasen und Hochstauden
Sonderformen	Neophytenmahd

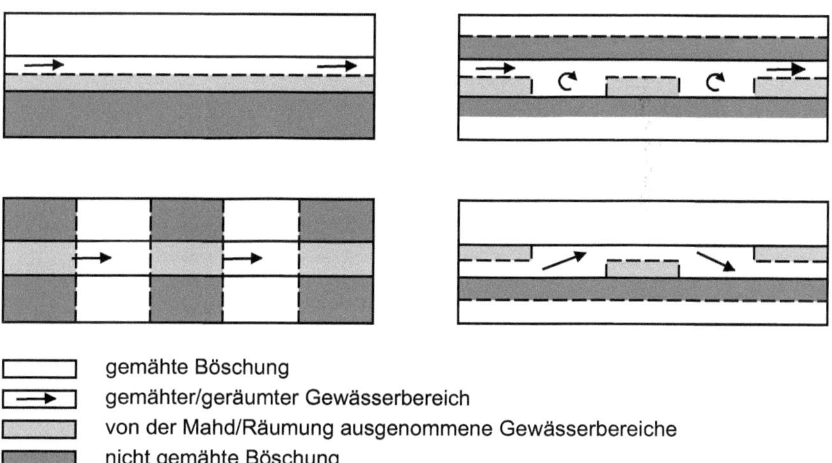

Abb. 12.1 Formen der Unterhaltung bei kleineren Fließgewässern. (Nach DVWK 1992)

In derartigen Fällen sollte versucht werden, zumindest Teillebensräume zu erhalten, zum Beispiel durch nur abschnittsweises oder einseitiges Mähen (s. Abb. 12.1 und 12.2).

12.3.1.4 Mähgeräte

Früher wurde überwiegend mit der Sense gemäht, was noch relativ naturverträglich war, aber heute zu kostenintensiv ist. Schon seit Jahrzehnten wird deshalb mit Geräten gearbeitet, die auf der Böschung fahrend oder von der Böschungsoberkante her mähen (s. auch Städtler 2011). Eine Übersicht über gängige *Mähgeräte* enthält Tab. 12.2. Die Geräte sind je nach den örtlichen Erfordernissen mit Front- und Seitenmähern, Schlegel-Häckslern (s. Abb. 12.3) oder Mähkörben ausgestattet.

Abb. 12.2 Modifizierte Krautung. (Foto: F. Hemker)

Tab. 12.2 Mähgeräte (Auswahl)

Gerätetyp	Einsatzbedingungen
Schneidegeräte (Anbau- oder handgeführte Geräte)	Einsatz auch im Nassbereich; relativ gefahrlos für Kleintiere
Kreiselmähgeräte (Anbaugeräte)	Einsatz nur im Trockenbereich; geeignet für größere Flächen; Kleintiere werden gefährdet
Häckselgeräte (z. B. Schlegel-Häcksler, Schlegelmäher)	Vielseitig einsetzbar im Trockenbereich; Kleintiere werden stark gefährdet
Häckselgeräte mit Absaugvorrichtung	Das faunistische Potenzial, vor allem an Insekten, wird zum Großteil aus dem Lebensraum entfernt

Nicht nur bei der Geräteauswahl, sondern auch bei der Arbeitsweise, können beim Mähen die biozönotischen Auswirkungen verringert werden. So sollte zum Beispiel eine Schnitthöhe von 15 cm nicht unterschritten werden, damit noch ein Restlebensraum, nicht zuletzt auch aus mikroklimatischen Gründen, bestehen bleibt. Das *Schnittgut* sollte nicht nur aus Gründen der Gewichtsreduzierung ein bis zwei Tage liegen bleiben, sondern auch, um nicht allzu beweglichen Kleintieren eine Fluchtmöglichkeit zu lassen.

Abb. 12.3 Schlegel-Häcksler. (Foto: H. Patt)

Vor jedem Geräteeinsatz ist grundsätzlich zu prüfen, ob die Mahd aller gewässernahen Bereiche zwingend notwendig ist. Der in Abb. 12.4 dargestellte Fließgewässerabschnitt ist sicher nicht gemäht worden, um die Abflussleistung zu erhalten. Der Einfluss der gehölzbestandenen Uferbereiche im Bildhintergrund ist mit Sicherheit gravierender, als es der Grasbewuchs auf den gemähten Flächen war.

12.3.1.5 Umgang mit dem Mähgut

Das *Mähgut* ist grundsätzlich aus dem Hochwasserabflussprofil zu entfernen, da das potenzielle Abtreiben des Materials die Gewässergüte beeinträchtigen und an Engstellen zu einer Versetzung oder Verklausung führen kann. Zudem würde ein längeres Liegenlassen des Schnittgutes auch zur Verfilzung und Verfaulung der Grasnarbe führen. Hinweise zum Umgang mit dem Mähgut gibt Tab. 12.3.

12.3.1.6 Krauten

Das *Krauten* beinhaltet den Schnitt und das Entfernen von meist submerser Vegetation aus dem Fließgewässer. Gekrautet wird zur Gewährleistung der Vorflut, d. h. um einen Anstieg der Wasserstände zu verringern, zum Teil aber auch, um eine Verlagerung der Strömung zu verhindern.

Abb. 12.4 Eine Mahd ist aus hydraulischen Gründen nicht immer notwendig (hier zum Beispiel bedingt durch die gut erkennbare Profileinengung im Bildhintergrund). (Foto: B. Walser)

Tab. 12.3 Umgang mit Mähgut

Verfahren	Bemerkungen
Mähgut entfernen (gemähtes und vorgetrocknetes aus dem Bestand entfernen)	Das Abräumen des Mähgutes ist arbeitsintensiv. Durch die Entnahme des Schnittgutes werden dem Wuchsort Nährstoffe entzogen und im günstigsten Fall einer Nutzung in der Landwirtschaft zugeführt.
Mähgut mulchen (mit Häckselwerkzeug zerkleinertes Material im Bestand belassen)	Das Mulchen ist eine kostengünstige Form der Entsorgung, trägt aber zur Nährstoffanreicherung In der Fläche bei.
Entsorgung des Mähgutes (Abtransport und Entsorgung des Mähgutes außerhalb des Bestands)	Die Entsorgung in einer Kompostieranlage mit anschließender Deponierung muss in Bezug auf die Kosten geprüft werden (Patt und Städtler 1999).

Tab. 12.4 Methoden der Krautung

Methode	Bemerkungen
Landgestützte Krautung	*Mähkorb* (Messerbalken mit einer Auffangvorrichtung für Mähgut als Anbaugerät) für Fließgewässer bis 10 m Breite. Das Schnittgut wird sofort entnommen.
Wassergestützte Krautung	*Mähboot* (bis 0,5 m Tiefgang) oder Ponton (bis 0,2 m Tiefgang) mit Messerbalken oder Schleppdreiecksense. Das Schnittgut treibt bis zu einer Entnahmestelle.

Eine Krautung bei belasteten Gewässern kann eine zusätzliche Sauerstoffzehrung, Nährstoffrückführung und Faulschlammbildung durch abgestorbenes Material verringern helfen. Diese, meist sehr umfangreiche Unterhaltungsarbeit, fällt speziell in nährstoffreichen, langsam fließenden Gewässern in regelmäßigen Abständen, oft mehrmals im Jahr an, solange nicht durch Beschattung des Gewässers der Aufwuchs an Wasserpflanzen begrenzt wird.

In Tab. 12.4 sind die wichtigsten Geräte aufgeführt, die bei der Krautung eingesetzt werden. Nicht aufgeführt ist hier die Grabenfräse, die mit Ausnahme sehr schmaler Gewässer in aller Regel zum „Krauten" auch nicht geeignet ist. Die Schädigungen beim Einsatz einer *Grabenfräse*, sind so gravierend, dass auf einen Einsatz verzichtet werden sollte (s. Abschn. 12.3.2).

Das Schnittgut ist nicht nur aus Gründen der Gewässergüte, sondern vor allem wegen der Gefahr einer *Krautwalzenbildung* und einer Versetzung an Querbauwerken aus dem Abflussprofil zu entfernen. Meist wird hierzu vorübergehend eine „*Krautsperre*" erstellt (z. B. ein querliegender Balken), wo die angetriftete Phytomasse mit einem Bagger entnommen und anschließend aus dem Abflussprofil entfernt wird. Aufgrund der Gefahr von Sickerwässern (*Silage*) sollte das geschnittene Kraut nicht oder nur kurz zwischengelagert werden. Kann das Material keiner landwirtschaftlichen Nutzung (Gründüngung) zugeführt werden, verbleibt nur eine Kompostierung oder Deponierung (s. Tab. 12.3).

Eine Krautung führt zwangsläufig zu einem Biomassenverlust, da Pflanzen mit ihren Aufwuchsorganismen, kleine freischwimmende Tiere und z. T. auch Sohlenbewohner, aus dem Gewässer entfernt werden. Zusätzlich wird mitunter die Sohlenstruktur zerstört und der Wasserchemismus verändert. In der Summe bedeutet dies auch eine Selektion, da wiederkehrend der Lebensraum wesentlich verändert wird.

Beim Einsatz eines *Mähkorbs* (s. Abb. 12.5) werden bei der üblichen Arbeitsweise die obersten Substratschichten stark beeinträchtigt. Wird ein Abstand von ca. 10 cm zur Sohle eingehalten (Abstandshalter) und das Mähgut kurzzeitig zwischengelagert (Fluchtmöglichkeit für Organismen) können die Beeinträchtigungen etwas reduziert werden.

Von einem *Mähboot* (s. Abb. 12.6) kann eine Krautung noch am schonendsten vorgenommen werden. Grundsätzlich können die biologischen Auswirkungen des Krautens nur geschmälert werden, wenn ein Teilkrauten möglich ist und praktiziert wird (siehe u. a. DVWK 1992 und DVWK-Materialien 1999), zum Beispiel bei einem halbseitigen,

Abb. 12.5 Mähkorb in der Gewässerunterhaltung. (**a**) Mähkorb im Einsatz. (Foto: P. Jürging) (**b**) Mähkorb. (Foto: H. Patt)

Abb. 12.6 Krautung mit einem Mähboot. (Foto: H. Patt)

schneisenartigen oder nur abschnittsweisen Krauten (s. Abb. 12.7), wenn dabei ausschließlich oberhalb der Sohle geschnitten und somit auch nur wenig Schlamm aufgewirbelt wird.

Einen optischen Eindruck vom Mähen und Krauten eines kleinen Fließgewässers vor und nach einer Unterhaltungsmaßnahme gibt Abb. 12.8.

12.3.1.7 Biologische Unterhaltung

Ziel der *biologischen Unterhaltung* ist es, die natürlichen Möglichkeiten zur Steuerung des Pflanzenwuchses so auszunutzen, dass die mechanische Unterhaltung teilweise oder ganz entfallen kann, ohne negative wasserwirtschaftliche Auswirkungen befürchten zu müssen. Hierzu zählen vor allem der Einsatz von Schafen, Fischen und konkurrenzstarken Pflanzen.

Die *Schafbeweidung* hat sich in ausgedehnten Vorländern und auf Deichen in vielen Fällen durchaus bewährt, da nicht nur die Gräser und Kräuter kurzgehalten werden, die Grasnarbe verfestigt wird und kein Mähgut anfällt, sondern auch Maulwurfspopulationen nachhaltig eingeschränkt werden.

Allerdings kann aufgrund des selektiven Fraßverhaltens der Schafe im Herbst eine Nachmahd erforderlich werden. Sinn macht aber eine Schafbeweidung nur dann, und das

Abb. 12.7 Modifizierte Krautung. (Foto: F. Hemker)

trifft auch auf naturschutzfachliche Aspekte zu, wenn den heutigen Herdengrößen entsprechend ausreichend große Flächen sowie Wandermöglichkeiten und Pferche zur Verfügung stehen.

Pflanzenfressende Fische, das bekannteste Beispiel ist der Gras- oder Amurkarpfen (*Ctenopharyngodon idella*), werden mitunter in Gewässern zur Krautverminderung eingesetzt. In Fließgewässern ist dies aufgrund seines ausgeprägten Wandertriebes (Absperrungen) und, zumindest in unseren Breiten, aufgrund der für die Fraßaktivitäten notwendigen Wassertemperaturen wenig sinnvoll. Zudem kommt es zwangsläufig aufgrund seiner Stoffwechselprodukte zu einer verstärkten Phytoplanktonentwicklung. Außerdem stellt der Graskarpfen neben dem Problem des potenziellen Naschfraßes eine Faunenverfälschung und einen Konkurrenzdruck zu heimischen Fischen dar.

Konkurrenzstarke Pflanzen werden in zunehmendem Maße wieder zur Minderung des Unterhaltungsaufwandes eingesetzt. Dabei werden heimische Arten, die eine gute verbauende Wirkung haben, wie zum Beispiel Röhrichtarten, Großseggen und Gehölze im Uferbereich gefördert. Gehölze, zum Beispiel Weiden und Erlen, helfen bei schmäleren Gewässern den

Abb. 12.8 Unterhaltungsarbeiten an einem Flachlandgewässer. (**a**) Flachlandgewässer vor und (**b**) nach Krauten und Mahd. (Fotos: R. Bostelmann)

Gras- und Krautbewuchs auf den Böschungen und im Wasser durch Beschattung während der Vegetationsperiode zu verhindern oder zumindest zu reduzieren. Gleichzeitig stellen derartige Vegetationsformationen eine Struktur- und Lebensraumerweiterung dar. Ein weiterer erwünschter Nebeneffekt sind die geringeren Wassertemperaturen (durch die Beschattung), die eine höhere Sauerstoffaufnahmefähigkeit des Wassers bewirken (s. Abschn. 4.1.3).

12.3.1.8 Chemische Unterhaltung

Die *chemische Unterhaltung* wurde früher zur regelmäßigen Unterhaltung gerechnet. Hierbei wurden zur Verminderung unerwünschter Pflanzenbestände pflanzentötende Mittel (*Herbizide*) und/oder wuchshemmende Mittel (*Phytotranquilizer*) eingesetzt. Die Anwendung chemischer Mittel ist aufgrund ihrer negativen biozönotischen Wirkungen grundsätzlich abzulehnen und wird heutzutage, von sehr wenigen Ausnahmen im terrestrischen Bereich abgesehen, auch nicht mehr praktiziert. Außerdem ist die chemische Unterhaltung in und an Gewässern, nicht nur in Form einzelner Präparate, sondern auch in wesentlichen Anwendungsbereichen vom Gesetzgeber untersagt.

12.3.2 Unregelmäßig wiederkehrende Unterhaltungsmaßnahmen

Zu diesen Arbeiten zählen im Wesentlichen die Räumung des Abflussquerschnitts, die Gehölzpflege sowie Instandsetzungen nach Hochwasserschäden, Eisgang und Unwettern.

12.3.2.1 Räumung

Die Entfernung von Sedimenten (Kies, Sand, Schlamm) aus dem Abflussprofil, im Wesentlichen also die Entsandung und Entschlammung, wird als *Räumung* bezeichnet. Der Hauptgrund für eine Räumung ist die Wiederherstellung der Vorflut und damit der Abflussleistung.

Die Räumung wird in der Regel in mehrjährigen Abständen, vor allem in den Auflandungsbereichen der Mittel- und Unterläufe von Fließgewässern und in Gräben erforderlich. Dabei werden als Arbeitsgeräte hauptsächlich Tieflöffel, Grabenlöffel, Greiferkorb, Schleppschaufel, Planierschild, Ladeschaufel sowie Fräß-Saug-Köpfe eingesetzt (s. Tab. 12.5).

Bei kleineren (schmalen) Gewässern werden, neben Mähkorb und Bagger, auch Grabenfräsen benutzt. Der Einsatz der *Grabenfräse* ist sehr problematisch, da sie nahezu die gesamte Vegetation und Fauna vernichtet sowie überlebende Organismen mit dem Räumgut an Land schleudern. Aufgrund der hohen Arbeitsgeschwindigkeit (500 bis 2000 m/h) wird sie oft „flächenhaft“ eingesetzt. Dadurch werden meist ganze Grabensysteme einer Niederung praktisch zu einem Zeitpunkt geräumt, sodass dort dann kaum mehr ein Wiederbesiedlungspotenzial vorhanden ist (DVWK 1992). Aufgrund der negativen Auswirkungen der Grabenfräsen ist ihr Einsatz in manchen Bundesländern eingeschränkt oder verboten.

Grundsätzlich muss festgestellt werden, dass jede Räumung zwangsläufig einen mehr oder weniger starken Verlust an Lebensräumen und damit an Arten bedeutet und zumindest in Teilbereichen eine Veränderung des Gewässerchemismus bedingt. Vor allem in

Tab. 12.5 Wichtige Räummethoden und Arbeitsgeräte (Auswahl)

Verfahren	Arbeitsgeräte und Einsatzbedingungen
Sohlenräumung	*Grabenfräse* Einsatz nur in schmalen Gewässern, wobei Flora und Fauna im Arbeitsbereich weitgehend vernichtet werden.
	Grabenlöffel (Tieflöffel mit Schneidkante; z. B. als Anbau an einen Bagger-Reichweite bis ca. 12 m). Diese Art der Räumung ermöglicht ein genaues Arbeiten und dadurch ein geringes Aufwirbeln von Schlamm.
	Schleppschaufel (als Anbau an einen Seilbagger). Es ist nur eine grobe, wenig differenzierte Räumung möglich.
Räumung der Vorländer	*Handräumung* Diese Art der Räumung ist sehr kostenintensiv und zeitaufwendig; Schädigungen der Lebensräume sind gering.
	Maschineneinsatz Die Einsatzmöglichkeiten hängen von den Arbeitsbedingungen ab (z. B. Platz, Bodenverhältnis).

kiesigen Gewässern werden dadurch die Sohlenstrukturen zerstört, d. h. es existiert nach der Räumung wesentlich weniger *Interstitial* (auch geeignetes Laichsubstrat). Dieses wird bei der Räumung oftmals noch mit Schwebstoffen „zusedimentiert".

12.3.2.2 Reduzierte Räumung

Um den negativen ökologischen Auswirkungen bei einer Räumung entgegenwirken zu können, sind grundsätzliche Überlegungen zu einer möglichen Minderung des Eingriffes anzustellen. An erster Stelle steht hierbei die Frage, ob ein *punktuelles, einseitiges* oder *mittiges Räumen* (s. Abb. 12.1) bereits den erwünschten Erfolg bringen kann oder ob in bestimmten Fällen die Räumung einer kürzeren Strecke ausreicht. Eventuell kann auch die Anlage eines Sandfangs eine Verbesserung bringen.

Im Hinblick auf die Durchmischung des Räumguts mit der fließenden Welle sind möglichst kurze Transportwege im Wasser anzustreben und die Arbeitsrichtung mit in die Überlegungen einzubeziehen.

Die Entfernung von *Totholz* aus dem Fließgewässer sollte nur dann erfolgen, wenn dies unbedingt erforderlich ist (z. B. zur Sicherstellung der Abflussleistung, Gefahrenabwehr o. ä.). Der Totholzanteil ist ein wesentliches Element bei der Strukturierung der Gewässer und trägt zudem dazu bei, dass die Vielfalt der Biotopstrukturen beträchtlich erhöht wird (s. Abschn. 4.1.4) (Kail und Gerhard 2003).

Das bei der Räumung anfallende organische Material kann, wenn die Qualitätskriterien erfüllt sind, in der Landwirtschaft Verwendung finden. Anorganisches Material (z. B. Kies, Sand) kann bei entsprechender Behandlung einer Verwertung als Baumaterial zugeführt werden. Von wesentlicher Bedeutung für diese Verwertungsform ist die Reinheit des Räumguts, da die eventuell anfallenden Aufbereitungskosten die Wirtschaftlichkeit bestimmen. Ist diese Entsorgungsform nicht möglich, bleibt in aller Regel nur die teurere Deponierung. Eine Auffüllung von Mulden, Senken und Altgewässern kommt als Entsorgung auf keinen Fall in Betracht.

Wesentliches Verfahrenskriterium bei der Weiterverwendung der anfallenden Materialien ist die Belastung mit Schadstoffen. Hier sind im Zweifelsfall weitergehende Untersuchungen erforderlich, um über die abfallwirtschaftliche Behandlung entscheiden zu können.

12.3.2.3 Gehölzpflege

Wie bereits im Kap. 4 aufgezeigt wurde, bedingen *Gehölzstreifen* an Fließgewässern eine verringerte Gewässerunterhaltung, naturnähere Fließgewässerlebensräume und zusätzliche Biotopstrukturen. Deshalb sollten Gehölzstreifen überall dort, wo fließgewässerbegleitende Gehölze fehlen und sich eine Möglichkeit zu einer Gehölzneupflanzung ergibt, verwirklicht werden (z. B. durch Anlage von Gewässerrandstreifen – siehe u. a. Paulus 1999; GfG 2006; DWA-M 612 2020a). Dabei sind grundsätzlich heimische und standortgerechte Gehölze zu verwenden (s. Tab. 11.2). Eine regelmäßige Kontrolle und Pflege der Anpflanzungen ist in den meisten Fällen erforderlich (GfG 1999; DWA-Themen 2020b).

Selbstverständlich kann auch bei idealen Ausgangsbedingungen (z. B. ausreichender Platz und geeignetes Artenpotenzial) eine Selbstansiedlung angestrebt werden. Die gewünschten Funktionen des Gehölzstreifens werden jedoch dann erst entsprechend später voll zur Wirkung kommen (s. Tab. 12.6).

Das Ziel der *Pflege der Ufergehölze* ist es, einen geschlossenen, stufigen, aus mehreren Baum- und Straucharten aufgebauten Gehölzsaum zu entwickeln oder zu erhalten, der auch den Belangen der Fließgewässerunterhaltung gerecht wird. Dazu werden nicht mehr standfeste und abflussbehindernde Gehölze bzw. Gehölzteile beseitigt, Gehölze zurückgeschnitten („auf den Stock setzen“) und ausgefallene Bäume ersetzt (s. Tab. 12.7). Wenn keine Gründe dagegen sprechen (z. B. zu wenig Platz für eine freie Entwicklung des Fließgewässers) kann ein Gehölzstreifen durchaus auch der natürlichen Sukzession überlassen bleiben.

Tab. 12.6 Hinweise zur Ansiedlung (Bestandsbegründung) von Gehölzen

Maßnahme	Bemerkungen
Selbstansiedlung: (Sukzession, Verjüngung der Gehölzstrukturen)	*Vorteile:* geringe Kosten, natürliche Alters- und Artenzusammensetzung *Nachteile:* Ein wirksamer Uferschutz benötigt im Vergleich zu Pflanzungen eine längere Entwicklungszeit
Neuanpflanzung: (Pflanzung von Baumschul- oder Eigenware)	*Vorteile:* planmäßige Bestandsgründung, Kostentransparenz und Gewährleistung *Nachteile:* hohe Kosten, pflegeintensiv
Ingenieurbiologische Bauweisen: (Spreitlage, Weidenstecklinge usw.)	*Vorteile:* Bauweise und Sicherungsmaßnahmen können an die Gegebenheiten angepasst werden

Tab. 12.7 Hinweise zu Pflegearbeiten in Gehölzbeständen. (s. auch GfG 1999)

Maßnahme	Bemerkungen
Fertigstellungs- und Entwicklungspflege: (Auslichten, Anwachskontrolle usw.)	*Vorteile:* Kostentransparenz und Gewährleistung bis zur Abnahme *Nachteile:* hohe Kosten, pflegeintensiv
Bestandspflege: (Rückschnitt, Auslichten, Fällen, Bestandsregulierungen)	*Vorteile:* planmäßige Bestandsförderung, Kostentransparenz und Gewährleistung *Nachteile:* hohe Kosten, pflegeintensiv

Unter Umständen kann eine epidemieartige Erkrankung einer Baumart, wie derzeit bundesweit der Schwarzerle (*Alnus glutinosa*), zu einer intensiven, über die „normale" Gehölzpflege weit hinausgehenden Behandlung führen (s. Abschn. 11.1.3).

12.3.2.4 Beseitigung von Schäden am Gewässerbett

Uferanbrüche sind, ebenso wie Auflandungen, in aller Regel ein Ergebnis von Seiten- und Tiefenerosion (s. Abschn. 3.3.1). Beeinträchtigen die Veränderungen am Gewässerbett den Abfluss erheblich, so müssen die Schäden, u. a. aus Sicherheitsgründen, möglichst rasch behoben werden (§ 39 Abs. 1 WHG – s. Abschn. 2.4.5). Sind keine Beeinträchtigungen zu erwarten, so sollte die (dynamische) Situation als Strukturbereicherung angesehen und nicht verändert werden (s. Abschn. 3.3.1). Bei einer fortschreitenden Tiefenerosion können sohlensichernde Maßnahmen erforderlich werden (s. Abschn. 10.6).

12.3.2.5 Arbeiten nach Hochwasser- und Unwetterereignissen

Mitunter werden nach wetterbedingten Ereignissen (z. B. Hochwasser, Sturm, Eisgang, Treibgutanfall) zusätzliche Unterhaltungsmaßnahmen erforderlich, um einen möglichst ungehinderten Wasserabfluss zu gewährleisten. Hierzu zählen eine verstärkte Kontrolle an bekannten Versetzungspunkten und die Beseitigung von neu entstandenen, nicht tolerierbaren Abflusshindernissen, wie zum Beispiel umgestürzte Bäume, Treibgutansammlungen und Eisversetzungen.

Die teilweise Verlegung des Querschnittes kann zum Beispiel in einem breiten Gewässerabschnitt vollkommen unproblematisch sein (s. Abb. 12.9), aber an Engstellen (z. B. Brückendurchlässe) zu einer Verklausung führen (s. Abb. 12.10).

Ein weiteres Entscheidungskriterium für eine Räumung kann jedoch auch das Materialspektrum einer Ansammlung sein. Müll und nicht verrottbare Materialien (z. B. Plastikstoffe) sollten jedoch unbedingt aus dem Gewässer entfernt werden (Pusch et al. 1999).

Der Unterhaltungspflichtige vor Ort kann in der Regel am besten beurteilen, ob eine *Treibgutansammlung* entfernt werden muss (s. auch Kap. 7 und 8). Hierbei wird die Verkehrssicherung eine sehr große Rolle spielen (DWA-M 616 2017d).

Abb. 12.9 Eine Verlegung eines Fließquerschnitts durch Treibgut hat oft keine gravierenden Auswirkungen auf die Abflussleistung und muss daher nicht immer entfernt werden. (Foto: H. Patt)

12.3.3 Sonstige Unterhaltungmaßnahmen

Sonstige Unterhaltungsmaßnahmen betreffen zum Beispiel die Unterhaltung von wasserbaulichen Anlagen und den Schutz vor Wühltieren.

12.3.3.1 Unterhaltung von Anlagen

Dienen Anlagen ausschließlich dem Wasserabfluss (z. B. Böschungsbefestigungen, Buhnen, Wehre, Abstürze, Längs- und Querbauwerke) gehört ihre Unterhaltung und etwaige Instandsetzung zur Gewässerunterhaltung. Hierzu zählen auch Schöpfwerke und im weitesten Sinne auch Fischwanderhilfen und Bootsgassen. Hinsichtlich des Hochwasserschutzes ist die Deichunterhaltung bedeutsam (s. Abschn. 10.8).

Bei Anlagen, die nur nachrangig dem Wasserabfluss dienen und nicht Bestandteile des Gewässerbetts sind (z. B. Ufermauern, die ausschließlich dem Schutz eines einzelnen Grundstückes dienen, Brücken mit Pfeilern, Wasserkraftanlagen usw.), haben Eigentümer und Besitzer der Anlagen etwaige Mehrkosten dem Gewässerunterhaltspflichtigen zu erstatten. Das gilt auch, wenn diese Anlagen genehmigt sind oder eine erlaubte oder bewilligte Benutzung vorliegt.

Abb. 12.10 Derartige Treibgutansammlungen an einem Brückenpfeiler sind Abflusshindernisse und müssen daher möglichst rasch beseitigt werden. (Foto: H. Patt)

12.3.3.2 Wühltiere

Semiaquatische Säugetiere, wie Bisam (*Ondatra zibethicus*), Biber (*Castor fiber*), Nutria (*Myocastor coypus*), aber auch terrestrische Arten, wie Maulwurf (*Talpa europaea*), Wanderratte (*Rattus norvegicus*), Wildkaninchen (*Oryctolagus cuniculus*) u. a., können durch Wühltätigkeit und Anlegen von Gängen, Burgen an Ufern und Deichen umfangreiche Schäden verursachen.

Zu den möglichen Folgeschäden zählen u. a. Uferabbrüche und -einbrüche, Böschungsrutschungen (s. Abb. 12.11), Unterspülungen und Verklausungen.

Die Maßnahmen zum Schutz vor *Wühltieren* reichen von lokalen bis zu flächendeckenden Sicherungen. Bei nicht geschützten Arten gehört dazu auch die Bestandsregulierung (z. B. beim Bisam). Ausreichend breite Uferstreifen, d. h. ein Abrücken der Nutzungen vom Fließgewässer, tragen zu einer erheblichen Abnahme der Schadenspotenziale bei (s. Abschn. 10.8).

Umfangreiche Informationen über die Erkennungsmerkmale, Lebensweisen der Wühltiere und die verschiedenen Sicherungsmethoden enthält die DWA-Merkblattreihe „Bisam, Biber, Nutria“. In DWA-M 608-1 (2017a) werden die Erkennungsmerkmale von unterschiedlichen Wühltieren ausführlich erläutert, während sich DWA-M 608-2 (2023a) mit der technischen Gestaltung und Sicherung von Ufern, Deichen und Dämmen beschäftigt.

Abb. 12.11 Durch die Grabtätigkeit des Bisam ist die Uferböschung instabil geworden. (Foto: B. Walser)

12.3.3.3 Neobiota, Neophyten

Neobiota sind Tier- oder Pflanzenarten (inklusive Pilze und Mikroorganismen), die natürlicherweise in einem Naturraum nicht vorkommen, sondern sich erst durch das menschliche Einwirken des Menschen angesiedelt haben. Sie gehören zu den nichtheimischen Arten. Ausführliche Hinweise zu Neobioata finden sich bei DWA-M 626-1 (2019a) und DWA-M 626-2 (2019b).

Mittlerweile haben sich an unseren Fließgewässern eine Reihe von anspruchslosen Allerweltsarten (*Ubiquisten*) ausgebreitet. Dazu zählen etliche Neophyten, wie zum Beispiel der Japan-Knöterich (*Reynoutria japonica*), der Sachalin-Knöterich (*Reynoutria sachalinensis*), die Kanadische Goldrute (*Solidago canadensis*), die Späte Goldrute (*Solidago gigantea*), das Indische Springkraut (*Impatiens glandulifera*) und der Riesenbärenklau (*Heracleum mantegazzianum*), der auch Herkulesstaude genannt wird (siehe u. a. GfG 1997 und 1999; Städtler 2010; Hussner 2013).

Neophyten sind bevorzugt an Stellen zu finden, die durch menschliche Eingriffe entstanden sind, so eben auch entlang von Fließgewässern nach wasserbaulichen Ausbau- oder Unterhaltungsmaßnahmen. Die Drift von Samen und Pflanzenteilen durch die Strömung und das Fehlen der heimischen Flora fördert die Ausbreitung dieser Pflanzen an den Fließgewässern (siehe u. a. Michels 2008).

Neophyten unterdrücken das Wachsen von Böschungsrasen durch Lichtentzug und schwächen auf diese Weise den Erosionsschutz an den Ufern. Bekämpft wird er in der Regel durch Mähen vor dem Ausreifen der Samen.

Vielerorts haben sich Neophyten aber bereits derart massiv verbreitet, dass das Ziel einer vollständigen Entfernung nicht erreicht werden kann. Dann gilt es durch gezielte Unterhaltungsmaßnahmen der heimischen Fauna einen Entwicklungsspielraum zu verschaffen (siehe u. a. Konold 2016; Patt 2022).

Besondere Vorsicht ist beim Riesenbärenklau geboten, da eine Berührung zu schmerzhaften Quaddeln oder sogar schwer heilenden Verbrennungserscheinungen führen kann. In der Nähe von Freizeit- und Erholungseinrichtungen sind daher besondere Unterhaltungsmaßnahmen erforderlich (siehe u. a. DWA-M 603 2007; DWA-M 618 2014; DWA-M 624 2016). In diesem Zusammenhang können auch Belange der Verkehrssicherung von Bedeutung sein (DWA-M 616 2017d).

12.3.4 Zeitrahmen für Unterhaltungsarbeiten im Jahresgang

Häufigkeit und Zeitpunkt der Unterhaltungsmaßnahmen (*Unterhaltungszyklen*) haben größeren Einfluss auf die Entwicklung der Lebensgemeinschaften als die Arbeitsweise des eingesetzten Geräts. Die ständige Störung der natürlichen Sukzession ist von entscheidender Bedeutung für die Entwicklung der Lebensgemeinschaften (DVWK 1999 sowie ATV-DVWK 2002).

Da Unterhaltungsmaßnahmen immer einen Eingriff in die bestehenden Standortverhältnisse bzw. Lebensräume bedeuten, sind die Vor- und Nachteile der verschiedenen Unterhaltungsformen gegeneinander abzuwägen. Um negative Auswirkungen auf die Lebensgemeinschaften möglichst zu vermeiden, müssen die Unterhaltungsarbeiten auf

- die biologischen Zyklen (z. B. Laichzeiten der Fische, Brutzeiten der Vögel, jahreszeitlich bedingte Wachstumsperioden der Pflanzen – s. Tab. 12.8),
- die speziellen Strukturen des Lebensraumes (z. B. empfindlicher Substrataufbau) und
- die hydraulischen Einflussfaktoren (z. B. Hochwasserwahrscheinlichkeit) abgestimmt werden.

Ein Orientierungsrahmen für die wichtigsten *Unterhaltungsarbeiten* ist in Tab. 12.8 dargestellt. Die aufgeführten Maßnahmen sind auf biologische Zyklen weitgehend abgestimmt. So werden zum Beispiel während der Brutzeiten keine Schnittarbeiten ausgeführt (s. auch ATV-DVWK 2002; DVWK 1999; DWA-M 610 2010).

Wie die Gewässerunterhaltung in geschützten Gebieten durchgeführt werden sollte, ist in GfG (2002) bzw. DWA-M 617 (2017c) dargestellt. Mit der Unterhaltung von Gräben beschäftigt sich GfG (2000) und DWA-M 622-1 (2018c). Insgesamt ist festzuhalten, dass jede Landschaft seine Besonderheiten hat, die bei der Planung berücksichtigt werden müssen.

Tab. 12.8 Unterhaltungsarbeiten bei der Gewässerpflege im Jahresgang. (Nach BayLfW 1987)

	Jan.	Feb.	März	April	Mai	Juni	Juli	Aug.	Sept.	Okt.	Nov.	Dez.
terrestrischer Bereich:												
Pflanzung von Gehölzen	x	x	x	x	x					x	x	x
Ausmahd von Gehölzneupflanzungen					x	x	x	x				
Gehölz- und Auwaldpflege	x	x	x							x	x	x
Aussaat von Gräsern und Kräutern				x	x	x	x	x	x			
Mahd von Vorländern und Böschungen*					x	x	x	x	x	x		
Mahd von Uferstauden (z.B. Brennessel)	x	x	x	x					x	x	x	x
amphibischer Bereich:												
Pflanzung von Röhrichtsoden				x	x	x	x	x	x			
Mahd von Röhrichten	x	x	x						x	x	x	x
aquatischer Bereich:												
Entkrautung						x	x	x	x			
Räumen (Entschlammen und Entsanden der Sohle)									x	x	x	

* Bei Vorkommen von brütenden Wiesenvögeln Mahd in den Sommer verschieben

12.3.5 Gewässerunterhaltungsplan

Zur Koordinierung und Planung der Unterhaltungsarbeiten wird ein *Unterhaltungsplan* aufgestellt, in dem alle durchzuführenden Arbeiten im Detail aufgeführt sind (Semrau et al. 2007). Dazu gehören Angaben zur Lokalität und Notwendigkeit, sowie zu Art, Umfang und Durchführungszeit (*Zeitplan*).

Vor der Aufstellung eines Gewässerunterhaltungsplanes ist grundsätzlich zu prüfen, ob der Einsatz von Geräten zwingend erforderlich ist, oder ob das Unterhaltungsziel auch auf andere Weise (u. a. durch Beschattung oder Gewässerumbau) erreicht werden kann (Schumacher 2000).

Um ökologische Aspekte bei Unterhaltungsarbeiten, speziell beim Einsatz von Geräten, berücksichtigen zu können, sind meist weitergehende vegetationskundlich und faunistische Vorgaben erforderlich. Gegebenenfalls sind auch verschiedene Varianten der Unterhaltung auf ihre ökologische Verträglichkeit hin zu überprüfen (siehe u. a. DVWK 1999; Semrau 2015; DWA-M 619 2015; DWA-M 614 2018d).

Für die Herstellung eines guten morphologischen Zustands ist wiederum die Feststoffbilanz von großer Bedeutung. Um die entsprechenden natürlichen Verhältnisse auf Dauer sicherzustellen, ist oft ein Sedimentmanagement ratsam (DWA-M 525 2012). Zumindest sollte geprüft werden, ob die morphologischen Bedingungen denen eines naturraumtypischen Gewässers entsprechen.

Die Durchführung einer Erfolgskontrolle bzw. eines Monitorings ist in Zeiten der EG-Wasserrahmenrichtlinie fast zwingend erforderlich (Becker et al. 2007; DWA-M 517 2017c; Gerner et al. 2021). Dies nicht nur um die Veränderungen zu dokumentieren, sondern auch, um den oft beträchtlichen Mitteleinsatz zu rechtfertigen.

Kommen in dem zu unterhaltenden Fließabschnitt geschützte Arten vor und lassen sich diese Arbeiten nicht vermeiden, so ist bei den zuständigen Behörden eine Ausnahmegenehmigung zu beantragen (s. auch GfG 2002; DWA-M 617 2020c).

Im Unterhaltungsplan wird in aller Regel zwischen *einmaligen* und *regelmäßig wiederkehrenden* Arbeiten unterschieden. Ergänzend zu der tabellarischen Aufstellung werden die vorgesehenen Unterhaltungsarbeiten auch zeichnerisch dargestellt. In diesem Zusammenhang spielen GIS-Systeme eine immer größere Rolle.

In diesem Zusammenhang ist auch der Umgang von Sedimenten und Baggergut aus der Gewässerunterhaltung bedeutsam (DWA 2017b).

Literatur

ATV-DVWK – (Deutsche Vereinigung für Wasserwirtschaft, Abwasser, Abfall e.V., Hennef – siehe auch ATV, DVWK und DWA)

ATV-DVWK – Deutsche Vereinigung für Wasserwirtschaft, Abwasser und Abfall (Hrsg.) (2002) Aktuelle Hinweise zur Unterhaltung von Fließgewässern im Flachland, ATV-DVWK Broschüre, Januar 2002, Hennef.

Bayerisches Landesamt für Wasserwirtschaft – BayLfW (Hrsg.) (1987) Grundzüge der Gewässerpflege – Fließgewässer, Schriftenreihe des Bayerischen Landesamtes für Wasserwirtschaft, Heft 21, München.

BayLfW (s. Bayerisches Landesamt für Wasserwirtschaft, München, jetzt: Bayerisches Landesamt für Umwelt, Augsburg)

Becker, A., Rey, P., Mürle, U., Ortlepp, J., Michel, M., Steiner, P., Gritti, R. (2007) Gewässerökologische Erfolgskontrollen, Wasser, Energie, Luft, 99. Jahrg., Heft 3/2007.

DVWK (s. Deutscher Verband für Wasserwirtschaft und Kulturbau e.V., Bonn – Anmerkung: Die Abwassertechnische Vereinigung e.V. (ATV) und der Deutsche Verband für Wasserwirtschaft und Kulturbau e.V. (DVWK) waren seit dem 1. Januar 2000 fusioniert und gaben sich den Verbandsnamen: ATV-DVWK – Deutsche Vereinigung für Wasserwirtschaft, Abwasser, Abfall e.V. mit Sitz in Hennef. Mit Wirkung vom 27. Oktober 2004 wurde der Name in Deutsche Vereinigung für Wasserwirtschaft, Abwasser und Abfall e.V. (DWA) mit Sitz in Hennef geändert).

DVWK – Deutscher Verband für Wasserwirtschaft und Kulturbau e.V. (Hrsg.) (1992) Methoden und ökologische Auswirkungen der maschinellen Gewässerunterhaltung, DVWK-Merkblätter zur Wasserwirtschaft, Nr. 224/1992, Bonn.

DVWK – Deutscher Verband für Wasserwirtschaft und Kulturbau e.V. (Hrsg.) (1999) Ökologische Aspekte bei der mechanischen Gewässerunterhaltung, DVWK-Materialien 4/99, Bonn.

DWA (s. Deutsche Vereinigung für Wasserwirtschaft, Abwasser, Abfall eV – DWA, Hennef – die DWA ist am 27. Oktober 2004 durch Namensänderung aus ATV-DVWK entstanden – siehe auch ATV, DVWK sowie ATV-DVWK)

DWA – Deutsche Vereinigung für Wasserwirtschaft, Abwasser und Abfall e.V. (DWA) (Hrsg.) (2007) Freizeit und Erholung an Fließgewässern, Merkblatt DWA-M 603 (Oktober 2007).

DWA – Deutsche Vereinigung für Wasserwirtschaft, Abwasser und Abfall e.V. (DWA) (Hrsg.) (2010) Neue Wege der Gewässerunterhaltung – Pflege und Entwicklung von Fließgewässern, Merkblatt DWA-M 610 (Juni 2010).

DWA – Deutsche Vereinigung für Wasserwirtschaft, Abwasser und Abfall e.V. (DWA) (Hrsg.) (2011) Kontaminierte Gewässersedimente – Strategie, Fallbeispiele, Empfehlungen, DWA-Themen T3-2011.

DWA – Deutsche Vereinigung für Wasserwirtschaft, Abwasser und Abfall e.V. (DWA) (Hrsg.) (2012) Sedimentmanagement in Fließgewässern-Grundlagen, Methoden, Fallbeispiele, Merkblatt DWA-M 525 (November 20212).

DWA – Deutsche Vereinigung für Wasserwirtschaft, Abwasser und Abfall eV – DWA (Hrsg.) (2014) Erholung und Freizeitnutzung an Seen – Voraussetzungen, Planung und Gestaltung, Merkblatt DWA-M 618 (September 2014)

DWA – Deutsche Vereinigung für Wasserwirtschaft, Abwasser und Abfall eV – DWA (Hrsg.) (2015) Ökologische Baubegleitung bei Gewässerunterhaltung und -ausbau, Merkblatt DWA-M 619 (Juni 2015).

DWA – Deutsche Vereinigung für Wasserwirtschaft, Abwasser und Abfall eV – DWA (Hrsg.) (2016) Risiken an Badestellen und Freizeitgewässern aus gewässerhygienischer Sicht, Merkblatt DWA-M 624 (Juni 2016; geprüft 2021).

DWA – Deutsche Vereinigung für Wasserwirtschaft, Abwasser und Abfall eV – DWA (Hrsg.) (2017a) Biber, Bisam, Nutria – Teil 1: Erkennungsmerkmale und Lebensweisen, Merkblatt DWA-M 608-1 (August 2017).

DWA – Deutsche Vereinigung für Wasserwirtschaft, Abwasser und Abfall eV – DWA (Hrsg.) (2017b) Umgang mit Sedimenten und Baggergut bei Gewässerunterhaltung und -ausbau, DWA-Fachausschuss WW-9 „Umgang mit Sedimenten und Baggergut bei Gewässerunterhaltung", KW Korrespondenz Wasserwirtschaft, 10. Jahrg., Heft 1, S. 28 ff.

DWA – Deutsche Vereinigung für Wasserwirtschaft, Abwasser und Abfall eV – DWA (Hrsg.) (2017c) Gewässermonitoring – Strategien und Methoden zur Erfassung der physikalisch-chemischen Beschaffenheit von Fließgewässern, Merkblatt DWA-M 517 (April 2017).

DWA – Deutsche Vereinigung für Wasserwirtschaft, Abwasser und Abfall eV – DWA (Hrsg.) (2017d) Verkehrssicherung, Merkblatt DWA-M 616 (Juni 2017).

DWA – Deutsche Vereinigung für Wasserwirtschaft, Abwasser und Abfall eV – DWA (Hrsg.) (2018a) Begriffe aus der Gewässerunterhaltung und Gewässerentwicklung, Merkblatt DWA-M 600 (Juni 2018).

DWA – Deutsche Vereinigung für Wasserwirtschaft, Abwasser und Abfall eV – DWA (Hrsg.) (2018b) Entwicklung urbaner Gewässer – Teil 2: Beispiele, Merkblatt DWA-M 609-2 (September 2018).

DWA – Deutsche Vereinigung für Wasserwirtschaft, Abwasser und Abfall eV – DWA (Hrsg.) (2018c) Marschengräben – Ökologie und Unterhaltung Teil 1: Ökologische Grundlagen, Merkblatt DWA-M 622-1 (August 2018).

DWA – Deutsche Vereinigung für Wasserwirtschaft, Abwasser und Abfall eV – DWA (Hrsg.) (2018d) Planungsmanagement bei Maßnahmen an Fließgewässern – zielorientiert, strukturiert und integriert, Merkblatt DWA-M 614 (Februar 2018).

DWA-Deutsche Vereinigung für Wasserwirtschaft, Abwasser und Abfall eV – DWA (Hrsg.) (2019a) Neobiota – Auswirkungen und Umgang mit wasserwirtschaftlich bedeutsamen Tier- und Pflanzenarten, Teil 1: Grundlagen, DWA-Merkblatt M 626-1 (Februar 2019).

DWA-Deutsche Vereinigung für Wasserwirtschaft, Abwasser und Abfall eV – DWA (Hrsg.) (2019b) Neobiota – Auswirkungen und Umgang mit wasserwirtschaftlich bedeutsamen Tier- und Pflanzenarten, Teil 2: Artensteckbriefe, DWA-Merkblatt M 626-2 (Februar 2019).

DWA-Deutsche Vereinigung für Wasserwirtschaft, Abwasser und Abfall eV – DWA (Hrsg.) (2020a) Gewässerrandstreifen – Uferstreifen – Entwicklungskorridore: Grundlagen und Funktionen, Hinweise zur Gestaltung, Beispiele, DWA-Merkblatt DWA- M 612 (Mai 2020).

DWA-Deutsche Vereinigung für Wasserwirtschaft, Abwasser und Abfall eV – DWA (Hrsg.) (2020b) Erfolgsbewertung von Maßnahmen zur Erreichung eines guten Gewässerzustands, DWA-Themen T2/2020 (Juli 2020).

DWA-Deutsche Vereinigung für Wasserwirtschaft, Abwasser und Abfall eV – DWA (Hrsg.) (2020c) Naturschutz bei Planung und Genehmigung von Fließgewässerrenaturierungen, DWA-Merkblatt M 617, (August 2020).

DWA – Deutsche Vereinigung für Wasserwirtschaft, Abwasser und Abfall eV – DWA (Hrsg.) (2020d) Entwicklung urbaner Gewässer – Teil 1: Grundlagen, Planung und Umsetzung, DWA-Merkblatt M 609-1 (März 2020).

DWA-Deutsche Vereinigung für Wasserwirtschaft, Abwasser und Abfall eV – DWA (Hrsg.) (2023a) Bisam, Biber, Nutria – Teil 2: Technische Gestaltung und Sicherung von Ufern, Deichen und Dämmen, DWA-Merkblatt M 608-2 (Mai 2023).

DWA – Deutsche Vereinigung für Wasserwirtschaft, Abwasser und Abfall eV – DWA (Hrsg.) (2023b) Marschengräben – Ökologie und Unterhaltung Teil 2: Ökologisch ausgerichtete Gewässerunterhaltung und aktuelle Entwicklungen, Merkblatt DWA-M 622-2 (Juli 2023).

Gemeinnützige Fortbildungsgesellschaft für Wasserwirtschaft und Landschaftsentwicklung (GFG) mbH (Hrsg.) (1997) Neophyten – Gebietsfremde Pflanzenarten an Fließgewässern – Empfehlungen für die Gewässerpflege, Autor: Thomas Paulus, Okt. 1997, Mainz.

Gemeinnützige Fortbildungsgesellschaft für Wasserwirtschaft und Landschaftsentwicklung mbH – GfG (Hrsg.) (1999) Ufergehölze und Gehölzpflege – Empfehlungen für den Gewässerunterhaltungspflichtigen, Autor: Thomas Paulus, Sept. 1999, Mainz.

Gemeinnützige Fortbildungsgesellschaft für Wasserwirtschaft und Landschaftsentwicklung mbH – GfG, Fortbildungsgesellschaft für Gewässerentwicklung mbh (Hrsg.) (2000) Unterhaltung und Pflege von Gräben – Fortbildungsthema für die Gewässernachbarschaften in Baden-Württemberg, Hessen und Rheinland-Pfalz, Mainz.

Gemeinnützige Fortbildungsgesellschaft für Wasserwirtschaft und Landschaftsentwicklung mbH – GfG und Fortbildungsgesellschaft für Gewässerentwicklung mbh (Hrsg.) (2002) Gewässerunterhaltung in geschützten Gebieten – Fortbildungsthema für die Gewässernachbarschaften in Baden-Württemberg, Hessen und Rheinland-Pfalz, Mainz.

Gemeinnützige Fortbildungsgesellschaft für Wasserwirtschaft und Landschaftsentwicklung mbH – GfG (Hrsg.) (2006) Randstreifen an Gewässern, Empfehlungen zur Umsetzung und Unterhaltung, Autor: Karl Kaltenbrunner, 2006, Mainz.

GfG (s. Gemeinnützige Fortbildungsgesellschaft für Wasserwirtschaft und Landschaftsentwicklung mbH – GfG und Fortbildungsgesellschaft für Gewässerentwicklung mbh, Mainz)

Gerner. N.V., Podschun, S.A., Sommerhäuser, M., Weyand, M. (2021) Ökosystemleistungen zur Erfolgsbewertung und -darstellung von Gewässerumgestaltungs- und – unterhaltungsmaßnahmen, KW Korrespondenz Wasserwirtschaft, 14. Jahrg., Heft 3, S. 301 ff.

Hussner, A. (2013) Aquatische Neophyten in Europa – Einfuhrwege, Probleme und Managementstrategien, KW Korrespondenz Wasserwirtschaft, 6. Jahrg., Heft 3, S. 134 ff.

Kail, J., Gerhard, M. (2003) Totholz in Fließgewässern – eine Begriffsbestimmung, Wasser & Boden, 55. Jahrg., Heft 1+2/2003.

Konold, W. (2016) Bach- und Flussauen – Funktionen und Nutzungen, KW Korrespondenz Wasserwirtschaft, 9. Jahrg., Heft 3, S. 150 ff.

Michels, C. (2008) Auswirkungen invasiver Neobiota auf die heimische Flora und Fauna, Landesamt für Natur, Natur in NRW, Nr. 2/2008.

Patt, H. (2011) Gewässerrandstreifen – Entwicklungsflächen für Fließgewässer?, KW Korrespondenz Wasserwirtschaft, 4. Jahrg., Heft 3, S. 136 ff.

Patt H, Speerli U, Gonsowski P (2021) Wasserbau – Flussbauliche Grundlagen und Gestaltung von wasserbaulichen Bauwerken und Anlagen, 8. Aufl., Springer Vieweg, Wiesbaden.

Patt, H. (Hrsg.) (2022) Fließgewässer- und Auenentwicklung – Grundlagen und Erfahrungen, 3. Aufl., Springer Vieweg, Wiesbaden.

Patt, H., Städtler, E. (1999) Verwertung von pflanzlichen Abfällen aus der Gewässerunterhaltung, Wasser & Boden, 51. Jahrg., Heft 4/1999.

Paulus, Th. (1999) Ufergehölze und Gehölzpflege, Gemeinnützige Fortbildungsgesellschaft für Wasserwirtschaft und Landschaftsentwicklung mbH – GfG (1999), Mainz.

Pusch, M., Feld, C., Hoffmann, A. (1999) Schwemmgut – kostenträchtiger Müll oder wertvolles Element von Flußökosystemen, Wasserwirtschaft. 89. Jahrg., Heft 6/1999.

Schumacher, W. (2000) Was will der Naturschutz und was sind die Leistungen der Landwirtschaft für Naturschutz und Landschaftspflege, In: Deutscher Rat für Landespflege (Hrsg.) (2000) Honorierung von Leistungen der Landwirtschaft für Naturschutz und Landschaftspflege, Heft Nr. 71, Juli 2000, S. 19–23.

Semrau, M. (2015) Ökologische Baubegleitung und Gewässerunterhaltung urbaner Fließgewässer, KW Korrespondenz Wasserwirtschaft, 8. Jahrg., Heft 9, S. 555 ff.

Semrau, M., Jacobs, G. Kurberg, D. (2007) Optimierte Gewässerunterhaltung durch Pflege- und Entwicklungspläne, Wasserwirtschaft, 97. Jahrg., Heft 12/2007.

Städtler, E. (2010) Zurückdrängen des Riesenbärenklaus (Herkulesstaude) an Fließgewässern – Umsetzung des neuen § 40 des Bundesnaturschutzgesetzes und Erfahrungen im Rhein-Sieg-Kreis, Korrespondenz Wasserwirtschaft, 3. Jahrg., Heft Nr. 07/2010.

Städtler, E. (2011) Gewässerunterhaltung – Neueste Geräte zur Gewässerpflege, KW Korrespondenz Wasserwirtschaft, 4. Jahrg., Heft 9, S. 485 ff.

Werk, K. (2015) Chancen und Anforderungen für ein gemeinsames Vorgehen von Wasserwirtschaft und Naturschutz bei der Gewässerrenaturierung, KW Korrespondenz Wasserwirtschaft, 8. Jahrg., Heft 3, S. 172 ff.

DIN Normen

DIN 1961		VOB Verdingungsordnung für Bauleistungen; Teil B: Allgemeine Vertragsbedingungen für die Ausführung von Bauleistungen
DIN 2425		Planwerke für die Versorgungswirtschaft, die Wasserwirtschaft und für Fernleitungen
	T 5	Karten und Pläne der Wasserwirtschaft
	T 6	Karten und Pläne für den Gewässerausbau, den Hochwasser- und Küstenschutz
DIN 4220	T 1	Bodenkundliche Standortbeurteilung; Aufnahme sowie Übersicht spezieller Untersuchungsverfahren
DIN 4022	T 1	Benennen und Beschreiben von Boden und Fels; Schichtenverzeichnis für Bohrungen ohne durchgehende Gewinnung von gekernten Proben im Boden und im Fels
DIN 4044		Hydromechanik im Wasserbau; Begriffe
DIN 4047	T 1	Landwirtschaftlicher Wasserbau; Begriffe; Allgemeine Begriffe
	T 2	Begriffe, Hochwasserschutz, Küstenschutz, Schöpfwerke
	T 3	Landwirtschaftlicher Wasserbau; Begriffe; Bodenkundliche Grundlagen
	T 5	Landwirtschaftlicher Wasserbau; Begriffe; Ausbau und Unterhaltung von Gewässern
	T 7	Landwirtschaftlicher Wasserbau; Begriffe; Erosionsschutz
DIN 4048	T 1	Wasserbau, Begriffe, Stauanlagen
DIN 4049	T 1	Hydrologie; Grundbegriffe
	T 2	Hydrologie; Begriffe der Gewässerbeschaffenheit
	T 101	Hydrologie; Begriffe des Niederschlags und der Schneedecke
DIN 4054		Verkehrswasserbau; Begriffe
DIN 4084		Gelände- und Böschungsbruchberechnungen
DIN 4220	T 1	Bodenkundliche Standortbeurteilung; Aufnahme und Kennzeichnung sowie Übersicht spezieller Untersuchungsverfahren
DIN 18300		VOB Verdingungsordnung für Bauleistungen; Teil C: Allgemeine Technische Vertragsbedingungen für Bauleistungen (ATV); Erdarbeiten
DIN 18196		Erd- und Grundbau; Bodenklassifikation für bautechnische Zwecke
DIN 18915		Vegetationstechnik im Landschaftsbau; Bodenarbeiten
DIN 18916		Vegetationstechnik im Landschaftsbau; Pflanzen- und Pflanzarbeiten
DIN 18917		Vegetationstechnik im Landschaftsbau; Rasen und Saatarbeiten

H. Patt, *Naturnaher Wasserbau*, https://doi.org/10.1007/978-3-658-43846-3

DIN 18918		Vegetationstechnik im Landschaftsbau; Ingenieurbiologische Sicherungsbauweisen; Sicherungen durch Ansaaten, Bepflanzungen; Bauweisen mit lebenden und nichtlebenden Stoffen und Bauteilen, kombinierte Bauweisen
DIN 18919		Vegetationstechnik im Landschaftsbau; Entwicklungs- und Unterhaltungspflege von Grünflächen
DIN 18920		Vegetationstechnik im Landschaftsbau; Schutz von Bäumen, Pflanzenbeständen und Vegetationsflächen bei Baumaßnahmen
DIN 19657		Sicherung von Gewässern, Deichen und Küstendünen; Richtlinien
DIN 19660		Landschaftspflege
DIN 19661	Blatt 1	Richtlinien für Wasserbauwerke; Kreuzungsbauwerke Brücken, Überleitungen, Durchlässe, Düker, Verrohrungen
DIN 19663		Wildbachverbauung; Begriffe; Planung und Bau
DIN 19680		Bodenuntersuchungen im Landwirtschaftlichen Wasserbau; Bodenaufschlüsse und Grundwasserbeobachtungen
DIN 19681		Bodenuntersuchungen im Landwirtschaftlichen Wasserbau; Entnahme von Bodenproben
DIN 19682		Bodenuntersuchungsverfahren im Landwirtschaftlichen Wasserbau; Felduntersuchungen (hier sind nur die Blätter 1 bis 11 aufgeführt)
	Blatt 1	Bestimmung der Bodenfarben
	Blatt 2	Bestimmung der Bodenart
	Blatt 3	Bestimmung des Wassergehaltes nach dem Carbidverfahren
	Blatt 4	Bestimmung der Saugspannung mit dem Tensiometer
	Blatt 5	Ermittlung des Feuchtezustandes mit der Fingerprobe
	Blatt 6	Bestimmung der Feldkapazität
	Blatt 7	Bestimmung der Versickerungsintensität mit dem Doppelzylinder-Infiltrometer
	Blatt 8	Bestimmung der Wasserdurchlässigkeit mit der Bohrlochmethode
	Blatt 9	Bestimmung der Luftdurchlässigkeit
	Blatt 10	Bestimmung des Makrogefüges
	Blatt 11	Feststellung des Verfestigungsgrades
DIN 19685		Klimatologische Standortuntersuchung im Landwirtschaftlichen Wasserbau; Ermittlung der meteorologischen Größen
DIN 19686		Klimatologische Standortuntersuchung im Landwirtschaftlichen Wasserbau; Methodik
DIN 19711		Hydrogeologische Zeichen
DIN 19712		Flussdeiche
DIN 58666		Niederschlags-Auffanggerät; 200 cm^2 Auffangfläche
DIN 38410	T 2	Biologisch-ökologische Gewässeruntersuchung (Gruppe M); Bestimmung des Saprobienindex (M 2)

Zu den DIN-Normen s. a. die folgenden DIN-Taschenbücher

- DIN-Taschenbuch 88 – Entwässerungskanalarbeiten, Druckrohrleitungsarbeiten im Erdreich, Dränarbeiten, Sicherungsarbeiten an Gewässern, Deichen und Küstendünen VOB/StLB. Normen
- DIN-Taschenbuch 179 – Wasserbau 1 (Stauanlagen, Stahlwasserbau, Wasserkraftanlagen. Normen)
- DIN-Taschenbuch 187 – Wasserbau 2 (Bewässerung, Entwässerung, Bodenuntersuchung. Normen)
- DIN-Taschenbuch 211/1 – Wasserversorgung, Abwassertechnik, Wasserbau – Begriffe

Symbolverzeichnis

Symbol	Einheit	Bedeutung
A	m^2	Fläche, Fließquerschnitt
A_i	m^2	Teilquerschnitt
A_P	m^2	Angeströmte Fläche eines Pflanzenelementes
A_1, A_2	m^2	Querschnittsfläche des Profil 1 bzw. 2
a_x	m	Abstand der Pflanzenelemente – longitudinal –
a_y	m	Abstand der Pflanzenelemente – horizontal –
a_z	m	Abstand der Pflanzenelemente – vertikal –
B	–	Bewuchsparameter
b	m	Breite quer zur Fließrichtung (z. B. Sohlenbreite)
C_{wr}	–	Widerstandszahl einer Pflanzengruppe
c	–	Bewuchsparameter
c_A	–	Beiwert für die Adhäsion (für natürliche Sande $c_A = 1$)
D	m	Durchmesser
D_{65}	m	Blockdurchmesser von Steinen (65 % Siebdurchgang)
D^*	–	Sedimentologischer Durchmesser
d	m	Korndurchmesser
d_P	m	Durchmesser eines Pflanzenelementes
d_{ch}	m	Charakteristischer Korndurchmesser
d_{hy}	m	Hydraulischer Durchmesser
d_m	m	Mittlerer Korndurchmesser
Fr	–	Froude-Zahl
Fr*	–	Feststoff Froude-Zahl
f	–	Formbeiwert im Widerstandsgesetz
G*	–	Feststofftransportzahl
G_S	t	Steingewicht
g	m/s^2	Fallbeschleunigung ($g = 9{,}81\ m/s^2$)
h_E	m	Energiehöhe
h	m	Wassertiefe
h_{gr}	m	Grenztiefe
h_k	m	Wasserstand über der Rampenkrone in Rampenachse
h_N	m	Normalabflusstiefe

H. Patt, *Naturnaher Wasserbau*, https://doi.org/10.1007/978-3-658-43846-3

Symbol	Einheit	Bedeutung
h_o	m	Fließtiefe im Oberwasser (ohne Einstau)
h_u	m	Fließtiefe im Unterwasser (UW)
$h_ü$	m	Überfallhöhe
I	–	Gefälle
I_E	–	Energieliniengefälle
I_S	–	Sohlengefälle
I_r	–	Reibungsgefälle
k	m	Rauheitsmaß
k_r	$m^{1/3}/s$	Kornrauheit nach Meyer-Peter & Müller
k_s	m	Äquivalente Sandrauheit
k_T	m	Äquivalente Sandrauheit der Trennfläche
k_{Str}	$m^{1/3}/s$	Manning-Strickler-Beiwert
l	m	Länge des Wasserkörpers
l_F	m	Flusslänge
l_M	m	Mäanderlänge
l_T	m	Tallänge
l_u	m	Benetzter Umfang
$l_{u,F}$	m	Benetzter Umfang – Flussbett, Hauptgerinne (bewuchsfreier Teil)
$l_{u,V}$	m	Benetzter Umfang – Vorland
$l_ü$	m	Länge Überfallkante (Streichwehr)
m	–	Böschungsneigung (1 : m)
m_F	kg/(s · m)	Feststofftrieb
$\dot{m}_F$	kg/s	Feststofftransport
m_G	kg/(s · m)	Geschiebetrieb
$\dot{m}_G$	kg/s	Geschiebetransport
m_{Gf}	t	Geschiebefracht
Q	m^3/s	Abfluss
Q_o	m^3/s	Abfluss Oberwasser
Q_s	m^3/s	Transportwirksamer Abflussanteil
Q_{Str}	m^3/s	Abfluss über die seitliche Überfallkante
Q_u	m^3/s	Abfluss Unterwasser
q	$m^3/(s \cdot m)$	Spezifischer Abfluss
q_{krit}	$m^3/(s \cdot m)$	Kritischer spezifischer Abfluss
R_s	m	Transportwirksamer Anteil am hydraulischen Radius
r_{hy}	m	Hydraulischer Radius ($r_{hy} = A/l_u$)
Re	–	Reynolds-Zahl
Re*	–	Feststoff-Reynolds-Zahl
v	m/s	Fließgeschwindigkeit
v_c	m/s	Fortpflanzungsgeschwindigkeit einer Oberflächenwelle
v_{cr}	m/s	Kritische Fließgeschwindigkeit
$v_{m,cr}$	m/s	Kritische mittlere Fließgeschwindigkeit

Symbol	Einheit	Bedeutung
v_{gr}	m/s	Grenzgeschwindigkeit
v_m	m/s	Fließgeschwindigkeit (örtl. Mittel)
v_o*	m/s	Schubspannungsgeschwindigkeit an der Sohle
v_1, v_2	m/s	Charakteristische Geschwindigkeit im Profil 1 bzw. 2
w	m	Einstauhöhe
x	m	Koordinate in Fließrichtung (longitudinal)
y	m	Koordinate quer zur Fließrichtung (horizontal)
z	m	Koordinate senkrecht zur Fließrichtung (vertikal)
Griechische Symbole:		
ϑ	–	Beiwert für die Schräganströmung
λ	–	Widerstandsbeiwert im universellen Fließgesetz
λ_P	–	Widerstandsbeiwert des Pflanzenkollektivs
λ_T	–	Widerstandsbeiwert für die Trennflächen

Abkürzungsverzeichnis

BayLfW	Bayerisches Landesamt für Wasserwirtschaft, München
BayLfU	Bayerisches Landesamt für Umwelt, Augsburg
BayNatSchG	Bayerisches Naturschutzgesetz
BNatSchG	Bundesnaturschutzgesetz
BfG	Bundesanstalt für Gewässerkunde, Koblenz
BfN	Bundesamt für Naturschutz, Bonn
BWK	Bund der Ingenieure für Wasserwirtschaft, Abfallwirtschaft und Kulturbau e. V.
BGBl	Bundesgesetzblatt
BBodSchG	Bundesbodenschutzgesetz
CIS	Common Implementation Strategy (in Verbindung mit der Umsetzung der EG-Wasserrahmenrichtlinie thematisch differenzierte Arbeitsbereiche)
DFG	Deutsche Forschungsgemeinschaft, Bonn
DVWK	Deutscher Verband für Wasserwirtschaft und Kulturbau e. V., Bonn
DWA	Deutsche Vereinigung für Wasserwirtschaft, Abwasser und Abfall e. V., Hennef
EU	Europäische Union
EUGH	Europäischer Gerichtshof
EG-WRRL	Europäische Wasserrahmenrichtlinie
EG-VSchRL	Europäische Vogelschutzrichtlinie
GIS	Geoinformationssystem
GG	Grundgesetz
FFH-R	Flora-Fauna-Habitat Richtlinie
hmwb	„heavily modified water bodies“
Hrsg.	Herausgeber
LANA	Länderarbeitsgemeinschaft „Naturschutz, Landschaftspflege und Erholung“
LAWA	Länderarbeitsgemeinschaft „Wasser“

H. Patt, *Naturnaher Wasserbau*, https://doi.org/10.1007/978-3-658-43846-3

LUA NRW	Landesumweltamt Nordrhein-Westfalen, Düsseldorf
MUNLV NRW	Ministerium für Umwelt und Naturschutz, Landwirtschaft und Verbraucherschutz, Düsseldorf
LANUV NRW	Landesamt für Natur, Umwelt und Verbraucherschutz des Landes Nordrhein-Westfalen, Recklinghausen
NHG	Bundesgesetz über den Natur- und Heimatschutz (Schweiz)
NRW	Nordrhein-Westfalen
OGewV	Oberflächengewässerverordnung
OBB	Oberste Baubehörde im Bayerischen Staatsministerium des Innern
StaWA	Staatliches Amt für Wasser- und Abfallwirtschaft
StUA	Staatliches Umweltamt
UBA	Umweltbundesamt, Dessau
UVP	Umweltverträglichkeitsprüfung
UVPG	Gesetz über die Umweltverträglichkeit
VwVfG	Verwaltungsverfahrensgesetz
WBV	Verordnung über den Wasserbau (Schweiz)
WHG	Wasserhaushaltsgesetz
WVG	Wasserverbandsgesetz
WWA	Wasserwirtschaftsamt

Glossar[1]

Abiotisch Unbelebt, ohne Lebensvorgänge.

Allochthon Fremdbürtig, d. h. an einem anderen Ort entstanden und in ein System eingetragen.

Alluvial, Alluvialböden Durch Wasser in Täler eingeschwemmtes und dort abgelagertes Material, z. B. Schotter oder Feinsedimente.

Altgewässer Ehemalige Flussschlingen, die zumindest zeitweilig oberirdisch und/oder unterirdisch mit dem Gewässer in Verbindung stehen. Zu den Altgewässern gehören Altarme, Altwasser und Qualmgewässer.

Altarme haben bei Mittelwasser andauernd einseitig oder beidseitig – allerdings nicht durchströmt wie ein Flussarm – Anschluss an das Gewässer.

Altwasser dagegen stehen nur bei Hochwasser direkt mit dem Flusswasser in Verbindung.

Qualmgewässer sind auch bei Hochwasser durch Deiche vom Gewässer abgetrennt und korrespondieren mit diesem nur unterirdisch.

Totarme sind zwar ehemalige Flussschlingen. Sie sind aber dauernd, sowohl ober- wie unterirdisch vom Flusswasser abgekoppelt.

Amphibisch Im Wasser und auf dem Land lebend.

Amphibischer Bereich eines Gewässers Bereich, der einen häufigen Wechsel zwischen Überfluten und Trockenfallen aufweist (Wasserwechselzone).

Anthropogen Durch den Menschen verursacht oder beeinflusst.

Art (Species) die Grundeinheit des natürlichen Systems der Pflanzen, Tiere und Mikroorganismen.

Aquatisch Im Wasser lebend.

Aquatischer Bereich eines Gewässers Bereich, der fast ständig mit Wasser bedeckt ist.

---

[1] Die Begriffe sind entnommen aus den aktuellen DIN-Normen und der Information Nr. 4, 1993, der Bayerische Akademie für Naturschutz und Landschaftspflege „Begriffe aus Ökologie, Landnutzung und Umweltschutz" sowie angelehnt an Fachliteratur wie Bauer (1985), Ellenberg (1996), Leser (1997) und BfN (2002a). Zusätzlich wurde die Internet-Datenbank „Wikipeda" genutzt.

H. Patt, *Naturnaher Wasserbau*, https://doi.org/10.1007/978-3-658-43846-3

Aue Morphologisch bedingtes Überschwemmungsgebiet eines Fließgewässers (s. auch Gewässeraue, Flussaue).

Auenwald, Auwald Flussbegleitende, von Überschwemmungen, hohen Grundwasserständen und -schwankungen geprägte Strauch- und Waldformationen, wobei außerhalb der Gebirge unter natürlichen Verhältnissen in öfters überfluteten, also flussnahen Bereichen Weichholzauen und in nur noch selten vom Hochwasser überstauten Bereichen Hartholzauen zu finden sind.

Auflandung Prozess der Landentstehung in einem Gewässer durch Eintrag und Ablagerung von mineralischen Feststoffen (anorganischem Material); (s. auch Verlandung).

Ausgleichs- und Ersatzmaßnahmen Maßnahmen des Naturschutzes und der Landespflege zum Ausgleich unvermeidbarer Beeinträchtigungen von Natur und Landschaft (§ 8 BNatSchG).

Ausuferungswasserstand Wasserstand, bei dem das Ausufern beginnt (DIN 4049 Teil 1, Nr. 3.1.15).

Autochthon Am Ort des Vorkommens entstanden (bodenständig, einheimisch).

Benthal Lebensraum im Bereich des Gewässerbettes.

Benthon Lebensgemeinschaft des Gewässerbodens.

Biodiversität Oberbegriff für die Vielfalt der Ökosysteme, der Lebensräume mit ihren Lebensgemeinschaften, der Arten und der genetischen Varianz innerhalb einer Art.

Biotop Lebensraum einer Biozönose von einheitlicher, gegenüber seiner Umgebung mehr oder weniger scharf abgrenzbarer Beschaffenheit, z. B. der Lebensraum eines Altwassers.

Biotopkartierung Standardisierte Erfassung von Lebensräumen mit ihren Lebensgemeinschaften bzw. Arten innerhalb eines bestimmten Raumes; flächendeckend-repräsentativ: exemplarische Kartierung repräsentativer, typischer Biotope eines jeden Biotoptyps; selektiv: Kartierung ausgewählter, schutzwürdiger, seltener oder gefährdeter Biotope.

Biozönose Lebensgemeinschaft der in einem Biotop regelmäßig vorkommenden Pflanzen und Tiere, die untereinander (und mit Arten weiterer Biozönosen) in Wechselbeziehungen stehen.

Brenne Von der Flussdynamik – vorwiegend von nacheiszeitlichen Schmelzwasserströmen – aufgeworfene Kiesschüttung, die aufgrund der nur geringmächtigen Feinerdeabdeckung, trotz gelegentlicher Überschwemmungen, einen sehr trockenen Standort in der Aue darstellt.

Bruchwald Schwarzerlenwald, der auf organischen, gewöhnlich nur im Frühjahr überstauten Böden mit ganzjährig hohem Grundwasserstand stockt. Bei saurem und nährstoffarmen Torfen lösen Moorbirke (Betula pubescens) und/oder Kiefer (Pinus silvestris) die Schwarzerle (Alnus glutinosa) ab und können bis hin zu reinen Birken- oder Kiefernbrüchen entwickelt sein. Ein Bruchwald stellt das Endstadium einer Verlandungssukzession dar.

Detritus Zerfallsprodukt pflanzlichen und tierischen Ursprungs, z. B. abgestorbene Pflanzen, Kot, Leichen. Dieses organische Material ist meist dicht mit Mikroorganismen besetzt, v. a. mit Bakterien und Pilzen.

Diversität Maß für die Vielfalt an Arten und Strukturen.

Dystroph Nährstoffarme Humusgewässer mit sehr geringem Kalk- und hohem Humusgehalt, die nur eine geringe Pflanzenproduktion zulassen.

Eingriff Veränderungen der Gestalt oder Nutzung von Grundflächen, die die Leistungsfähigkeit des Naturhaushalts oder das Landschaftsbild nachhaltig beeinträchtigen können und für die zumindest eine Beteiligung oder Anzeige einer Behörde vorgeschrieben ist.

Emers Teilweise aus dem Wasser ragend wachsend.

Endemisch Arten, die an bestimmten Orten heimisch sind.

Endemit Art, die ausschließlich in einem eng begrenztem Gebiet heimisch ist.

Erholung Wiederherstellung der körperlichen, geistigen und psychischen Kräfte des Menschen.

Erosion Abtragungen der Erdoberfläche durch Wasser, Wind, Frost, Gravitation und Lösungsvorgänge.

Eutroph Reichlich mit Nährstoffen versorgt, mit hoher Produktion.

Evolution Genetische Veränderung, Anpassung und Höherentwicklung der Lebewesen.

Extensivierung Verringerung des Einsatzes von ertragsfördernden Mitteln und/oder Methoden in der Landnutzung, u. a. durch Rücknahme der Düngungsintensität, des Pflanzenschutzmitteleinsatzes oder durch Nutzungsumwidmungen, z. B. durch Rückführung von Acker zu Grünland, Nutzungseinschränkungen oder Nutzungsverzicht.

Faschinen Zusammengeschnürtes Reisigbündel zur Ufer-, Hang- und Deichbefestigung.

Fauna-Flora-Habitat-Richtlinie Europäische Richtlinie zur Erhaltung der natürlichen Lebensräume sowie der wild lebenden Tiere und Pflanzen (92/43/EWG).

Flächennutzungsplan Instrument der gesamträumlichen Planung auf kommunaler Ebene (Gemeinde); vorbereitender Bebauungsplan, der für das gesamte Gemeindegebiet die beabsichtigte städtebauliche Bodennutzung in den Grundzügen darstellt.

Feststoffe Feste Stoffe, die im Wasser fortbewegt werden (ausschließlich Eis). Man unterscheidet: Schwimmstoffe, Schwebstoffe, Sinkstoffe und Geschiebe.

Feststofftransport Masse der Feststoffe, die in einer bestimmten Zeit durch den betrachteten Querschnitt transportiert werden.

Feuchtgebiet Ökosystem in dem reichlich Wasser zur Verfügung steht und für das feuchte vertragende Lebensgemeinschaften charakteristisch sind, z. B. Moore, Flußauen oder sonstige Feuchtebegünstigte und/oder grundwassernahe Standorte.

Feuchtwiesen Feuchte Wiesen mit zeitweilig sehr hohen Grundwasserständen, die aber nur in trockenem Zustand bewirtschaftet werden können, z. B. Kohldistelwiesen.

Fließgewässerlandschaften Teilräume mit ganz spezifischen, regionaltypischen Erscheinungsformen der Gewässer und Auen.

Fluvial Durch das fließende Wasser entstanden.

Föderalismusreform Umfangreichste Änderung des Grundgesetzes in der Geschichte der Bundesrepublik Deutschland. Sie regelt insbesondere die Beziehungen zwischen Bund und Ländern in Bezug auf die Gesetzgebung neu. Sie ist am 1. September 2006 in Kraft getreten.

Furkation Flussgabelung, Umlagerung.

Genist Ansammlung von Treibgut, das einen eigenen Kleinstlebensraum darstellt.

Geomorphologie Lehre von den auf die Erdoberfläche gestaltend wirkenden physischen Vorgängen und den durch sie geschaffenen Formen.

Geschiebe Feststoffe, die im Fließgewässer, insbesondere an der Gewässersohle bewegt werden.

Gewässerbett Zum oberirdischen Gewässer gehörende Eintiefung oder Abdämmung der Landoberfläche (DIN 4049 Teil 1 Nr. 3.1.5). Anmerkung: Das Überschwemmungsgebiet gehört nicht zum Gewässerbett.

Gewässeraue, Flussaue Talbereich mit im Jahresablauf stark schwankendem Grundwasserspiegel, teils mit Überflutung und Auflandung, teils mit Qualmwasseraufstieg (DIN 4047 Teil 5, Nr. 1.13).

Gewässerdynamik Wirkungskomplex, der von den Abflüssen (Niedrig- bis Hochwasserabflüsse, jeweils nach Dauer, Häufigkeit und Verteilung im Jahresgang), den davon abhängigen Überschwemmungen (Überflutung, Überstauung), den mitgeführten Feststoffen (Geschiebe, Schwebstoffe, Schwimmstoffe bis hin zu Totholz) in Verbindung mit den Fließgeschwindigkeiten (Erosion, Umlagerung, Sedimentation) und den Schwankungen der Grundwasserstände in der Aue bestimmt wird.

Gewässermorphologie Lehre von Entstehung und Entwicklung der Oberflächenformen der Erde; hier: Entstehung und Entwicklung der Gewässer und Auen.

Gewässerökologie Wissenschaft vom Stoff- und Energiehaushalt eines Gewässers einschließlich aller Wechselwirkungen seiner Bewohner untereinander und mit der abiotischen Umwelt.

Gewässerstrukturkartierung Nach vorgegeben Kriterien bewertete Struktur eines Gewässers mit seinen Randbereichen.

Grobdetritus Relativ grobes (größeres) abgestorbenes pflanzliches und tierisches Material auf dem Land und im Wasser, z. B. abgefallenes Laub auf der Gewässersohle.

Großseggenriede Sauergrasformationen, die auf ganzjährig nassen, organischen Verlandungsböden wachsen und vorwiegend aus hohen Seggen-Arten bestehen, von denen oft nur eine Art dominant auftritt.

Habitat Ort, an dem Organismen einer Art regelmäßig anzutreffen sind. Oft wird der Begriff synonym zum Begriff Biotop gebraucht.

Hartholzaue Selten und nur kurzzeitig überfluteter Bereich der Aue, in dem Hartholzarten, z. B. Gemeine Esche (Fraxinus excelsior), Stieleiche (Quercus robur) oder Bergahorn (Acer pseudoplatanus), standorttypisch sind.

Hochstaudenfluren Gehölzfreie, meist nitrophile Pflanzenformation aus vorwiegend hoch- und schnellwüchsigen Stauden.

Hydraulik Strömungslehre, vorwiegend auf empirischen Beziehungen aufbauend. Im Wasserbau auch der Sammelbegriff für die verschiedenen rechnerischen Nachweise.

Hydrologie Wissenschaft vom Wasser über, auf und unter der Erdoberfläche, welche sein Vorkommen, seine Zirkulation und Verteilung, seine chemischen und physikalischen Eigenschaften sowie die Wechselwirkungen mit der Umwelt erforscht.

Hydrogeologie Zweig der angewandten Geologie, die sich mit dem Wasserhaushalt der verschiedenen Gesteine und Gesteinsverbände und der Möglichkeit der Wassergewinnung aus diesen befasst.

Hypertroph Übermäßig stark mit Nährstoffen versorgt.

Ingenieurbiologie, Ingenieurbiologische Bauweisen Verwendung von Pflanzen oder Pflanzenteilen als Baustoffe im Erdbau zur Sicherung von unbefestigten Oberflächen (z. B. vor erosiven Angriffen von Wind und Wasser).

Ingenieurökologie Ingenieurmäßige Umsetzung von Maßnahmen nach ökologischen Erkenntnissen.

Intensivlandwirtschaft, intensive Nutzung Form der Landwirtschaft mit hohem Einsatz von Produktionsmitteln je Flächeneinheit, meistens mit hohem Düngemitteleinsatz und relativ großem Aufwand an synthetisch hergestellten Pflanzenschutz-, Pflanzenbehandlungs- und Unkrautbekämpfungsmitteln. In intensiven Produktionssystemen werden meistens nur wenige Kulturpflanzen bevorzugt angebaut, wodurch artenarme Fruchtfolgen entstehen. Durch Nebenwirkungen werden Fauna, Flora, Boden, Wasser und Luft belastet.

Interaktionen In der Hydraulik die wechselseitigen Beziehungen zwischen zwei unterschiedlichen Strömungsbereichen (z. B. Vorland und Hauptgerinne).

Interglazial Warmzeit, wärmere Klimaperiode zwischen zwei Glazialen (Kaltzeiten), mit einem Rückgang der Vergletscherung verbunden.

Interstitial Lebensraum im wassergefüllten Hohlraumsystem der Gewässersohle und der Ufer.

Invertebraten Wirbellose Tiere mit Ausnahme der Protozoa, der Einzeller.

Isotachen Linien gleicher Geschwindigkeiten.

Karnivore Fleischfressende Pflanzen und Tiere.

Kaskade Folge von kleinen Abstürzen (Wasserfällen).

KLIWA KLIWA (Klimaveränderung und Konsequenzen für die Wasserwirtschaft) ist eine Kooperation aus dem Deutschen Wetterdienst (DWD), dem Umweltministerium Baden-Württemberg (UM BW) und dem Bayerischen Staatsministerium für Umwelt, Gesundheit und Verbraucherschutz (BayStMUGV).

Konkurrierende Gesetzgebung (s. Art. 74 GG) Aufgabenverteilung hinsichtlich der Ausgestaltung von Rechtsnormen; in den Gebieten der konkurrierenden Gesetzgebung haben Bund und Länder das Recht der Gesetzgebung.

Kulturlandschaften Aufgrund der Nutzung durch den Menschen in historischer Zeit entstandene und durch die Nutzungsformen geprägte Landschaft mit überwiegend anthropogen bestimmten Ökosystemen (im Gegensatz zur Naturlandschaft).

kohäsiv Fähigkeit der Tonpartikel zusammen zu kleben; zusätzlicher Widerstand beim Feststofftransport.

Kolmation Selbstabdichtung eines Gewässerbettes durch Verschlammung.

Krenal Quellzone, Lebensraum eines Quellbereichs.

Kryal Lebensraum des Gletscherbaches, der vom schmelzenden Gletschereis beeinflusst ist.

Längsverbau Sicherung im Gewässerbett parallel zur Fließrichtung.

Landespflege Zusammenfassende Bezeichnung für die Aufgabengebiete Naturschutz und Landschaftspflege einschl. der Grünordnung.

Landesraumordnungsprogramm Gesamträumliche Planung auf Länderebene (Bundesland) zur Abstimmung unterschiedlicher Anforderungen an den Raum (mit unterschiedlichen Bezeichnungen in den einzelnen Bundesländern).

Landschaftsökologie Wissenschaft von der Struktur, Funktion und Entwicklung von Landschaften.

Landschaftspflegerischer Begleitplan Beitrag des Naturschutzes und der Landschaftspflege in Text und Karte zum Fachplan für konkrete Planungsobjekte auf kommunaler Ebene (Teil des Bebauungsplans) zur Darstellung der zum Ausgleich von Eingriffen erforderlichen Maßnahmen des Naturschutzes und der Landschaftspflege durch den Planungsträger (§ 14 Abs. 2 BNatSchG).

Landschaftspflege Vorbereitung und Durchführung von Maßnahmen zur Sicherung der nachhaltigen Nutzungsfähigkeit der Naturgüter sowie der Vielfalt, Eigenart und Schönheit von Natur und Landschaft.

Landschaftsplan Text- und kartenmäßige Darstellung der örtlichen Erfordernisse und Maßnahmen zur Verwirklichung der Ziele des Naturschutzes und der Landschaftspflege u. a. als Fachbeitrag zu Bauleitplänen (§ 16 BNatSchG).

Landschaftsplanung Fachplanung des Naturschutzes und der Landschaftspflege (als Teil der gesamträumlichen Planung) in den Stufen Landschaftsprogramm, Landschaftsrahmenplan und Landschaftsplan.

Landschaftsprogramm Landschaftsplanung auf Landesebene u. a. als Fachbeitrag zum Landesraumordnungsprogramm (§ 15 BNatSchG).

Landschaftsrahmenplan Landschaftsplanung auf regionaler Ebene (z. B. Regierungsbezirk, Region, Kreis) u. a. als Fachbeitrag zum Regionalplan (§ 15 BNatSchG).

Limnisch Im Süßwasser lebend bzw. entstanden.

Limnologie Ökologie der Binnengewässer.

Mäander Gewässerschlinge; beim Durchbruch einer Gewässerschlinge entstehen Altgewässer.

Makrozoobenthos Gesamtheit der mit dem Auge sichtbaren wirbellosen Lebewesen des Gewässerbodens.

Makrophyten Mit bloßem Auge sichtbare Wasserpflanzen.

Melioration Maßnahmen zur nachhaltigen Verbesserung der land- und forstwirtschaftlichen Nutzbarkeit des Bodens.

Meliorationsgewässer Künstliche Gewässer, die aus landeskulturellen Zwecken zur Verbesserung des Bodenwasserhaushaltes angelegt wurden und der regelmäßig wiederkehrenden Unterhaltung bedürfen (vorwiegend Entwässerungsgräben).

Mesotroph Mittlerer Trophiegrad, d. h. mittelmäßig mit Nährstoffen versorgt.

Migration Wanderung (Ausbreitung), hier von Pflanzen- und Tierarten.

Modellversuchswesen Teilgebiet des Wasserbaus; Nachbildung von Strömungsvorgängen in einem verkleinerten physikalischen Modell.

Monitoring Langfristige, regelmäßig wiederholte und zielgerichtete Erhebung im Sinne einer Dauerbeobachtung mit Aussagen zu Zustand und Veränderungen von Natur und Landschaft.

Morphologie Gestalt-, Formenlehre; in der Biologie die Wissenschaft von Struktur und Gestalt der Organismen einschließlich der Wandlung ihrer Gestalt während ihrer Entwicklung.

Nachhaltigkeit, nachhaltige Entwicklung Dauerhafte Gewährleistung einzelner oder mehrerer Funktionen eines Ökosystems, d. h. eine stetige und optimale Bereitstellung sämtlicher materieller und immaterieller Leistungen ohne sich selbst zu erschöpfen.

Nasswiesen Praktisch ganzjährig nicht bewirtschaftbare Grasformation mit hohem Seggen-Anteil bei andauernd hohem Grundwasserstand.

Naturnaher Wasserbau Ausbau und Unterhaltung von Fließgewässern mit an die jeweiligen natürlichen Gewässerlandschaften angepassten Ausbau- und Unterhaltungsmethoden.

Natürlichkeitsgrad Der Zustand eines Ökosystems in Hinblick auf seine Naturnähe. Als Bewertungsmaßstab wird folgende fünfstufige Skala verwendet (verändert nach Bauer, 1985):.

- **Natürlich**: Die Bewertungsmerkmale entsprechen vollständig einer vom Menschen nicht beeinflussten Ausprägung.
- **Naturnah**: Die Bewertungsmerkmale entsprechen weitgehend einer von Menschen nicht beeinflussten oder einer naturraumgerechten, wiederhergestellten Ausprägung.
- **Bedingt**: Die Bewertungsmerkmale entsprechen nur teilweise einer von Menschen nicht beeinflussten Ausprägung.
- **Naturnah**: nicht beeinflussten oder einer weitgehend naturraumgerechten neu geschaffenen Ausprägung.
- **Naturfern**: Die Bewertungsmerkmale liegen in einer von Menschen weitgehend veränderten Ausprägung vor.
- **Naturfremd**: Die Bewertungsmerkmale liegen in einer von Menschen vollständig veränderten Ausprägung vor.

Naturraum Physisch-geographische Raumeinheit mit typischen Landschaften, Nutzungsformen und Ökosystemen.

Neophyten Pflanzen, die durch den Handels- und Reiseverkehr aus fremden Florengebieten eingeschleppt wurden und sich vielerorts in zunehmenden Maße ausgebreitet haben.

Offene Gerinne Bezeichnung für Fließgewässer, in denen sich eine freie Wasseroberfläche ausbilden kann.

Ökologie Wissenschaft vom Haushalt der Natur sowie von den Wechselwirkungen der Lebewesen untereinander und mit ihrer abiotischen Umwelt.

Ökosystem Funktionelle Einheit der Ökosphäre als Wirkungsgefüge aus abiotischen Bestandteilen (Biotop) und Lebewesen (Biozönose), die untereinander und mit ihrer Umwelt in energetischen, stofflichen und informatorischen Wechselbeziehungen stehen.

Oligotroph Geringer Trophiegrad, d. h. nur gering mit Nährstoffen versorgt; geringe Produktion.

Periglazial Allgemein für „im Eis- bzw. Gletscherumland gebildet", z. B. Materialien und Reliefformen. Perigazial kann aber auch einen bestimmten, eiszeitlichen Zeitraum, Klimabegriff oder Ökosystemzustand bedeuten.

Photosynthese Nutzung des Lichtes durch Pflanzen als Energiequelle für den Aufbau organischer Substanz.

Phytoplankton Pflanzliches Plankton.

Pionierarten Tier- oder Pflanzenarten, die als erste einen vegetationslosen Boden (Rohboden) besiedeln, oft Vorbereiter für anspruchsvollere Arten.

Planfeststellung Rechtsverbindliches Verfahren, in dem zur Schaffung von Baurecht für Vorhaben die Abwägung aller Belange abschließend vorzunehmen ist.

Plankton Gemeinschaft der im Wasser suspendierten Organismen (Phyto- und Zooplankton).

Polder Im Binnenland: von Deichen umschlossenes Gebiet.
Im Überschwemmungsbereich: Teil des Wasserlaufes, das dem Hochwasserschutz dienen soll.

Population Gesamtheit der Individuen einer Art mit gemeinsamen genetischen Gruppenmerkmalen innerhalb eines bestimmten Raumes.

Postglazial Allgemein für „nacheiszeitlich", meist auf die Zeit nach der letzten Eiszeit, also der Würmeiszeit, bezogen.

Potamal Flussregion, Zone eines Tieflandflusses. Weitere Unterteilung:.
Epipotamal, obere Zone (Barbenregion),
Metapotamal, mittlere Zone (Blei- oder Brachsenregion) und
Hypopotamal, untere Zone (Kaulbarsch-Flunder-Region).

Potenzielle natürliche Vegetation Vegetation, die sich unter den gegenwärtigen Umweltbedingungen ohne Eingriff des Menschen von selbst einstellen würde.

Prioritäre Stoffe Vorrangig zu untersuchende bzw. zu betrachtende Stoffe, bei denen gegenüber dem aquatischen Ökosystem ein Gefährdungsvermögen vermutet oder nachgewiesen wurde. Die Stoffe sind im Anhang X der WRRL aufgeführt.

Querverbau Sicherung im Gewässerbett quer zur Fließrichtung.

Rahmengesetzgebung Kompetenz des Bundes in bestimmten Bereichen den Bundesländern einen „Rahmen" für die Ländergesetze vorzugeben. Die Rahmengesetzgebungskompetenz wurde am 1. September 2006 mit dem Inkrafttreten der Föderalismusreform abgeschafft.

Referenzgewässer Gewässer oder Gewässerstrecken, die aufgrund ihrer vorhandenen naturraumtypischen Erscheinungsformen als Beispiel für die Renaturierung anderer Gewässer dienen können. Von derartigen Gewässern können charakteristische Merkmale abgeleitet und u. U. auf andere Gewässer im gleichen Naturraum übertragen werden.

Rekultivierung Wiedernutzbarmachung (gezielte Standortaufbereitung) der terrestrischen Bereiche von ehemals intensiv genutzten Betriebsflächen (z. B. Ton-, Sand-, Kiesgruben, Deponiegelände) und ihre Integration in die umgebende Landschaft mit dem Ziel einer landwirtschaftlichen, waldbaulichen oder erholungsorientierten Folgenutzung – wirtschaftsbezogene Sanierung (vgl. Renaturierung).

Relief Oberflächenformen der Erde.

Renaturierung Weitgehende Wiederherstellung eines Lebensraumes, z. B. eines Gewässers mit seinen Randbereichen entsprechend seinem natürlichen Charakter.

Retention Stoff- oder Wasserrückhalt durch natürliche Gegebenheiten oder künstliche Maßnahmen.

Retentionsraum Hochwasserrückhalteraum.

Revitalisierung Verbesserung der ökologischen Bedingungen in und an einem Gewässer im Hinblick auf eine naturnähere Situation.

Rhithral Zone der Gebirgsbäche und -flüsse (Salmonidenregion). Weitere Unterteilung:
Epirhithral, obere Zone (obere Forellenregion)
Metarhithral, mittlere Zone (untere Forellenregion) und
Hyporhithral, untere Zone (Äschenregion).

Rigolen Tiefgründiges Umschichten von Bodenmaterial zur Bodenverbesserung, z. B. zur Verbesserung des Bodenwasserhaushaltes durch „Aufbrechen" von wasserstauenden Schichten.

Röhricht Grasartige Pflanzen und/oder Großstauden in der Wasserwechselzone.

Rote Liste Verzeichnis von Tier- und Pflanzenarten, Lebensgemeinschaften oder Lebensräumen mit gebietsbezogener Einstufung hinsichtlich ihrer Gefährdung (und Seltenheit) nach vorgegebenen Kriterien und Kategorien.

Rückbau Im wasserbaulichen Sinne bedeutet Rückbau die Renaturierung oder Revitalisierung von Gewässern.

Rückhaltebecken Auffangbecken für Niederschlagswasser.

Rural „Ländlich"; spezielle Eigenschaften des ländlichen Raums.

Saprobien Organismen, die im Wasser von faulenden Stoffen leben.

Saprobienindex Zahlenmäßige Angabe zur Beschreibung des Saprobienbereiches, d. h. der Gewässergüte nach ihrem Verschmutzungsgrad.

Schwebstoffe Feststoffe in Flüssigkeiten, die durch Fließen oder Turbulenzen in Schwebe gehalten werden.

Sedimente Von Wasser, Eis und/oder Wind in Schichten abgelagerte Stoffe, z. B. Verwitterungsprodukte sowie anorganische und organische Stoffe in Gewässern.

Sedimentation Ablagerungsprozess, der zur Bildung von Sedimenten führt.

Schubkraft, Schleppkraft Transportkraft fließender Gewässer. Sohlenschubkraft: an der Sohle wirkende Schubkraft.

Semiaquatisch Teilweise im Wasser lebend.

Stand der Technik „... ist der Entwicklungsstand fortschrittlicher Verfahren, Einrichtungen oder Betriebsweisen, der die praktische Eignung einer Maßnahme zur Begrenzung von Emissionen in Luft, Wasser und Boden, zur Gewährleistung der Anlagensicherheit, zur Gewährleistung einer umweltverträglichen Abfallentsorgung oder sonst zur Vermeidung oder Verminderung von Auswirkungen auf die Umwelt zur Erreichung eines allgemein hohen Schutzniveaus für die Umwelt insgesamt gesichert erscheinen lässt".

Stenotherm Bezeichnung für Organismen, die keine große Schwankungsbreite der Temperatur ertragen und somit, bezogen auf die Temperatur, nur in bestimmten Biotopen leben können. Der Begriff wird oft noch weiter präzisiert, z. B. kaltsthenotherm für Lebensgemeinschaften ganzjährig kalter Gewässer.

Struktur Relationen, welche die Menge der Kompartimente („Inhaltsräume") eines Systems räumlich und funktional miteinander verbinden.

Submers Untergetaucht wachsend.

Sukzession Zeitliche Aufeinanderfolge von Arten bzw. Lebensgemeinschaften eines Biotops, die von einem Pionierstadium zu einem sich selbst erhaltenden Stadium des Fließgleichgewichts (Klimax) führt.

Terrestrisch Auf dem Land lebend.

Terrestrischer Bereich eines Gewässers Bereich eines Gewässers, der selten von Wasser bedeckt wird.

Totholz Abgestorbene (liegende und stehende) Äste, Stämme und Bäume.

Tracer Sammelbezeichnung für Stoffe, die Reaktionen in Organismen oder in der Umwelt bzw. Wanderrichtungen von Materialtransporten aufklären sollen.

Trennflächen Fiktive Flächen zwischen zwei unterschiedliche Strömungsbereichen in einem Gewässerquerschnitt. Bei der hydraulischen Berechnung von naturnahen Gerinnen wird vereinfachend angenommen, dass die Interaktionswiderstände in den Trennflächen wirken.

Trophie, Trophiegrad Grad der Versorgung eines Ökosystems mit verfügbaren Nährstoffen, die letztlich die Intensität der Produktion organischer Substanz durch Photosynthese mitbestimmt (s. auch oligotroph, mesotroph, eutroph, hypertroph und dystroph).

Überschwemmungsgebiete Flächen, die nach dem Ausufern eines Hochwassers überschwemmt werden.

Ufer Seitlicher Teil des Gewässerbetts zwischen Mittelwasserstand und Ausuferungswasserstand.

Uferstreifen Geländestreifen entlang des Gewässers, mit besonderer Bedeutung für dessen Unterhaltung, naturnahe Gestaltung und Nutzung.

Uferwege Sammelbezeichnung für unterschiedliche Wege in Gewässernähe. Sie können umfassen:

Unterhaltungswege, d. h. aufgekieste Fahrten, leicht humusiert und **begrünt**

Wanderwege mit wassergebunden**er Decke**

Radwege mit wassergebundener oder asphaltiert**er Decke**

land- und forstwirtschaftliche Wege entsprechend den Richtlinien für den ländlichen Wegebau (DVWK, **1999 f).**

Umweltgesetzbuch (UGB) Zusammenfassung der Umweltgesetzgebung in einem gemeinsamen Gesetzbuch.

Umweltverträglichkeitsprüfung Unselbstständiger Teil verwaltungsbehördlicher Verfahren, die der Entscheidung über die Zulässigkeit von Vorhaben gem. Anlage zu § 3 UVPG dienen, mit dessen Hilfe Auswirkungen auf die Umwelt ermittelt, dargestellt und beurteilt werden; die UVP soll im Hinblick auf eine wirksame Umweltversorgung der Entscheidungsvorbereitung dienen.

Urban Städtisch, zur Stadt gehörend.

Verklausung Ansammlung von Treibgut, das ein Anstauen des Wasserspiegels bewirkt.

Verlandung Prozess der Landentstehung in einem Gewässer durch Ablagerung von biogen entstandenen Stoffen (organisches Material), z. B. der Verlandungsprozess eines Altarms (s. auch Auflandung).

Versiegelung Abdichtung von Bodenflächen (z. B. durch Asphaltierung, Betonierung, Bebauung), die zum Verlust der natürlichen Bodenfunktionen (Lebensraum, Wasser- und Nährstoffkreisläufe, Filter- und Puffereigenschaften) führt.

Vogelschutzrichtlinie EG-VSchRL, Richtlinie des Rates vom 2. April 1979 über die Erhaltung der wild lebenden Vogelarten (79/409/EWG).

Weichholzaue Häufig überfluteter Bereich der Aue oberhalb des Mittelwassers, in dem Weichholzarten, vor allem Silberweide (Salix alba), standorttypisch sind.

WISE Wasser-Informationssystem für Europa – oder WISE (Water Information System for Europe) – ist ein Zugangsportal für Daten und Informationen auf europäischer Ebene. Diese werden von unterschiedlichen Institutionen und Körperschaften zusammengetragen wurden und waren bisher nicht zugänglich.

Zersiedlung Durch die Siedlungstätigkeit des Menschen zunehmende mosaikartige Durchsetzung eines zusammenhängenden Landschaftsraumes (z. B. mit Siedlungen, Nutzflächen und Infrastruktur).

Zonation, Zonierung Ökologische Raumgliederung in Abhängigkeit von einem oder mehreren sich meist graduell ändernden Standortfaktoren, z. B. bei kleinräumiger Betrachtungsweise die im Wesentlichen wassertiefenabhängige Abfolge von Vegetationsgesellschaften eines Verlandungsgürtels am Rande eines Stillgewässers.

Zooplankton Tierisches Plankton.

Stichwortverzeichnis

H. Patt, *Naturnaher Wasserbau*, https://doi.org/10.1007/978-3-658-43846-3

D

E

T

MIX
Papier aus verantwortungsvollen Quellen
Paper from responsible sources
FSC® C105338

If you have any concerns about our products,
you can contact us on
ProductSafety@springernature.com

In case Publisher is established outside the EU,
the EU authorized representative is:
Springer Nature Customer Service Center GmbH
Europaplatz 3, 69115 Heidelberg, Germany

Printed by Libri Plureos GmbH
in Hamburg, Germany